U0165490

國境執法與合作

黃文志、王寬弘 主編

陳明傳、孟維德、許義寶、楊翹楚、蔡震榮
林怡綺、林盈君、柯雨瑞、蔡政杰、高佩珊 著
黃翠紋、吳冠杰、蘇信雄、陳國勝

五南圖書出版公司 印行

　　AI時代的來臨，犯罪早已穿越國境，從實體的疆域解放，縱入虛擬的網路之間。「國境執法與合作」專書的形成，代表我們這一世代的努力，嘗試在快速變遷的全球化架構下，透過我們的專業，告知已經發生的、正在發生的、並預告尚未發生的「跨國境犯罪」。

　　我們這一世代研究「跨國境犯罪」的學者，面臨國際政治的現實、臺灣無法重返Interpol的焦慮，面臨外逃通緝犯無法以正常國際合作管道緝捕歸案的窘境，面臨電信詐欺集團海外設立機房的猖獗，面臨國內毒品吸食人口年齡層下降的隱憂，面臨外來人口在臺犯罪的持續升高，也面臨大數據在犯罪預防及偵查面向上的大量應用，這些新的（emerging）跨國境犯罪的情勢發展，讓我們有機會重新檢視過去（classical）既有的理論基礎，更進一步思索並探討：國際刑事司法互助的原理與模式、驅逐出國與強制出境之法規範、人身自由與居住遷徙自由的限制、《海岸巡防法》在作用法上之問題等。

　　「犯罪問題」新舊交替，「犯罪場域」虛擬與實體轉換，「犯罪行為」穿越境內、國境線上、境外等三道防線，「犯罪結果」顯然已非我單一國家可以掌握的「跨國境犯罪」，一直是我們這一世代朝思暮想，希望以系統性（systematic）、知識性（knowledge-based）和全觀性（holistic）的視角帶領讀者了解的另一個犯罪世界。

　　本書作者，有來自中央警察大學的研究學者，也有來自實務界執法領域的翹楚，謝謝專書團隊的每一位成員，各自就專長領域貢獻本書的每一篇章，就如同交響樂曲般的動人旋律，能夠撼動人心的必先從感動人心開始，本書作者從「心」也重「新」做到了歸納與演繹的緊密編寫，希望可以給讀者帶來知識上的饗宴，打開了解「跨國境犯罪」的另一扇窗。

　　做爲本書雙主編之一，本書的誕生必須感謝另一位主編王寬弘，人與人的合作始於信任，終於責任，一年來，我們攜手共同完成了本書的編目、分章、邀稿、校對，有歡笑也有淚水，敬請期待我們下一本專書的翩翩到來。

本書主編 黃文志 謹誌

2019/11/25

於川睦叡極

目錄

編者序

|第一章|
國際執法組織與刑事司法互助

陳明傳

壹、國際執法組織之現況

　　本章引述國際執法組織中之五個國際組織之最新的現況，包括最大的國際刑警組織（INTERPOL），到歐洲地區的歐盟執法合作署（EUROPOL）、歐盟司法合作組織（EUROJUST）至歐洲外部共同邊境之執法合作機構，亦即歐盟邊境與海岸巡防署（FRONTEX）；以及東南亞地區較具規模的東協警察組織（ASEANAPOL）。並進一步對此五個國際執法組織進行比較與未來發展方向之討論，進而闡述國際執法組織在司法互助之上，有何可增強其合作之規模，與新的模式之創制，以便更有效地維護地區之安全。

一、國際刑警組織

　　國際刑警組織大會（General Assembly）是國際刑警組織的最高理事機構，由每個成員國的代表組成。它每年舉行一次會議，每屆會議為期約四天。每個成員國可由一名或幾名代表參加，他們通常是警察局長和部級高級官員。其目的是確保國際刑警組織的活動符合各個成員國的需要。因此它確定了該組織實現其目標的原則和措施，並審查和核准了來年的活動方案和財務政策。此外，大會還選舉執行委員會（Executive Committee）的成員，執行委員會是在大會閉會期間提供指導和工作方針的理事機

構。每年的議程上，也是有關全球面臨的主要犯罪趨勢和安全的威脅等議題。[1]國際刑警組織有194個成員國，使其成為世界上最大的國際警察組織。透過各國共同的努力，以及其總秘書處之執行，來分享警方調查有關的資訊。

（一）國際刑警組織的演進與發展

　　籌組國際刑警組織的構想是在1914年4月14日至18日第一屆國際刑事警察大會於摩納哥的會議中產生的。來自24個國家的員警代表討論了如何解決犯罪、鑑識技術和引渡方面的合作議題時所提出之構想。一戰結束後，維也納警察局長Johannes Schober恢復了建立國際警察機構的想法。因此國際刑事警察委員會（International Criminal Police Commission, ICPC）遂成立於1923年9月，總部設在維也納。1938年納粹在推翻當時的德國總統Michael Skubl之後，控制了國際刑事警察委員會，大多數國家遂停止參與此國際組織。1942年在德國的控制下，ICPC遷往柏林。1946年比利時在第二次世界大戰結束後，領導了本組織的重建工作，開展了選舉執行委員會的民主程序，總部亦遷往法國巴黎。1947年國際刑事警察委員會透過了新修正之現代化的組織憲章，成為國際刑事警察組織（International Criminal Police Organization, ICPO or INTERPOL）；透過向成員國收取會費和依靠金融投資而變得能自給自主。

　　1963年，國際刑事警察組織認識到在區域性分享資訊和專門知識的重要性，遂在非洲的成員國賴比瑞亞組織了第一次的區域性的會議。從1923年最初的16個創始成員，至1955年有50個成員國，到1967年達到100個會員國，1989年達到150個會員國，至今已有194個會員國。國際刑警組織1972年與法國簽訂的國際刑警組織之《總部協定》（Headquarters Agreement）承認國際刑警組織為一個國際組織，從而加強了組織的地位。該國際組織從1946年起就將其總部設在巴黎，之後從1966年至1989年搬遷到法國的聖克盧（Saint Cloud），之後就搬遷到里昂（Lyon）迄今。

1　INTERPOL, General Assembly.

1982年大會通過了《國際員警合作規則》（Rules on International Police Cooperation）和《國際刑警組織檔案管制規則》（Control of INTERPOL's Archives），這是處理姓名和指紋等個人資料所必須的法律架構。

1986年5月16日，國際刑警組織在聖克盧的總秘書處大樓遭到極端組織 「行動指導」（Action Directe）的轟炸。一名員警受傷，大樓遭到大面積破壞。1998年該極端組織的四名領導人，因為這次襲擊和其他之襲擊事件而被判刑。因此1989年國際刑警組織總秘書處遂因而搬到里昂，當時的法國總統密特朗（François Mitterrand）於該年11月27日正式舉行揭幕儀式，當時之成員國已達到150個國家。又於1990年國際刑警組織啓動了X400通信系統，使會員國家的相關機構之間能夠相互發送電子資訊，並得向總秘書處發送電子資訊。1993年該組織設立了一個刑事情報分析單位（Analytical Criminal Intelligence Unit），研究嫌疑人、犯罪和地點之間的聯繫，從而能查明犯罪模式，並能提供相關之威脅與警告之情資。

1999年阿拉伯文正式成為該組織的第四種正式官方語文，其他三種官方語文是1955年起使用的西班牙文、英文和法文。2001年9月11日美國遭受恐怖攻擊之後，該國際組織遂改變成24/7的運作模式，亦即每週7天、每天24小時全年無休的運作，因為該國際組織之秘書長誓言「國際刑警組織的燈光永遠不會再熄滅」（"lights will never go out again at INTERPOL"）。故而遂於2002年啓動了I-24/7全球警察通訊系統，為所有成員國提供了一個共享與使用其資料庫和資訊的平台。加拿大是2003年第一個連接到此系統的國家，到2007年則所有會員國家都在使用它。而且並認知到犯罪分子和恐怖分子經常使用偽造護照和簽證旅行，該組織亦同時啓動了一個被盜和遺失旅行證件的資料庫，以便各會員國能夠在幾秒鐘之內，檢查旅行證件的有效性。至今它包含了有8,000多萬條此種資訊與紀錄。

從2003年起國際刑警組織設立了一個指揮和協調中心，為任何尋求警察情資或面臨危機局勢的成員國提供聯絡點。該中心位於新加坡、里昂和布宜諾斯艾利斯的辦事處，全年365天、每天24小時由具多種語言能力的工作人員所組成，並且提供即時之緊急服務。2004年瞭解到策略夥

伴關係在打擊國際犯罪方面的重要性,該組織在紐約之聯合國開設了特別代表辦事處。接著於2009年在布魯塞爾開設了歐洲聯盟辦事處,2016年在非洲衣索比亞的首都阿迪斯阿貝巴市(Addis Ababa)開設了一個非洲聯盟辦事處。2009年該組織的總秘書處在非洲喀麥隆共和國的首都雅恩德市(Yaoundé)開設了一個區域局,而在此之前曾於1992年在泰國的首都曼谷、1993年在阿根廷的首都布宜諾斯艾利斯市(Buenos Aires)、1994年在象牙海岸的阿比讓市(Abidjan)、1997年在辛巴威首都的哈拉雷市(Harare)、1999年在肯亞的首都奈洛比(Nairobi)和2003年在薩爾瓦多共和國的首都聖薩爾瓦多市(San Salvador)都曾設有INTERPOL的區域局。藉此區域局將一個地區的各國警察聚集在一起分享經驗,並處理共同的犯罪問題。2015年國際刑警組織全球創新綜合機構(INTERPOL Global Complex for Innovation)在新加坡開幕,它是一個查明犯罪和犯罪嫌疑人的一個創新培訓和業務支助之研究和發展的機構。[2]

(二)國際刑警組織的組織

國際刑警組織的組織如圖1-1所示,包括國際刑警組織大會,其之下有執行委員會及總秘書處,至194個會員國均有其該國所指定之各國之中央局,代表該國與國際刑警組織與各會員國聯繫之代表窗口,我國過去尚

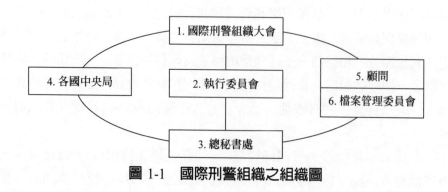

圖 1-1 國際刑警組織之組織圖

---

[2] INTERPOL, Key Dates.

屬會員國之時，則指定刑事警察局為我國之中央局，現在雖然已不是會員國，但在刑事警察局內仍設有國際刑警科與各國進行非正式的聯絡。至於顧問則為國際刑警組織所聘任之各類專家與學者，來協助國際刑警組織之業務與工作之推展，另有一個獨立之檔案管理委員會（Commission for the Control of Files）。茲根據國際刑警組織憲章第5條之規定，略述其組織與運作如下。

1. 國際刑警組織大會（General Assembly）

國際刑警組織大會是國際刑警組織的最高理事機構，由每個成員國的代表組成。每年舉行一次會議，每屆會議為期約四天。每個成員國可由一名或幾名代表參與。其目的是確保國際刑警組織的活動符合每個成員國的需要。為此其確定了國際刑警組織實現其目標的原則和措施，並審查和批准來年的活動方案和財務政策。此外大會還選舉執行委員會的成員，執行委員會是在大會閉會期間，提供指導和執行工作的理事機構。每年的議程則亦是研討全球面臨的主要犯罪趨勢和安全的威脅。

國際刑警組織大會以決議的形式作出決定。每個成員國的代表均僅有一票表決權。決策過程由簡單多數或三分之二多數作出，視研討之主題事項而定。這些決議是公開的，可從1960年之決議紀錄至最近之紀錄，提供各方參考。作為全球最大的最重要之執法官員之聚會，大會還為各國提供了建立聯繫網絡和分享經驗的重要機會與場合。

根據《國際刑警組織憲章》第6條之規定，國際刑警組織大會是組織的主體，亦是組織的最高權威機構。大會的委員會，由該組織會員國任命的代表所組成。《憲章》第7條規定，每個大會之成員，可由各會員國之一名或數名代表參與之，但是每個國家應有一名代表團之團長，由該國政府主管當局任命之。第13條又規定，每個國家只有一名代表有權在大會中投票。

根據《國際刑警組織憲章》第17條之規定，大會之主席任期為四年，副主席三位任期則為三年，他們亦同時擔任執委會的13名委員之中。但是他們均不得立即再次當選為下一任期之同一職位，或者執行委員會的委員。然而在選舉主席之後，根據《憲章》第15條第2款，亦即執行委員會

的13名成員應屬於不同的國家，因為如此才能對地域（各大洲或各國家）之名額之分配，給予均衡與應有的重視。或者第16條第3款之規定，亦即大會之主席和副主席應來自不同的四大洲。以上兩款之規定，若在選舉主席之後，而有所無法適用或不相容的情況發生時，亦即新的主席雖來自不同的13個國家之代表，但可能與另三位副主席來自同一個大洲，因為主席與副主席之任期與選舉期間均刻意予以錯開，而使選舉期間不同，如此可使該等位置的四個人之中，均永遠有具備大會之管理經驗的主席或副主席在掌握。然而若有前述之主席與副主席來自同一大洲的尷尬情況產生時，則應選舉第四位來自不同國家但屬於該缺少之大洲的增額副主席，以便所有四大洲之中，都有代表被選出為主席或副主席。若然，則執行委員會將臨時有14名委員。然而一旦情況允許適用第15條和第16條的規定時，則臨時期限之14名委員（增額之副主席）即可告結束。[3]

2.執行委員會（Executive Committee）

　　如前所述，國際刑警組織執行委員會由13名成員組成，根據國際刑警組織大會的決定監督總秘書處的工作。執行委員會是負責監督大會決定事項的執行情況，以及總秘書處的行政管理和其工作的監督與理事之機構。該執委會每年舉行三次會議，並制定組織政策和方向。該委員會的成員在該本國擔任警務最高職務，並帶來多年的經驗和知識，為該組織提供諮詢和指導。其作用是：1.監督大會各項決定的執行；2.擬訂各屆大會的會議的議程；3.向大會提交其認為有用的任何工作或專案；4.監督總秘書處的行政管理和工作。

　　根據《國際刑警組織憲章》第15條之規定，執行委員會由國際刑警組織大會選舉產生，有13名成員包括國際刑警組織大會之主席、3名副主席和9名代表所組成該執行委員會。他們都來自不同的國家，而且根據《憲章》之規定地域分布必須是平衡的，以免國際刑警組織如此龐大之資源與策略的執行形成不公之現象。主席任期四年，副主席和代表任期則為三年。根據該組織之《憲章》其亦不能立即連任同一職位或執行委員會之

---

[3]　INTERPOL, Constitution of the ICPO-INTERPOL.

代表，以免其職務形成獨占之狀況。2018年至2019年之執委會委員為，主席是大韓民國之Kim Jong Yang，副主席3名是阿爾及利亞的Benyamina Abbad、俄羅斯的Alexander Prokopchuk、阿根廷的Néstor Roncaglia。另9名代表分別是：阿拉伯聯合大公國的Ahmed Nasser Al-Raisi、法國的Jean-Jacques Colcolbi、巴西的Rogerio Galloro、摩爾多瓦的Fredolin Lecari、加拿大的Gilles Michaud、安哥拉的Destino Pedro、奈及利亞的Olushola Kamar Subair以及荷蘭的Jannine Van den Berg。[4]

3. 總秘書處（General Secretariat）

　　總秘書處負責推展國際刑警組織的日常活動，以支援成員國的國際警務工作。總秘書處一年365天、每天24小時運作，這得益於其之指揮和協調中心（Command and Coordination Centre），該中心為任何需要協助調查的國家提供聯絡資訊，並在里昂、布宜諾斯艾利斯和新加坡開展其辦事處。總秘書處有100多位不同國籍的代表，此反映了成員的多樣性。國際刑警組織是一個以成員為基礎的組織，總秘書處是協調所有各個成員國警務和行政活動的機構。總秘書處由秘書長管理，現任秘書長為德國Jürgen Stock，其於2014年11月被國際刑警組織大會任命。秘書長負責總秘書處之工作，監督其日常活動，並確保其執行大會和執行委員會的決議。根據《國際刑警組織憲章》第28條至第30條之規定，秘書長由執行委員會提名，大會任命之，任期五年，可連任一次。

　　總秘書處約有1,000名工作人員，其中四分之一是由成員國的警察行政部門借調的執法人員。工作人員以該組織四種語文之一的語言工作，其官方語言包括阿拉伯文、英文、法文和西班牙文。[5]2016年11月秘書長Stock先生是第一位曾在聯合國大會上發表講話的國際刑警組織秘書長，因而聯合國大會亦批准了一項決議，以進一步加強聯合國與國際刑警組織在打擊跨國犯罪和恐怖主義方面的合作。Stock秘書長還監督了國際刑警組織與非洲聯盟（African Union）、全球擊敗伊斯蘭國聯盟（Global Coalition to Defeat ISIS）和海灣阿拉伯國家合作委員會（Cooperation

---

[4] INTERPOL, Executive Committee.

[5] INTERPOL, General Secretariat.

Council for the Arab States of the Gulf）等其他國際和區域性執法機構之間的加強合作關係之任務。[6]

以上總秘書處的工作和成員的全球性質，意味著全球的參與對總秘書處至關重要。所以它可以包括以下各方面全球業務推廣之部署：

(1)里昂總秘書處負責協調國際刑警組織向成員國提供大部分警務專業知識和服務。其亦是該組織的行政和後勤中心。

(2)國際刑警組織全球創新綜合機構（INTERPOL Global Complex for Innovation）自2015年起設在新加坡，是國際刑警組織在網路犯罪、研發和執法能力建設方面的研發與培訓中心。它還為國際刑警組織在若干犯罪領域提供了亞洲之研發基地。

(3)國際刑警組織的七個區域局，將一個區域內的各國警察聚集在一起，分享經驗和處理共同的犯罪問題，其七個區域局之設置地點，已於本章之前敘述之。

(4)國際刑警組織設置在衣索比亞首都阿迪斯阿貝巴的非洲聯盟、比利時首都布魯塞爾的歐洲聯盟和紐約的聯合國等，設有三個特別代表處。還在維也納的聯合國之毒品和犯罪問題辦事處（UN Office on Drugs and Crime）設有一個聯絡處。

4. 顧問（Adviser）

根據《國際刑警組織憲章》第34條關於科學方面之事項，國際刑警組織可與顧問（Advisers）協商。顧問的作用應純粹是諮詢性的。又《憲章》第35條規定，顧問由執行委員會任命，任期三年。只有在大會通過與通知之後，顧問的任命才會確定。他們應從在國際刑警組織感興趣的某些領域中，享有世界聲譽的人士或專家中選出。顧問亦可根據大會之決議而將其免職。[7]

5. 各國中央局（National Central Bureaus, NCBs）

各國之國家中央局是每個會員國之所有問題的協調中心，其為各國與

6　INTERPOL, Secretary General.

7　同前註3。

國際刑警組織聯繫之中心。每個成員國都設有國際刑警組織各國之中央局。其將各國家之執法情況與需求，與其他國家和總秘書處透過國際刑警組織名之為I-24/7的全球警察通訊系統，全天候地進行聯繫。各國之國家中央局是國際刑警組織的核心組織之一，也是國際刑警組織開展其工作的各國的聯繫之對口機制。各國之國家中央局可從其他國家之中央局尋求所需的資訊，以便在其自己的國家調查相關之犯罪。

各國之國家中央局根據其國之法規規定，向國際刑警組織的全球資料庫提供各國之犯罪資料。這可確保準確的資料位於正確的位置，與即時提供資訊之時間，讓各國之警方能瞭解犯罪之趨勢，並預防犯罪之發生，或者逮捕罪犯。例如，國際刑警組織的紅色通告（Red Notice），可提醒所有國家的警方有關通緝犯之資訊。各國之中央局在跨境調查、勤務行動和逮捕方面都有進行合作。為了將調查區域延續國家邊界之外，各國之中央局可以尋求任何其他國家之中央局的合作。鑑於每個區域內面臨的共同問題，各國之中央局有愈來愈多在區域基礎之上相互的合作。其乃將資源和專門知識結合起來，成功地共同來處理影響其最鉅的犯罪問題。[8]

6. 檔案管理委員會（The Commission for the Control of Files, CCF）

根據《國際刑警組織憲章》第36條之規定，檔案管理委員會是一個獨立的機構，應當保證國際刑警組織對個人資訊的處理，符合組織在這一問題上制定的條例規範。第37條規定，檔案管理委員會之委員，應當具備履行職責所需的專門知識。其組成和運作，應遵守國際刑警組織之大會所規定的具體規則來執行其職務。

檔案管理委員會成員由大會之選舉所產生。委員會有三項職能，並由國際刑警組織憲章所界定，其功能包括：1.監督作用；2.諮詢作用；以及3.處理關於個別之機關要求查詢、更正和刪除該組織資訊系統中之資料的請求。該委員會分為兩組執行其之任務：

(1)監督和諮詢室（Supervisory and Advisory Chamber）：該室進行必要的檢查，以確保國際刑警組織處理個人之資料，能符合國際刑警組織的

8　INTERPOL, National Central Bureaus (NCBs).

規則。其以諮詢身分就其任何專案、業務或規則向國際刑警組織提供諮詢意見。

(2)查詢暨申請辦公室（Requests Chamber）：該辦公室審查和裁決關於查詢、更正和刪除國際刑警組織資訊系統中，處理相關資料的請求之准駁。上述之兩項規範，乃根據《檔案管理委員會規約》第3條之規定，來執行以上諮詢室或辦公室之職務。[9]

（三）國際刑警組織的運作概述

如前所述，國際刑警組織的總秘書處負責推展國際刑警組織的日常活動，以支援成員國的國際警務工作。總秘書處全年無休的運作，並透過其之指揮和協調中心（Command and Coordination Centre）爲任何需要協助調查的國家提供聯絡資訊，並在里昂、布宜諾斯艾利斯和新加坡設置總秘書處的辦事處。在每個會員國的國家中央局，爲總秘書處和其他國家中央局提供了聯絡點。各國之中央局則由各該國的員警所管理，通常爲負責警務的政府部門任職之人員。

國際刑警組織的總秘書處透過一個名之爲I-24/7的全球警察通訊系統（Interpol's Global Police Communications System）[10]連接所有的會員國。各國亦利用這一安全網路相互聯繫，並與總秘書處聯繫，亦得使用國際刑警組織的資料庫和其之資訊服務。總秘書處還協調不同犯罪領域的警察和專家，並透過工作組和會議等機制將其結合起來，共同的來分享經驗和新的策略與想法。總秘書處向成員國提供一系列專門知識和服務。其管理的十七個警察之資料庫，其中包含關於犯罪之情資和罪犯的資訊，從姓名、指紋到被盜護照等資訊，各會員國都可即時查閱。國際刑警組織亦提供調查支援之工作，如取證、分析和協助查找世界各地的逃犯等。培訓亦是國際刑警組織在許多領域所做工作的重要部分，以便各國執政者知道

9　INTERPOL, About the CCF.

10　國際刑警組織的「I-24/7」是一個加密的全球警察通訊系統，讓國際刑警組織的194個會員國透過一系列數據庫分享情報和刑事相關之資料。「I-24/7」通訊系統目的，是透過將國際刑警組織數據庫的使用權限，以加強全球執法機關打擊犯罪的能力與效率。

如何有效地與國際刑警組織合作。此種專門知識支援各國之機制，有當今最緊迫的三個全球打擊犯罪的工作，此三項重要的打擊犯罪的工作乃為：1.打擊恐怖主義（Counter-Terrorism）；2.網路犯罪（Cybercrime）；和3.組織犯罪（Organized and Emerging Crime）。[11]而國際刑警組織的運作概況，可用圖1-2之所示說明之；在圖1-2之中，有關「全球警察能量」方面，國際刑警組織能提供與服務之項目則包括：警察資訊之管理系統（Police Data Management）、刑事鑑識的支援（Forensic Support）、犯罪者分析（Criminal Analysis）、特殊方案（Special Projects）、創新發明（Innovation）、能力之培訓服務（Capacity Building and Training）、指揮和協調中心（Command and Coordination Centre）以及通緝犯的協助調查（Fugitive Investigative Support）等之服務。至其較為重要之運作模式，則分別概要敘述之如後。

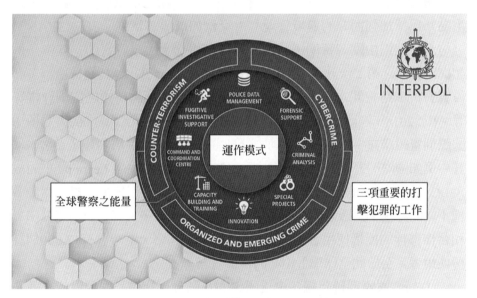

圖 1-2　國際刑警組織的運作模式

---

[11] INTERPOL, What is INTERPOL?

1. 會員國警察之能力的培訓服務（Capacity Building and Training）

　　為了跟上快速發展全球之犯罪趨勢，員警需要不斷提高技能，可運用國際刑警組織提供給他們的高科技工具和系統，並能夠因而掌握最新的資訊與技能。國際刑警組織的培訓和能力建設措施，涵蓋犯罪的所有領域和世界所有的區域。這些培訓服務建立在六個計畫專案的基礎上，從專題性之專門知識和國際刑警組織的工具和服務，到促進專業精神和可持續性的發展等方面之上。其並與公共和私營組織合作，並運用他們最先進的專業知識，確保其培訓的實用性，促使各會員國的警察執法能力足以領先犯罪者。

　　如果執法界以及司法和政府當局要從打擊跨國犯罪所需的技能和知識中受益，則與外部利益攸關的夥伴關係之建立乃是關鍵。至2019年止，國際刑警組織正在實施八個與外部機構合作之培訓方案，例如Project Adwenpa IV的第四次計畫，乃由德國外交部資助之培訓專案，其培訓之重點乃為「加強西非的邊境管理」；又例如歐盟－東協（EU-ASEAN）之培訓方案則由歐盟資助，其他之專案則由加拿大政府資助。其中又例如網路犯罪之第二次計畫（Project Cyber Americas II），其乃為培訓美洲員警對抗網路犯罪之計畫；又例如提高東南亞的反恐技能之培訓計畫等等。[12]於2018年國際刑警組織在全球培訓的執法人員人數為3,000人之多；國際刑警組織亦將於2019年啟動國際刑警組織全球學院培訓夥伴之網絡。其中例如國際刑警組織全球學習中心（INTERPOL Global Learning Centre, IGLC）提供全面的線上電子學習模組和相關之資料。該平台提供六十多種不同的課程，其透過網路互動學習之成分愈來愈多。其亦向國際執法界和合作夥伴的授權使用者，開放該E化學習之網絡，至今已有17,000個註冊使用者。至於此全球學習中心的目標有三：

　　(1)鼓勵國際刑警組織各會員國之間互動分享知識和學習最佳之執法作為；

　　(2)提高執法界對國際刑警組織服務和資料庫的認識；

---

[12] INTERPOL, Capacity Building Projects.

(3)為國際執法界提供一個分享與學習專門知識的安全平台。[13]

2. 國際刑警組織之經費（Funding）

國際刑警組織主要的收入來源有二：

(1)根據會員法定之捐款由各會員國每年依規定捐助。每個成員國每年向國際刑警組織繳納法定捐款，它是強制性的付款。每個國家每年支付的數額由大會根據聯合國會費捐助的調整比率表商定之，其比率主要是根據經濟發展之權重加以計算。2018年法定捐款總額為5,700萬歐元。法定捐款一般乃根據國際刑警組織的年度策略優先事項來規劃與執行，其大略為總秘書處的運行費用以及一些核心之警務、培訓和支助等活動，提供資金之援助。

(2)國際刑警組織各類活動的自願資助。至今全球打擊犯罪的經費需要，遠遠超出了上述會員國的傳統法定之捐助。因此國際刑警組織的活動和特別專案，必須尋求夥伴關係和額外之資金。2018年自願之資助（包括現金、實物和財物）共計8,000萬歐元。捐款可以指定特定具體之活動，也可以不指定用途。實物之援助包括人員，例如國際刑警組織25%的工作人員是會員國借調的警官、辦公場所或者設備等。大多數自願捐助之資金來自政府機構，特別是各國負責維持治安的機構，但國際組織和非政府組織（NGO）、基金會和私營實體的捐款則較少。總秘書處亦有其自行直接籌措的少量收入。因而，國際刑警組織2018年的年度總預算共為1.37億歐元。[14]

3. 國際犯罪通報（Color-coded Notices）

國際刑警組織的通報是國際執法合作之請求或警報，使成員國的員警能夠分享與犯罪有關的重要資訊。通報由總秘書處應各國之國家中央局的要求而公布，並提供給所有成員國參考。聯合國、國際刑事法庭（International Criminal Tribunals）和國際刑事法院也可利用該通報，尋找因在其管轄範圍內犯下罪行之嫌犯，特別是滅絕種族罪、戰爭罪和危害人

---

[13]　INTERPOL, INTERPOL's Global Learning Centre.

[14]　INTERPOL, Our Funding.

類罪而被通緝的人。大多數通報僅供警方使用，並不提供給公眾。但是在某些情況下，例如提醒公眾或請求公眾說明時，可以在國際刑警組織網站上發布相關通報的摘錄，而聯合國之特別通報（United Nations Special Notice）則是公開的。

國際刑警組織的通報則有下列八種類型：

(1)紅色通報：尋找被通緝或必須服刑的通緝犯的所在地點並加以逮捕之。

(2)黃色通報：尋找失蹤人員，往往是未成年人，或查明無法表明自己身分的人。

(3)藍色通報：蒐集與犯罪有關之個人的身分、地點或活動等其他資訊。

(4)黑色通報：尋找身分不明屍體的資訊。

(5)綠色公報：就某個被認為可能有威脅公共安全之犯罪活動，提供相關之警告。

(6)橙色通報：對公共安全可能構成嚴重和緊迫威脅的事件、個人、物體或其過程之警告。

(7)紫色通報：尋找或提供有關犯罪分子使用的作案之手法、物品、裝置和隱藏方法等之資訊。

(8)國際刑警組織與聯合國安全理事會特別之通報：為聯合國安全理事會之制裁委員會（UN Security Council Sanctions Committees）之目標團體以及特定之個別嫌犯發布之警示的通報。

然而，以上之通報只有在符合國際刑警組織的《憲章》（Constitution）並滿足其之資料處理規則所界定的所有處理資訊的條件之情況下，才會發布通報。這確保了資訊的合法性和品質，並能保障了個人資料之權益。同時必須注意者，在被證明有罪之前，任何受國際刑警組織通報所約束的個人，都應被推定為無罪（innocent until proven guilty）。

國際刑警組織之各成員國還可通過另一個稱為「傳播」（diffusion）的警報機制相互請求合作。其不如上述各類通報正式，由各該國之中央局直接分發給所有或者某些之成員國。傳播之通報，還必須符合國際刑警組

織的《憲章》和資料處理規則之規範，才得以發出該通報。[15]

4. 犯罪相關之七大項的17種資料庫，加上I-24/7的查詢功能提供查詢之服務

　　國際刑警組織之七大項的十七個資料庫的每一次搜索，都能協助全球員警對於相關案件的突破。此七大項的十七個資料庫如下：

　　(1)國際犯罪通報系統（color-coded notices），如上之所論述；

　　(2)個人犯罪資料系統（individuals）包括：1.一般之犯罪個資（nominal data）；2.虐待兒童者和被害者之資料（child abusers and victims）；

　　(3)犯罪鑑識之資訊系統（forensics）包括：1.指紋資料庫（fingerprints）；2.DNA之資料庫（DNA profiles）；3.犯罪者或失蹤人口之顏面等生物特徵資料庫（facial recognition）；

　　(4)旅行之官方文件系統（travel and official documents）包括：1.被盜和遺失旅行證件（stolen and lost travel documents）；2.被盜的官方文件（stolen administrative documents）；3.偽造的文件（counterfeit documents）；4.正版和偽造證件的比較（comparison of genuine and fake documents）；

　　(5)被盜的財物系統（stolen property）包括：1.被盜機動車輛（motor vehicles）；2.被盜船艦引擎等（vessels）；3.被盜之文物藝術品等（works of art）；

　　(6)武器販運系統（firearms trafficking）包括：1.武器之鑑識（identification of firearms）；2.武器之追蹤（tracing of firearms）；3.彈道資料的比較（comparison of ballistics data）；

　　(7)組織犯罪之網絡系統（organized crime networks）包括：海盜查詢系統（maritime piracy）。[16]

　　國際刑警組織之犯罪資料庫、技術解決方案和其他警務之功能，提供了即時獲取重要資訊的機會，從而識別出危險之罪犯。2016年各國員警

---

[15]　INTERPOL, About Notices.

[16]　INTERPOL, Our 17 Databases.

平均每秒鐘對其之資料庫進行有146次之查詢,在這一年中造成創紀錄的46億次的查詢,而其中有100萬次點擊查明成功之紀錄,並因而查出其中可疑的恐怖分子、販毒者和組織犯罪網路成員。許多國家擴大了國際刑警組織之的I-24/7全球警察通訊系統之查詢功能,至各會員國的中央局之外的其他機構,其中總共有165個延伸於各國中央局的查詢機構,有53個國家甚至可以用MIND行動之工具(mobile technology)加以現地即時的查詢,有74個國家可以使用FIND的查詢工具(fixed technology)加以查詢。如此資料庫查詢功能,使得各該國第一線處理犯罪事件之員警,能夠對其資料庫進行即時的查詢工作。[17]

5. 與各國際執法相關組織之合作之協議(Cooperation Agreements)

國際刑警組織與各種的國際執法相關之夥伴,包括國際政府間之組織和非政府組織(Non-Governmental Organizations, NGO)以及私營組織(private entities)建立了牢固的關係。這些夥伴密切的合作,於其共同感興趣的執法工作之上。而執法合作之協議界定了合作的法律依據,至今國際刑警組織與一些國際組織達成了協議,其中例如:

(1)聯合國及其若干專門之機構(United Nations and several of its specialized agencies);

(2)歐盟執法合作署(過去稱之為歐盟警察組織,EUROPOL);

(3)獨立國家國協(簡稱獨立國協,Commonwealth of Independent States);[18]

(4)國際刑事法院(International Criminal Court);

(5)非洲聯盟(African Union);

(6)美洲國家組織(Organization of American States);

(7)阿拉伯國家之內政部長理事會(Arab Interior Ministers'

---

[17] INTERPOL, Annual Report 2017.

[18] 獨立國家國協,簡稱獨立國協,蘇聯解體後由部分原蘇聯加盟共和國調成立的一個國家聯盟,其行政架構及運行模式與大英國協類似,屬區域性政治組織,總部設在白俄羅斯首都明斯克,工作語言為俄語。國家元首理事會是獨立國協的最高機構,通常每年召開兩次會議。(維基百科,獨立國家國協。)

Council）。

國際刑警組織還與非政府組織（NGO）、協會、基金會、大學之學院或企業公司等私營實體合作。這些關係以合作協議和備忘錄（memorandum of understanding, MOU）等各種法律文書加以簽訂。每一項協議及其規定都有確定的合作範圍，其可以包括資訊交流、相互調查專案、資料庫使用、對等代表或技術援助等方式進行執法之合作。[19]

6. 邊境安全之執法合作（Border Security Operations）

國際刑警組織在國際夥伴和成員國的合作下，開展邊境安全之執法合作之行動。這些執法行動的目標是針對隱瞞眞實身分的僞造文件、受國際刑警組織各類犯罪通知之犯罪者，以及其可能因而受其擴散影響之有關旅行者或者嫌犯，與相關之重要具體犯罪情資的分享等。因而，在處理以上之事件時，可以隨時對國際刑警組織資料庫進行查詢的工作。這些行動是各國之執法部門如何運用國際刑警組織之工具，並可因而取得令人印象深刻的預防與嚇阻跨境犯罪之效果。其中例如於2017年在此一行動方案的協助之下，查獲了涉及東南亞10個國家的110個被盜或丟失的旅行證件之案件，並成功的逮捕了17個涉案之嫌犯。又例如於2017年的另一個行動之中，涉及西非8個國家的人口販運之案件中，因爲此一執法合作之管道，解救了40名被販運從事非法勞動的受害者，其中許多是未成年人。

另外本執法合作之方案亦可對於其他相關之犯罪開展了一些有針對性的行動和演習，其可包括：人口走私、人口販運、偷竊或遺失的旅行證件、僞造的證件和更改的證件；外國的恐怖主義攻擊者、毒品、火器、非法物品、被盜機動車輛和被盜船隻；以及走私化學、爆炸、核子、生物和放射性材料等等犯罪案件的執法合作。至於其他的大型體育賽事或有數千名觀眾參加的政治峰會等重大活動，亦可提供安全維護工作需要之專家與技能之協助。成員國可呼籲國際刑警組織重大活動協助小組（INTERPOL Major Event Support Teams, IMESTs）在活動之前協助該會員國制定安全之措施，並在活動期間協調和實施安全之行動。此邊境管理之方案（The

---

[19] INTERPOL, Cooperation Agreements.

Border Management program）不僅在主辦國，而且對於其鄰國或者夥伴國家，協助各該國建立更廣泛的邊境安全管理之能力。[20]

7. 邊境管理整合工作隊（Integrated Border Management Task Force, IBMTF）

為確保警方能夠追蹤犯罪分子穿越全球邊境的軌跡，執法部門需要與許多不同部門保持密切協調，以便提高資料共享之能力，並能提升邊境管理之專門知識與能力。因而，國際刑警組織的邊界管理整合工作隊（IBMTF）的建置就相當的關鍵。它利用國際刑警組織內部各部門以及國際夥伴的專門知識，向成員國提供援助，以加強各該國的邊境安全。而最重要的是，將其之努力與鄰國的努力結合起來。因此，邊境管理整合工作隊透過以下方式，支援各國在邊境執法之上工作：

(1)在空中、陸地和海上邊境點開展協助之行動，期間提供了進入國際刑警組織資料庫的管道，因為這些資料庫並沒有定期的提供，因此可以將工作隊協助之重點聚焦於某些特定的犯罪之上。

(2)提供與特定犯罪有關的偵防能力之培訓課程，因為這些犯罪往往出現在邊境的特定地點之上。

(3)透過與成員國和國際組織建立直接和間接的夥伴關係，改進全世界的邊境管理之策略。

邊境管理整合工作隊與其他主要國際組織合作與分享資訊，並且酌情組成聯合之勤務行動組。其之合作夥伴包括：

(1)加拿大外交、貿易和發展部（Department of Foreign Affairs, Trade and Development Canada, DFATD）；

(2)歐盟（European Union, EU）；

(3)歐盟邊境與海岸巡防署（The European Border and Coast Guard Agency or The European Border Control Agency, Frontex）；

(4)國際航空運輸協會（International Air Transport Association, IATA）；

---

[20] INTERPOL, Border Security Operations.

(5)國際民用航空組織（International Civil Aviation Organization, ICAO）；

(6)國際移徙組織（International Organization for Migration, IOM）；

(7)聯合國毒品和犯罪問題辦事處（United Nations Office of Drugs and Crime, UNODC）；

(8)世界海關組織（World Customs Organization, WCO）。

國際刑警組織亦開展培訓和邊境管理能力的訓練方案，以協助成員國改進邊境安全管理和技能。關於基本安全措施和針對具體犯罪的偵防技能的培訓課程，旨在將這些技能可以真正的付諸實施。[21]

（四）1914年國際刑警組織的12個願景

國際刑警組織始於1914年，當時來自24個國家的員警和律師首度聚會並討論如何逮捕跨國之犯罪者與通緝犯。當時籌組此國際警察組織時的四個發展主軸與十二個願景（Wishes）則是如下：

在警察一般的事務方面（General Police Matters）

1. 第一屆國際刑警大會表示希望看到不同國家的員警之間的直接、官方的接觸和促進其合作，以便使得所有的犯罪調查有助於刑事司法效率之提升。

2. 第一屆國際刑警大會希望各國政府同意允許司法和警察機關免費使用國際郵政、電報和電話語音，以便於逮捕罪犯。

3. 該大會認為各國的員警之間需要一種國際語言進行接觸，並表示希望在世界語或任何其他類似語言被廣泛用於此種目的之前，先行使用法語。

4. 該大會表示，希望所有執法學院的教師能給學生提供法醫學之培訓。

5. 為了在警察和偵查員中宣導新的搜索技術，該大會表示希望各國政府增加警察學校的數量，提供這種培訓。

---

[21] INTERPOL, Integrated Border Management Task Force.

6. 該大會認為需要瞭解職業罪犯的生物特徵，以便有效打擊他們，因此表示希望將這一問題列入未來大會討論研究的議程。

在鑑定的系統發展方面（Identification System）

7. 為了設立一個國際可利用的鑑定專業局，第一屆國際刑警大會表示希望有關政府在徵得法國政府同意的情況下，在巴黎設立一個國際鑑定專家委員會。法國政府將負責為建立以下機構奠定其基礎：

(1)建立一個國際性的鑑定之檔案；

(2)建立上述此類檔案的分類系統；

(3)建立一個國際性或全球性的違法者之資料。

該大會指示此鑑定專業局採取必要步驟，確保各個參與之各國政府就設立上述委員會展開研究與設置。

在建立中央的國際紀錄方面（Creation of Centralized International Records）

8. 第一屆國際刑警大會通過了建立中央的國際紀錄之原則，並由有關當局加以審查，且要求將此類之資料與系統，提交給依此目的而設立的鑑定委員會加以更仔細地審查之。

在引渡人犯方面（Extradition）

9. 第一屆國際刑警大會表示希望國際法律和刑法協會在其會議議程中列入對《引渡模範條約》的研究，並請他們報告其研究之結果於下一次的國際刑警大會中加以討論之。

10.作為一項指示，並為了加快這一程序，該大會表示希望國際條約或示範條約，允許在適當的司法當局之間直接傳達引渡之請求，但須遵守要求這些當局立即通知外交部，以供其之參酌並允許該政府行使其特權。

11.該大會表示希望，一旦逃亡之所在地之該國的司法當局，批准了犯罪所在地之國家的法官所發出的逮捕令，就可以進行臨時之逮捕；並在緊急情況之下進行逮捕時，假設逮捕令已確實有效存在的話，則可使用簡單的通知方式（例如透過郵寄、電報或電話傳送等）。逮捕伴隨著執行逮捕令時可能造成的任何行動，但只能對一般之刑事犯罪案件（ordinarylaw crimes）進行之，並且必須立即對被指控者進行訊問。

　　12.該大會表示，如果在兩個不同國家同時提起該訴訟，一旦被請求國的訴訟程序作出決定，就應將被引渡人移交請求國；除非該人在被請求國已送至監獄服刑，則得在服完剩餘刑期之後，再引渡移交給請求國。[22]

（五）1914年國際刑警組織的12個願景與現今發展之比較

　　1914年國際刑警表達了對未來合作的渴望。因此上述的十二個願景和優先事項今天仍然有效。來自24個國家的警察和司法代表參加了1914年的會議，以便找到解決犯罪問題並進行合作的方法，特別是逮捕和引渡程序、鑑定之技術和集中使用犯罪紀錄的想法。以下概述了1914年會議的一些目標，這些目標與該國際組織目前的活動形成鮮明之對比如下。

1. 在警察的聯繫方面（Connecting Police）

　　1914年第一屆國際刑警大會表示希望改善不同國家警察機關之間的直接接觸，以便利跨越地理邊界的刑案之調查。如今，各國之國家中央局（National Central Bureaus, NCBs）已成爲國際刑警組織的命脈。他們是在這一國際刑警領域所有活動的聯絡點，在各國家警察和全球成員國網路之間提供了至關重要的聯繫管道。各國之中央局在跨國調查、勤務行動和逮捕方面開展合作，並每天分享重要的警政資訊。該組織還召集警察和專家參加業務會議、工作小組和討論會議，各國之警察可以在以上之場合討論共同問題和分享專業知識。

2. 在通信系統方面（Communications）

　　1914年該大會認識到，如果要迅速找到和逮捕罪犯，各國之間就需要迅速進行溝通聯繫。該組織表示希望司法和警察機構能夠免費使用國際郵政、電報和電話語音。如今，通信技術在過去的一個世紀裡有了不可估量的發展。1935年，該國際組織啓動了第一個國際無線電網路，提供了一個獨立的電信系統，專門供各國刑警機構之使用。莫爾斯電碼（Morse

---

22 INTERPOL, The Wishes Expressed at the Sessions or Assemblies Held on 15, 16, and 18 April 1914.

code）是在過去使用，現今連結全球之員警則透過I-24/7新的安全並植基於網路之通信功能。每年通過I-24/7發送數以百萬計的訊息，這也使得各國之中央局能夠即時查詢該組織的資料庫。此通信之功能在1914年時，警方很難想像有如此之新功能與此種巨大的變化。

3. 在語言使用方面（Languages）

1914年該大會認為需要選擇一種共同語言，以協調各國之間的溝通。當時法語被指定為國際語言，如果世界語（Esperanto）變得足夠廣泛，則被提及作為該組織未來可能使用之官方語言之一。如今，雖然世界語從未被採用，但法語仍然是官方使用之語言，同時與英語、西班牙文（於1955年）和阿拉伯文（於1999年）亦成為該官方之語言。該組織的工作人員代表著使用語言的多樣性，該組織之總秘書處及其各地區之區域局共僱用了大約100種國籍的人員。因此指揮和協調中心的工作人員，可精通幾種不同的語文，因此可以方便的向成員國提供協助。

4. 在培訓方面（Training）

1914年培訓被認為至關重要，包括對執法之學員的法醫學培訓和對警察的調查培訓。如今，培訓仍然被認為是一個優先之事項，因為該組織提供了一系列課程，從如何使用該組織的資料庫和服務，到特殊的犯罪和其調查之培訓課程。每年有成千上萬的受訓者受益。國際刑警組織全球學習中心是一種線上服務之系統，透過電子學習模組補充了傳統培訓方法之不足。鑑於該組織的國際成員資格以及跨越地理邊界和時區開展工作的必要性，這種培訓之課程提供是特別方便與有效。

5. 在犯罪鑑定方面（Identifying Criminals）

1914年由於犯罪分子經常更換身分證件或攜帶偽造身分證件旅行，該組織認為有必要記錄犯罪分子的「生物特徵」。如今，法醫專門知識和法醫資料的交流，對國際犯罪之調查愈來愈重要，因為犯罪分子使用假身分證件旅行比以往任何時候都更為頻繁。該組織的法醫資料庫使警方能夠鑑別該分子身分之真偽，並在跨國間將犯罪分子和犯罪現場予以鑑定確認。至今該組織有關指紋、DNA圖譜（自2002年以來）和面部識別圖像（自

2016年以來）均已經建立起資料庫。它們每年可造成數以千計案件的鑑別。該組織的警務先進們，在使用紙本的指紋時，從來沒有想像有如此巨大的鑑定技術之發展。

6. 標準化的資料查詢系統（Standardizing Records）

1914年鑑於所使用的分類系統之太多樣，該國際刑警組織大會認識到需要建立一個標準化和集中的國際刑案紀錄系統。如今，該組織向成員國提供了即時、直接地使用一系列的包含數百萬紀錄的犯罪資料庫。其中包括罪犯姓名、被盜旅行證件、藝術品和車輛、武器、個人生物資訊和對兒童的性剝削圖像等的資訊。該系統查詢的回應時間不到一秒。過往多年來該組織的紀錄保存在紙卡上，資料是使用卡片索引檔案手動編譯和分析的。

7. 在引渡方面（Extradition）

1914年引渡是當時該大會的一個關鍵討論點，有四個願景與這一議題有關。出席者認為有必要制定一項引渡模範條約，以便迅速轉交引渡請求，並將請求作為臨時逮捕的依據。如今，紅色通報（Red Notices）也許是最具代表性的工具。這些通報是應成員國的請求而發出的，其目的是尋找被通緝者的地點並逮捕他們，以便引渡或採取類似的合法行動。每年發布數千份紅色通報，並透過警察專用的安全管道以電子方式傳送給所有會員國。該組織正在制定一項引渡時之電子新方案，以標準化各國引渡之規範與其流程，此乃在各國之間使用之司法程序，然而在很大程度上仍然是依賴郵政或外交郵袋等傳統模式進行之。[23]

（六）國際刑警組織的策略

2017年至2020年國際刑警組織的策略乃是要實現下列五個關鍵目標，其策略圖架構中之願景、任務以及五個關鍵目標，則如圖1-3之所示。其中願景即為：國際刑警組織乃為了聯繫全球之警察共創一個更安全之世

---

[23] INTERPOL, 12 Wishes: Then and Now, https://www.interpol.int/Who-we-are/Our-history/12-wishes-then-and-now.

圖 1-3 國際刑警組織2017-2020年的策略架構

界。至於其任務則為：透過提升全球警察與處理安全問題之創新作為與密切的合作，來預防與打擊犯罪。而有關其策略的五個關鍵目標，則如下所述。

1. I 24/7以及各類資料庫擔負全球執法合作之資訊查詢中心

　　各國警察之資訊交流是國際刑警組織的任務核心，該國際組織透過安全的溝通管道連接各個成員國的國家中央局。並且繼續加強其技術基礎與設施，擴大其資訊與情資服務的效率，並實現與其他相關資訊系統的互通性。其資料庫中目前有9,000萬條紀錄。全世界警方每年進行46億次資料之搜尋，相當於每秒170次的情資查詢，而查詢獲得回應時間為0.5秒。

2. 提供最先進的警務能量，支援成員國打擊和預防跨國犯罪

　　該組織力求成爲全球、區域、國家和地方執法努力的催化劑。提供一系列警務能量和專業之知識，例如資料庫、取證和培訓等之服務。而I-Core乃所謂之國際刑警組織的業務相關性能力之服務專案（INTERPOL's Capabilities for Operational Relevance），其正在評估該組織爲各會員國提供的服務範圍，以確保能夠滿足未來全球警務之需要。I-Core專案將制定一個一定標準之架構，用於建立一個靈活的有效之警務服務系統與組合。

3. 引領全球創新警政之方法

　　創新是該國際組織工作文化的核心。作爲全球執法領域的領導者，該組織專注於未來之趨勢和新策略，並爲了挑戰執法之現狀與創新理念提供一個論壇。該組織的策略會談會議（StratTalks）爲各成員國和國際刑警組織之代表，提供一個聚焦於未來的對話機會。2017年度論壇的議題則包括研討技術之提升、人口移動、人口變遷、環境以及經濟和貿易等因素，對於國家、區域和全球員警合作之影響。

4. 最大限度地發揮國際刑警組織在全球安全問題中的影響作用

　　該國際組織尋求團結國際社會致力於安全的共同目標，並加強國際執法能力，以便實現這些目標。並透過這些策略夥伴之關係，進一步鞏固了該組織對於全球執法方面的影響。而所謂之「Opson」[24]之食品監管勤務行動乃是國際刑警組織和歐盟執法合作署之間的年度合作，將警察、海關和國家食品監管當局聯合在一起，從市場上清除假冒和不合格的食品和飲料之行動。而所謂之刑事司法專案（CRIMJUST）是該組織與聯合國毒品和犯罪問題辦公室和國際透明組織合作實施的專案，其目的是加強刑事偵查和刑事司法互助之工作。

---

[24] 古希臘字，名詞，在古希臘美食中，美味佳餚如熱魚，被認爲是餐點的一個組成部分。國際刑警組織以此字當作其檢查僞變造食品（fake food and beverages）的勤務活動之專案代號。Your Dictionary, Opson.

5. 整合資源與組織結構，以提高執行績效

　　該國際組織繼續使其結構和流程現代化，以確保更有效地提供其能量和服務。並透過強有力的監督和評估機制，持續致力於透明化和監督。其人力資源策略乃致力於培訓和技能之發展，並提高領導能力，以及為該組織的未來尋找最有效的人才。[25]

二、歐盟執法合作署

　　歐盟的歷史可追溯至1952年建立的歐洲煤鋼共同體，當時只有6個成員國。1958年又成立了歐洲經濟共同體和歐洲原子能共同體，1967年統合在歐洲各共同體之下，1993年又統合在歐洲聯盟之下，歐盟已經漸漸地從貿易實體轉變成經濟和政治聯盟。同時，歐洲經濟共同體和後來的歐盟在1973年至2013年期間進行了八次擴大，成員國從6個增至28個。歐盟的主要機構有歐盟高峰會（European Council，成員國家首腦組成）、歐盟理事會（Council of the European Union，成員國家部長組成的歐盟的上議院）、歐盟執委會（European Commission, EC，歐盟的行政機構）、歐洲議會（European Parliament，歐盟的眾議院，唯一的直接民選機構）、歐洲法院、歐洲中央銀行等。此外，歐洲原子能共同體也在歐洲共同體的管轄範圍之內，但在法律上是獨立於歐盟的國際組織。歐洲議會由在擴大後的歐洲聯盟28個成員國中選出的751名議員所組成。自1979年以來，議員由直接普選產生，任期為五年。

（一）歐盟執法合作署發展過程概述

　　現今之歐盟執法合作署（European Union Agency for Law Enforcement Cooperation），乃為1993年創立之歐盟警察組織（European Police Office, EUROPOL）的名義而聞名。至於此聞名的歐盟警察組織於2010年新更名為歐盟警察署，在歐洲聯盟之中的執法機構，負責處理犯罪情報和刑事情

---

[25] INTERPOL, Strategic Framework 2017-2020.

報；然而之後，歐洲議會經過三年的協調，於2016年5月11日批准了歐盟警察組織的新法律規範，亦即2017/794條例，從而廢除了前述2009年決定於2010年新更名之決議。於是該條例於2017年5月1日生效，並將2010年更名之「歐盟警察署」再度更名為今日之歐盟執法合作署。

　　歐盟執法合作署乃透過歐盟各成員國執法之機構的互助與合作，打擊嚴重的國際組織犯罪和恐怖主義。該機構沒有行政權力，其官員無權逮捕嫌疑人，或未經成員國執法之主管當局事先之批准而採取行動。至2016年該組織位於荷蘭南部海牙，共有1,065名員工。原來之歐盟警察組織起源於義大利的TREVI，這是1976年由歐洲共同體內政部長和司法部長們所設立的安全合作論壇。起初TREVI會議的重點是國際恐怖主義，但很快就開始涵蓋共同體內的其他跨境犯罪領域。1991年6月28日至29日在盧森堡舉行的歐洲首腦會議上，德國總理Helmut Kohl呼籲建立一個類似於美國聯邦調查局（FBI）的歐洲員警機構，從而為整個歐洲的警察合作播下了種子。在首腦會議上，歐盟高峰會同意在1993年12月31日之前設立一個「中央歐洲刑事調查辦公室」（Central European Criminal Investigations Office）。另外於1992年，原歐洲共同體之全體12個會員國簽署《馬斯垂克條約》（Maastricht Treaty），又稱《歐洲聯盟條約》，並預計於1993年11月1日生效成立今日所謂之「歐盟」。[26]該條約第3條即預留了成立一個歐盟警察組織的空間。1993年4月2日，歐盟警察組織成立，但此時歐盟尚未正式成立，因此EUROPOL不是歐盟組織，只是一個由未來的歐盟成員國捐款成立的國際組織。1998年10月1日，根據《歐盟條約》第3條而簽訂的《歐盟警察組織公約》（EUROPOL Convention）生效，提供了EUROPOL作為歐盟組織的法律基礎。[27]2010年1月1日，歐盟警察組織成為歐盟的常設機構，其經費從歐盟公共預算中支出，職掌範圍也擴大，不再限於協助各國警方調查組織犯罪，而是也能協助調查一切的跨國之犯罪。[28]

---

[26]　維基百科，《馬斯垂克條約》。

[27]　維基百科，歐洲刑警組織。

[28]　Wikipedia, the free encyclopedia, EUROPOL.

　　歐盟執法合作署是在管制、檢查和監督治理制度的基礎上，以民主的方式來管理之國際組織。歐盟各國之司法和內政部長、歐洲議會之議員（MEPs）[29]、其他歐盟機構，以及其管理委員會等機構，都在管理歐盟執法合作署，並確保其承擔責任等方面發揮著重要之作用。

　　歐盟警察組織自2010年以來一直是歐盟下轄的一個機構。它對由所有歐盟成員國相關部長組成的司法和內政部長理事會（Council of Ministers for Justice and Home Affairs, JHA）負責。該理事會負責歐盟警察組織的主要管制和指導，並任命該機構的執委會之主任和副主任。該理事會會同歐洲議會一起批准歐盟執法合作署的預算，這是歐盟總預算的一部分，並律定與歐盟警察組織工作有關的條例或規範。

　　歐洲議會在監督歐盟警察組織方面發揮著重要之作用。其除了通過該歐盟警察組織的年度預算外，其還得發布解除歐盟執委會，其對某一預算的管理責任，並得指出該預算經執行完成之後的結束時間。歐洲議會根據前述歐盟部長理事會的建議，來批准與解除歐盟委員會管制歐盟警察組織預算的責任。在通過關於歐盟警察組織的新的理事會條例時，也必須徵求歐洲議會的意見。[30]

　　至此歐盟警察組織已完全融入歐洲聯盟，如前所述歐盟司法和內政理事會更於2009年4月6日通過了第2009/371/JHA號決議。自2010年1月1日此號決議將取代過去之《歐盟警察組織公約》，並改革了歐盟警察組織，使其成為「歐盟警察署」，其用意乃該新組織應適用於所有歐盟機構的一般規則與程序。而其名稱改變之原因乃由於有不同的期待所造成，例如其可加強對各成員國打擊重大及有組織犯罪之力度，以及便於歐洲議會的預算控制和行政簡化。該新的歐盟警察署，其32,000平方米的總部大樓由Frank Wintermans設計，由荷蘭女王Beatrix於2011年7月1日在處理前南斯拉夫問題的國際刑事法庭旁邊之海牙的國際區啟用。

　　歐洲議會經過三年的協調，於2016年5月11日批准了歐盟警察組織的

---

[29] 歐洲議會由在擴大後的歐洲聯盟28個成員國中選出的751名議員組成。自1979年以來，議員由直接普選產生，為期五年。MEPs European Parliament, Members of the European Parliament.

[30] EUROPOL, Governance & Accountability.

新法律規範，亦即2017/794條例，從而廢除了前述2009年決議。新規範賦予歐盟警察組織更多的反恐權利，但也包括增加工作人員培訓和交流之方案，以便建立更堅實的資料保護系統，加強歐盟議會對歐盟警察組織的控制。因此於2017年5月1日生效，並將2009年更名之「歐盟警察署」再度更名爲歐盟執法合作署。[31]

（二）歐盟執法合作署之組織

在2017財政年度，歐盟執法合作署的預算約爲116.4歐元。截至2016年12月該署共有1,065名工作人員，其中32.3%爲女性，67.7%爲男性，包括與該署簽訂的僱用合同之員工，成員國或者第三國及其相關組織的聯絡官、借調的各國之專家、受訓人員和承包商。其中201名工作人員是聯絡官和大約100名分析員。除管理委員會和聯絡局（Liaison Bureaux）之外，歐盟執法合作署之管理委員會還有下轄的一個執行處，在執行日常之所有有關歐盟國家之安全與其執法合作之事務。其組織如圖1-4之所示。

1. 歐盟執法合作署之管理委員會（EUROPOL Management Board）

作爲歐盟執法署行政和管理結構的一個組成部分，歐盟執法署管理委員會爲該組織的主要治理機構。它提供了一個獨特的平台，以確保並監督歐盟執法合作署繼續作爲一個值得信賴的夥伴，以及能滿足了歐洲聯盟執法界的需要和期望，並在此過程中爲更安全的歐洲做出貢獻。其主要職責是向各國相關機構提供策略性之指導，以及監督其任務的執行，並透過其年度和多年期工作方案和年度預算，來履行歐盟執法署設想的治理責任與願景。該管理委員會由參加歐盟執法署的每個歐盟成員國的一名代表，以及歐盟的執委會之代表所共同組成。管理委員會平均每年舉行四次會議，而其關於組織事務（working group on corporate matters）和資訊管理（working group on information management）的兩個工作組則全年定期舉行會議。管理委員會秘書處向管理委員會主席及其工作組提供協助。[32]

---

31 同前註28。

32 同前註30。

　　如上所述，歐盟執法署之管理委員會由所有成員國和歐洲聯盟委員會的代表組成，每個代表有一票表決權。該管理委員會的決定需要絕大多數決，每年至少就歐盟執法合作署目前和未來的活動以及通過預算、各類方案之相關資料和一般年度報告等事務，舉行兩次會議。管理委員會將其決定轉交歐盟之司法和內政理事會，供該理事會審議。管理委員會的職能包括秘書室、資料保護室、內部稽核室和會計室等，如圖1-4所示。[33]

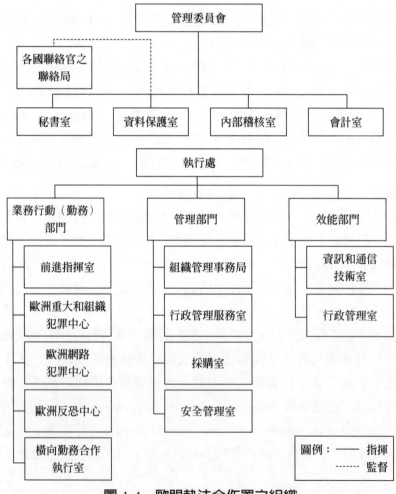

圖 1-4　歐盟執法合作署之組織

2.歐盟執法合作署之執行處（**EUROPOL Directorate**）

除前述之管理委員會和各國派駐該署之聯絡官的聯絡局之外，[34]歐盟執法合作署還在執行處之主任的領導下分為三個不同的部門，如圖1-4所示。歐盟執法署之執行處由一名執行處主任領導（Executive Director），下分為三個不同的部門：1.業務行動（勤務）部門，包括前進指揮室（Front Office）、歐洲重大和組織犯罪中心、歐洲網路犯罪中心、歐洲反恐中心、橫向勤務合作執行室等；2.管理部門，包括組織管理事務局、行政管理服務室、採購室、安全管理室等；3.效能部門，包括資訊和通信技術室、行政管理等室。

歐盟執法合作署之執行處是該署的日常領導，其由歐盟司法和內政理事會任命，任期四年。截至2018年該機構由執行主任Catherine De Bolle領導。歐盟司法和內政理事會與歐洲議會一起批准歐盟執法合作署與其工作有關的預算和條例。該歐盟司法和內政理事會向歐洲議會提交一份關於該機構工作的年度報表，歐洲議會還得免除歐盟執法合作署管理既定預算的責任。2009年之前，原來之歐盟警察組織只是一個獨立之國際機構，因此歐洲議會對其缺乏有效的審查權。2009年至2017年歐洲議會一直是控制歐盟警察組織的唯一機構。2017年4月23日至25日在Bratislava舉行的歐盟議長會議上（EU Speakers Conference in Bratislava）成立了議會聯合審查小組（Joint Parliamentary Scrutiny Group, JPSG），使歐盟議會和各個歐盟國家議會，都能對歐盟執法合作署行使控制權。[35]

在其日常運作中，歐盟執法署之執行處由一名執行主任領導，執行主

---

[34] EUROPOL, Liaison Officers.
歐盟執法合作署的聯絡官系統確保歐盟成員國和非歐盟夥伴的執法機構的利益在該署得到一定之代表。每個成員國都有一個該國指定為歐盟執法合作署之代表機構，其作為該國與歐盟執法合作署之間的聯絡機構。每個會員國之該代表機構至少有一名代表派駐前往該署之總部之聯絡局，在該聯絡局之內每個成員國都設置有自己的辦事處。各國之聯絡官不受歐盟執法合作署及其主任的指揮（僅是監督與協助之關係）。此外，他們依其本國之法規行事。因此，來自41個國家以及國際刑警組織（INTERPOL）和歐盟司法合作組織（Eurojust）的聯絡官被安排在聯絡局之內，從而促進了他們之間的溝通，以及與各自的國家當局之間的溝通。

[35] 同前註28。

任是在歐盟司法和內政部長理事會，在獲得歐盟執法合作署之管理委員會的意見後，根據該理事會的一致決定任命的。執行主任任期四年亦得連任，其負責管理下列事項：1.監督歐盟執法署的行政管理事務；2.確保分配給歐盟執法署的任務之執行；3.督督人事業務的管理；4.根據條例或管理委員會委託給他的任何其他任務。歐盟執法署現任執行主任是Catherine De Bolle，她於2018年5月上任迄今。執行主任的職務由三名副主任協助，副主任也由理事會任命，任期四年，亦得有連任。[36]

歐盟執法合作署之執行處主任，能夠與其他國家和國際組織締結協定。截至2017年9月止，歐署與阿爾巴尼亞、澳大利亞、波士尼亞與赫塞哥維納、加拿大、丹麥、哥倫比亞、喬治亞、冰島、列支敦斯登、摩爾多瓦、摩納哥、蒙特內哥羅、北馬其頓、挪威、塞爾維亞、瑞士、烏克蘭和美國以及國際刑警組織等國或者國際組織，締結合作之協定（co-operates on an operational basis agreement）。另外，該署與巴西、中國、俄羅斯、土耳其、聯合國毒品和犯罪問題辦公室以及世界海關組織（World Customs Organization, WCO）簽訂了策略合作之協定（strategic agreement）。[37]

（三）歐盟執法合作署之任務和活動

歐盟授權歐盟執法合作署協助歐盟成員國打擊國際犯罪，如非法藥物、販運人口、智慧財產權犯罪、網路犯罪、偽造歐元和恐怖主義等，並作為執法合作、專業知識和犯罪情報的中心。歐盟執法合作署或其官員沒有行政權力，因此他們沒有逮捕權，未經各該國當局批准就不能進行調查。歐盟執法合作署2016年至2020年的策略，將側重在打擊網路犯罪、有組織犯罪和恐怖主義，以及建設其資訊技術能力。至於2010年至2014年上一個週期的策略，則在將其變成為歐洲刑事情資之中心奠定了基礎。2017年歐盟重大和組織犯罪之威脅評估中，確定了八個優先處理的犯罪領域，

---

[36] 同前註30。

[37] 同前註28。

其包括網路犯罪；毒品生產、販運和分銷；偷運移民；有組織之財產犯罪；人口販運；犯罪融資和洗錢；文件之欺詐；非法商品和服務的線上貿易等。

　　該歐盟執法合作署的任務活動包括分析和交流資訊，例如：1.交換犯罪情報，協調調查工作和勤務活動，以及聯合調查之工作；2.執行威脅評估、策略和業務分析以及一般情況報告；3.發展預防犯罪和鑑識方面的專業知識。又歐盟執法合作署亦將其協調和支援之工作，加諸在自由、安全和司法領域設立的其他歐盟機構，例如歐洲聯盟執法培訓機構、歐洲反詐欺辦公室和歐盟危機管理任務委員會等。該署還負責協助歐盟高峰會和歐洲聯盟委員會制定執法方面策略和業務的優先事項。[38]

（四）歐盟執法合作署之任務、願景暨策略與其效益

　　歐盟執法合作署的任務是支援其會員國預防和打擊一切形式的重大國際和組織犯罪與恐怖主義。歐盟執法合作署的願景是通過提供一套獨特和不斷發展的新的執法工作之技能和服務，來支援會員國的執法當局，從而為更安全的歐洲做出貢獻。

　　歐盟執法合作署2016年至2020年有下列三個策略目標：1.歐盟執法合作署將成為歐盟刑事資訊之分享中心，向成員國執法當局提供資訊分享之功能；2.歐盟執法合作署將透過開發和使用全面的服務平台，向成員國的刑事偵查提供最有效的業務支援和專門之知識；3.歐盟執法合作署將是一個高效的組織，具有有效的管理與正面的影響與的聲譽。[39]至其策略目標的細部策略作為與其所產生之效益論述之如下：

1. 歐盟執法合作署2016年至2020年第一個目標之策略與效益

　　第一個目標之細部策略有三：

　　(1)發展必要的資訊和通信技術能力，以最大限度地交流和提供犯罪之資訊。其預計將從過去使用特定之資訊和通信技術系統和資料

---

[38] 同前註28。

[39] EUROPOL, EUROPOL Strategy 2016-2020.

庫中（specific Information and Communications Technology systems and databases, ICT system）提升其資訊運用之功能，並引入新的綜合資料管理之概念（Integrated Data Management, IDM），其改變之首要重點乃是，資訊和通信技術系統、資料庫必須根據執法機構之需要，以便能滿足其獲取、儲存和傳播現有資訊的業務需求。

(2)提供有效和即時的第一手資訊之交流。該署將提供一個24/7全天候的資訊服務中心，以最大限度地向會員國提供資訊。此外，歐盟執法合作署將與會員國合作提高其合作的品質，特別是在資訊交流的品質和反應速度方面，其中例如透過更多地使用通用資訊之新技術等工具（Universal Message Format）。

(3)從策略上加強與合作夥伴的夥伴關係。歐盟執法合作署將繼續促進和進一步發展與所有執法當局的合作，包括會員國的海關和反恐部門。同時，歐盟執法合作署的目標是透過保持其業務之性質及其對各會員國的協助之職能，欲進一步加強與第三國（如美國、地中海國家、西巴爾幹地區各國）的夥伴關係。鑑於歐盟面臨的全球挑戰，例如在網路犯罪、移徙和恐怖主義等領域，與國際刑警組織的合作將仍然是特別的重要，並將透過更密切地調整和制定共同策略行動，以便得到更密切的互助與合作。

至於此第一個目標之效益如下：1.歐盟執法合作署會員國的執法機構和其他夥伴將利用該署獨特的資訊共享平台，將歐洲和其他地方的500多個執法機構聯繫起來，以獲取多個相關之資訊來源。2.歐盟執法合作署的核心資訊管理機制，將為資訊交叉比對和鑑識工作之線索，提供快速、不間斷的服務。3.歐盟執法合作署作為歐盟刑事資訊的總體運作中心，將為各會員國提供主要的情報與相關資訊之依據，使其能夠清楚地瞭解歐洲地區內部安全威脅的情報。

2. 歐盟執法合作署2016年至2020年第二個目標之策略與效益

第二個目標之細部策略有四：

(1)支援會員國在重大和組織犯罪領域的調查。歐盟執法合作署將以情資為導向的警務原則（intelligence-led policing）納入其結構、流程和資

訊之中。歐盟政策的優先事項，將是在重大和組織犯罪領域向會員國提供業務協助。因此至少在2017年之前，業務之協助將側重於為非正常移徙、人口販運、可卡因和海洛因、合成毒品、組織之財產犯罪、非法販運武器、商業欺詐、假冒商品和網路犯罪等，提升上述之犯罪成為「安全的議題」（Security Agenda）的優先領域之一。

(2)支援會員國在網路犯罪領域的調查。歐盟執法合作署將為網路犯罪調查提供業務之協助，特別是針對以下之犯罪：1.有組織團體實施的犯罪，特別是那些產生大量犯罪利潤的團體，如網路欺詐等；2.對受害者造成嚴重傷害之犯罪，例如網上對兒童的性剝削等；3.影響歐洲聯盟的關鍵基礎設施和資訊系統等犯罪；另外，加強與私營部門、學術界和非政府組織（NGO）的合作等，對於獲得跨學門之專門知識、促進創新和跟上最新的安全和技術發展等之新策略之發展亦至關重要，期能為網路犯罪之抗制提供便利之對抗要素。

(3)加強反恐方面的合作。歐盟執法合作署將在歐盟資訊系統（EUROPOL Information System, EIS）[40]和交換安全資訊之網路應用系統（Secure Information Exchange Network Application, SIENA）[41]等情資系統之內，採用安全、有針對性的解決方案，以促進和加強反恐領域的資訊交流。此外，在發生重大恐怖事件時，該署將能夠提供一個第一時間反應之網絡（First Response Network），以最佳方式支援會員國的調查。

(4)開發和管理高品質的分析支援系統和不斷發展的交叉營運能力之

---

[40] 歐盟執法合作署之EIS資訊系統，是該署的犯罪資訊和情報資料庫。它涵蓋該署所有授權之各類犯罪類型，包括恐怖主義。該系統於2005年啟動，有22種語文版本，記載有關於嚴重國際罪行、嫌疑人和被定罪者、犯罪結構和實施這些犯罪的手段的資訊。它是一個犯罪資訊的參考系統，可用於檢查關於某人或相關之物體，如汽車、電話或電子郵件等之資訊，在其會員國內或該署管轄範圍之外的區域，均可以有效的提供相關之犯罪資訊。

[41] 交換安全資訊之網路應用系統是一個最先進的情資應用平台，可滿足歐盟執法部門的通信需求。該平台使歐盟執法合作署的聯絡官、分析人員、專家以及與該署有合作協定的協力機構之間，能夠迅速和方便使用、交流與犯罪有關的業務和資訊。該系統於2009年7月1日啟動，以下機構和國家開始使用該系統：歐盟執法機構、歐盟司法合作組織和國際刑警組織等合作夥伴；以及歐盟以外的合作國家，例如澳大利亞、加拿大、挪威、列支敦斯登、摩爾多瓦、瑞士和美國等。今後的計畫包括將該系統推廣到以下區域或單位：包括海事情資分析和麻醉品行動中心、員警海關合作中心、旅客資訊單位、金融情資管制單位，也有計畫透過機器翻譯成多種歐洲之語言，並能提供該SIENA的情資，給相關機構使用。

方案。行動和策略分析仍將是歐盟執法合作署業務協助的基礎。分析的技術將不斷發展，以保持最佳運用該署掌握的資訊，以便爲會員國提供獨特和寶貴的情報。

　　至於此第二個目標之效益如下：1.摧毀重大和組織犯罪網路，並能注重移民偷渡網絡之防範；2.在網路犯罪領域取得更多的行動成果；3.歐洲對恐怖主義採取更加協調一致的行動對策；4.不斷發展的營運支援專案和服務之方案；5.提高營運服務的品質和創新方法；6.增強情資的運用效果。

3. 歐盟執法合作署2016年至2020年第三個目標之策略與效益
　　第三個目標之細部策略有二：
　　(1)確保有效且高效率和負責任地管理歐盟執法合作署的資源。爲了最佳地支援各會員國，歐盟執法合作署將繼續援用和發展工作人員適當的能力和技能，並努力獲得最佳之資源。
　　(2)向利益攸關方和歐盟公民宣傳歐盟執法合作的附加價值和成就。作爲一個促進歐洲合作和一體化的歐盟機構，歐盟執法合作署還負責向更廣泛的歐洲大眾宣傳其活動的附加價值。並向利益攸關方和歐盟公民宣傳歐盟執法合作的成就。
　　至於此第三個目標之效益如下：1.歐盟執法合作署能健全的管理和更具有成本效益的使用資源；2.提高歐盟執法合作成果的能見度。

（五）對於歐盟執法合作署內、外部之多種監督機制

　　第一個層次對歐盟執法合作署的監督，則包括在歐洲聯盟委員會之中，其對於歐盟所轄各部門和機構的內部稽核處（Internal Audit Service, IAS）的稽核員職權範圍之內。作爲歐盟執法合作署作內部之稽核，其不是爲了歐盟委員會審計該署，而是爲了該署做其內部之審計工作，對該署應執行工作之程序提供了更廣泛、獨立的看法，爲可能出現的問題提供解決之方案。
　　另一個較低層次的內部監督，則由該署幕僚單位的內部稽核室

（Internal Audit Capability, IAC）所提供，如圖1-4之所示，該室則在歐盟執法合作之署內運作，由管理委員會任命並完全對其負責。至於管理委員會的使命是通過提供基於風險和客觀的評估與建議，以便加強和保護歐盟執法合作署的組織之功能與價值。

另外，歐盟議會聯合審查小組（Joint Parliamentary Scrutiny Group, JPSG）的任務則是，對歐盟執法合作署的活動進行政治監測和審查。該歐洲議會聯合審查小組成員，由各成員國國家議會的議員（至多各4名議員）和歐洲議會的議員（最多16名議員）所組成。該小組每年舉行兩次會議，在此之前歐盟執法合作署必須提交與其行動有關的檔案，供聯合審查小組討論。在這些檔案中，歐盟執法合作署傳遞威脅評估、戰略分析、歐盟執法合作署多年期計畫，年度工作方案以及歐盟執法合作署之綜合年度活動報告等資料。聯合審查小組根據《歐盟總功能條約》（Treaty on the Functioning of the European Union, TFEU）第88條規定開展該審查工作。

另外有歐盟之內部安全業務合作常設委員會（Standing Committee on Operational Cooperation on Internal Security），其作為歐盟司法和內政理事會（EU Justice and Home Affairs Council, JHA）的一個常設委員會，歐盟執法合作署接受該內部安全業務合作常設委員會的監督，該委員會乃為了確保歐洲聯盟能促進和加強業務合作以及內部之安全。該常設委員會的作用是查明可能存在的缺點，並通過具體建議來解決這些問題。

至於歐洲資料保護監督員（European Data Protection Supervisor, EDPS）乃保證個人的權利，能受到歐盟執法合作署所掌握資料的儲存、處理和使用之保護。歐盟執法合作署之法規，加強了該署之執法的能力，但它亦必須加強其執法程序和資料保護權利之保障，並使其符合歐盟相關條約的規範，特別是確保每個人都有權向獨立的資料保護機構提出申訴，而該機構的資料保護之決定必須接受司法之審查。

另外亦有所謂之歐洲監察員（European Ombudsman），為歐盟執法合作署提供了另一層次責任監督之機制。歐洲監察員的使命是通過與包括歐盟執法合作署在內的歐盟機構間，以民主之合作方式，建立一個更有效、更負責、更透明和更合乎道德的行政管理程序與作為。它調查對歐盟

相關機構和機關的投訴案件。任何對這些機構和機關活動中的行政失當感到關切的民眾，都有權就此事件向該歐洲監察員提出申訴。[42]

三、歐盟司法合作組織

歐盟司法合作組織是歐盟司法互助（Judicial Cooperation in Criminal Matters, JCCM）的一部分。其主要任務是打擊恐怖主義，打擊和預防武器走私、毒品走私、販賣人口、兒童之色情以及洗錢等犯罪。

（一）歐盟司法合作組織之演進與其發展

1999年10月15日和16日在芬蘭坦佩雷（Tampere）舉行的歐盟高峰會，會議首次討論了設立司法合作組織的問題，歐盟國家元首和政府首腦出席了此次會議。這次會議致力於在團結的基礎上，在歐洲聯盟建立一個自由、安全和正義的司法合作機制，並通過鞏固當局之間的合作加強打擊跨界犯罪的努力。為加強打擊重大和組織犯罪，歐洲理事會在其第46號決議中商定，應設立一個由國家檢察官、治安法官或同等能力的警官所組成的單位，亦即為歐盟司法合作組織，由每個會員國獨立的根據本國之法律制度來配合運作之。

2000年12月14日在葡萄牙、法國、瑞典和比利時的倡議下，成立了一個臨時司法合作機構，稱之為「臨時的歐洲司法合作組織」（A provisional judicial cooperation unit was formed under the name Pro-Eurojust），在布魯塞爾理事會大樓內運作。該臨時之機構是歐洲司法合作組織的前身，其目的是使其成為來自所有會員國的檢察官，所組成的處理合作事務的委員會，歐洲司法合作組織的運作原則，將在這裡受到嘗試和檢驗。此臨時的歐洲司法合作組織，在歐洲聯盟當時瑞典擔任主席之期間，於2001年3月1日正式開始運作。

隨著美國2001年9月11日的招受恐怖攻擊，對反恐問題的關注從

---

[42] 同前註30。

區域、國家領域轉向了最廣泛的國際，因而歐盟司法和內政理事會第2002/187/JHA號決議，正式確定此歐盟司法合作組織之創立。2002年上半年當西班牙擔任歐盟主席期間，達到了重要的里程碑，亦即該年之2月28日公布了成立該組織之決議，之後當年之5月公布了預算，6月商定了該組織之議事規則。自2002年以來，歐盟司法合作組織得了巨大的成長，其業務任務和參與歐洲司法合作也有了巨大的成長，因而有必要擁有更多的權力和一套經此再次修訂的運作規則。

2003年4月29日，該組織搬到其在海牙（Hague）的所在地。而該組織在成立後就面臨著擴大的挑戰，2004年5月，10個新的國家成員加入該組織，另外2名成員國亦於2007年1月加入，最後一個成員於2013年7月加入，使會員國總數達到28個國家。歐盟司法合作組織還積極與第三國和其他歐盟機構談判合作之協定，期望能交流司法資訊和嫌犯的個人資料。除此之外，還與歐洲刑警組織、挪威、冰島、美國、歐洲反詐騙局、瑞士、北馬其頓、摩爾多瓦、蒙特內哥羅和烏克蘭締結協定。並在挪威、美國、瑞士、蒙特內哥羅、烏克蘭和北馬其頓指派了聯絡之檢察官。除合作協定外，歐盟司法合作組織還在全球設置有聯絡點之網絡。

《里斯本條約》（The Lisbon Treaty）之第85條載有歐盟司法合作組織發展的重要的里程碑之階段發展，其中提到歐盟司法合作組織並界定了其之使命，即為「支援和加強各會員國之間的調查和起訴的協調與合作，以及影響兩個或兩個以上會員國的重大犯罪有關當局的合作」。歐盟成員國於2007年12月13日簽署了《里斯本條約》，並於2009年12月1日生效。它的重要性乃在於，其修訂了1992年歐盟在荷蘭簽訂的《馬斯垂克條約》，並且修正了2007年所稱之《歐洲聯盟條約》（Treaty on European Union），1957年的《羅馬條約》（Treaty of Rome），以及於2007年稱之為《歐洲聯盟運作條約》（Treaty on the Functioning of the European Union）等條約之修正。

2013年7月，歐盟委員會向歐洲議會和歐盟高峰會提交了一份提案，建議制定一項關於歐洲司法合作組織的新條例，為新的刑事司法合作機構，亦即歐盟司法合作組織，提供一個單一和經過更新的法律架構。其

成為前述於2002年倡議的歐盟司法合作組織法律之規範，立下了依據之法理基礎。經過廣泛的討論，歐洲議會和理事會於2018年11月通過了《歐洲聯盟機構間之刑事司法合作條例》（Regulation on the European Union Agency for Criminal Justice Cooperation）。該條例建立了新的治理制度，澄清了歐盟司法合作組織與歐洲檢察院（European Public Prosecutor's Office）之間的關係，規定了新的資料保護之制度，通過了歐盟司法合作組織對外關係的新規則，並加強了該組織的作用，而且歐盟和各國議會對該組織的活動亦得進行民主之監督。[43]

　　因而歐盟司法合作組織目前之組織如圖1-5之所示。其中，歐洲司法合作組織由28個國家成員所組成，每個歐洲聯盟成員國各有一名代表。各國之代表是根據各國的法律制度所規範與推舉出來的，是具有法官、檢察官、警官或者同等資歷之官員。各成員國之代表組成歐盟司法合作組織之理事委員會（College），負責歐盟司法合作組織的組織和運作，在此理事委員會之下並設有資料保護室、會計室襄助之。歐盟司法合作組織可以通過一個或多個國家成員國，或者上述之理事委員會來完成其任務。2017年10月理事委員會選舉斯洛伐克共和國國家成員Ladislav Hamran為主席。德國Klaus Meyer-Cabri和義大利國家成員Filippo Spiezia分別於2016年11月和2017年12月當選為副主席。

　　歐盟司法合作組織的理事委員會之下設有行政管理處，有一位主任來主導其行政事務（Administrative Director）。該位主任在該組織之理事委員會主席的監督下負責歐盟司法合作組織的日常行政管理、工作人員管理和預算的執行。歐盟司法合作組織行政管理處主任的任期為五年，可再延長一次任期。

　　行政管理處之下設有三個網絡聯繫之秘書室（Network Secretariats）：1.歐洲司法網絡秘書室（Secretariat of the European Judicial Networks, EJN），是促進各會員國刑事司法合作的聯絡之網絡；2.滅絕種族罪之網絡秘書室（Genocide Network Secretariat），處理關於滅絕種族

---

[43] EUROJUST, The European Union's Judicial Cooperation Unit, History of Eurojust.

罪、危害人類罪和戰爭罪的歐洲聯絡點與司法互助之聯繫網絡；3.偵查專家的聯合小組之網絡秘書室（JITs Network Secretariat），2005年7月由各會員國建立起非正式之偵查專家的聯合小組之網絡。自2011年1月中旬之後，偵查專家的聯合小組之網絡，遂有設置一個秘書處，並開始由歐盟司法合作組織正式的來主辦其事，負責促進該網絡的各項活動。

又在行政管理處之下設有三個運作部門，即：1.業務推展部門，包括前述之偵查專家的聯合小組之網絡秘書室、專案管理室、檔案資料管理室、司法合作分析室、後勤室等；2.管理部門，包括組織溝通室、內部事物室、計畫管理考核室；3.預算人力等資源管理部門，包括會計室、人力資源室、安全室、資訊管理室、法務室等。

另外，歐盟司法合作組織有一個獨立的聯合監督機構（Independent Joint Supervisory Body），聯合監督機構是根據歐盟司法合作組織之理事委員會第23項決議而設立的資料保護的獨立外部監督機制。該獨立之機構，乃由具有同等獨立性的法官或成員所組成，其中一項非常重要的任務是，確保根據該組織之相關法規處理任何的個人資料。[44]

（二）歐盟司法合作組織之運作

歐盟司法合作組織乃由會員國有經驗的檢察官、法官或警察官以各自相同之權限參與，其職權主要是協調在跨境組織犯罪領域中歐洲司法機關之作業，以及支援司法機關與警察機關之間的資訊交換。例如Eurojust可以向會員國的政府機關調資料，自行接手刑事追訴，對某些罪名發動偵查，或同意讓另一個有權偵查的機關去進行；並可協調各國組偵查團隊，調取各種必要的資料。雖然在調取資料時，各國的政府機關沒有義務支援，但拒絕支援時必須交代理由。所以雖然沒有指揮權，但Eurojust也已經能給各國的調查活動，帶來甚大的助力。不過因為Eurojust人力不足，實際上解決案件的效能有限。《里斯本條約》繼續了這情況，因而留下了未來擴充Eurojust之指揮權的空間。

---

[44] EUROJUST, Structure.

自2019年12月起適用的《歐盟司法合作組織條例》（Eurojust Regulation），即為歐洲議會和歐盟理事會關於歐盟司法合作組織的條例，修訂了歐盟司法組織有權採取行動的犯罪類型清單，以及該組織可以採取的行動之規範。該條例為歐盟司法合作組織提供了主動行動，以及應會員國的請求採取行動的可能性，並在處理案件或分享資訊方面更加積極與主動。

歐盟司法合作組織可要求有關會員國的主管當局，協助下列之刑事司法之互助：

1. 調查或起訴具體之行動。

2. 相互的刑事司法之協調與合作。

3. 請求接受某一個國家比另一個國家更有能力起訴之司法程序移轉管轄權的建議。

4. 成立司法的聯合調查小組。

5. 請求向歐盟司法合作組織提供執行其任務所需的資訊。

此外，歐盟司法合作組織亦可請求各會員國，執行下列之刑事司法合作之事項：

1. 應確保主管當局相互通報他們自己已獲悉的調查和起訴之案件的情況。

2. 應協助主管當局確保盡可能的做好其最佳之協助調查和起訴之工作。

3. 應提供援助，改善各國家主管當局之間的合作，尤其是根據歐盟執法合作署的分析之犯罪案件。

4. 應與歐洲司法網絡之合作和與協商，並運用和促進該司法網絡之檔案資料庫的改進。

5. 可根據各該機構目標，努力改善主管當局之間的合作與協調，並在以下情況下提出司法協助之請求：(1)由會員國主管當局提出之協助的請求；(2)涉及調查或該當局在具體案件中進行的起訴案件之協助；(3)需要其干預介入，以便採取協調與合作之司法行動。

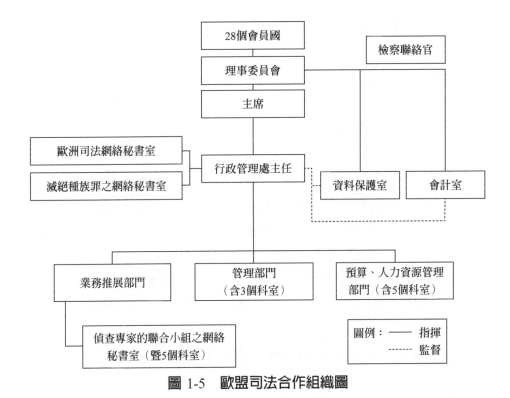

圖 1-5　歐盟司法合作組織圖

6. 可協助歐盟執法合作署，特別是根據歐盟執法合作署進行的分析所提出之意見與建議。

7. 應提供後勤之支援，例如協助筆譯、口譯和組織協調之會議等。[45]

（三）歐盟司法合作組織之司法互助與行動機制

歐盟司法合作組織之司法互助與行動機制（Operational and Strategic Activities），乃以「司法互助」之層面，在進行歐洲地區司法合作之事宜。其可視之爲前述之歐盟執法合作署之協力機制，而共同協力來維護歐洲地區各會員國之安全。其亦可視之爲國際刑警組織之司法互助模式，在歐洲地區性之安全維護上，在警政執法與司法兩個層面，二者相輔相成的

---

[45] EUROJUST, Mission and Tasks.

歐洲地區之翻版模式。至其在司法互助之行動與策略方面，則可概述之如下列數個項目：[46]

1. 協調會議（Coordination Meetings）

歐洲司法合作組織的協調會議，其乃彙集了成員國和第三國的警政執法和司法機構，以便在跨界犯罪案件中開展合作之策略、情資和有針對性的勤務行動，並解決歐洲聯盟現有三十個法律制度的差異，而協調與處理因為此種法律和實際差異問題所造成的困難。

2. 歐盟司法合作組織之協調中心（Eurojust Coordination Centers）

2011年創置了在歐洲司法合作組織內設立協調中心的機制，以便協調司法、警察以及有必要時與海關機構之間的共同行動。在許多定期舉行的前項之歐盟司法合作組織的協調會議之上，各國之相關機構，就採取特定之聯合行動和設立此種歐洲司法合作組織之協調中心，以便達成其司法互助之目的。

3. 凍結和沒收犯罪所得之司法合作功能（Freezing and Confiscation Tools）

其乃歐盟司法合作組織支援執法或司法人員，處理涉及兩個或兩個以上成員國的嚴重犯罪之凍結和沒收犯罪所得之司法合作。這種支援包括，查明、凍結和沒收犯罪之所得等之司法合作。其乃根據歐盟司法與內政理事會之2003年7月22日關於在歐洲聯盟執行凍結財產或證據之第577號決議（2003/577/JHA），以及2006年10月6日上述理事會第783號決議（2006/783/JHA），關於適用相互承認各該國之沒收令等，此類司法合作乃是確保犯罪者不會輕易得手或脫身的重要司法互助工具。

4. 恐怖主義的監測機制（Terrorism Convictions Monitor）

恐怖主義監測機制乃是一份歐盟司法合作組織之監測報告，其定期概述整個歐洲聯盟與恐怖主義有關的事態發展。其報告每年製作三次，重點是關於法院的訴訟程序、歐洲和各會員國兩級之相關立法的修正案，以及

---

[46] EUROJUST, Operational and Strategic Activities.

選定即將進行和正在進行的恐怖主義之審判。它還包括對會員國選定的判決進行詳細的法律分析。

5. 歐洲逮捕令（European Arrest Warrant, EAW）

自2004年以來，《歐洲逮捕令》允許更快、更簡單的司法之移交程序，並停止政治相關之引渡程序與案件。《歐洲逮捕令》乃是一個具體執行相互承認此一基本原則之刑事措施。2002年歐盟司法與內政理事會第584號決議（2002/584/JHA），在其決議開宗明義對《歐洲逮捕令》作出定義，其乃係指歐盟會員國爲逮捕以及移交特定嫌疑人，俾以追訴或執行刑罰或羈押者稱之。亦即《歐洲逮捕令》之執行，係奠基於相互承認原則之上，同時並應尊重基本人權及法律基本原則。

6. 歐洲調查令（European Investigation Order, EIO）

《歐洲調查令》乃是歐洲聯盟司法合作的核心司法文書。它是根據歐盟議會和歐盟理事會2014年4月3日關於《歐洲刑事調查令》的第14號指令（Directive 2014/41/EU）設置的，會員國之司法單位可以透過此機制，請求其他會員國，協助或支援相關刑案之調查工作。歐盟成員國對此調查令之指令的執行截止日期是2017年5月22日；然而自2018年9月15日以來，除丹麥和愛爾蘭外，所有歐盟會員國都參加此歐洲調查令之司法互助的刑事案件調查之行動。

另外，從上述之2017年5月22日起，在歐盟獲得證據將受上述之《歐洲刑事調查令》指令之管轄。新的指令以相互承認爲基礎。它將適用於受該指令約束的歐盟國家之間。該指令於前述2014年通過後，2016年1月20日歐盟之第95號條例（Regulation 2016/95）廢除了2008年《歐洲證據令》（European Evidence Warrant, EEW）之規定，因爲《歐洲證據令》之司法互助之範圍，乃是以證據之互助爲主，其司法互助之功能較爲有限，不若新的調查令之範圍來得廣泛，因而自2008年起被取代之。[47]

---

[47] European Justice, Evidence.

四、東協警察組織

（一）東南亞國家協會與東協警察組織之演進與發展

東南亞國家協會（Association of Southeast Asian Nations, ASEAN）成立初期，基於冷戰背景立場反共，主要任務之一為防止區域內共產主義勢力擴張，合作側重在軍事安全與政治中立。冷戰結束後東南亞各國政經情勢趨穩，並接納越南社會主義共和國等加入。東南亞國家協會於1967年8月8日成立，是一個旨在加快東南亞經濟增長、社會進步，以及各成員國文化發展，並促進地區和平的區域性組織。組織成立時有5個創始成員國，分別是印尼、馬來西亞、菲律賓、新加坡和泰國。至今10個成員國為印尼、越南、寮國、汶萊、泰國、緬甸、菲律賓、柬埔寨、新加坡、馬來西亞等東南亞十國所組成之政府間國際組織，主張以對話方式推動區域內政治、經濟與社會合作。東協也不斷地擴大其區域經濟合作之夥伴關係，其中例如東協加六係指東協10個成員國加中國、日本、韓國、澳洲、紐西蘭和印度，又稱「東協十加六」。東協加六的具體合作架構始於2005年12月14日在馬來西亞吉隆坡召開的第一屆東亞高峰會（East Asia Summit, EAS），宣言中指出期望在涉及共同利益與安全的政經議題上，促成東亞各國更廣泛的對話機制。除此之外，東亞高峰會亦將協助推動東協共同體的實踐，並配合既有的東協加一和東協加三機制，為孕育東亞區域的共同體發揮關鍵作用。2011年11月美國與俄羅斯也首度參與東亞高峰會。[48]

至於東協警察組織之創立，乃東南亞國家協會之中的5個會員國之警政首長，曾於1981年在菲律賓的馬尼拉舉行東協警察首長第一次正式會議時，5個東協警察組織之原始會員國印尼、馬來西亞、菲律賓、新加坡和泰國出席了會議，並決議創立了此東協警察組織（ASEANAPOL）。[49] 1983年在雅加達批准了東協警察組織標誌的模型和設計。1984年在吉隆坡，汶萊的皇家警察成為會員，並參加了年度會議。1996年在吉隆坡，越

---

[48] 財團法人中華經濟研究院，臺灣東南亞國家協會研究中心，東協加六。

[49] FOTW, Flags of the World, ASEANAPOL Police Force of ASEAN.

南加入東協警察組織。1998年在汶萊，寮國和緬甸加入東盟。2000年在仰光，柬埔寨成為第十個加入東協警察組織的國家。2005年在印尼峇里設立了一個工作組，提議建立東協警察組織永久性秘書處的可行性。2008年在汶萊，東協警察組織一致商定將其秘書處設在馬來西亞吉隆坡。2009年在河內通過其職權範圍之規範（Terms of Reference, TOR）。2010年1月1日，東協警察組織之秘書處開始運作。[50]

（二）東協警察之組織與運作

東協警察組織之願景為「團結合作保持東協區域的安全」，其實質上體現了東協存在的理由，和加強區域警務合作以確保該區域安全的願望。而其之任務則為，透過一個重要的聯繫網絡和創造性的警察策略合作，以便來預防和打擊跨國犯罪。同時透過相互的貢獻和協同警務資源和專門之知識，以便有效地挫敗組織性和新興的國際犯罪組織，建立一個更安全的東協共同體。[51]

目前東協警察組織之組織狀況如圖1-6所示。東協警察組織會議應每年由會員國輪流舉辦。各會員國警察首長們將出席此會員大會。會員大會之下的執行委員會，應由出席年度會議的副代表團長所組成。該執行委員會應於每年在會議之前舉行會前會議。執行委員會之秘書處執行主任應向上述之執行委員會提交一份活動報告，其中包括財務執行情況、工程採購、用品和服務，以及相關契約之控制和管理等項目。執行委員會應向各國之代表團團長們，於大會之中以及大會閉幕之後，提供秘書處活動的簡要報告。秘書處之執行主任應由東協警察組織會議，根據各國之國名之字母順序，由該會員國來輪流提名與任命，任期為兩年。秘書處執行主任應為上校以上或同等級別的高級警官。執行主任將由秘書處之下轄的警察服務室主任和計畫與方案室主任協助之，該等主任必須是一名少校以上或同等級別的高級警官。[52]

---

[50]　ASEANAPOL, Chronology.

[51]　ASEANAPOL, Vision and Mission.

[52]　ASEANAPOL, Governance.

　　東協警察組織秘書處如上所述，輪流由各會員國指定警官擔任之，並輪流承辦東協警察組織會議。如前述於2005年在印尼峇里舉行的第二十五屆東協警察組織會議上簽署的第二十五屆聯合公報明確指出，需要設立一個常設之秘書處。至於設立常設秘書處的目標，乃在於：

　　1. 協調和規範東協警察機構之間的協調和溝通機制；

　　2. 就《東協警察組織聯合公報》（ASEANAPOL Joint Communiqués）中商定的決議，進行全面和綜合性之研究與處置；

　　3. 建立一個負責監測和查察上述《聯合公報》決議執行情況的機制；

　　4. 將聯合公報中通過的決議轉化成為東協警察組織之行動計畫及其工作方案。[53]

（三）東協警察電子資料庫系統與刑事司法互助

　　東協警察電子資料庫系統（Electronic ASEANAPOL Database System，簡稱e-ADS）的構想，是希望將恐怖分子、毒品走私、通緝罪犯的資訊，放置於資料庫內供會員國查詢，作為打擊犯罪的利器，形成與前述之國際刑警組織的I-24/7全球警察通訊系統功能相仿的資料庫，作為區域治安防護網。未來東協警察組織，更希望能與國際刑警組織簽訂「備忘錄」（MOU），其即欲進行與I-24/7全球警察通訊系統，建置情資交換與連線查詢。為此，東協早已成立了「東協警察資料庫技術委員會」（ASEANAPOL Database System Technical Committee, ADSTC），迄今召開過35次會議，並已與INTERPOL里昂總部的技術部門聯繫，會商e-ADS與I-24/7兩個資料庫連線的電腦資訊之刑事司法互助（Mutual Legal Assistance in Criminal Matters），因而刑事司法互助也是東協警察組織關切的另一實質合作之事項。2004年11月東協國家在馬來西亞簽訂了「東協國家間刑事司法互助條約」（Treaty on Mutual Legal Assistance in Criminal Matters）[54]，並依規定向聯合國登錄。第二十六屆ASEANAPOL聯合公報

---

[53] ASEANAPOL, Permanent Secretariat.

[54] ASEAN Legal, Treaty on Mutual Legal Assistance in Criminal Matters, http://agreement.asean.org/media/download/20160901074559.pdf.

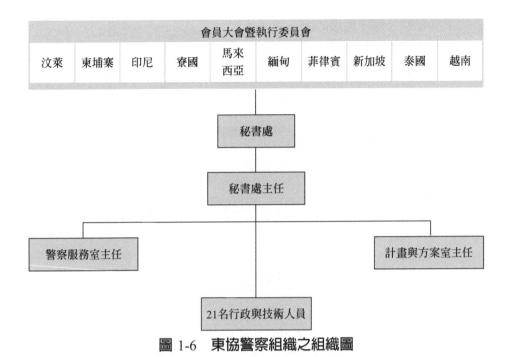

會員大會暨執行委員會									
汶萊	柬埔寨	印尼	寮國	馬來西亞	緬甸	菲律賓	新加坡	泰國	越南

秘書處

秘書處主任

警察服務室主任　　　　　　　　　計畫與方案室主任

21名行政與技術人員

圖 1-6　東協警察組織之組織圖

中，與會警察首長也強調東協國家應在此一條約的基礎上，提升目前合作的效益。而為了快速有效提供各國警察間偵查犯罪之協助，公報中並明文籲請各國盡可能互派警察聯絡官員，以便推展互助合作事宜。[55]

至於東協警察組織之秘書處的目標如下：

1. 確保有效執行東協警察組織會議通過的所有決議；

2. 作為一個協調和溝通之機制，使會員國能夠建立和維持各成員國之間的所有互動管道；

3. 促進會員國之間的互助與合作；

4. 努力加強打擊跨國犯罪的區域性之合作與努力。

然而，東協警察組織之秘書處的功能如下：

1. 制定和執行工作計畫，以便有效執行在東協警察組織年度會議上簽

---

[55] 刑事警察局，刑事雙月刊，第17期，頁34-35，https://www.cib.gov.tw/Upload/Monthly/0201/files/assets/basic-html/page36.html。

署的年度聯合公報中通過的所有決議；

　　2. 促進和協調情報和資訊共用與交流方面的跨境合作；

　　3. 促進和協調涉及刑事調查，以及建立和維護東協警察組織之資料庫、培訓、能力建設、開發科學調查工具、技術支援和法醫學等方面之合作；

　　4. 為組織東協警察組織會議提供支援和必要的援助；

　　5. 每一季向東協警察組織的首長們，提交關於所有計畫中的方案和將要開展的活動之建議；

　　6. 編寫一份關於其活動和支出的年度報告，在東協警察組織會議之前提交給執行委員會，並分發給所有會員，以及在東協警察組織會議之中分發；

　　7. 擔任東協警察組織所有檔案和紀錄的保管者。[56]

五、歐盟邊境與海岸巡防署

（一）歐盟邊境與海岸巡防署之法源依據

　　歐盟邊境與海岸巡防署（European Border and Coast Guard Agency, Frontex）是根據2016年9月14日之歐盟邊境與海岸巡防署的條例所設立的。雖然「歐盟邊境與海岸巡防署」取代了原有之「歐盟邊防聯盟」，或稱之為「歐洲聯盟成員國對外圍邊境勤務合作管理局」（European Agency for the Management of Operational Cooperation at the External Borders of the Member States of the European Union），但是它仍具有相同的法律人格和相同的簡稱，亦即仍都簡稱之為「Frontex」。

　　另外原有之「歐盟邊防聯盟」亦曾於2013年10月22日建立一個新的歐洲邊境監測系統（European Border Surveillance System, Eurosur），其乃根據2013年歐盟第1052號條例（Regulation (EU) No 1052/2013 of 22 October 2013），規定了各成員國與Frontex之間交流資訊和合作的共同架構系

---

[56] ASEANAPOL, Objectives and Functions of the Secretariat.

統，以改進對於邊境安全情況之瞭解，提高歐盟成員國共同的歐盟之外部邊界（external borders）的反應能力，以便發現、防止和打擊非法移民和跨境之犯罪，並協助確實保護和拯救移徙者的生命。[57]

因此，歐盟執委會作爲監督歐盟條約和立法執行情況的職責之機構，就必須監督歐盟所屬機構的工作，其中當然亦包括歐盟邊境與海岸巡防署。爲此歐盟執委會的兩名副秘書長，代表該執委會參加歐盟邊境與海岸巡防署的管理委員會之工作。而實際上，歐盟邊境與海岸巡防署還與歐盟執委會之內的許多局和機構有合作之關係。[58]

（二）歐盟邊境與海岸巡防署之組織與演進發展

導致Frontex此類歐盟共同勤務合作之新機制的設置之想法，在歐盟發展中有著深厚的歷史。因爲促進人口自由的流動，一直是歐洲一體化的一個重要目標。1957年《羅馬條約》將貨物、人員、服務和資本的自由流動，確定爲歐洲共同體建置的一個重要之基礎。在1980年代，歐洲五個會員國，包括比利時、法國、德國、盧森堡和荷蘭決定建立一個自由流動的共同地區，亦即一個沒有內部邊界的歐洲。1985年他們在盧森堡的一個名爲「申根」（Schengen）的小鎮上，簽署了第一份此種歐洲共同體之相關協定，稱之爲《申根協定》（Schengen Agreement）。至1990年執行此申根協定的會議，確定了該協定之推行。而當歐洲所謂的「申根地區」，亦即爲人員可自由流動的歐洲地區，其於1995年生效時，便取消了歐洲各國之邊界的檢查，並建立了單一的歐洲外部邊界。因此邊境管制以及簽證和庇護權等事項，便成爲所有申根地區之國家很普遍存在的新問題。而爲了平衡自由和安全，與會會員國同意採取更多措施，其重點是合作和協調執法和司法當局，來確保邊境之安全。1999年隨著《阿姆斯特丹條約》（Treaty of Amsterdam）的簽署，此種各國政府間合作的新條約，遂亦被納入歐盟之架構中。因此自1999年以來根據此條約，歐盟司法和內政理事會爲了進一步加強移徙、庇護和安全領域的合作，便採取了若干

---

[57] FRONTEX, Legal Basis.

[58] FRONTEX, EU Partners.

步驟。然而在邊境管理領域，導致設立了外部邊境從業人員之合作機構
（External Border Practitioners Common Unit），其合作機構乃為一個由移
民、邊境和庇護策略委員會（Strategic Committee on Immigration, Frontiers
and Asylum, SCIFA）之成員，和各國邊境管制部門負責人所組成的機構。
此機構協調各會員國之邊境管制之專案中心（Ad-Hoc Centers on Border
Control）之合作事宜。因此該合作機構之任務，乃是監督整個歐盟的邊
境管制的合作專案之進行，並開展與邊境管理有關的共同之勤務活動。在
各會員國之邊境管制專案中心成立兩年後，歐盟高峰會決定更進一步的發
展此邊境合作之機制。為了改進上述外部邊境從業人員之合作機構的工作
程序與工作方法，高峰會於2004年10月26日決議以高峰會之「規範」方
式（Council Regulation, 2007/2004），設立了歐盟外部邊境勤務合作管理
局（European Agency for the Management of Operational Cooperation at the
External Borders of the Member States of the European Union, Frontex），或
有稱之謂「歐盟邊防聯盟」[59]，簡稱Frontex。上述於2004年歐盟高峰會以
「規範」方式，設立了歐盟外部邊境勤務合作管理局，又於2016年9月14
日被歐盟2016年的新規範所更換，遂而根據此新規範，成立了歐盟邊境與
海岸巡防署（European Border and Coast Guard Agency），但仍簡稱之為
Frontex。[60]

　　前述之歐洲申根地區由26個歐洲國家所組成，其各國間並沒有所謂之
內部的邊界；亦即歐盟之各國公民與具備入出境申根地區資格的第三國國
民可以在此地區自由的來往。因此歐洲之申根地區，可以視為有其地區外
圍所謂之共有的「外部邊界」。而申根地區的邊境管制的一項關鍵特色乃
是申根資訊系統（Schengen Information System, SIS）。該系統乃是各國
之國家主管當局，用於維護申根地區內之公共安全，並提供外部邊界的有
效管理之大型的資料庫。[61]

　　因而至今，該署的管理委員會由申根協定簽署的所有歐盟成員國的邊

---

[59] 陳明傳等（2016），全球化下之國境管理，頁15-16。
[60] FRONTEX, Origin & Tasks.
[61] 同上註。

境機構負責人的代表所組成。管理委員會還包括英國和愛爾蘭的代表，以及前述歐盟執委會的兩名代表。冰島、列支敦斯登、挪威和瑞士等國，其並非為歐盟成員國，但其乃是與申根協定的執行、適用和發展有關的國家，也參加了此管理委員會；他們也都派出一名代表參與管理委員會，但其表決權是有限的。管理委員會的會議由其主席召集，每年至少舉行五次。[62]至於歐盟邊境與海岸巡防署之組織，則如圖1-7之所示。該署在前述之管理委員會之下，由執行處主任管理之，執行處主任的職能和權力由歐盟第2016/1624號條例之第68條界定之（Article 68 of Regulation (EU) No 2016/1624）。執行處主任由一名副執行主任協助之，並有一個內閣、五個部門以及各辦公室，例如秘書室、媒體及公共關係室、監察與管制室、布魯塞爾辦公室、申請登記辦公室以及基本人權室、資料保護室、會計室等幕僚機構的協助。五個部門之職掌如下：

1. 勤務行動反應部門（Operational Response Division）：其下轄有，打擊詐欺中心、勤務之後勤支援辦公室、外地部署科、海岸警衛和執法科、歐洲非法移民遣返中心等。

2. 事件認知與監察部門（Situational Awareness and Monitoring Division）：其下轄有，組織管理及發展辦事科、資訊融合中心、Frontex情況中心、風險分析科、脆弱性評估科等。

3. 能力建置部門（Capacity Building Division）：其下轄有，能力規劃辦公室、資源整合科、研究和創新室、培訓科等。

4. 組織管制部門（Corporate Governance Division）：其下轄有，人力資源和安保科、法律和採購室、預算財務和組織服務科、資訊和通信技術室等。

5. 國際及歐洲合作部門（International and European Cooperation Division）：其下轄有，國際合作科、機構夥伴關係科、聯絡官網絡科等。

---

[62] FRONTEX, Key Facts.

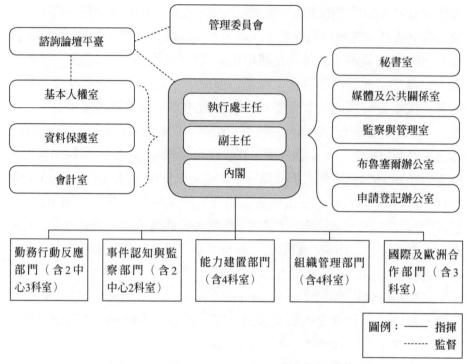

圖 1-7　歐盟邊境與海岸巡防署之組織圖

　　另外一個獨立的基本人權辦公室（Fundamental Right Officer），直接向管理委員會報告，並與諮詢論壇（Consultative Forum）之平台密切的參與及合作，藉此機制協助執行處主任和該署之管理委員會，就基本權利事項提供獨立諮詢之意見。[63]

（三）歐盟邊境與海岸巡防署之責任與行動

　　歐盟邊境與海岸巡防署根據《歐盟基本權利憲章》（EU Fundamental Rights Charter）和綜合邊界管理概念，以便促進協調和發展歐盟外部邊界管理。該署監測歐盟外部邊界之局勢，並協助各會員國互相分享邊境資訊。該署還進行邊界的脆弱性評估，以及評估每個會員國在其外部邊界，

---

[63] FRONTEX, Organisation.

對於包括移徙壓力在內的挑戰之能力和準備之評估。

　　至於歐盟邊境與海岸巡防署工作推展，第一步乃由該署制訂風險評估分析，以確定其回應方式及其所需。這將成爲該署和有關的會員國共同設計的勤務行動之基礎。之後將其行動所需要之協助，提請各相關之會員國幫忙。透過此協助，所有參與的各國成員，遂共同執行此具體之行動計畫。因此歐盟邊境與海岸巡防署，乃是一個協調的角色，而其執行歐盟外部邊界之成敗，取決於各會員國是否願意積極地參與此聯合行動。其中，例如從歐盟各國部署到德國邊境之員警，已獲得該國相當行政權的授與，並且已經增強了此歐盟邊境與海岸巡防署的執行效力。[64]

　　故而，申根國家有義務部署足夠的人力和資源，以確保在其外部邊界實行有效與一致的管制。並且必須確保邊防人員得到適當的培訓。歐盟和申根地區之各聯繫國家，還通過歐盟邊境與海岸巡防署的協調與勤務之合作，以便有效的實施歐盟共同的外部邊境之管制。申根地區目前大約有44,000公里的外部海上邊界，和近9,000公里的陸地邊界。其外部邊界乃由26個國家，包括一些非歐盟國家，即所謂的申根聯繫國家所共同組成。這意味著近5億人在申根地區內自由的流動，因此對於共同之外部邊境必須嚴格的管制，否則各國均會有安全上威脅發生之可能。

　　因此歐盟邊境與海岸巡防署的任務是根據《歐盟基本權利憲章》和歐盟綜合邊界管理的概念，促進、協調和發展歐洲邊境之管理。該署還通過聯合行動和快速邊界之干預行動，向會員國提供技術和業務援助，並提供技術和業務援助，以便支援海上搜索和救援行動，並組織這些行動。此外還協調和開展遣返之行動，並協助歐盟國家提高和統一邊境之管理標準，以便於打擊跨界犯罪。雖然平時之邊境管制完全是各會員國的責任，但其業務作用則側重於協調向那些處於其國的邊境地區，受到重大威脅之區域，部署更多的專家和技術設備之支援。該署還協助各會員國在與邊境管制上，有關的各種領域的執法能力，包括培訓和分享最佳之實務做法。

　　所以歐盟邊境與海岸巡防署得協調和組織聯合行動，以及快速邊界之

---

[64] EU2007.DE, Federal Ministry of the Interior and FRONTEX Pursue Common Goal.

干預措施，以協助會員國在外部邊界，包括在人道主義緊急救難情況和海上救援等方面，執行其勤務與行動。該署部署了歐盟邊境和海岸巡防隊小組（European Border and Coast Guard teams），包括整合了各會員國至少1,500名邊防警衛和其他相關工作人員，並將其部署在快速干預的勤務之中。快速反應小組的成員必須在該署的要求之下，而由各會員國提供。同時其還部署在其他之相關行動中，並可由各會員國提供的船隻、飛機、車輛和其他技術設備。此外，當在非歐盟國家邊界面臨移民壓力的情況之下，該署亦可以在至少有毗鄰一個成員國界的非歐盟國家領土之上展開行動。

　　歐盟邊境與海岸巡防署並得支援會員國對移徙者進行篩檢、彙報、鑑識和指紋之識別。該署部署的官員與歐洲庇護支助辦事處（European Asylum Support Office, EASO）和各國家當局合作，向需要或希望申請國際保護的人提供初步之資訊。然而，決定誰有權得到國際保護的權力卻是屬於各國當局，而不是歐盟邊境與海岸巡防署。該署亦得協助歐盟各成員國，將那些已經用盡一切法律途徑，仍然無法使其在歐盟合法停留的人，而可能被強制遣返時，對於這些人的各種文件申請、與遣返母國之聯絡以及交通工具等給予援助。

　　歐盟邊境與海岸巡防署的另一項工作重點，是防止走私、人口販運和恐怖主義，以及各類其他之跨境犯罪。它與各國有關執法機構和前述之歐盟執法合作署，分享其行動期間所蒐集的任何相關情報。該署是邊境管制領域的專門知識中心。它制定了各種邊境執法的培訓課程和專門課程，以保證歐洲各地邊防人員掌握最高水準的專業知識。它還支援執行當其在海上邊境監視行動期間所出現的任何搜救行動。[65]

　　在歐盟邊境與海岸巡防署聯合行動之前，會明確界定了每次聯合行動的目的，以及將在何處進行活動，與參加的技術設備和官員的數量和類型等。此外，在行動時抑或必須準備文化調解員和口譯員，使被處置之移徙者能夠用自己的語言表達自己的意見。行動計畫還明確規定了參加行動的

---

[65] 同前註60。

官員的執行行動規則。[66]至於歐盟邊境與海岸巡防署和民主式控制武器之國際組織（Democratic Control of Armed Forces, DCAF）之間的合作，則側重於邊防培訓和風險分析領域之合作事宜，合作的地域重點是西巴爾幹地區之國家。該署亦與非歐盟國家主管當局，發展和維持可靠的夥伴關係網絡，特別是在歐盟鄰國以及非正常移徙的原籍國和過境國。[67]

貳、國際刑事司法互助

　　國際刑事司法互助，乃源於國家之間，經一國之請求移交逃犯之引渡行為。早在西元前1280年在埃及，即有簽訂遣返罪犯的《和平條約》，這是世界上第一個有關引渡的條約。西元1624年格老秀斯在《戰爭與和平》一書中提出了對國際性犯罪實行「或引渡或處罰」的司法原則，奠定了近代刑事司法互助的理論基礎。聯合國《刑事事件互助模範條約》（1990 United Nations Model Treaty on Mutual Assistance in Criminal Matters）、《刑事事件轉移訴訟模範條約》（1990 United Nations Model Treaty on the Transfer of Proceedings in Criminal Matters）、《引渡模範條約》（1990 United Nations Model Treaty on Extradition）、《有條件判刑或有條件釋放罪犯轉移監督模範條約》、《關於移交外國囚犯的模範協定》等相關示範條約，基本上乃反映出大多數國家在國際刑事司法互助上之基本規範與原則。

　　因此，國際刑事司法互助的作用應可包括：1.有利於促進國際社會的法制建置與國際文明社會的發展，以維護世界之和平、穩定與安寧；2.在司法訴訟中主權之國家的司法合作，有利於維護主權國家充分行使審判權；3.有利於促進各國政治、經濟、文化的發展和各國人民的友好往來。至於，有關國際刑事司法互助之型態，則可歸類成為下列數種：

---

[66] FRONTEX, Roles & Responsibilities.

[67] FRONTEX, Partners- Non-EU Countries.

　　1. 引渡：指將犯人由某國移送至他國而接受審判。

　　2. 狹義刑事司法互助：又可稱爲小型司法互助，指某國協助他國訊問證人、鑑定人，實施搜索、扣押、驗證，轉交證物，送達文書，提供情報等。

　　3. 刑事訴追之移送：指犯罪地之國家，請求犯人之本國或是居住地國，對犯人加以追訴或處罰。

　　4. 外國刑事判決之承認與執行：指某國承認或協助他國來執行，有關在他國已經裁判確定之刑事判決。

　　前二者可合稱爲廣義之司法互助。至於包含四種型態之司法互助，則稱爲最廣義司法互助。引渡與狹義刑事司法互助，乃是最早發展出來之司法互助，故被稱爲古典型態之司法互助。由於此類司法互助，仍由請求國執行偵查或審判之重要任務，被請求國僅係提供相關之協助，故被稱爲第二次（或級）之司法互助。刑事訴追之移送與外國刑事判決之承認與執行，乃是第二次世界大戰結束後新興之司法互助，故被稱之爲新型態之司法互助。由於此類司法互助，係由被請求國擔任執行或審判之重要任務，故被稱爲第一次（或級）之司法互助。

　　司法互助無論是民、商事或刑事，其基本原則皆爲國家主權原則與平等互惠原則，但亦有雙重犯罪原則、或起訴或引渡原則等等之原則。環顧各國在對抗跨國（境）組織犯罪之策略上，包括防制罪犯利用各國不同執法之漏洞的策略，執法部門分享跨國（境）組織犯罪集團活動之情報，以及簽署引渡條約或司法互助協定等均是良策。[68]綜上，國際刑事司法互助之做法，乃源自於國家之間，經一國之請求移交逃犯之引渡行爲。至於，對跨國（境）犯罪實行所謂之「或引渡或處罰」的司法互助原則，奠定了近代刑事司法互助的理論基礎。然而，如欲採用引渡或司法互助的現行程序，通常是官方且較困難的，而所花費的時間亦較多。不過，近代各國之執法部門，已透過各種迅速途徑發展出非官方的合作模式。[69]以下乃刑事

---

[68]　Torr ed. (1999), Organized Crime-Contemporary Issues Companion, p. 179.

[69]　Bossard (1990), Transnational Crime and Criminal Law, p. 142.

司法互助之平等互惠、相互尊重、雙重犯罪、或起訴或遣返與特定性等原則，或可供兩岸四地在思考司法互助之新機制時之參考，其中當然亦可作為資訊分享平台機制建置時的重要參考法律規範與基本依據之原則。

一、平等互惠原則

又稱平等互利原則，有訴訟權利、義務同等和對等之意。即雙方各自司法機關在合作的活動權限和特定要求方面，經條約的規定或經平等協商，相互給予同樣的優惠和便利。亦即在司法互助內容方面，一般應在同等範圍的程序上互相開展。在司法互助程序中，應確保不同國家的法律制度和司法機關處於平等地位。在訴訟中，不同國家的國民在國外應享受國民待遇，不得歧視。然此一原則，並不意謂司法互助的雙方，在各個具體事項上必須完全一致。因為各國法律制度本身就有差別，如果強求按某國之標準或國際標準達到同一處置原則，必然會損害某些國家國內法律的尊重，和對司法主權的干預之嫌。[70]

二、相互尊重原則

雙方在研討司法互助原則上，通常所論及的第一個問題即為維護國家主權統一之原則，或稱維護國家主權和利益的原則。其強調國家只有一個，主權不得分離。[71]同時，要尊重對方合理的意見，確立彼此平等的地位，並將在他方發生對己方危害不大的犯罪，採取積極合作的行動，且對於他方合理的請求優先辦理之。[72]換言之，應透過平等協商的方式，來解決刑事司法互助中的問題，而不能將己方的意志強加於他方。

---

[70] 趙永琛（2000），跨國犯罪對策，頁346-347。

[71] 王勇（1992），「一國兩制」條件下的區際刑事司法協助，頁25。

[72] 馬進保（1993），我國區際刑事司法協助的法律思考，頁191。

三、雙重犯罪原則

　　此一原則是指刑事司法互助所指案犯之犯罪行為，在刑事司法互助的請求國與被請求國雙方法律上，均認為是構成犯罪的情況下，才能予以提供司法互助。在引渡方面，雙重犯罪原則適用的相當普遍，在狹義刑事司法互助方面，則並不普遍，即使一旦採用，亦多限於抽象的雙方可罰性之情況。[73]或有認為，如若堅持雙重犯罪原則，將不利於保護被害之合法公民的權益。或亦有質疑者認為，大多數請求司法互助案件，在未經法庭審理判決前，依罪刑法定主義之原則，如何能確認該行為是屬於雙重犯罪之性質，因此可能會錯失偵查或蒐證之良機。

四、或起訴或遣返原則

　　國際刑事司法互助有所謂「或起訴或遣返」之原則，其為國際刑法中預防、禁止和懲治國際犯罪的重要對策和有效的措施之一，並已被廣泛採用在相關國際公約之中。根據這一原則的要求，每一締約國都負有義務，在不將罪犯引渡遣返給請求引渡的國家時，應將罪犯在本國進行刑事起訴。[74]此一原則可謂採取普遍管轄原則必然之結果。因其對有關國際公約所規定的犯罪，無論犯罪人國籍、犯罪發生於何地、犯罪侵害何國權益，都應視為對全人類之危害，不論罪犯進入何國領域之內，均可行使刑事管轄權。[75]但通常該原則亦受到下述之限制，例如政治犯、軍事犯、本國人民不引渡，以及與種族、宗教、國籍等原因有關，或引渡後將受到不公平審判、酷刑、不人道待遇等等情形時，均可拒絕引渡。[76]

---

[73] 蔡墩銘（1993），涉及兩岸刑事案件處理方式研究，頁47。

[74] 邵沙平（1993），現代國際刑法教程，頁235。

[75] 趙喜臣（1996），論國際刑事司法協助，頁95。

[76] 聯合國公約與宣言檢索系統，聯合國大會1990年12月14日第45/116號決議通過之引渡模範條約（Model Treaty on Extradition）第3條、第4條。

五、特定性原則

　　該原則在國際刑事司法互助中，乃指被請求國將犯罪嫌犯引渡給請求國後，該國只能就作為引渡理由之罪行，對該人進行審理或處罰。此原則是為了保證「雙重犯罪原則」的切實貫徹，防止別國利用引渡，而將非普通刑事犯罪或不符合雙重犯罪的當事人，予以制裁或政治迫害。在狹義刑事司法互助中，該原則亦未成為絕對原則，只有個別國家如瑞士，堅持在司法互助中採取特定性原則，規定經司法互助所得之證據資料、文書、情報，不得在司法互助許諾之犯罪以外的犯罪調查或作證中使用之。

　　至於警察制度的發展中，則欲將關於刑法上的國際互助，強化成一個合作的國際組織。1923年維也納的國際警察會議（International Police Congress）成立國際刑警委員會，此一目標終於正式達成。該委員會於第二次世界大戰後重新創立，並在1956年更名為國際刑警組織，就此成為舉世聞名的稱號。19世紀時，政治操縱警察權，且由於警察主權的考量，警察功能的國際化遭到限制。20世紀初期，則朝向獨立且相互合作的刑事警察方向前進。亦即暫時將政治與國家所採之經營政策取向或者中心思想與主義放於一邊，而以打擊跨國（境）犯罪為共同之執法目標，而遂行刑事司法的互助與合作。

　　國際警政合作之發展包含許多不同面向，從嚴格的參與以及短暫的實踐，到相對穩定和多邊之組織。從19世紀國際間國家形成的早期發展，到近代國際合作，致力建立技術上之多元合作模式，以對抗單一的合作方式。因此國際警察合作之努力，必須仰賴知識的架構或系統，以為其打擊跨國（境）犯罪之基礎。Brown更進一步說明此種國際警察之司法互助，從政治理念的歧異之完成不合作狀況，逐漸地形成法律、司法文化，及執法效能方面的巧妙調適，而進入共同打擊跨國（境）犯罪之最佳合作狀態，如圖1-8所示，而此亦為目前國際司法合作相關組織之現況發展事實，其原則與模式足堪成為各國或者兩岸四地刑事司法合作之學習典範。[77]

---

[77] Brown, Ready (2008), Willing and Enable: A Theory of Enablers for International Cooperation.

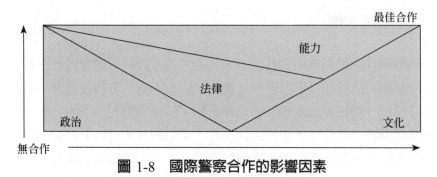

圖 1-8　國際警察合作的影響因素

資料來源：整理自Brown, S. D. (2008). "Ready, willing and enable: A theory of enablers for international co-operation," p.39 in Brown, S. D. (Ed.), *Combating international crime: The longer arm of the law*. New York: Routledge-Cavendish.

參、兩岸之刑事司法互助

一、早期兩岸之司法互助

　　就兩岸司法合作而言，最具體的做法係依據1990年海基會和海協會所達成的「金門協議」，而進行刑事嫌疑犯或通緝犯查緝遣返，無需再經由「第三國」轉手遣送。故而透過「金門協議」，經由兩岸紅十字總會和海基、海協會等中介團體，居間傳送訊息與遣返見證，兩岸治安單位基於尊重雙方司法管轄權及互利互惠原則，而進行嫌疑犯資料審核、查緝、收容與遣返等作業。除刑事犯遣返外，兩岸間尚運用兩會傳達雙方治安單位其他方面的協助要求和訊息。另外如國際刑警組織（託由東京之中央局代轉），也是兩岸轉達訊息的通道。唯雙方刑事司法部門與學界的互動，必須要在政府政策不反對，甚至需要政府認可或支持的前提下，雙方在排除政治意識型態，才可能具有實質的效能。待雙方有了相當的接觸與信賴，海峽兩岸既而可思索建構較無政治色彩的共同打擊犯罪機制，進一步簽訂更緊密之互助協定，期能持續相互通報情報資料，並建立資料庫，定期評

估及修正兩岸共同打擊犯罪的互助模式。

　　至於此金門協議，乃爲海峽兩岸紅十字組織代表於1990年9月11日至12日進行兩日工作商談，就雙方執行海上遣返事宜，達成以下之協議：

　　（一）遣返原則：應確保遣返作業符合人道精神與安全便利的原則。

　　（二）遣返對象：1.違反有關規定進入對方地區的居民（但因捕魚作業遭遇緊急避風等不可抗力因素必須暫入對方地區者，不在此列）。2.刑事嫌疑犯或刑事犯。

　　（三）遣返交接地點：雙方商定爲馬尾←→馬祖，但依被遣返人員的原居地分布情況及氣候、海象等因素，雙方得協議另擇廈門←→金門。

　　（四）遣返程序。

　　（五）其他。[78]

二、近期兩岸之司法互助

　　近期兩岸司法互助執行概況，其中至關重要者乃於2009年4月在南京簽訂之《海峽兩岸共同打擊犯罪及司法互助協議》屆滿三年，我國刑事局指出，協議簽署後押返刑事、通緝犯比過去增加；請求協緝通緝犯人數則逐年下滑，多起重大矚目案件更在兩岸即時合作下破案，中國大陸不再是臺灣罪犯永久避罪的天堂。至於外界關注之重大經濟犯的問題，我國仍會持續與中國大陸協調，盼能獲得善意回應。臺灣重大經濟犯潛逃中國大陸後，在當地生根或經營企業，甚至有些人已取得中國大陸的居留證或是中國大陸身分證，在執行查緝遣返層面上有其困難性，然而一旦他們在當地涉及違法遭逮捕，就有可能被查緝遣返。中國大陸幅員廣闊，倘若沒有提供具體活動情資恐緝捕不易，加上大陸機場、港口眾多，如果通緝犯持變造身分證件或使用多國護照出入，也很難掌握。所以過去的經驗，大多必須先由我方提供具體事證來供陸方協緝。近三年來，臺灣以接押之方式，緝返槍擊要犯陳勇志等180名刑事通緝犯，乃中國公安部在獲得我方提供

---

[78] 植根法律網，金門協議。

具體資料，即能迅速處理，都是合作成功的案例。兩岸不僅在緝返要犯有明顯進步，在打擊犯罪合作，過去僅是情資交換，但2009年南京協議施行後，兩岸多次在打擊電信詐騙犯罪合作，並延伸到東南亞，現在連國際刑警組織和歐盟都對此經驗相當的重視，讓我國在海外緝逃工作也能藉此拓展。兩岸共同打擊犯罪已擴展到第三地的跨境合作，從過去經驗已證明打擊犯罪沒有地域限制，這對逃亡海外和欲逃亡海外的要犯是一個很好的警訊並產生嚇阻之效果。[79]

三、邇來兩岸之司法互助

（一）邇來兩岸進行會議協商司法互助達成之共識

　　至於邇來兩岸之司法互助方面我國法務部曾經在2016年4月為交涉肯亞案、馬來西亞案，法務部率專案小組赴中國大陸協商。協商團成員包括10名代表，由當時法務部國際及兩岸法律司司長陳文琪領軍，法務部表示，會依案件狀況不同，朝「共同偵辦」、「分工合作」、「建立原則」三方向與陸方協商。法務部指出，「共同偵辦」即肯亞案的臺籍疑犯已遣送大陸，應可採取2011年菲律賓案模式由我方檢察官赴陸共同偵查、蒐證，再研議疑犯及卷證一併移回臺灣偵查審判。「分工合作」是指涉及馬來西亞詐騙案的臺籍、陸籍嫌疑人已分別遣送兩岸，應由雙方檢察官各自偵辦己方嫌疑人，並交換證據資料、交叉勾稽，完成各自的偵查、審判程序。「建立原則」部分，法務部表示，將就未來兩岸均有管轄權的犯罪，依類型不同建立不同的處理模式，以利雙方共同打擊犯罪能量的充分發揮。法務部表示，此行希望能探視在押的肯亞案臺籍人士，瞭解他們的狀況、所處環境，以及提供法律扶助，再由陸委會、海基會共商因應。[80]經雙方會商之兩岸共同打擊電信詐騙犯罪第二輪會談於2016年4月14日在珠海結束，雙方達成四點共識，中國公安機關要求台方追查幕後金主（老

---

[79] 蕭承訓／專訪，林德華：大陸不再是永久避罪天堂，中時電子報，2012年5月15日。

[80] 王聖藜、鄭晗，聯合報，法部協商團今登陸 打擊犯罪擬談三大方向。

闊），最大限度追繳贓款並返還中國大陸受害人。目前，涉馬來西亞電信詐騙案的32名臺灣嫌犯全部認罪。[81]法務部表示，該協商代表團經過與中國公安部進行會議協商，達成四點共識：

1. 關於肯尼亞案及馬來西亞案，雙方同意開展合作偵辦。

2. 陸方同意家屬探視臺籍嫌疑人，依規定積極安排。

3. 對於未來跨境犯罪，雙方同意建立處理原則，以利打擊犯罪、保護受害人及實現社會正義。

4. 海峽兩岸共同打擊犯罪及司法互助協議生效七年來，成效有目共睹，有利兩岸人民，執行成果值得珍惜並延續執行。[82]

（二）2016年臺灣政黨再次輪替之後兩岸之司法合作之發展

2016年臺灣政黨再次輪替之後，兩岸之司法合作交流管道呈停滯之現象，但為維護兩岸人民權益、共同打擊犯罪活動，兩岸司法機關的交流與互助仍以「適當名義」進行中。中國最高檢察院檢察長曹建明、最高法院院長周強於2018年3月9日向中國大陸之全國人民代表大會進行工作報告。曹建明在報告中指出，五年來，中國大陸深化與港澳台地區司法交流協作，海峽兩岸檢方主要負責人以適當名義互訪，並開設二級窗口規範辦理兩岸司法互助案件，強化懲治跨境犯罪協作。周強也在報告中表示，過去五年出臺辦理在臺灣地區服刑中國大陸居民回中國大陸服刑案件規定等四個司法解釋和文件，推進兩岸司法互助；而中國法院在過去五年中，共審結涉港澳台、涉僑案件8.1萬件，辦理涉港澳台司法協助互助案件5.8萬件，以保護港澳台僑的合法權益。由於跨境電信詐騙案件愈演愈烈，中國最高檢自2016年起與公安部、工信部、人行聯手出擊，兩年中共起訴電信詐騙犯5.1萬人，其中崔培明案、張凱閔案、邱上豈案是特大的跨境電信詐騙案，涉案人數從60人到130人不等，犯案地點從柬埔寨、印尼到肯亞、亞美尼亞等地。[83]

---

81 今日新聞，兩岸就電信詐騙追逃追贓 達成四項共識。

82 多維新聞，突破！陸台達成四點共識合辦詐騙案，2016年4月21日。

83 宋秉忠、陳君碩，旺報，官方管道中斷 兩岸司法互助仍繼續，2018年3月10日。

（三）2018年兩岸共同打擊犯罪及司法互助機制之績效

　　如我國大陸委員會之2018年兩岸共同打擊犯罪及司法互助績效報告中顯示[84]，自2016年4月起陸續發生中國大陸自肯亞、馬來西亞、柬埔寨及亞美尼亞等國，將涉嫌跨境電信詐騙犯罪的國人強行押往中國大陸之案件，我國政府曾在2016年4、5月間兩度組團赴陸進行溝通；並針對可操之在我部分，積極強化相關打擊犯罪之作為，以有效遏止犯罪分子犯案，並在2016年11月由警方成功破獲臺灣最大詐騙集團水房，更在新北、新竹、宜蘭、南投等地，破獲詐騙集團機房，2017年5月以來，我方也與印尼、馬來西亞、泰國、新加坡等國警方合作，陸續在當地破獲詐騙集團，並將相關涉案國人遣返回臺依法偵辦，均可見政府努力的成果。為有效打擊跨國電信詐騙犯罪，並向上溯源、追查犯罪集團首腦，政府也持續呼籲陸方應珍惜過去雙方合作、累積的成果，並在既有的基礎上展開合作，以保障民眾權益。截至2018年12月底止，兩岸司法機關在本協議架構下，雙方相互提出之司法文書送達、調查取證、協緝遣返等請求案件已超過11萬件。針對國人在中國大陸服刑國人接返問題，分別於2010年、2011年和2012年，成功接返在中國大陸受刑事裁判確定人等11名國人；另在截至2018年12月底，自中國大陸接返受刑事裁判確定8名國人（合計自中國大陸已接返19名受刑之國人），未來也將與陸方溝通，持續推動接返受刑人作業。

肆、國際執法與刑事司法互助之比較與未來之發展

一、五個國際執法組織之比較

（一）組織創始與其設置機制之比較

　　根據表1-1所示，最早設立國際警察合作之機構是1914年有24個國家

---

[84]　大陸委員會，建立兩岸共同打擊犯罪及司法互助機制，2019年2月21日。

的警察代表欲籌組國際刑警組織的構想，其亦在1947年國際刑事警察委員會修正組織憲章，遂成為國際刑事警察組織。其會員國目前有194個國家之警察組織參與，亦是目前除了聯合國之外，最多會員國的一個國際型組織。歐盟執法合作署經過三次的更名，其乃於1993年創立歐盟警察組織，2010年更名為歐盟警察署，2017年歐洲議會使其再次改名為「歐盟執法合作署」。目前其有28個會員國，自2010年以來就正式成為歐盟下轄的一個機構。歐盟司法合作組織，其乃於1999年在芬蘭坦佩雷舉行的歐盟高峰會，首次討論設立之司法合作組織，其將執法之合作機制，從警察擴展至檢察體系與法院體系的歐盟下轄之一個新概念的司法合作之機制。東協警察組織乃東南亞國協之國家，所共同籌組的東南亞地區，較早亦是最大與功能較強的東南亞國際警察合作之組織。歐盟邊境與海岸巡防署，則是1985年5個歐盟的國家，在盧森堡的一個名為「申根」的小鎮上，簽署了第一份此種歐洲共同體之相關協定，稱之為《申根協定》。而歐洲所謂的「申根地區」，亦即為人員可自由流動的歐洲地區，其於1995年生效時，便取消了歐洲各國之邊界的檢查，並建立了單一的歐洲外部邊界。因此邊境管制以及簽證和庇護權等事項，便成為所有申根國家很普遍存在的新問題。因此，至2004年歐盟高峰會以「規範」方式，設立「歐盟邊防聯盟」，並簡稱為Frontex，至此歐盟的歐洲申根地區，就有26個歐洲國家所組成的邊境執法的勤務活動之行動合作方案。[85]至此歐洲地區邊境安全維護此種創新合作之機制，於焉誕生。然，於2016年歐盟邊境與海岸巡防署的條例的新規定，將「歐盟邊境與海岸巡防署」之新名稱，取代了前述2004年原有之「歐盟邊防聯盟」。

　　以上國際刑警組織之功能與其超大之組織規模；歐盟司法合作組織，將國際間之執法合作擴展至司法體系之合作；東協警察組織在東南亞地區，發展亞洲地區的執法合作；以及歐盟邊境與海岸巡防署，將歐洲地區

---

[85] 歐盟28個成員國中有22個參加了申根地區，其中有4個歐盟國家，即保加利亞、克羅埃西亞、賽普勒斯和羅馬尼亞，在法律上今後可以隨時加入申根地區；而另外兩個歐盟成員國，即愛爾蘭和英國則退出申根協定。4個歐洲自由貿易聯盟（EFTA）成員國冰島、列支敦斯登、挪威和瑞士雖然不是歐盟成員國，但已與《申根協定》簽署了協定。因此歐盟邊境與海岸巡防署總共有26個成員國。

邊境安全維護創新「勤務行動」合作之新機制等等，都值得發展國際警察合作時之研究與學習的典範。

（二）資訊分享功能之比較

　　根據表1-1所示，國際刑警組織2002年啓動了I-24/7全球警察通訊系統，以及八種類型之國際犯罪通報與十七種資料庫之提供。其資料庫之完整與多樣，以及全天候之全球警察通訊系統對於全球執法合作之實用與支援，可謂最爲強大。其之八種類型之國際犯罪通報，亦爲各國在緝捕國際通緝犯，與其他司法合作之事項上，發揮了最大之影響效果。歐盟執法合作署亦有提供一個全天候的資訊服務中心，並使用通用資訊之新技術等工具，相互的合作與支援。歐盟司法合作組織則要求會員國相互在刑事司法方面，加以協調與合作，或成立司法的聯合調查小組等司法合作之機制。其並鼓勵該組織成員國，多運用歐盟執法合作署之資料與其情資分析之資訊。東協警察組織則有東協警察電子資料庫系統簡稱e-ADS，其並鼓勵多運用與結合國際刑警組織之資料庫，爲東協各國提供更全面與完整之情資支援與協助。歐盟邊境與海岸巡防署於2013年建立歐洲邊境監測系統（Eurosur），與申根資訊系統（SIS）共同分享資訊，在歐洲外部邊境執法之勤務行動方面，提供相關之資訊。唯全球執法相關情資之資料庫，至目前爲止並無較完整之資料庫之整合與橫向的互通之機制與設置。其或可更進一步在使用之程序、方法與安全暨人權、隱私權之考量上，設置一個較完整有效的資料分享與運作之機制。若然則在跨國犯罪之抗制方面，或可發揮更大之效果。誠如Valsamis Mitsilegas在其之專文中所述，歐盟各類國際執法合作組織之間的資料庫，因爲其所依據之法律基礎不同，加上管理之機制與安全措施上，亦有所差異，故而難以發揮相成之效果。[86]其進一步說明與舉例稱，其中歐盟執法合作署與歐盟司法合作組織之資訊的互通與相互之合作與運用，就很難達到較佳之預期效果，雖然兩個組織都有合作之意願與努力，但可能要規劃一個更完整橫向合作之平台與規範才有

---

[86] Mitsilegas (2009), Border, Security and Transatlantic Cooperation in the 21st Century, p. 158.

以發揮其相成織效果。

（三）管理機制與組織運作之比較

　　如表1-1所示，國際刑警組織大會由194國之代表每年定期舉行，並且討論年度重要之策略與工作，在其下有執行委員會及總秘書處。歐盟執法合作署之管理委員會，由參加歐盟執法署的每個歐盟成員國的一名代表，以及歐盟的執委會之代表所共同組成，管理委員會下轄的執行處，則執行所有有關歐盟28個會員國之安全與其執法合作之事務。歐盟司法合作組織則由各成員國之司法人員代表組成該組織之理事委員會（College），負責組織的管理和運作，理事委員會之下為行政管理處，有一位行政管理處主任來主導其行政事務，該位主任在理事主席的監督下，負責該組織的日常行政管理。東協警察組織有會員大會，由各會員國之代表，定期舉行會議，討論該組織之重要策略與工作，其之下的執行委員會應由出席年度會議的副代表團長所組成，其並需於會員大會之前舉行會前會，擬定年度工作之重要議題與方針，提供給會員大會參考、討論與決議。該組織之大會應每年由會員國輪流舉辦。執行委員會之秘書處執行主任，負責所有日常組織工作與合作業務之推展。歐盟邊境與海岸巡防署在管理委員會之下，由執行處主任管理之，根據《歐盟基本權利憲章》和綜合邊界管理概念，監測歐盟外部邊界之情勢，並協助各會員國互相分享邊境資訊，以及對於特殊事件的支援或組成勤務行動小組，進行支援會員國或共同執行外部邊境執法之工作。因此在勤務行動方面，歐盟邊境與海岸巡防署較有勤務行動的執行力。而其他四個國際合作組織，則較著重在情資之分享與支援和諮詢之角色功能上。在組織管理方面，則東協警察組織會議，應每年由會員國輪流舉辦，東協警察組織秘書處，亦輪流由各會員國指定警官擔任之，並輪流承辦東協警察組織會議的主辦國。因此不若其他四個國際警察組織，有較常設之執行委員會或者秘書處，來穩定與較有經驗的執行刑事司法合作之事項。

（四）勤務合作與國際合作之比較

　　根據表1-1所示，國際刑警組織總秘書處每天24小時運作，並設有指揮和協調中心。歐盟執法合作署則透過一套獨特和不斷發展的新的執法工作之技能和服務，來支援會員國的執法當局。歐盟司法合作組織則由會員國有經驗的司法或警察官參與，其職權是協調跨境犯罪中，歐洲司法機關之作業，以及支援各國司法與警察機關之資訊的交換。東協警察組織則由秘書處負責協調和規範東協警察機構之間的協調和溝通機制。歐盟邊境與海岸巡防署則由該署制訂風險評估分析，以確定共同勤務之回應方式及其所需。此將成為該歐盟邊境與海岸巡防署和有關的會員國共同設計的勤務行動之基礎。因此，如前項所述，歐盟邊境與海岸巡防署在勤務行動方面，較有行動力，而其他國際組織則較以諮詢與支援之功能為主。

　　在與其他國際組織之合作協議方面，國際刑警組織與其他國際間之組織和非政府組織有多項合作協議，然而因為其組織較為龐大，且幾乎涵蓋全球之區域，而資料庫與其基金，以及支援之計畫亦較為多元，因此其國際合作之對象較多，且為各國際執法組織爭取合作之對象。歐盟執法合作署其執行處主任，能夠與其他國家和國際組織締結協定，而且已經有甚多的合作協議之簽訂。歐盟司法合作組織亦積極與第三國和其他歐盟機構談判合作之協定，還在全球設置有維持聯絡點之網絡，其亦如前項所述，其乃將執法之合作機制從警察擴展至檢察體系與法院體系的一個司法合作概念的新機制。東協警察組織則與其之e-ADS與國際刑警組織的I-24/7兩個資料庫連線。2004年東協在馬來西亞簽訂了「東協國家間刑事司法互助條約」並依規定向聯合國登錄。歐盟邊境與海岸巡防署，其乃是一個外部邊境安全維護之勤務行動的協調角色。該署亦與非歐盟國家，發展和維持可靠的夥伴關係網絡，特別是在歐盟之鄰國以及非正常移徙的原籍國和過境國。綜上，各國際執法組織都在積極的拓展其國際司法合作之空間，而國際刑警組織乃為其中，對於國際警察合作最有影響力者，因此如何在全球建立起一個更為完整而有效之國際警察合作網絡，可能為國際刑警組織與各個國際警察組織未來之挑戰。

表 1-1　五個國際執法組織之比較

國際組織　　組織內涵	1.國際刑警組織 IINTERPOL	2.歐盟執法合作署 EUROPOL	3.歐盟司法合作組織 EUROJUST	4.東協警察組織 ASEANAPOL	5.歐盟邊境與海岸巡防署 Frontex
一、創始之年代	1947年國際刑事警察委員會（ICPC）修正組織憲章，成為國際刑事警察組織	1993年歐盟警察組織創立；2010年更名為歐盟警察署（EU Agency）；2017年歐洲議會使其再次改名為「歐盟執法合作署」	2000年在葡萄牙、法國、瑞典和比利時的倡議下，成立了一個臨時司法合作機構，稱之為「臨時的歐洲司法合作組織」；2002年2月28日歐盟公布了正式成立該組織之決議	該組織於1981年乃由東南亞國家協會之中的5個會員國之警政首長所提議而創立	1999年歐盟阿姆斯特丹條約簽署，將各國邊境合作納入歐盟之架構中。歐盟高峰會2004年以「規範」方式，設立「歐盟邊防聯盟」，並簡稱為Frontex
二、設置之機構	1914年24個國家的警察代表有籌組國際刑警組織的構想	組織起源於義大利TREVI，1976年由歐洲共同體所設立的安全合作論壇	1999年在芬蘭坦佩雷舉行的歐盟高峰會，首次討論設立司法合作組織	東南亞國家協會（ASEAN）之中的5個會員國之警政首長會議時所提議	2016年新設立「歐盟邊境與海岸巡防署」取代了原有之「歐盟邊防聯盟」
三、會員國數	194個會員國全球最大的國際警察合作之組織	28個會員國；自2010年以來一直是歐盟下轄的一個機構	28個會員國；成員國之司法人員代表組成	10個成員國所組成之東協政府間國際警察組織	歐洲申根地區，由26個歐洲國家所組成
四、資訊分享功能	2002年啟動了I-24/7全球警察通訊系統。以及8種類型之國際犯罪通報、17種資料庫之提供	該署將提供一個24/7全天候的資訊服務中心；使用通用資訊之新技術等工具	要求會員國相互的刑事司法之協調與合作或成立司法的聯合調查小組等司法合作	有東協警察電子資料庫系統，簡稱e-ADS與刑事司法互助	2013年建立歐洲邊境監測系統（Eurosur），與申根資訊系統（SIS）共同分享資訊

表 1-1　五個國際執法組織之比較（續）

國際組織＼組織內涵	1.國際刑警組織 IINTERPOL	2.歐盟執法合作署 EUROPOL	3.歐盟司法合作組織 EUROJUST	4.東協警察組織 ASEANAPOL	5.歐盟邊境與海岸巡防署 Frontex
五、管理之機制	國際刑警組織大會，其之下有執行委員會及總秘書處	管理委員會由參加歐盟執法署的每個歐盟成員國的一名代表，以及歐盟的執委會之代表所共同組成	各成員國之司法人員代表組成該組織之理事委員會（College）負責組織的管理和運作	有會員大會，其之下的執行委員會應由出席年度會議的副代表團長所組成	該署在管理委員會之下，由執行處主任管理之
六、組織運作規範	國際刑警組織大會是國際刑警組織的最高理事機構，由每個成員國的代表組成	管理委員會下轄的執行處，在執行所有有關歐盟國家之安全與其執法合作之事物	理事委員會之下為行政管理處，有一位主任來主導其行政事務，該位主任在理事主席的監督下負責該組織的日常行政管理	該組織之大會應每年由會員國輪流舉辦。執委會應於每年會議之前舉行會前會議。執行委員會之秘書處執行主任負責工作之推展	根據歐盟基本權利憲章和綜合邊界管理概念，監測歐盟外部邊界之局勢，並協助各會員國互相分享邊境資訊
七、勤務或行動之合作機制	總秘書處每天24小時運作，並設有指揮和協調中心	透過一套獨特和不斷發展的新的執法工作之技能和服務，來支援會員國的執法當局	由會員國之司法或警察官參與，其職權是協調歐洲司法機關之合作，並設有協調中心，以及歐洲逮捕令、歐洲調查令等的司法合作機制	東協警察組織秘書處負責協調和規範東協警察機構之間的協調和溝通機制	由該署制訂風險評估分析，以確定共同勤務之回應方式及其之所需。此將成為該署和有關的會員國共同設計的勤務行動之基礎。

表 1-1　五個國際執法組織之比較（續）

國際組織　　　組織內涵	1.國際刑警組織 IINTERPOL	2.歐盟執法合作署 EUROPOL	3.歐盟司法合作組織 EUROJUST	4.東協警察組織 ASEANAPOL	5.歐盟邊境與海岸巡防署 Frontex
八、與其他國際組織之合作協議	與國際政府間之組織和非政府組織有多項合作協議	執行處主任，能夠與其他國家和國際組織締結協定	積極與第三國和其他歐盟機構談判合作之協定，還在全球設置有維持聯絡點之網絡	e-ADS與IN-TERPOL I-24/7的兩個資料庫連線。2004年東協在馬來西亞簽訂了東協國家刑事司法互助條約並依規定向聯合國登錄	歐盟邊境與海岸巡防署，乃是一個協調的角色。該署亦與非歐盟國家發展夥伴關係網絡，如歐盟鄰國以及非正常移徙的原籍國和過境國

二、國際執法與刑事司法互助之未來發展

（一）國際執法組織在勤務與行動方面之未來發展

　　從前述援引之五個國際警察或執法組織之概況可以得知，目前其大都停留在資訊分享與通報，或者共同之培訓或金援之層面。對於共同打擊跨國犯罪之行動之互助與合作方面，較無具體之措施或協議與方案。前述之歐盟邊境與海岸巡防署之整體勤務合作之模式，乃因為歐盟之申根協議所創造出的歐洲外部邊境，所因緣際會與有其共同之安全維護之需求，而形成共同管制其邊境之聯合行動之機制。然而在全球化的推波助瀾之下，全球或者地區性之跨國境之安全維護問題，似乎亦可以在適當之區域內，建立區域性的各國聯合執勤的人力或國際團隊，以便更有效的維護區域性之安全。此種司法互助的勤務行動之聯合運作模式，或許在打擊日新月異的跨國犯罪之效果之上有較佳之效果，故而甚值得從協議之訂定與組織之籌劃、行動之規範等等方面加以籌謀。然而亦可讓前述之國際刑事司法互助

之型態，突破傳統之規範與藩籬，從狹義刑事司法互助、廣義之司法互助、最廣義司法互助，一直演進至行動互助合作之範疇。亦即從司法互助之引渡、訊問證人、鑑定人，實施搜索、扣押、驗證、轉交證物、送達文書、提供情報、刑事訴追之移送以及外國刑事判決之承認與執行等等司法互助方面，一直進展到勤務與行動聯盟之刑事司法互助的新型態。

（二）國際執法組織在情資整合方面之未來發展

　　在情資之整合方面，國際刑警組織全球警察通訊系統，以及八種類型之國際犯罪通報與十七種資料庫之提供，確實為全球國際執法組織在情資之運用與支援其他國際執法組織方面，有最強之互助與支援之效果。歐盟執法合作署、歐盟司法合作組織、東協警察組織與歐盟邊境與海岸巡防署等，亦均有情資之運用與支援之查詢電子系統。唯如前之所述，全球執法相關情資之資料庫，至目前為止並無較完整之資料庫之整合與橫向的互通之機制與設置。筆者建議或可更進一步參酌美國於2001年遭受九一一之恐怖攻擊之後，所產生之情資融合中心（Fusion Center）[87]之概念與做法，對於國際執法組織在情資之整合方面，在使用之程序、方法與安全暨人權之考量上，設置一個較完整有效的資料分享與運作之機制，若然則在跨國犯罪之抗制方面，或可發揮更大之效果。否則，如前Valsamis Mitsilegas在其專文中所述，歐盟各類國際執法合作組織之間的資料庫，因為其所依據之法律基礎不同，加上管理之機制與安全措施上，亦有所差異，故而難以發揮相成之效果。因此，在打擊跨國犯罪的國際執法組織的互助上，若要求其效果之彰顯，則共同資料庫之建置與分享之新機制，可能將成為各個國際警察組織下一個嚴肅之挑戰與重要的課題之一。

（三）國際執法組織在管理機制強化方面之未來發展

　　目前前述五個國際執法相關之合作組織，大都有常設之執委會、執行處或秘書處，在全天候的處理日常之相關事務。而若無此常設之執行

---

[87] 陳明傳等（2013），國土安全專論，頁52。

機構，例如東協警察組織即以東協警察組織秘書處，輪流由各會員國指定警官擔任之，並輪流承辦東協警察組織會議的主辦國，因此在經驗與行政程序的嫻熟度方面，就難免有不周到之處，因而設置一個常設之執行處確實有其必要性。另外，在國際執法組織於互助功能之考量上，宜否如美國1965年當時詹森總統（Lyndon B. Johnson）所指派的總統研究執法與司法問題委員會（President's Commission on Law Enforcement and Administration of Justice）之1967年的結論建議一般，在犯罪問題的防治方面，必須將警察、檢察系統、法院、矯治系統（監所、觀護系統等），真正結合成為一個刑事司法之系統（Criminal Justice System, CJ System）[88]，如此才能真正有效的處理犯罪問題。同理在處理跨國犯罪問題時，國際社會亦似應將以上之各個體系之國際刑事司法之組織做結合，或者建置一個橫向整合之平台，以便更有效地進行對抗跨國犯罪等各類司法互助之事宜。前述之歐盟執法合作署與歐盟司法合作組織橫向的聯繫機制即是一個很好之範例與典範，可供參考研究與發展。又歐盟司法合作組織，由會員國有經驗之司法官或警察官參與，其職權是協調歐洲司法與警政機關之合作，其並設有策略協調中心，以及歐洲逮捕令、歐洲調查令等的司法合作之機制，亦為拓展國際執法組織、國際司法組織以及相關的對抗跨國犯罪之組織，在思考如何建立資訊與行動方面的司法互助，以及更有系統之平台建立時之參考典範。

　　至於我國曾經在1961年，以中華民國名義申請加入成為成員國之一，但後來中國大陸在1984年以「中華人民共和國」加入組織，我國的會員國名稱遂被改為「中國臺灣」，同時被迫退出該組織。其間於2018年11月第八十七屆國際刑警組織大會，在阿拉伯聯合大公國杜拜召開，警政署刑事警察局於當年9月致函國際刑警組織，盼能以觀察員身分參與大會，不僅美國國務院及司法部都公開支持臺灣參與，更是有多個國家告訴我國外交部「臺灣今年機會比去年好」，孰料我國最後仍然被國際刑警組織拒之門

---

[88] The Balance Career, President's Commission on Law Enforcement.

外。[89]因而，持續研究國際執法組織之憲章與各類規範，以及其運作之策略與模式，則爲我國執法機關參與國際執法組織，或地區性之司法合作組織，例如東協警察組織等機制，預作準備與因應策略等項整備之功課。

---

[89] 王子寧，信傳媒，臺灣曾是會員國……遭國際刑警組織「擋在門外」有什麼影響？2018年10月19日。

參考文獻

一、中文

王勇（1992），「一國兩制」條件下的區際刑事司法協助，政治與法律（上海），第5期，頁25。

邵沙平（1993），現代國際刑法教程，湖北：武漢大學出版社，1版，頁235。

馬進保（1993），我國區際刑事司法協助的法律思考，引自黃進、黃風主編，區際司法協助研究，北京：中國政法大學出版社，1版，頁191。

陳明傳等（2013），國土安全專論，臺北：五南圖書出版公司。

陳明傳等（2016），全球化下之國境管理，臺北：五南圖書出版公司。

趙永琛（2000），跨國犯罪對策，吉林：吉林人民出版社，1版，頁346-347。

趙喜臣（1996），論國際刑事司法協助，引自司法部司法協助局編，司法協助研究，北京：法律出版社，1版，頁95。

蔡墩銘（1993），涉及兩岸刑事案件處理方式研究，行政院大陸委員會委託研究，頁47。

二、外文

Bossard, André (1990), Transnational Crime and Criminal Law, Illinois: The University of Illinois.

Brown, S. D. (2008), "Ready, Willing and Enable: A Theory of Enablers for International Cooperation." In Brown, S.D. ed., Combating International Crime: The Longer Arm of the Law, NY: Routledge-Cavendish.

Mitsilegas, Valsamis (2009), Border, Security and Transatlantic Cooperation in the 21st Century, in Terri E. Givens et. al., ed., Immigration Policy and Security-US, European and Commonwealth Perspectives, NY: Taylor & Francis Group, p. 158.

Torr, James D. ed. (1999), Organized Crime-Contemporary issues companion, Roy Godson & William J. Olson, "International Criminal Organizations", San Diego: Greenhaven Press.

三、網路資料

大陸委員會，建立兩岸共同打擊犯罪及司法互助機制，2019年2月21日，https://www.
　　mac.gov.tw/cp.aspx?n=51B78A46DE7D24E1&s=18AD7FEF24CF322F（瀏覽日
　　期：2019年3月25日）。

王子寧，信傳媒，臺灣曾是會員國……遭國際刑警組織「擋在門外」有什麼影響？
　　2018年10月19日，https://www.cmmedia.com.tw/home/articles/12364（瀏覽日期：
　　2019年6月15日）。

王聖藜、鄭媁，聯合報，法部協商團今登陸打擊犯罪擬談三大方向，http://city.udn.
　　com/54532/5469362#ixzz5j3Dyvr1x（瀏覽日期：2019年6月15日）。

今日新聞，兩岸就電信詐騙追逃追贓達成四項共識，2016年5月16日，https://www.
　　nownews.com/news/20160516/2100661/（瀏覽日期：2019年6月15日）。

多維新聞，突破！陸台達成四點共識合辦詐騙案，2016年4月21日，http://news.
　　dwnews.com/taiwan/big5/news/2016-04-21/59733823.html（瀏覽日期：2019年6月
　　15日）。

刑事警察局，刑事雙月刊，第17期，頁34-35，https://www.cib.gov.tw/Upload/Month-
　　ly/0201/files/assets/basic-html/page36.html（瀏覽日期：2019年6月1日）。

宋秉忠、陳君碩，旺報，官方管道中斷 兩岸司法互助仍繼續，2018年3月10日，
　　https://www.chinatimes.com/newspapers/20180310000077-260301（瀏覽日期：
　　2019年6月15日）。

財團法人中華經濟研究院，臺灣東南亞國家協會研究中心，東協加六，http://www.
　　aseancenter.org.tw/ASEAN6.aspx（瀏覽日期：2019年6月15日）。

植根法律網，金門協議，http://www.rootlaw.com.tw/LawArticle.aspx?LawID
　　=A040310001009300-0790912（瀏覽日期：2019年6月15日）。

維基百科，獨立國家國協，https://zh.wikipedia.org/wiki/%E7%8D%A8%E7%AB%8B
　　%E5%9C%8B%E5%AE%B6%E8%81%AF%E5%90%88%E9%AB%94（瀏覽日
　　期：2019年6月1日）。

維基百科，馬斯垂克條約，https://zh.wikipedia.org/wiki/%E9%A9%AC%E6%96%AF
　　%E7%89%B9%E9%87%8C%E8%B5%AB%E7%89%B9%E6%9D%A1%E7%BA
　　%A6（瀏覽日期：2019年6月1日）。

維基百科，歐洲刑警組織，https://zh.wikipedia.org/wiki/%E6%AC%A7%E6%B4%B2
　　%E5%88%91%E8%AD%A6%E7%BB%84%E7%BB%87（瀏覽日期：2019年6月

1日）。

聯合國公約與宣言檢索系統，聯合國大會1990年12月14日第45/116號決議通過之引渡模範條約（Model Treaty on Extradition）第3條、第4條，https://www.un.org/zh/documents/treaty/files/A-RES-45-116.shtml（瀏覽日期：2019年6月1日）。

蕭承訓／專訪，林德華：大陸不再是永久避罪天堂，中時電子報，2012年5月15日，http://news.chinatimes.com/politics/11050202/112012051500539.html（瀏覽日期：2013年3月1日）。

ASEANAPOL, Chronology, retrieved June 11, 2019 from http://www.aseanapol.org/about-aseanapol/chronology.

ASEANAPOL, Vision and Mission, retrieved June 11, 2019 from http://www.aseanapol.org/about-aseanapol/vision-and-mission.

ASEANAPOL, Governance, retrieved June 11, 2019 from http://www.aseanapol.org/about-aseanapol/governance.

ASEANAPOL, Permanent Secretariat, retrieved June 11, 2019 from http://www.aseanapol.org/about-aseanapol/permanent-secretariat.

ASEAN Legal, Treaty on Mutual Legal Assistance in Criminal Matters, retrieved June 11, 2019 from http://agreement.asean.org/media/download/20160901074559.pdf.

ASEANAPOL, Objectives and Functions of the Secretariat, retrieved June 11, 2019 from http://www.aseanapol.org/about-aseanapol/objectives-and-functions.

EU2007.DE, Federal Ministry of the Interior and FRONTEX Pursue Common Goal, retrieved Jan. 1, 2016 from http://www.eu2007.de/en/News/Press_Releases/February/0222BMIFrontex.html.

EUROJUST, The European Union's Judicial Cooperation Unit, History of Eurojust, retrieved June 11, 2019 from http://eurojust.europa.eu/about/background/Pages/History.aspx.

EUROJUST, Structure, retrieved June 11, 2019 from http://www.eurojust.europa.eu/about/structure/Pages/organisational-structure.aspx.

EUROJUST, Mission and Tasks, retrieved June 11, 2019 from http://eurojust.europa.eu/about/background/Pages/mission-tasks.aspx.

EUROJUST, Operational and Strategic Activities, retrieved June 11, 2019 from http://www.eurojust.europa.eu/Practitioners/operational/Pages/casework.aspx.

European Justice, Evidence, retrieved June 11, 2019 from https://e-justice.europa.eu/content_evidence-92-en.do.

European Union, the EU in Brief, retrieved June 11, 2019 from https://europa.eu/european-union/about-eu/eu-in-brief_en.

EUROPOL, Governance & Accountability, retrieved June 11, 2019 from https://www.europol.europa.eu/about-europol/governance-accountability.

EUROPOL, Liaison Officers, retrieved June 11, 2019 from https://www.europol.europa.eu/partners-agreements.

EUROPOL, EUROPOL's New Regulation, retrieved June 11, 2019 from https://www.europol.europa.eu/newsroom/news/europols-new-regulation.

Europol, Europol Strategy 2016-2020, retrieved June 11, 2019 from https://www.europol.europa.eu/publications-documents/europol-strategy-2016-2020.

EUROPOL, Europol Information System (EIS), retrieved June 11, 2019 from https://www.europol.europa.eu/activities-services/services-support/information-exchange/europol-information-system.

EUROPOL, Secure Information Exchange Network Application (SIENA), retrieved June 11, 2019 from https://www.europol.europa.eu/activities-services/services-support/information-exchange/secure-information-exchange-network-application-siena.

FOTW, Flags of the World, ASEANAPOL Police Force of ASEAN, retrieved June 11, 2019 from https://www.crwflags.com/fotw/flags/int_asnp.html.

FRONTEX, Legal Basis, retrieved June 11, 2019 from https://frontex.europa.eu/about-frontex/legal-basis/.

FRONTEX, EU Partners, retrieved June 11, 2019 from https://frontex.europa.eu/partners/eu-partners/european-commission/.

FRONTEX, Origin & Tasks, retrieved June 11, 2019 from https://frontex.europa.eu/about-frontex/origin-tasks/.

FRONTEX, Key Facts, retrieved June 11, 2019 from https://frontex.europa.eu/faq/key-facts/.

FRONTEX, Organization, retrieved June 11, 2019 from https://frontex.europa.eu/about-frontex/organisation/structure/.

FRONTEX, Roles & Responsibilities, retrieved June 11, 2019 from https://frontex.europa.eu/operations/roles-responsibilities/.

FRONTEX, Partners- Non-EU Countries, retrieved June 11, 2019 from https://frontex.europa.eu/partners/non-eu-countries/.

INTERPOL, General Assembly, retrieved June 11, 2019 from https://www.interpol.int/Who-we-are/Governance/General-Assembly.

INTERPOL, Key Dates, retrieved June 11, 2019 from https://www.interpol.int/en/Who-we-are/Our-history/Key-dates.

INTERPOL, Constitution of the ICPO-INTERPOL, retrieved June 11, 2019 from https://www.interpol.int/content/download/590/file/Constitution%20of%20the%20ICPO-INTERPOL-EN.pdf.

INTERPOL, Executive Committee, retrieved June 11, 2019 from
https://www.interpol.int/en/Who-we-are/Governance/Executive-Committee.

INTERPOL, General Secretariat, retrieved June 11, 2019 from https://www.interpol.int/en/Who-we-are/General-Secretariat.

INTERPOL, Secretary General, retrieved June 11, 2019 from https://www.interpol.int/en/Who-we-are/General-Secretariat/Secretary-General.

INTERPOL, National Central Bureaus (NCBs), retrieved June 11, 2019 from https://www.interpol.int/en/Who-we-are/Member-countries/National-Central-Bureaus-NCBs.

INTERPOL, About the CCF, retrieved June 11, 2019 from https://www.interpol.int/en/Who-we-are/Commission-for-the-Control-of-INTERPOL-s-Files-CCF/About-the-CCF.

INTERPOL, What is INTERPOL?, retrieved June 11, 2019 from https://www.interpol.int/en/Who-we-are/What-is-INTERPOL.

INTERPOL, Capacity Building Projects, retrieved June 11, 2019 from https://www.interpol.int/en/How-we-work/Capacity-building/Capacity-building-projects.

INTERPOL, INTERPOL's Global Learning Centre, retrieved June 11, 2019 from https://www.interpol.int/en/How-we-work/Capacity-building/INTERPOL-s-Global-Learning-Centre.

INTERPOL, Our Funding, retrieved June 11, 2019 from https://www.interpol.int/en/Who-we-are/Our-funding.

INTERPOL, About Notices, retrieved June 11, 2019 from https://www.interpol.int/en/How-we-work/Notices/About-Notices.

INTERPOL, Our 17 Databases, retrieved June 11, 2019 from https://www.interpol.int/en/How-we-work/Databases/Our-17-databases.

INTERPOL, Annual Report 2017, retrieved June 11, 2019 from https://www.interpol.int/en/content/download/5258/file/Annual%20Report%202017-EN.pdf.

INTERPOL, Cooperation Agreements, retrieved June 11, 2019 from https://www.interpol.int/en/Who-we-are/Legal-framework/Cooperation-agreements.

INTERPOL, Border Security Operations, retrieved June 11, 2019 from https://www.interpol.int/en/How-we-work/Border-management/Border-security-operations.

INTERPOL, Integrated Border Management Task Force, retrieved June 11, 2019 from https://www.interpol.int/en/How-we-work/Border-management/Integrated-Border-Management-Task-Force.

INTERPOL, The Wishes Expressed at the Sessions or Assemblies Held on 15, 16, and 18 April 1914, retrieved June 11, 2019 from https://www.interpol.int/en/About-INTERPOL/History/1914-2014/INTERPOL-1914-2014/1914/Summary-of-the-Wishes.

INTERPOL, 12 Wishes: Then and Now, retrieved June 11, 2019 from https://www.interpol.int/Who-we-are/Our-history/12-wishes-then-and-now.

INTERPOL, Strategic Framework 2017-2020, retrieved June 11, 2019 from https://www.interpol.int/Who-we-are/Strategy/Strategic-Framework-2017-2020.

MEPs European Parliament, Members of the European Parliament, retrieved June 11, 2019 from http://www.europarl.europa.eu/meps/en/home.

The Balance Career, President's Commission on Law Enforcement, retrieved June 11, 2019 from https://www.thebalancecareers.com/1965-presidents-commission-law-enforcement-974564.

Wikipedia, the free encyclopedia, EUROPOL, retrieved June 11, 2019 from https://en.wikipedia.org/wiki/Europol.

Wikipedia, Schengen Area, retrieved June 11, 2019 from https://en.wikipedia.org/wiki/Schengen_Area.

Your Dictionary, Opson, retrieved June 11, 2019 from https://www.yourdictionary.com/opson.

第二章

國際刑事司法互助原則與模式[1]

王寬弘

壹、前言

在面對日漸猖獗全球化的跨境組織犯罪，各國均體認犯罪已無國界之分，許多國際性及區域性的防治犯罪組織應運而生。另犯罪嫌疑人為逃避審判而潛逃國外，或是對在境外犯罪的本國人進行引渡返國審判等等問題。司法能否緝拿嫌犯受審，或是無法緝拿嫌犯受審而僅能望人興嘆？其中關鍵在於國際間各國刑事司法互助。聯合國亦意識到國際刑事司法互助之重要性，而通過《引渡模範公約》、《刑事司法互助模範公約》等相關公約為國際刑事司法互助之準則。而我國一方面與其他國家簽署的相關司法互助外交文書，如駐美國臺北經濟文化代表處與美國在臺協會間之刑事司法互助協定，另一方面也訂定《國際刑事司法互助法》、《引渡法》及《跨國移交受刑人法》等國內法為執行依據。據此，本文探討介紹國際刑事司法互助的原則與主要執行模式。

貳、國際刑事司法互助之意義

一、刑事司法互助之定義

司法互助者，係指不同法域的法院或其他司法機關間、在訴訟或其

---

[1] 本文修改原發表於國土安全與國境管理學報第30期，2018年12月，頁91-128之文稿。

他司法機關間、在訴訟或其他司法活動中，相互提供幫助或進行合作而言。[2]各家學說對於刑事司法互助內容亦有不同的分類方式。有學者以「國際司法合作」爲總括性概念，而「國際刑事司法互助」是其重要部分。有學者則從靜態與動態觀點觀之，認爲「國際刑事司法互助」具有司法制度靜態含義與司法行爲的動態特色。有學者則提出的狹義、廣義及最廣義的刑事司法互助論點：1.狹義的刑事司法互助，涉及刑事文書送達和調查取證；2.廣義的刑事司法互助，包括狹義的刑事司法協助和引渡；3.最廣義的刑事司法互助除包含前述司法協助內容外，也包括刑事訴訟的移轉管轄（移轉管轄以下簡稱移管）和外國刑事判決的承認和執行。[3]另有學者觀察聯合國的多邊公約以及各國刑事司法互助法，對於刑事司法互助範圍內容表達不一，然根據其內容、適用程度以及程序層面來看，大致可歸納爲六大類：1.文書送達；2.信息通報；3.調查取證；4.引渡；5.刑事案件的訴訟轉移；6.外國刑事判決的承認和執行。[4]

　　至於，我國《國際刑事司法互助法》對刑事司法互助之定義，於該法第4條第1項：「一、刑事司法互助：指我國與外國政府、機構或國際組織間提供或接受因偵查、審判、執行等相關刑事司法程序及少年保護事件所需之協助。但不包括引渡及跨國移交受刑人事項。」顯然採狹義的刑事司法互助。足見刑事司法互助內容範疇有狹義、廣義和最廣義之分，而本文之刑事司法互助則採最廣義的刑事司法互助內容說明之。

二、國際刑事司法互助內容範疇與分類

　　國際刑事司法互助模式的分類方式以及範圍，各學者見解不一，但約可歸納其執行內容爲六大類：1.文書送達；2.信息通報；3.調查取證；4.引渡；5.刑事案件的訴訟移管；6.外國刑事判決的承認和執行（包含移管人

---

[2]　王志文（1996），論國際與區際民事司法協助，華岡法粹，第24期，頁243。

[3]　陳燦平編著，王作富審定（2007），國際刑事司法協助專題整理，北京：中國人民中央大學出版社，頁9。

[4]　陳燦平編著，王作富審定（2007），同前註3，頁24。

犯、有條件的判刑或是釋放罪犯的移轉監督）。[5]值得一提的是，多數學者通常將引渡這部分獨立與一般的刑事司法互助分別討論，其乃從刑事司法互助的發展歷史來看，因犯罪者的引渡是發展較早，也是較為完整的範圍。學者之分類，有助於我們能更有系統性的去認識刑事司法互助的內容和程序。各學者分類方式，概約可分如下二類方式。

（一）狹義、廣義與最廣義的分類

將刑事司法互助內容範疇分狹義、廣義和最廣義。狹義的刑事司法互助是指國家間對刑事情況的傳遞、訴訟文書的委託送達、扣押和移交與犯罪有關的財產，對證人的委託詢問和調查，通知證人或是鑑定人出庭等；廣義的刑事司法互助除上訴內容外，包含了接受委託調查刑事案件、通緝和拘捕潛入國境的在逃案犯，接受請求將控制下的犯罪者予以引渡等形式；最廣義的刑事司法協助除廣義的刑事司法協助者外，還包括對刑事案件的追訴移管、有條件的判決和有條件的釋放，對外國刑事判決的承認與執行等。這種分類也分別另有相對應的稱呼，狹義的刑事司法互助可稱為初級的協助，廣義的協助是高級的協助，最廣義的協助則稱仍在發展中。[6]

1. 狹義（初級）刑事司法互助

刑事情報的傳遞、訴訟文書的送達、扣押和移交犯罪有關財產、對證人委託詢問和調查、通知證人與鑑定人出庭等。

2. 廣義（高級）刑事司法互助

狹義刑事司法互助加上受委託調查刑事案件、通緝與拘捕潛入國境在逃案犯、罪犯引渡。

3. 最廣義（發展中）刑事司法互助

廣義（高級）刑事司法互助加上刑事案件的追訴移管、有條件的判決

5　陳燦平編著，王作富審定（2007），同前註3，頁24。
6　陳燦平編著，王作富審定（2007），同前註3，頁21。森下忠（1981），國際刑事司法共助の研究，東京：成文堂，頁1-2。

與釋放、對外國刑事判決的承認和執行。

（二）古典型態與新型態的分類

在各類分法中，日本學者森下忠的分類是常被引用的。其從歐洲所發展的各種犯罪防治與刑事司法合作的國際條約中整理出國際刑事司法互助的四種型態，分別為：1.罪犯引渡；2.狹義的司法互助；3.外國刑事判決的執行；4.刑事訴訟的移管。[7]其中將罪犯引渡及狹義的司法互助稱為「古典型態的國際司法互助」；將外國刑事判決的決行以及刑事訴訟的移管稱為「新型態的國際司法互助」。[8]本文將學者森下忠提出的刑事司法互助分類方式整理如圖2-1。

傳統古典型態的國際刑事司法互助，未直接涉及國家內部司法審判體系的運作，主要仍在司法行政（檢察機關與警察機關）的合作。而新型態

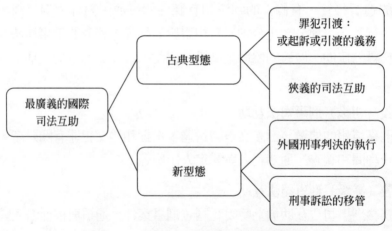

圖 2-1　刑事司法互助分類歸納圖[9]

---

[7]　森下忠（1981），同前註6，頁4-5。森下忠（1983），國際刑事司法共助の理論，東京：成文堂，頁11-12。

[8]　森下忠（1981），同前註6，頁7。

[9]　引自森下忠學者之研究：森下忠（1993），犯罪人引渡法の理論，東京：成文堂，序言頁1。

的國際司法互助發展相對緩慢，究其原因，新型態的刑事司法互助如外國刑事判決的決行（如受刑人移交）以及刑事訴訟的移管是建立在彼此之間承認對方的法院判決的基礎上，才能有後續合作執行協助的可能，其中涉及的層面不僅是古典刑事司法互助的行政合作，還有法律審判的複雜程序以及各國彼此之間需要對此項涉及人權保障的合作有高度的認知和共識下才能有效執行。[10]

　　依學者森下忠的分類方式，可將國際刑事司法互助分為下列四大模式：1.模式（範圍）一：狹義的刑事司法互助；2.模式（範圍）二：引渡；3.模式（範圍）三：刑事追訴的移轉管轄；4.模式（範圍）四：執行外國刑事判決。本文於後之刑事司法互助模式，依此序說明。

參、國際刑事司法互助之原則

　　國際刑事司法互助的原則，一般主要是借鑑國際公法公認的一些原則及引渡制度中一些原則而建構，學者對此各有見解而不一，所述論點也仁智互見，但對司法互助問題的思考應有其積極意義。[11]綜述各學者論述之原則，本文認為顯係基於「國家主權利益」與「個人基本人權」為基礎。有學者提出：國家主權原則、平等互惠原則、人權保護原則、法制原則以及特定性原則等五大原則。[12]其中國家主權原則、平等互惠原則係以「國家主權利益」為基礎；至於人權保護原則、法制原則以及特定性原則係以「個人基本人權」為基礎。所以，上述原則係以國家主權原則與人權保護原則等二原則為核心，則筆者依此分類並參考其他學者見解分別陳述。

---

[10] 江世雄（2014），涉外執法論集，桃園：中央警察大學出版社，頁183-184。

[11] 各學者之見解可參閱，陳燦平編著，王作富審定（2007），同前註3，頁10。

[12] 成文良（2002），國際刑事司法協助的基本原則，中國法學，第3期，頁178-180。

一、國家主權原則

　　《聯合國憲章》第2條第1款揭示會員國主權平等爲國際秩序的基本原則，在許多國際法條約、文件中亦在強調主權代表國家對其領土與資源的支配力。國家作爲主權的歸屬者，原則上對所屬領土與所屬人民有完全的規制權力，國家主權使一國欲於他國領域內行使高權行爲，必須取得他國同意或是必須有特殊正當化理由。[13]國家主權原則在此所展現的爲：國家司法權專屬性、國家對國際條約的善意信守與遵循、司法豁免權、治外法權的排除與對本國利益的特殊保護等。司法權是國家主權的延伸，一國司法機關對涉及本國的犯罪案件追訴、審判、執行刑罰都是國家內部行爲，其他國家或是國際組織都無權也難以加以干涉。國家對司法權的掌握不因其國家大小強弱而有動搖。刑事司法互助的基礎是司法權的協調，但是司法權的協調和司法權的專屬權並不矛盾，[14]有時協調是讓專屬權能落實行使，國際刑事司法互助可視爲司法的境外延伸，透過這類的司法互助反而能讓國家司法權得以有效的行使，不受地域限制達到司法權的目的——伸張正義。

　　另對國家主權來說，國際刑事司法互助一方面是積極謀求本國利益，另一方面也是避免本國利益受到損害。不論有沒有存在條約或是約定，只要司法協助的請求違反被請求國的安全、公共秩序或其他足以動搖國本的公共利益，被請求國即有權予以拒絕提供協助。[15]

二、平等互惠原則

　　若說展開國與國之間合作的基礎是主權協調，則相互尊重與互惠就是

---

[13] Matthias Herdegen著，陳靜慧譯（2012），現今主權概念，月旦法學雜誌，第24期，頁251。

[14] 成文良（2002），同前註3，頁178-180。

[15] 而對本國國民的特殊保護表現在引渡上，原則上是「本國人不引渡」，許多國家採用此條規則。然近年來，各國漸採取折衷措施包括：1.裁量引渡；2移送案件給追訴機關；3.移送受刑者。詳見：吳天雲（2010），引渡與刑事司法互助的基本原則與程序——兼述亞太地區各國的概況，檢察新論，第7期，頁299。

國與國之間合作的橋梁。不論是雙邊或是多邊國際條約開展的國際刑事司法協助，大多是通過互惠承諾進行的刑事司法協助。任何一個國家在請求其他國家給予協助時所享有的權利，其在未來他國請求協助的時候，也將履行相同的義務。惟各國間法律存在差異，此原則非要求各自具體做法達同一標準，而是應基於同一範圍程序內展開；不同國家國民在互助範圍內享有不得受歧視待遇，尊重各國法律制度避免干預主權的疑慮。[16]這種平等延伸至國民待遇上，即締約國公民在對方境內應享有同所在國民同等的訴訟權利和義務，締約國的司法不能對其實施任何特殊不公正待遇。[17]我國《外國法院委託事件協助法》第4條規定：「委託法院所屬國，應聲明中華民國法院如遇有相同或類似事件需委託代辦，亦當爲同等之協助。」我國《引渡法》第10條第1項第3款即規定，外國政府請求引渡時，應提出引渡請求書，記載請求引渡之意旨及互惠之保證。另《國際刑事司法互助法》第1條亦規定：「在相互尊重與平等之基礎上，爲促進國際間之刑事司法互助，共同抑制及預防犯罪，並兼顧人民權益之保障，特制定本法。」這項平等互惠原則在臺灣的與外國的協定中也有提到。[18]

不過值得注意的是，國際上日漸發展出就狹義之刑事司法互助立法法例上放棄條約前置外，更有放棄互惠聲明之記載要求者，例如英國2003年刑法第32章國際合作法即不再以必須聲明互惠爲前提。[19]目前僅限定在狹義刑事司法互助如調查取證、交換情資部分才有互惠原則的聲明討論，對於較複雜的程序或是人身自由限制高的引渡或是移交受刑人部分，就還是要回歸案件個案情形審查，目的應是落實人權保障，條文中並無聲明平等

---

[16] 康順興（2016），逮捕移交制度全球化整合效應之展望——間探索兩岸刑事司法互助新型態，展望與探索，第14卷第2期，頁46-47。

[17] 成文良（2002），同前註14，頁178-180。

[18] 如駐越南臺北經濟文化辦事處與駐臺北越南經濟文化辦事處關於民事司法互助協定前言提到：「爲加強雙方民事司法互助之合作，在平等互惠的基礎上，達成共識如下：……」；駐菲律賓臺北經濟文化辦事處與馬尼拉經濟文化辦事處間刑事司法護助協定前言也提到：「基於相互尊重、互惠與共同利益，藉由刑事事務之司法互助，以增進雙方所屬領域內執法機關有效之合作；根據雙方法令，同意訂立下列條款：……」。

[19] 楊婉莉（2014），台菲刑事司法互助協定內容淺析，檢察新論，第16期，頁93。

互惠原則。[20]

三、人權保障原則

　　教宗本篤十六世於2008年聯合國大會演說中提到，人權保護是維護國際秩序的基本原則，其優先於國家主權，且某種程度作為主權的內在界線（只要國際社群及所屬機構的行為係遵守國際秩序的基本原則，那麼此等干預就不能被視為不合法的強制行為或對主權的限制）。[21]國家需先盡到保護人民的權利，才能主張其統治權。而天賦人權，人權是與生俱來，不應受剝奪，人權亦先於國家主權存在。因此，司法權既然被視為主權的延伸，那司法和人權是緊密相連。國際刑事司法互助不僅只注意如何打擊犯罪，人權保障內容也日益重要。[22]

　　聯合國《人權宣言》第5條：「任何人不得加以酷刑，或施以殘忍的、不人道的或侮辱性的待遇或刑罰。」《宣言》第10條：「人人完全平等地有權由一個獨立而無偏倚的法庭進行公正的和公開的審訊，以確定他的權利和義務並判定對他提出的任何刑事指控。」《人權宣言》受到世界各國簽署，更甚有將宣言延伸的兩公約內化成國內法制一部分，提示每個人在國際訴訟協調中應該享有的基本權利保障：公平的審判與合理懲罰、以人道尊重理念及相關申訴、救濟程序及權限等，作為刑事司法互助的限制範圍。[23]這項原則以保障人身避免遭到濫訴或是濫刑，落實憲法保障人民享有訴訟權以及正當法律程序。

　　我國於2009年3月31日，立法院通過人權宣言延伸的兩項國際公約：《公民權利和政治權利國際公約》以及《經濟、社會及文化權利國際公

20　如我國《跨國移交受刑人法》第1條：「為移交受刑人至其本國執行，以彰顯人道精神，達成刑罰教化目的，特制定本法。」就表明立法之目的在於彰顯人道及落實刑罰教化目的，以期讓受刑人能儘快重返融入社會，也是人權伸張的表現。

21　Matthias Herdegen著，陳靜慧譯（2012），同前註13，頁256-258。

22　江世雄（2014），同前註10，頁191。

23　康順興（2016），同前註16，頁47。

約》。將這兩項公約內化爲國內法，並落實執行人權保障。究其目的，無非是因人權爲普世價值，也是凝聚全球共識的基礎。雖然臺灣國際地位特殊，且處處受限制，根據《人權宣言》第2條宣示，國際地位高低不應成爲人權保障的隔閡，所以臺灣更不應因此自絕於國際共識之外，反而需要積極推動人權保障原則，作爲臺灣與國際接軌的橋梁。守護國際刑事司法互助這項人權原則，刑事司法互助更能順遂實行。

四、法制原則

一個國家開展刑事司法協助都須在其憲法和法律規定的基本原則基礎上。由於國際刑事司法協助必須是兩個或兩個以上國家的配合與協作，當事國除了要遵守本國的法律及其基本原則外，還要遵守對方國家法律。因而國際刑事司法互助出現兩項相對應的規則：1.雙重犯罪規則、2.一事不再理原則。[24]

（一）雙重犯罪原則

雙重犯罪規則亦稱爲雙方可罰原則或稱雙重可罰原則。係指需在請求國及被請求國雙方法律均認爲構成犯罪之情況下，才能予以提供司法互助。此項原則主要有兩個原因：一是因爲國家主權原則，即一個國家不能在其主權權利下將無辜的人交給其他國家審判和懲罰；二是因爲罪刑法定原則，即罪刑之有無以及刑罰之輕重由法律預定之。這項原則在引渡、相互承認和執行刑事判決以及訴訟移管方面一直是必須遵守的原則，[25]各國間之引渡條約對可引渡的罪刑的規定有兩種方式：一是列舉法，也就是將可引渡的罪刑一一列舉；另一種就是概括法，即規定雙方國家的法律都認爲是犯罪行爲且可處徒刑以上的刑罰。無須條約中註明，這就是雙重犯罪

---

24 成文良（2002），同前註14，頁178-180。

25 何招凡（2013），全球執法合作機制與實踐，臺北：元照出版，頁48。

的原則。[26]

　　但是各國文化背景、法律不同，同一種犯罪行為在各國可能有不同但是類似的法律名稱或是有不同的刑罰衡量，因此，若對雙重犯罪有嚴格的執行定義，將不利國際刑事司法互助及犯罪行為的追訴。國際間的共識是對於「引渡」部分採取雙方可罰原則，意即必須該行為為雙方國家均認為視為是違反法律的行為，才能進行引渡，但是對於其他刑事司法互助，就是各國自行衡量。[27]易言之，就是對於涉及高度人身自由限制時才需要嚴格檢視雙重犯罪原則的遵行，其他狹義刑事互助行為就僅需他國請求就可能同意提供協助。[28]

（二）一事不再理原則

　　一事不再理原則就是一罪不二罰，這個原則要求國際刑事司法協助的雙方不能對同一犯罪事實同一犯罪嫌疑人都實施刑事管轄，[29]更進一步來說，若一個犯罪刑已在外國受到追訴或是懲罰，當罪犯返國後，原則上不會再處罰這個人，若這個犯罪行為已在本國受到追訴或是懲罰，受請求國也可以拒絕提供協助。有些沒有涉及引渡犯罪和刑罰的刑事司法互助，在不至於違反「不得使被告因同一罪刑而受重複追溯和處罰危險」的原則下，還是能提供必要的司法協助，如情資交換或是送達文書等協助。[30]

---

[26] 林欣（1995），國際刑法中雙重犯罪原則的新發展，法學研究，第2期，頁55-59。森下忠（1983），同前註7，頁81-86。

[27] 蔡碧玉（2009），我國國際刑事司法互助的現況與發展，軍法專刊，第55卷第1期，頁156。

[28] 如《刑事司法互助模範條約》第4條規定，拒絕協調的條文中就未採取此項原則。另《聯合國打擊跨國組織犯罪公約》第18條：「締約國得以非雙重犯罪為由，拒絕提供本條所規定的司法協助；但是，請求締約國可就其認為適當裁量地決定提供協助範圍，而不論該行為按被請求締約國本國法律是否構成犯罪。」可見，現在國際情勢對這原則的執行是採取概括性解釋，期望各國在法域內盡可能提供協助，加強對犯罪行為追訴的效能。森下忠（1990），刑事司法的國際化，東京：成文堂，頁14-16。黃姿蓉（2017），我國刑事司法互助發展模式與困境之探討，中央警察大學外事研究所碩士論文，頁26-27。

[29] 成文良（2002），同前註14，頁178-180。

[30] 何招凡（2013），同前註25，頁49。森下忠（1983），同註7，頁88-91。

五、特定性原則

國際刑事司法互助的特定性原則，是對國際刑事司法互助的案件範圍和請求的具體行為在訴訟中的適用做出特殊限制的規則。此可分成三方面來說明。

（一）政治犯罪與軍事犯罪不協助原則

政治犯罪與軍事犯罪不協助原則是國際通則，《聯合國刑事司法互助模範公約》第4條拒絕協調情形之一「被請求國認為該罪刑屬政治性罪刑」，被請求國可拒絕提供協助。我國《引渡法》第3條：「犯罪行為具有軍事、政治、宗教性時，得拒絕引渡。但左列行為不得視為政治性之犯罪：一、故意殺害國家元首或政府要員之行為。二、共產黨之叛亂活動。」政治犯乃因為意識型態而遭關押，而軍事犯罪是指對國家特定軍事義務的違反，侵害的是一國的軍事或是國防利益，而軍人的普通刑事犯罪則不屬於例外原則的內容。[31]

（二）引渡、受刑人移交案件刑罰的最低標準限制

國家間的引渡合作或是受刑人移交案件通過與否，一般都有一定要件加以限制。一些國家對此採用「最低刑罰標準」來確定同意協助的範圍。即統一規定只有當犯罪達一定的量的標準才會同意引渡或是受刑人移交案件，這個量的標準就是刑罰，包括法定刑標準、宣告刑標準以及剩餘刑標準。[32]如我國《跨國移交受刑人法》第18條規定遣送受刑人應符合的條件之一：「請求遣送時，殘餘刑期一年以上者。但經移交國及我國雙方同意者，不在此限。」又《引渡法》中第2條：「凡於請求國領域內犯罪，依中華民國及請求國法律規定均應處罰者，得准許引渡。但中華民國法律規定法定最重本刑為一年以下有期徒刑之刑者，不在此限。凡於請求國及中

---

[31] 成文良（2002），同註14，頁178-180。森下忠（1983），同註7，頁67-73、80-81。

[32] 成文良（2002），同註14，頁178-180。

華民國領域外犯罪，依兩國法律規定均應處罰者，得准許引渡。但中華民國法律規定法定最重本刑為一年以下有期徒刑之刑者，不在此限。」都對請求協助的範圍設下最低刑罰標準。刑罰方面若涉及到死刑，則有更嚴格的死刑犯不引渡的原則。許多國家已廢除死刑，若受引渡人返國有生命喪失的情況，被請求國也可以拒絕提協助。

三、證據使用之限制

　　《聯合國刑事司法互助模範公約》第8條：「除有特殊一定情形，非經被請求國同意，請求國不得將被請求國所提供之資料或證詞，使用或轉讓於非請求書中所載之調查或起訴。但是在變更指控時，只要該指控罪刑根據本條約係可為提供互助之罪刑，則可使用所提供之資料。」即未經受請求國同意，不得將司法互助取得之證據，使用於請求書所記載以外之用途或其他案件之調查、起訴或訴訟程序，而變更起訴罪名則不在此限。[33]而此原則的例外情形是：犯罪嫌疑人本身同意、一定經過期間或是被請求國的同意。[34]就如《聯合國刑事司法互助模範公約》中採取就是被請求國的同意。

肆、互助模式一：狹義的刑事司法互助

一、狹義的刑事司法互助之概說

　　狹義的刑事司法互助之內容，可謂除引渡、執行外國刑事判決以及刑事追訴的移轉管轄範圍外，其餘的刑事司法互助都可以算是在狹義的刑事司法互助，亦稱為初級的國際刑事司法互助。其包含的具體內容，各學

---

[33] 楊婉莉（2014），同註19，頁94。森下忠（1983），同註7，頁98-102。

[34] 廖正豪（2011），兩岸司法互助的回顧與前瞻，刑事法雜誌，第55卷第3期，頁14。

者及各國皆有些差異，但是通常是指他國對證人及鑑定人之訊問、轉交證物、實施搜索、扣押、查證及驗證、送達文書、情報交換等等。[35]事實上，很難用一個概括詞語來囊括所有狹義的國際刑事司法協助形式，相對而言「調查取證」得到比較多人的認同。[36]

有學者提出刑事司法協助中的調查取證問題，包括以下八個方面：1.協助提供證據材料；2.扣押和移交贓款贓物；3.代為詢問證人；4.移交證人等出國作證和司法保護；5.移送在押人員作證；6.尋找或辨認有關人員；7.司法人員出境調查取證；8.控制下交付。[37]可看得出學者對於此種狹義刑事司法互助各有不同分類方式和看法。

我國實務上狹義的「刑事司法互助」應以2018年4月立法院三讀通過之《國際刑事司法互助法》為主要代表。該法第4條規定指出該法之刑事司法互助係指「我國與外國政府、機構或國際組織間提供或接受因偵查、審判、執行等相關刑事司法程序及少年保護事件所需之協助。但不包括引渡及跨國移交受刑人事項。」另該法第6條規定：「得依本法請求或提供之協助事項如下：一、取得證據。二、送達文書。三、搜索。四、扣押。五、禁止處分財產。六、執行與犯罪有關之沒收或追徵之確定裁判或命令。七、犯罪所得之返還。八、其他不違反我國法律之刑事司法協助。」

從國際發展趨勢來看，調查取證的司法互助愈來愈受到重視，聯合國1998年《禁止非法販運麻醉品和精神藥物公約》內，即首次以超過引渡之篇幅，規定狹義的國際刑事司法互助規則。到21世紀，這樣的發展趨勢更加明顯，聯合國的《反貪腐公約》內就是相當完整的國際司法互助規定，[38]同樣地，這些刑事司法互助的具體內容也在《聯合國刑事司法互助模範公約》中呈現。[39]另觀察我國刑事司法互助相關協定或是作業要點，

---

[35] 葉逸佑（2008），從跨境犯罪論海峽兩岸相互間刑事司法互助之最佳模式，靜宜人文社會學報，第2卷第1期，頁177。

[36] 陳燦平編著，王作富審定（2007），同前註3，頁81-82。

[37] 王錚（1998），國際刑事司法協助中的調查取證，政法論壇，第1期，頁14-24。

[38] 楊雲驊（2014），境外取得刑事證據之證據能力判斷：以違反國際刑事司法互助原則及境外訊問證人為中心，國立臺灣大學法學論叢，第43卷第7期，頁153-159。

[39] 《聯合國刑事司法互助模範公約》內容：依據《聯合國刑事司法互助模範公約》中表示刑事

欲進行此類刑事司法互助，仍有許多基本前提需要遵守，如「保密性」原則以及「不違反本國法令」原則。[40]如《國際刑事司法互助法》第12條：「執行請求時應依我國相關法律規定為之；於不違反我國法律規定時，得依請求方要求之方式執行。」及第14條規定：「對請求協助及執行請求之相關資料應予保密。但為執行請求所必要、雙方另有約定或法律另有規定者，不在此限。」

二、狹義的刑事司法互助之執行

狹義的刑事司法互助，其執行機關與程序，在偵查階段，通常是由國家的警察和檢察機關提出；而在審判階段，通常就由法院透過條約或是協定提出。提出後經由法務行政機關轉請外交機關循外交途徑實施。

以我國《國際刑事司法互助法》為例，該法第2條規定：「有關國際間之刑事司法互助事項，依條約；無條約或條約未規定者，依本法；本法未規定者，適用刑事訴訟法及其他相關法律之規定。」而該法第3條亦規定主管機關為法務部。至於外國政府、機構或國際組織向我國請求協助時，依該法第7條規定：「向我國提出刑事司法互助請求，應經由外交部向法務部為之。但有急迫情形時，得逕向法務部為之。」外交部於收受請求書後，依該法第9條規定應儘速送交法務部。如認有第10條第1項（應拒絕提供協助）或第2項各款情形之一（得拒絕提供協助）者，得添註意見。法務部接受請求書，經審查同意予以協助後，應視其性質，轉交或委由協助機關處理。

司法互助適用範圍，於締約國對於在提出協助請求時其刑罰屬於請求國司法機關管轄範圍之罪刑，就調查或審判程序中，相互提供可能的協助，按模範公約提供之互助，包括：1.向相關人員取得證詞或敘述；2.協助被關押者或其他人作證或是調查；3.司法文件送達；4.執行搜索或逮捕；5.檢查物品或勘驗地點；6.提供資訊和證據；7.提供包括銀行、財務、公司、公司及商業相關文件及紀錄的原始檔或是複本。該互助模範條約不適用：1.為了引渡而逮捕或羈押人；2.在被請求國執行請求國國內做出之刑事判決，但被請求國法律與本條約第18條許可者例外；3.轉移在押嫌犯使之服刑；4.刑事案件訴訟轉移。（資料來源：筆者自譯自《聯合國刑事司法互助模範公約》。）

[40] 黃姿蓉（2017），同註28，頁37。

　　法務部審查時，有下列情形之一者，依該法第10條第1項規定「應」拒絕提供協助：「一、提供協助對我國主權、國家安全、公共秩序、國際聲譽或其他重大公共利益有危害之虞。二、提供協助有使人因種族、國籍、性別、宗教、階級或政治理念而受刑罰或其他不利益處分之虞。」而有下列情形之一者，法務部依該法第10條第2項規定「得」拒絕提供協助：「一、未依本法規定提出請求。二、提供協助違反第五條所定之互惠原則。三、請求方未提出第十六條、第十九條第四項、第二十條或互惠之保證。四、請求所涉之犯罪事實依我國法律不構成犯罪。五、請求所涉行爲係觸犯軍法而非普通刑法。六、提供協助，對我國進行中之刑事調查、追訴、審判、執行或其他刑事司法程序有妨礙之虞。七、請求所依據之同一行爲業經我國爲不起訴處分、緩起訴處分、撤回起訴、判決、依少年事件處理法裁定不付審理、不付保護處分或保護處分確定。」

　　若數請求方對同一事項爲請求，執行其一將影響其他請求之執行者，依該法第11條規定，應綜合考量下列情形，以決定優先執行之順序：「一、是否與我國訂有刑事司法互助條約。二、收受請求之先後。三、請求之性質。四、執行請求所需之時間。」

　　至於我國向外國政府、機構或國際組織請求協助時，依該法第30條規定：「向受請求方提出刑事司法互助請求，應檢附符合受請求方所要求之請求書及相關文件，經法務部轉請外交部向受請求方提出。但有急迫或特殊情形時，法務部得逕向受請求方提出請求，或由法院副知法務部，檢察署經法務部同意後，向外國法院、檢察機關或執法機關直接提出請求。」

三、犯罪情資交換和調查取證之比較

　　目前在臺灣與中國大陸之間，則出現「調查取證」和「犯罪情資交換」的不同概念。如果是調查取證則還是以法務部所屬檢察調查機關爲聯繫窗口，而若是犯罪情資交換，聯繫單位就包含法院、檢察機關、法務部、司法警察機關和經法務部授權的其他機關都能進行犯罪情資交換[41]。

---

[41] 黃姿蓉（2017），同註28，頁38。

犯罪情資交換為非正式調查取證的途徑，通常經由雙方之執法機關間透過任意偵查手段取得與犯罪相關之情報或資訊或證據之方法；而調查取證是依據各國間之司法互助條約、協定及各國刑事互助法之規定，通常以雙方最高司法行政部門為聯繫窗口，經由正式司法互助程序跨境取得證據。不可諱言，以情資交換程序取得的證據比依照司法互助之調查取證取得的證據更具時效性，但是也造成此類證據的證據能力爭議。

境外調查取證需徵求該國同意，擅自取證不僅違反國際禮儀，也可能觸犯該國法律，不同國家有不同的法律規定，語言上詞語及語意的差異增添刑事司法互助的障礙，尤其是法治國家講究證據能力，是追究罪行的必要條件，且調查取證的行為從調查立案至偵查審判，每一階段皆需要執行調查取證，因此如何合法跨境取得證物並讓取得證物具備證據能力，除了要確保取證程序的合法性，還需要驗證檢視證據。

不管我國或國外文書或證物，需要先建立其關聯性以及可信賴信才能被容許為證據，可信賴性證明證物保管嚴密且未中斷之方式來建立，關聯性則由一般法院是經由驗證來確立。取得證據能力的前提須證明文件為真實，確認證據的真實性後，法院才會調查證據取得方式，檢視該項證據來源、是否有違反法律或是侵犯個人權利。至於取得證據的程序，隨者科技的進步，遠距偵訊的可行性，也是近期討論的重點議題之一。[42]

有學者提出犯罪情資交換和調查取證的不同，整理如表2-1。[43]

表 2-1　犯罪情資交換和調查取證的比較表

項目	犯罪情資交換	調查取證
概念	犯罪情資交換為非正式調查取證的途徑，通常經由雙方之執法機關間透過任意偵查手段取得與犯罪相關之情報或資訊或證據之方法。	調查取證是依據各國間之司法互助條約、協定及各國刑事互助法之規定，通常以雙方最高司法行政部門為聯繫窗口，經由正式司法互助程序跨境取得證據。

---

[42] 吳巡龍（2015），境外取證之證據能力，臺灣法學，第281期，頁175-177。

[43] 傅美惠（2013），兩岸司法互助協議中「犯罪情資交換」之研究，刑事法雜誌，第58卷第4期，頁119-131。

表 2-1　犯罪情資交換和調查取證的比較表（續）

項目	犯罪情資交換	調查取證
目的	非正式協助講求迅速即時，掌握打擊及預防犯罪契機。	正式請求協助，耗時費日。
法律性質	起訴程序前偵查階段，警察調查犯罪之情資交換行為，屬於警察「行政權」。	刑事訴訟法上的「檢察權」範疇，訴訟程序之進行有實施調查取之必要。
執行機關	檢察機關為主體，主管機關法務部，不過我國實務上主要是警察機關，主管機關為內政部。	我國主管機關法務部，執行機關為各級檢察署。
證據能力爭議	僅作偵查使用不會產生證據能力爭議，若作為訴訟用則有證據爭議。	正式途徑取得具有證據能力。

資料來源：筆者整理[44]。

伍、互助模式二：引渡

一、引渡之概說

引渡之英文為「extradition」，一般認為源自於拉丁字「extradere」，意思是強制某人回其國家[45]。依學理定義，引渡是一個國家（請求國）向另一個國家（被請求國）要求，將位於被請求國之被告或脫逃之受刑人，移交給請求國，以利進行審判或處罰之程序[46]。維基百科指出「引渡」是指一個國家或政府，應外國的請求，把正處在自己領土之內而受到該外國通緝或判刑的人，移交給該外國審判或處罰的行為。通常兩政府間要簽有引渡條約或協議方可引渡[47]。引渡是國家間刑事司法互助

[44] 傅美惠（2013），同前註43，頁119-131。黃姿蓉（2017），同註28，頁39-40。

[45] 姜皇池（2013），國際公法導論，臺北：新學林，頁613。

[46] 洪欣昇（2015），我國引渡制度之現況與展望，司法新聲，第114期，頁46。

[47] 維基百科，引渡的定義https://zh.wikipedia.org/wiki/%E5%BC%95%E6%B8%A1%E6%B3%95（瀏覽日期：2018年6月15日）。

的形式之一，簡單言之，它是由因另一個國家的請求（請求國），一個國家（被請求國）根據國際法或該國之國內法，交出在其管轄範圍內而被指控或已被判定在另一國（請求國）法律管轄範圍內犯下罪行的人。

引渡不是每個案例都會成功，當一個國家對另一國家提出引渡請求，也常遭到拒絕。一般的觀點是在沒有特別連結協議下，引渡不是國家的法律義務也不是道德責任。與請求國沒有引渡條約就不會執行引渡的原因，大部分的國家至少有雙邊引渡條約，這也是引渡主要的基礎。[48]因此，許多國家乃締結有關引渡的條約或是協議。

執行引渡是充滿複雜的問題，從合適溝通管道的簡單問題到現代引渡中政治犯例外不引渡的合適角色的複雜議題均是。而引渡主要的焦點就是「證據審查」及「本國人不引渡」。[49]

所謂「證據審查」是任何要請求引渡的國家，都需要提供支撐請求這項引渡的證據資料，以讓被請求國家審查是否引渡。這是基本問題也是引渡的核心問題。基於保護被引渡者的考量，一般有兩種證據審查標準：一種是表面證據審查，即有證據足以證明被請求引渡者在請求國之行為構成司法審判要件；另一種是合理理由證據審查，即有充分的資訊提供合理理由足以懷疑為犯罪行為人。[50]

而「本國人不引渡原則」則存有兩種對立的理論，一種是認為國家不應該引渡本國公民，一種是贊同得以引渡本國人。反對引渡主要原因：1.引渡本國人會剝奪本國的審判權，因為法律有所謂屬人、屬地管轄原則，若是採取屬人原則，那即便是在國外犯罪回到國內，本國對其依然有管轄權。2.源自德國法中國家對其公民有特別保護責任，國家有責任採取各種措施保護自己的公民，特別是法律方面的保護。3.對外國司法制度缺乏信任，畢竟處於不同國家，通常有語言障礙以及文化差異的不利因素影響，難免會造成錯誤判決。而贊同引渡本國人的主要原因：1.屬地原則，

---

[48] James R. Phelps, Jeffrey Sailey, & Monica Koenigsberg (2015), *Border Security*, Durham North Carolina: Carolina Academic Press, pp. 14-15.

[49] 同上註，pp. 18-20.

[50] 吳天雲（2010），同註15，頁303-304。

有利於證據蒐集以及案件的偵辦。2.如果對外國司法的公正性不信任，那引渡制度也不應該存在。3.當一項犯罪涉及不同國籍的多名罪犯，拒絕引渡本國人的話，就會使同一案件在不同國家審判，適用不同法律，自然就會出現不同的判決結果，不僅增加工作量，也難達到司法的公正性。[51]若依臺灣的《引渡法》第2條就指出臺灣是採本國人不引渡原則。而引渡整個過程不僅只有上述兩項原則，還有「政治犯、死刑犯不引渡」、「或起訴或引渡」、「雙重犯罪」及「一事不再理」等原則。而隨著國家國際情勢發展演變，也變化出類似引渡的方法（假引渡）等，筆者將於後分述之。

二、引渡之執行

在引渡條約或國內法中，通常定有引渡之程序規定，其規範事項主要包括：1.請求國提出引渡請求；2.被請求國之審查程序；3.被請求引渡人之程序保障與救濟；4.被請求引渡人之交付。執行引渡的流程程序如圖2-2[52]：

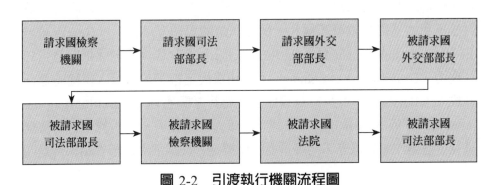

圖 2-2　引渡執行機關流程圖

資料來源：整理自宋耀明（1999）。

---

[51] 陳燦平編著，王作富審定（2007），同註3，頁189。森下忠（1983），同註7，頁63-64。

[52] 宋耀明（1999），淺談國際刑事司法互助之實踐——兼談兩岸共同打擊犯罪，展望與探索，第7卷第2期，頁82。黃姿蓉（2017），同註28，頁42。

　　首先，就提出引渡請求程序而言，通常係由請求國外交機關循外交途徑提出，亦即透過雙方外交或領事人員轉請被請求國之司法或其他主管機關審核[53]。請求國通常須提出書面及相關證據，以便被請求國審查被告之可引渡性，例如《聯合國引渡模範條約》第5條規定：「引渡請求應以書面方式提出。請求書、佐證文件和隨後的函件應通過外交管道在司法部或締約國指定的任何其他當局之間直接傳遞。」[54]

　　其次，被請求國接受引渡請求書面之後，其內國審查程序有三種審查模式可選擇：1.由司法機關進行審查；2.由行政機關進行審查；3.兼採司法及行政機關審查，目前以第三種模式最為普遍。一般而言，行政審查的審查項目比司法審查更廣泛。探雙重審查模式者，通常由司法機關審查法律方面之條件，並由行政機關審查政治及外交方面之條件，以決定是否同意引渡[55]。

　　在審查程序中，為了防止被請求引渡人脫逃或自殺，並確保程序順利進行，通常會採取限制人身自由或限制住居之強制處分[56]。例如《聯合國引渡模範條約》第9條第1項即規定「在緊急情況下，請求國可在提交引渡請求書之前申請暫時逮捕被通緝者」。[57]

　　被請求引渡人通常享有受告知權、受辯護權、接受法院言詞審理並對於不利結果提起救濟等權利。例如《德國司法互助法》（Gesetz über die internationale Rechtshilfe in Strafsachen）第20條規定於逮捕時應告知其理由（Grund der Festnahme）；第40條規定被請求引渡人得隨時選任輔佐人（Beistand）；第31條規定法院應行言詞審理（Durchführung der mündlichen Verhandlung），被請求引渡人與輔佐人、公訴檢察官得陳述意見，並應作成紀錄等，均屬重要程序規定。被請求國之審查結果若是同

---

[53] 洪欣昇（2015），同前註46，頁47。陳榮傑（1985），引渡之理論與實踐，臺北：三民書局，頁144。

[54] 洪欣昇（2015），同前註46，頁47。

[55] 黃風（1990），引渡制度，北京：北京法律出版社，頁113、134。

[56] 周成渝（2007），海上犯罪與國際刑法，臺北：五南圖書出版公司，頁167。

[57] 洪欣昇（2015），同註46，頁47。

意引渡，應儘速將被引渡人移送予請求國，避免不必要之延滯，以免過度侵害人身自由。《聯合國引渡模範條約》第11條第1項即規定，一經通知准予引渡，締約國應毫不延遲安排移交事宜，被請求國並應將被引渡人受拘留之時間告知請求國。[58]

我國《引渡法》規定，我國處理引渡請求流程，是需要經由外交管道傳遞請求，由法務部轉交檢察署偵辦逮捕再送交法院進行審查，審查決定書則再由檢察署轉法務部再透過外交部予以回復是否同意執行引渡流程。其中《引渡法》第21條：「法院制作決定書後，應將案件送由檢察處報請法務部移送外交部陳請行政院核請總統核定之。不能依第六條之規定遞解交國時，亦應於決定書內敘明呈請總統決定之。」同法第22條：「總統准許引渡時，該管法院檢察處於接獲法務部函知後，應即通知被請求引渡人。總統拒絕引渡時，該管法院檢察處應即撤銷羈押，請求國不得再就同一案件請求引渡。」總統是臺灣最高位的行政代表，因此臺灣的引渡程序需經由行政以及司法審查雙重同意，才能提供引渡協助，如果任一審查是持否定結果，就不會執行引渡。

三、假引渡

引渡需要以已存在的雙邊引渡條約關係作爲引渡的基礎，沒有條約就不會有引渡合作。但是，實務上任何一個國家很難與所有外國締結雙邊引渡條約，若以條約爲必要滿足條件，則會嚴重限縮引渡的合作範圍，因此不得不採用一些變通的手段，向外國合作移交逃犯。除此之外，引渡程序繁複，有時爲了司法偵查、訴訟、審判的時效性，許多國家的執法機關會設法簡化引渡程序，而假引渡就是變通引渡的有效方式。臺灣與中國大陸之間因有主權爭議，爲了不讓政治意識延宕打擊犯罪的需求，因而海峽兩岸共同打擊犯罪協議中便是使用遣返一詞行引渡之實。

假引渡或稱變通引渡，學者認爲假引渡是一國通過遣返非法移民、驅

---

[58] 洪欣昇（2015），同註46，頁47-48。

逐出境等方式將外國人遣送至對其進行刑事追訴的國家，無論做出遣返或是驅逐決定的國家具有怎麼的意願，在客觀上造成與引渡相同的結果，因而被稱為事實引渡。遣返及驅逐出境即是引渡的替代合作方式，而假引渡也有其困境無法克服，即請求方無法要求被請求方將非請求方之國民遣返請求方或驅逐出境。[59]

　　正式的引渡有時耗時又不易成功，觀察臺灣與國際間的「引渡」請求，少有成功的案例。但是又有急迫的打擊犯罪需求，因此發展出引渡以外之其他機制。有許多實例是運用控制下的驅逐出境／國，以違反入出境或移民法規，請求國釋明犯罪嫌疑人不具備在該國合法居留身分，以阻止其取得在該外國居留許可，或是讓該外國撤銷其居留許可，並由該外國將犯罪嫌疑人遣返或是驅逐出境／國，[60]再由本國執法人員持拘票於港口或機場等待予以逮捕。我國請求外國遣返外逃罪犯的程序，通常是先由司法機關通知外交部，由外交部先廢止原核發護照之處分，註銷護照，護照一經註銷簽證就失效，而外國即可加以驅逐出境／國，遣返時再由執法單位安排接人。[61]不過這種模式遇到持有雙重國籍或是因各種原因取得居留身分的人就不適用，如王又曾夫婦就是因王金世英持有美國籍而逃過被遣返回臺面對審判的命運。[62]

陸、互助模式三：刑事訴訟移轉管轄

一、刑事訴訟移轉管轄之概說

　　所謂「刑事訴訟移管」係指一方或數方根據另一方的請求或者根據有

---

[59] 何招凡（2013），同註25，頁342-344。

[60] 陳文琪（2012），兩岸刑事司法互助有關人員遣返的法制架構，月旦法學雜誌，第209期，頁205。

[61] 宋耀明（1999），同註52，頁86。

[62] 黃姿蓉（2017），同註28，頁43-44。

關的協議主動將原應由一方管轄的刑事案件移交給另一方審理，並爲此向該方提供必要的協助。

　　刑事訴訟移管的發展源自於引渡制度中「或起訴或引渡」的補充性原則。爲此，刑事訴訟移管時請求國可將相關訴訟資料或證據移轉給被請求國，以期有效追訴犯罪者罪行。演變至今日，適用的範圍更爲廣泛，當數個國家基於其國內對於同一案件均主張有刑事管轄權時，數個國家可以合意商定由某一國家單獨進行刑事追訴與處罰。因此刑事訴訟移管制度在運作過程中勢必存在移管的請求國與被請求國，而請求國與被請求國是否僅限犯罪嫌疑人之國籍國抑或犯罪的國，在國際立法上沒有明確的限制。[63] 有學者認爲，刑事訴訟的移管是一種代理管轄，管轄權是因爲接受請求國委託，代理行使管轄權。而另有學者認爲被請求國對該犯罪具有管轄權才是進行刑事訴訟移管的必要條件，因爲移管制度是基於追訴對象的特殊情況，如所追訴的犯罪人是被請求國的國民。[64]

　　刑事訴訟移轉管轄制度有助於彌補引渡程序的漏洞，能提高訴訟效益，能更快速的處罰犯罪。其作用分別有：1.在無法引渡時，作爲補救措施；2.對於證據多集中於他國之管轄權競合的跨域案件，可適時解除調查取證的負擔，促進司法正義的實踐；3.對於長住國外之本國輕微案件的嫌疑人，可達訴訟便利或訴訟經濟之效益。[65]從國際司法實踐情況來看，通常適宜移轉管轄的案件範圍如下：1.不予引渡的案件；2.輕罪案件；3.數罪或是共犯案件；4.證據集中於外國的跨國犯罪案件；5.刑事附帶民事訴訟案件；6.犯罪人正在被請求國就一罪行或是其他罪行接受審判或執行刑罰。[66]

63　江世雄（2014），同註10，頁228-229。

64　陳燦平編著，王作富審定（2007），同註3，頁83-85。

65　李傑清（2015），海峽兩岸協商形式管轄權及刑事訴訟移轉管轄之理論及實踐——以在第三國跨域詐欺犯之管轄權協商及審理爲起點，國立臺灣大學法學論叢，第94期，頁20-21。

66　王錚（1997），國際警務合作中的刑事訴訟移轉管轄，公安大學學報，第4期，頁23-24。

二、刑事訴訟移轉管轄之執行

　　刑事訴訟移轉管轄進行的方式，其途徑和一般司法協助一樣，在有條約的情況下，由條約指定的機關傳遞和接收有關的書面形式的請求書和通知，而有些國際條約還規定特定的聯絡途徑，如《歐洲刑事訴訟移管公約》除了規定請求國與被請求國各自司法部為聯繫窗口外，在緊急情況下，還能透過國際刑事警察組織傳遞。被請求國收到移轉刑事訴訟管轄請求後，應儘快審查，審查程序與引渡請求的審查大部分一樣，其審查內容側重請求事項的管轄權。審查過程中，案件雖然還沒有進入訴訟程序，根據案件情形還是可以採取臨時性強制措施，這種臨時措施包括兩類，一是對人的逮捕羈押，二是對物的扣押。如果被請求國接受請求國的請求，便將案件訴諸國內訴訟程序辦理，對嫌疑人進行審判以及裁罰並將處理情形通知請求國。[67]

三、刑事訴訟移轉管轄之效力

　　刑事訴訟移轉管轄的效力，可用對請求國以及被請求國效力來區分。對於請求國來說，在被請求國通知結果之前，請求國應暫緩將案件移送法院審理，審理中的案件應暫緩作出判決，若已作出判決，則應暫緩執行。在被請求國通知結果後，請求國也應遵守一罪不二罰的原則，然而當請求國接獲被請求國拒絕請求時，請求國有權恢復行使追訴和執行判決。

　　對於被請求國而言，被請求國對於請求國在國內依法進行的偵查審理行為，應該予以承認其法律效力。在追訴時效方面，除了承認因移轉管轄導致時效中斷的情況外，若原本對被移轉管轄案件未有管轄權的被請求國應可延長追訴時效。至於被請求國作出的判處裁罰不得重於請求國的刑罰規定，蓋因被請求國乃受請求國的委託授權予以判決，有必要尊重請求國

---

[67] 陳燦平編著，王作富審定（2007），同註3，頁83-85。

刑罰規定。[68]

柒、互助模式四：執行外國刑事判決

一、執行外國刑事判決之概說

所謂「執行外國刑事判決」，有學者認爲應稱爲「外國刑事判決的承認和執行」。外國刑事判決的承認是外國刑事判決執行的前提，但是外國刑事判決的承認，不等同於外國刑事判決的執行，故有學者認爲外國刑事判決的承認和執行的範圍，也應包括在押犯的移管和有條件判刑以及有條件釋放罪犯的移轉監督。[69]

從執行國的角度來看，執行國經判刑國之請求，將在判刑國定罪的本國公民移至本國執行刑罰，是對外國刑事判決承認與執行的一種合作形式。從判刑國的角度來看，判刑國經被判刑人的國籍國之請求，將在該國定罪判刑的他國公民移交他國執行刑罰，是一種對判決執行的司法協助形式。而有條件判決或是釋放罪犯的移轉監督，則也是一種對外國判決效力的承認。[70]

近年來國際間發展出執行外國刑事判決的具體司法協助就是「受刑人移交」制度。有學者認爲實施被判刑人移管所具備之條件如下：1.被判刑人是執行國的國民；2.被移管人所犯之罪在執行國也構成犯罪；3.被判刑人仍需要服一定期限的刑罰；4.在判刑國不存在尚未完結的上訴或是申訴程序；5.必須獲得被判刑人的同意。[71]

我國國人在外國或外國人在我國因犯罪經判決確定發監執行屢見不鮮，惟因語言隔閡、文化差異及遙遠異鄉，致親友探視不易等因素，矯治

---

[68] 李傑清（2015），同前註65，頁24-25。

[69] 陳燦平編著，王作富審定（2007），同註3，頁88-91。

[70] 陳燦平編著，王作富審定（2007），同註3，頁88-91。

[71] 陳燦平編著，王作富審定（2007），同註3，頁94。

效果有限。故移交受刑人返回其本國執行，遂為趨勢。我國為健全移交受刑人法制，於民國102年1月23日公布，並於同年7月23日施行《跨國移交受刑人法》明定跨國移交受刑人之目的、程序及要件進行規範。透過《跨國移交受刑人法》相關法定程序，使在異地服刑之受刑人將有返國服刑之可能。是以如果符合法定要件經完成受刑人之移交或遣送，除可讓家屬就近探視，一解受刑人思鄉之情，亦可間接促進監獄矯治發揮成效。再者，在異鄉服刑之受刑人亦有曾在國內涉嫌犯罪者，因涉案後即藏身國外或其他地區，國內司法機關僅能發布通緝追緝，惟若相關案件透過受刑人移交程序後，非但使受刑人於返國後須繼續執行原移交國（地區）法院判處之刑期，亦可就其涉及之國內刑事案件展開司法調查，而於調查完成後治其應得之罪刑，使我國司法主權得以彰顯，社會正義得以實現，而符合人民法律情感及對於司法之期待。[72]《跨國受刑人移交法》第1條規定：「為移交受刑人至其本國執行，以彰顯人道精神，達成刑罰教化目的，特制定本法。」就點出受刑人移交的目的有兩個，一是人權保障，二是司法正義的伸張。

二、受刑人移交之執行

受刑人移交的請求，可以由判決國提出，也可以由執行國提出，更甚者還可以由被判刑人提出。聯合國《關於外國囚犯移管的模範協定》第4條：「移管要求可由判刑國或執行國提出，囚犯及其至親可向其中一國表示對移管事項的關心。」而美加條約中移管程序開始係由罪犯向判刑國當

---

[72] 1.《跨國移交受刑人法》生效施行當時，國人在外國監獄服刑人數約500餘人，其中以泰國百餘人為最多；而在臺服刑之外籍人士約計475人，以越南及泰國人數較多。另國人在中國大陸監獄內服刑人數約1,500餘人，中國、香港及澳門地區人士在臺服刑人數總計約90餘人。

2.法務部，跨國移交受刑人 彰顯人道精神、實現司法正義，2018年3月14日，https://www.moj.gov.tw/cp-21-50930-321e2-001.html（瀏覽日期：2018年6月15日）。

3.法務部，跨國移交受刑人法生效施行 啟動受刑人移交，2013年7月23日，https://www.moj.gov.tw/cp-21-50931-e8721-001.html（瀏覽日期：2018年6月15日）。

局提出書面申請，判刑國若同意就循外交管道向執行國提出。[73]但是，無論是哪一方先提出移交受刑人請求，共同的原則就是請求需要符合被判刑人的意願。

我國跨國移交受刑人程序，可分為「接收受刑人」與「遣送受刑人」。「接收受刑人」之程序為法務部接獲移交國提出接收受刑人之請求時，認為符合條件規定[74]，認為適當者，則通知檢察署，由檢察官檢附移交國提供之裁判書、請求時已執行徒刑日數及執行前拘束受刑人人身自由日數之證明，以及相關文件，以書面向法院聲請許可執行移交國法院裁判。是否許可執行移交國法院裁判之案件，由中央政府所在地之地方法院管轄。

法院認為檢察官之聲請符合第4條之規定，且得依該法第9條規定轉換移交國法院宣告之徒刑者，應裁定許可執行並宣告依第9條規定轉換之刑。若聲請不合程式或不應准許者，法院應裁定駁回。對於上述裁定確定後，該管檢察署應陳報法務部。法務部認為接收受刑人為適當者，得核發接收命令，並交由該管檢察署指派檢察官指揮執行。因此受刑人移交請求也是和引渡一樣，需要受到行政和司法的雙重審查，惟審查重點在於請求的條件進行審查，而非對判刑國的判決進行法律實質性審查。

在「接收受刑人」有一個重點，即刑罰的轉換。刑罰的轉換上應盡可能與原判刑罰相當，其期限和刑罰性質不得重於判刑國判決。執行國在轉

---

[73] 陳燦平編著，王作富審定（2007），同註3，頁367。

[74] 依《跨國移交受刑人法》第4條規定：「接收受刑人，應符合下列條件：
一、移交國及我國雙方均同意移交。
二、受刑人經移交國法院判處徒刑確定。
三、受刑人之犯行如發生在我國，依我國法律亦構成犯罪。
四、受刑人具有我國國籍且在臺灣地區設有戶籍。
五、受刑人或其法定代理人以書面表示同意。但法定代理人之表示不得與受刑人明示之意思相反。
六、移交國或我國提出移交請求書時，殘餘刑期一年以上。但經移交國及我國雙方同意者，不在此限。
七、依我國法律，該裁判行刑權時效尚未完成。
八、同一行為於移交國法院裁判確定前，未經我國法院判決確定。
九、受刑人在移交國接受公正審判之權利已受保障。如受刑人及其法定代理人未為相反主張，推定受刑人接受公正審判之權利已受保障。」

換刑罰時，還應當遵守下列要求：尊重判刑國對被判刑人犯罪事實的認定、不能將自由刑轉換成財產刑、減去被判刑人羈押等剝奪自由刑的服刑時間以及不受本國法律對該罪行規定最低刑罰限度的約束。一般而言，判刑國以及執行國均有權依據自己的法律對被判刑人宣告減刑、假釋或是赦免[75]。但是，另外特別屬於移交國的權利，就是改判權[76]，如我國《跨國移交受刑人法》第14條規定：「接收而返國執行後，發現移交國宣告徒刑之裁判違背移交國法令或發現新事實、新證據者，僅得請求移交國依法處理。」

至於「遣送受刑人」程序為依該法第20條規定，法務部接獲移交國提出遣送受刑人之請求，認為符合該法第18條規定[77]，經邀集相關機關共同審議。認為適當者，得核發遣送受刑人命令，交由該管檢察署執行。依該法第19條規定，法務部應派員確認受刑人或其法定代理人同意回國執行出於自願，並告知受刑人及其法定代理人遣送後之法律效果。受刑人經我國遣送至移交國執行完畢者，其在我國未執行之徒刑，以已執行論。

另有關移交受刑人適用之法律，該法第2條規定：「移交受刑人依我國與移交國簽訂之條約；無條約或條約未規定者，依本法；本法未規定者，適用刑法、刑事訴訟法、少年事件處理法及其他相關法律之規定。」而該法第23條規定：「臺灣地區與大陸地區、香港及澳門間之受刑人移交，準用本法規定，不受臺灣地區與大陸地區人民關係條例第七十五條及香港澳門關係條例第四十四條規定之限制。」

---

[75] 有關移交國法院宣告之徒刑之如何轉換，請參閱《跨國移交受刑人法》第9條之規定。

[76] 陳燦平編著，王作富審定（2007），同註3，頁367-370。

[77] 依《跨國移交受刑人法》第18條規定：「遣送受刑人，應符合下列條件：
一、移交國及我國雙方均同意移交。
二、受刑人具有移交國國籍。但受刑人同時具有我國國籍且在臺灣地區設有戶籍者，不得遣送。
三、受刑人或其法定代理人以書面表示同意。但法定代理人之表示不得與受刑人明示之意思相反。
四、請求遣送時，殘餘刑期一年以上者。但經移交國及我國雙方同意者，不在此限。
五、移交國已以書面保證互惠。
六、受刑人在我國無其他刑事案件在偵查或審判中。」

三、受刑人移交和引渡之比較

　　「受刑人移交」常與「引渡」混淆，兩者之共同前提就是要避免請求國或被請求國之司法主權的一致性或獨立性受到嚴重的扭曲或侵害。但是二者不僅在本質上不同，兩者在目的、發動的要件和當事者的定義也不同。引渡須經由外交途徑來實現司法互助，而移交就是要簡化引渡的流程，以達到相同的目的。移交是由司法打擊犯罪所衍伸出的中立本質概念，意指司法對錯的絕對性，以減少行政以及政治的干擾。近期的「移交」範圍不再僅限於受刑人，如歐盟司法體系中的逮捕令[78]，就是創設刑事司法領域的新典範，以新詞語發布「逮捕令」取代「引渡」，在相互承認對方司法基礎上擴充移交罪名的範圍，並由獨立司法機關審查執行，使得程序能迅速進行，提高打擊犯罪的效能。另外，移交對於雙重犯罪原則的鬆綁以及修正若干傳統原則，如本國人不引渡原則還有對人權保障的認知及落實執行都有值得我們關注借鏡之處。[79]有學者提出的受刑人移交與引渡之異同[80]，本文整理兩者之間的差異如表2-2。

表 2-2　受刑人移交和引渡之比較表

	受刑人移交	引渡
對象	受刑人移交對象為移交國法院審理判決定讞之受刑人。	引渡對象為一國在他國犯罪遭起訴或受有罪宣判後逃亡至本國領域內的嫌疑犯。
請求國	受刑人移交請求國為受刑人的國籍國。	引渡請求國為係爭案件主張管轄權的國家，可能為犯罪人之國籍國或被害人之國籍國。
目的本質	受刑人移交考量的是、人權與人道考量。	引渡目的本質為有效起訴、伸張司法正義。

資料來源：筆者整理。

---

[78] 值得特別注意的於歐盟的移交一詞，其實際執行內容包含引渡，不是僅為受刑人移交。

[79] 康順興（2016），同註16，頁101-127。

[80] 江世雄（2014），同註10，頁189-190。

捌、結語

　　全球化的時代，跨國境的人口流動十分頻繁，跨國境移民、恐怖主義活動以及跨境組織犯罪、犯罪嫌疑人的跨境流竄，在國際間已成為困擾各國的議題。各國體認犯罪、恐怖活動已無國界之分，而能否對跨境組織犯罪者、恐怖分子及跨境流竄的犯罪嫌疑人等緝拿受審，其關鍵則在於國際間各國的刑事司法互助。聯合國通過《引渡模範公約》、《刑事司法互助模範公約》等相關公約，為國際間各國簽署相關刑事司法互助外交文件、立法及執行之準則。相對的，我國一方面與其他國家簽署的相關司法互助外交文書，另一方面也訂定《國際刑事司法互助法》、《引渡法》及《跨國移交受刑人法》等國內法以作為執行的依據。其因乃跨國犯罪在本質上屬國內法管轄範圍，大多以本國刑法定罪，但因案件跨國而且各國擁有司法權，在審理時需要外國司法介入便無法完全避免，在執行時必須以國內法及國際法作為依據，而與其他國家司法合作互助處理。

　　由於國際間正式外交的條約簽訂，所需的簽約主體資格和程序嚴格，而臺灣特殊的國際政治地位，正式外交條約協定有其困難。因此，臺灣除了仍積極尋求務實的方式與他國的刑事司法合作外，也透過國內的立法，俾使不論我國有無與外國簽訂條約或協定，也使我國本身自有法源可以做為執行的依據。此種做法是正確，而值得稱許的。而國際刑事司法互助實務的執行，常受到政治因素的影響，尤其是正式的國際刑事司法互助，此乃由於正式的國際刑事司法互助大都須透過外交途徑。因此本文認為加強各國警察機關間的正式或非正式聯繫關係，或許是減低受到政治的影響途徑之一。易言之，在臺灣，警察機關將是我國未來國際刑事司法互助很重要角色。

參考文獻

一、中文

Matthias Herdegen著，陳靜慧譯（2012），現今主權概念，月旦法學雜誌，第24期。

王志文（1996），論國際與區際民事司法協助，華岡法粹，第24期。

王錚（1997），國際警務合作中的刑事訴訟移轉管轄，公安大學學報，第4期。

王錚（1998），國際刑事司法協助中的調查取證，政法論壇，第1期。

成文良（2002），國際刑事司法協助的基本原則，中國法學，第3期。

江世雄（2014），涉外執法論集，桃園：中央警察大學出版社。

何招凡（2013），全球執法合作機制與實踐，臺北：元照出版。

何招凡（2016），我國協助緝捕遣返國際罪犯之機制與實踐，國土安全與國境管理學報，第26期。

吳天雲（2010），引渡與刑事司法互助的基本原則與程序——兼述亞太地區各國的概況，檢察新論，第7期。

吳巡龍（2015），境外取證之證據能力，臺灣法學，第281期。

宋耀明（1999），淺談國際刑事司法互助之實踐——兼談兩岸共同打擊犯罪，展望與探索，第7卷第2期。

李傑清（2015），海峽兩岸協商形式管轄權及刑事訴訟移轉管轄之理論及實踐——以在第三國跨域詐欺犯之管轄權協商及審理為起點，國立臺灣大學法學論叢，第94期。

周成渝（2007），海上犯罪與國際刑法，臺北：五南圖書出版公司。

周成瑜（2010），國際刑法暨海事刑法專論，臺北：瑞興圖書。

周旻建（2012），警察機關執行海峽兩岸跨境犯罪罪犯遣返問題之研究，中央警察大學外事研究所碩士論文。

林欣（1995），國際刑法中雙重犯罪原則的新發展，法學研究，第2期。

姜皇池（2013），國際公法導論，臺北：新學林。

洪欣昇（2015），我國引渡制度之現況與展望，司法新聲，第114期。

康順興（2016），逮捕移交制度全球化整合效應之展望——間探索兩岸刑事司法互助新型態，展望與探索，第14卷第2期。

陳文琪（2012），兩岸刑事司法互助有關人員遣返的法制架構，月旦法學雜誌，第

209期。

陳榮傑（1985），引渡之理論與實踐，臺北：三民書局。

陳燦平編著，王作富審定（2007），國際刑事司法協助專題整理，北京：中國人民中央大學出版社。

傅美惠（2013），兩岸司法互助協議中「犯罪情資交換」之研究，刑事法雜誌，第58卷第4期。

黃姿蓉（2017），我國刑事司法互助發展模式與困境之探討，中央警察大學外事研究所碩士論文。

黃風（1990），引渡制度，北京：北京法律出版社。

楊婉莉（2014），台菲刑事司法互助協定內容淺析，檢察新論，第16期。

楊雲驊（2014），境外取得刑事證據之證據能力判斷：以違反國際刑事司法互助原則及境外訊問證人為中心，國立臺灣大學法學論叢，第43卷第7期。

葉逸佑（2008），從跨境犯罪論海峽兩岸相互間刑事司法互助之最佳模式，靜宜人文社會學報，第2卷第1期。

廖正豪（2011），兩岸司法互助的回顧與前瞻，刑事法雜誌，第55卷第3期。

趙秉志、周露露編著（2007），國際刑法總論專題整理，北京：中國人民中央大學出版社。

蔡碧玉（2009），我國國際刑事司法互助的現況與發展，軍法專刊，第55卷第1期。

謝瑞智（2011），國際法概論，臺北：臺北商務。

二、外文

James R. Phelps, Jeffrey Sailey, & Monica Koenigsberg (2015), Border Security, Durham North Carolina: Carolina Academic Press.

森下忠（1981），國際刑事司法共助の研究，東京：成文堂。

森下忠（1983），國際刑事司法共助の理論，東京：成文堂。

森下忠（1985），國際刑法の潮流，東京：成文堂。

森下忠（1990），刑事司法の國際化，東京：成文堂。

森下忠（1993），犯罪人引渡法の理論，東京：成文堂。

森下忠（1996），國際刑事法，東京：成文堂。

森下忠（1996），國際刑法の基本問題，東京：成文堂。

三、網路資料

外交部通訊，法律常識專欄——條約與協定，2006年，http://multilingual.mofa.gov.
　　tw/web/web_UTF-8/out/2603/business_2.htm（瀏覽日期：2018年9月15日）。
法務部，跨國移交受刑人法生效施行 啓動受刑人移交，2013年7月23日，https://
　　www.moj.gov.tw/cp-21-50931-e8721-001.html（瀏覽日期：2018年6月15日）。
法務部，跨國移交受刑人 彰顯人道精神、實現司法正義，2018年3月14日，https://
　　www.moj.gov.tw/cp-21-50930-321e2-001.html（瀏覽日期：2018年6月15日）。

第三章
國際警察合作的情資交換

孟維德

壹、前言

　　國際執法合作可說是防治跨國犯罪的關鍵工作，在針對國際執法合作機制的探討中，許多部分均與情資交換有關，本文將詳細檢視執法人員如何跨越國界傳遞訊息給他國同儕的機制。這些所傳遞的訊息通常包括：1.有關某特定事件或查詢的提問與回答；2.對中央層級情資機構提供情資，這些情資未來可能做成資料庫供使用者查詢，也可能成為某種策略的擬定基礎，或是針對某類型犯罪現況與趨勢的評估內容。

　　不論分享情資的理由為何，偵查人員通常會面臨許多傳遞情資途徑的選擇，這些選擇有時多到令人感到困惑。以歐盟執法人員為例，他們擁有眾多的傳遞情資選擇，包括：個人對個人的非正式接觸、歐盟司法合作組織、外國聯絡官、申根資訊系統、金融情資單位、歐盟警察組織、歐洲司法網絡、國際刑警組織、駐外聯絡官網絡、Prüm查詢系統、東南歐執法中心、波羅的海區域打擊組織犯罪特別小組、Liguanet網絡等[1]。

　　是什麼因素影響偵查人員選擇某種的情資交換管道？除非有嚴格的準則或政策，否則這個決定可能是非常個人導向的，甚至是蠻混亂的。這個決定也許是根據個人的知識、先前選擇該管道的經驗，或與其背後組織接

---

[1]　「Linguanet」是歐洲設計的跨國訊息傳遞系統，提供警政、消防、救護、醫療、海防等單位用以跨國傳遞任務或運作需求的情資訊息，亦是災害回報訊息的協調機制。Linguanet起初是在英法海底隧道通行後，針對警務及處理緊急事件需求而設計的系統，之後逐漸發展成多國的訊息傳遞機制。

觸的經驗。在某些時候，選擇某管道也許是可行的，但在另一時間，卻不一定可行。通常，偵查人員以散彈打鳥的方式，盡可能使用多種管道碰運氣，另外，這麼做或許也可以證明自己已經竭盡所能了。有些國家針對外國請求協助設有明確程序，來限制沒有章法的情資交換作業，也就是根據客觀標準將國際請求協助事項交予適當的機構辦理。任何經由多重管道傳送的情資或協助請求，最後都應該匯流至一個專責處理該請求情資的官員或單位。以數種不同格式、不同語文撰寫，而且都是為了同一件情資，甚至是為了得到相同答覆而送達的請求，事實上，不僅是一種不受歡迎的叨擾，也是製造麻煩的來源。

　　另一方面，對於提出請求的調查員而言，其優先考慮的就是儘速得到解決問題的答案。理論上，不同管道可能有相同或類似的機會獲得想要的情資，然而，從這些管道每次所獲得的回應並不一定都是這麼的成功與適時，底下是曾經發生於歐盟的實例（Ass, 2013）。一位非歐盟國家的執法人員撰寫並發送一份緊急訊息給一個先進、作業程序高度結構化的歐盟國家，請求提供一名逃犯的所在地址，因為非歐盟國家的執法人員根據報紙報導，得知該逃犯已因某案件被逮捕。接到請求協助函的歐盟國家立刻傳送一份語帶支持性的回覆（符合協定的回覆時間標準），說明請求的細節事項目前尚無法回答，需進一步查詢，而且到目前為止，查詢工作正常進行中。幾週後，非歐盟國家的執法人員終於收到該案件的最後答覆，遺憾的是，所需情資並沒有查獲，而且無法證實該逃犯出現在前述國家的事實。但事實上，該項情資不僅已被掌握，而且歐盟國家間的情資交換管道早已傳送過該情資。此案例所顯示的是，處理國際請求協助官員的熱誠、知識及機靈，在能否成功獲得情資方面，扮演重要角色。此外，某種程度上，運氣也很重要。儘管如此，藉由良好的管理及標準運作程序，仍可減少運氣因素的影響。

貳、國際執法合作的情資交換機制

正式的情資傳送途徑，主要有下列四種基本模式與架構（Kethineni, 2014）：

一、在國際刑警組織架構下的國家中央局（National Central Bureau, NCB）對國家中央局連結。

二、以國際組織作爲情資交換中心或樞紐（如申根資訊系統、歐盟警察組織等）。

三、直接式的雙邊國家聯絡官途徑。

四、Prüm查詢系統。

此外，還有個人與個人之間非正式的、未受管制的聯繫，例如透過電話、傳眞或電子郵件，直接提供與請求資料。雖然，這種個人式的聯繫方法可以很快速的運作，而且較不受官僚機制的影響，但卻充滿風險，在某些國家甚至是違法的。

一、國際刑警組織架構下的國家中央局對國家中央局

國際刑警組織是歷史最悠久、地位崇高的國際執法合作組織，2019年（5月）共有194個會員國。它從原先位於巴黎的一個小機構，經過漫長之路發展至今，當時僅靠著一套卡片索引檔案，而且只在上班時間運作。現今國際刑警組織透過其「I-24/7全球警察通訊系統」（Interpol's Global Police Communications System, I-24/7）進行情資交換，該情資交換模式可由圖3-1來呈現。國家中央局扮演的是接收和傳送訊息的角色，即國際刑警組織各會員國的訊息出入口。而在各會員國國家中央局之間，設有安全的電子聯絡管道，可以直接互相傳送訊息。國內執法是由國內執法人員在國家法規架構下執行，而國家中央局可說是國內執法向境外延伸的起點，它與國際刑警組織的標準作業程序接軌。秘書處位於國際刑警組織的核心（現設於法國里昂），除處理一般行政工作外，也接收和傳送訊息給會員

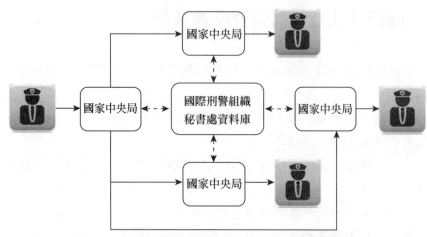

圖 3-1　國際刑警組織架構下的情資交換機制

國，並提供許多資料庫給各會員國國家中央局使用。會員國也可以通報秘書處具有多國共同利益的資訊，由秘書處轉發給相關國家的國家中央局，國際刑警組織的通報系統可說是一個辨識、追查及逮捕國際嫌犯的重要輔助工具。

　　任何一個會員國的國家中央局都可以安全地以網路傳輸速度，向他國國家中央局發出協助請求，此模式在運作上的真正困難，是發生在國際聯絡網之外。也就是國家中央局將接受自國外的訊息傳送給國內有關執法部門，進行相關回應作為，而此部分並不在國際刑警組織的約束範圍內。顯然，任何會員國的回應，均有賴於其國內執法機關的效率與效果。此模式的設計，其實是相當人性化的，國內執法機關調查人員的使用程序非常簡便，只需將協助請求或資料傳送到國家中央局，國家中央局就會處理後續工作（Lemieux, 2010）。

二、以國際組織為聯絡中心

　　歐盟警察組織把國際刑警組織的運作模式加以修飾，發展出另一種情

資交換模式，此模式後被許多區域性執法合作組織仿效。在國際刑警組織的模式中，各國代表是在自己國家工作，而在歐盟警察組織的模式中，各國代表則是集中在聯絡網絡的中心──秘書處（如圖3-2的虛線圈中）。這並非指情資會自動複製到中央資料庫或單位，但此模式卻能讓各國派來的聯絡官建立及發展其與他國聯絡官和中央機構（諸如他國中央警察機關、國際合作組織秘書處等）人員的人際網絡關係。從運作層面來看，調查人員使用的情資交換機制與國際刑警組織的交換機制，基本上是相同的，包括某種型式的國內窗口單位。不過，在此模式中，訊息是傳送到由聯絡官所控管的資訊處理平台，做進一步的處理。而在這個平台上，聯絡官可以面對面的與他國聯絡官解釋、說明、討論或請求對方提供建議和協助，此外，來自不同國家的聯絡官還可以協助秘書處策劃合作行動。聯絡官雖需在各自國家的法律及隸屬機關管理規範下執行工作，但因具有國家代表的身分，自然有其個人的權威（Reichel & Albanese, 2014）。這些來自不同國家的聯絡官同在一棟大樓工作，也讓緊急會議或諮詢活動的召開變得更加容易。由於此模式的勞力密集性較高，所以運作成本也較高。

　　在此模式中，調查人員先傳送他的協助請求給國內窗口單位（與國際刑警組織的模式相同），國內窗口單位將該請求傳送給派駐國際組織的聯絡官，聯絡官將此請求傳給同一棟大樓一起工作的他國聯絡官，外國聯絡官再將該請求傳送至其國內窗口單位進行後續處理，訊息傳送過程才算完成。當必要時，聯絡官甚至可以跟隨訊息的傳送，出訪他國。此外，本模式還可讓聯絡官評量所收到的情資是否對於某中央資料庫具有功能性，若有功能，則可傳輸至該資料庫儲存及共享。儘管這些事情也可藉由國際刑警組織模式的國家中央局來完成，但外派的聯絡官可以直接和國際組織中央單位建立緊密的互動關係，這雖然會增加處理及經費上的負擔，但確實可以產生很大的功能與價值。

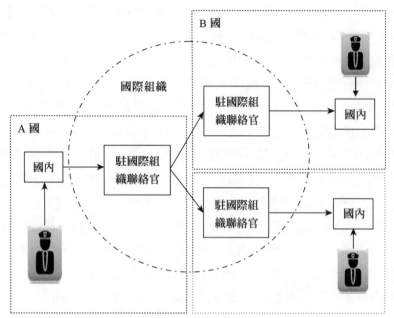

圖 3-2　以國際組織為聯絡中心的情資交換機制

三、駐外國聯絡官的途徑

　　駐外聯絡官並不是派駐在執法合作組織工作，而是該國派駐在外國的直接代表，在當地擔任國內執法機關的聯絡據點。通常是因為派任國的治安問題或執法策略與某些國家或地區有關，而派遣聯絡官到這些選定的國家或地區辦理執法聯絡事務。實務上，聯絡官的效能取決於其人脈關係及累積的經驗，一位有能力的聯絡官就會知道應該向誰發出協助請求，以及如何快速獲得回應。圖3-3所呈現者，顯示國內調查人員欲透過駐外聯絡官傳送協助請求至外國，通常須先將請求細節傳送給國內檢核單位，經該單位審查請求的正當性及內容後，將協助請求傳送給駐外聯絡官（通常服務於駐當地大使館），駐外聯絡官再將協助請求交給當地適當處理該事項的人，回應訊息通常依相同管道回傳（Casey, 2010; Brown, 2008）。當駐

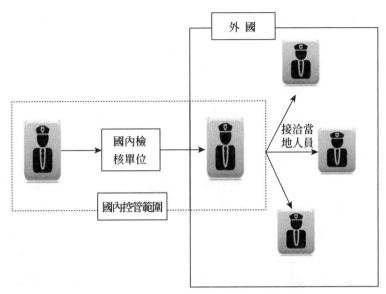

圖 3-3　**駐外國聯絡官的情資交換機制**

在國受理情資的承辦人員延遲作業或所提供的資訊欠完善，聯絡官就可在
當地與有關機構或人員進行交涉和持續追蹤。前述第二個模式（駐國際執
法合作組織）的聯絡官是在第三地與他國代表交涉，而此模式的聯絡官則
是親自在當地進行交涉。

四、Prüm直接查詢系統

　　《Prüm公約》（Prüm Convention）建構了一個連結各締約國國內聯
絡點的網絡，是一種較特殊的合作模式。2005年5月27日，奧地利、比利
時、法國、德國、盧森堡、荷蘭及西班牙簽署本公約，公約宗旨在於促進
跨國執法合作，特別是針對恐怖主義活動、毒品販運、非法移民及走私贓
車等跨國犯罪問題。Prüm合作模式是不同於歐盟警察組織的另一種區域
合作模式，該公約係透過締約國特定的國內聯絡點，建構出一種新的協
調、合作模式，此模式授與締約國國內聯絡點權利，得以查詢其他締約國

的DNA分析資料庫（進行DNA比對）、指紋辨識系統及車籍資料系統。
締約國是基於跨國合作防制犯罪，維持公共秩序及維護安全的立場，提供
己方的個人資料給對方。該公約亦規定締約國須相互提供防範恐怖活動所
需要的資訊、在飛機上配置武裝飛航警衛及武器裝備、防制非法移民措施
（包括陪訓及提供辨識變造或偽造證件之建議）、聯合執法行動及緊急避
難之跨國行動等（孟維德，2019）。公約第1條即明述，本公約架構下的
合作，是開放給所有欲簽署本公約的歐盟會員國。

　　《Prüm公約》的出現，可說是以一種有趣的途徑修改了前述各種模
式，以科技介面取代了人的介面。執法人員可以在國內聯絡點直接使用另一
國家的索引資料庫，查詢DNA、指紋及車籍資料等資訊（如圖3-4）。此
系統的快速、高效率及經費節省，都是非常顯著的。但是查詢結果仍有所
限制，該系統僅能搜尋合作夥伴（國家）所儲存和製作的主要關鍵資料。

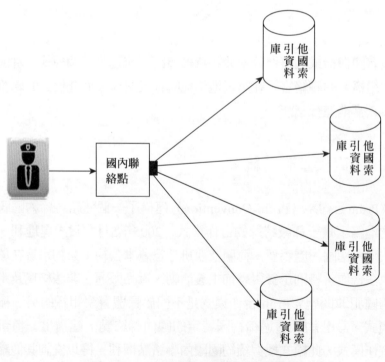

圖 3-4　Prüm系統的情資交換機制

因此，為克服這種限制，各個夥伴（國家）必須要有一個相容性高、結構完善的資料庫，並且必須隨時保持資料的準確性、即時性及完整性。此系統的建構較為困難和昂貴，但是如果沒有完備建置這些要件，必然會產生很高的風險，調查人員所收到的很可能是錯誤的回應，調查人員無法獲得像聯絡官或國家中央局所發展出的人際網絡功能和優勢，因此無法瞭解合作夥伴的執法工作實況，而去質疑機械式的回應內容（Allum & Gilmour, 2015）。

事實上，Prüm情資交換網絡只限於具有適當資源發展及維持該系統，以及能夠接受和符合那些嚴格法律條件的少數國家。願意承諾建構一套供外國參考資料庫的國家，數量上必定是有限的，此種情資交換網絡的效能，端視參與國家的合作意願及專業水準。

參、情資交換的有關問題

跨國情資交換因受不同國家文化、語言、價值觀、刑事司法制度等因素的影響，而在實務運作上難免會產生一些問題，這些問題的克服便成為國際執法合作的要務（UNODC, 2010）。底下將探討情資交換工作上的有關問題。

一、不同國家的語文障礙

雖然，電腦語言已具備高度的國際標準化，但人類語言卻不然，因此要為一個多國共用的情資交換系統設計這些國家方便使用的語文介面，可說是一項別具挑戰的工作。建構安全的電子郵件系統相對較容易，如歐洲的Linguanet網絡，該系統中的常用欄位，設計時都使用相同模組，可讓不同國籍的使用者操作該系統時，在螢幕上所見資訊是以該國語文呈現。然而，在真實的多語文訊息交換系統中，不應該只是欄位名稱的翻譯，技

術上更要能精確翻譯訊息的內容，因此必須考慮到不同的書寫習慣、不同的語文符號及發音（如中文、日文、英文、羅馬文、希臘文、斯拉夫文、阿拉伯文等）、不同的翻譯習慣等。例如，欲將俄文翻譯成數種不同的西歐國家語文時，會因為不同的發音，而產生同字出現不同拼法，即使是單純日期寫法（例如西元日期應寫成日／月／年還是月／日／年），或人名寫法是將姓置於名之前或之後，都可能造成混淆或錯誤的結果，甚至將錯誤之人列為偵查或逮捕對象。解決這些問題的一項方法，就是建構標準化的詞典，針對不同國家語文中的相同字詞及術語提供對照表。但語文學家都知曉的，翻譯並非只是靠查字典就能做好，這種方法有其極限。另一解決方式，就是指定一種語文作為共通語文，讓所有的合作成員使用（Morselli, 2014; Zagaris, 2010）。但此做法除牽涉政治敏感性之外（到底選擇哪一個國家的語文，會涉及政治問題），還可能會排除那些具備執法專業能力但缺乏外語能力之人員的參與（鼓勵招募具外語能力但卻缺乏專業執法能力之人）。無奈的是，這卻是現今許多國際組織最簡單及可行的方式。

二、過於理想化的概念——情資共享資料庫

　　前述第二種情資交換模式，是在國際執法合作組織的主導下，建構會員國共用的情資資料庫。這不只是一個儲存資料的資料庫，資訊存放在此，並非只是為了儲存，而是希望能夠開發出新的情資成果。當獲知嫌犯身處另一國家時，開放此種資料庫提供搜尋服務，有助於辨認出嫌犯的身分及藏身的確實位置。理論上，國際執法合作組織情資共享資料庫還具備國內資料庫沒有的優勢，例如某跨國犯罪問題或現象之趨勢、模式及關聯性的建構等。某一跨國犯罪案件的因果關係，常因政治疆界的影響而支離破碎，這是犯罪者根本不會去在意的，但執法人員就必須遵守政治疆界所代表的規範意義，跨國的情資共享資料庫便能提供策略思考者較完整的觀念。

　　但不幸的是，各會員國對於情資共享資料庫提供資料的回應程度和參與熱忱卻有不同，類似問題甚至也發生在會員國國內各機關之間。而策略分析以及根據策略分析所做的決策，其成敗關鍵在於資料的品質（孟維德，2016）。因為從情資共享區（central body）所取得的資料係來自各會員國，資料上不一定會清楚載明情資的功能、性質及適用範圍，所以在擷取資料用於政策分析時，就會產生該情資是否與所欲分析之主題相符的疑問，擔心是否會造成誤導分析的結果，使得情資運用受到相當大的限制（Casey, 2010; Brandl, 2014）。一個資料庫功能健全與否的評斷標準，通常是以資料庫所含資料量多寡為判準，所以國際執法合作組織在通知各會員國的指令中，很可能發生對於提交資料數量的重視程度高於提交資料的品質的現象。

　　針對策略分析所需要的資料，國際執法合作組織通常會使用問卷調查方式，詢問會員國一系列的特定問題，以補充會員國原先提交欠完整的資料。但所使用的問卷是否符合各會員國的國情，該問卷能否反映出各會員國有關機關的經驗和觀點，則不無疑問。這種方法尚有其他缺陷，例如，有些國家沒有蒐集、統計資料的習慣，可能以傳聞訊息或猜測來回答問題；有些國家則是使用差異甚大的方法，提供缺乏信、效度的資料；有些國家甚至不回應問卷調查。國際執法合作組織除了根據這些資料進行變項分析外，還有什麼其他選擇呢？一般人總以為，不論所獲得資料的品質如何，有資料總比無資料要好，而且資料是由會員國政府所提供，應具有相當的公信力，同時也代表會員國的貢獻。但提交品質不良的資料必定造成不可靠的分析結果（即電腦術語中所說的：垃圾輸入，垃圾輸出——"Garbage in, Garbage out"，簡稱GIGO），國際執法合作組織的價值乃在於能否提供超國家層次的資訊給會員國，即使無法掌控資料來源，其價值仍是如此（Worrall, 2015）。國際執法合作組織若無法克服這些問題，惡性循環將難以避免——不良分析將導致國際執法合作組織的價值低落，國際執法合作組織價值低落將導致公信力不足，組織缺乏公信力將導致會員國不願意提交資料，資料品質不良又導致分析不良，如此不斷循環下去。

　　過去歐盟曾發現會員國分享情資量不足的問題，繼而提出所謂的「可

及性原則」（principle of availability）。其目的就是要讓任一歐盟國家的警察人員能夠容易的取得另一國家的警察資料，容易程度就像是蒐集自己國內的資料一樣。歐盟理事會（EU Council）決議實行可及性原則的同時，要求所有透過此種方式交換的情資，也需提供給歐盟警察組織的資料庫。

三、情資理解與適用的謬誤

對偵查人員而言，擷取或輸入資料庫資料的技術程序並非重要之事。系統使用者真正在乎的，是系統是否有他想要的資料，如果有，他能否順利取得。執法e化，在技術層面上幾乎沒有限制，但卻可能受到政治的、行政的或司法的傳統所阻礙，而資訊科技基礎建設的經費不足也是另一問題。就目前而言，以安全保密技術建立使用者的連結網絡，已相當普遍。國際刑警組織的I-24/7網絡即是一例，全球大多數國家的警察均可透過該網絡彼此聯繫。然而，各國政府對於全自動交換流程的支持程度，則存有許多問題。

最有效率的國際組織資料庫，是讓各會員國資料庫能夠自動且不中斷的將相關資料上傳至國際組織的資料庫，使用者進入系統後可以瀏覽到結構化的資料。然而，無論資料傳遞的自動化程度為何，基於國家主權的考量，沒有一個國家願意提供該國完整檔案給另一個獨立機構來掌控。換言之，所有提供給國際組織資料庫的資料都必須先經過會員國國內的篩選，可能是透過人工篩選（人力與財力耗費大），或是先設定出國家願意提供的資料等級和標準，繼而建置強而有力的電子化過濾機制，將能夠提供的資料篩選出來。以現代科技而言，這種方式可行性甚高，但某些國家仍認為過於複雜，變動過大。另一種交換情資的常用方式，就是建立查詢資料庫。該資料庫只顯示情資的簡單關鍵字或摘要，但會附上查詢編號及聯絡細節，讓使用者能夠直接與聯絡人做進一步聯繫以取得所需資料。然而，過於相信該系統內容的正確性，有可能導致不良後果。例如，2007年7月，英國廣播公司（BBC）一名記者於歐洲斯洛維尼亞（Slovenia）度假

時，被查出他的名字與德國警察登錄的詐欺犯相同，因而被捕，遭監禁兩天。另外，在2003年，一名已退休的英國老翁到南非時被捕，只因警察將他的名字輸入資料庫比對時，發現其與美國政府通緝的詐欺犯同名而被監禁三週（Brandl, 2014）。

四、個人資料保護

　　資料保護對於國際警察合作而言，可說是一種帶有政治、行政及司法性質的阻礙。自1980年代開始，個人資料的保護愈來愈受到重視，歐洲尤其明顯。尚未接受或承認個人資料所有權（personal data ownership）觀念的國家，之所以會維護資料的機密，其保護資料完整性的動機要多於保護資料所有權人權益的動機。在實務上，保護敏感資料的提供者，確實有其必要，當事人才能安全的持續提供情報，其他的資料提供者也才會更有信心的提供情資。

　　通常，當兩個國家使用相同方法，那麼在分享情資過程中所遭遇的法律難題相對較少。然而，當一個強調保護個人資料的國家，與另一個持不同觀念的國家合作時，資料保護規則就會成為雙方合作上的障礙。就理論上來說，根據國際公約，一個實施資料保護政策的國家不應該與其他國家或組織交換個人資料，除非該國能提出適當的保護機制證明所交換的個人資料會受到妥善保護。事實上，嚴格執行個人資料保密規定，將會阻礙國際警察合作的進行，還好這種情況並不經常發生。個別來說，一個國家通常會在國內立法訂出個人資料交換的可行方式，以規避前述無法進行合作的窘境，這通常是例外處理原則。例如，在《英國資料保護法》（UK's Data Protection Act 1998）第四章中，列舉許多排除適用資料保護的情況，絕大多數的情況，可以讓警察傳遞個人資料至歐洲經濟體之外。該法案雖有這些排除適用的例外情況，但仍特別引述底下英國情報局長的警語，強調必須慎用排除適用的規定：

「事實所反映的是，在某些情況下移轉資料有其正當性，儘管這會降低資料保護的安全性，但這些例外情況必須從嚴解釋（Brown, 2008: 182）。」

　　限制資料的散布與傳播，以及限制資料接收後的處理方式，是處理個人資料的標準規範。提供出來的資料，應該依照其提供目的來使用（目的都需經法律授權），僅有對達成前述目的有幫助的資料，才可以被留下使用，並且必須在達成目的後，立即將其刪除。此外，未經原資料提供者的同意，不得將資料傳給第三者。在實施此種規範的國家，執法機關須受外部獨立機關的監督，執法機關也可能因個人資料所有人保護自身權益而遭控訴，執法機關需為個人資料的使用與保護負責。有時非資料所有人的權利，也可能因為傳遞個人資料而受到不利的影響，為尊重個人權利，警察情資的管理與交換已不像以往那樣單純及具有彈性。

　　關於國際執法合作組織，還有其他的資料保護問題。在定義上，國際執法合作組織並不受國內法的約束。因此，國際執法合作組織必須特別設置屬於該組織的資料保護規範及獨立監督機制。以歐盟機構為例，諸如歐盟司法合作組織、歐盟警察組織及申根資訊系統（Schengen Information System）等，都受到歐盟資料保護法的約束，並設立一些特別機構來監督該法的落實。但是這些設計與安排，都必須在各會員國認同資料保護精神的前提下，始能順利運作。當部分會員國在資料保護議題上存有不同看法時，就很難產生共同的解決方案。國際刑警組織也是在經過一段很長時間的努力後，才建立起適當的、可靠度高的資料保護機制，但仍難以說服一些會員國相信那些不認同資料保護觀念的國家會遵守規範，讓部分國家因失望而放棄提供資料。

　　除了資料保護的考量外，一個國家對於人權的態度也會影響資料的交換。令人感到可悲的，某些國家仍會透過刑求或是國際社會譴責的方法來獲取訊息，當自由民主國家的執法機關收到這種訊息，該如何處置呢？這是一種兩難。官方的回應通常是拒絕接受此種情資，因為一旦接受就等於認同這些國家使用不當手段獲取訊息。但是，某國在提供此種以不當手段

所獲取的情資時，並不一定會顯示其獲取方式，而且請求國辦案人員因時效壓力，急需關鍵情資的協助。當知道情資是經由非法手段獲得，在這種情況下，應該忽視該情資、任由情資所顯示的重大犯罪發生嗎？有關當局很快就會因未能即時保護無辜被害者而遭譴責。另一方面，如果將此種情資用於訴訟，其正當性很可能會在審判或調查程序中受到挑戰，而不予採用。甚至還可以合理的推論，此種情資可能是當事人為避免遭受更多刑求而被迫提供的。此種情資一旦被採用，不僅是默許和助長侵害人權的取供手段，更讓情資提供者懷有互惠回報的想法，認為情資接受方未來也應該提供類似情資（Friedrichs, 2010；孟維德，2018）。顯然地，與這種合作夥伴交換情資，將會引發更多的人權迫害行為。處理可能源自非法手段的情資，是一項令人感到不愉快的工作，最好是交由熟悉此類情資之風險及相關政策方針的專家來處理。

五、國家聯絡窗口

　　近年來，國際情資交換程序變得愈來愈多元，使得一般偵查人員無法熟悉所有傳遞訊息至國外的國際聯絡管道。如果能建立國家層級的單一對外聯絡單位，並徵募國際合作專業人員至該單位處理情資的傳送與接收，便可解決前述問題。事實上，這不是什麼新觀念，在本文所提及的情資交換模式中，大多數都是採用國家層級的單一聯絡窗口進行聯絡工作，是頗為普遍的現象。國家層級的單一對外聯絡單位有如守門員與引導者，提供建議及引導資訊給最適當的部門。此外，單一對外聯絡單位還可以透過執行國際傳輸資料的標準規範，協助推行最佳實務，增進國際社會在情資分享上的互信（Brown, 2008）。在邏輯上，各種國際合作管道都應受到共同管理，但單一對外聯絡單位觀念的實踐，卻是非常緩慢的。

肆、如何精確交換情資

　　儘管大多數犯罪是由境內犯罪者所犯下，但狡詐的犯罪者已逐漸認知，在不同國家利用不同身分從事犯罪活動，可以讓執法機關感覺跨國偵查案件困難重重，繼而打消積極追緝的念頭。近年來，人們跨國移動的便利性大幅提高，犯罪者在犯罪後數小時就能逃亡到千里之外。有些惡名昭彰的犯罪者，利用潛逃出境的方法躲避執法機關追緝，但絕不是只有那些特別精明的犯罪者才會利用國境障礙躲避追緝。以歐洲爲例，爲了讓貿易和旅行更加便利，歐盟國家取消了區域內的國境管制，惟歐盟各國的語言及管理措施仍有差異，這些差異並未因放寬國境管制而消失，犯罪者經常利用各國管理措施及語言的差異來逃避追緝。對一名累犯而言，跨越國境潛逃至另一個未掌握其個人資料與生物資訊（如指紋）紀錄的國家，就能以清白的身分重新展開生活。即便是潛逃至可對其定罪的國家，也可能因無累犯紀錄而獲得較輕刑罰。這些問題已促使採取國境開放政策的歐盟，考慮建置歐盟區域的犯罪者資料庫。

　　國際情資交換能否順利進行，必須仰賴準確的資料處理、溝通及翻譯機制，因爲犯罪偵查人員透過該機制才能突破政治、行政及語言的障礙，與外國執法機構進行溝通。爲確保情資交換的精確性，除須透過運作良好的機制，偵查人員也須謹慎解讀資料，避免溝通困擾和誤解引發不良結果，既使是最基本的推測，仍須重複確認。我們可藉由觀察歐洲區域情資交換的問題，來瞭解偵查人員如何減少跨國情資交換誤差及情資解讀錯誤。其他區域的司法合作也可能遭遇類似問題，歐盟的解決方法，可做爲其他區域執法人員增進偵查互助及情資交換的借鏡。

一、情資交換的基本問題

　　情資交換，經常因彼此間存在的「差異」而遭受阻礙，例如不相同或無法連續的法令、語言、決策過程、科技水準，使得情資交換受阻。事實

上，並非只有執法機關面臨此問題。有關安全事務的廣泛脈絡中，建立有效網絡及統一不同指揮結構，一直以來都是個挑戰。例如，有些國家希望與北大西洋公約組織（NATO）整合軍事行動，丹麥皇家國防大學資深研究員Michael H. Clemmesen就曾提出底下陳述，強調不當整合反而讓敵人獲取優勢：

> 「缺乏共通語言，讓不同的軍事力量很難有效合作。兩個單位雖有共同任務，若缺乏共通語言，就必須把任務區隔成不需互動的兩個部分，各自獨立執行。雙方希望維持任務區隔的界限，不希望任何人、事、物干涉到對方的負責領域。然而，並沒有任何軍事行動可以穩固建立在這樣的前提上，任何有能力的軍事對手都會試著找出責任間隙，加以破壞，製造混亂（Brown, 2008: 187）。」

NATO所面臨的溝通整合問題，同樣也出現在國際執法合作的領域。事實上，在刑事司法實務的文化中，溝通議題早已變得愈來愈複雜。NATO的解決方法，就是採用標準化的語言、流程、格式、交流，以及保密機制。面對緊急狀況，NATO深知如不採取共通途徑，將會分散多國聯軍的力量，影響命令的統一指揮。Michael H. Clemmesen進一步指出：

> 「雖然陸軍深受模範部隊的影響，有較高的一致性，但陸軍是社會有機體，各國陸軍仍是不相同的。這種差異較少出現在海軍及空軍，因為他們主要受制於執行任務時所在環境的影響，以及為有效達成任務所必須使用之科技的影響（Brown, 2008: 188）。」

各國的執法機關也是社會有機體，受各國刑事司法系統及文化的影響，所以各國的執法機關必有差異。合作須有共識，必須找出克服各國差異的方法，而「標準化」（standardization）是合作的可行途徑。

在警政及處理緊急事務的領域，Edward Johnson公認是使用「結構性語言」（structured language）的專家，他以底下陳述來說明行動環境

（operational environment）如何影響各方對於交流情資的理解：

「行動聯絡方案並非只是隻字片語之事，而與背景脈絡有密切關係，英法海底隧道的警用通訊系統自然也不例外。該通訊系統將英法海底隧道視為行動環境，對其加以仔細檢視，並將其導入工程圖及其他計畫的文件裡。為了讓英法兩國順利合作，除檢視預設的技術通訊規範、研究英法兩國警察組織的差異，還須找出或開創有利於合作的法律與行政架構（Brown, 2008: 188）。」

二、合作與溝通

國際情資交換的官方機制，通常會要求偵查人員先將情資交換請求依行政管理流程陳報至國家中央層級的情資交換單位（如國際刑警組織架構下的國家中央局），由該單位將請求傳送至另一國家的對口單位或聯絡點，然後再依請求接受國情資交換鏈向下傳送，通常最後交由該國偵查人員處理請求事宜。

一方面是對於他國資料的需求量日益增加，另一方面則是為保全案件證據的需求激增，跨國偵查事務已變得愈來愈複雜。此外，有些境內的犯罪案件也可能涉及跨國偵查事務，例如案件關係人（如被害者、證人或嫌犯）來自境外或案發後出境。或許這些境內案件只是因例行調查而涉及國際情資交換，但因情資交換需求量增多，而排擠到正常的辦案時間。

國際刑警組織，是目前唯一的全球性執法合作平台，其策略目標的核心就是促進溝通。在實務運作上，國際刑警組織提供標準化的通訊工具，使訊息在特殊設計的通訊網絡上傳送，其中還包括易於解讀及行動導向的「通報」系統。對於脈絡訊息（contextual information）的管理能力，可說是國際刑警組織及其他情資交換組織（如歐盟警察組織）能否成功的關鍵。經過多年努力，這些組織對於脈絡訊息已發展出三項管理策略（Brandl, 2014）：1.投入額外時間去解釋情資交換請求的脈絡；2.減少對脈絡訊息的需求；3.採用標準化的脈絡機制。

　　國際刑警組織的通報系統，原本是為傳送司法判決資料，在傳送前法官已先對司法判決的脈絡複雜性進行評量、過濾及編寫。換言之，國際刑警組織的通報，原本是法官對於案件的案情精要。以2005年的統計為例，超過70%的國際刑警組織通報均為紅色通報，紅色通報就是針對應逮捕及引渡之通緝犯所發出的，這種通報並不需要對內容的脈絡多作解釋，接受方便能瞭解通報的實質意義。另約有10%的通報是綠色通報（警示犯罪手法），涉及的是情資（intelligence information），通常需隨附脈絡訊息。

　　由於歐盟警察組織著重情資的交換與提供，該組織試圖發展一套強而有力、足以涵蓋歐盟超過二十種官方語言的脈絡訊息交換機制，其核心作業以英語做為共通的工作語言。在運作上，歐盟警察組織藉由各會員國派駐秘書處的聯絡官建立起功能導向的聯絡網絡，這些聯絡官彼此提供人性化的、深入的偵查協助，盡可能降低溝通的誤解。此外，歐盟警察組織也須管理自己的資料庫，由於這些資料並不是各會員國的完整資料，偵查人員難免會無法確認正面搜尋結果或負面搜尋結果的真正含意，所以資料庫必須包含一些附加訊息，輔助偵查人員做出正確的判斷。

　　歐洲另有10個國家，其境內負責跨國執法的機關，多年來持續使用且不斷改善一套操作簡易的「Linguanet系統」。這是一套基於特定目的而設置的電子郵件系統，1993年首先在4個國家（英國、法國、比利時、荷蘭）以點對點的方式建立。這套具有特定脈絡的系統（供會員國警察單位之間進行常規性的跨境通訊）使用標準化訊息，並結合自由式主題輸入模式、格式化主題輸入模式、影像及註解等，透過事先律定的各國語言標準術語，讓使用者在本國與外國語言之間進行資訊交換。Linguanet這種開放脈絡式的方法，有助於改善訊息的翻譯品質，也讓自由式主題輸入模式的運用更加廣泛。

　　近年，部分歐盟國家設立了一套不需脈絡訊息即可運作的情資交換系統，即Prüm系統。在《Prüm公約》的架構下，比對鑑識科學、車籍等資料，係採「相符或不相符」（hit or no hit）的方式，當比對相符後，會進一步檢視脈絡性的問題。該系統的運作雖屬初期階段，但《Prüm公約》會員國期望未來能拓展到歐盟所有會員國。

　　以國際社會目前的作業情況來看，欲解決交換關鍵情資時的相互理解問題，仍須透過複雜方法始能為之。雖然，派遣聯絡官可以解決其中的部分問題，但聯絡官畢竟是有限的人力資源，難以應付持續增加的國際差旅負荷。

　　由於各國對於個人資料保護的重要性與急迫性觀點不同，各國對於交換執法情資所持的態度亦有差異。大多數歐洲國家各有其保護個人資料的程序，以降低國家處理個人資料失當侵害人權的風險。從偵查人員的角度來看，個人資料保護是指任何有關個人細節資料的資訊都須加以保密，除非在國與國之間簽有協定，才能將涉及個人資料的資訊交給具足夠資料保護層級的國家。此外，資料也必須保持正確與即時性。當涉及犯罪偵查或是警察機關對警察機關進行情資交換時，傳送方與接收方均應檢查交換資料的正確性。為符合此原則，通常會由國家主管情資交換的機構針對情資的正確性再做確認。當情資內容的關係人（即該人詳細資料包含在情資中）因情資處理流程中發生錯誤而遭受侵害時，資料保護機制應能快速找出錯誤的原因，並做出適當補救。此種對個人權利的保護，並不會與偵查人員為避免偵查錯誤或不必要的資源浪費而力求正確資訊相衝突。

　　針對不同國家刑事司法體系的比較研究，也有助於偵查人員瞭解脈絡因素的複雜性。因為比較研究可以提供直接證據，說明某些術語有何其他的意義，幫助偵查人員瞭解跨國偵查案件的背景，以及情資與案情的關聯性。不同國家偵查人員之間交換證據訊息（evidential information）的過程，通常包括兩個階段，一是初步非正式的探詢對方是否握有具價值的情資及是否願意分享情資，二是後續透過司法互助管道提出正式的協助請求。儘管在相同語言使用者之間，溝通都會產生認知誤解，就知道國際間因溝通所造成的認知混亂會有多嚴重。自然語言（人出生後自然學習的語言，不是刻意建構的語言——後天透過系統性教材學習的語言）包含許多會讓人產生錯誤假設的隱藏性陷阱，而且這些錯誤很難被發現。這種情況並非只發生在將一種語言轉譯成另一種語言的時候，也會發生在使用同一種語言相互溝通的時候。當人們使用其母語溝通時，通常較容易發現雙方溝通過程中的錯誤，但在使用多國語言溝通時，較難發現轉譯上的錯

誤。例如，在歐盟警察組織會員國中，「行動資料」（operational data）一詞包含個人資料，而「策略資料」（strategic data）一詞則不包含個人資料，但operational又保留有「使用強制力量」的意義，而strategic又保有「長期及邏輯性的計畫」的意義。諸如這兩個相對名詞（行動資料與策略資料）所產生的混淆情況，可說是不勝枚舉，因為說者與聽者都可以辨識出自己所使用的字，但不瞭解彼此對該字的解釋有所差異（Kethineni, 2014）。上述問題就是雙方在溝通時，分別帶有各自不同的延續性情境脈絡，阻礙溝通內容的理解。

在這種可能發生誤解的情況下，透過互派聯絡官（駐外國聯絡官）來進行情資交換，可說是目前最好的方式，特別是針對複雜案件的處理。但遺憾的是，並非所有的國家都有足夠資源建構聯絡官的網絡。對此問題，歐盟的對策是會員國派聯絡官至合作組織（EUROPOL），互相運用聯絡官來突破國界障礙進行有效的溝通聯繫。聯絡官在溝通任務上有其特殊優勢，他們較能獲得對方國家意向的資料，並用自己國家的觀點來說明案情以克服原先的語言障礙。此外，聯絡官還能接觸不同層級的決策者，針對某些特殊案件，可親自向這些決策者做簡報，爭取他們的支持。然而，運用聯絡官來處理偵查事務，有時需讓出某部分的偵查權。

我們可以合理的預測，國際情資交換量未來將會持續成長，大量的情資交換必然會讓正式的情資交換機制蒙受巨大壓力（由於人們在國際社會間的移動愈來愈頻繁，案件處理時需要調查境外人士的情形隨之增加）。如果跨國情資交換的過程是繁複的、昂貴的，那麼各層級的偵查決策必會受到負面影響。不論是依線索一路偵辦到境外，或是僅根據境內取得之證據的起訴策略，「預算」都是決定因素之一。如果跨國調查造成案件偵辦進度的落後，必然會影響偵查人員的決擇。毫無疑問的，通訊科技開啓了國際執法的大門，將司法品質延伸至全球各地，但國際空間到底會給犯罪偵查工作造成多大的障礙，仍是一個未知數。實務上，調查人員如欲獲得快速回應，通常會選擇非正式的網絡進行情資交換，不一定依循正式的情資交換管道。儘管對方願意提供善意協助，負責國際情資交換的調查人員仍需注意伴隨而來的風險問題。

三、重要原則

　　經驗顯示，偵查人員對於執法行動的信心，源自於正確精準的情資交換。即使是透過正式機制所進行的情資交換，也不宜對所得情資有過多的假設或猜測。根據這樣的經驗，欲完成有效的「跨文化情資交換」，需注意底下三項原則：

　　（一）從可信的或經客觀評估確認可信的情資來源處獲取資料（如果不是，必須有特定措施區分資料之間的可信度）。

　　（二）確保資料在一方與另一方的傳遞過程中保持不變。

　　（三）重複確認情資的最終接收者瞭解資料原本的脈絡意義。

　　即便是使用現代化科技所建立的正式情資交換系統，欲達成上述第一項原則仍有其困難，歐洲理事會（Council of Europe）在二十多年前就曾對此問題有如下的說明：

　　「盡可能根據資料的正確度或可信度，將儲存的資料予以分級，尤其是將源自事實的資料與源自個人意見的資料予以區分（Brown, 2008: 193）。」

　　調查人員需瞭解，將資料整理分辨成主觀評論資料及客觀事實資料，是非常耗時之事，並非各國偵查人員都會如此熱心的分析，所以不能期待所有資料都會有相同程度的正確性。

　　上述第二項原則的最大困難處，在於原文資料的翻譯及解釋品質。打字錯誤也是常見的錯誤來源，尤其是在情資交換中必須重複輸入相同資料的程序。針對外語情資的翻譯品質問題，雖可經由電腦翻譯軟體獲得概略性的理解，但電腦翻譯並無法保證完全正確，不太適合處理關鍵情資的翻譯工作。

　　第三項原則可說是最重要的，因為「瞭解情資的脈絡」是情資交換的最大難處。欲正確理解訊息，接收者必須瞭解訊息傳送者的動機及傳送原因，無論是請求協助或僅是提供有用資訊給同僚，都不應讓訊息接收者解

讀時有任何的猜測。換言之，訊息應以簡單易懂的語文表達，勿用接收者不懂或混淆的行話或專業術語。請求方最好在提出請求前，先瞭解被請求方所具備的資源及設備品質。例如，某兩個國家建置DNA樣本及心理剖繪資料檔的水準有很大落差，那麼交換這些資料就可能有很多問題需克服。可多運用繪圖、相片及科學性材料來輔助文字敘述，以減少接收方解讀情資時可能產生的問題。

　　具安全防護設施的電子郵件及傳真系統雖附有稽查功能，亦可對情資發送前的潛在不明確問題進行控管，但並非各國都有這些設備，而且有時與他國（跨越不同時區）偵查人員聯絡時必須使用線上通話的方式。此時，如果必須使用某一種語言做為溝通媒介時，以該語言為母語的一方，絕不可高估非母語方的語文能力。即使對方處理外語情資有相當好的理解能力，但在實務上仍有許多風險。換言之，母語方不可高估非母語方的解讀能力，即使非母語方對情資來源國的語言已相當熟悉，在情資交換過程中仍需謹慎，以避免情資理解的謬誤。值得注意的是，在不同母語的國家之間進行情資交換，常因顏面或形象問題，使得訊息接收方不太願意承認自己不瞭解情資內容。接收方為避免尷尬，不論有意或無意，常以自己的想像來填補不懂之處。因此，情資交換能否有效進行，主要責任終究還是落在偵查人員的身上。

伍、結語

　　展望未來，我們必須先瞭解，為何導入許多科技輔助之後，仍無法排除情資交換的錯誤。我們當然可以利用現代科技，以數位模式合併傳送語音、影片、照片、地圖及繪圖，避免書寫的錯誤。目前，的確有許多具功能的科技，應用價值很高，例如：世界各地的偵查人員可利用網路電話及視訊會議集合開會，不需離開自己的辦公室；既便宜又容易取得的資料安全傳輸加密協定；轉化大量資料成圖表的分析軟體；從堆積如山的資料

中，過濾挑選出有用資訊的資料探勘技術（data mining）等。但這些精進科技的主要缺點，就是建置基礎建設及培訓人員需花費龐大成本，而且很可能會演變成科技領導偵查，而不是協助偵查。當偵查人員對於電腦運作的基本流程，都須仰賴資訊科技人員的解釋與協助時，此種狀況難免就有可能發生。

　　溝通過程中所發生的模糊問題與誤解，並不是新問題，但此問題在現代化社會的此時此刻，要比歷史上的任何時刻都要來得嚴重。執法、立法及違法，均與語言、文化密切相關，公平正義的實踐，必須要靠正確無誤的情資交換。現在這些重擔落到執法人員身上，似乎令人感到不安，也不見得公平，因為他們並沒有足夠的資源來處理這些問題。雖然，看似不可能的任務，但並非真不可能。真正的關鍵是，偵查人員必須願意去瞭解「文字有時無法完全代表發言者真正想表達的意思」，從洞察「發言者的背景」瞭解他想表達的意思，是很重要的觀念。

　　在資訊時代，資訊分享還須受到程序及協議的約束，似乎是矛盾的。但分享的資訊如果是涉及刑事司法領域時，就需審慎考量降低對公眾的傷害、組織的績效以及艱辛的行動成果等面向，以負責的態度去處理。情資交換模式有很多種，從雙邊情資交換到利用國際中央資料庫進行多邊交流皆是。當情資交換模式演變的愈來愈複雜時，成立單一聯絡窗口，就情資管理的合理性來看，會更安全及更有效。與處理情資較不嚴謹的國家進行情資交換時，應特別注意風險管理的流程。對於銀行金庫或珍貴藝術品提供預警保護措施，其必要性是無庸置疑的，吾人不僅會採用最新的安全機制保證其安全，更會在所有權移轉前妥善查驗及鑑定證明文件的真偽。犯罪情資的價值或許不如這些物品價值那麼清楚及具體，但就犯罪偵查的效能而言，情資的確是最重要的。因此，應以相同的謹慎態度來處理情資交換的問題，並導入嚴密的預警機制以保障資訊的完整性、即時性及確實送達與接受。

參考文獻

一、中文

孟維德（2016），白領犯罪，臺北：五南圖書出版公司。

孟維德（2018），犯罪分析與安全治理，臺北：五南圖書出版公司。

孟維德（2019），跨國犯罪，5版，臺北：五南圖書出版公司。

二、外文

Albanese, J. & Reichel, P. (2014), *Transnational Organized Crime,* Thousand Oaks, CA: Sage Publications.

Allum, F. & Gilmour, S. (2015), *Routledge Handbook of Transnational Organized Crime,* New York, NY: Routledge.

Ass, K. F. (2013), *Globalization and Crime,* Thousand Oaks, CA: Sage Publications.

Brandl, S. G. (2014), *Criminal Investigation,* Thousand Oaks, CA: Sage Publications.

Brown, S. D. (2008), *Combating International Crime: The Longer Arm of the Law,* New York, NY: Routledge-Cavendish.

Casey, J. (2010), *Policing the World: The Practice of International and Transnational Policing,* Durham, NC: Carolina Academic Press.

Friedrichs, D. O. (2010), *Trusted Criminals: White Collar Crime in Contemporary Society,* Belmont, CA: Wadsworth Cengage Learning.

Kethineni, S. (2014), *Comparative and International Policing, Justice, and Transnational Crime*, Durham, NC: Carolina Academic Press.

Lemieux, F. (2010), *International Police Cooperation: Emerging Issues, Theory and Practice*, Devon, UK: Willan Publishing.

Morselli, C. (2014), *Crime and Networks,* New York, NY: Routledge.

Reichel, P. & Albanese, J. (2014), *Handbook of Transnational Crime and Justice,* Thousand Oaks, CA: Sage Publications.

Rothe, D. L. & Friedrichs, D. O. (2015), *Crimes of Globalization,* New York, NY: Routledge.

United Nations Office on Drug and Crime (2010), *The Globalization of Crime: A Transna-*

tional Organized Crime Threat Assessment, Vienna, Austria: UNODC.

Worrall, J. L. (2015), *Crime Control in America: What Works?,* Upper Saddle River, NJ: Pearson.

Zagaris, B. (2010), *International White Collar Crime,* New York, NY: Cambridge University Press.

第四章

外來人口在臺犯罪之預警與偵防[1]

黃文志

壹、前言

冷戰結束後，傳統國家安全的定義，不再侷限於狹義的軍事、政治和外交衝突等國家安全問題，取而代之的是全球化所衍生的新安全議題，其範圍延伸到政治、經濟、社會、文化、科技、環境、移民、跨國犯罪等「非傳統安全」領域。非傳統安全「威脅」具有明顯的跨國性特徵，不只是對單一國家構成安全威脅，也非憑藉國家一己之力可解決，通常需要區域內國家與國際組織[2]的協調與合作。例如：大規模移動的移民造成區域

---

[1] 本篇論文曾經發表於「2018年涉外執法政策與實務學術研討會」。

[2] 我國於1961年9月在丹麥首都哥本哈根舉行之國際刑警組織（INTERPOL）第三十屆年會加入該組織，1984年9月第五十三屆年會於盧森堡舉行，9月5日全體大會表決中國大陸申請加入案（附帶排除我國會籍五項條件），經過冗長辯論後，我國提案遭否決，中華人民共和國加入成為該組織會員，我國在INTERPOL之地位及權益遂被渠取代，因而退出INTERPOL。從中國大陸提出的入會申請書可歸納五項附帶條件對我不利，包括（黃文志，2017a）：
1. 依據INTERPOL憲章第7條及第13條規定，唯有中華人民共和國在會中代表中國。
2. 我國在該組織之會籍名稱應改為中國臺灣（China Taiwan）。
3. 組織會議不得使用「中華民國」或「臺灣」的名稱，亦不得使用我國旗幟。
4. 我國無權指派出席會議代表團團長。
5. 在大會中我國無投票表決權。

及國家社會的動盪[3]；傳染性疾病和病毒[4]的擴散被視爲嚴重的威脅等。這些威脅安全的主體不一定來自某個主權國家，往往經由非國家行爲者，如個人、組織或集團等所爲（卓忠宏，2016）。

　　2001年美國發生九一一恐怖攻擊事件之後，「國土安全」思維逐漸取代「國家安全」，警察在處理「非傳統安全威脅」所扮演的角色，著重在情報功能強化。警察不僅是社區中心，也是第一線回應者，可藉由犯罪偵查與執法，掌握更多潛在威脅，情報蒐集、處理與分析成爲警察必要之功能。而全球化浪潮下各國人民往來互動頻繁，爲維護國家安全，各國莫不責令專責機構負責偵蒐恐怖主義、破壞活動、外國情報活動、跨國犯罪等，避免遭受境外人士之攻擊與行動威脅（黃文志，2017b）。

　　而國境管理是國家主權的重要象徵，各國莫不將國境管理列爲國家重點施政，我國入出國境人數從1996年約2,000萬人次到2013年約3,800萬人次，2014年成長速度飆升全球第一，全年旅客人次達到3,500萬，2016年更已突破4,000萬，人口流動呈現倍數成長。由於人口流動國際化，我國自1989年起開放引進產業與社福外勞，以及自2008年起陸續放寬大陸地區

3　2018年10月，超過7,000人移民所組成之移民大軍從中南美洲的宏都拉斯出發，沿路經過瓜地馬拉並進入墨西哥。這起新興的「移民危機」也讓北方的美國陷入威脅，美國總統川普甚至揚言要關閉美墨邊界。移民大軍主要由宏都拉斯人組成，但也包括來自尼加拉瓜、薩爾瓦多和瓜地馬拉的移民，爲逃離該國的暴力及貧窮。許多宏都拉斯移民是爲了逃離家鄉貧窮與暴力，《美聯社》引述世界銀行的數字，近三分之二的宏都拉斯人、將近550萬人生活在貧困之中，人均收入平均每月只有120美元（約新臺幣3,840元）。另外，根據宏都拉斯的大學研究，宏都拉斯是全球最暴力國家之一，每10萬人有43人慘遭殺害。美國總統川普22日表示，墨西哥當局無法阻止移民湧入，使得大批混合的罪犯、不知名的中東人湧入朝美國南方邊境前進，他將移民隊伍湧入定位成是「國家的緊急狀態」（The News Lens關鍵評論，2018）。

4　研究顯示，2013年國人出國到訪國家爲東南亞者，其入境人次數約占全年所有出國人次數的15.6%。自東南亞境外移入的個案對我國公共衛生所帶來的衝擊有增加的可能。衛福部疾病管制署法定傳染病通報系統蒐集自東南亞地區境外移入法定急性傳染病之中華民國國籍確診個案，國家包含印尼、越南、菲律賓、泰國、柬埔寨、緬甸、寮國、馬來西亞及新加坡等。研究結果顯示，2008年至2013年間國人得病率較高的國家爲緬甸、寮國，其次爲柬埔寨、印尼及菲律賓等國。感染的疾病除柬埔寨以外，皆以蟲媒傳染病比率較高，尤其以登革熱個案數最多；其次是食物或飲水傳染病，其中桿菌性痢疾個案數較多。旅遊型態則以商務及探訪親友爲感染人數較多的族群，國人於東南亞各國的入境人次數雖然持續上升，但六年間國人於東南亞感染法定急性傳染病的得病率自2011年開始已有明顯下降的趨勢（張嘉瑋等人，2015）。

人民來臺觀光限制、推動兩岸大三通及陸客自由行等四大因素，外來人口入出我國境人數日益增加，其在臺期間亦衍生違法（規）以及犯罪等情事。截至2017年11月底，在臺外來人口高達99萬9,693人，較上年同期底增加7萬6,921人（+8.34%）；而2017年1-11月經合法方式入境我國後逾期停（居）留、假借事由申請來臺從事違法行為或未經查驗入出境等，經各治安機關查獲交由移民署收容遣送者計3萬3,088人，較上年同期增加2,341人（+7.61%），占外來人口3.31%（內政統計通報，2018）。顯見，隨著外來人口的急遽增加，經各治安機關查獲之違法外來人口數亦顯著上升。

　　本文主要以「移民」研究與「犯罪」領域的相互關聯性作為切入點，並檢視外來人口之移民現象對我國家安全的影響。究竟移民與犯罪的關係到底為何？是否移民的狀態造成這些合法或非法入境的外國人更容易犯罪？是否特定的移民在某些犯罪類型上比起其他族群的移民有更高的犯罪率？本文試圖釐清這些問題，亦突顯研究移民與犯罪關聯的重要性。

　　首先，以三起發生於2016年至2018年之社會矚目的重大治安案件，說明外來人口對我國家安全的潛在威脅，三起案件對我治安影響甚鉅（或影響民眾對政府防制外來人口犯罪的信心），徹底顛覆過去傳統國家安全的定義：

　　一、2016年7月，第一銀行發生ATM遭盜領8,327萬元案，有民眾在臺北市大安區第一銀行古亭分行發現ATM不斷吐鈔，2名外籍男子被發現後立即落跑，一銀當時只知道ATM遭「無卡異常提款」600多萬，等隔日下午陸續有分行遭盜領後，才驚覺不單純。根據統計，一銀全台20間分行、41台ATM提款機遭盜領8,327萬元。刑事局以及北市警局陸續調閱ATM監視器、附近監視器、出入境資料追查盜領車手的身分以及行蹤，雖然有19名嫌犯出境，不過警方還是攔截了嫌犯安德魯（拉脫維亞籍）、米海爾（羅馬尼亞籍）、潘可夫（摩爾多瓦籍）等3人，但找回的贓款卻只有7,748萬5,100元（張曼蘋，2017）。

　　二、2017年8月1日，民進黨中央黨部驚傳遭國際慣竊闖入，一名遭國際刑警組織列管的韓國籍跨國竊盜慣犯，8月初入境臺灣後，潛入位於臺北市北平東路華山大樓的民進黨中央黨部8樓行竊。經清查，約有將近10

萬元的現金損失，但沒有任何資料或設備的損失破壞。從監視器畫面中也可明顯看出，嫌犯並沒有帶走中央黨部內任何的資料、電腦或設備（蘇芳禾，2017）。該名嫌犯於8月1日自臺灣搭機潛逃日本東京，8月2日遭拒入遣返回臺，預計轉搭翌日班機返回韓國。2日入境時，利用移民署國境事務大隊忙於桃園機場第二航廈南側查驗旅客入境通關時，趁隙在北側未開設的查驗檯，直接跳過閘門，溜入海關非法入境（劉慶侯，2017）。

三、2018年8月22日，來臺超過十年的加拿大籍男子Ryan（中文名字顏柏萊、43歲）被發現陳屍在新北市永和區中正橋下的河堤旁，頭顱遭砍下，四肢也被砍下分屍，警方從死者手機通聯紀錄發現，死者疑似為北部大麻供應商，在臺外國人多向他購毒，但許多毒友在交易後不久就遭警方查獲，事後曾質疑死者「為何要出賣朋友？」研判死者可能遭毒友懷疑為警方「線人」而引來殺機。萬華分局警方迅速偵破，主嫌非裔美國籍男子Ewart Odane Bent以及美國籍男子孫武生二人至死者常去的中正橋下河堤埋伏犯案，但案發後美國籍主嫌孫武生迅速潛逃出境菲律賓，經台菲警方共同合作緝獲，於9月17日將孫武生押解返台，以釐清兇案經過和疑點（陳俊智，2018）。

面對上述「外來人口」與「跨國犯罪」對我國家安全的潛在威脅，本文將以「情報導向警政」為經，「國境人流管理」為緯，綜合分析外來人口在臺犯罪之預警與偵防策略。「情報導向警政」係美國自九一一恐怖攻擊事件後最新演進之警務模式，並已於美、英、澳、紐等國家行之多年。自1980年代以來，「社區警政」（Community Policing）模式即強調情報，進而發展出「問題導向警政」（Problem-Oriented Policing）、CompStat警政策略，期能在情報基礎上進行分析，建構預防犯罪網絡達成預警之效果（汪毓瑋，2008）。美國學者Jerry H. Ratcliffe指出，情報導向警政是一個新的警政工作典範，並歸納出其定義：「是一種經營模式和管理哲學，是促進犯罪和問題減少的決策架構，透過策略管理和有效率的執法策略，對經常且嚴重的違法者予以瓦解和預防，資料分析和犯罪情報是達成以上目標的關鍵」。情報導向警政是一個持續進化中的概念，相較於傳統重視偵查、快速反應的警政模式而言，較偏重預防及主動

（proactive）作爲。

　　而外來人口的「人流管理」，若依時間序列區分，可分爲「入國前」、「國境線上」以及「入國後」的管理，均偏重事前預防及主動作爲。其中，入國前著重於申請入境許可及情資交換，爲國家安全在境外把關，可制敵機先，阻絕犯罪於境外；國境線上則爲查驗，在機場、港口等國境線上把關，此爲第二層；入國後，透過查察及情報布建乃第三層把關。至於管理機關，由外交部（領事事務局）掌理廣義的境管事權，包括本國人護照與外國人簽證之核發；另由內政部移民署掌理狹義境管事權5，包括入國證照查驗、境內停、居留管理及入出國許可證件之核發。爲強化國境管制與移民管理，我國《入出國及移民法》之「面談及查察」專章，賦予內政部移民署查察非法出入國、逾期停、居留、從事與許可原因不符之活動及強制驅逐出國案件，並得行使暫時留置、面談、詢問、查察身分、查察登記及使用戒具或武器等職權，由此可看出我國政府在外來人口的人流管理法制上著墨甚深。此外，九一一之後反恐議題與國境管制結合，讓許多國家在國境管制上下足了功夫，我國自也不例外。爲了反恐，內政部移民署蒐集入出國者之入出國紀錄或其他必要生物特徵，同時，各運輸業者在起飛或通航前須通報預定入出國時間、船員、乘客之名冊等。

　　本文撰述架構如下，第貳部分先以國內法規內涵說明「外來人口」定義，第參部分以最新的統計資料說明外來人口在臺犯罪與非法活動狀況，第肆部分討論我國外來人口犯罪偵防策略，第伍部分比較德國移民犯罪，第陸部分討論與建議，希冀透過本文介紹，完善外來人口在臺的犯罪預防與偵防管理。

5　內政部移民署爲我國國境人流管理之主要機關，其施政目標及策略如下：1.制訂移民政策，積極吸引海外優質人才。2.強化新移民照顧與輔導。3.加強移入人口管理及建立移出人口協助與保護機制。4.嚴密入出國管理。5.落實非法移民查察、收容、強制出境及驅逐出國。6.防制人口販運犯罪。7.加強財務審核，全面提升施政效能。8.提升員工職能，建立卓越組織文化。

貳、定義

　　所謂「外來人口」，指的是外國人、臺灣地區無戶籍國民、大陸地區人民、香港或澳門居民而言。[6]如果以是否具備法定國籍身分來分，非具我國國籍者，即可定義為外來人口。外來人口依其入境原因可略區分為移工、移民、觀光客、學生、結婚或探親；或依其停留時間來分，又可分為短期停留或長期居留[7]。外來人口於我國境內，在未取得居留相關證件或國籍前，超過停居留期限可列入逾期居留而遭強制遣送出境。以下，即透過相關法規說明主要外來人口中「外籍配偶」與「外籍勞工」的區別：

　　一、就居留及移民事務而言，外籍配偶的主管機關是外交部、內政部移民署，適用的法源是「入出國及移民法」；外籍配偶首先經由外館驗證，從戶政事務所申請結婚登記，然後從外交部申請居留證（每次停留三個月，得延長一次，期滿須出境再入境），入境後再從警察局申請外僑居留，取得外僑居留滿三年，可以申請歸化，取得臺灣地區定居證，取得定居證一年之後，就得以申請戶籍，取得身分證。依據《就業服務法》第48條第1項第2款規定：「外國人與在中華民國境內設有戶籍之國民結婚，且獲准居留者」，不須申請工作許可。而大陸配偶的主管機關是陸委會，適用的法源是「臺灣地區與大陸地區人民關係條例」。移民來臺必須依序經過「停留」、「依親居留」、「長期居留」、「定居」等四個階段。結婚登記必須先經由海基會的文書認證，然後申請「團聚」以便入境，團聚每次停留不得超過六個月，期滿得以延長，來臺總停留期間不得超過兩年。結婚滿兩年或與在臺配偶生產子女，得以申請依親居留，依親居留滿四年，且每年居住逾183日得以申請長期居留，取得長期居留滿兩年，得以申請定居取得戶籍及身分證。

6　詳見《個人生物特徵識別資料蒐集管理及運用辦法》第2條。

7　依據《入出國及移民法》第3條規定，用詞定義如下：「停留：指在臺灣地區居住期間未逾六個月。」「居留：指在臺灣地區居住期間超過六個月。」「永久居留：指外國人在臺灣地區無限期居住。」而一般對於居停留外僑之區分則以外僑取得之簽證為主，取得居留簽證者須向各居留地移民署服務站申請居留證或永久居留證，停留簽證則無。

二、依據我國《就業服務法》、《入出國及移民法》、《外國人停留居留及永久居留辦法》的相關規定，合法在臺居留之外國人以工作及外籍配偶為主，概分成三大類（陳啓杰，2005）：[8]第一類係屬白領階層，具有專業技能、技術和在臺投資之外國人，例如大學教師、英語教師、職業運動員、牧師、傳道人或者跨國公司專業經理人等，這些人士在臺工作須取得政府主管部門核准；第二類係屬藍領階層，通常指的是合法引進之外國籍勞工，例如：家庭幫傭、看護、漁民、工廠作業員和營建工程之勞工等，亦須取得政府主管部門之核准；第三類係由設有戶籍國人之外籍配偶以及在臺外籍學生組成[9]（黃文志，2014）。

參、外來人口在臺犯罪與非法活動狀況

隨著外籍勞工逐年增加及外國人來臺觀光日趨熱絡，在臺活動外籍人士日漸成長，依內政部警政署統計，外籍人士在臺犯罪件數與嫌疑犯人數自2014年低點後，再度回升。圖4-1顯示，2017年1-10月破獲2,893件、嫌疑犯人數2,694人，較上年同期續增28.9%及29.5%。2017年1-10月在臺犯罪之外籍嫌疑犯中，以外籍勞工1,869人（占69.4%）最多，較上年同期

8　我國將外籍勞工分爲兩種，「藍領」（又稱外籍勞工）與「白領」（又稱外國專業人員）。根據目前的法規，外勞的薪資等勞動條件受《就業服務法》與《勞動基準法》規範。其中《就業服務法》規定聘僱外國人工作必須先保障國民工作權，因此雇主必須先申請許可才能僱用外國人，「不得妨礙本國人之就業機會、勞動條件、國民經濟發展及社會安定」。《就業服務法》也要求注意並且通報政府外國人的健康情形、行蹤等。外國人如果有居留證，則適用全民健保。2006年1月起，桃園國際機場的外勞服務站啓用，有越語、泰語、印尼語、英語四國語言電話專線作爲申訴管道，減少不願登機、不當遣返等情形。目前藍領外勞在臺工作年限爲十二年，每三年不須強制出境。2018年初，「藍領」與「白領」外國人士合計已近71萬（均不含大陸地區和港澳人民）。

9　日益增多之外籍學生，其來臺就學須取得外館核發之居留簽證。教育部於2016年訂定「新南向人才培育推動計畫」，提供優質教育產業進行專業人才雙向培育（Market）、擴大雙邊人才交流（Pipeline）、擴展雙邊教育合作平台（Platform）三大方向。目前106全學年新南向國家在我國大專校院留學或研習學生人數已達4.1萬人，超過預定4.03萬人的目標值，教育部強調，將以每年20%成長幅度爲目標，持續朝2020年5.8萬新南向留學生方向前進（張語羚，2018）。

按身分別及區域分		
項目	統計數	說明
外籍嫌疑犯	2,694人	較上年同期+29.5%
身分別 外籍勞工	1,869人	較上年同期+42.9%
一般外僑	825人	較上年同期+6.7%
區域 亞洲	2,442人	占90.6%
美洲	122人	占4.5%
歐洲	74人	占2.7%

按案類分

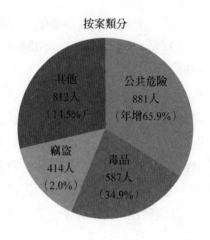

資料來源：內政部警政署。

附　　註：1.外籍人士在臺犯罪件數係嫌疑犯有1人以上爲外國人，件數爲當期破獲件數。

　　　　　2.人數爲到案數。

說　　明：1.因四捨五入關係，部分總計數容不等於細項數字之和。

　　　　　2.本通報每週一至週五發行，並透過網際網路系統同步發送，網址：www.stat.gov.tw。

圖 4-1　2017年1-10月外籍人士在臺犯罪──依身分統計

資料來源：行政院主計總處，2017年12月。

增42.9%，一般外僑825人，則增6.7%；嫌疑犯以亞洲籍者2,442人占逾九成最多（其中越南籍占46.4%），美洲122人占4.5%次之，歐洲74人占2.7%；按犯罪案類分，以公共危險罪881人（占32.7%）最多，年增近七成，主因酒後駕車增加所致，其次爲毒品罪587人（占21.8%）及竊盜罪414人（占15.4%），三者合占近七成，與上年同期相較，公共危險及毒品類案件各增65.9%及34.9%（行政院主計總處，2017年12月）。

　　2017年1-10月警察機關破獲外籍人士在臺刑事案件計2,893件，較上年同期增加649件（+28.92%），八成爲「公共危險」及「毒品」案件之增加。同期以案類分析，2017年1-10月「公共危險」908件（占31.39%）最多，其次爲「毒品」500件（占17.28%），「竊盜」473件（占16.35%）再次之（詳見表4-1）。

表 4-1　警察機關破獲外籍人士在臺刑事案件

單位：件、人

年(月)別		總計	竊盜	公共危險	詐欺	違反毒品危害條例	傷害	侵占	偽造文書	駕駛過失	妨害風化	妨害性自主罪	賭博	其他	暴力犯罪
101年	件數	2,233	699	281	245	194	149	140	57	41	36	31	42	318	48
	人數	2,170	652	277	174	227	153	118	57	36	45	30	73	328	95
102年	件數	2,114	599	376	175	170	148	128	45	44	58	36	37	298	38
	人數	1,963	566	366	100	210	164	94	34	37	64	28	54	246	37
103年	件數	2,002	530	391	130	233	117	93	41	36	56	31	27	317	35
	人數	1,898	464	381	100	276	116	76	35	32	50	25	40	303	54
104年	件數	2,149	487	449	118	329	126	78	29	41	61	36	39	356	30
	人數	2,005	418	425	74	384	97	46	21	34	48	32	80	346	42
105年	件數	2,703	578	652	218	439	160	72	40	55	53	36	23	377	34
	人數	2,504	467	642	124	538	173	43	26	47	34	36	33	341	65
106年1-10月	件數	2,893	473	908	224	500	125	70	34	49	40	35	25	410	24
	人數	2,694	414	881	121	587	106	42	25	42	23	36	30	387	31
較上年同期增減	件數	649	-16	368	30	149	-10	12	-4	1	-10	8	5	116	1
	增減率(%)	28.92	-3.27	68.15	15.46	42.45	-7.41	20.69	-10.53	2.08	-20.00	29.63	25.00	39.46	4.35
	人數	613	8	350	7	152	-33	7	-	-	-10	12	-	120	-11
	增減率(%)	29.46	1.97	65.91	6.14	34.94	-23.74	20.00	-	-	-30.30	50.00	-	44.94	-26.19

資料來源：警政署統計室，2017年12月。

說明：1.外籍人士在臺犯罪件數係涉嫌犯有1人以上為外國人者稱之。
　　　2.件數為當期查獲件數，人數為到案數。
　　　3.傷害包含重傷害及一般傷害。
　　　4.妨害性自主罪包括強制性交、共同強制性交、對幼性交及性交猥褻。
　　　5.暴力犯罪包括故意殺人、擄人勒贖、強盜、搶奪、重傷害、重大恐嚇取財、強制性交（106年1月起排除「對幼性交」）等7項。
　　　6.酒後駕車約占公共危險9成5。102年6月修正刑法第185條之3，將酒駕公共危險罪大幅增加，為外籍人士在臺刑事案件之最大案。酒駕致死傷之刑度，使近3年公共危險案件大幅增加，並加重酒測標準從每公升0.55毫克降至0.25毫克。

　　同時，表4-1顯示，自2012年至2017年10月之案件數和嫌疑犯人數統計顯示，外籍人士觸犯「公共危險」、「毒品」、「詐欺」、「其他（案類）」有逐年攀升趨勢，「暴力犯罪」和「侵占」則相反地有逐年遞減趨勢，至於「竊盜」、「傷害」、「偽造文書」、「駕駛過失」、「妨害風化」、「妨害性自主」和「賭博」等罪則呈現穩定趨勢（警政署統計室，2017年12月）。

一、外來人口在臺犯罪統計

（一）依案類區分

　　2016年各地方法院檢察署執行裁判確定有罪外國人犯者計有1,327人，其中觸犯普通刑法者有1,147人（占86.44%），觸犯特別刑法者有180人（占13.56%）。近三年地方法院檢察署執行裁判確定有罪之非本國籍人犯罪名中，在普通刑法方面，「偽造文書印文罪」、「竊盜罪」先降後升，但「公共危險罪」則顯著上升；2016年外國人犯觸犯較多的犯罪類型，以「公共危險罪者」有540人（占47.08%）為最多，其次為「竊盜罪」者18人（占15.78%）、「偽造文書印文罪」者有140人（占12.21%）。在特別刑法方面，近三年均以觸犯毒品危害防制條例罪者最多，所占比率逐年增加，2016年有59人（占32.78%），其餘犯罪名所占比率均極低（法務部司法官學院，2017年12月）。

　　圖4-2顯示，2012年至2015年外籍人士在臺犯罪類型以「竊盜」、「公共危險」、「詐欺」、「毒品」為主，2016年則以「公共危險」、「竊盜」及「毒品」居前三位；近五年之犯罪趨勢，以「公共危險」（95%為酒後駕車）增加371件最多，主要係2013年6月修正刑法第185條之3，降低酒駕公共危險罪酒精濃度吐氣標準，並加重酒駕致死傷之刑度；「毒品」則因政府自2015年起強力緝毒增加245件次之；另以「竊盜」減少121件最多，主要係警政署強化竊盜偵防及加設汽機車防竊辨識碼等防制作為而逐年遞減；「暴力犯罪」涉外案件比例則逐年遞減，由

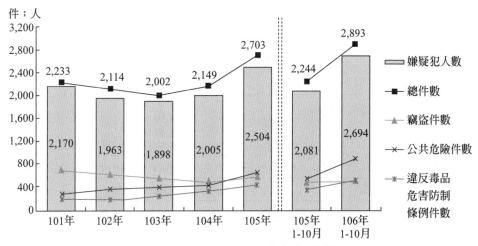

件；人

圖 4-2　外籍人士在臺犯罪趨勢

圖例：
- 嫌疑犯人數
- 總件數
- 竊盜件數
- 公共危險件數
- 違反毒品危害防制條例件數

資料來源：警政署統計室，2017年12月。

2012年2.15%下降至2016年1.26%。

（二）依國籍區分

　　圖4-3顯示，2012年我國各地方法院檢察署執行裁判確定有罪非本國籍人為1,325人，其後有下降趨勢，至2015年為1,147人，但2016年又上升為1,327人。2016年以越南國籍者為最多有634人（占47.78%），其次為泰國籍者230人（占17.33%）、再其次為印尼籍者121人（占9.12%）及菲賓籍93人（占7.01%），此四國籍合計占81.24%；近五年各國籍比率大呈現波動狀態，惟印尼籍所占比率逐年下降，而馬來西亞籍所占比率則有上升趨勢（法務部司法官學院，2017年12月）。

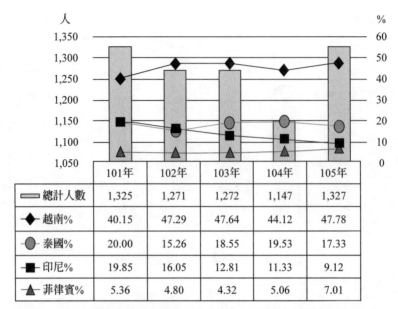

	101年	102年	103年	104年	105年
總計人數	1,325	1,271	1,272	1,147	1,327
越南%	40.15	47.29	47.64	44.12	47.78
泰國%	20.00	15.26	18.55	19.53	17.33
印尼%	19.85	16.05	12.81	11.33	9.12
菲律賓%	5.36	4.80	4.32	5.06	7.01

圖 4-3　地方法院檢察署執行裁判確定有罪非本國籍人犯國籍

資料來源：法務部司法官學院，2017年12月。

　　2017年1-10月在臺犯罪外籍嫌疑犯國籍以越南籍占46.40%最多，泰國籍占18.63%次之，印尼籍占10.02%再次之。在臺犯罪外籍嫌疑犯逾九成為越、泰、印、菲等亞洲國家（詳見表4-2，警政署統計室，2017年12月）。

表 4-2　在臺犯罪外籍嫌疑犯人數──按國籍別分

單位:人

年(月)別		總計	越南	占比(%)	泰國	占比(%)	印尼	占比(%)	菲律賓	美國	馬來西亞	日本	其他
101年		2,170	890	41.01	446	20.55	298	13.73	130	93	45	29	239
102年		1,963	798	40.65	324	16.51	298	15.18	117	92	44	38	252
103年		1,898	726	38.25	300	15.81	268	14.12	146	104	49	47	258
104年		2,005	735	36.66	417	20.80	244	12.17	133	105	82	48	241
105年		2,504	966	38.58	463	18.49	254	10.14	205	123	66	55	372
105年1-10月		2,081	790	37.96	385	18.50	204	9.80	172	110	59	47	314
106年1-10月		2,694	1,250	46.40	502	18.63	270	10.02	188	78	62	47	297
與上年同期比較	增減數(百分點)	613	460	(8.44)	117	(0.13)	66	(0.22)	16	-32	3	-	-17
	增減率(%)	29.46	58.23	-	30.39	-	32.35	-	930	-29.09	5.08	-	-5.41

資料來源:警政署統計室,2017年12月。

（三）依身分區分

　　2017年1-10月在臺犯罪外籍嫌疑犯計2,694人（外籍勞工占六成九）。2012年外籍人士在臺犯罪2,233件，之後逐年下降至2014年為2,002件，2016年2,703件為近五年最高；外籍勞工涉案件數占比呈增加趨勢，2016年已逾六成。若與2015年比較，增加554件（+25.78%），其中以外籍勞工涉案件數增加371件（占66.97%）較多（詳見表4-3）。

表 4-3　外籍人士在臺犯罪件數與人數之外籍勞工占比

單位：件、人、%

年（月）別	件數	外勞	占比	人數	外勞	占比
101年	2,233	751	33.63	2,170	774	35.67
102年	2,114	1,174	55.53	1,963	1,188	60.52
103年	2,002	1,181	58.99	1,898	1,131	59.59
104年	2,149	1,258	58.54	2,005	1,241	61.90
105年	2,703	1,629	60.27	2,504	1,597	63.78
105年1-10月	2,244	1,344	59.89	2,081	1,308	62.85
106年1-10月	2,893	1,881	65.02	2,694	1,869	69.38

說明：嫌疑犯有1人以上為外籍勞工即列入外勞涉案件數。
資料來源：警政署統計室，2017年12月。

二、外來人口違法活動統計

　　2017年1-11月內政部移民署及各治安機關查獲在臺非法活動之違法外來人口3萬3,088人，占外來人口3.3%，較上年減少0.1個百分點。同期查獲之違法外來人口中，男性占50.5%，略高於女性之49.5%，並以越南籍1萬5,565人（占47.0%）、印尼籍1萬1,415人（占34.5%）較多。

表 4-4　行蹤不明外籍勞工人數統計

國籍	性別	累計行蹤不明人數			已查處出境人數			目前在臺仍行蹤不明總人數	目前在所收容人數
		上月累計人數	本月新增人數	累計總數	上月累計人數	本月新增人數	累計總數		
印尼	男	19,203	113	19,316	15,212	111	15,323	3,970	23
	女	91,010	373	91,383	70,760	484	71,244	20,045	94
	計	110,213	486	110,699	85,972	595	86,567	24,015	117
馬來西亞	男	26	0	26	25	0	25	1	0
	女	5	0	5	5	0	5	0	0
	計	31	0	31	30	0	30	1	0
蒙古	男	12	0	12	12	0	12	0	0
	女	14	0	14	14	0	14	0	0
	計	26	0	26	26	0	26	0	0
菲律賓	男	3,853	12	3,865	3,393	11	3,404	458	3
	女	15,760	30	15,790	13,539	30	13,569	2,216	5
	計	19,613	42	19,655	16,932	41	16,973	2,674	8
泰國	男	16,216	26	16,242	15,551	23	15,574	662	6
	女	3,334	2	3,336	3,193	3	3,196	139	1
	計	19,550	28	19,578	18,744	26	18,770	801	7
越南	男	69,403	556	69,959	54,190	592	54,782	15,051	126
	女	55,098	247	55,345	45,849	257	46,106	9,204	35
	計	124,501	803	125,304	100,039	849	100,888	24,255	161
總計	男	108,713	707	109,420	88,383	737	89,120	20,142	158
	女	165,221	652	165,873	133,360	774	134,134	31,604	135
	計	273,934	1,359	275,293	221,743	1,511	223,254	51,746	293

註：1.累計總數係指自1990年起至資料統計截止日2018年9月30日止之統計數。

　　2.逃逸人數係指有行蹤不明紀錄者。

　　3.統計數字以製表日期當時電腦資料為準。

資料來源：內政部移民署國際及執法事務組。

　　外來人口違法態樣，以行蹤不明外勞占61%最高、單純逾期停留者占17%次之、非法工作者占10.9%居第三。近年在臺來外來人口自2012年70萬4,000人逐年上升至2016年100萬2,000人，五年間增幅四成二；而每年查處違法人數雖由2012年2萬4,000人增加至2016年3萬3,000人，占外來人口比率始終介於3%至4%，並略呈下降趨勢，顯示外來人口被查處違法的比率並未因外來人口增加而上升。

　　以下就2017年1-11月查處之違法外來人口及其違法態樣分析如下（內政部統計處，2018）：

（一）查處違法外來人口

　　截至2017年11月底，在臺外來人口99萬9,693人，較上年同期底增加7萬6,921人（+8.34%）；而2017年1-11月經合法方式入境我國後逾期停（居）留、假借事由申請來臺從事違法行為或未經查驗入出境等，經各治安機關查獲交由移民署收容遣送者計3萬3,088人，較上年同期增加2,341人（+7.61%），占外來人口3.31%。

　　1. 性別：本期查處違法外來人口男性1萬6,713人（占50.51%），略高於女性之1萬6,375人（占49.49%）。

　　2. 國籍（地區）別：本期查處違法人口以越南籍1萬5,565人（占47.04%）、印尼籍1萬1,415人（占34.50%）分居第一、二位，大陸地區人民1,987人（占6.01%）居第三；與去年同期比較，以越南籍增加1,762人最多。

（二）查處外來人口違法態樣

　　1. 違法態樣別：本期違法人口計3萬3,419人次，較上年同期增加2,486人次（+8.04%），以行蹤不明外勞占60.98%最高、單純逾期停留者占16.98%次之、非法工作者占10.85%居第三。

　　2. 國籍（地區）別

　　(1)外國籍：以行蹤不明外勞占65.79%最高（統計截至2018年9月30日止，外籍勞工目前在臺仍行蹤不明總人數高達51,746人，其中，以越南最

多達到24,255人，印尼24,015人居第二，菲律賓2,674人居第三，泰國801人居第四，詳見表4-4）、單純逾期停留者占14.26%次之、非法工作者占11.05%居第三。

(2)大陸地區人民：以單純逾期停留者占45.09%最高、從事色情（賣淫）活動者占16.91%次之、虛偽結婚者占9.71%居第三。

三、小結

（一）2017年1-10月在臺犯罪之2,694名外籍嫌疑犯中

1. 按身分別，以外籍勞工1,869人（占69.4%）最多，較上年同期增42.9%，一般外僑825人，則增6.7%；

2. 按國籍別，嫌疑犯以亞洲籍者2,442人占逾九成最多（其中越南籍占46.4%），美洲占4.5%次之；

3. 按案類別，以公共危險罪881人（占32.7%）最多，年增近七成，主因酒後駕車增加所致，其次為毒品罪587人（占21.8%）及竊盜罪414人（占15.4%），三者合占近七成，與上年同期相較，公共危險及毒品類案件各增65.9%及34.9%。

（二）2017年1-11月查處3萬3,088人違法外來人口中

1. 按性別，男性1萬6,713人（占50.51%），略高於女性之1萬6,375人（占49.49%）；

2. 按國籍（地區）別，以越南籍1萬5,565人（占47.04%）、印尼籍1萬1,415人（占34.50%）分居第一、二位，大陸地區人民1,987人（占6.01%）居第三；與上年同期比較，以越南籍增加1,762人最多；

3. 按違法樣態別，外國籍以行蹤不明外勞占65.79%最高、單純逾期停留者占14.26%次之、非法工作者占11.05%居第三。大陸地區人民以單純逾期停留者占45.09%最高、從事色情（賣淫）活動者占16.91%次之、虛偽結婚者占9.71%居第三。資料統計截至2018年9月30日止，外籍勞工

目前在臺仍行蹤不明總人數高達51,746人，其中，以越南人最多，達到24,255人，印尼24,015人居第二，菲律賓2,674人居第三，泰國801人居第四（詳見表4-4）。

肆、外來人口犯罪偵防策略分析

針對第貳部分所述外來人口在臺犯罪與非法活動之狀況，為能有效偵防達到嚇阻效果，實踐「情報導向警政」，我國各執法機關必須重新評估現行政策與做法，讓情報能夠融入到計畫擬定的過程，充分反應當前治安需求，並針對外來人口之犯罪偵防所需重視的議題提出協助。「情報導向警政」有兩項主要結構，一是「資料分析」，二是「犯罪情報」。資料分析應首重「犯罪分析」（Crime Analysis），在時序上與「犯罪情報」有所區分。「犯罪分析」著重在犯罪可能之環境脈絡、有組織犯罪之組織分工、犯罪行為剖繪、犯罪模式、被害類型、工具態樣等資訊，是犯罪情報之基本功，而「犯罪情報」鎖定犯罪發生之人、事、時、地、物，目標是偵破案件、逮捕犯嫌、瓦解組織犯罪、解救被害人、起出贓物、減少被害財損等（汪毓瑋，2008）。

本文依人流國境管理之「入國前」、「國境線」、以及「入國後」等三階段，介紹我國以情報導向警政作為指導方針的偵防機關與策略：

一、境外

（一）內政部警政署

目前警政署轄下唯一負責國際刑案偵查之單位為刑事警察局國際刑警科，其掌理事項包含：國際刑警組織及外國治安機關工作聯繫、案件協處；國際刑警組織及外國治安機關來往通訊處理；國際刑警組織及外國治安機關各種請求事項之協助處理；駐外警察聯絡官業務之規劃、執行、督

導及考核；跨國合作打擊犯罪工作之規劃、執行及交流參訪；跨國刑事案件及國內重大、殊涉外案件之偵查；國際犯罪情報蒐集、傳遞及運用；潛逃外國通緝犯情資之蒐集、運用及協調查緝、遣返；其他有關國際刑警業務事項等。其中，非常重要的業務即是負責國際刑警組織與跨國刑事案件及國內重大、涉外案件之偵查，並且負責警察聯絡官業務之規劃與督導。此外，有鑑於犯罪型態多樣化、專業化、組織化及國際化之趨勢，對於國際犯罪活動，警政署除於重要國家派駐警察聯絡官[10]，與當地警政單位保持密切聯繫外，並邀訪外國警政首長、參加國際警察組織活動等，與各國執法機關建立情報合作管道，藉由推展國際警察交流，增進我國警察偵辦案件與精進打擊犯罪的專業知識及能力，同時拓展我國國際外交邦誼。

　　由於國際刑警組織本身即是一個資訊中心，雖沒有打擊部隊，對各國亦無指揮權限，但其重要功能之一，即是透過通報系統協助會員國轉知重大犯罪資訊，「I-24/7全球警察通訊系統」（I-24/7 Interpol's Global Police Communications System）運用尖端科技，讓會員國可以利用網路即時從總部的資料庫取得相關資訊：舉凡國際通報、失竊車籍、遺失或失竊旅行文件（SLTD）、失竊文物、信用卡、指紋及相片、恐怖分子名單、犯罪資料庫、國際武器走私及人蛇走私等等，是我國當前打擊跨國犯罪迫切需要的全球網路通訊平台。

　　我國目前因中國大陸之政治因素無法正常參與國際刑警組織會務活動，與國際刑警組織各會員國間往來之電報、信函多以協助偵辦案件、調查犯罪證據及提供犯罪情資為主，然自從國際刑警組織於2003年全面使用「I-24/7全球警察通訊系統」之後，國際刑警組織已不再寄送紙本紅色通報予我國。

　　警政署跨國合作打擊犯罪管道雖然多元，但因業務特殊，實際運作仍

---

[10] 我國仿效美、加、紐、澳、法、日等世界先進國家派駐警察聯絡官，納入各駐外使館編制，負責與駐在國之警察、執法機關協調聯繫，蒐集犯罪情資，迅速打擊犯罪。我國警察聯絡官於2005年5月正式派駐菲律賓、泰國、越南等3國、2007年3月派駐日本、馬來西亞及印尼等3國、2008年5月派駐美國、南非2國等，2013年派駐南韓，2017年派駐歐盟（荷蘭海牙）、2018年派駐新加坡，目前共計於亞洲、美洲、非洲等11個國家派遣警察聯絡官，與各駐在國之刑事業務合作成果豐碩。

以透過駐外警察聯絡官之運作最為順暢，成果立即而顯著。面對犯罪國際化，我警察機關不應只在臺灣本島被動接受國外情報，而應主動到外國蒐集情報推動跨國警政合作共同打擊犯罪。設置駐外警察聯絡官，除可與駐在國警政單位合作，更可藉由對當地治安情境的瞭解，蒐集更多犯罪情資，延伸打擊犯罪觸角，防止大批槍械、毒品走私來臺，達到阻絕犯罪於海外的目標。

（二）内政部移民署

移民署在海外約有27個工作組，負責安全情報蒐集以及人口販運情報交換與案件協查。移民署亦積極與相關國家（地區）建立法制化合作關係，2015年就移民事務與防制人口販運工作加強交流，與港澳及外國政府相關主管機關或駐華館處洽談簽署移民事務與防制人口販運合作瞭解備忘錄或協定之相關事宜應達120次以上。至少獲6個國家正面回應，並與其中3個以上國家完成簽署合作瞭解備忘錄或協定，且有案可稽（移民署104年關鍵績效指標）。

（三）法務部調查局

法務部調查局在海外亦派遣法務秘書。警政署刑事警察局對於外逃通緝犯之追緝及其他急迫性刑事業務，遇有必要時均會透過移民署駐外人員配合，或請調查局協助，於兩單位亦無外派人員時，則透過外交部協助。

（四）各國執法單位駐外聯絡官

例如美國聯邦調查局FBI駐香港辦事處、國土安全部Homeland Security（所屬緝毒局DEA、海關USCS、密勤局USSS）駐香港辦事處、加拿大皇家騎警RCMP駐香港聯絡處、澳洲聯邦警察AFP駐香港辦事處。此等管道是我國各執法機關近年來主要合作模式，透過此等管道所獲成果亦極為豐碩。

（五）國際會議

我國執法單位每年皆派員參加「國際警察首長協會」、「國際機場港口警察協會」、「亞太防治洗錢會議」、「亞裔組織犯罪暨恐怖主義國際會議」、「中日合作緝毒會議」等國際警察交流活動，可與全球執法人員交換情資，瞭解各國執法政策與最新犯罪模式與偵查科技。

二、國境線上

（一）外交部

核發之晶片護照，將持照人照片影像，存入護照內植晶片中，以有效防範護照遭變造、冒領或冒用等情事。

（二）內政部移民署

規劃執行之國際機場旅客自動檢查快速通關計畫，亦運用臉部及指紋生物特徵辨識，進行旅客身分自動查驗，以有效篩檢列管人員及恐怖分子，強化治安與國境安全。

1.個人生物特徵識別：為防範類似美國九一一恐怖攻擊事件再度發生，世界各國無不著手強化國境入出管控，以保障國家安全。由於個人生物特徵具有專屬性，我國內政部依據《入出國及移民法》第91條[11]於2008年6月6日以台內移字第0971026945號公告「個人生物特徵識別資料蒐集管理及運用辦法」，國境線上利用生物特徵識別技術來確認旅客身分，可有效防止偽造身分入境，並可遏止列管人員或恐怖分子更換身分入境，目前美國、日本、歐盟均已要求入境旅客須留存個人影像並按捺指紋，顯見運

---

[11] 依《入出國及移民法》第91條規定：「外國人、臺灣地區無戶籍國民、大陸地區人民、香港及澳門居民於入國（境）接受證照查驗或申請居留、永久居留時，入出國及移民署得運用生物特徵辨識科技，蒐集個人識別資料後錄存。……有關個人生物特徵識別資料蒐集之對象、內容、方式、管理、運用及其他應遵行事項之辦法，由主管機關定之。」

用生物特徵識別科技，有助於確保國境安全。個人生物特徵[12]識別應用於邊境管理上，除可以提高通關驗證速度，對於非法移民、非法外籍勞工及恐怖組織犯罪之查緝，將更具安全與效率。

2. 面談機制：2003年9月1日起實施大陸配偶入境全面實施面談機制以來，對嚇阻許多假結婚眞打工的大陸地區人民非法入境已見成效。依《大陸配偶申請進入臺灣地區實施面談作業規定》第5點分爲三個階段：就臺灣配偶境內先期訪談；大陸配偶入境時在國境線上面談；如在國境線上面談後認爲仍有疑義，大陸配偶入境後一個月內須與臺灣配偶共同赴境管局接受境內面談，根據內政部統計至2013年4月底資料顯示，大陸地區（含港澳地區）配偶來臺人數已超過32萬人，面談件數也已超過28萬件，不予許可比例高達12.98%，政府乃以此數據作爲防治大陸配偶假結婚的績效（王明輝、陳文章，2013）。研究發現，目前國境面談人員執行困境有：面談時間短暫，無法詳細查證；面談人力不足，品質無法提升；管理與人權服務並重，執勤易生兩難；不法集團透過對面談者之瞭解，對於面談內容及重點有所掌握，增加發掘假結婚之困難度。爲有效防制假結婚來臺從事不法，移民署國境事務大隊除應加強勤務執行外，亦應加強面談前資料分析、規劃多元教育訓練課程、面談執勤人員成效考核與新進面談人員遴選，以確保面談工作執行成效。再者，國境線執行面談爲行政調查，非刑事調查，在時間與人力的投入上，無法與刑事調查相提並論，且國境面談有時間限制及人力壓力，常無法即時發現重大瑕疵或不法事實，研究建議應加強事前境內訪查、落實動態通報系統，與明確強化拒入法令要件（盧衍良、楊政樺、黃家宏，2015）。

3. 航前旅客系統：不法組織或分子常透過航空運輸快速及便利的管道，進行各種違法之行爲，包括恐怖攻擊、變造證件、走私、人口販運、非法工作、居留、詐騙等，國境安全之管理面臨艱鉅之挑戰。如何透過資訊科技快速過濾旅客身分、檢核出管制或安全顧慮之對象，並兼顧快速通關服務品質與安全，實是國境安全管理之重要課題。爲強化國境安

---

[12] 指的是：具個人專屬性而足以辨識個別身分之生物特徵識別資料類型，如掌形、指紋、臉部、靜脈、虹膜、去氧核醣核酸等。

全管理，移民署自2010年始開始規劃、建置航前旅客資訊系統（Advance Passenger Information System, APIS）及航前旅客審查系統（Advanced Passenger Processing System, APP），期透過移民署與航空運輸業者所建立之航前旅客電子資訊通報機制，有效過濾管制對象，發揮打擊犯罪之效。航前旅客資訊系統係指所有在我國國境起飛或抵達（入境或出境）之航空公司航班，於起飛或降落前30分鐘內，所提供之該航班旅客（含轉機及機組員）資訊。旅客資訊包括旅客基本資料、航班資訊、出發國機場、目的國機場等，移民署取得資訊後，即可針對各項管制名單進行過濾，以提供移民署國境事務大隊預先防範與處置（陳英傑，2013）。

4. 反恐情資交換：2011年8月17日我國與美國簽訂「恐怖分子篩濾資訊交換協議」，互相交換恐怖分子名單，美方准許我國使用RQI（Remote Query International）系統查詢美國所掌握恐怖分子資料庫，也是目前各國建置最完整的資料庫。移民署所屬移民資訊系統檔管國安團隊歷年掌蒐恐怖分子名單，現計有6,000餘筆。自協議簽署至2014年，恐怖分子名單已透過美國在臺協會（AIT）轉交美國恐怖分子篩濾中心（Terrorist Screening Center, TSC）共三次。美國恐怖分子篩濾中心也提供恐怖分子名單，移民署並在2013年6月10日完成「美國檔管恐怖分子資料庫」，已和航前旅客資訊系統（APIS）結合篩濾，以阻絕恐怖分子於境外，可查獲疑似恐怖分子企圖入境臺灣，並透過RQI系統確認名列美方恐怖分子名單，也可針對入、出及過境我國旅客使用航前旅客資訊系統過濾審核，對於可疑或管制對象預先聯繫查證處理（劉建邦，2014）。

三、境內

（一）內政部警政署

推展外來人口各項犯罪預防工作，強化為民服務品質，包含下列措施與作為（高雄市政府警察局101年度施政績效成果報告，頁290-292）：

1. 為加強美國在臺協會、日本交流協會等外國機構及其所屬官員在臺

之安全維護，及外籍學校之安全，各地方警察局外事科、保六總隊每日皆有排定外籍機構安全維護督導巡邏，並於轄內各外籍機構巡邏箱巡簽，定期與各機構保持聯繫，同時於各外籍機構人員住宿處亦設簿巡簽，以確保人員安全重要時段針對各外籍機構，編排巡邏勤務，並循主官、管系統加強督導。對涉外案件依據現行有關法令妥善處理。

2. 2012年1月12日以警署外字第1010037046號函頒「外事警察責任區訪問服務作業規定」予各單位，落實推展外事警察責任區訪問服務工作。

3. 各地方警察局外事科主動與各有關保防單位密切協調配合，運用直接、間接接觸方式深入調查蒐集涉外情報。

4. 依據行政院2006年11月8日院授研綜字第0950021994號函頒「防制人口販運行動計畫」（反奴專案）發各單位執行，澈底瓦解在臺人口販運集團。

5. 依據內政部警政署2012年1月19日警署外字第10100401011號函頒修正「查處外來人口在臺非法活動實施計畫」辦理。

6. 依據「臺灣漁船船主境外僱用及接駁安置大陸地區漁船船員許可管理辦法」，加強漁港岸置所、漁港暫置碼頭相關安全維護措施。

（二）內政部移民署

掌理除國境安全管理、外來人口停（居）、留、移民照顧輔導、國際及兩岸合作業務等，亦含非法移民管理與防制人口販運等業務，移民署致力查緝外來人口在臺非法活動，如執行面談、查察、訪視、查緝、人口販運防制及移民輔導等勤務，以維護國家安全及社會治安穩定。而以非法移民管理為例，涉及面向甚廣，舉凡查處行蹤不明外籍勞工、查處逾期停（居）留外來人口、偵辦使大陸地區人民非法進入臺灣地區（含意圖營利使大陸地區人民非法進入臺灣地區、偽變造身分證明文件申請入出境許可證等）、虛偽結婚、人口販運等案件，均屬之。偵辦之刑事案件類型如下（法務部，2017）：

1. 非法入出國案件：例如大陸地區人民為取得來臺入出境許可證，以不實證件（如偽造在職證明、存款證明等）提供予旅行業者代向移民署申

請之案件。

　　2. 人口販運案件：移民署於2013年至2016年間，共移送61件勞力剝削及45件性剝削之人口販運案件至檢察機關偵辦。

　　3. 虛偽結婚案件：即雙方並無結婚之眞意，基於共同意圖使他人非法進入臺灣，藉辦理不實婚姻達成目的之案件，移民署於2013年至2016年間，共移送1,499件虛偽結婚案件。而常見虛偽結婚方式係由不法集團在臺尋找人頭配偶，以利誘、脅迫或詐欺等方式至境外辦理結婚，藉以取得來臺憑證入境臺灣後，赴當地戶政機關辦理結婚登記。

　　此外，內政部移民署負責外來人口生物特徵識別資料運用。外來人口應於申請居留或永久居留時，接受個人生物特徵識別資料之錄存及辨識。內政部移民署應建立外來人口個人生物特徵識別資料檔案。檔案內容應包含外來人口之姓名、性別、出生年月日、照片、護（證）照號碼及錄存之個人生物特徵識別資料。個人生物特徵識別資料檔案應自外來人口最後一次入國（境）之日起算，保存二十年。

（三）法務部調查局

　　依該局組織法規定，職司維護國家安全及防制重大犯罪兩大任務。情報蒐集與犯罪偵查彼此密切相關，相輔相成，具一體兩面關聯性，尤其調查局偵辦之危害國安、肅貪查賄、重大經濟犯罪、毒品犯罪及洗錢犯罪等案件，亟需仰賴情報支援。調查局於全國各地分設外勤處站，並在各鄉鎮配置地區據點，能夠深入轄區注蒐各項危安預警情資及犯罪線索，除奠定調查工作之基礎，更是調查局發揮工作優勢之關鍵。再者，調查局設有洗錢防制、國際事務、鑑識科學、通訊監察、資通安全處等專業單位，形成一完整之工作系統，使辦案人員能適時獲得資金清查、國際情資、鑑識及資通科技方面之支援，有效發揮工作效能（法務部，2017）。

伍、德國移民犯罪比較

　　歐盟多數的會員國都遭受到移民困擾，雖然各國面對移民的規模、型態與特質處理政策上有所不同，但大量的移動人口無法有效管理、移民引發的政治、社會與治安議題，卻讓28個歐盟會員國感受到一致的威脅。歐盟國家境內保守估計，約有260萬人的外來人口正等待著核准成為歐盟公民（行政院人事行政局，2011，頁172）。自申根協議所確立之安全體系，正式納入歐盟機構與法律框架後，除歐盟公民得以自由移動之目標外，間接亦使得歐盟領域內之第三國移民（無論合法或非法移民）之流動性相對增加。因申根協議之影響，各會員國各自的移民政策，均影響到其他會員國，是以各會員國間有必要形成共同的移民政策，以統合協調各會員國間之差異。然而，就此一部分而言，目前共同移民政策之焦點，著重對於非法移民的防制、遣返機制之建立、與非法移民來源國或中繼國發展共同合作機制等層面。基於歐盟與會員國的競合職權，有關各該領域中外來人口之權利保護事項，例如禁止差別待遇、歧視等，歐盟僅能做控制而未禁止，採取尊重基本權利與會員國不同的法律制度與傳統，亦顯示歐盟組織功能之侷限性（行政院人事行政局，2011，頁112）。

　　德國於2016年2月通過新法，根據新法案，德國將設立數個「特別登記中心」，以快速處理來自「安全來源地」以及在身分資訊等方面造假的移民避難申請。屆時，整個過程將不超過三週，申請被拒者將被直接遣返回國。目前，部分不符合申請移民身分的外來人口無法在德國獲得正式避難權，但因在家鄉面臨戰亂威脅或受到迫害，他們不會被遣返，而是在德享受「有限庇護」。新法案限制該群體的家庭團聚，規定其家庭成員在兩年內不能赴德團聚。根據德國現行法規，若避難申請被拒者能夠證明自己的健康狀況堪憂，德國出於人道主義原因不能將其遣返。新法案將使相關程序更加嚴格化，被拒者只有患「非常嚴重疾病」，並且能夠出具嚴格醫學證明，才有可能繼續留在德國。新法案主要內容還包括：凡在德國進行職業培訓的外來人口，政府將保障他們順利完成培訓而不受居留身分限

制，培訓結束後可繼續在德工作兩年；未來參加融入課程的避難人員需自行承擔部分學習費用等。此外，聯邦議院還通過決定，將摩洛哥、突尼西亞和阿爾及利亞定爲「安全來源地」。同時，德國還將實施更嚴格法律驅逐有犯罪行爲的外國人（馬來西亞東方日報，2016）。

一、移民犯罪概況

移民所犯的刑事犯罪案件通常引起媒體廣泛報導，包括2015/2016跨年夜在科隆發生的大規模性侵事件，引起媒體的強烈回響，讓許多人認爲，愈來愈多的移民進入德國直接導致犯罪率上升。事實眞的如此嗎？根據聯邦刑事警察局統計，在過去一年裡登記在案的刑事案件裡，有30萬件中至少有一名移民因爲涉嫌刑事犯罪被逮捕。儘管2016年德國刑事犯罪案件總體數量有所下降，但是移民刑事犯罪案件卻明顯增加。

德國發生的刑事犯罪案件中，有多少是由移民造成的？根據聯邦刑事警察局公布的最新調查數字，2016年1月至3月，移民刑事犯罪案共發生69,000起，明顯少於往年同期。根據德國聯邦刑警局公布的消息，2016年第一季度發生的69,000起移民刑事犯罪案例中，盜竊案占將近三分之一，其次是侵犯他人財產和僞造文書罪。暴力和侵犯人身自由的犯罪行爲排名第三位。性侵害罪占1%。此外，1月至3月共發生9起命案。8名移民死亡，1名德國人遇害（德國之聲中文網，2017）。

2016年，德國警方記錄的各個領域的刑事犯罪案共有637萬2,526起。德邁齊埃（Thomas de Maizière）稱這與前一年的情況大致相同。但是2015年全國共發生19萬3,542起暴力犯罪事件，比前一年增加了6.7%；嚴重人身傷害罪增加了9.9%，總計14萬3,000起。在這類暴力案件的犯罪嫌疑人中，尤其是年輕人以及移民的數量增加（德國之聲中文網，2017）。

警方在2016年形勢犯罪資料報告中專門用一章的篇幅闡述了難民與移民之間的關係。根據該報告公布的資料：與2015年相比，去年涉嫌犯罪的外來移民人數增加了52.7%（從11萬多上升到17萬多）。而這裡的「外來

移民」其實並非廣義上的移民，根據聯邦刑事警察局的定義，這個人群指的是在德國作爲「避難申請者」、「容忍居留者」、「配額移民和戰爭移民」以及「非法居留」登記在冊的外來人口。[13]《周日世界報》報導指出，這個群體在德國總人口裡目前最多占到2%左右，而他們在涉嫌犯罪人口中所占的比例卻高達8.6%。而且與持有其他合法居留權的外國人相比，移民群體的犯罪率也明顯偏高：2016年，在德國登記在案涉嫌犯罪的外國人一共有61.6萬多，而這些具有犯罪嫌疑的人當中四分之一都是來自上述這個移民群體（德國之聲中文網，2017）。

　　2016年11月，聯邦刑事警察局在聯邦內政部長德邁齊埃敦促下，首次公布了大批移民湧入後的德國的刑事犯罪狀況，以駁斥隨著大量移民的到來德國刑事犯罪增加的謠傳。漢堡警方也提供了2016年的統計資料，在這一年中該市警方一共對35,497名非德國國籍的犯罪嫌疑人進行過調查，這在接受調查的犯罪嫌疑人中占到47.4%。不過值得注意的是，在這個統計數字中也包括一些德國人很少會觸及的刑事犯罪，比如違反德國居留法、避難法和歐盟自由遷徙法的犯罪行爲。如果把這些與居留身分相關的刑事犯罪除去，非德籍人員在刑事犯罪總數量中所占的比例在43%左右。

二、移民犯罪與族群的關聯

　　自2015年1月以來，德國共接收了120多萬移民。從阿爾及利亞、摩洛哥、突尼西亞、塞爾維亞和喬治亞人在移民總數中所占的比例而言，2016年第一季度，他們中的刑事犯罪率「明顯高於平均水準」，而敘利亞、阿富汗和伊拉克移民的刑事犯罪率按其比例「明顯低於平均水準」。據稱，警方獲得的有關境外伊斯蘭恐怖組織的成員和支持者在德國停留的舉報線索的數量增加。但是聯邦刑事警察局的報告沒有談及這些所謂的「危險分子」的具體人數。德國內政部長德邁齊埃表示將會採取強硬措施，打擊外

---

[13] 從對於移民的定義開始，就難以給出一個明確的答案：在德國聯邦刑事警察局（BKA）最新的一份刑事犯罪與移民報告中，對不同身分移民的表述方式就包括避難申請者、受保護者、避難權獲得者、移民名額內人員、內戰受害者以及非法入境人員。

來移民犯罪。聯邦刑事警察局指出，尤其令人擔憂的人群是來自巴爾幹和北非地區的移民。比如阿爾及利亞人、摩洛哥人和突尼西亞人的犯罪數量，與他們的人數相比尤其高。

　　儘管如此，也很難在移民和刑事案件數量增加之間建立直接的因果關係，犯罪學家、下薩克森州前司法部長普法伊弗（Christian Pfeiffer）指出，移民的行為表現常常和他們是否有機會獲許留在德國有關。這一因素導致有些群體特別容易走上犯罪道路。[14]普法伊弗還指出，有研究結果顯示，來自伊拉克和敘利亞的移民犯罪率相對較低，因為他們不希望自己獲得合法居留身分的機會受到威脅。如果避難申請被拒，那就意味著他們無法參加語言班和融入培訓班，因而在移民當中也有等級劃分——有機會留下來的和沒機會的。然而，即使是那些有機會留下來的移民，如果被迫和很多人一起臨時擠在集體收容所居住的話，從事犯罪行為的機率也會上升，尤其是與他們共處一室的人當中，有來自家鄉的對立群體成員的話。

三、移民犯罪與年齡的關聯

　　不過犯罪學家也指出，由於在2015年之後大批湧入德國的移民年齡大多數在14歲到30歲之間，也就是明顯低於德國人口平均年齡，而這個年齡段的男性本來就是犯罪行為高發人群，不管在任何國家都是如此。2010年的一項社會調查研究顯示，德國近七成人口的年齡在30歲以上。在世界上任何地區，14歲到30歲之間的年輕男性在刑事犯罪總數中占到了大約70%的比例。犯罪學家指出，在所有移民當中有大約37%都是年輕男性，這是導致移民犯罪率偏高的主要因素。這就解釋了為什麼100名德國人的犯罪率要低於100名移民，因為德國人平均來看更為年長，而且女性比例也更高一些（德國之聲中文網，2017）。

---

[14] 犯罪學家普法伊弗分析道：「例如一些來自北非的移民，他們在來到德國之後不久就意識到，自己沒有機會留下來，他們常常灰心喪氣，滿腹憤懣，從而表現出一些像科隆新年夜事件中那樣的行為。」這位犯罪學家還補充，這些人常常有著巨大的心理壓力，急於留在德國，賺取錢財——不是通過打黑工就是違法犯罪。

四、小結

漢堡警局在報告中寫道：由於人口結構的不同（年齡、性別和社會機構），德籍和非德籍人員的犯罪率是不具有可比性的。與德國公民相比，那些生活在德國但不持有德國國籍的人員通常更為年輕，男性占比例更高，而且低收入者所占比例也更高。所有因素都會導致移民被警察調查的機率升高。那麼德國警方是否可能因為移民和犯罪之間的這種聯繫，從而走向一種「族群特徵」為導向的偵查風格，即根據外貌或者姓名等族群特徵來篩查犯罪嫌疑人呢？德國犯罪學家普法伊弗明確指出不存在什麼以族群特徵為導向的偵查方式，因為這並非其目的所在，警方必須要對這些犯罪嫌疑人進行調查，當然也要記錄下來他們屬於來自危機地區的群體這個事實。所以他認為，移民並非就是壞人，只不過他們的社會結構不一樣。警方的統計資料只顯示來自其他人的報案和線索資訊，而並非主要來自警方自己的觀察。必須注意到的是，人們針對外國人的報案頻率總體上要高於針對本國人的申訴（德國之聲中文網，2017）。

德國聯邦刑事警察局的報告中亦介紹了針對移民的刑事犯罪案件。報告稱，2016年第一季，針對移民住所實施的具有政治動機的刑事犯罪行為達到高峰，總計發生345起。2015年全年共發生1,027起。聯邦刑事警察局估計，未來申請庇護者可能更多地成為暴力襲擊的目標。此外，也必須繼續防止因仇視避難者而對政治家實施的刑事犯罪行為（德國之聲中文網，2016）。

在2017年4月24日德國警方在柏林舉行的2016年刑事犯罪情況報告會上，聯邦內政部長德邁齊埃稱德國的刑事犯罪狀況令人擔憂，面臨粗暴、暴力和仇恨總體增加的狀況。聯邦政府稱全德國所發生的刑事犯罪案件中，8,983起是出於對外國人的仇恨，1,468起案件出於反猶太人動機。警方僅在互聯網上就被記錄下3,177個發洩仇恨的帖子（德國之聲中文網，2017）。

陸、討論與建議

一、統籌整合並定義外來人口犯罪指標

國立臺北大學犯罪學研究所周愫嫻教授等人在其發表著作《建構臺灣「治安與犯罪」指標芻議》（2007）中指出，建構臺灣治安與犯罪指標可能面臨的障礙有四項，在本文撰述過程中發現其中三項確實與建構外來人口犯罪指標有關，包括：1.各單位均自行進行犯罪與治安統計，但未整合統籌；2.新興議題重要，但定義困難；3.多年未修正統計官方指標項目，且部分資訊被省略或未公開。周愫嫻認為擬訂一套適合臺灣地區的治安與犯罪指標，應該要能達到辨識高危險治安人口，並預測未來治安走向，其中，「外籍人士犯罪率」與「青少年犯罪率」、「吸毒人口率」、「再犯率」，並列四大高危險治安人口，政府應可根據指標辨識這些人口，達到未來警示作用、事情預防、事後控制之效果。

在本文第參部分中介紹外來人口在臺犯罪與非法活動狀況的統計，即可發現不同單位進行不同定義的犯罪統計令人混淆，例如，行政院主計總處根據警政署的統計，提出「外籍人士在臺犯罪件數與嫌疑犯人數」，警政署統計「警察機關破獲外籍人士在臺刑事案件」，法務部統計「地方法院檢察署執行裁判確定有罪之非本國籍人犯罪」，移民署統計「外來人口違法態樣」，綜合各單位自行統計[15]的稱謂，「外籍人士」、「外籍勞工」、「外來人口」、「非本國籍人」之定義莫衷一是，確實有必要依據現行法律定義予以明確規範且各單位一致。尤其，特別要釐清的是，「外籍人士」、「非本國籍人」是否包含我國無戶籍國民、大陸港澳地區人民？「外籍勞工」是否包含白領，還是只限藍領？至於移民署針對「外來人口」之定義則與本文定義一致。

---

[15] 警政機關、法務機關與司法機關出版的統計資料，最重要的出版刊物分別是警政署出版的「台閩刑案統計」、法務部出版的「犯罪狀況及其分析」、「臺灣法務統計專輯」、「法務統計年報」、司法院出版的「司法統計年報」等。

二、外來人口犯罪率遠低於本國籍人民犯罪率

2017年1-10月破獲2,893件、嫌疑犯人數2,694人，按犯罪案類分，以公共危險罪881人（占32.7%）最多，年增近七成，主因酒後駕車增加所致，其次為毒品罪587人（占21.8%）及竊盜罪414人（占15.4%），三者合占近七成，與上年同期相較，公共危險及毒品類案件各增65.9%及34.9%。事實上，2017年各警察機關受（處）理刑事案件發生數為293,453件，較2016年294,831件減少1,378件（-0.47%），其中減少類別以機車竊盜案12,082件，較2016年14,403件減少2,321件（-16.11%）最多；酒後駕車案61,060件，較2016年63,020件減少1,960件（-3.11%）次之（警政署，提要分析，2018）。

如以上述統計觀之，根據警政署2017年的統計，將近100萬外來人口的犯罪率不到2,300萬本國籍人的十分之一，且所犯案件七成是公共危險、竊盜、毒品等罪。由此可見，外來人口較本國人遵守規矩，其犯罪率是遠低於臺灣平均。其原因可能是：

（一）在臺留有前科的外來人口一開始就不能進入臺灣，犯罪後也會被遣返。但臺灣人犯罪卻會繼續留在臺灣。而有前科的人再犯率會比沒有前科的人高。

（二）外籍勞工的生活受到雇主嚴密的監控，難以犯罪。

（三）外籍勞工意識到自己犯罪會被遣返而不能繼續留在臺灣賺錢，對他們而言犯罪的代價非常大。

上述的原因與第伍部分來自伊拉克和敘利亞的移民在德國的犯罪率相對較低有同樣的心理因素，因為他們都不希望自己獲得合法居留身分的機會受到影響。

三、強化外來人口融合策略

政府「加強預防行蹤不明外勞」政策將藍領外勞視為潛在之治安威脅，將「無證外勞」視為「潛在犯罪者」，與德國政府處理移民犯罪的政

策比較，顯示我國政府仍普遍存在文化偏見。根據張添童（2010）研究訪談發現，外籍勞工發生行方不明之主要單項原因依序為：1.無法轉換雇主；2.即將被要求回國；3.雇主或仲介恐嚇要遣送回國；4.到外面工作賺的錢比較多；5.工作量太大；6.工作壓力太大；7.假日無法放假；8.每天工作時間太長；9.睡眠時間不足；10.來臺前支付之仲介費太高。外勞逃逸根本主因還是在於錢，最重要的其實是外勞仲介問題，外勞來臺工作所需付給仲介金額仍然過高，外勞於合法引進後，如該原僱用公司遇冷淡期無法提供加班，而外勞賺不到期盼之工資以支付龐大之仲介費用，再加上外界利誘之訊息與不肖非法仲介之引誘，非法外勞大多就是在此因素下決定逃逸，高額仲介費和無法自由轉換雇主此二大問題如無法有效解決，逃逸外勞仍只會是不斷發生的問題。

四、加強跨機關犯罪資訊分享與專業人才培訓

本文中，外來人口犯罪率較高的跨國境犯罪為毒品和人口販運案件，犯罪資訊分享與專業人才培訓尤顯重要。然各司法警察機關雖已明定其法定職掌，惟部分特殊案件，因相關司法警察機關無資源或專業人才，而難以偵辦。各司法警察機關應不分彼此，以維護社會秩序與安定為目的，除各司法機關既有法定職權範圍相關訓練制度外，建議各司法警察機關宜打破現有藩籬，建立跨機關訓練機制，共同打擊犯罪，強化犯罪偵查效能。再者，各司法警察機關因法定職掌範圍迥異，偵辦案件類型與持用犯罪資源亦有不同。犯罪案件交織細密，已非單一犯罪問題，足見犯罪資源分享已有實質需要。建議強化各司法警察機關之橫向聯繫與建立跨機關聯繫窗口，整合人力與資源，結合司法機關指揮，掌握跨國境犯罪偵查先機，提升整體查緝效能。

參考文獻

一、中文

汪毓瑋（2008），「情報導向警務」運作與探討之評估，第四屆「恐怖主義與國家安全」學術研討會，頁49-67。

卓忠宏（2016），移民與安全：歐盟移民政策分析，全球政治評論，第56期，頁47-73。

張添童（2010），臺灣外籍勞工行蹤不明之研究，臺中：逢甲大學公共政策研究所碩士論文，頁162-163。

陳啓杰（2005），外籍勞工犯罪與規範之研究，臺南：國立成功大學法律學研究所碩士專班論文。

黃文志（2014），斷裂的社會鍵──外國移民在臺灣犯罪之研究，涉外執法與政策學報，第4期，頁205-246。

黃文志（2017a），INTERPOL對我國國家安全的戰略影響，2017年涉外執法政策與實務學術研討會論文集，頁159-184。

黃文志（2017b），警察在國際反恐維安任務之角色探討：以日本及我國警察機關之執行為例，中央警察大學國土安全與國境管理學報，第28期，頁93-128。

黃文志等人（2016a），情報導向之國際警察合作：我國警察聯絡官之經驗與實踐。移民理論與移民行政，臺北：五南圖書出版公司，頁337-352。

黃文志等人（2016b），我國非法人口移動之現況與犯罪偵查，國土安全與移民政策，臺北：獨立作家，頁87-140。

盧衍良、楊政樺、黃家宏（2015），國境線防範大陸地區人民虛偽結婚來臺面談機制之典型案例遭逢困境探討，航空安全及管理季刊，第2卷第2期，頁159-175。

二、網路資料

The News Lens關鍵評論，1800公里長征、目標是美國：7,000中美移民大軍如何讓美國進入「緊急狀態」？2018年10月24日，https://www.thenewslens.com/article/106703（瀏覽日期：2018年10月25日）。

內政部統計處（2018），107年第2週內政統計通報（2017年1-11月查處外來人口違法比率未隨外來人口增加而上升），行政公告，https://www.moi.gov.tw/stat/

news_detail.aspx?sn=13307。

王明輝、陳文章（2013），新制度論觀點論大陸配偶入境面談制度，https://confer-ence.nccu.edu.tw/download.php?...P334新制度論觀點論大陸配偶入境。

行政院人事行政局，100年行政院選送中高階公務人員赴布魯日歐洲學院短期研習，2011年9月9日，https://report.nat.gov.tw/ReportFront/ReportDetail/detail?sysId=C10004647（瀏覽日期：2018年10月15日）。

周愫嫻、張耀中、張祥儀、沈上凱、邱依俐、廖玟瑜（2007），建構臺灣「治安與犯罪」指標芻議，homepage.ntu.edu.tw/~ntusprc/events4/event20070614/.../Susy-an%20Jou.pdf（瀏覽日期：2018年9月25日）。

法務部，司改國是會議第三分組第一次增開會議「情報蒐集與犯罪偵查相關單位之效能檢討」，2017年5月24日，https://www.moj.gov.tw/dl-26024-0e1140951e-ae48d398512f60bcd4d331.html（瀏覽日期：2018年9月25日）。

法務部司法官學院，105年犯罪狀況及其分析——2016犯罪趨勢關鍵報告，2017年12月，https://www.tpi.moj.gov.tw/ct.asp?xItem=488316&ctNode=35595&mp=302（瀏覽日期：2018年9月25日）。

馬來西亞東方日報，德國通過新法案 再收緊移民政策，2016年2月26日，http://www.orientaldaily.com.my/s/128463#。

高雄市政府警察局（2013），高雄市政府警察局101年度施政績效成果報告，https://rdec.kcg.gov.tw/newspics/51876e435518d/14.pdf。

張曼蘋（2017），一銀ATM盜領案「贓款蒸發」 3嫌判賠573萬2,500元，ETtoday新聞雲，https://www.ettoday.net/news/20171109/1048903.htm。

張嘉瑋、陳必芳、吳麗珠、何麗莉、吳怡君（2015），2008-2013年國人自東南亞地區境外移入法定急性傳染病概況，衛生福利部疾病管制署檢疫組，第31卷第13期，https://www.cdc.gov.tw/professional/info.aspx?treeid=3847719104BE0678&now treeid=657F3A8017558A4C&tid=94E2D4D590682FD4。

張語羚（2018），新南向學生來臺 衝破4.1萬人，工商時報，https://www.chinatimes.com/newspapers/20180629000277-260202。

陳俊智（2018），永和分屍案／聽到孫武生被逮 他坦承犯行，聯合報，https://udn.com/news/story/7315/3373145。

陳英傑（2013），內政部入出國及移民署「航前旅客系統」簡介，政府機關資訊通報，第309期，www.stat.gov.tw/public/Data/3741040327RLXRM7Z.pdf。

劉建邦（2014），恐怖分子高雄入境移民署掌握，中央社，https://www.taiwannews.

com.tw/ch/news/2574230。

劉慶侯，韓籍國際慣竊 移民署證實在機場被他溜了，自由時報，2017年8月4日，
　　http://news.ltn.com.tw/news/society/breakingnews/2153414。

德國之聲中文網，德國刑事犯罪增加 移民群體比例居高，2017年4月25日，https://
　　www.dw.com/zh/德國刑事犯罪增加-難民群体比例居高/a-38573883。

德國之聲中文網，德國移民刑事犯罪知多少？2016年6月9日，https://www.dw.com/
　　zh/德國難民刑事犯罪知多少/a-19318084刑事犯罪案件數量下降。

蘇芳禾，民進黨中央黨部遭竊 竟然是因為自己沒鎖門！自由時報，2017年8月4日，
　　http://news.ltn.com.tw/news/society/breakingnews/2153508。

蘇南桓（1997），組織犯罪防治條例之實用權益。臺北：永然文化。

警政署統計室（2018），提要分析，https://www.npa.gov.tw/NPAGip/wSite/public/At-
　　tachment/f1532578201165.doc（瀏覽日期：2018年9月25日）。

警政署統計室，警政統計通報（106年第49週），2017年12月，https://www.npa.gov.
　　tw/NPAGip/wSite/ct?xItem=85415&ctNode=12594&mp=1（瀏覽日期：2018年9月
　　25日）。

| 第五章 |
論驅逐出國與強制出境之法規範

許義寶

壹、前言

　　外來人口進入到我國之前，須經過申請或經我國同意適用免簽證等方式，始得合法入國（境），且進入我國之後，不得有違法之行為。如果其在我國之內，有不法行為，主管依法得對其警告、罰鍰或處以驅逐出國或強制出境處分，以維護我國之安全與秩序。依國際習慣法理論，一個國家並無義務接納外國人入國，是否開放外國人進入其國內，屬於主權事項，該國家有權自行決定。

　　另外國人或外來人口（包括大陸地區人民、香港澳門居民），到我國有各種不同原因，有的為長期居住、有的屬於短期觀光、訪問目的，不一而足。對於長期在我國居住之外來人口，我國已成為其生活與經濟之重心，如果移民主管機關對該外來人口，予以裁處驅逐出國處分，使其無法繼續在我國居住，此會造成其生活上之重大影響。因此，法律所授權之要件，須具體明確與其行為違反已達嚴重程度，始適合採取此種處分。

　　一國家為保護其本國利益，維護其國家安全與國內秩序等原因，對於外國人違反其國家之相關法律，如刑法、行政法規或認定在其國內為無力生活者，於規範外國人之法規中，均明定得依此（上述範圍內條款）

規定，驅逐該外國人出國[1]，此作用亦可認爲是一種國家主權[2]之宣示。因此，強制外國人出國之作用，亦屬於國家對外國人入境後之重要管理行政部分[3]。

《入出國及移民法》於1999年5月21日施行以來，實務上著實發生不少對於驅逐出國相關法令見解不一之情形，因此在條文的解讀上，各自爲政之傾向亦時有所聞，當然，若第一線的執法者謹慎適用法令，自可杜絕入出國及移民法爲誤用，然而，若爲政者輕忽人權之重視，而以本身對道德感情之無限擴張加諸於外國人之義務與自由限制上，似乎與國際人權之標準有間，也與我國《憲法》價值相違。從國際人權之遷徙自由爲始，並探討驅逐出國係限制人權之一般行動自由，另於申論實務上四大爭點（善良風俗條款、犯罪紀錄條款、簽證目的條款、使公務人員登載不實爭議）作爲行動自由之限制時，不僅條文本身應符合不當聯結禁止、平等、法明確性等諸多憲法原則，更應在作爲行動自由基本權之限制時符合比例原則。並藉由案例的探討，希望能在實務上無所適從的消極抵制勤務中，尋覓出符合國際人權與憲法價值之正確解釋，除提供給執政當局一個參考依據外，更期望有關當局能進而修法、廢除不合時宜甚至錯誤之行政函釋，

---

[1] 相關文獻請參考蔡震榮，自外籍配偶家庭基本權之保障論驅逐出國處分——評臺北高等行政法院95年度訴字第2581號判決，法令月刊，第60卷第8期，2009年8月，頁21-37。許義寶（2006），驅逐外國人出國之法定原因與執行程序，收於論權利保護之理論與實踐——曾華松大法官古稀祝壽論文集，元照，頁463-491。黃居正，孟德爾案：外國人的法律地位，臺灣法學雜誌，第262期，2014年12月15日，頁71-79。廖元豪，「外人」的人身自由與正當程序——析論大法官釋字第708與710號解釋，月旦法學，第228期，2014年5月，頁244-262。詹凱傑，論現行入出國及移民法第38條之外國人收容制度，警學叢刊，第44卷第3期，2013年11-12月，頁125-141。柯雨瑞、吳佳霖、黃翠紋，試論外國人與大陸地區人民收容、驅逐出國及強制出境之司法救濟機制之困境與對策，中央警察大學國土安全與國境管理學報，第29期，2018年6月，頁45-86。張維容，涉外陳抗事件之適法性研究——以2015年韓國Hydis關廠工人來臺抗爭爲例，警學叢刊，第48卷第5期，2018年3-4月，頁23-38。

[2] 國家主權的概念，其意義約有：1.自「主權」一詞探討起，以往傳統認爲主權乃朕即國家之意；現今主權的使用與表示，有如下分類：(1)國家權力之最高獨立性；(2)國家權力之各種內容，即爲統治權；(3)國家政治政策之最後決定力，即權威性。此三種分類爲自君主權力之方向考量。2.自主權概念之多義性發展：君主主權因受到對抗君主主權之國民主權思想影響，形成君主制之立憲主義化及國家法人化。芹澤齊（1983），國家主權，法學基本講座——憲法100講，學陽書房，頁21。

[3] 參考許義寶（2017），移民法制與人權保障，中央警察大學出版社，頁206-208。

以回復外國人在國際間應有之人權保障[4]。

　　入出國管理機關，在面對國際間，國家相互之交流熱絡現象，各國人民之相互往來他國，亦日益頻繁；外國人之入境我國，其次數及停留期間，亦相對增加（長）情形下。加上國際間經濟、貿易之自由化影響。各國對於外國人入出境手續及居停留管理，亦須作相對配合修正，及對原有政策做部分調整[5]。因出入境管理行政與一國之政治、經濟、社會等方面發展，有密切關聯性。因此，國家對外國人入出境及居停留管理之相關法規，其目的就必須符合「公正管理」之原則。所謂公正管理，即其前提須符合保護及提升國家及全民的利益[6]。國家之強制外國人出境作用，亦即為保護本國利益所必要之措施。但其適用之條款及原因、目的如何？即為本章主要之目的。對外國人有違反刑法或違反行政法規、違害國家主權行為（不當參與政治活動）或有其他對本國利益有害之行為時，國家必須採取一定之措施，以防止該外國人再犯。此應可說為最有效措施之一種；但亦可說為屬非常、必要之手段[7]。

　　本章主要探討我國對外國人與對大陸地區人民，為驅逐出國處分及強制出境處分之法律依據與執行程序上之問題[8]。

---

[4]　鄭宇宏（2013），入出國及移民法上驅逐出國制度之研究，中興大學科技法律研究所碩士論文，頁1。

[5]　為配合此情形，我國於1999年5月21日制定《入出國及移民法》，全文七十條，並於公布日施行。

[6]　片山義隆，出入國管理行政當面諸問題，外國人登錄第458號，外國人登錄事務協議會全國聯合會，1997年4月，頁12-17。

[7]　以現在我國實務上，占大多數強制外國人出境之案例者，為對非法外籍勞工之部分。依就業服務法之相關規定，如該人聘僱原因消滅，為被強制出境原因之一。在人數比例上，入境我國之外國人亦以外籍勞工占多數。此種不平衡現象，亦影響到執法之重點所在，現在對外國人管理方面，大多數人力（警力）亦均在處理有關非法外國人之查處及強制出境業務上。於遣送違法居留與工作的外籍勞工的過程中，需要注意避免引起國際間的爭議，故首先要有明定的法律作為依據，也應將這種規定讓可能來臺打工的外籍勞動人力事先瞭解，以避免觸犯，甚至有必要給予較有可能輸出勞力來臺工作國家的官方諒解，以免發生誤會與衝突。蔡宏進主持研究，我國外籍勞工可能引發的社會問題及其因應對策，行政院研究發展考核委員會編印，1992年4月，頁109以下。另參考許義寶（2017），同前註3，頁222-223。

[8]　相關文獻請參考楊翹楚，全球化下我國移民人權之探討──以「入出國及移民法」規定為例，警學叢刊，第41卷第2期，2010年9-10月，頁219-236。

貳、驅逐出國之法定要件與執行程序

一、概說

　　強制外國人出國，為對非法外國人處罰（或處分）措施之一種。在執行選擇措施上，除以被認為最強制、具體、有效的——強制外國人出境措施外，一般以較緩和或其他之類似做法，可考慮採用如：不准延長居留、不准再入境申請、於出境時註銷其簽證、或對其行為處以罰鍰等做法。我國對「外國人」違法之處理，實務上處理情形，其標準法律（規）授權行政有很大裁量空間。對在臺工作外國人違反就業服務法者，大部分予以強制出境。對一般違反刑法外國人[9]，亦大都予以強制出境[10]，再予配合有關管理規定，使管制若干年不准再入境，以有效維護國境（家）安全[11]。

　　在實施強制非法外國人出境上，一般被強制出境之外國人，其原則應以該外國人之行為，顯已造成危害我國利益為限。為避免影響國家與國家間之交流，及尊重國際人權趨勢，及符合各國間對外國人採取互惠對待等之原則。強制出境之實施，似應採謹慎及具有明確依據之做法，以免引起不必要之困擾。在強制驅逐外國人出境之問題上，著重在行政法方面，適用強制出境條款之客體、程序規定情形。以執行客體而言，如依入出國及移民法所規定者，其規定主要為人民之入出境。原則上，外國人之入境程序為使用簽證方式，非經過許可，不得入國[12]。

---

[9]　早期對違反刑法外國人受法院裁判或受刑之執行畢後，依《外國人入出國境及居留停留管理規則》第22條規定，內政部得限令出境。但此有問題者，即法院於判決時未諭令驅逐出境，行政機關是否有自行針對受刑罰執行畢者，處以限令出境之處分。此答案應是肯定，因行政機關職權與司法機關職權各有不同。惟在《入出國及移民法》規定，限於受一年以上刑罰之執行及受驅逐出境者為限。依《入出國及移民法》第32條第3款：「經判處一年有期徒刑以上之刑確定。但因過失犯罪者，不在此限。」屬驅逐出國之法定原因。

[10]　對違反《刑法》強制出境者情形有：1.受驅逐出境處分者。2.經判處有期徒刑一年以上之罪者，但過失犯不在此限。

[11]　參考許義寶（2017），同註3，頁206-208。

[12]　《入出國及移民法》第4條：入出國者，應經內政部入出國及移民署（以下簡稱入出國及移民署）查驗；未經查驗者，不得入出國。

　　外國人在我國有不法行為，依屬地管轄原則，依法主管機關得予調查、處分。依外國人在我國居留之身分別，其有一定合法之居停留期限。對予嚴重違反我國法規之外國人，並得依法予以驅逐出國。依《憲法》第23條之法律保留原則及尊重外國人之國際人權，我國入出國及移民法對於驅逐出國之原因，由法律予以明定。

　　《入出國及移民法》第36條：「外國人有下列情形之一者，入出國及移民署應強制驅逐出國：一、違反第四條第一項規定，未經查驗入國。二、違反第十九條第一項規定，未經許可臨時入國。

　　外國人有下列情形之一者，入出國及移民署得強制驅逐出國，或限令其於十日內出國，逾限令出國期限仍未出國，入出國及移民署得強制驅逐出國：一、入國後，發現有第十八條第一項及第二項禁止入國情形之一。二、違反依第十九條第二項所定辦法中有關應備文件、證件、停留期間、地區之管理規定。三、違反第二十條第二項規定，擅離過夜住宿之處所。四、違反第二十九條規定，從事與許可停留、居留原因不符之活動或工作。五、違反入出國及移民署依第三十條所定限制住居所、活動或課以應行遵守之事項。六、違反第三十一條第一項規定，於停留或居留期限屆滿前，未申請停留、居留延期。但有第三十一條第三項情形者，不在此限。七、有第三十一條第四項規定情形，居留原因消失，經廢止居留許可，並註銷外僑居留證。八、有第三十二條第一款至第三款規定情形，經撤銷或廢止居留許可，並註銷外僑居留證。九、有第三十三條第一款至第三款規定情形，經撤銷或廢止永久居留許可，並註銷外僑永久居留證。

　　入出國及移民署於知悉前二項外國人涉有刑事案件已進入司法程序者，於強制驅逐出國十日前，應通知司法機關。該等外國人除經依法羈押、拘提、管收或限制出國者外，入出國及移民署得強制驅逐出國或限令出國。

　　入出國及移民署依規定強制驅逐外國人出國前，應給予當事人陳述意見之機會；強制驅逐已取得居留或永久居留許可之外國人出國前，並應召開審查會。但當事人有下列情形之一者，得不經審查會審查，逕行強制驅逐出國：一、以書面聲明放棄陳述意見或自願出國。二、經法院於裁判時

併宣告驅逐出境確定。三、依其他法律規定應限令出國。四、有危害我國利益、公共安全或從事恐怖活動之虞，且情況急迫應即時處分。

第一項及第二項所定強制驅逐出國之處理方式、程序、管理及其他應遵行事項之辦法，由主管機關定之。

第四項審查會由主管機關遴聘有關機關代表、社會公正人士及學者專家共同組成，其中單一性別不得少於三分之一，且社會公正人士及學者專家之人數不得少於二分之一。」

前述《入出國及移民法》第36條規定，包括驅逐出國之法定原因、執行程序與行為人之程序上權利。

二、驅逐出國之法定要件

（一）法律授權要件[13]

《入出國及移民法》第36條第1項：「外國人有下列情形之一者，入出國及移民署應強制驅逐出國：一、違反第四條第一項規定，未經查驗入國。二、違反第十九條第一項規定，未經許可臨時入國。」

《入出國及移民法》（以下簡稱《移民法》）第36條第2項：「外國人有下列情形之一者，入出國及移民署得強制驅逐出國，或限令其於十日內出國，逾限令出國期限仍未出國，入出國及移民署得強制驅逐出國：一、入國後，發現有第十八條第一項及第二項禁止入國情形之一。二、違反依第十九條第二項所定辦法中有關應備文件、證件、停留期間、地區之管理規定。三、違反第二十條第二項規定，擅離過夜住宿之處所。四、違反第二十九條規定，從事與許可停留、居留原因不符之活動或工作。五、違反入出國及移民署依第三十條所定限制住居所、活動或課以應行遵守之事項。六、違反第三十一條第一項規定，於停留或居留期限屆滿前，未申請停留、居留延期。但有第三十一條第三項情形者，不在此限。七、有第三十一條第四項規定情形，居留原因消失，經廢止居留許可，並註銷外僑

---

[13] 參考許義寶（2019），入出國法制與人權保障，五南圖書出版公司，3版，頁16以下。

居留證。八、有第三十二條第一款至第三款規定情形，經撤銷或廢止居留許可，並註銷外僑居留證。九、有第三十三條第一款至第三款規定情形，經撤銷或廢止永久居留許可，並註銷外僑永久居留證。」

被驅逐出國之外國人，其居留之身分為何？在具體個案中，一般亦應考量。李震山大法官在司法院釋字第708號解釋所提出之部分協同部分不同意見書中指出：「本件解釋受限於解釋客體與範圍，未就非本國籍人士之身分再細分為難民、申請政治庇護者、外交人員、無國籍人士、大陸或港澳地區人民等，對此有區別實益而面臨的根本問題，有待後繼相關解釋的補遺。至於本件解釋並未以互惠原則之國際法觀點，或以國情、政治現實、文化價值差異等內國主權觀點，作為對外國人人身自由保障推辭或差別待遇的理由與前提，而稱：『我國《憲法》第8條關於人身自由之保障亦應及於外國人，使與本國人同受保障。』似已意識到人身自由是具跨國普世性人權性質，有意對外國人人身自由保障一律採國民待遇（national treatment），能有東晉陶淵明『此亦人子也，可善遇之』的寬容態度，符合憲政文明國家維護基本權利的價值理念，亦合於全球化下每個人皆有可能成為外國人的平權預設，應值得贊許。惟追求人權保障普世價值，應不是脫口而出的儀式性語言，而是一種需要以實踐去證明的原則！」

《移民法》第36條之授權範圍，甚為廣泛。亦有學者指出外國人在我國居留，其居留地位朝不保夕。行政機關隨時可以運用廣泛的裁量權與不確定法律概念，逕行將外國人驅逐出境。即便取得永久居留權的人，被驅逐前也沒有請求正式聽證或法院審判的機會。程序保障已經少得可憐的行政程序法，更明文把「外國人出、入境」排除在行政程序法的保障範圍之外。依此，「居留」根本不被當成是一種「權利」來看待，而只是純粹的「特惠」（即使取得「永久居留」）。被侵害者不敢聲張、不敢反抗，因為很可能就會被立即驅逐出境。而政府機關對付「惹麻煩」的外國人，最簡單的方法居然不是保護他們，而是「趕出去」[14]。因此，在具體個案

---

[14] 廖元豪，「外國人在臺灣」：排外主義的外人法制，臺灣法律網，http://www.lawtw.com/article.php?template=article_content&area=free_browse&parent_path=,1,784,&job_id=61759&article_category_id=1169&article_id=30318（瀏覽日期：2019年8月13日）。

中，其裁量及處分亦應遵守相關之行政法原則，以取得平衡。

（二）應強制驅逐出國原因

1. 違反第4條第1項規定，未經查驗入國

　　外國人之入國，須遵守一定之程序。經由主管機關所開放之機場、港口始得入國，並經過查驗程序，以確認其身分與申請之居停留事由。如未經過查驗程序，屬於違規行為，依法得加以裁罰，並執行驅逐出國。

　　外國人須隨身攜帶旅行證件，如其護照上未蓋經過查驗章，自然不得申請居留證。或其本身無身分證件，經查詢其外來人口流水編號，並無此紀錄時，可能即屬於未經查驗入國者。

　　或以偷渡進入我國之外國人，其偷渡之行為，屬於未經許可入國之犯行，已違反《入出國及移民法》第74條：「違反本法未經許可入國或受禁止出國處分而出國者，處三年以下有期徒刑、拘役或科或併科新臺幣九萬元以下罰金。違反臺灣地區與大陸地區人民關係條例第十條第一項或香港澳門關係條例第十一條第一項規定，未經許可進入臺灣地區者，亦同。」

2. 違反第19條第1項規定，未經許可臨時入國

　　臨時入國，屬於有特殊或緊急之原因，而暫時進入我國之人。依《入出國及移民法》規定，該當事人或其代理人應向主管機關提出申請，如未經申請許可，即非合法之行為，依法主管機關即得加以對其執行驅逐出國。

　　一般有可能是乘客有突發性重大疾病或航空器故障等原因，或短暫停留轉機，而安排欲入境之行程。

（三）得強制驅逐出國

　　對於有下列九款其中之一者，內政部移民署得強制驅逐出國，或限令其於十日內出國，逾限令出國期限仍未出國，移民署得強制驅逐出國：

1. 入國後，發現有第18條第1項及第2項禁止入國情形之一

　　本款屬於後續發現外國人有禁止入國之情事，於最初入國查驗時未發

現，事後如有事實證據，足以認爲外國人違反《入出國及移民法》第18條之情形，得加以驅逐出國。即撤銷原來核准之處分，使其合法入國之資格失其效力。

由法院判決指出：列爲禁止入國對象之情形，包括：(1)「外國人有下列情形之一者，入出國及移民署得禁止其入國：……十一、曾經被拒絕入國、限令出國或驅逐出國。」「外國人有下列情形之一者，入出國及移民署得強制驅逐出國：……二、入國後，發現有第十八條禁止入國情形之一。」「外國人有下列情形之一者，入出國及移民署得暫予收容，並得令其從事勞務：一、受驅逐出國處分尚未辦妥出國手續。」「前項收容以六十日爲限；必要時，入出國及移民署得延長至遣送出國爲止。」「受收容之外國人無法遣送時，入出國及移民署得限定其住居所或附加其他條件後，廢止收容處分。」《入出國及移民法》第18條第1項第11款、第36條第1項第2款、第38條第1項第1款、第2項、第4項分別定有明文。又「下列事項不適用本法之程序規定：……二、外國人出入境、難民認定及國籍變更之行爲。」《行政程序法》第3條第3項第2款亦有明文規定。(2)按是否准許外國人出入境，事涉國家主權之行使，爲國家統治權之表徵，故主管機關是否准許外國人出入境，自較一般之行政行爲享有更高之裁量自由，其相關之行政程序亦無行政程序法之適用。

本件被上訴人依據外交部領事事務局函，依法將上訴人列爲禁止入國對象，期間十年（自2007年6月15日至2017年6月15日），原審認其係具有構成要件效力之處分，固無違誤，惟因該管制行爲係國家主權之行使，並無行政程序法程序規定之適用，故被上訴人未如一般行政處分作成書面並通知上訴人，尚無上訴意旨所指違反行政程序法之規定。又被上訴人依《入出國及移民法》第38條第1項第1款、第2項所作成之暫予收容處分及延長收容處分，係管制外國人出入境之國家主權行使行爲，此與司法院釋字第588號解釋係針對行政執行法關於「管收」之規定所作解釋，二者處分之依據及限制人身自由之情況並不相同，無從比附援引[15]。

---

[15] 原判決並無違誤，上訴論旨，仍執前詞，指摘原判決違背法令，求予廢棄，爲無理由，應予駁回。最高行政法院100年判字第1958號行政判決。

　　行政機關對於外國人簽證申請之准駁，固係國家主權之行使，且外國人出、入境事項，與外交事務有關，除應維護國家利益外，並涉及高度政治性，《行政程序法》第3條第3項第2款明定外國人出、入境事項不適用該法之程序規定，惟就該法之實體規定仍應適用；1966年聯合國大會通過之《公民與政治權利國際公約》，我國於2009年3月31日經立法院以條約案方式通過，並於同年4月22日制定公布《公民與政治權利國際公約及經濟社會文化權利國際公約施行法》，同年12月10日施行。《公民與政治權利國際公約》第12條規定：「一、在一國領土內合法居留之人，在該國領土內有遷徙往來之自由及擇居之自由。二、人人應有自由離去任何國家，連其本國在內。三、上列權利不得限制，但法律所規定、保護國家安全、公共秩序、公共衛生或風化、或他人權利與自由所必要，且與本公約所確認之其他權利不牴觸之限制，不在此限。四、人人進入其本國之權，不得無理褫奪。」而依《公民與政治權利國際公約》第28條設立人權事務委員會，負責該公約之監督與執行。《公政公約》第40條第4項並進一步規定：「委員會應研究本公約締約國提出之報告書。委員會應向締約國提送其報告書及其認為適當之一般性意見。委員會亦得將此等一般性意見連同其自本公約締約國收到之報告書副本送交經濟暨社會理事會。」人權事務委員會據此，於1986年作成第15號一般性意見，其內容略謂：「公約不承認外國人有權進入某一締約國的領土或在其境內居住。原則上，該國有權決定誰可以入境。但是，在某些情況下，例如涉及不歧視、禁止非人道處遇和尊重家庭生活等考量因素時，外國人甚至可以享有入境或居留方面的公約保障。」

　　法院認為：依原告阮氏荷起訴之主張，本件並非單純外國人入境之簽證申請事件，而係關於國人之外籍配偶居留簽證申請事件，在尊重家庭生活之考量下，依前開人權事務委員會第15號一般性意見，該外籍配偶入境及居留均受公約保障。且行政機關就該外籍配偶簽證申請所為之准駁決定，其性質屬《行政程序法》第92條第1項之行政處分，因此所生之爭執，仍屬公法上之爭議，依《行政訴訟法》第2條規定，在法律別無規定將此部分爭議排除在行政訴訟審判權範圍外之情形下，不服行政機關對

於簽證申請所為之行政處分者，自得依行政訴訟法相關規定提起行政訴訟，此時僅行政法院應否考量該處分涉及國家利益維護並具高度政治性，與一般行政行為有間，而予以較低密度之審查而已，尚非司法不得介入審查[16]。因此，有關涉及家庭團聚之入國申請，屬於得救濟之範圍。

2. 違反依第19條第2項所定辦法中有關應備文件、證件、停留期間、地區之管理規定

對於申請臨入國之外國人，主管機關得予限定在一定地區、期間內活動，如違反核准之範圍，即構成使原來之處分，失其效力。外國人有此違反行為，主管機關即得予以制止及驅逐出國。

3. 違反第20條第2項規定，擅離過夜住宿之處所

申請過境轉機之外國人，屬於行程上之安排需在我國暫留一段時間，為避免利用此空檔有不法偷渡或協助非法出國等違法活動。因此，在我國之移民法中，有此條款之規定。

4. 違反第29條規定，從事與許可停留、居留原因不符之活動或工作

本款有二個重點，一者該外國人之居停留資格與其活動目的不符；其二，為未申請工作證而非法工作之意。

(1) 與許可停留、居留原因不符之活動

外國人簽證目的係在對來訪之外國人能先行審核過濾，確保入境者皆屬善意以及外國人所持證照真實有效且不致成為當地社會之負擔。簽證乃入境國依法事前對於入境者之審核許可，屬於國家主權行為。然而，有些國家衡酌相關因素，亦有可能採取「免簽證」或「落地簽證」政策，以吸引更多外國遊客或國際貿易者。然而若入境者持偽、變造簽證、護照或冒用護照將是犯罪行為，除不得入境外，亦將可能受到處罰。再者，雖取得簽證，但是在入境之時，亦可由入出國移民審查官員審視其入境之目的與簽證目的是否相符，若有懷疑，亦將可能無法入境。入境後，亦可能因從事與簽證目的不符之活動或其他違法行為，而遭到遣返或驅逐出境。更有

---

[16] 臺北高等行政法院105年訴字第409號行政判決。

進者，外交部爲防範東南亞各國人民藉虛僞婚姻名義入境我國從事打工賣淫等不法或與簽證目的不符之活動，已規定該等地區人士申辦婚姻用身分證明文件或簽證時，均需請其本人親至我駐外館處面談申請，駐外館處同時審核當事人之相關資料，俾利事先面談查察，以維護公益安全，促進人權保障[17]。

有關外國人之停留資格與其活動目的不符之個案，例如Hydis關廠韓國工人被強制驅逐出國案：本案爲Hydis關廠8名韓國工人跨海來臺，以絕食、靜坐、抗議等方式，希望向臺灣的東家永豐餘、元太科技爭權益案，移民署依警方調查事實認定，韓籍鄭○田等8人，停留與其活動之目的不符，並有危害我國公共安全之虞，均強制驅逐出境，並列爲禁止入境名單。

本案鄭某等人不服打行政訴訟救濟，要求撤銷相關處分，臺北高等行政院認定，韓籍8名工人來臺違法事證明確，也與旅行目的不符，判8人敗訴訴。警方調查指出，鄭某等8名韓籍工人於2015年5月25日來臺後，從5月26日起到6月3日爲止，涉及在永豐餘大樓公司總部的違法陳情抗議活動，其間與警方執法人員發生推擠衝突，另在北市仁愛路陳抗地點搭設靈堂、帳棚、懸掛標語、焚香祭拜及夜宿等行動，後來還率眾到總統府前的凱達格蘭大道上陳情抗議，經警方制止不理，與警方發生嚴重推擠和肢體衝突等。警方認定，鄭某等8人所爲，已有危害我國公共安全、公共秩序之虞，且均與登記來臺旅行的目的不符，因此除2015年6月10日以違反社會秩序維護法將每人各處2,000元罰鍰外，並火速將8人強制驅逐出境，且列爲禁止入境名單[18]。

(2) 與許可停留、居留原因不符之工作

曾發生越南來臺旅客集體逃跑，勞動部指出，如果雇主聘僱非法移工，最高可處新臺幣75萬元罰鍰，民眾檢舉移工非法工作也可獲得檢舉獎金。根據勞動部統計，2017年查獲聘僱未經許可的外國人裁處案件高達

---

[17] 蔡庭榕，論外國護照簽證、查驗與反恐執法，發表於第3屆恐怖主義與國家安全學術研討會論文集，頁153。

[18] 自由時報，Hydis關廠韓國工人被法院打臉敗訴判強制驅逐出國有理，2016年8月11日。

1,830件，由於這些移工可能在臺灣打黑工，勞動部特別發出聲明強調，如果雇主聘僱未經許可的外國人在臺灣工作，將可依法處15萬元到75萬元罰鍰。勞動部指出，過去常發生外國人自稱是外籍移工或學生身分來應徵工作，雇主因未再核對外國人外僑居留證及工作許可等資料正本，導致遭查獲違反法規而受罰。依法雇主應合法申請聘僱外國人從事工作，若外國人主張其不需申請工作許可或已取得工作許可，雇主仍應審慎檢查外國人相關證明文件後才聘僱外國人工作。民眾檢舉非法雇主或非法工作外國人而查獲的案件，依查獲人數或案件態樣核發獎勵金2,000元至5,000元[19]。

　　有關與申請停留、居留目的不符之工作個案中。法院認為：行為時《入出國及移民法》第33條規定：「外國人停留、居留及永久居留辦法，由主管機關定之。」又行為時《外國人停留居留及永久居留辦法》第1條及第5條第1項規定：「本辦法依入出國及移民法（下稱本法）第三十五條規定訂定之。」「外國人持居留簽證入國後，應檢具下列文件及照片一張，向入出國及移民署申請居留，經許可者，發給外僑居留證：一、申請書。二、護照及居留簽證。三、其他證明文件。」又按行為時《入出國及移民法》第27條規定：「外國人在我國停留、居留期間，不得從事與申請停留、居留目的不符之活動或工作。」及行為時《就業服務法》第43條、第48條前段規定：「除本法另有規定外，外國人未經雇主申請許可，不得在中華民國境內工作。」「雇主聘僱外國人工作，應檢具有關文件，向中央主管機關申請許可。」是以，相對人就有關申請辦理或展延（移工）居留證發布相關須知，其中有關「展延」居留證申請者，除要求檢具申請書、繳驗護照、居留簽證正本、照片外，尚需檢附勞動部核准聘僱公文及在職證明。

　　本件A君既係以「受僱」事由，申請辦理及展延外僑居留證，相對人依據所公布之申請辦理或展延（移工）居留證須知，以97年4月25日函通知其檢附「在職證明書」及「勞委會核發之展延聘僱許可」等文件提出申請辦理，即無不合，抗告人並非以本件向相對人提出申請辦理及展延外僑

---

[19] 青年日報，越南團客集體逃跑勞動部：雇主聘黑工可罰75萬元，2018年12月26日。

居留證,故本件非對人民之請求有所准駁,本件通知性質上僅爲事實通知函而已,對外並不生一定法律上之效果,自難謂屬行政處分性質;而97年9月3日函之主旨,係函復訴外人王○代抗告人A君提出之陳訴案,僅在說明要求A君提出在職證明係屬申請展延外僑居留證之必備文件,其性質,亦僅函復陳訴案件,非對人民之請求有所准駁,對外仍不生其一定法律上之效果,亦難謂屬行政處分性質。據上,原裁定以前揭函文非屬行政處分之由而駁回抗告人之訴,依前揭規定及說明,並無不合。另抗告人王○並非前揭函文之相對人及利害關係人,其逕自提起本件訴訟,於法亦有未合,原裁定予以駁回,亦無不合。

抗告人主張行政院勞工委員會雖提及A君嗣果因未檢具展延聘僱許可函憑辦而遭強制驅逐出國等語,惟該強制驅逐出國之法律效果,尚非直接肇基於97年4月25日函文,乃因A君未檢具展延聘僱許可函憑辦居留所致,抗告人對之容有誤解,不足援爲有利抗告人之認定[20]。

5. 入國後發現外國人有危害我國利益、公共安全或公共秩序之虞

《入出國及移民法》第18條第1項規定:「外國人有下列情形之一者,入出國及移民署得禁止其入國:……十三、有危害我國利益、公共安全或公共秩序之虞。……」第3條規定:「本法用詞定義如下:……七、停留:指在臺灣地區居住期間未逾六個月。八、居留:指在臺灣地區居住期間超過六個月。……」第4條第1項規定:「入出國者,應經內政部入出國及移民署查驗;未經查驗者,不得入出國。」第22條第1項規定:「外國人持有效簽證或適用以免簽證方式入國之有效護照或旅行證件,經入出國及移民署查驗許可入國後,取得停留、居留許可。」

同法第29條規定:「外國人在我國停留、居留期間,不得從事與許可停留、居留原因不符之活動或工作。合法居留者,其請願及合法集會遊行,不在此限。」第36條第2項規定:「外國人有下列情形之一者,入出國及移民署得強制驅逐出國,或限令其於十日內出國,逾限令出國期限仍未出國,入出國及移民署得強制驅逐出國:一、入國後,發現有第

---

[20] 最高行政法院100年裁字第254號行政裁定。

十八條第一項及第二項禁止入國情形之一。……四、違反第二十九條規定，從事與許可停留、居留原因不符之活動或工作。……」第4項：「入出國及移民署依規定強制驅逐外國人出國前，應給予當事人陳述意見之機會；……」《入出國及移民法施行細則》第19條規定：「外國人在我國停留、居留期間，從事簽證事由或入國登記表所填入國目的以外之觀光、探親、訪友及法令未禁止之一般生活上所需之活動者，不適用本法第三十六條第二項第四款規定。」

　　《禁止外國人入國作業規定》第5點第1項規定：「外國人有危害我國利益、公共安全、公共秩序或從事恐怖活動之虞者，其禁止入國期間如下，應提請內政部入出國及移民案件審查會審核，依其決議辦理：……（八）其他有危害我國利益、公共安全或公共秩序之虞，禁止入國二年至五年；情節嚴重，得禁止入國至十年。」

　　因此，依《移民法》第29條規定：「外國人在我國停留、居留期間，不得從事與許可停留、居留原因不符之活動或工作。」違反者，移民署得對其強制驅逐出國。

6. 違反入出國及移民署依第30條所定限制住居所、活動或課以應行遵守之事項

　　本款之情形較少發生。本款之目的在於限制外國人活動之區域，以免影響國內之治安秩序。

7. 違反第31條第1項規定，於停留或居留期限屆滿前，未申請停留、居留延期。但有第31條第3項情形者，不在此限

　　對於外國人逾期居停留問題，立法院委員曾提案指出：(1)近年我國因推動觀光及引進大量外籍勞工，外國人進出國境頻繁，相對的逾期人數也逐年成長、居高不下，對於國內之治安、社會安定、國家安全造成潛在威脅，然而現行法對於逾期停留或居留者僅處以新臺幣2,000元以上1萬元以下罰鍰，加上鼓勵自行到案之政策，對於逾期而自行到案者，可免予收容，而在三十日內自行離境即可。(2)根據內政部統計，外國人逾期停留人數從2014年的16,935人成長到2017年的20,303人；逾期居留由2014年

48,776人成長到2017年56,190人。其中以逃跑移工為最多,近年雖然加強查處,但行蹤不明總人數仍持續增加,形成抓得愈多、逃得愈多的情形。(3)根據內政部移民署2016年自行研究報告,經比較鄰近國家法制及執行狀況,亦認為目前罰則太輕,且無其他配套管制措施,鼓勵自行到案措施過於寬鬆,但又宣導不足,以致於在逃逸移工間以訛傳訛,對於國家公權力行使亦有傷害。因此,除了相關配套措施之外,應該提升裁罰之質量[21]。依法對於停留或居留期限屆滿,未申請停留、居留延期者,原則上得加以驅逐出國。

8. 有第31條第4項規定情形,居留原因消失,經廢止居留許可,並註銷外僑居留證

外國人之居留原因消失,經廢止居留許可,並註銷外僑居留證時,主管機關對其得加以驅逐出國。

如有特殊情形,得准予繼續居留。依入出國及移民法部分條文修正草案總說明(107.12.5)指出:《入出國及移民法》第31條第4項擬修正為:「移民署對於外國人於居留期間內,居留原因消失者,廢止其居留許可,並註銷其外僑居留證。但有下列各款情形之一者,得准予繼續居留:一、因依親對象死亡。二、外國人為臺灣地區設有戶籍國民之配偶,其本人遭受配偶身體或精神虐待,經法院核發保護令。三、外國人於離婚後取得在臺灣地區已設有戶籍未成年親生子女權利義務之行使或負擔、對其有撫育事實或會面交往。四、外國人為臺灣地區設有戶籍國民之配偶,因遭受家庭暴力離婚且未再婚。五、因居留許可被廢止而遭強制出國,對在臺灣地區已設有戶籍未成年親生子女造成重大且難以回復損害之虞。六、外國人與本國雇主發生勞資爭議正在進行爭訟程序。七、外國人發生職業災害尚在治療中。八、刑事案件之被害人、證人有協助偵查或審理之必要,經檢察官或法官認定其到庭或作證有助於案件之偵查或審理。九、依第二十一條規定禁止出國。」

其修法之說明,主要考量:「一、配合民法監護權用語修正為未成年

---

[21]　立法院議案關係文書,院總第1684號,頁71。

子女權利義務之行使或負擔，並保障於離婚後對於在臺灣地區已設有戶籍未成年親生子女具有撫育事實或會面交往者，得以繼續在臺灣地區居留，俾維護渠等居留權益，並兼顧未成年親生子女之利益，爰修正第4項第3款。其中之會面交往係參酌《國籍法》第4條第1項第3款規定予以增列。二、為保障外籍配偶在臺之家庭團聚權，及參酌《國籍法》第4條第1項第2款規定，外國人為臺灣地區設有戶籍國民之配偶，因遭受家庭暴力離婚且未再婚，應准予其在臺繼續居留，爰修正第4項第4款。三、考量外國人在我國工作若不幸發生職業災害，雖然原居留原因消失，卻仍有繼續醫療之必要時，仍可准其繼續居留，爰增訂第4項第7款。

　　另四、為促進刑事司法權之實現及符合實務運作之需要，爰增訂第4項第8款及第9款，定明為刑事案件之被害人或證人，經檢察官或法官認定其到庭或作證確實有助於案件之偵查或審理者，以及依現行第21條規定禁止出國者，得准予其繼續居留。五、為保障有第4項第3款、第5款情形之外籍配偶於子女成年時之家庭團聚權，爰增訂第5項。六、為保障曾為居住臺灣地區設有戶籍國民之配偶，且曾在我國合法居留之外國人，取得在臺灣地區已設有戶籍未成年親生子女權利義務之行使或負擔、對其有撫育事實或會面交往者，得於在我國合法停留期間，重新申請居留，爰增訂第6項，俾維護渠等居留權益，並兼顧未成年親生子女之利益。」[22]

9. 有第32條第1款至第3款規定情形，經撤銷或廢止居留許可，並註銷外僑居留證

　　外國人經撤銷或廢止居留許可，並註銷外僑居留證之情形有多種。例如依《入出國及移民法》第9條第1項第3款、第32條第5款及第33條第6款規定，外國人歸化取得我國國籍者，得向內政部移民署申請臺灣地區居留，經許可者核發臺灣地區居留證；另廢止其原外國人居留或永久居留許可，並註銷其外僑居留證或永久居留證。依《國籍法》第9條第2項撤銷歸化許可者，《行政程序法》第123條第4款及第122條規定，由內政部移民

---

[22] 入出國及移民法部分條文修正草案總說明，https://gec.ey.gov.tw/File/D85EC40941331E46?A=C（瀏覽日期：2019年8月13日）。

署依職權廢止其臺灣地區無戶籍國民（下稱無戶籍國民）居留許可，並依職權將原廢止外國人居留或永久居留許可之行政處分廢止（回復原外國人身分）。未依《國籍法》第9條第1項規定於一年內提出喪失原有國籍證明，經內政部撤銷歸化許可案件，處理方式如下：1.歸化前原持外僑居留證者：(1)原居留原因仍存在者：由居住地服務站通知當事人到站，廢止其無戶籍國民居留許可，註銷臺灣地區居留證，並將原廢止外國人居留許可之行政處分廢止，核發原經註銷之外僑居留證；倘原註銷之居留證已逾效期，依規定收取規費後辦理居留延期，俾利於嗣後申請永久居留或再申請歸化。(2)原居留原因不存在者：依《入出國及移民法》第9條第6項規定廢止其居留許可，限期出國。2.歸化前原持外僑永久居留證者：由居住地服務站通知當事人到站，廢止其無戶籍國民居留許可，註銷臺灣地區居留證，並將原廢止外國人永久居留許可之行政處分廢止，核發原經註銷之外僑永久居留證[23]。

10. 有第33條第1款至第3款規定情形，經撤銷或廢止永久居留許可，並註銷外僑永久居留證

三、驅逐出國之執行程序

（一）概說

《入出國及移民法》第36條第3項至第5項：「入出國及移民署於知悉前二項外國人涉有刑事案件已進入司法程序者，於強制驅逐出國十日前，應通知司法機關。該等外國人除經依法羈押、拘提、管收或限制出國者外，入出國及移民署得強制驅逐出國或限令出國。

入出國及移民署依規定強制驅逐外國人出國前，應給予當事人陳述意見之機會；強制驅逐已取得居留或永久居留許可之外國人出國前，並應召開審查會。但當事人有下列情形之一者，得不經審查會審查，逕行強制驅

23　內政部107年3月20日台內戶字第1071250912號函。

逐出國：一、以書面聲明放棄陳述意見或自願出國。二、經法院於裁判時併宣告驅逐出境確定。三、依其他法律規定應限令出國。四、有危害我國利益、公共安全或從事恐怖活動之虞，且情況急迫應即時處分。

第1項及第2項所定強制驅逐出國之處理方式、程序、管理及其他應遵行事項之辦法，由主管機關定之。

第四項審查會由主管機關遴聘有關機關代表、社會公正人士及學者專家共同組成，其中單一性別不得少於三分之一，且社會公正人士及學者專家之人數不得少於二分之一。」

對於驅逐外國人出國之程序，立法院有委員提案要求：1.依《公民與政治權利國際公約》第9條第4項規定：「任何人因逮捕或拘禁而被剝奪自由時，有權聲請法院提審，以迅速決定其拘禁是否合法，如屬非法，應即令釋放。」另依據《公民與政治權利國際公約》第15號一般性意見對於外國人地位之保障，外國人享有充分的自由權利和人身安全，倘被合法地剝奪自由，應獲人道待遇，且其固有的人身尊嚴亦應受尊重。2.依據《憲法》第8條人民因犯罪嫌疑被逮捕拘禁時，其逮捕拘禁機關應將逮捕拘禁原因，以書面告知本人及其本人指定之親友，並遲於24小時內移送該管法院審問。本人或他人亦得聲請該管法院，於24小時內向逮捕之機關提審。法院對於前項聲請，不得拒絕，並不得先令逮捕拘禁之機關查覆。逮捕拘禁之機關，對於法院之提審，不得拒絕或遲延。清楚載明受人身自由剝奪之人可向法院聲請提審，惟上揭憲法所保障之提審權並未明訂於本法之中。3.《入出國及移民法》第36條第2項對於已取得居留、永久居留許可之外國人保障不足，就驅逐出國（境）之處分之審查會，其委員之組成應有三分之二以上之民間團體、專家學者組成，使該審查會之審議機制較為中立、客觀，值得參考。[24]

（二）執行查察之程序

有關查緝非法移工，2007年立法院修正《入出國移民法》時，賦予內

---

[24] 立法院第8屆第6會期第16次會議議案關係文書，頁36。

政部移民署執行查察逾期停留、居留、非法入出國、收容或遣送職務時，得配帶戒具或武器的完整司法警察權。因此查緝移工的業務應該要回歸到移民署，而非編專案算積分鼓勵一般員警來執行。就算要由警察來協助執行此業務，從移工的例子也顯示出目前「行蹤不明」系統與「安置」系統是兩個沒有連線也缺乏整合的系統。在地方警察發現個案時，也沒有先去查看這兩個系統中登錄的資料，而是先行押送[25]。

　　人身自由是重要的基本權利，為人類一切自由、權利之根本，任何人不分國籍均應受保障，此為現代法治國家共同之準則。我國《憲法》第8條關於人身自由之保障亦應及於外國人，使與本國人同受保障，司法院釋字第708號理由書已清楚敘明。押送涉及人身自由的基本權利，警政作為第一線執行的單位，未對移工的實際情況進行瞭解就直接押送的做法，更是違背了憲法對人身自由的保障。警政署應該檢討目前先行押送的實務做法，建立以移工情形查核為押送與否之前提的程序。

　　另在執行上內政部移民署應落實收容必要性的實質審查，並強化替代收容，因人身自由是重要的基本權利，司法院釋字第708號亦已清楚指出我國《憲法》第8條關於人身自由之保障亦應及於外國人。移民署對遭註記為行方不明的移工，所進行的暫予收容處分，係於一定期間拘束受收容外國人於一定處所，使其與外界隔離，亦屬剝奪人身自由，係嚴重干預人民身體自由之強制處分。因此移民署為此強制處分，應符合基本權保障原則，除了應該遵守干預保留之依法行政原則，行政權之行使亦應符合比例原則，謹守均衡性、必要性及適合性原則。依《入出國及移民法》第38條之規定，由移民署收容之前提為外國人受強制驅逐出國處分，有該條第一項所列各款情形之一，且不予收容顯難強制驅逐出境。因此移民署應先證明何以非得收容該當事人，有收容之必要性才能由主管機關進行收容。

　　有論者主張目前做法卻是相反，先逕行將須被遣返者收容，受收容人反得透過提出異議或是提審的方式才能主張自己的人身自由權。這種本末

25　立法院議案關係文書中華民國106年10月24日印發，質詢時間：中華民國106年10月20日立法院第9屆第4會期第5次會議，對行政院院長報告施政方針之質詢－尤美女－內政組－主題一：保障在臺外籍移工人權，共創新南向友好契機，頁15-17。

倒置的狀況，顯示出移民署對於收容對外國人人身自由之侵害缺乏意識，以致無從以限制人身自由為最後手段性之思維出發，才屢以收容作為優先做法。

　　以移工被通報安置，且安置於移工團體多月，皆未有行方不明或逃逸之虞，實在礙難認定移工之情況符合暫予收容之前提要件，當移工被押送到移民署手上時，移民署在認定該名移工是否符合收容的前提上，也未經查證即逕處以收容處分。

　　即使移民署認為仍應該要予以收容，那麼也應該要謹守侵害最小原則，擇取對人民權利侵害最小之手段，亦即以《入出國及移民法》第38條第2項之收容替代處分為優先。所謂的「替代收容」即為透過社區安置的方式來替代主管機關的集中收容，以降低對當事人人身自由權利的侵害，周全基本權利保障。

　　目前在外國人收容安置的工作上，移民署有與民間團體合作，委託民間團體設置的安置中心協助政府進行安置，《入出國及移民法》第38條第2項也給予移民署行政裁量的空間，得予以收容替代處分。但是有關收容替代的規定，卻未為第一線人員優先執行，甚至該法第38條之1的規定反而架空了移民署的行政裁量。面對將遭驅逐出境的外國人，移民署應檢討目前的收容做法，落實收容必要性的實質審查，並強化替代收容的措施，根本地以替代收容來取代移民署的集中收容方式[26]。上述之意見，亦值得重視、參考。

（三）驅逐出國處分書

　　有關應強制驅逐出國之外國人於作成「強制驅逐出國處分」前自行出國者，是否仍應開立處分書之問題。

　　依《行政程序法》第110條第3項、第4項規定，行政處分除自始無效外，在未經撤銷、廢止或未因其他事由而失其效力前，其效力繼續存在。一般而言，行政處分具有存續力、構成要件效力、確認效力及執行力。又

---

[26] 同前註25。

有效之先前行政處分成為後行政處分之構成要件事實之一部分時，則該先前之行政處分因其存續力而產生構成要件效力（最高行政法院97年度判字第1086號判決參照），亦即涉及先前由行政處分所確認或據以成立之事實（先決問題），及嗣後其他機關裁決之既定的構成要件，對其他機關法院或第三人有拘束效果（臺灣臺北地方法院85年度訴字第3777號判決參照）。至於具有執行力之行政處分，限於因處分而有作為或不作為義務者，即所謂下命處分，此類行政處分一旦生效，即有執行力，在相對人不自動履行行政處分設定之義務時，通常行政機關得對其進行「行政強制執行」，以強制手段使其履行義務，或逕以公權力實現與履行義務相同之狀態[27]。

　　依法應強制驅逐出國之外國人，於作成「強制驅逐出國處分」前自行出國者，是否仍應開立處分書疑義乙節，查《入出國及移民法》第18條第1項第11款規定：「外國人有下列情形之一者，入出國及移民署得禁止其入國：……十一、曾經被拒絕入國、限令出國或驅逐出國。……」第32條第8款及第33條第8款分別規定：「入出國及移民署對有下列情形之一者，撤銷或廢止其（永久）居留許可，並註銷其（永久）外僑居留證：……八、受驅逐出國。」準此，「外國人曾被驅逐出國」係入出國及移民署得以禁止該外國人再次入國，或撤銷、廢止其（永久）居留許可，並註銷其（永久）外僑居留證之法定原因之一。是以，如作成「強制驅逐出國處分」將得作為日後禁止該外國人入國之事由，而產生「構成要件效力」。從而，縱於強制驅逐出國處分作成前，該外國人已自行出國而無庸行政強制執行，惟仍有作成強制驅逐出國處分之實益及必要[28]。

（四）驅逐出國前之續予收容

1. 行政收容

　　依辦理行政訴訟事件應行注意事項部分修正規定——適用簡易訴訟程

---

[27] 吳庚，行政法之理論與實用，13版，頁376；陳敏（2011），行政法總論，7版，頁392。引自法務部法律字第10703502510號。

[28] 法務部法律字第10703502510號。

序之事件，如下：

(1)《行政訴訟法》第229條第2項第5款所稱之行政收容事件，係指下列因收容涉訟之行政訴訟事件，不論其訴訟標的如涉及金額或價額是否在新臺幣40萬元以下：不服內政部移民署（以下簡稱移民署）關於具保、定期報告生活動態、限制住居、定期接受訪視及提供聯絡方式等收容替代處分涉訟。

(2)除收容替代處分外，其他關於因《入出國及移民法》（以下簡稱移民法）之收容所生而涉訟者。例如：不服移民署拒絕受收容人申請作成收容替代處分之決定；或不服移民署以違反收容替代處分所命義務而為沒入保證金之處分，所提起之行政訴訟。提起前二目之行政訴訟，合併請求損害賠償或其他財產上給付者（《行政訴訟法》第229條第2項第5款）。

(3)不服移民署依移民法所為之暫予收容處分，《行政訴訟法》已於第二編第四章增訂收容聲請事件之即時司法救濟程序；又不服收容前之強制驅逐出國等原因處分，並非因收容所生而涉訟，是前述二者涉訟之行政訴訟事件，不在第3款所稱行政收容事件之列[29]。

2. 驅逐出國前之收容

為遵照司法院釋字第708號解釋，有關外國人收容之修正，入出國及移民法部分條文修正草案總說明：「入出國及移民法（以下簡稱本法）於88年5月21日制定公布，並自同日施行，迄今已歷經六次修正。為遵照司法院釋字第708號解釋，有關外國人收容應符合『法官保留』原則之意旨，並為落實『公民與政治權利國際公約』第9條第4項有關人民自由受剝奪時，有權向法院即時提出救濟之規範，以及回應國際人權專家學者對我國『公民與政治權利國際公約』、『經濟社會文化權利國際公約』初次國家報告所提出之意見，且配合實務作業所需，本法有關外國人強制驅逐出國及收容制度等規定，實有予以修正之必要，並應增訂相關配套措施，以確實保障人權，爰擬具本法部分條文修正草案，其修正要點如下：[30]

---

[29] 司法院公報，第57卷第3期，2015年3月，頁158-159。

[30] 立法院第8屆第5會期第6次會議議案關係文書，頁72-73，2014年4月16日，案由：行政院函

　　一、修正臺灣地區無戶籍國民之強制出國及收容，準用本法關於外國人之相關規定，俾符權益衡平原則及保障其人身自由權利。（修正條文第15條）

　　二、入出國及移民署知悉外國人涉有刑事案件已進入司法程序者，於強制驅逐出國十日前，應先通知司法機關，以加強相關機關間之橫向聯繫；又增列入出國及移民署於執行強制驅逐出國前，應給予合法入國外國人陳述意見之機會，俾符憲法上正當法律程序原則及維護其自由遷徙權利；另定明入出國及移民署召開強制驅逐外國人出國審查會之組成人員及相關要件，俾使強制驅逐出國之審查程序更為嚴謹。（修正條文第36條）

　　三、為符合司法院釋字第708號解釋有關行政機關強制驅逐外國人出國所需合理作業期間之意旨，修正入出國及移民署得為暫予收容處分之要件、期間及相關程序，另增列入出國及移民署經給予外國人陳述意見機會後，認以不暫予收容為宜，或有修正條文第38條之1、第38條之7等情形，得命其遵守收容替代處分，並例示得不暫予收容之情形及判斷依據，以符比例原則及維護其人身自由權利。（修正條文第38條、第38條之1）

　　四、為符合司法院釋字第708號解釋應給予受暫予收容處分人得即時向法院提出救濟之意旨，爰增訂受收容人或其親友對收容處分不服時，得向入出國及移民署提起收容異議，又增列入出國及移民署收受異議後，除認收容異議有理由，而撤銷或廢止原收容處分外，應於24小時內將受收容人連同收容異議書或相關卷宗資料，移送法院審理之要件、程序及排除期間等相關規定。（修正條文第38條之2、第38條之3）

　　五、為符合司法院釋字第708號解釋有關收容應符合『法官保留』之意旨，增訂暫予收容期間屆滿前，入出國及移民署認有續予收容之必要，應向法院聲請裁定續予收容；續予收容期間屆滿前，入出國及移民署認有延長收容之必要，應向法院聲請裁定延長收容，以及續予收容期間，最長不得逾四十五日，延長收容期間，最長不得逾六十日。（修正條文第38條之4）

　　請審議「入出國及移民法部分條文修正草案」案。

六、為明確釐清受收容人涉有刑事案件時，司法及行政機關權責之分際，避免以往實務上以行政收容代替刑事羈押之流弊，故除增訂於本法本次修正條文施行前之收容人仍適用修正施行前折抵刑期或罰金數額之規定外，又增列本法本次修正之條文施行前，已經入出國及移民署收容之受收容人，於修正施行後尚未執行完畢，有關人身自由權利保障及應如何適用法律之相關規定，以有效維護當事人權益，及釐清法律適用疑義。（修正條文第38條之5）

七、為適度維護收容秩序，增訂入出國及移民署作成暫予收容處分，或法院裁定准予續予收容或延長收容後，外國人因收容原因消滅或無收容之必要，入出國及移民署得依職權廢止暫予收容處分或停止收容，並增訂外國人違反相關應遵守事項之法律效果，以期完善。（修正條文第38條之7、第38條之8）

八、為增進行政效率節省司法資源，爰增列法院審理收容異議、延長收容及續予收容裁定案件時，得以遠距審理方式為之，及其他相關事項之辦法，授權由行政院會同司法院訂定之規定。（修正條文第38條之9）」[31]

參、強制出境之法定要件與執行程序

一、強制出境之法定要件[32]

司法院釋字第710號解釋理由書指出：《兩岸關係條例》第10條第1項規定：「大陸地區人民非經主管機關許可，不得進入臺灣地區。」是在兩岸分治之現況下，大陸地區人民入境臺灣地區之自由受有限制（本院釋字第497號、第558號解釋參照）。惟大陸地區人民形式上經主管機關許可，

---

[31] 立法院第8屆第5會期第6次會議議案關係文書，頁72-73，2014年4月16日，案由：行政院函請審議「入出國及移民法部分條文修正草案」案。

[32] 參考許義寶（2019），同註13，頁91以下。

且已合法入境臺灣地區者，其遷徙之自由原則上即應受《憲法》保障（參酌《聯合國公民與政治權利國際公約》第12條及第15號一般性意見第6點）。除因危害國家安全或社會秩序而須爲急速處分者外，強制經許可合法入境之大陸地區人民出境，應踐行相應之正當程序（參酌《聯合國公民與政治權利國際公約》第13條、《歐洲人權公約》第7號議定書第1條）。尤其強制經許可合法入境之大陸配偶出境，影響人民之婚姻及家庭關係至鉅，更應審愼。

依《臺灣地區與大陸地區人民關係條例》第18條第1項規定：「進入臺灣地區之大陸地區人民，有下列情形之一者，內政部移民署得逕行強制出境，或限令其於十日內出境，逾限令出境期限仍未出境，內政部移民署得強制出境：一、未經許可入境。二、經許可入境，已逾停留、居留期限，或經撤銷、廢止停留、居留、定居許可。三、從事與許可目的不符之活動或工作。四、有事實足認爲有犯罪行爲。五、有事實足認爲有危害國家安全或社會安定之虞。六、非經許可與臺灣地區之公務人員以任何形式進行涉及公權力或政治議題之協商。」

違反前述第5款之規定，即有事實足認爲有危害國家安全或社會安定之虞。相關案例，近來發生對主張「武統」學者予以強制出境之案件：本案爲主張武力統一的中國學者李某，以觀光名義申請來臺，傳出他要到臺中市參加和平統一遊行，還要演講，移民署認定他違反規定，立刻廢止他的入境許可，要求他出境。移民署認爲，李某過去有多次發表武力統一的言論，有危害國家安全和社會安定的疑慮，當機立斷將他強制出境。內政部表示，臺灣是主權獨立國家，不容許用所謂的「武統論」來侵犯臺灣主權。後續李某也被列爲不受歡迎人士，未來會更嚴格被管制入境[33]。

另違反前述第1款，未經許可入境之情形。如入境違規之人，而未繳罰款者，採取予以強制出境處分。相關案例，如近來爲防範非洲豬瘟成爲政府的首要任務，桃園機場屢查獲對岸遊客帶豬肉來臺的案件。對於依法如無力支付20萬罰款，將予強制出境。其中有一組旅客請臺灣友人提供金

---

[33] 華視新聞，中「武統」學者找到了！強制驅逐出境，2019年4月12日。

錢、另一組將旅費和可提領現金湊齊，才順利進入臺灣。違反者依《兩岸人民關係條例》，予以強制出境。如為外國人，移民署依《入出國及移民法》第36條之強制驅逐出國授權，該外國人如果有攜帶「違禁品（豬肉製品）」，又無力繳付20萬罰款，移民署可撤銷其原入境許可，將旅客強制驅逐出境[34]。

二、強制出境之執行程序

（一）概說

　　依《臺灣地區與大陸地區人民關係條例》第18條第2項：「內政部移民署於知悉前項大陸地區人民涉有刑事案件已進入司法程序者，於強制出境十日前，應通知司法機關。該等大陸地區人民除經依法羈押、拘提、管收或限制出境者外，內政部移民署得強制出境或限令出境。」第3項：「內政部移民署於強制大陸地區人民出境前，應給予陳述意見之機會；強制已取得居留或定居許可之大陸地區人民出境前，並應召開審查會。但當事人有下列情形之一者，得不經審查會審查，逕行強制出境：一、以書面聲明放棄陳述意見或自願出境。二、依其他法律規定限令出境。三、有危害國家利益、公共安全、公共秩序或從事恐怖活動之虞，且情況急迫應即時處分。」第4項：「第一項所定強制出境之處理方式、程序、管理及其他應遵行事項之辦法，由內政部定之。」第5項：「第三項審查會由內政部遴聘有關機關代表、社會公正人士及學者專家共同組成，其中單一性別不得少於三分之一，且社會公正人士及學者專家之人數不得少於二分之一。」

　　另依《臺灣地區與大陸地區人民關係條例》第19條規定，臺灣地區人民依規定保證大陸地區人民入境者，於被保證人屆期不離境時，應協助有關機關強制其出境，並負擔因強制出境所支出之費用。同條例第20條規

---

[34] 今日新聞，帶違禁品（豬肉製品），無力繳付20萬罰款，強制驅逐出境，2019年1月18日。

定，臺灣地區人民有使大陸地區人民非法入境者，或非法僱用大陸地區人民工作者，亦應負擔強制出境所需之費用。前揭費用，屬公法上金錢給付義務，屆期不繳納者，依《行政執行法》第4條、第11條規定，得由強制出境機關移送法務部行政執行署所屬行政執行分署執行[35]。

（二）強制出境前之收容

對大陸地區人民之強制出境，依《臺灣地區與大陸地區人民關係條例》規定：「進入臺灣地區之大陸地區人民，有下列情形之一者，內政部移民署得逕行強制出境，或限令其於十日內出境，逾限令出境期限仍未出境，內政部移民署得強制出境：一、未經許可入境。二、經許可入境，已逾停留、居留期限，或經撤銷、廢止停留、居留、定居許可。三、從事與許可目的不符之活動或工作。四、有事實足認為有犯罪行為。五、有事實足認為有危害國家安全或社會安定之虞。六、非經許可與臺灣地區之公務人員以任何形式進行涉及公權力或政治議題之協商。」「前條第一項受強制出境處分者，有下列情形之一，且非予收容顯難強制出境，內政部移民署得暫予收容，期間自暫予收容時起最長不得逾十五日，且應於暫予收容處分作成前，給予當事人陳述意見機會：一、無相關旅行證件，或其旅行證件仍待查核，不能依規定執行。二、有事實足認有行方不明、逃逸或不願自行出境之虞。三、於境外遭通緝。

暫予收容期間屆滿前，內政部移民署認有續予收容之必要者，應於期間屆滿五日前附具理由，向法院聲請裁定續予收容。續予收容之期間，自暫予收容期間屆滿時起，最長不得逾四十五日。」《臺灣地區與大陸地區人民關係條例》第18條第1項、第18條之1第1項、第2項分別亦有明定；再按「入出國及移民署經依前項規定給予當事人陳述意見機會後，認有前項各款情形之一，而以不暫予收容為宜，得命其覓尋居住臺灣地區設有戶籍國民、慈善團體、非政府組織或其本國駐華使領館、辦事處或授權機構之

---

[35] 執行強制出境之樣態及負擔強制出境費用之義務人現行作業方式，2005年8月29日，參行政院大陸委員會網頁，https://www.mac.gov.tw/News_Content.aspx?n=B383123AEADAEE52&sms=2B7F1AE4AC63A181&s=E0063BBEA8948ADE（瀏覽日期：2019年8月14日）。

人員具保或指定繳納相當金額之保證金，並遵守下列事項之一部或全部等收容替代處分，以保全強制驅逐出國之執行：一、定期至入出國及移民署指定之專勤隊報告生活動態。二、限制居住於指定處所。三、定期於指定處所接受訪視。四、提供可隨時聯繫之聯絡方式、電話，於入出國及移民署人員聯繫時，應立即回覆。」「外國人有下列情形之一者，得不暫予收容：一、精神障礙或罹患疾病，因收容將影響其治療或有危害生命之虞。二、懷胎五個月以上或生產、流產未滿二個月。三、未滿十二歲之兒童。四、罹患傳染病防治法第三條所定傳染病。五、衰老或身心障礙致不能自理生活。六、經司法或其他機關通知限制出國。」此觀《入出國及移民法》第38條第2項、第38條之1第1項等規定自明，且依《臺灣地區與大陸地區人民關係條例》第18條之1第10項之規定，對於大陸地區人民亦準用之，是以為確保強制出境處分之執行，如有「無相關旅行證件，或其旅行證件仍待查核，不能依規定執行」、「有事實足認有行方不明、逃逸或不願自行出境之虞」、「於境外遭通緝」等情形之一，且無法定得不暫予收容之情形及有收容之必要性（即無為其他收容替代處分可能，非予收容顯難強制出境）者，自得予以收容。

本件受收容人於2017年10月22日以觀光個人旅行名義入境來臺，逾期停留在臺從事與許可目的不符之工作經遭警查獲。其已滯留臺灣多時，其逾期在臺期間透由馬伕載至汽車旅館為從事性交易工作，顯足認其有不願自行出境及行方不明之事實，而受收容人依法則無得不予收容之法定事由存在。衡酌聲請人所陳其欲受責付之人與其並非熟識，無法有效約束受收容人之行蹤，並衡量受收容人逾期停留在臺所從事非法許可工作之情形及其逾期停留期間之長短等情，經評估上開第三人梁某乃非得為具體適當有效可行之收容替代處分，足供擔保日後受收容人強制出境處分執行，受收容人收容原因繼續存在，並無得不予收容之法定事由存在，且受收容人仍有續予收容必要，其聲請停止收容為無理由，應予駁回[36]。

---

[36] 臺灣新北地方法院107年停收字第1號行政裁定。

（三）解除出境限制

　　有關大陸地區人民因欠繳罰鍰，依規定原應繳清全部罰鍰金額或提供相當擔保始得解除其出境限制之問題。

　　本件大陸漁工張某因與林某、徐某共同私運大陸物品及未稅仿冒香菸案，欠繳罰鍰，依規定原應繳清全部罰鍰金額或提供相當擔保始得解除其出境限制，惟如其確實無法繳清全部罰鍰或提供相當擔保，於稅捐徵起復無助益，且依《臺灣地區與大陸地區人民關係條例》第18條第1項規定，治安機關得強制出境者，同意解除其出境限制[37]。

肆、相關案例之研析

一、強制驅逐出國與外國人人權[38]

（一）法院判決

　　原告離婚後未取得未成年子女之監護權，主管機關予以驅逐出國處分。

　　法院意見：

　　1.《入出國及移民法》第31條第4項規定：「入出國及移民署對於外國人於居留期間內，居留原因消失者，廢止其居留許可，並註銷其外僑居留證。但有下列各款情形之一者，得准予繼續居留：　一、因依親對象死亡。二、外國人為臺灣地區設有戶籍國民之配偶，其本人遭受配偶身體或

---

[37] 財政部92/02/25台財關字第0920004637號函。

[38] 本案原告（奈及利亞籍男子）前為國人張某之配偶，並因依親之故取得在臺居留許可，嗣兩人於民國104年9月9日經法院裁判離婚，由張某行使負擔未成年子女張○○權利義務，並於104年10月21日向戶政事務所辦理登記，被告乃以104年10月29日移署北桃服華字第1048429745號處分書，廢止原告居留許可，註銷其外僑居留證（下稱原處分）。原告不服，提起訴願，經訴願決定駁回，遂提起本件行政訴訟。臺北高等行政法院105年訴字第691號行政判決。訴願決定及原處分均撤銷。訴訟費用由被告負擔。

精神虐待，經法院核發保護令。三、外國人於離婚後取得在臺灣地區已設有戶籍未成年親生子女監護權。四、因遭受家庭暴力經法院判決離婚，且有在臺灣地區設有戶籍之未成年親生子女。五、因居留許可被廢止而遭強制出國，對在臺灣地區已設有戶籍未成年親生子女造成重大且難以回復損害之虞。六、外國人與本國雇主發生勞資爭議，正在進行爭訟程序。」

原告為外國人，前為國人張某之配偶，並因依親之故取得在臺居留許可，嗣兩人於2015年9月9日經法院裁判離婚，由張某行使負擔未成年子女張○○權利義務，並於2015年10月21日向戶政事務所辦理登記，被告北區事務大隊桃園市服務站乃以原處分廢止原告居留許可，註銷其外僑居留證。原告不服，提起訴願，經訴願決定駁回等情。

2. 被告認原告係因與國人張某結婚而獲准居留，嗣與張某離婚，居留原因消失，而以原處分廢止原告居留許可，並註銷其外僑居留證，固非全然無見。惟按《行政程序法》第102條規定：「行政機關作成限制或剝奪人民自由或權利之行政處分前，除已依第三十九條規定，通知處分相對人陳述意見，或決定舉行聽證者外，應給予該處分相對人陳述意見之機會。但法規另有規定者，從其規定。」蓋行政機關作成限制或剝奪人民自由或權利之行政處分，已改變處分相對人現狀，新增不利於處分相對人之法律效果，故《行政程序法》第102條明定此情形於作成處分前，應給予處分相對人陳述意見之機會，以踐行正當法律程序。

外國人與在中華民國境內設有戶籍之國民結婚，依《入出國及移民法》第23條第1項第1款規定，得申請在臺居留，發給外僑居留證，且依《就業服務法》第48條第1項規定，該外國人不須申請許可，即得在我國工作。其立法理由在於該等外國人在臺居留身分與一般外國人有別，性質上與取得永久居留者無異，故就業服務法明定不待申請許可，法律即應賦予平等工作之權利。

外國人與國人離婚後，其原來因為依親而取得居留許可之原因固然消失，得不須申請許可即得在我國工作之情形亦不復在，然只要其雇主依就業服務法規定為其辦理工作許可，該外國人於合法居留期間，即得依《入出國及移民法》第23條第2項規定，申請變更居留原因，經許可者即得重

新取得外僑居留證，不至於因居留許可廢止，外僑居留證遭註銷，而成為非法居留。

3. 本件原告離婚後雖未取得未成年子女之監護權，惟法院仍審酌「本院雖判由被上訴人（按即本件原告之前妻張某）行使負擔對於張○○之權利義務事項，惟因父子天性，天下皆同，並審酌親子倫常之建立，係維繫社會安全重要之一環，上訴人（按即本件原告）與其子女張○○之間倘能透過彼此定期會面交往之過程，應能拉近親子間之情感與距離，並使張○○亦可感受父愛之關懷，對其人格發展及性格形塑具有正面助益，故本院為兼顧未成年子女人格之正常發展，滿足上訴人與張○○會面交往之心理需求，並避免兩造因子女會面交往問題再起爭執，爰審酌未成年子女之年齡階段、生活作息、學習狀況，與上訴人現有疏離之情，而應循序漸進建立情感……」，而酌定原告與張○○會面交往方式。

4. 被告作成原處分前，全然未審酌上情，僅以原告未於居留原因消失前，以《入出國及移民法》第31條第4項但書各款得准予繼續居留之情形或其他依法得居留之事由提出申請，即廢止原告之居留許可並註銷其外僑居留證，亦違反《行政程序法》第36條：「行政機關應依職權調查證據，不受當事人主張之拘束，對當事人有利及不利事項一律注意。」之規定，且此涉及原處分機關裁量權，不宜由法院逕為調查證據認定事實以代之。

原處分違反《行政程序法》第102條規定，於作成處分前未予原告陳述意見之機會；且未依職權調查證據，查明是否有《入出國及移民法》第31條第4項但書第5款得不廢止居留許可及註銷外僑居留證之例外情形，違反《行政程序法》第36規定，於法尚有未合，訴願決定未予糾正，亦有未洽，原告提起本件撤銷訴訟（《行政訴訟法》第4條規定參照），請求撤銷訴願決定及原處分，為有理由，自應由本院將訴願決定及原處分撤銷，由被告通知原告陳述意見，調查證據後，另作適法處分[39]。

---

[39] 臺北高等行政法院105年訴字第691號行政判決。

（二）本案評釋

　　本件主要考量原告離婚後未取得未成年子女之監護權，法院審酌，因父子天性，天下皆同，並審酌親子倫常之建立，係維繫社會安全重要之一環，上訴人與其子女之間倘能透過彼此定期會面交往之過程，應能拉近親子間之情感與距離，並使可感受父愛之關懷，對其人格發展及性格形塑具有正面助益[40]，故法院爲兼顧未成年子女人格之正常發展，滿足上訴人與張○○會面交往之心理需求，並避免兩造因子女會面交往問題再起爭執，爰審酌未成年子女之年齡階段、生活作息、學習狀況，與上訴人現有疏離之情，而應循序漸進建立情感，而酌定原告與張○○會面交往方式。

　　有學者指出行政院法規會早在2007年就決議承認，外交部拒發外配簽證時，夫妻的家庭團聚權利均受限制，因此臺籍配偶亦得提起行政爭訟。監察院對外交部的調查報告與糾正文，也都再三強調「拒發簽證」對家庭團聚權利的傷害。甚至臺北高等行政法院，也有多個判決承認臺籍配偶得以「利害關係人」的身分提起訴訟[41]。因此，本案原處分機關，應再確認驅逐出國處分之必要性與合理性爲宜。

二、有危害我國公共安全、公共秩序之虞的行爲

（一）事實經過

　　本件原告等以免簽證方式，於填妥入國登記表後經許可入境我國，在國內陸續從事與入國登記表旅行目的不符之活動。原告主張被告所認原告等涉有《入出國及移民法》第18條第1項規定之禁止入國情形，應有違誤，被告依同法第36條第2項規定，各以前開原處分通知原告等強制驅逐出國，並已執行完畢，於法有違。

　　法院指出外國人入國應經我國特許，並非權利（《入出國及移民法》

---

[40] 另請參考許義寶（2019），同註13，頁367以下。

[41] 廖元豪，家庭團聚不是權利嗎？南洋臺灣姊妹會網頁，http://tasat.org.tw/subject/276（瀏覽日期：2019年8月14日）。

第4條第1項及第22條第1項參照），且在我國停留、居留期間，不得從事與許可停留、居留原因或入國登記表所填入國目的不符之活動或工作（《入出國及移民法》第29條及《入出國及移民法施行細則》第19條參照）。經查：

1.原告等自2015年5月25日以免簽證方式，於填妥入國登記表後經許可入境我國，惟在國內陸續從事下列與入國登記表旅行目的不符之活動，情形如下：

(1)2015年5月26日原告等於臺北市重慶南路永豐餘公司總部從事陳情抗議活動，經警方依集會遊行法舉牌警告，而當場與維持秩序之警方人員發生推擠衝突等。

(2)2015年5月26日復於臺北市仁愛路2段永豐餘公司董事長何○川住處後門（下稱仁愛路陳抗地點）搭設帳棚、設立靈堂並焚香祭拜，以及從事陳情抗議活動，經警方依集會遊行法舉牌警告，並當場與維持秩序之警方人員發生推擠衝突。

(3)2015年6月3日復於凱達格蘭大道從事陳情抗議活動並與現場警方發生嚴重推擠及肢體衝突，遭警方依集會遊行法舉牌警告等違法活動。臺北市政府警察局中正第一分局以原告等違反妨害安寧秩序為由，將原告等連同以上開違反社會秩序維護法處分書、筆錄及其他相關資料，移送被告所屬北區事務大隊臺北市專勤隊處置等。

2.原告等於104年5月26日起持續於仁愛路陳抗地點周圍搭設靈堂、簡易帳棚及懸掛抗議標語，進行焚香祭拜、靜坐抗議、呼喊口號及遞發抗議傳單等行為，並夜宿於該址；104年5月29日結合勞工團體於仁愛路陳抗地點高舉抗議布條、標語並呼喊口號，從事陳情抗議活動；104年6月3日於凱達格蘭大道從事陳情抗議活動並與現場警方發生嚴重推擠及肢體衝突，遭警方依集會遊行法舉牌警告等事實，核均屬與原告等入國登記表旅行目的不符之活動，被告調查原告等前開入境後之行為活動等情，因認原告等所為，有危害我國公共安全、公共秩序之虞等情事，觀諸前揭事證及說明，核屬有據。

被告依《入出國及移民法》第36條第2項第1款規定，對原告等以入

國後發現有違反同法第18條第1項規定，予以強制驅逐出國，於法並無不合。至於原告主張原處分有違反正當法律程序之瑕疵云云。查被告所屬專勤隊受理本案至被告作成原處分前，曾給予原告等陳述意見之機會，惟原告等拒絕表示意見，亦拒絕於處分書上簽名，惟該隊乃當場請通譯以原告等理解之韓國語文製成書面通知，正本留置原告等處，影本該隊存查。

　　3. 被告所屬專勤隊受理本案期間，均有充分給予原告等飲用水、食物、休息時間及就診機會，已據被告陳述其情；又調查期間，除委請韓國籍通譯全程在場協助翻譯外，該隊亦同意原告等有通曉韓文之國人2名、自稱為原告等委任律師數名及駐臺北韓國代表部領事及人員等人陪同在場，並就上開強制驅逐出國處分書等予以法律諮詢及協調等情，亦據被告陳述甚詳，經核並無未保障原告等權益之違反正當法律程序之情事。而被告作成原處分之後，將原告等強制驅逐出國，則屬依原處分之效力所為行政執行之程序，應予敘明。

　　《公政公約》第13條規定：「本公約締約國境內合法居留之外國人，非經依法判定，不得驅逐出境，……」，而我國《入出國及移民法》第36條第4項規定：「入出國及移民署依規定強制驅逐外國人出國前，應給予當事人陳述意見之機會；強制驅逐已取得居留或永久居留許可之外國人出國前，並應召開審查會。但當事人有下列情形之一者，得不經審查會審查，逕行強制驅逐出國：一、以書面聲明放棄陳述意見或自願出國。二、經法院於裁判時併宣告驅逐出境確定。三、依其他法律規定應限令出國。四、有危害我國利益、公共安全或從事恐怖活動之虞，且情況急迫應即時處分。」則屬類似之規定[42]。

（二）本件評釋

　　依據《公民與政治權利國際公約》第12條規定：「一、在一國領土內合法居留之人，在該國領土內有遷徙往來之自由及擇居之自由。二、人人應有自由離去任何國家，連其本國在內。三、上列權利不得限制，但法律

---

[42] 臺北高等行政法院104年訴字第1861號行政判決。

所規定、保護國家安全、公共秩序、公共衛生或風化、或他人權利與自由所必要，且與本公約所確認之其他權利不牴觸之限制，不在此限。四、人人進入其本國之權，不得無理褫奪。」就公約來看，締約國對於本國人之入境權是不可任意剝奪，而出境權，原則上是不受限制；然為安全或保障其他人等因素，仍可用法律予以限制。在外國人方面，外國人入境是不受保障的，出境權則與本國人受相同保障[43]。

雖然外國人入境並非《公民與政治權利國際公約》保障範疇，但臺灣國際化程度高，對於知名人士，或過去曾來過臺灣、無逾期停留或不良紀錄者，應給予較寬容之待遇[44]為宜。但本案情形，屬停留之外國人，其行為已明顯違反社會秩序，主管機關採取之作為與處分，應屬適當。

三、驅逐出國前之收容

（一）事實與處分

移工行方不明被查獲後，如有逃逸之虞情形；且依規定受收容人受強制驅逐出國處分，因無相關旅行證件不能依規定執行及有事實足認有行方不明逃逸或不願自行出國之虞時，得予以暫時收容。

《入出國及移民法》第38條之4第1項規定：「暫予收容期間屆滿前，入出國及移民署認有續予收容之必要者，應於期間屆滿五日前附具理由，向法院聲請裁定續予收容。」外國人受強制驅逐出國處分，於具有收容事由之一，非予收容顯難強制驅逐出國者，得予收容。是以為確保強制驅逐出國處分之執行，如有「無相關旅行證件，不能依規定執行」、「有事實足認有行方不明、逃逸或不願自行出國之虞」、「受外國政府通緝」等情形之一，且無法定得不暫予收容之情形及有收容之必要性（即無為其他收容替代處分可能，非予收容顯難強制驅逐出國）者，自得予以收容（參照

---

[43] 法務部編印（2009），人權大步走——種子培訓營總論講義，頁54-55。轉引自2008-2009年監察院人權工作實錄第一冊——公民與政治權利，頁12。

[44] 2008-2009年監察院人權工作實錄第一冊——公民與政治權利，頁12。

《入出國及移民法》第38條、第38條之1等規定）。

　　本件聲請收容：指出受收容人受有強制驅逐出國處分，因無相關旅行證件不能依規定執行及有事實足認有行方不明逃逸或不願自行出國之虞。2019年4月9日經內政部移民署暫予收容，現該受收容人仍有無相關旅行證件，不能依規定執行強制驅逐出國處分及有事實足認有行方不明逃逸或不願自行出國之虞，而受收容人未符合得不暫予收容之法定情形，亦不宜爲收容之替代處分，提出內政部移民署外人居停留資料查詢－明細內容影本、內政部移民署強制驅逐出國處分書影本、暫予收容處分書影本、筆錄影本及切結書爲證。

　　經查：1.訊據受收容人就其受強制驅逐出國處分，於2019年4月9日起經內政部移民署暫予收容，受收容人現仍無相關旅行證件不能依規定執行及有事實足認有行方不明逃逸或不願自行出國之虞，又受收容人未符合得不予收容之法定情形等情並不否認，且有聲請人所提出之內政部移民署外人居停留資料查詢相關影本足資佐證，堪認屬實，又聲請人已當庭陳明本件不宜爲其他收容替代處分，此亦爲受收容人所不爭執，且有切結書在卷足憑。2.本件受收容人之收容原因仍繼續存在，並無得不暫予收容之法定情形，且仍有續予收容之必要，揆諸前開規定及說明，本件聲請依法洵屬有據，應予准許[45]。

（二）本件評釋

　　外國人受強制驅逐出國處分，於具有收容事由之一，非予收容顯難強制驅逐出國者，得予收容。此以爲確保強制驅逐出國處分之執行，例如「無相關旅行證件，不能依規定執行」、「有事實足認有行方不明、逃逸或不願自行出國之虞」、「受外國政府通緝」等情形。

　　爲保全驅逐出國之執行目的，對於有逃逸之虞的外國人，得先予收容。移工行方不明之處理，依《就業服務法》第56條規定，受聘僱之外國人有連續曠職三日失去聯繫或聘僱關係終止之情事，雇主應於三日內以書

---

[45] 臺灣新北地方法院108年續收字第802號行政裁定。

面通知當地主管機關、入出國管理機關及警察機關。但受聘僱之外國人有曠職失去聯繫之情事，雇主得以書面通知入出國管理機關及警察機關執行查察。另依《雇主聘僱外國人許可及管理辦法》第45條規定，對聘僱之外國人有本法第56條規定之情事者，除依規定通知當地主管機關、入出國管理機關及警察機關外，並副知中央主管機關[46]。

本件符合有事實足認有行方不明、逃逸或不願自行出國之虞情況。受收容人之收容原因仍繼續存在，並無得不暫予收容之法定情形，有續予收容之必要。

伍、結論

外國人或外來人口（包括大陸地區人民、香港澳門居民），到我國有各種不同原因，有的為長期居住、有的屬於短期觀光、訪問目的，不一而足。對於長期在我國居住之外來人口，我國已成為其生活與經濟之重心，如果移民主管機關對該外來人口，予以裁處驅逐出國處分，使其無法繼續在我國居住，此會造成其生活上之重大影響。因此，其法律授權之要件，須具體明確；另其行為與違反情節，已達嚴重程度，始適合採取此種處分。國家為保護其本國利益，維護其國家安全與國內秩序等原因，對於外國人違反其國家之相關法律，如刑法、行政法規或認定在其國內為無力生活者，於規範外國人之法規中，均得明定以作為驅逐外國人出國之具體條款。

依據《公民與政治權利國際公約》第12條規定：「一、在一國領土內合法居留之人，在該國領土內有遷徙往來之自由及擇居之自由。二、人人應有自由離去任何國家，連其本國在內。三、上列權利不得限制，但法律所規定、保護國家安全、公共秩序、公共衛生或風化、或他人權利與自由

---

[46] 參勞動部勞動力發展署網頁，https://www.wda.gov.tw/News_Content.aspx?n=8DC97C01DCF594B0&sms=B765994FC1B39759&s=B8E11950BD8701BE（瀏覽日期：2019年8月15日）。

所必要，且與本公約所確認之其他權利不牴觸之限制，不在此限。四、人人進入其本國之權，不得無理褫奪。」締約國對於本國人之入境權不可任意剝奪，而出境權，原則上是不受限制；然為安全或保障其他人等因素，仍可用法律予以限制。在外國人方面，外國人入境並不受保障。

　　近來基於家庭團聚權之考量，對於外國人離婚後未取得未成年子女監護權，有法院認為：「因父子天性，天下皆同，審酌親子倫常之建立，係維繫社會安全重要之一環，上訴人與其子女之間倘能透過彼此定期會面交往之過程，應能拉近親子間之情感與距離，並使可感受父愛之關懷，對其人格發展及性格形塑具有正面助益。」站在當事人之立場，撤銷原來驅逐出國處分，要求另為適法處理，亦屬值得注意之發展。

參考文獻

一、中文

法務部編印（2009），人權大步走——種子培訓營總論講義，臺北：法務部。

柯雨瑞、吳佳霖、黃翠紋（2018），試論外國人與大陸地區人民收容、驅逐出國及強制出境之司法救濟機制之困境與對策，中央警察大學國土安全與國境管理學報，第29期。

張維容（2018），涉外陳抗事件之適法性研究——以2015年韓國Hydis關廠工人來臺抗爭爲例，警學叢刊，第48卷第5期。

許義寶（2006），驅逐外國人出國之法定原因與執行程序，收於論權利保護之理論與實踐——曾華松大法官古稀祝壽論文集，臺北：元照出版。

許義寶（2017），外國人之驅逐出國與移民人權，收於氏著，移民法制與人權保障，桃園：中央警察大學出版社。

許義寶（2019），入出國法制與人權保障，3版，臺北：五南圖書出版公司。

黃居正（2014），孟德爾案：外國人的法律地位，臺灣法學雜誌，第262期。

楊翹楚（2010），全球化下我國移民人權之探討——以「入出國及移民法」規定爲例，警學叢刊，第41卷第2期。

詹凱傑（2013），論現行入出國及移民法第三十八條之外國人收容制度，警學叢刊，第44卷第3期。

廖元豪（2014），「外人」的人身自由與正當程序——析論大法官釋字第七〇八與七一〇號解釋，月旦法學雜誌，第228期。

監察院人權保障委員會（2011），2008-2009年監察院人權工作實錄第一冊：公民與政治權利，臺北：監察院。

蔡宏進主持研究（1992），我國外籍勞工可能引發的社會問題及其因應對策，行政院研究發展考核委員會編印。

蔡庭榕，論外國護照簽證、查驗與反恐執法，發表於第三屆恐怖主義與國家安全學術研討會論文集。

蔡震榮（2009），自外籍配偶家庭基本權之保障論驅逐出國處分——評臺北高等行政法院95年度訴字第2581號判決，法令月刊，第60卷第8期。

鄭宇宏（2013），入出國及移民法上驅逐出國制度之研究，臺中：中興大學科技法律研究所碩士論文。

二、日文

片山義隆（1997），出入國管理行政當面諸問題，外國人登錄第458號，外國人登錄事務協議會全國連合會。

坂東雄介（2018），日本における入管法上の不服申立制度の現状と課題，商学討究，第68巻，第2・3号。

芹澤齊（1983），國家主權，收錄於法學基本講座——憲法100講，學陽書房。

望月万里杏（2019），日本における退去強制処分をめぐる国際法上の問題，法律学研究62号。

|第六章|

大陸地區人民來臺管理機制之探討
——以大陸地區人民來臺觀光爲例

楊翹楚

壹、前言

　　海峽兩端之間因多年來政治殊途、主體代表性及意識形態論戰，形成壁壘分明的不同陣營，相互較量。雖官方與民間偶有往來，甚或兩岸領導人展開跨世紀正式會談，但仍無法消除那一道歧異鴻溝。後時空因素轉換，加上中國大陸本身之經濟發展，兩岸交流頻繁，雙方在政治、經濟、社會或民間團體，影響層面不斷擴大。1987年開放國人赴大陸地區探親，1988年11月開放大陸地區人民來臺，2000年12月25日正式啓動試辦「離島小三通」。而攸關國內旅遊市場之觀光部分，政府決定於2001年12月20日有條件開放大陸地區人民來臺觀光。根據內政部移民署（以下簡稱移民署）統計，以2014年至2019年5月止，來臺觀光入境之大陸地區人民，已突破1,370萬人次之多。[1]顯示海峽兩岸間，並無因主權政治立場糾葛而產生互訪交流（包括小三通、醫美健檢、商務及專業人士）上之隔閡。

　　若以上開觀光交流名義觀之，每天約有7,000至8,000名大陸地區人民在臺灣地區這片土地上活動。對臺灣地區整體，無論是經濟、社會或人口組成，有程度不一的衝擊。從正面效益來說，促進經濟消費或增進雙方瞭

---

[1] 移民署網站，網址：https://www.immigration.gov.tw/5385/7344/7350/8883/?alias=chinatotaiwan2（瀏覽日期：2019年5月7日）。

解；若以負面效應來看，大陸地區人民來臺所引發的犯罪問題或日常生活水準，影響臺灣在地人對渠等之觀感，加深誤解。三十幾年來的交流，透過有效的管理機制，或者是國內安全（情治）單位的共同努力、人民的參與或人員自律等方法，讓整體運作步上軌道；雖然過程中脫序行為不斷出現，但絕非影響雙方來往意願的主要因素，也非溝通上的阻力。

本文撰擬的主要目的，在於對大陸地區人民來臺，依統計顯示出仍以觀光（2017年達198萬人次，占整體來臺73%）為主。[2]因而針對以觀光名義來臺者，我方所採的管理因應機制，其成效以及是否有彈性調整空間。透過對來臺管理方式之檢視，進一步探討有無增長的區塊，有無更為簡易或人性化的做法及建議。換言之，藉由實施這幾十年來的經驗所得，積累出不少寶貴的互動方式，以及相互間之對應措施，對於未來兩岸間彼此關係發展之成長，應會有所助益。又本文之研究方法，主要是以文獻探討為主，蒐集相關資料進行分析、彙整，並提出個人見解及未來可強化之道。

貳、大陸地區人民來臺觀光發展歷程

為增進大陸地區人民對臺灣之認識與瞭解，促進兩岸關係之良性互動，以及擴大臺灣觀光旅遊市場之利基，加速關聯產業之發展，並考量國家安全前提下，循序漸進開放大陸地區人民來臺觀光，讓兩岸關係邁向正常化關鍵之一步。並基於觀光業者準備時間（法規於2001年12月20日施行），以及元旦至春節假期是旅行旺季，旋於2001年底，行政院通過「開放大陸地區人民來臺觀光推動方案」，許可開放大陸地區人民正式來臺灣進行觀光旅遊，並決定自2002年1月1日開始試辦，以符合實際需求。筆者當時任職於內政部警政署轄下之入出境管理局，有幸參與此一劃時代巨擘，擔任本觀光案件有關之人員入出境規劃運作、設備統籌及法規（大陸

---

2 同上，網址：https://www.immigration.gov.tw/5385/7344/70395/143269/（瀏覽日期：2019年5月7日）。

地區人民來臺從事觀光活動許可辦法）發布事宜等業務承辦人員。[3]

一、初期階段

　　大陸地區人民來臺觀光，在兩岸間未能進行協商前，初步評估將以「旅居海外之大陸人士」為主。其主要原因為：選擇以管理較為容易，不易發生逾期及屆時遣返困難，並且該身分人員之爭議較小，可協助兩岸良性互動及後續政策推動之參考。再者，多年來旅居海外之中國大陸人士一再反應，申請來臺諸多不便；透過開放來臺觀光，將可增加管道，適度滿足相關需求者。換言之，依《大陸地區人民來臺從事觀光活動許可辦法》（以下簡稱《觀光活動許可辦法》）第3條第3款規定，赴國外留學或旅居國外取得當地永久居留權者（俗稱「第三類觀光人士」），可由交通部觀光局核准之旅行業代辦申請來臺。

　　針對首次開放大陸地區人民來臺觀光，政府無不如履薄冰，小心謹慎；並採取「先宣布、後實施」之做法，充分顧及到兩岸各自不同的立場，維繫良性互動，保留雙方協商空間與彈性機制，以利後續有進一步放寬措施之依據。[4]

二、漸進階段

　　在開放第三類觀光人士後，因成效良好，大致上都可遵守相關的法令規定。另外，對於其他身分條件者，不約而同要求我政府儘速放寬來臺標準，讓其他人等亦也可享受及拜訪臺灣先進的建設，以及人民的和善、五花八門的美食，社會氛圍、政治上的民主典範等等。爰此，針對來臺觀光之大陸地區人民，政府決定擴大許可申請範圍。於2002年5月8日放寬申請

之資格條件，除原先許可之第三類觀光人士，並解除其第三類對象限制，加上旅居國外四年以上，領有工作證明及其隨行旅居國外配偶或直系血親，其中包括赴香港、澳門留學、旅居香港、澳門取得當地永久居留權，或旅居香港、澳門4年以上，領有工作證明及其隨行旅居國外配偶或直系血親等，皆鬆綁可申請。並且放寬「第二類觀光人士」申請，即「大陸地區人民5赴國外旅遊或商務考察後轉來臺灣觀光者」。

三、成熟階段

　　於第二類及第三類觀光人士來臺實施後，不僅觀光人數逐年上升，帶動臺灣地區整體觀光周邊事業，並且對國內的經濟效益、市場發展、以及整體建設帶來多元衝擊；復因兩岸間氛圍和緩，對話管道暢通及關係發展正常化，爰決定大幅開放大陸地區人民來臺觀光。2008年6月13日財團法人海峽交流基金會（以下簡稱海基會）與海峽兩岸關係協會（以下簡稱海協會）簽署「海峽兩岸關於大陸居民赴臺灣旅遊協議」。相關法規於2008年6月20日發布施行，同年7月18日陸客來臺觀光正式開放，計開放13省（區、市），組團社33社。同年9月30日開放大陸地區居民遊金門、馬祖轉赴臺灣觀光，同時修正延長中國大陸旅客停留澎湖之期間。2009年1月20日，來臺觀光增至25省（區、市），組團社146社。

　　為共同建立兩岸旅遊定期磋商機制，台旅會與海旅會雙方於2009年7月18日在北京共同舉辦首次兩岸旅遊交流圓桌會議。台旅會2010年5月4日於北京成立辦事處；海旅會於2010年5月7日於臺北成立辦事處。2010年7月18日，來臺觀光增至31省（區、市），組團社164社。2010年8月14日兩岸開放觀光2週年，於新竹國賓飯店舉行兩岸觀光圓桌會議。2011年1月1日起，每日來臺團體旅客人數，配額增至每日4,000人次。6

5　指「有固定正當職業者或學生；有等值新臺幣20萬元以上之存款，並備有大陸地區金融機構出具之證明者」。

6　交通部觀光局網站，網址：https://admin.taiwan.net.tw/BusinessInfo/ComeToTaiwan（瀏覽日期：2019年5月7日）。

四、全面階段

由於來臺觀光人數不斷激增，且民間迭有反應希望能全面開放個人自由行部分。爰於2011年6月21日由海基會與海協會完成「海峽兩岸關於大陸居民赴臺灣旅遊協議修正文件一」換文，於翌日生效。有關法規配合修正部分，於2011年6月22日修正發布「觀光活動許可辦法」，同日施行。第一批開放北京、上海及廈門為試辦點，同年6月28日首批自由行大陸旅客正式來臺。另福建居民赴金門、馬祖及澎湖等地個人旅遊，於2011年7月29日正式啟動。2012年4月28日開放來臺自由行第二批試點城市，首批為天津、重慶、南京、廣州、杭州及成都等6城市。且每日配額人數，由原本之每日500人調整放寬為1,000人。第二批自由行城市，包括：濟南、西安、福州、深圳等4個試點城市，於2012年8月28日開放。

有關個人旅遊（自由行）配額及團體配額部分，個人旅遊配額於2013年4月1日調整為每日2,000人次；2013年12月1日調整為3,000人；2014年4月16日再調整為4,000人。2015年9月21日修正為每日5,000人，2016年12月15日起配額為每日6,000人。而團體配額自2013年4月1日起由4,000人調整為每日5,000人次。目前，開放大陸地區許可來臺自由行之城市，迄今已達47個城市點。[7]

參、大陸地區人民來臺管理機制之概述

大陸地區人民來臺，由於兩岸間特殊關係與主權地位未明，故無法比照外國人入國前之處理程序（辦理簽證）方式對待，因而採取兩岸間共同可接受——特別的處理模式，以申請事由並核發入出境許可證取代簽證。以下僅就現今的管理模式加以略述之。

---

[7] 2019年8月1日起，大陸地區已片面取消個人來臺自由行。未來團體旅遊亦將逐步縮減。

一、身分權

　　首先，對於兩岸人民間身分認定，採行的是單一選擇權，尊重個人的抉擇，但同時只能有一種身分存在，有A，就沒有B。另外，針對大陸地區人民在臺後，[8]係以「生活從寬、身分從嚴」之角度切入（大陸委員會，2002）。若大陸地區人民欲取得臺灣地區人民身分，則必須要有一定的居留時間與條件限制；惟相關居留時間計算，多年來已逐步修正法令加以放寬。

二、事由（條件）限制

　　大陸地區人民來臺，要有申請事由作基礎，例如：探親、探病、奔喪、專業、商務、觀光、團聚、依親、定居、醫美服務等等名義，尚無法以免簽證或落地簽等無須事由方式進行。另外，目前以「工作」名義來臺，雖法令已有規範，然政策上尚待開放；惟大陸地區人民，如屬國人配偶取得居留身分，依法係可直接在臺工作，故對工作採「原則禁止、例外開放」。

三、申請提出與審核機制

　　有關大陸地區人民來臺機制，無論以何種名義為由，必須於入境前事先提出申請；遇有申請人身分機敏、有疑慮或有其他特殊情形者，另須送請聯合審查會[9]會商，審查通過後方能許可入境。根據上述可知，現今大陸地區人民來臺之控管機制實際上已有建置、運作。

---

[8]　主要針對的是國人的大陸籍配偶。

[9]　如專業及商務人士交流，由主管機關內政部邀集國家安全局、大陸委員會、法務部調查局及其他有關機關組成，可參考《大陸地區人民申請進入臺灣地區許可辦法》第2條、第35條及第41條規定。另針對專案長期居留及定居案件申請，亦有審查會之審理，可參考《大陸地區人民在臺灣地區依親居留長期居留或定居許可辦法》第24條及第32條規定。

四、事由類型化

因來臺事由各有不同，爰將其歸類並整合，且依不同的法令（授權）予以規範，如：《大陸地區人民申請進入臺灣地區許可辦法》（一般停留、社會交流、跨國企業內部調動、專業、商務及醫美服務）、《大陸地區人民來臺從事觀光活動許可辦法》、《大陸地區人民在臺灣地區依親居留長期居留或定居許可辦法》（居留與定居）、《試辦金門馬祖澎湖與大陸地區通航實施辦法》（小三通）等法規。依當事人的申請名義，適用不同的法令規定。

五、協商（議）機制之運用

兩岸間之往來，如涉及雙方較為敏感性議題者，已有處理機制（默契），即透過協議方式進行，達成共識，1993年4月29日於新加坡舉行之辜汪會談，以及簽署「辜汪會談共同協議」。再如，來臺觀光案、兩岸春節包機與人道救援專機（海峽兩岸包機會談紀要——2008年6月13日簽署，6月19日生效）、遣返（金門協議——1990年9月12日簽署）、兩岸共同打擊犯罪及司法互助協議（2009年4月26日簽署）、海峽兩岸經濟合作架構協議（2010年9月11日相互通知，12日生效）等等許許多多的兩岸事務協議。除以協議為名外，其他尚有五項備忘錄、兩項共識及三項共同意見，以及2001年1月1日試辦之「小三通」（大陸委員會，2018：16）。

六、保證制度

兩岸交流間之安全考量，為最重要的大原則。後針對大陸地區人民入境，施保證制度方式進行管理。入國實施保證制度之國家，例如日本，以觀光名義申請者，該日本旅行業要繳付一定的保證金。故現行保證制度就某種面向來看，具有一定的功能，例如，賦與業者（邀請單位）或人民（親屬）一定責任，包括：負責大陸地區人民來臺之日常生活、明確身

分及配合執行入出境等。因而，強化實施保證制度，不輕言廢止，對安全管理將有其加分效果（楊翹楚，2019：182）。只是，保證制度可以人員保證或金錢保證方式進行，我們現行實施的保證制度仍以「人保」爲主，「金錢保」因涉及層面較廣，有待克服。

七、配額制

　　如何有效管理移民，透過配額數控管，是其中的一種方式。例如，美國針對各個國家想歸化美國的移民人數採行不同的配額，並視其實際狀況調整之，藉以掌握人流現況、達到控制調節功能。現行臺灣所實施的移民制度，也採取類似的做法。不過，外國人配額制，針對的是東南亞籍爲國人配偶部分，[10]一般性的如觀光旅遊等並未設限；而大陸地區人民，除居留及定居有類別數額限制外，[11]包括，從事跨國企業內部調動服務、每日來臺觀光數（包括自由行開放的省市）、小三通組團人數等一般性活動，有數額上之限制。透過配額數，對每日在臺灣地區之大陸地區人民狀況，較可掌握。

　　有關大陸地區人民的現況管理，經由上開說明，相關機制其實已趨成熟；經歷年來的運作，執行成效亦非常良好。

肆、檢視與發現

　　大陸地區人民來臺觀光案，業經約二十年的開放執行，人數不斷成長；開放來臺的城市也逐步增加。無論從任何角度切入，觀光案對兩岸間的動態發展，絕對是利大於弊。然在大力推展觀光下，兩岸間卻仍存在著許多的不確定性與未可解之事，以及因觀光案所衍生值得吾人思索的課

---

[10] 「臺灣地區無戶籍國民居留配額表」針對越南、緬甸及印尼籍就設有每月配額。

[11] 參照「大陸地區人民在臺灣地區依親居留長期居留及定居數額表」。

題。以下僅先就有關觀光案之衍生性事項進行論述。

一、非法問題

　　大陸地區人民來臺觀光之非法違規（常）事件，幾乎以逾期為大宗；從觀光開放至2019年3月底止，累計逾期共489人。而大陸地區人民其他事由（包括停留、居留等等）之逾期件數，累計至2019年3月底止，逾期累計共1,901人。若以外國人居留逾期為例，至2018年底止，達54,000餘人。兩相對照，無論與大陸地區人民以其他事由入境，或外國人在臺逾期居留數相比，[12]比率上並不嚴重（與大陸其他事由比率約為25%；外國人更低於1%）。亦即，2011年開放迄今，十八年來逾期數平均一年約27人。顯示以觀光名義入境者，因其身分與工作關係，違規或違常情形，整體而言，並非吾人所想像的情況——違規或逾期案件大部分都是大陸地區人民所造成。

二、人數與區域開放

　　大陸地區人民來臺觀光案，有關開放人數配額不斷增加，包括個人自由行與團體觀光，自由行已達每日6,000人，團體觀光數額每日5,000人。另有關離島觀光數額為每日1,000人，澎湖縣及金門縣每日各400人，連江縣每日200人。再者，大陸地區許可開放來臺自由行之城市，也從開始的3個試點城市，一路攀升至現在的47個城市。另一方面，除2016年至2018年人數略為下降外，[13]實際上每年入臺之大陸地區觀光人數皆有成長。對於未來開放人數是否再予以持續增加，似有很大的協商空間。

---

[12] 2018年12月21日及23日以「觀宏專案」入國之越南旅遊團，共有152人脫團，相互比較即可知悉。

[13] 參閱交通部觀光局網站，網址：https://admin.taiwan.net.tw/BusinessInfo/ComeToTaiwan（瀏覽日期：2019年5月7日）。

三、保證人與保證金

大陸地區人民來臺，依規定須有相關人等擔任其保證人，觀光案係以旅行業負責人擔任之，並繳交新臺幣100萬元保證金，前開《觀光活動許可辦法》第6條第1項、第4項、第11條參照。違反規定者，該旅行業將被處扣繳保證金、停止辦理觀光案一定期間；情形嚴重者，甚至可廢止其營業執照。由於旅行業本身怕被停止營業，因而透過處罰與旅行業配合及自律做法之管理方式，達到減少有關違規或違常事件發生機會。

四、伴隨觀光而產生的附屬價值

觀光業，需要旅行業、旅館業、租車業、景點遊樂業者及商家等之配合，加上政府有關單位的輔導與協助，包括軟硬體部分，必須要全力配合，方能相輔相成，共生共榮。否則，單打獨鬥或缺任一環節，則整個觀光業發展將會是一大災難。國內許多市場常是各方面聯繫不佳，無法整合。幸好大陸地區人民來臺觀光案，預先有規劃溝通，故而帶動國內整體旅遊市場，不僅是硬體建設的提升，更促進軟體設備質的進化。總的而言，開放觀光案及其附屬周邊，確實是對國內發展觀光事業，注入一強心劑。

五、消費問題

從正面來看，觀光案確實會刺激國內的消費市場，多少有帶動經濟景氣訊息，以及全面性的商業運作等效益。對某些行業是依賴觀光業而生，其收入更是一大保障，並可解決部分的人力就業問題。因大陸地區之奢侈品消費，2018年達新臺幣2.9兆，占全球總消費量之33%。[14]故若能適當開

---

[14] 自由時報網站，網址：https://ec.ltn.com.tw/article//breakingnews/2733156（瀏覽日期：2019年5月24日）。

放人員進入，相信對國內的消費市場應該是大有助益。

　　總的來說，開放大陸地人民來臺觀光將近二十年來，似乎對臺灣言是利多於弊；事實上，確實應屬如此。但有許多面向，如果我們更深一層探究的話，是否為原先所認定應當如此之事實，頗值得吾人再去思考，舉例說明如下：

一、國安問題

　　安全，一直以來都是人民追求的目標。家庭，給予成員安定的功能；社會，庇護人與人間往來環境；國家，保障所屬人民的安全，發展機制以達成全體人民的要求。因此，從遠古時期以降，擁有安全與維護安全是人內心最基本原則。有關大陸地區人民來臺，最值得國人關注的焦點大概就是國家安全問題。雙方互探情報及虛實，在國際競爭場合的情境下，本屬正常。惟兩岸間之情勢發展，大陸地區並未言明放棄武力奪取臺灣，對臺灣而言，「安全至上」絕對是國家間交流的首選原則。大陸地區人民無論係以何種名義進入臺灣地區，從開放迄今，已三十有年；期間雖然偶有脫序或非法行為，[15]但對於臺灣地區整體而言，安全上並無任何重大影響。並非表示我們對安全議題不重視，而是國內有關機關、團體[16]及民眾群策群力之結果，大家共同付出以維繫國家安全。同樣的，我們也有派赴大陸之相關人員，此乃雙方心照不宣之默契。安全重要，但是國家的發展還是要設法走出去；對於安全問題，外國人在臺之非法脫序行為更多，是否因此而斷絕與外國政府之往來。因此，我們自己不能再故步自封，以安全之大帽子為由一扣，阻絕了所有可能的認知或相互進展之機會。

---

[15] 近年來，已不復見大陸偷渡犯；主因為來臺管道創通，以及大陸經濟成長快速、好轉，誰還想偷渡？

[16] 實際言之，大陸地區人民來臺，相關機關之相互通報機制，包括旅遊業者針對違規、違常之案件通報，運作已完善建立，彼此間之默契不在話下。

二、保證制度

　　對大陸地區人民之入境實施保證制度的國家，例如日本，若以觀光名義申請者，該日本旅行業者要繳付一定的保證金。就某種面向來看保證制度，有其一定的功能，例如，賦與業者或保證者，負責大陸地區人民來臺之日常生活、確認身分眞實性及配合管理入境與出境等。因而，強化實施保證制度，對安全管理似有其加分效果。然本論點値得討論在於對外國人（同樣以觀光旅遊入境者）何以不需要保證制度？大陸地區人民要採取保證制度，是因爲渠等較有可能犯錯（違規、違常及違法）嗎？或是因爲對我仍具敵意國家？東南亞國家逾期（非法）之比率高於大陸地區，已經是不爭事實。就此觀之，多年來所實施之保證制度，似乎已走到該檢討的時刻。

三、查證問題

　　大陸地區人民申請以探親、觀光、專業、商務及依親等事由來臺，幾乎都需要附相關身分文件以資證明；亦即透過書面審查方式進行，無法執行實質上查證。因兩岸彼此間並無正式官方機構之互設，其交付文件眞僞判斷，只能透過我方海基會與大陸方海協會間相互代爲查證。故所附證明文件，有眞假難以辨別或對該身分有疑義者，將會形成無法判斷之情形。[17]如此一來，對於身分有疑慮或有犯罪紀錄者，除非有事先註記或人員情資顯示，否則，無法達成將罪犯阻隔於我國境外之舉措，只能採事後查證（察）及強制出境等後續彌補方式，對於先期安全管理問題，需付出

---

[17] 依《兩岸人民關係條例》第7條規定，在大陸地區製作之文書，經行政院指定之民間團體驗證者，推定爲眞正。復依該條例施行細則第9條：「推定爲眞正之文書其實質上證據力，由法院或有關主管機關認定。文書內容與待證事實有關，且屬可信者，有實質上證據力。推定爲眞正之文書，有反證事實證明其爲不實者，不適用推定。」仔細推敲此些文字，似乎充斥著相互矛盾處。如既已推定爲眞正之文書，有反證事實，即可不適用推定，則當初之推定（包括法院）價值何在？公信力可信賴乎？另「且屬可信者」，是指申請人或認定之法院、機關嗎？文義上很有商榷之餘地。

更多的心力。

四、兩岸交流

依統計，2017年國人赴大陸地區達392萬人次，[18]其中包括約有40萬5,000人係以工作名義在大陸地區（行政院主計總處，2018：2）。[19]而大陸地區人民於2017年入境臺灣亦達273萬人次，從兩者數字相互間，可顯示出兩岸的交流並非因敵我意識型態差異而有所減緩。相對的，休閒、社會、學術或人文為主題之往來，以及中國大陸、港澳籍的配偶且已取得臺灣地區人民身分證者，從目前的數字看來，已達14萬3,000餘人，另有約20萬至30萬人係以居留身分在臺，[20]整體觀之，「民間互訪熱絡、官員拜會冷卻」是現今兩岸間情境之寫照。然，在此所要表達的是，雖然中國大陸在國際場域不斷打壓臺灣之能見度，但那是中國大陸政府不得不之執行原則。從兩岸間呈現的「官冷民熱」，對於政府目前所宣示的兩岸政策及其做法，是值得再檢視，且有關大陸地區人民來臺之管理措施與開放程度，同時亦有調整空間，打壓，絕對不是最好戰略。

五、管理權變

傳統安全即是指國家安全為安全的唯一主體，而國家安全就是政治與軍事安全，國際安全和全球安全是國家安全的向外延伸。非傳統安全觀強調國家安全雖依然重要，但已經不是安全的唯一主體；國家安全的內容也不再只是政治與軍事安全。國家安全與國際安全、全球安全是相關互動的，在某種意義上，國家安全和全球安全直接影響到國家安全（陸中偉，2003：18）。當然，安全問題雖然是不容許打折，但對安全的實質實踐卻

---

[18] 參閱交通部觀光局網站，網址：https://admin.taiwan.net.tw/BusinessInfo/（瀏覽日期：2019年5月7日）。

[19] 另可參考行政院主計總處網站，網址：https://dgbas.gov.tw（瀏覽日期：2019年5月7日）。

[20] 移民署網站，網址：https://www.immigration.gov.tw/（瀏覽日期：2019年5月7日）。

可以進行某些程度上的改變,例如有關來臺管理模式。深知,透過這幾年來兩岸的互信、互訪,以及互助,並參照我們對外國人士來臺總總做法,似乎關於大陸地區人民整體的管理方法應有所轉換,加上有多種選擇、積極做法可納入,傳統上的模式或許已不符合潮流所需;加上身處國際情境之複雜度,安全是各個不同面向但會相互牽連,故要想在國際社會上或兩岸間繼續立足,也許我們應該思考不同的邏輯概念去重新面對。

伍、建議與結論

自1988年11月開放許可大陸地區人民來臺後,兩岸間來往未曾間斷。在民眾同心協力維護下,「異中求同、險中求和」以及「維持現狀」一直是臺灣多數民眾的企盼。針對大陸地區人民來臺,除現有的管理機制外,因兩岸間的情勢也已大大不同,實際上,我們可以再考慮開放的尺度,或是調整相關的管理理念。甚至可以思考政策許可並開放優秀的大陸科技人才來臺灣工作,在此所要表達的是,於安全嚴格把關前提下,思考擴大可行性。

一、以治理取代管理

治理的意義,簡單說,政治或政府的管理,包含對公共資源的分配與管理。舉凡國家對公民社會所進行的所有干預行動,均屬之。現今治理已不再專屬政府所用;延伸至其他社會範疇、新方法之運用,藉以指涉現代政府所面臨的角色變遷情形。如,公司治理、民營化、公共服務、私部門管理、網絡治理等等概念(孫本初,2007:159-163;Rhodes, 1996: 652-653)。在當代環境脈絡不斷轉換情形下,政府對國家治理的途徑與模式,轉趨多元性。例如:參與模式之擴大,包括非政府組織之加入;彈性模式,涉及主權層次限制,採取彈性做法。或以電子化治理

（E-governance）方式，以應用當代資訊科技，提升政府部門績效，達到反映民意、分配資源及傳遞訊息（孫本初，2007：172-175）。以及跨域治理，此種整合性作為，透過公私協力、社區參與或契約經營等聯合方式，解決棘手並難以處理的問題（林水波、李長晏，2005：3）。

換言之，對大陸地區人民來臺，不要再以過去「管理」此較為八股的方式；而代之以「治理」，透過邀請單位、機關學校、旅遊相關業者及政府部門之合作，共同戮力、配合，以「積極來臺、全面開放、有效治理」型態，轉變態度，達成兩岸、民間團體及民眾之共創、共榮、共贏局面。

二、儘速設置兩岸辦事（處）據點

大陸地區人民申請以探親、觀光、專業、商務及依親等事由來臺，幾乎都需要檢附相關身分文件以資證明；惟因兩岸間並無正式代表性機構（亦可以民間團體取代）據點之互設，其文件真偽判斷，只能透過我方財團法人海峽交流基金會與中國大陸之海峽兩岸關係協會間相互查證，故所附證明文件有真假難以辨別或對身分有疑義者將會形成無法鑑定之情形。如此一來，無法達成將犯罪阻隔於境外之預防，只能採取事後查緝彌補方式，對於安全管理問題，需付出更多的心力。另一方面，國人在大陸地區，或大陸地區人民在臺灣地區有突發狀況，例如，身分證件遺失、旅遊意外、刑事案件等等，除家屬可立即飛赴中國大陸處理外，但有時緩不濟急；若有代表性經雙方認可之機構互設，旋即負責出面或就近探視、協助，透過充分溝通，避免不必要的枝節發生。且有正式代表機構，基於互信互助，可促進海峽兩岸的意見直接交流，並減少歧異或誤解。

三、未雨綢繆之思索

面對與大陸地區人民來臺之挑戰，政府相關單位有必要以集思廣益方式，建立一套完善的綜合性應對機制。例如，大陸地區人民來臺觀光人數

逐年上升；未來待全面開放後，其來臺人數更可期待。惟此爲兩岸承平時之榮景；一旦中國大陸片面（或全面）禁止大陸地區人民來臺觀光，臺灣相關的觀光事業、旅遊業、運輸業及農產品業等等，有無因應之道？換言之，主動權操之在哪一方手上，誰就有發球掌握權。[21]政府有無事先規劃類似情況發生時之解決措施？或許有人認爲太過於杞人憂天，然在中國大陸未曾放棄以武力犯臺之際，對於可能的一切，我們絕對要有萬全把握可以承受住。又如，兩岸間通婚所衍生的第二代，其效忠的對象，是中華民國，還是中國大陸？當人數愈來愈多時，我們該用什麼方法來教育其政治立場？會不會產生衝突？或許讓時間來見證未來歷史發生；這些都是將來必須要面對的課題。換言之，就此政策議題，政府準備好了嗎？我們有無研擬長、中、短期的計畫，模擬可能需面臨的問題及如何解決之方案，以及隨時要應付突然的狀況，避免措手不及。

四、擴大開放適用範圍

有關大陸地區人民來臺案件，其控制主動權似乎操之在我；惟實際上需兩岸之協商。許多來臺申請案件，包括觀光部分，因觀光案之執行成效佳，相關違規違常案件少，可考量再放寬來臺者之資格、人數[22]、城市；甚至於小三通、專業及商務人士之資格要件，亦考量鬆綁。而具備黨政軍身分背景者，來臺相關程序上及層級是否還需要如此嚴謹，確實有商議空間。爲何需畏懼他們的到訪？不要一味阻擋、否准，應該讓他們多多來臺交流，瞭解臺灣當地的發展與政策走向，進而影響其想法才是。若擔憂其來臺係進行蒐集情資與爲其吸收工作者，以目前國際情勢觀之，上有間諜衛星可監測，下有網路或電腦可查詢所要資訊，或透過國外第三地進行吸

---

[21] 大陸地區有關部門已公告自2019年8月1日起，暫停47個大陸城市居民來臺個人自由行，包括北京、南京、上海、廈門等等，來臺觀光皆須以團體方式辦理。此措施引起國內旅遊業者一片哀嚎聲。可參閱2019年8月1日各大報紙相關報導。此即是我們必須針對大陸政策轉換並適時調整之一例。

[22] 審酌臺灣地區的土地每日最大容納人數。

納，其取得情報方法甚多；若就國內安全防護系統，我們有優秀的情報及安全人員可以負責監控，包括民眾的教育與知覺，我們應對自己有信心，故何懼之有？

五、取消或調整保證責任制度

保證責任制度行之有年，效果並非顯著；保證人若不履行相關責任，其受到處罰為不得擔任保證人、代申請、被探親之人或團聚對象，並無金錢保證之措施。[23]若為觀光案，則旅行業者負保證責任，尚有扣繳保證金或廢止營業執照、停止辦理大陸地區人民來臺旅遊案。但上有政策、下有對策，可找他人代申請案件、代為擔任保證人（反正事後處罰對象不是我）；觀光案因處罰對象為旅行業，拘束的反而是臺灣業者，對違反之大陸地區人民根本不痛不癢。整體觀之，除觀光案有金錢保外，但實際上此仍有討論空間；其餘來臺事由之保證責任，是否有存在必要或改採金錢保，實在有檢討之必要。

六、以積極服務取代硬性查察

相關治安機關之查察作為，雖然可就不法或違規樣態加以告發，惟，用此二字基本上較具有剛性、執法、控管、監視等意味。若以「服務」字眼取代查察，一方面較具有柔性、協助及人性化取向，另一方面也可以持續進行不法之查察，執法並不因此而打折扣。爰此，在著重績效或鼓勵民間團體、大眾參與之今日，外界對執行認知或機關形象，或可有正面意義及加分效果，不至於有生冷或不近情理之感。

總之，在全球化效應之下，各式訊息及交流快速擴展蔓延；任一國家無法不受他國之影響而獨善其身。況且於現今國際間競逐場域如此激烈下，國家生存及永續耕耘一直是各國政府戮力目標。臺灣，在天然資源短

---

[23] 居留定居案則雖有保證書，卻無規定保證有假、不履行等等之法效果。

絀、環境如此險惡之處境，我們一方面要與全球不同國家相互較勁；一方面更要優先考量與大陸地區之互動關係。實際上，透過彼此間不斷交流與相互坦誠，兩岸間之態勢與永續經營，絕對是可創互贏互助局面，而非零和遊戲；兩岸間之競爭，如同我們與其他外國之競賽，既是互爭又互給有利條件。正是開放大陸地區人民來臺觀光政策落實，政府管理與民間搭配之適當，影響擴及於其他面向，進而產出共贏、共榮局面，絕非兩敗俱傷。

參考文獻

一、中文

于達同（2016），開放大陸觀光客來臺對國家安全影響之研究，臺北：銘傳大學國家發展與兩岸關係研究所碩士學位論文。

大陸委員會編印（2018），大陸事務法規彙編，15版，臺北：大陸委員會。

行政院主計總處新聞稿（2018），106年國人赴海外工作人數統計結果，臺北：行政院主計總處。

吳定、張潤書、陳德禹、賴維堯、許立一（2007），行政學（下），臺北：國立空中大學。

李依盈（2005），開放大陸地區人民來臺觀光政策之評估，臺北：國立政治大學公共行政學系碩士論文。

李俊揚（2016），大陸地區人民來臺自由行安全管理之研究，桃園：開南大學觀光運輸學院碩士在職專班碩士論文。

林水波、李長晏（2005），跨域治理，臺北：五南圖書出版公司。

林東星（2007），大陸地區人民來臺觀光安全管理機制之研究，臺北：銘傳大學公共事務學系碩士在職專班學位論文。

孫本初（2007），新公共管理，臺北：一品文化出版社。

張育茹（2018），兩岸觀光人流管理之研究，高雄：中山大學政治學研究所碩士論文。

張群山（2019），兩岸關係的關鍵：從主權理論視角分析，臺北：展望與探索，第17卷第6期，頁31-53。

陸中偉編（2003），非傳統安全，北京：時事出版社。

楊翹楚（2019），移民政策論與實務，臺北：元照出版。

二、外文

Rhodes, R. A. W. (1996), The New Governance: Governing without Government, Political Studies, XLIV.

Thai, H. C. (2008), For Better or For Worse: Vietnamese International Marriages in the New Global Economy, New Brunswick, NJ: Rutgers University Press.

三、網路資料

內政部，網址：www.moi.gov.tw。
內政部移民署，網址：www.immigration.gov.tw。
自由時報網站，網址：https：//ec.ltn.com.tw。
行政院主計總處網站，網址：https://dgbas.gov.tw。

第七章

由人身自由與居住遷徙自由
限制論行政上的強制執行

蔡震榮

壹、前言

　　《憲法》第8條規定：「人民身體之自由應予保障。除現行犯之逮捕由法律另定外，非經司法或警察機關依法定程序，不得逮捕拘禁。非由法院依法定程序，不得審問處罰。非依法定程序之逮捕、拘禁、審問、處罰，得拒絕之（第1項）。人民因犯罪嫌疑被逮捕拘禁時，其逮捕拘禁機關應將逮捕拘禁原因，以書面告知本人及其本人指定之親友，並至遲於二十四小時內移送該管法院審問。本人或他人亦得聲請該管法院，於二十四小時內向逮捕之機關提審。法院對於前項聲請，不得拒絕，並不得先令逮捕拘禁之機關查覆。逮捕拘禁之機關，對於法院之提審，不得拒絕或遲延（第2項）。人民遭受任何機關非法逮捕拘禁時，其本人或他人得向法院聲請追究，法院不得拒絕，並應於二十四小時內向逮捕拘禁之機關追究，依法處理（第3項）。」這是我國《憲法》規定得最詳盡的一個條文，顯見制憲者對人身自由的重視。

　　釋字第588號解釋：「人身自由乃人民行使其憲法上各項自由權利所不可或缺之前提，《憲法》第8條第1項規定所稱『法定程序』，係指凡限制人民身體自由之處置，不問其是否屬於刑事被告之身分，除須有法律之依據外，尚須分別踐行必要之司法程序或其他正當法律程序，始得為之。

此項程序固屬憲法保留之範疇，縱係立法機關亦不得制定法律而遽以剝奪。」亦即，人身自由是所有自由權力的基礎，包含動靜坐臥的自由，用以抵抗國家不法的拘捕。

雖有《憲法》第8條規定，然行政機關仍掌有若干拘束人身自由的規定，如《入出國及移民法》有關收容、留置之規定，或警察機關管束等，是否符合法定程序規定之要求，或有無法官保留之必要，容有探究。

《憲法》第10條規定：「人民有居住及遷徙之自由。」居住及遷徙之自由究竟應屬司法或行政擁有對其限制之權力，目前法規上有些是司法，有些則是行政機關本身就可作限制，是否此種行政上之強制措施，應遵守正當法律程序，或者應把此種權利歸之於司法，避免行政專斷，容有分析探討之必要。

有關人身自由與居住遷徙自由，究竟應屬司法權或行政權，大法官有作出相關解釋，本文將有探討。

釋字第708號有關「受驅逐出國外國人之收容案」，以及釋字第710號「大陸地區人民之強制出境暨收容案」，大法官就人身自由與居住遷徙自由限制重新定義，而認為就此部分，除有法官保留外，亦應遵守正當法律程序。

本文就人身自由與行動自由為探討，人身自由部分將對大法官解釋作分析，以整理出相當的輪廓；有關居住遷徙自由之限制，大法官解釋雖作出部分解釋，但仍未就此部分，明確理出司法權與行政權間的界限，對此，本文將以現行法規與實務問題，並分析大法官之解釋時代背景分析，並就此部分，分析司法與行政權之界限。

貳、行政上人身自由限制之強制措施

一、人身自由限制國際法定

（一）《公民與政治權利國際公約》第9條（以下簡稱《公政公約》）

「一、人人有權享有身體自由及人身安全。任何人不得無理予以逮捕或拘禁。非依法定理由及程序，不得剝奪任何人之自由。

二、執行逮捕時，應當場向被捕人宣告逮捕原因，並應隨即告知被控案由。

三、因刑事罪名而被逮捕或拘禁之人，應迅即解送法官或依法執行司法權力之其他官員，並應於合理期間內審訊或釋放。候訊人通常不得加以羈押，但釋放得令具報，於審訊時，於司法程序之任何其他階段、並於一旦執行判決時，候傳到場。

四、任何人因逮捕或拘禁而被奪自由時，有權聲請法院提審，以迅速決定其拘禁是否合法，如屬非法，應即令釋放。

五、任何人受非法逮捕或拘禁者，有權要求執行損害賠償。」

本條規定極為詳盡，涵蓋了憲法第8條規定，公約第1款所稱：「非依法定理由及程序，不得剝奪任何人之自由」，即是強調剝奪人身自由的任何行為，包括行政在內，都應遵守法律保留原則以及正當法律程序，公約第3款與第4款是強調法官介入與提審之規定等及時救濟權。至於，非刑事被告之逮捕拘禁，是否容許不在法官保留，並無強制法官保留之規定，對此該公約並無說明。

（二）德國法之規定

《德國基本法》第104條規定的內容如下[1]：

「人身自由僅能依據法律，並以法律所定之方式限制之。自由受限制

---

[1] http://www.gesetze-im-internet.de/gg/art_104.html（瀏覽日期：2018年5月17日）。

者之心靈及身體均不得虐待。

剝奪自由之許可與否及續行與否，僅能由法官決定之。非依法官命令而為之剝奪自由，應立即聲請法官決定之。警察依職權逮捕之人，不得拘禁至逮捕之次日結束前。相關細節，由法律定之。

因犯罪嫌疑而被逮捕之人，至遲應於逮捕時起一日內移送至法官前，由法官告知其逮捕原因、審問，並使其能為抗辯。對於被逮捕之人，法官應立即簽發附理由之拘禁書，或下命釋放。

對於法官之命拘禁或繼續拘禁，應立即通知被拘禁人之親人或所信任之人。」

《德國基本法》第104條顯然涵蓋範圍較廣。第1項明文指出，凡人身自由之「限制」（Beschränkung）均有法律保留原則、遵守法定程序與禁止酷刑的規定。第2項與第3項規定人身自由之「剝奪」（Entziehung）法官保留與司法警察處理的必備程序（24小時處理為暫時性之留置）以及法官處理之法定程序。

《德國基本法》第104條的規定，強調人身自由之剝奪屬法官職權，非依法官命令而為之剝奪自由，應立即聲請法官決定之，第3項規定，因犯罪嫌疑而被逮捕之人，至遲應於逮捕時起一日內移送至法官前，逮捕拘禁機關僅有24小時權限，非刑事犯之人身自由之剝奪，也屬不無例外之情形。此種強調人身剝奪法官介入權，《憲法》第8條有關人身自由剝奪並無法官保留規定。

（三）歐洲人權公約

《歐洲人權公約》第5條[2]：

「一、人人享有自由和人身安全的權利。

任何人不得被剝奪其自由，但在下列情況並依照法律規定的程序者除外：

（甲）經有管轄權的法院的判罪對其人加以合法的拘留；

---

[2] http://blog.wenxuecity.com/blog/frontend.php?act=articlePrint&blogId=10164&date=201006&postId=14256.

（乙）由於不遵守法院合法的命令或為了保證法律所規定的任何義務的履行而對其人加以合法的逮捕或拘留；

（丙）在有理由地懷疑某人犯罪或在合理地認為有必要防止其人犯罪或在犯罪後防其脫逃時，為將其送交有管轄權的司法當局而對其人加以合法的逮捕或拘留；

（丁）為了實行教育性監督的目的而依合法命令拘留一個未成年人或為了將其送交有管轄權的法律當局而予以合法的拘留；

（戊）為防止傳染病的蔓延對其人加以合法的拘留以及對精神失常者、酗酒者或吸毒者或流氓加以合法的拘留；

（己）為防止其人未經許可進入國境或為押送出境或引渡對某人採取行動而加以合法的逮捕或拘留。

其中（丁）（戊）（己）三項，即屬於非刑事被告之考量，只要依照法律規定的程序實施即可，而這些基於行政專業必要性以及現場處理之必要性，在法規規定程序下執行，即屬合法，不必經由法官之決定。」

綜上，可以發現《歐洲人權公約》第5條，比較德國法，採較寬容的規定，容許若干行政保留剝奪自由的規定，涉及國家主權或國民健康權或即時處理之必要，容有行政機關管轄之必要。

二、有關大法官對於行政上人身自由剝奪法官保留之詮釋

（一）違反法官保留

釋字第166號以及第251號解釋，針對違警罰法而來。釋字第251號解釋文稱：「違警罰法規定由警察官署裁決之拘留、罰役，係關於人民身體自由所為之處罰，應迅改由法院依法定程序為之，以符憲法第8條第1項之本旨，業經本院於中華民國69年11月7日作成釋字第166號解釋在案。依《違警罰法》第28條規定所為『送交相當處所，施以矯正或令其學習生活技能』之處分，同屬限制人民之身體自由，其裁決由警察官署為之，亦與《憲法》第8條第1項之本旨不符，應與拘留、罰役及本件解釋之處分裁決

程序規定，至遲應於中華民國80年7月1日起失其效力，並應於此期限前修訂相關法律。本院釋字第166號解釋應予補充。」在本號解釋強調《違警罰法》對人身自由剝奪之裁定，應由法官為之。取代《違警罰法》之《社會秩序維護法》乃將拘留部分，規定移送法院裁決，但自《從行政罰法》實施以來，是否被界定為行政上處罰的《社會秩序維護法》仍有保留拘留之必要，應有檢討之必要。

　　《社會秩序維護法》第20條規定：「罰鍰應於裁處確定之翌日起十日內完納。被處罰人依其經濟狀況不能即時完納者，得准許其於三個月內分期完納。但遲誤一期不繳納者，以遲誤當期之到期日為餘額之完納期限。罰鍰逾期不完納者，警察機關得聲請易以拘留。在罰鍰應完納期內，被處罰人得請求易以拘留。」是對財產罰轉變成人身罰之規定。

（二）釋字第588號解釋

　　釋字第588號解釋文：「……刑事被告與非刑事被告之人身自由限制，畢竟有其本質上之差異，是其必須踐行之司法程序或其他正當法律程序，自非均須同一不可。管收係於一定期間內拘束人民身體自由於一定之處所，亦屬《憲法》第8條第1項所規定之『拘禁』，其於決定管收之前，自應踐行必要之程序、即由中立、公正第三者之法院審問，並使法定義務人到場為程序之參與，除藉之以明管收之是否合乎法定要件暨有無管收之必要外，並使法定義務人得有防禦之機會，提出有利之相關抗辯以供法院調查，期以實現憲法對人身自由之保障。……

　　《行政執行法》關於管收之裁定，依同法第17條第3項，法院對於管收之聲請應於五日內為之，亦即可於管收聲請後，不予即時審問，其於人權之保障顯有未周，該『五日內』裁定之規定難謂周全，應由有關機關檢討修正。又《行政執行法》第17條第2項：『義務人逾前項限期仍不履行，亦不提供擔保者，行政執行處得聲請該管法院裁定拘提管收之』、第19條第1項：『法院為拘提管收之裁定後，應將拘票及管收票交由行政執行處派執行員執行拘提並將被管收人逕送管收所』之規定，其於行政執行處合併為拘提且管收之聲請，法院亦為拘提管收之裁定時，該被裁定拘提

管收之義務人既尚未拘提到場，自不可能踐行審問程序，乃法院竟得為管收之裁定，尤有違於前述正當法律程序之要求。另依《行政執行法》第17條第2項及同條第1項第6款：『經合法通知，無正當理由而不到場』之規定聲請管收者，該義務人既猶未到場，法院自亦不可能踐行審問程序，乃竟得為管收之裁定，亦有悖於前述正當法律程序之憲法意旨。……」

重點整理如下：

1. 強調法定程序與法官保留

應踐行必要之司法程序，此即由中立、公正第三者之法院審問，並使法定義務人到場為程序之參與，除藉之以明管收之是否合乎法定要件暨有無管收之必要外，並使法定義務人得有防禦之機會，提出有利之相關抗辯以供法院調查，期以實現《憲法》對人身自由之保障。

2. 五日內裁定違憲

《行政執行法》第17條第2項及第3項：「義務人逾前項限期仍不履行，亦不提供擔保者，行政執行處得聲請該管法院裁定拘提管收之」、「法院對於前項聲請，應於五日內裁定。行政執行處或義務人不服法院裁定者，得於十日內提起抗告；其程序準用民事訴訟法有關抗告程序之規定」。法院於管收聲請後，不予即時審問，其於人權之保障顯有未週，該「五日內」裁定之規定難謂周全，應由有關機關檢討修正。

3. 拘提且管收規定違憲

行政執行處倘為拘提且管收之聲請者，該被裁定拘提管收之義務人於裁定之時，既尚未拘提到場，自不可能踐行審問程序，法院係單憑行政執行處一方所提之聲請資料以為審查，無從為言詞之審理，俾以查明管收之聲請是否合乎法定要件暨有無管收之必要，更未賦予該義務人以防禦之機會，使其能為有利之抗辯，指出證明之方法以供法院審酌，即得為管收之裁定，且竟可於拘提後將之逕送管收所，亦無須經審問程序，即連「人別」之訊問（即訊問其人有無錯誤）亦可從缺，尤有違於前述正當法律程序之要求。

在本號解釋強調，拘提與管收一齊聲請，使得法官缺乏審問程序，違

反正當法律程序之要求。

　　在《公民與政治權利國際公約》第11條規定：「任何人不得僅因無力履行契約義務，即予監禁。」

　　國際人權報告也提出，債務人有能力履行義務卻不履行，或有隱匿財產等行爲時，債權人或行政執行機關可聲請法院裁定對債務人加以管收。這表示國家及債權人在一定條件下，可以使用拘禁人身自由之方式迫使債務人履行義務或提出財產，是有檢討之情形[3]。《行政執行法》此種管收規定似有違背《公政公約》第11條的情形。且管收期間並無扣抵所積欠金額之規定，此舉有押人還債之嫌，如比較《社會秩序維護法》未如期繳納罰鍰之易以拘留，顯然此種管收有違國際公正公約之規定。

4. 釋字第690號解釋行政措施無法官保留之適用

　　該號解釋理由書稱：「……92年5月2日制定公布溯自同年3月1日施行之《嚴重急性呼吸道症候群防治及紓困暫行條例》（已於93年12月31日廢止）第5條第1項明定：『各級政府機關爲防疫工作之迅速有效執行，得指定特定防疫區域實施管制；必要時，並得強制隔離、撤離居民或實施各項防疫措施。』可認立法者有意以此措施性法律溯及補強舊傳染病防治法，明認強制隔離屬系爭規定之必要處置。又行政院衛生署92年5月8日衛署法字第0921700022號公告之『政府所爲嚴重急性呼吸道症候群防疫措施之法源依據』，亦明示系爭規定所謂必要處置之防疫措施，包括集中隔離。而強制隔離使人民在一定期間內負有停留於一定處所，不與外人接觸之義務，否則應受一定之制裁，已屬人身自由之剝奪。……

　　強制隔離既以保障人民生命與身體健康爲目的，而與刑事處罰之本質不同，已如前述，故其所須踐行之正當法律程序，自毋須與刑事處罰之限制被告人身自由所須踐行之程序相類。強制隔離與其他防疫之決定，應由專業主管機關基於醫療與公共衛生之知識，通過嚴謹之組織程序，衡酌傳染病疫情之嚴重性及其他各種情況，作成客觀之決定，以確保其正確性，與必須由中立、公正第三者之法院就是否拘禁加以審問作成決定之情形有

3　《公民與政治權利國際公約》執行情形簽署國根據《公約》第40條提交的初次報告（2012），頁41。

別。且疫情之防治貴在迅速採行正確之措施，方得以克竟其功。傳染病防治之中央主管機關須訂定傳染病防治政策及計畫，包括預防接種、傳染病預防、疫情監視、通報、調查、檢驗、處理及訓練等措施；地方主管機關須依據中央主管機關訂定之傳染病防治政策、計畫及轄區特殊防疫需要，擬訂執行計畫，並付諸實施（舊傳染病防治法第4條第1項第1款第1目、第2款第1目規定參照）。是對傳染病相關防治措施，自以主管機關較為專業，由專業之主管機關衡酌傳染病疫情之嚴重性及其他各種情況，決定施行必要之強制隔離處置，自較由法院決定能收迅速防治之功。另就法制面而言，該管主管機關作成前述處分時，亦應依《行政程序法》及其他法律所規定之相關程序而為之。受令遷入指定之處所強制隔離者如不服該管主管機關之處分，仍得依行政爭訟程序訴求救濟。是系爭規定之強制隔離處置雖非由法院決定，與《憲法》第8條正當法律程序保障人民身體自由之意旨尚無違背。……系爭規定未就強制隔離之期間予以規範，及非由法院決定施行強制隔離處置，固不影響其合憲性，惟曾與傳染病病人接觸或疑似被傳染者，於受強制隔離處置時，人身自由即遭受剝奪，為使其受隔離之期間能合理而不過長，仍宜明確規範強制隔離應有合理之最長期限，及決定施行強制隔離處置相關之組織、程序等辦法以資依循，並建立受隔離者或其親屬不服得及時請求法院救濟，暨對前述受強制隔離者予以合理補償之機制，相關機關宜儘速通盤檢討傳染病防治法制。……」[4]

　　本號解釋強調主管機關基於專業性考量，不必經由法院決定，但仍必須有其他行政程序之規定與限制以及法律救濟途徑之考量，因此，專業作出剝奪人身自由屬行政機關裁量權仍屬合憲；就此部分，說明並非所有的非刑事事件之自由剝奪，須由法官決定，但行政機關仍必須遵守正當法律程序與救濟途徑之告知，亦即，有及時請求法院救濟之機制[5]。

---

[4]　林明昕，論剝奪人身自由之正當法律程序：以「法官介入審查」機制為中心，臺大法學論叢，第46卷第1期，2017年3月，頁53以下。對此提出批評，而認為將人身自由剝奪（即傳染病之強制隔離）之程序完全委交行政機關決定，而無使法院即時介入審查的機會，則屬錯誤的結論。

[5]　廖義男，非刑事被告人身自由保障之趨勢，法令月刊，第64卷第5期，2013年5月，頁104以下。

　　本號解釋有一重點在於如何界定司法權與行政權之界限，提出功能適切說，並非所有有關人身自由之剝奪都強調法官保留，本文贊成此說，而認為以功能適切專業判斷，是最圓滿的解決方式。

　　目前有關行政上處罰，在法制上仍有《行政罰法》第26條刑事優先原則，凡所有涉及一行為觸犯刑事罰與行政罰之案件，都以刑事優先為考量，如食安事件，而不考慮有無行政專業先行處罰之必要，此種立法是否侷限行政專業，仍有討論空間[6]。

　　《公政公約》在我國執行情形，國際人權初次報告（2013年4月）提出，司法院大法官釋字第690號解釋認為強制隔離雖不違憲，但宜明確規範強制隔離之最長期限，及決定施行強制隔離處置相關之組織、程序等辦法，並建立及時請求法院救濟及合理補償之機制，相關機關宜儘速通盤檢討傳染病防治法制[7]。

（三）釋字第708號解釋

　　本號解釋前《入出國及移民法》第38條於2011年修訂，增定外國人收容期限為120天，不必經由法官之決定，此種期間規定，是否合於《憲法》第8條之規定，則有探究餘地，就此，而聲請本號解釋。

　　解釋理由重點整理：「『收容』剝奪人民身體自由，自須踐行必要之司法程序或正當法律程序；惟因非對刑事被告之限制，是其程序可不必與刑事被告相同。收容實務，移民署合理作業期間以十五日為上限；倘受暫時收容人不服，應即於24小時內移送法院裁定。暫時收容期間將屆，移民署認有繼續收容之必要者，應由法院依法審查決定，始能續予收容；有延長收容之必要者，亦同[8]。」

　　釋字第708號解釋，仍認為收容等待遣返有其必要行政作業期間無須

---

[6]　《行政罰法》第26條：應容許有特別法，例外考量行政專業必要之規定。

[7]　file:///E:/%E4%B8%8B%E8%BC%89/%E5%85%AC%E6%B0%91%E8%88%87%E6%94%BF%E6%B2%BB%E6%AC%8A%E5%88%A9%E5%9C%8B%E9%9A%9B%E5%85%AC%E7%B4%84%E5%88%9D%E6%AC%A1%E5%A0%B1%E5%91%8A(pdf%E6%AA%94).pdf.

[8]　http://prisonreform2012.blogspot.tw/2013/02/708.html.

法官保留，但強調應給予及時救濟之機會，此外續予收容，則須法官保留。

　　國際人權初次報告之審查國際獨立專家通過的結論性意見與建議，《公政公約》第9條第4項規定，任何人因逮捕或拘禁而被剝奪自由，有權向法院聲請提審，以迅速決定其拘禁是否合法，如屬非法應即令釋放（人身保護權）。……司法院於2013年2月作成的第708號解釋也認知有此問題，並且宣告《入出國及移民法》第38條違憲。立法院有二年時間修正該條以符合人身自由權與人身保護令。既然《公政公約》第9條第4項已屬可直接適用的中華民國（臺灣）國內法律，專家建議任何依據入出國及移民法所爲收容命令都應立即受到司法審查，以全面遵守《公政公約》第9條第4項之規定[9]。強調提審之重要性，亦即，法官介入原則，而本號解釋僅強調及時向法院申請救濟，仍與《公政公約》之規定顯有落差。

（四）非刑事被告人身自由剝奪之比較分析

　　從釋字第251號法官保留之強調，到第588號解釋除法官保留外，並強調及時救濟、審問與決定之重要性[10]。第690號解釋大法官則強調行政專業裁定之重要性，不必強行遵守法官保留必要性，在此，強調行政專業性，由專業決定，功能最爲適切，並非第三者公正審判作決定，該號解釋解釋文第二段「爲……建立受隔離者或其親屬不服得及時請求法院救濟……，相關機關宜通盤檢討傳染病防治法制」之呼籲。釋字第708號解釋，同樣強調行政機關有其行政作業必要性，而有十五日遣送出國作業期間，無須法官之裁定，但必須有及時救濟之機會，以確保當事人權利。在此，大法官對此，以行政機關處理行政事務必要性，給予行政機關剝奪人身自由之裁量權力，亦即，有考慮行政機關專業性與作業需要，給予適度裁量，不必強制要求法官保留，作爲行政權與司法權界限，這是功能適切之寫照。在此，肯認大法官之見解。

9　對中華民國（臺灣）政府落實國際人權公約初次報告之審查國際獨立專家通過的結論性意見與建議，2013年3月1日於臺北發表。

10　林明昕，同前註4，頁36以下。

釋字第708號解釋揭示，國家剝奪或限制人民身體自由之處置，不問其是否屬於刑事被告之身分，除須有法律之依據外，尚應踐行必要之司法程序或其他正當法律程序；人身自由係基本人權，為人類一切自由、權利之根本，任何人不分國籍均應受保障，此為現代法治國家共同之準則。對於拘禁自由收容場所之處置，加強正當法律程序（行政程序）和法官保留原則之適用。

三、行政上人身自由剝奪國際人權第二次報告分析

《公政公約》在我國實施情形第二次報告（2016年4月）針對收容事件，於第128點提出下列見解：

因應司法院釋字第708號及第710號解釋意旨，於2015年2月5日修正施行之《行政訴訟法》增訂第四章收容聲請事件程序，規範收容聲請事件之種類、管轄法院及審理程序等事項。至於收容之實體要件，則係規範於《入出國及移民法》、《臺灣地區與大陸地區人民關係條例》及《香港澳門關係條例》。

收容聲請事件類型，區分為收容異議、續予收容、延長收容及停止收容四種。收容期間，區分為暫予收容（第1日至第15日）、續予收容（第16日至第60日）、延長收容（第61日至第100日）計三段期間，大陸地區人民得再延長收容一次（第101日至第150日）。除暫予收容處分係由內政部移民署作成，俟受收容人或其一定關係親屬提出異議時，再由移民署於受理異議後24小時內移送法院審理者外，超過十五日之收容期間，移民署均須事前向法院聲請，經法院裁定准許後，始能繼續收容。法院裁定續予收容或延長收容後，如收容原因消滅、無收容必要或有得不予收容情形，受收容人或其一定關係親屬可向法院聲請停止收容。

收容之目的，係為確保對外國人、大陸地區人民及香港、澳門居民所為之強制（驅逐）出國（境）處分之執行。法院審理收容聲請事件時，應斟酌：是否具有強制（驅逐）出國（境）之障礙，亦即具備收容事由；收容必要性，亦即非予收容，顯難強制（驅逐）出國（境）；替代收容處分

之可能性，如具保或限制住居；有無依法得不予收容之情形[11]。

　　針對上述情形，移民法因應釋字第708、710號，作出一些適當法律修正，以符合人權要求。

四、小結

　　就人身自由剝奪，仍必須考量行政機關管轄與專業必要，不必一貫地只強調法官保留原則，仍必須就事件本質，是否應尊重行政目的與專業之必要性，亦即，若干部分應給予行政機關裁量權，但在此行政管轄部分，仍有正當法律程序之要求。

參、居住遷徙自由之法律規定

一、國際法有關遷徙自由之規定

　　《世界人權宣言》第13條：
　　「一、人人在一國境內有自由遷徙及擇居之權。
　　二、人人有權離去任何國家，連其本國在內，並有權歸返其本國。」
　　《公民權利和政治權利國際公約》第12條（遷徙自由和住所選擇自由）：
　　「一、合法處在一國領土內的每一個人在該領土內有權享受遷徙自由和選擇住所的自由。
　　二、人人有自由離開任何國家，包括其本國在內。
　　三、上述權利，除法律所規定並為保護國家安全、公共秩序、公共衛

---

[11]　file:///E:/%E4%B8%8B%E8%BC%89/%E5%85%AC%E6%B0%91%E8%88%87%E6%94%BF%E6%B2%BB%E6%AC%8A%E5%88%A9%E5%9C%8B%E9%9A%9B%E5%85%AC%E7%B4%84%E7%AC%AC%E4%BA%8C%E6%AC%A1%E5%9C%8B%E5%AE%B6%E5%A0%B1%E5%91%8A(PDF%E6%AA%94).pdf.

生或道德、或他人的權利和自由所必需且與本公約所承認的其他權利不牴觸的限制外，應不受任何其他限制。

四、任何人進入其本國的權利，不得任意加以剝奪。」

《公政公約》第13條（外國人之驅逐）：「本公約締約國境內合法居留之外國人，非經依法判定，不得驅逐出境，且除事關國家安全必須急速處分者外，應准其提出不服驅逐出境之理由，及聲請主管當局或主管當局特別指定之人員予以覆判，並為此目的委託代理人到場申訴。」

非法驅逐外國人（《公政公約》第13條）將外國人驅逐出境，必須有法律依據，且應符合正當法律程序，原則上應給予遭驅逐出境之外國人抗辯的機會，亦即，告知權以及救濟權個人之程序保障，也應賦予被驅逐出國者聽審權。倘如驅逐過程構成對人權之侵害，則違反國際法。本條規定有「在國家安全的緊迫原因而另有要求下」的例外，涉及「國家自衛權」。主權國家為了自我保護以及維護主權，有權禁止或許可外國人入境，此係國際法的準則之一。依本條規定，對於本國人之入境權不得任意剝奪，而出境權原則上不受限制。在外國人方面，外國人入境權不受保障，出境權與本國人受相同的保障，但一定條件下得以法律限制之[12]。因此，依此規定，驅逐出國基於國家主權之行使，賦予行政機關決定之權，不一定經由法官決定。

歐洲人權法院強調第3條為一種「絕對條款」──「不論被害者的行為為何」。該法院同時也解釋本條認為，任何成員國皆應被禁止將任何人驅逐或遣返至可能使其遭受到酷刑或不人道或侮辱之待遇或處罰的國家[13]。

《歐洲人權公約第4號議定書》──免於因民事債務而受到監禁、遷徙自由、除籍之禁止；第1條規定，任何人有免於因民事債務而受到監禁的權利。第2條規定，任何人皆有在其國內任意的合法遷徙之自由，且可

---

[12] 人權議題與發展，https://www.baphiq.gov.tw/office/hcbaphiq/files/web_articles_files/hcbaphiq/1268/1504.pdf。

[13] https://zh.wikipedia.org/zhtw/%E6%AD%90%E6%B4%B2%E4%BA%BA%E6%AC%8A%E5%85%AC%E7%B4%84.

以合法自由的離開國境至任何國家。

《歐洲人權公約第7號議定書》第1條規定：任何外國居民在面臨被驅逐時都有受到正當合法且公正的程序審理之權利（非依法定程序不得驅逐外國人）。

從上國際法規分析，驅逐出國仍應注意正當法律程序，應給予被驅逐者程序保障，且注意到不得將其驅逐至人權有受迫害之情形。

二、驅逐出境（出國）法律規定

（一）司法處分

《刑法》第95條：「外國人受有期徒刑以上刑之宣告者，得於刑之執行完畢或赦免後，驅逐出境。」

《刑法》第95條及《保安處分執行法》第74條之1所為對外國人之驅逐出境，應聲請法院裁判後始得據以執行。

《形法》第95條規定，是否一併宣告驅逐出境，固由法院酌情依職權決定之，採職權宣告主義。但驅逐出境，係將有危險性之外國人驅離逐出本國國境，禁止其繼續在本國居留，以維護本國社會安全所為之保安處分，對於原來在本國合法居留之外國人而言，實為限制其居住自由之嚴屬措施。故外國人犯罪經法院宣告有期徒刑以上之刑者，是否有併予驅逐出境之必要，應由法院依據個案之情節，具體審酌該外國人一切犯罪情狀及有無繼續危害社會安全之虞，審慎決定之，尤應注意符合比例原則，以兼顧人權之保障及社會安全之維護。此為法官審酌之情形，對保障外國人人權相當重要。《公政公約》第13條也特別強調，本公約締約國境內合法居留之外國人，非經依法判定，不得驅逐出境，而給予程序保障。

（二）行政處分

《外國人強制驅逐出國處理辦法》第2條：「外國人有本法第三十六條第二項各款情形之一者，內政部移民署（以下簡稱移民署）得於強制驅

逐出國前，限令其於十日內出國。但有下列情形之一者，得強制驅逐出國：

　　一、未依規定於限令期限內自行出國。

　　二、在臺灣地區無一定之住所或居所。

　　三、因行蹤不明遭查獲。

　　四、有事實認有逃逸或不願自行出國之虞。

　　五、經法院於裁判時併宣告驅逐出境確定。

　　六、受外國政府通緝，並經外國政府請求協助。

　　七、其他有危害我國利益、公共安全或從事恐怖活動之虞。

　　逾期停留或居留之外國人，於查獲或發現前，主動表示自願出國，經移民署查無法律限制或禁止出國情事者，移民署得准予其於一定期限內辦妥出境手續後限令於十日內自行出國。」

　　《外國人強制驅逐出國處理辦法》第3條：「移民署查獲外國人有本法第三十六條第一項、第二項情形之一者，應蒐集、查證相關資料、拍照及製作調查筆錄。查獲之外國人涉有刑事案件者，應先移送司法機關偵辦，未經依法羈押、拘提、管收或限制出國者，或經查未涉有刑事案件者，由移民署依法為相關處置。

　　其他機關發現外國人有本法第三十六條第一項、第二項情形之一者，應查證身分及製作調查筆錄。外國人如涉有刑事案件者，應先移送司法機關偵辦，未經依法羈押、拘提、管收或限制出國，或經查未涉有刑事案件者，應檢附相關案卷資料，移請移民署處理。

　　經其他機關依本條規定移請移民署處理之外國人涉有刑事案件已進入司法程序者，移送機關應即時通知移民署。

　　移民署知悉受強制驅逐出國處分之外國人涉有刑事案件已進入司法程序者，於強制驅逐出國十日前，應通知司法機關。

　　法院裁定准予續予收容或延長收容之外國人，經強制驅逐出國者，移民署應即時通知原裁定法院。」

　　《臺灣地區與大陸地區人民關係條例》（以下簡稱《兩岸條例》）第18條第4項及《香港澳門關係條例》（以下簡稱《港澳條例》）第14條第4

項規定。

中華民國境內合法居、停留之外國人，依《刑法》第95條規定，受有期徒刑以上刑之宣告，經法院判決驅逐出境者，得於刑之執行完畢或赦免後，驅逐出境，或有《入出國及移民法》第36條第1項各款情形，移民署得強制驅逐出國；倘外國人有《入出國及移民法》第36條第1項第2款、第4款至第7款、第9款或第10款之情形，移民署得於強制驅逐出國前，限令其七日內出國。

三、釋字第710號解釋

該號解釋文稱：「……中華民國92年10月29日修正公布之《臺灣地區與大陸地區人民關係條例》第18條第1項規定：『進入臺灣地區之大陸地區人民，有下列情形之一者，治安機關得逕行強制出境。……』（該條於98年7月1日為文字修正）除因危害國家安全或社會秩序而須為急速處分之情形外，對於經許可合法入境之大陸地區人民，未予申辯之機會，即得逕行強制出境部分，有違憲法正當法律程序原則，不符《憲法》第10條保障遷徙自由之意旨。……」

解釋理由書稱：「……強制經許可合法入境之大陸地區人民出境，應踐行相應之正當程序（參酌《聯合國公民與政治權利國際公約》第13條、《歐洲人權公約第7號議定書》第1條）。尤其強制經許可合法入境之大陸配偶出境，影響人民之婚姻及家庭關係至鉅，更應審慎。92年10月29日修正公布之《兩岸關係條例》第18條第1項規定：『進入臺灣地區之大陸地區人民，有下列情形之一者，治安機關得逕行強制出境。但其所涉案件已進入司法程序者，應先經司法機關之同意：一、未經許可入境者。二、經許可入境，已逾停留、居留期限者。三、從事與許可目的不符之活動或工作者。四、有事實足認為有犯罪行為者。五、有事實足認為有危害國家安全或社會安定之虞者。』（本條於98年7月1日修正公布，第1項僅為文字修正）98年7月1日修正公布同條例第18條第2項固增訂：『進入臺灣地區之大陸地區人民已取得居留許可而有前項第3款至第5款情形之一者，內政

部入出國及移民署於強制其出境前，得召開審查會，並給予當事人陳述意見之機會。」惟上開……於強制經許可合法入境之大陸地區人民出境前，並未明定治安機關應給予申辯之機會，有違憲法上正當法律程序原則，不符《憲法》第10條保障遷徙自由之意旨。此規定與本解釋意旨不符部分，應自本解釋公布之日起，至遲於屆滿二年時失其效力。……」在此強調合法入境者，漏未給予第2款「經許可入境，已逾停留、居留期限者」申辯之機會違憲。

　　本號解釋，提到《公政公約》所強調，合法居留之外國人，非經依法判定，不得驅逐出境（《公政公約》第13條）以及強調正當合法且公正的程序審理之權利（《歐洲人權公約第7號議定書》第1條）。但大法官在本號解釋，並無要求驅逐出國須法官保留。

四、有關驅逐出國執行情形

　　在《公政公約》執行情形初次報告（2013年4月），即對驅逐出國提出下述見解：「……中華民國目前並無法令規範違法外國人若因其原籍國存在酷刑或為殘忍不人道處遇之國家，得不予驅逐出境之相關規定。實務上，移民署執行違法外來人口遣送工作，係以送返當事人回原籍國為原則。目前研訂之外國人強制驅逐出國處理辦法草案，並明文規定驅逐外國人若因故不宜遣返回原籍國者，則將當事人送返回其持憑有效旅行文件即將前往之第三地國家或地區，或來臺前最近一次停留之國家或地區。另亦已研擬完成難民法草案。於上揭法令公（發）布施行前，若發現被遣送對象之原籍國為存在酷刑或為殘忍不人道處遇之國家，將依個案認定並協助當事人前往安全之國家或地區。目前與10個邦交國所簽訂的引渡條約，也都沒有相關拒絕遣返之註記，故實務上並無相關處置作為。政府應要求各機關於執行驅逐出境或罪犯接返時，不應再將罪犯送往有酷刑或殘忍不人道處遇的國家[14]。」

---

[14] 參考《公民與政治權利國際公約》執行初次報告（2013年4月），第108點。

（一）司法處分執行情形

該執行報告也對司法處分提出報告，而稱：「……中華民國境內合法居留、停留之外國人，依《刑法》第95條規定，受有期徒刑以上刑之宣告，經法院判決驅逐出境者，得於刑之執行完畢或赦免後，驅逐出境，或有《入出國及移民法》第36條第1項各款情形，移民署得強制驅逐出國；……」經移民署限制驅逐出國予暫予收容之處分。

（二）合法居留資格之外國人正當法律程序保障

取得合法居留資格之外國人，若發生《入出國及移民法》所明定驅逐出國之構成要件時，中華民國得依《入出國及移民法》、《行政程序法》及《行政執行法》等法律所定之構成要件及依循正當法律程序，將處分書合法送達受處分人後，由原處分機關據以執行驅逐出國處分。如該受處分之外國人不服驅逐出國處分，得依《訴願法》及《行政訴訟法》相關規定提起訴願及行政訴訟。目前實務上為保障外國人之行政救濟權益，移民署於受理外國人提起訴願案時，將待其行政救濟之相關程序結束後，始執行遣送出國。

在提起行政爭訟法院審理結束前，並非所有外國人均已先受到拘束人身自由（收容）處分，仍應由主管機關視個案具體情節及收容之必要性作出具體決定。

此外，受處分之外國人提起行政救濟時，如經法院作出暫時停止執行行政處分之裁定時，將待其行政救濟程序結束後，始將其遣送出國[15]。

（三）取得居留、永久居留許可之外國人應召開審查會審查

對於取得居留、永久居留許可之外國人，《入出國及移民法》已明定，除其以書面聲明放棄陳述意見或自願出國，或經法院於裁判時併宣告驅逐出境，或依其他法律應限令出國，或有危害我國利益、公共安全、公共秩序或從事恐怖活動之虞，且情況急迫應即時處分等情形外，移民署於

---

[15] 同前註，第192點以下。

強制驅逐其出國前，應召開由專家學者擔任委員之審查會，給予當事人陳述意見機會，例外始得不經審查會逕行強制驅逐出國[16]，作為強制驅逐出國執行前之前置審查階段。

（四）暫予收容處分之要件與程序

依《入出國及移民法》第38條規定：「外國人受強制驅逐出國處分，有下列情形之一，且非予收容顯難強制驅逐出國者，入出國及移民署得暫予收容，期間自暫予收容時起最長不得逾十五日，且應於暫予收容處分作成前，給予當事人陳述意見機會：

一、無相關旅行證件，不能依規定執行。

二、有事實足認有行方不明、逃逸或不願自行出國之虞。

三、受外國政府通緝。

入出國及移民署經依前項規定給予當事人陳述意見機會後，認有前項各款情形之一，而以不暫予收容為宜，得命其覓尋居住臺灣地區設有戶籍國民、慈善團體、非政府組織或其本國駐華使領館、辦事處或授權機構之人員具保或指定繳納相當金額之保證金，並遵守下列事項之一部或全部等收容替代處分，以保全強制驅逐出國之執行：

一、定期至入出國及移民署指定之專勤隊報告生活動態。

二、限制居住於指定處所。

三、定期於指定處所接受訪視。

四、提供可隨時聯繫之聯絡方式、電話，於入出國及移民署人員聯繫時，應立即回覆。

依前項規定得不暫予收容之外國人，如違反收容替代處分者，入出國及移民署得沒入其依前項規定繳納之保證金。」

---

[16] 《入出國及移民法》第36條第3項但書規定不招開審查會之例外情形：「但當事人有下列情形之一者，得不經審查會審查，逕行強制驅逐出國：
一、以書面聲明放棄陳述意見或自願出國。
二、經法院於裁判時併宣告驅逐出境確定。
三、依其他法律規定應限令出國。
四、有危害我國利益、公共安全或從事恐怖活動之虞，且情況急迫應即時處分。」

從上述之處分觀之，驅逐出國與收容處分並無法官保留之適用，但移民署仍應遵守正當法律程序，給予法律救濟與陳述意見之機會，並非所有情形都強制收容，而仍應給予替代收容之情形。

（五）遷徙自由（第12條）

《公政公約》初次報告（2013年4月）顯示，2011年有超過50,000人次中華民國（臺灣）人因各種理由被限制出境。有超過18,000人次因財務與稅賦理由而被限制出境。這些稅務機關所做的行政處分已廣泛的干預人民依《公政公約》第12條第2項所享有的離開本國的人權，卻只有少數被法院判決所推翻。專家認為這些對中華民國（臺灣）人民遷徙自由的大規模限制顯難符合《公政公約》第12條第3項的限制條款。專家因此建議中華民國（臺灣）應該適當地修改法令與政策，讓稅務與其他行政機關的實務做法都能遵守遷徙自由的要求[17]。

五、有關限制出境之規定

所謂「遷徙自由」，包含「國內的遷徙自由」與「國外的遷徙自由」，「出境自由」有關的限制出境，應屬於「遷徙自由的範疇」。

司法處分主要依據《刑事訴訟法》第93條的限制住居而來，但限制住居是否即等同於限制出境，最近有相關數量之文獻探討，但也有檢察官直接引用《入出國及移民法》第6條第1項第4、5、6款規定作為限制出境依據。至於，行政機關限制出境處分，限制出境處分仍有若干程序與實質之瑕疵值得探討，另外，是否所有的行政機關限制出境，應否取得法官保留，將有進一步分析。

限制出國（境）目前法律規定的情形，在行政處分的部分，限制出境制度可以避免在公法或私法上財產上責任（例如《稅捐稽徵法》、《行政

---

17 人權議題與發展（含《國際人權公約》、《身心障礙者權利國際公約》及《CEDAW施行法》），file:///E:/%E4%B8%8B%E8%BC%89/%E7%B5%90%E8%AB%96%E6%80%A7%E6%84%8F%E8%A6%8B%E8%88%87%E5%BB%BA%E8%AD%B0(pdf).pdf。

執行法》、《破產法》、《保險法》）、行政責任（例如《兵役法》）者，逃匿不履行其義務，上述行政處分之作成，係依據個別相關法律；在司法處分部分，限制出境制度可以確保國家追溯犯罪、進行審判、與執行刑罰，司法處分主要依據《刑事訴訟法》第93條的限制住居而來，但限制住居是否即等同於限制出境，最近有相關數量之文獻探討。對前者（行政處分）不服時，須以訴願、行政訴訟救濟；對於後者（司法處分）不服時，則須向法院或檢察機關聲請撤銷或變更。除此二者之外，還有一個限制出境類型，稱為「強制處分」因為這個類型既不屬於「行政處分」，也不屬於「司法處分」，沒有辦法確切定性，只能稱之為「強制處分」。其負責通知之權責機關與司法處分相近，但其救濟方式卻並非都是依刑事訴訟程序、軍事審判程序為之，有時也必須依照訴願、行政訴訟的方式來進行救濟。此種強制處分，法源依據為《入出國及移民法》第6條第1項第4、5、6款：「四、有事實足認有妨害國家安全或社會安定之重大嫌疑。五、涉及內亂罪、外患罪重大嫌疑。六、涉及重大經濟犯罪或重大刑事案件嫌疑。」並無其他法源依據，檢察官竟然以行政法規來限制，究竟此種處分為司法或行政處分產生混淆。

　　司法處分，處分權機關為法院及檢察官，而行政處分，則是移民署接受其他行政機關的告知，針對上述兩種處分執行機關為移民署，移民署不但接受法院或檢察官之責付執行命令，也執行其他行政機關交付之命令，在此多階段之程序中，移民署只負責執行，有關執行內容法律依據或執行期間，移民署並無實質審查權，移民署在接到司法機關、軍法機關的通知之後，必須立刻作成限制出境處分，並通知當事人，並無實質審查權可言，受限制當事人若向內政部訴願（移民署上級機關），可能沒有辦法達到救濟之目的。經常發生移送機關違反程序或實質規定，而執行機關移民署無審查機制，常有違反人權之情形發生。

六、限制出境各國法規之探討

（一）日本法

《日本憲法》第22條第1項明定居住及遷徙自由得因「公共福祉」而受限制。

（二）出入國管理機關限制出境權

依據《日本出入國管理及難民認定法》第60條規定了日本國人出境之要件，任何人未持護照即不得出國，故護照發給之准駁，等同於出國許可與否，該法第60條規定：「想要出國之日本人（除航員外）應持有效護照，必須在機、港口由入國審查關依據法務部法令所定之手續接受出國確認。前項日本人未受出國確認者，不得出國。」

《日本出入國及難民認定法》第25條之2規定：「有意出境前往日本以外地區之外國人，如符合於下列各款之規定，而經有關機關通知時，入國審查官在受理前條之出境確認手續二十四小時以內，得保留該當事人出境確認。

一、犯有死刑、無期徒刑或三年以上懲役或監禁罪被起訴者，或有上述罪嫌被發出逮捕令、拘提令、羈押令、調查令者。

二、依據逃犯引渡法規定，被發出暫時居留令或居留通告者。」

因此，日本出入國管理機關依據法規仍掌有限制出境之權力。

《日本稅法》對於稅捐保全之規定，並無對於欠繳稅款達一定數額之義務人予以限制出境之規定。其保全稅捐之方式，則與我國《稅捐稽徵法》第24條第2項之規定數似，如《日本國稅徵收法》第47條有關對滯納欠稅人之財產「假扣押」，惟其假扣押並不限於欠稅人有隱匿或移轉財產、逃避稅捐執行之跡象，只要欠稅人未依據規定期限繳納應納稅捐，即可據以實行[18]。

---

[18] 蔡庭榕，限制出境之研究——以租稅欠稅限制出境為例，中央警察大學國境警察學報，創刊號第1期，2002年10月，頁30以下。

（三）司法處分

日本的羈押事由亦較我國嚴格。依照《日本刑事訴訟法》第60條第1項規定：「法院有相當理由足以懷疑被告有犯罪行為並符合下列各款情刑之一者，可得羈押被告：一、被告無一定之住所者；二、有相當理由足以懷疑被告會毀滅罪證者；三、被告有逃亡行為時或有相當理由足以懷疑有逃亡可能者[19]。」因此，被告若有固定之住所，則不得予以羈押，這是我國法所沒有的規定。限制住居則是規定在第93條第3項：「在允許保釋時，得限制被告之住所或附以其他認為適當之條件。」以及第95條：「法院在認為適當時，得以裁定，將被羈押之被告委託於其親屬、保護團體或其他人，或者限制被告之住所而停止執行羈押。」這樣的規定則和我國相當類似。

但在日本，「限制出境處分」卻不當然包含於該「限制住居處分」之中，日本法並無我國法兩者概念糾葛混淆之情形。依上述《日本刑事訴訟法》第93條，被告一旦獲得保釋，除了「得限制其住所」之外，還「得附以其他認為適當之條件」，一旦違反，依《日本刑事訴訟法》第96條，不但會立刻撤銷保釋、執行羈押，保證金之一部或全部也會遭到沒收。一般來說，獲得保釋之被告都會被再附以下列條件：

「一、受到傳喚時，一定要出現。

二、不可以逃亡。

三、不可以湮滅罪證。

四、不可以對被害者及其親屬之身體、財物，施加恐嚇脅迫。

五、海外旅行、或是三日以上之旅行，都一定要得到法院的許可。」

所謂「三日以上之旅行」，係指在國內的移動，無論探親、出差、或是奔喪等等，只要是離開住居所三日以上，就必須向法院聲請許可，可以說是為了配合「限制住居處分」而設的。雖說要聲請許可，通常只要能詳細地向法院說明理由，幾乎都能得到允許，不太會受到刁難。但在「海外

---

[19] 日本在偵查中，依照《日本刑事訴訟法》第208條，偵查中之羈押一次以十日為限（第1項），在有不得已的狀況時，最多只能延長十日（第2項）。

旅行」的部分就不一樣了，畢竟一出國境，就是離開日本的司法管轄範圍，難以掌控被告行蹤，更無法確保其是否會返國接受法律訴追。因此，「海外旅行」向來都受到法院嚴格的限制，要拿到許可是相當困難的事情[20]。

因此，在《日本刑事訴訟法》對於國內與海外旅行有分別規定，此種海外旅行性質上，類似臺灣法限制出境之規定。

（四）美國法

《美國憲法》並未對人民之自由旅行權加以規定，而是透過判例及學說見解加以定位，並將之與人民的行動自由權相結合，非經正當法律程序不得加以限制，以保障人民的出境自由[21]。因此，美國並無有關限制出境之規定。

美國對於「租稅保全」並無以「限制出境」爲手段之規定。依據美國《內地稅法》（Internal Revenue Code）第6321條規定：欠稅人因故意或過失未繳納稅款者，對相當於應繳納數額之欠稅人財產，美國政府享有抵押權（Lien）。而其抵押標的可及於欠稅人之不動產與動產。因此，對於稅捐保全措施，並無如我國《稅捐稽徵法》第24條所定之「限制出境」方式　強制稽徵所欠稅款。而同法第6323條將抵押權（Lien）制度配合一些除外規定，如善意受讓、成立在先的擔保物權或法定擔保物權等，再加上一套完備之「公示制度」，即時將抵押權登錄於「公共目錄」（Public Index），使公眾得知，以確保交易安全。美國對於欠稅係以財物抵押以達稅捐保全之目的，而非如我國稅捐稽徵法或關稅法所定，以限制或剝奪人之自由爲保全稅務之手段，任由行政機關對於欠稅人予以限制出境之處分[22]。

---

[20] 劉欽云（2007），限制出境法律制度之研究——以司法強制處分爲中心，中央警察大學警政研究所碩士論文，頁82以下。

[21] 蔡庭榕，同前註18，頁33。

[22] 蔡庭榕，同前註18，頁31。

七、有關限制出境司法院重要解釋

本文並不列舉所有限制出入境大法官解釋,而僅列出與本文密切有關的解釋。

(一)釋字第345號解釋

本號解釋之審查標的是「限制欠稅人或欠稅營利事業負責人出境實施辦法」第2條第1項,首先,大法官肯定系爭規範符合法律保留原則及授權明確性原則,形式上合憲。其次,在實質合憲性部分,大法官認為該辦法為確保稅收,增進公共利益所必要,認為系爭規範之管制目的係「確保稅收」,而此一管制目的係「增進公共利益」所必要肯定此一管制目的合憲。大法官並由「有第5條所定六款情形之一時,應即解除其出境限制,已兼顧納稅義務人之權益」推論此管制措施未過度侵害人民之權利,係屬合憲。

行政院於1967年以台內第3787號令頒屬於職權命令之「控制鉅額欠稅人或重大違章營業負責人出境處理辦法」,至1976年制定稅捐稽徵法時,始予法律明定授權依據。本號解釋時,該辦法則屬授權命令。2010年7月21日行政院院台財字第0990039830號令發布廢止,回歸《稅捐稽徵法》與《關稅法》之規定,其僅以「欠稅達一定金額」為唯一要件,不考量個案情形是否有「保全租稅必要」之情形。現行《稅捐稽徵法》第24條第3項規定仍以欠稅「達一定額度」者,行政機關即可自行發動限制出境處分,而未同時將究竟有無逃躲國外以規避納稅義務的主觀意圖或客觀行動作為「法定要件」,如此規定恐與比例原則有違[23]。

基此,2015年財政部頒布「限制欠稅人或欠稅營利事業負責人出境規範」行政規則自2015年1月1日實施,本規範2015年1月1日實施後,稅捐稽徵機關辦理限制欠稅人或欠稅營利事業負責人出境案件,除欠繳稅捐達《稅捐稽徵法》第24條第3項規定得限制出境金額標準外,尚應分別按個

---

[23] 劉昌坪專欄:限制欠稅人出境的憲法檢驗,2017年6月14日,http://www.storm.mg/article/280290。

人、營利事業之已確定欠繳金額、未確定欠繳金額，區分三級距分級適用限制出境條件，審酌條件包含出國頻繁、長期滯留國外、行蹤不明、隱匿或處分財產，有規避稅捐執行之虞、非屬正常營業之營利事業等；符合限制出境條件者，稅捐稽徵機關始報該部函請入出國管理機關限制欠稅人或欠稅營利事業負責人出境。實施欠稅限制出境改採分級管理，欠稅金額未達千萬元，稅捐機關必須證明欠稅民眾有隱匿財產、頻繁出國情形，才能限制出境。據報導，預估全臺將有4,200多位欠稅人因此受惠，但仍有1,800多位仍處於進出不得的窘境，此種以「人」為客體的保全處分，有認為違反人性尊嚴及比例原則，其侵害遷徙自由，尤為嚴重。

　　本文認為，此種稅捐保全之限制出境，先不論是否要法官保留，目前作業不符合正當法律程序要求，並無組成委員會審查，且未給予當事人陳述意見，有檢討餘地。

（二）釋字第454號解釋

　　本號解釋審查標的為「國人入境短期停留長期居留及戶籍登記作業要點」第7點，其要旨認為對在臺無戶籍人民申請在臺長期居留之不利處分，係關於人民居住及遷徙自由之重大限制，應有法律明確授權之依據。其解釋文再次重申居住遷徙自由的定義，謂：「《憲法》第10條規定人民有居住及遷徙之自由，旨在保障人民有自由設定住居所、遷徙、旅行，包括出境或入境之權利。」其理由書並指出：「對人民入境居住之權利，固得視規範對象究為臺灣地區有戶籍人民，僑居國外或居住港澳等地區之人民，及其所受限制之輕重而容許合理差異之規範，惟必須符合《憲法》第23條所定必要之程度，並以法律定之，或經立法機關明確授權由行政機關以命令定之。」該作業要點因多處違反法律保留原則，宣告定期失效。

（三）釋字第558號解釋

　　本號解釋係關於本國人民的入境許可，審查標的為《國家安全法》第3條第1項與第6條的規定。釋字第265號曾肯定《國家安全法》之前身，《動員戡亂時期國家安全法》第3條第2項的入境限制規定係屬合憲，但大

法官在本號解釋認為當時是為因應國家情勢，但終止動員戡亂及解嚴後，國家法制即應回歸正常。

其解釋理由書指出：「《憲法》第10條規定人民有居住、遷徙之自由，旨在保障人民有自由設定住居所、遷徙、旅行，包括入出國境之權利。人民為構成國家要素之一，從而國家不得將國民排斥於國家疆域之外。於臺灣地區設有住所而有戶籍之國民得隨時返回本國，無待許可，惟為維護國家安全及社會秩序，人民入出境之權利，並非不得限制，但須符合《憲法》第23條之比例原則，並以法律定之，方符憲法保障人民權利之意旨。」

大法官認為，國民之入境權利得有不同之保障，臺灣地區設有住所而有戶籍之國民受最大之保障，得隨時返回本國，無待許可，但《國家安全法》第3條第1項未區分國民是否於臺灣地區設有住所而有戶籍，一律非經許可不得入境，對於未經許可入境者處以刑罰，違反《憲法》第23條規定之比例原則，侵害國民得隨時返回本國之自由，應自《入出國及移民法》之相關規定施行時起，不予適用。但究竟為何要以「戶籍」和「住所」作為國民「返國權」之依據，而不以「國籍」作為依據，難道只是因為《入出國及移民法》是如此規定，《國家安全法》未做相同規定即違憲？大法官對此欠缺說明。但本號解釋值得肯定的是，肯認國民返家權利不必經由許可。

《入出國及移民法》第6條第1項規定：「國民有下列情形之一者，入出國及移民署應禁止其出國：……六、涉及重大經濟案件或重大刑事案件嫌疑。……」本類型之限制出境處分係為保全重大刑事案件、重大經濟犯罪刑事程序之進行，所涉及之法益保護更為重大，與公益更加相關，但本條款同樣缺乏作用法之依據，以致權責機關之範圍、與救濟之方式皆混亂不明，造成人民嚴重困擾，亦有違法律明確性原則之要求，未經訊問即予限制出境，也有違反「正當法律程序」之疑慮，已屬違憲，應儘速廢除。

依《稅捐稽徵法》第24條第3項：「納稅義務人欠繳應納稅捐達一定金額者，得由司法機關或財政部，函請內政部入出境管理局，限制其出境。」而依《銀行法》第62條第1項：「銀行因業務或財務狀況顯著惡

化，不能支付其債務或有損及存款人利益之虞時，主管機關（財政部）應勒令停業並限期清理、停止其一部業務、派員監管或接管、或為其他必要之處置，並得洽請有關機關限制其負責人出境。」唯獨在此三款，因其本係由《國家安全法》第3條及其已廢除之解釋細則所衍生而來，沒有作用法可為其解釋依據，其權責機關究竟為誰，始終沒有辦法確定。

八、限制出境機關

限制出境依《入出國及移民法》第6條規定，可分成刑事司法處分、行政機關行政處分以及強制處分三種類型。

（一）刑事機關司法處分

1. 實務之見解將限制住居解釋包括限制出境

限制出境執行機關為移民署，《入出國及移民法》第6條第1項前三款，係規定司法機關之限制出境之類型[24]，其依第6條第3項規定，第1項第1款至第3款應禁止出國之情形，由司法、軍法機關通知入出國及移民署。該三款係以刑事訴訟法為其作用法依據，目前在現行司法實務上，是將「限制出境」解釋為《刑事訴訟法》第93條第3項所規定的「限制住居」處分的一種「執行方法」。

最高法院73年度第四次刑事庭庭長會議決議：「限制被告出境，係執行限制住居方法之一種，案件在第三審上訴期間內或上訴中之被告，有無限制出境或繼續限制出境之必要，參照《刑事訴訟法》第121條第2項後段之規定，應由第二審法院決定之。」上述決議將「限制出境」解釋為「限制住居」一種必須授權給檢察官做急狀的處分，因為可能在第一時間警察告訴檢察官人犯即將逃跑，此時要向法院聲請取得令狀或者裁定許可恐怕來不及。

---

[24] 第3款規定：「一、經判處有期徒刑以上之刑確定，尚未執行或執行未畢。但經宣告六月以下有期徒刑或緩刑者，不在此限。二、通緝中。三、因案經司法或軍法機關限制出國。」

最高法院79年度台抗字第476號裁定。裁定要旨為：「限制出境，係執行限制住居方法之一種，屬《刑事訴訟法》第416條第1項第1款具保處分之範圍，應由事實審法院決定。」最高法院85年度台抗字第409號裁定：「限制被告出境，僅在限制被告應居住於我國領土範圍內，不得擅自出國，俾便於訴訟程序之進行，較之限制居住於某市某縣某鄉某村，其居住之範圍更為廣闊，是『限制出境』與『限制住居』名稱雖有不同，然『限制出境』仍屬『限制住居』之處分。」以及最高法院100年度台抗字第509號裁定認為：「限制出境，係執行限制住居方法之一種，其目的係在避免被告因出境滯留他國，以保全國家追訴、審判或執行之順利進行，與具保、責付同屬羈押替代方式之強制處分。」係以「限制範圍」、「避免滯留」作為兩者之差異，而仍認為「限制出境」屬於「限制住居」之處分類型，尚難認為其理錯誤。

最高法院105年度台抗字第1030號裁定明言：「限制出境、出海，乃執行限制住居方法之一種，與具保、責付同屬於替代羈押之處分，其目的在於保全刑事之追訴、審判及刑之執行。」即明確表示「限制出境」是執行限制住居的方法之一。

2. 限制出境與限制住居規範不同，應分別論之

李永然律師指出，《憲法》第10條規定「人民有居住及遷徙之自由」，保障人民的「居住自由」與「遷徙自由」。惟此兩種權利之內涵不同，司法院釋字第443號解釋，將兩者分別認為是「任意移居」或「旅行各地」之權利；釋字第454號解釋，則認為本條旨在保障人民有自由「設定住居所」、「遷徙」、「旅行」，包括「出境或入境」之權利。因此，從上揭兩則大法官解釋，可以歸納出「居住自由——設定住居所」與「遷徙自由——遷徙、旅行、出入境」的對應關係。然而，現行司法實務卻以《刑事訴訟法》第93條第3項「限制住居」規定，作為「限制出境」的法律依據；亦即，將限制「居住自由」的規定，用以限制人民的「遷徙自由」，顯然混淆上述《憲法》第10條「居住自由」與「遷徙自由」兩種權利。再者，由於《刑事訴訟法》第93條第3項僅授權檢察官得逕命「限

制住居」以限制人民之「居住自由」，現行實務上以法無「限制出境」明文，僅依「限制住居」作成「限制出境」處分，限制人民出境之權利，違反我國《憲法》第23條之「法律保留原則」以及法律明確性之要求。同時也違反正當法律程序原則。現行「限制出境」處分所依據的《刑事訴訟法》第93條第3項規定，係賦予檢察官在被告符合羈押要件，但無「羈押必要性」時，可以逕為處分的權限。然而，上述規定不僅未在處分前給予被告申辯或陳述意見之機會，在處分後也未以「書面通知」送達被告知悉，更遑論以書面表明理由與後續救濟方式。因此，現行實務上的「限制出境」處分，難謂符合上揭司法院釋字第491號解釋所闡釋「正當法律程序」的內涵；現行「限制出境」處分所依據的《刑事訴訟法》第93條第3項，並未如同「羈押」設有「期間限制」與「延長次數限制」，現今刑事訴訟程序動輒花費被告二、三年以上之時間，等同於被告在此期間內，必須承受限制出境之不利益；若案件長期懸而未決，被告不僅無法預知解除「限制出境」之日，更讓被告承受因司法機關案件遲延所造成的結果，對於人民而言實屬不公，而違反比例原則[25]。

3. 限制出境法官保留之探討

　　陳明堂政務次長提出，限制出境是否要絕對法官保留？這個部分大家可能要思考一下，因為有的要事前處理，有的人可能會馬上跑掉，這些強制處分都應該有救濟程序，就是現行《刑事訴訟法》第416條的準抗告，至於將來事前要不要比照緊急搜索做事後的審查，或是直接進入準抗告，這些都可以思考[26]。蘇友辰律師提出書面意見書，採法官保留令狀主義稱：「……在令狀核發之前，對於具有急迫性之案件，容許檢察官可在24小時先行緊急處置，並得決定暫不予以通知，並作配套處置（如監聽），事後再向法院聲請核發令狀，如經否准則應即自行撤銷處分，建立事後審查制度，嚴格限制急迫處分之運用，兼顧人權保障與偵查公益，否則法院

---

[25] 李永然，刑事司法實務上「限制出境」的問題檢討與修法建議，人權會訊，第125期，2017年7月，頁53。

[26] 立法院第9屆第4會期司法及法制委員會「限制出境法制化」公聽會會議紀錄，2017年12月7日（星期四）9時1分至11時43分，本院紅樓302會議室主席蔡委員易餘，陳明堂發言稿。

如怠慢審查、核發太遲，人已出境或出海逃之夭夭，爾後的偵查或審判即成落空狀態，殊非立法之本意[27]。」

本文認為，限制住居與限制出境概念並非相同，以限制住居之名，作成限制出境處分，違反法律明確性與法律保留原則，歷年來司法實務見解應予修正，且檢察官限制出境並無限制期間之規定，也違反比例原則。《刑事訴訟法》第93條規定，檢察官對於因拘提或逮捕到場之被告，經訊問後，認為犯罪嫌疑重大，有符合羈押要件之情形，但無羈押之必要時，即由檢察官核發命令，逕命限制住居及限制出境，在程序中未經中立的法院加以判斷審查，顯違反正當法律程序。有建議，惟「限制出境」作為刑事司法程序中保全被告的一把利器，如未透過法官予以適度制衡，極易受到檢察機關恣意濫用；更何況限制出境實為羈押的「替代處分」，亦應比照羈押規範適用相類似之發動程序。

限制出境對被告造成重大權利限制，僅由檢察官單獨決定而未讓被告有機會就限制出境予以爭辯並提起救濟，是有檢討之必要。依司法院釋字第737號解釋理由書：「然偵查中之羈押審查程序使犯罪嫌疑人及其辯護人獲知必要資訊，屬正當法律程序之內涵，係保護犯罪嫌疑人憲法權益所必要；……偵查不公開原則自不應妨礙正當法律程序之實現。」所述，偵查不公開原則並不得妨礙正當法律程序之實現，自無更以偵查不公開原則為名，阻止被告獲知限制出境必要資訊並行使辯護權。又如立法政策基於檢察官有權拘提而認限制出境無採令狀原則之必要，或可參照逕行搜索之規定，允許檢察官先逕為限制出境緊急處分後，立即向法官陳報，並於法官認不應准許時即予撤銷，惟法官於審查是否有必要繼續限制出境時，應通知被告並給予抗辯之機會[28]。

（二）行政機關之行政處分

行政機關限制出境處分，是規定在個別法規與《入出國及移民法》

---

[27] 蘇友辰，「刑事訴訟『限制出境』處分之實務運用與正當性檢討」座談會與談書面意見1，本文原發表於2017年5月19日刑事訴訟「限制出境」處分之實務運用座談會。

[28] 張明偉，淺談限制出境，人權會訊，第127期，2018年1月，頁30。

上。《入出國及移民法》第6條第1項第7款係依據《兵役法》及其施行法而爲之，第10款更有《稅捐稽徵法》、《關稅法》、《行政執行法》、《強制執行法》、《破產法》、《大量解僱勞工保護法》、《保險法》、《銀行法》、《海洋污染防治法》、和《傳染病防治法》來支撐其合法性。在此，移民署是執行機關，執行其他機關移送之案件，此係依《入出國及移民法》第6條第1項第10款「依其他法律限制或禁止出國」規定，且於該條第6項後段規定：「依第十款規定限制或禁止出國者，由各權責機關通知當事人；依第七款、第九款、第十款及前項規定禁止出國者，入出國及移民署於查驗時，當場以書面敍明理由交付當事人，並禁止其國。」上述規定構成所謂的多階段行政處分，亦即，處分機關與執行機關分離，處分之行政機關掌有決定限制出境之權限，移民署並無置喙之權。但此種決定權限在程序上有無加強必要，或直接由法官保留適用，容有探究。

1. 稅捐限制出境處分

依據《稅捐稽徵法》第24條第3項及《關稅法》第25條之規定，而得將租稅欠稅人限制出境，是否合憲妥適？

德國也有採取欠稅可以限制出境的措施，但是一個重要的要件，就是法官保留原則，換句話說要經過法官的認定事實裁定之後才可以限制出境。但我國現行的制度是根據《稅捐稽徵法》第24條，只要國稅局移送出去交給移民署就可以直接限制出境，沒有法官保留原則，也不用向法院申請，高度侵害人身自由、行動自由的限制出境措施[29]。此外，《德國租稅通則》（AO）第324條，租稅要做限制出境時，必須確定有逃亡之虞，要有這樣的特殊要件才能限制出境。在《租稅通則》第326條第1項：「區法院得因租稅核定管轄稽徵機關之聲請，命爲人之保全假扣押，但以對義務人財產之強制執行有危險，有保全之必要者爲限。有管轄權者，爲稽徵機關所在地或義務人現在地，在其轄區之區法院。」

---

[29] 梅秋瑩，稅捐限制出境規定變嚴但合憲嗎？https://tw.news.yahoo.com/%E7%B6%E5%8F%8B%E8%A7%80%E9%BB%9E-%E7%A8%85%E6%8D%90%E9%99%90%E5%88%B6%E5%87%BA%E5%A2%83%E8%A6%8F%E5%AE%9A%E8%AE%8A%E5%9A%B4-%E4%BD%86%E5%90%88%E6%86%B2%E5%97%8E-070932747.html。

　　《德國護照法》第7條第1項規定了十款拒絕發給護照的事由，在其中的第4款則特別規定，受理護照申請之機關，基於具體事證，認爲護照申請人欲逃避自身稅捐債務之履行者，得拒絕護照之申請。除此之外，依據同法第8條之規定若護照發給機關認定有前開規避稅捐債務履行者，得沒收護照持有人之護照（Paßentziehung）。最後，同法第24條第1項更進一步規定，護照申請遭拒絕或遭沒收、扣留之後，欠稅人竟然仍逕行出境者，得處1年以下有期徒刑，或科或併科罰金[30]。

　　稅捐稽徵機關得本於《稅捐稽徵法》第24條第2項所規定之權限，依據《行政訴訟法》第293條所規定之程序，聲請法院就欠稅人之財產實施假扣押，並免提供擔保。但納稅義務人已提供相當財產作爲反擔保者，不在此限。當然，人權保障更應強調法官保留。但陳清秀氏提出不同意見說，提出實質法官保留說，於當事人提起行政救濟時，由法院實質審查[31]。蘇友辰認爲，其實依《稅捐稽徵法》第24條規定，仍有對「物」（欠稅人財產）限制處分及假扣押的保全程序伺候，之外尚有《行政執行法》第17條更爲嚴謹採取法官保留的拘提、管收處分可以防止其等逃匿、隱匿或處分財產之行爲，亦可達成確保國家稅收之目的。因此，筆者也呼籲要同時重視租稅保全與限制出境的問題，允宜一併修法以維護租稅人權[32]。

　　在《行政執行法》有關限制住居甚至管收之相關規定上，皆非以欠繳一定金額作爲唯一的要件，而必須輔以其他積極隱匿財產之情事綜合考量，更須在有必要時方得爲限制住居或管收之裁定。《稅捐稽徵法》第24條所規定之限制出境，對人民之限制較限制住居以及管收爲小，豈有要件更爲嚴苛之理[33]？

---

[30] 范文清，論欠稅限制出境之合憲性，東吳法律學報，第27卷第2期，2015年1月，頁49以下。

[31] 陳清秀，限制出境處分侵害人權之探討，最高行政法院102年判字第706號判決之評析，法令月刊，第65卷第5期，2014年5月1日，頁1以下。

[32] 蘇友辰／限制出境於法無據侵害工作、探親權，ETtoday新聞雲，https://www.ettoday.net/news/20170524/930825.htm#ixzz5G8tjCgds。

[33] 范文清，同前註30，頁68。

2. 《行政執行法》之限制出境

第17條第1項及第2項：「義務人有下列情形之一者，行政執行處得命其提供相當擔保，限期履行，並得限制其住居：

一、顯有履行義務之可能，故不履行。

二、顯有逃匿之虞。

三、就應供強制執行之財產有隱匿或處分之情事。

四、於調查執行標的物時，對於執行人員拒絕陳述。

五、經命其報告財產狀況，不爲報告或爲虛僞之報告。

六、經合法通知，無正當理由而不到場。

前項義務人有下列情形之一者，不得限制住居：

一、滯欠金額合計未達新臺幣十萬元。但義務人已出境達二次者，不在此限。

二、已按其法定應繼分繳納遺產稅款、罰鍰及加徵之滯納金、利息。但其繼承所得遺產超過法定應繼分，而未按所得遺產比例繳納者，不在此限。」

該條第1項規定，雖有第1款至第6款規定爲要件，雖著重在義務人有無故意不履行、逃匿、脫產、違背協力義務之可非難事由，但法規上仍以限制住居作爲限制出境規定，其與《刑事訴訟法》規定類似，似有違反法律明確性之要求。

而第2項第1款則直接以一定金額與次數作爲限制出境之依據。上述規定合憲性有問題，其一，限制住居不等於限制出境，違反法律明確性之要求，另一，以金額10萬元與次數兩次以上，即可限制出境，也違反比例原則。且會發生實務上稅捐機關並不限制出境，但卻遭受行政執行分署限制出境，因爲金額較低，此種不合理現象經常發生。

本文認爲，行政執行分署限制住居，先不論有無法官保留，其程序上並無給予陳述意見，且無舉行委員會審查，程序仍有所不足，似有違正當法律程序。

3. 保全兵役義務之限制出境

《憲法》第20條規定：「人民有依法律服兵役之義務。」《入出國及移民法》第6條第1項謂：「國民有下列情形之一者，入出國及移民署應禁止其出國：……七、役男或尚未完成兵役義務者。但依法令得准其出國者，不在此限。……」對於役男及尚未完成兵役義務者，限制其出境。《兵役法施行法》中第48條則定有役男法定許可出國事由。

役男出境處理辦法根據《兵役法施行法》第48條第4項規定訂定之，屬法規命令。

4. 保全人民健康權之限制出境

健康權雖然不是《憲法》明文保障的基本權利，但卻是與生存權緊密相關的基本人權，國家也必須予以保障，使人民能夠免於傷害與病痛的威脅。為保全人民之健康權，《傳染病防治法》針對感染「法定傳染病」及「主管機關另行指定公告之傳染病」的病原體之人，及疑似感染傳染病之人，訂定《傳染病防治法》第58條：「主管機關對入、出國（境）之人員，得施行下列檢疫或措施，並得徵收費用：……五、對未治癒且顯有傳染他人之虞之傳染病病人，通知入出國管理機關，限制其出國（境）。……（第1項）前項第五款人員，已無傳染他人之虞，主管機關應立即通知入出國管理機關廢止其出國（境）之限制。（第2項）入、出國（境）之人員，對主管機關施行第一項檢疫或措施，不得拒絕、規避或妨礙。（第3項）」如有違反，則依同法第62條：「明知自己罹患第一類傳染病或第五類傳染病，不遵行各級主管機關指示，致傳染於人者，處三年以下有期徒刑、拘役或新臺幣五十萬元以下罰金。」處罰之。

2007年9月1日，更實施「傳染性肺結核病患限制搭機出國」措施，限制多重抗藥性患者不得搭機出境，開放性肺結核患者則不能搭乘8小時以上航程，雖然因此對病患的遷徙自由造成限制，但依比例原則檢驗，限制傳染病者出境的確有助於避免傳染病擴散，也是避免傳染病擴散措施中對相對人侵害最小者，權衡管制目的，是為了維護公眾生命、身體健康利益，相較於限制手段侵害人民出境自由，兩者應無失衡情形，系爭管制規

定符合比例原則[34]。

　　以上有關行政機關限制出境之特別法規定，因為行政機關本身基於職權，針對職權範圍內所作出之處分，且職權之行使涉及人民基本義務，如服兵役或納稅義務，或基於國家健康等公共利益，這些職權應由原處分機關決定功能最適切。但目前行政主管機關在執行限制出境處分，程序尚不夠嚴謹，而侵害人民遷徙自由，雖部分學者，堅持應有法官保留，但本文認為行政機關基於行政管轄之必要，採取相關措施以達行政目的，只要程序上加強符合正當法律程序之要求，如採取專家委員會審查，並給予當事人陳述意見機會。即可符合正當法律程序之規定。這也是權力分際的界限，如果強制措施一律回歸司法機關，則司法機關並非專業，也非行政管轄機關。本文認為，人民權利保障非常重要，但行政機關任務推行也屬公益，只要符合正當法律之行政程序即可兩者兼顧。

（三）強制處分

　　另一個「限制出境」類型，稱為「強制處分」，其係根據第6條第1項第4、5、6款而來，本來這個類型作成決定應屬於「行政處分」型，但因檢察官也引用該條款作成「司法處分」，沒有辦法確切定性，只能稱之為「強制處分」。其負責通知之權責機關與司法處分相近，但其救濟方式卻有些依刑事訴訟程序為之，但有時也必須依照訴願、行政訴訟的方式來進行救濟，確實造成救濟上之困擾。

　　這些強制處分係依據《入出國及移民法》第6條第1項規定：「國民有下列情形之一者，入出國及移民署應禁止其出國：……四、有事實足認有妨害國家安全或社會安定之重大嫌疑。五、涉及內亂罪、外患罪重大嫌疑。六、涉及重大經濟犯罪或重大刑事案件嫌疑。」第4項：「……第四款至第六款及第十款情形，由各權責機關通知入出國及移民署。」本款之權責機關是否僅限於檢察官，過去實務爭論不休[35]，即使修正了《入出國

---

[34] 劉欽云，同前註20，頁38以下。

[35] 臺北高等行政法院92年度訴字第2216號判決，以及最高行政法院94年度判字第1191號判決，雖然是針對同一個案作成，看法卻南轅北轍。

及移民法施行細則》，爭議恐怕也沒有辦法解決[36]。連最近臺灣臺北地方法院刑事裁定（107年度聲字第837號、105年度金重訴字第8號）檢察官也引用第6款規定來限制出境，恐有假借行政法規（移民法），行刑事之實。其主要根據「國民涉嫌重大經濟犯罪重大刑事案件或有犯罪習慣不予許可或禁止入出國認定標準」，本標準依《入出國及移民法》（以下簡稱「本法」）第7條第3項規定訂定之，由內政部與法務部會銜發布。若從授權之依據，以及發布單位皆屬行政機關，如何將之用於刑事案件之限制出境？

1. 法源為國家安全法第3條（已廢除）

其實，該條款規定，是源自於《國家安全法》第3條（已廢除）之規定，而當時《入出國及移民法》直接引進作為限制出境之依據，但究竟該第4、5、6款權責機關為何，卻無如第10款有各該管轄機關特別法之規定。為解決此問題，《移民法施行細則》（2008.8.5）第4條規定：「本法第六條第四項所定第一項第四款至第六款之權責機關，指國家安全局、法務部調查局及內政部警政署。」該條文制定是為了解決這三款無作用法相關規定，而強制於施行細則中規定權責機關，但2012年9月14日認為不妥，而刪除之。本來權責機關屬行政主管機關，亦即，偵查犯罪之司法警察機關，沒想到卻遭檢察官濫用，而嚴重侵害人民遷徙自由。

本類型之限制出境處分係為保全重大刑事案件、重大經濟犯罪刑事程序之進行，所涉及之法益為重大法益，與公益有關，本條款屬於預防犯罪條款，缺乏作用法之依據，以致權責機關之範圍與救濟之方式皆混亂不明，造成人民嚴重困擾，實違法律明確性原則之要求。

2. 實務見解

林輝煌氏將此三款並列討論，認為《入出國及移民法》第6條第4項法文既稱「由各權責機關通知入出國及移民署」，而非「由司法、軍法機關通知入出國及移民署」，一方面固在顯示本條款之限制出境處分為「行政

---

[36] 《入出國及移民法施行細則》第10條：「本法第六條第四項所訂第一項第四款至第六款之權責機關，指國家安全局、法務部調查局及內政部警政署。」已經廢除。

強制處分」而非「司法強制處分」，他方面亦在涵蓋其他負有維護國家安全及社會安定職責之機關，如國家安全局、法務部調查局、內政部警政署、海岸巡防署等情治權責機關，均得本其法定權責，依此條款規定，通知移民署為限制出境之處分。[37]

　　吳巡龍氏指出《入出國及移民法》第6條第1項第4、5款之權責機關為國家安全局、警政署、調查局，但未說明根據。再針對第6款，指出權責機關既與司法機關之用語不同，即應別有所指；此三款之權責機關均應做相同解釋，故除檢察官外，所有對「重大經濟犯罪或重大刑事案件」具有調查權限之機關，包括國安局、警政署、調查局等，均應屬本款之機關；若將第6款之權責機關限定於檢察官，係指須符合「限制住居」條件之被告才可限制出境，則本款規定將成贅文，對「重大經濟犯罪或重大刑事案件」之偵辦十分不利。[38]

　　本文認為，該三款並無作用法之規定，雖有「國民涉嫌重大經濟犯罪重大刑事案件或有犯罪習慣不予許可或禁止入出國認定標準」之頒布，作為作用法依據，但權責機關仍應屬行政機關，而非檢察官，檢察官仍得依據《刑事訴訟法法》第101條之2有關具保、責付或限制住居之規定，而非援引行政法規，作為刑事案件之起訴。

3. 救濟途徑之規定

　　《入出國及移民法》第6條第4、5款之部分，即便權責機關不明，當時法規救濟方式仍然可以確定。主管機關應聘請社會公正人士及邀集相關機關共同審核其情形，經審核通過者，入出國及移民署應許可其出國，係依當時頒布「內政部不予許可及禁止入出國案件審查委員會設置要點」（已於民國97年8月25日內政部內授移字第0971010412號函停止使用）處理之。亦即，此二款之權責機關通知移民署後，移民署再交由內政部聘請社會公正人士所組成之審查委員會審核，經審核通過者，入出國及移民署應同意或許可其出國；若審核不過，即由移民署以書面敘明限制出境之理

37　林輝煌，論限制出境，月旦法學雜誌，第120期，2005年5月，頁78。

38　吳巡龍，論刑訴程序之限制出境，臺灣本土法學雜誌，第100期，2007年11月，頁170-177。

由，通知當事人。

移民署是依審查會之審核結果作成限制出境處分，而不是依權責機關之通知來處分，而擁有實質審查權的審查委員會，係爲一行政機關，故此類型之「限制出境」應屬行政處分，受處分人若有不服，應向內政部提起訴願[39]，這也符合「限制入出境事件訴願管轄原則」第2點的規定[40]。但這些只是證明現行法第4、5款列爲行政處分性質之說明，而第6款卻明顯檢察官也在使用於刑事訴訟程序上，產生行政與刑事混淆使用之情形。

綜上所述，這些所謂的強制處分規定，源自於國安法，已屬不合時宜法規，且第4款概念過於不確定，有無法律明確性原則，第5款則應回歸刑事訴訟處理，僅第6款站在預防犯罪角度上，可以保留，但其應屬於行政措施，檢察官不得援引，否則混淆行政與刑事界限。且《入出國及移民法》第6條第5項：「司法、軍法機關、法務部調查局或內政部警政署因偵辦第一項第四款至第六款案件，情況急迫，得通知入出國及移民署禁止出國，禁止出國之期間自通知時起算，不得逾二十四小時。」之規定，容許法院與檢察官以外之偵查輔助機關依其權責主動採取限制出境之強制處分。因此，本文認爲保留第6款應屬可行。

人民出入境自由涉於人的行動自由以及遷徙自由，屬於人民之基本人權，若有必要予以干預、限制、或剝奪，必須考量其必要性，並以法律爲之，始符合民主法治國之人權保障之要求。

釋字第491號解釋：「對於公務人員之免職處分既係限制憲法保障人民服公職之權利，自應踐行正當法律程序，諸如作成處分應經機關內部組成立場公正之委員會決議，處分前並應給予受處分人陳述及申辯之機會，處分書應附記理由，並表明救濟方法、期間及受理機關等，設立相關制度予以保障。」所述法理，本質上具限制人身自由性質之限制出境法制，本應符合正當法律程序之要求。

---

[39] 參照吳巡龍，同前註，頁170-171；林輝煌，同前註37，頁77-78。

[40] 「限制入出境事件訴願管轄原則」第2點：「依國家安全法第三條第二項第二款，及同法施行細則第十二條、第十三條規定限制入出境，受限制者如有不服而提起訴願，由內政部管轄。」

　　限制出境有司法處分，有行政處分，司法處分中如前所述，檢察官所為限制出境，有係根據《刑事訴訟法》上之限制住居，缺乏法律明確性，有根據《入出國及移民法》作成刑事司法處分，混淆行政與刑事界限，假行政之名，行刑事之實，屬違法之處分，且違反正當法律程序與比例原則，為給予當事人陳述意見之機會，限制出境期間為作規定，違反比例原則。至於，行政處分之限制出境，基於行政機關職權之考量與公共利益或《憲法》上公法上義務，應容許行政機關有決定限制出境的裁量權，只是行政機關作成限制出境，有形式上與實質上正當程序之瑕疵，如稅捐機關以欠稅金額作為依據，並無實質審查是否有限制出境之必要，也為成立公正審查委員會，並給予當事人陳述意見之機會，此違反正當法律程序與比例原則（以數額並無考慮其他理由，且期限過長），《行政執行法》以限制住居作為限制出境之依據，違反法律保留原則，且第17條第2項同樣以數額作限制，值得爭議，該數額卻明顯低於稅捐稽徵機關之數額，有侵害人民遷徙自由之嫌。

肆、結論

　　人身自由之限制與剝奪以及人行動自由之限制，本屬限制人民基本權，要注意法律保留原則、正當法律程序以及比例原則之要求，但是否就此部分完全要求法官保留，本文認為行政機關有管轄之必要性，指要加強形式與實質正當法律程序即可。

　　人身自由剝奪與居住遷徙自由之限制，有密切關聯，如入出國及移民署依《入出國及移民法》第36條與第38條規定，必先有強制驅逐出國（居住與遷徙自由）後，才會收容（人身自由之剝奪）之產生。唯仍應注意正當法律程序與人民即時救濟之權利；同樣也發生在行政執行法上，先有限制住居後，無法達成目的才會有拘提管收的人身自由剝奪，只是有疑問的是，管收不折抵所欠金額，是否有押人還債之嫌，為法侵害人身自由之嫌。至於，稅捐稽徵機關以所欠金額作為限制出境之考量，並無組成

公正委員會審查，並給予陳述意見機會，有違正當法律程序。財政部雖制定「限制欠稅人或欠稅營利事業負責人出境規範」自2015年1月1日實施，來嚴格執行限制出境之限制要件，但此仍屬行政規則，不符合法律保留原則。且限制出境涉及憲法遷徙自由，雖不必法官保留，仍應合乎正當法律程序之要求。

參考文獻

一、中文

公民與政治權利國際公約執行初次報告（2013年4月）。

吳巡龍（2007），論刑訴程序之限制出境，臺灣本土法學雜誌，第100期，頁170-177。

李永然（2017），刑事司法實務上「限制出境」的問題檢討與修法建議，人權會訊，第125期，頁53。

林明昕（2017），論剝奪人身自由之正當法律程序：以「法官介入審查」機制為中心，臺大法學論叢，第46卷第1期。

林輝煌（2005），論限制出境，月旦法學雜誌，第120期，頁78。

范文清（2015），論欠稅限制出境之合憲性，東吳法律學報，第27卷第2期。

張明偉（2018），淺談限制出境，人權會訊，第127期，頁30。

陳清秀（2014），限制出境處分侵害人權之探討，最高行政法院102年判字第706號判決之評析，法令月刊，第65卷第5期。

廖義男（2013），非刑事被告人身自由保障之趨勢，法令月刊，第64卷第5期。

劉昌坪（2017），劉昌坪專欄：限制欠稅人出境的憲法檢驗，http://www.storm.mg/article/280290。

劉欽云（2007），限制出境法律制度之研究——以司法強制處分為中心，桃園：中央警察大學警政研究所碩士論文，頁82以下。

蔡庭榕（2002），限制出境之研究——以租稅欠稅限制出境為例，中央警察大學國境警察學報，創刊號第1期，頁30以下。

蘇友辰，「刑事訴訟『限制出境』處分之實務運用與正當性檢討」座談會與談書面意見1，本文原發表於2017年5月19日刑事訴訟「限制出境」處分之實務運用座談會。

二、網路資料

人權議題與發展（含國際人權公約、身心障礙者權利國際公約及CEDAW施行法），file:///E:/%E4%B8%8B%E8%BC%89/%E7%B5%90%E8%AB%96%E6%80%A7%E6%84%8F%E8%A6%8B%E8%88%87%E5%BB%BA%E8%AD%B0(pdf).pdf。

梅秋瑩（2017），稅捐限制出境規定變嚴但合憲嗎？https://tw.news.yahoo.com/%E7
　　%B6%B2%E5%8F%8B%E8%A7%80%E9%BB%9E-%E7%A8%85%E6%8D%90%
　　E9%99%90%E5%88%B6%E5%87%BA%E5%A2%83%E8%A6%8F%E5%AE%9A
　　%E8%AE%8A%E5%9A%B4-%E4%BD%86%E5%90%88%E6%86%B2%E5%97%
　　8E-070932747.html。
蘇友辰（2017），限制出境於法無據侵害工作、探親權，ETtoday新聞雲，https://
　　www.ettoday.net/news/20170524/930825.htm#ixzz5G8tjCgds。

第八章

國境執法新挑戰
——論外籍移工在臺生子現象與問題

林怡綺、林盈君

壹、前言

近年來隨著媒體披露，外籍移工在臺生子的現象逐漸被注意。這一群國籍未定的孩子，雖然他們生在臺灣、長在臺灣，但是卻沒有身分。小時候因為沒有身分而失去了各種兒童福利的保障，包含健康保險照護與兒童社會福利。到了就學年紀之後，也因為沒有身分而無法在臺就學，成為無受教權的一群人。這些孩子往往有著同一狀況即是——他們的母親為外籍移工。

由於我國《國籍法》對於國籍的認定採「屬人主義」為原則，外籍移工在臺生子其子女依照我國《國籍法》屬人主義的原則，又往往因為母親為外國人且生父不詳被認定為外國籍。然而，這些孩子在臺灣出生，媽媽未幫他們辦理身分登記，無論兒少遭生母棄養，或是被生母撫養但卻在臺四處躲藏，因兒少未辦理外僑居留證，即成為在臺無身分，面臨在臺期間無法享有國籍身分權、居留權、健康權、教育權或是父母照顧權等問題，以下本章將說明外籍移工在臺生子之類型、目前相關政策以及面臨困境。

貳、有關外籍移工在臺生子之類型

　　根據移民署及衛生福利部統計，從2007年1月至2017年3月，在臺外國人（包含白領專業外國人、外籍勞工與學生等）所生子女約有7,000多人，而目前由社福單位安置之非本國籍兒少人數共有121人，其中45人之生母爲失聯或已出國之外籍勞工[1]。另外內政部表示，依新生兒出生通報篩濾結果，自2007年1月至2017年8月底，國內有543人生母爲行方不明外籍勞工或使用假身分，屬非我國籍的無依兒少[2]，然報導者文化基金會表示，近五年來非本國籍新生兒中，無法取得合法居留證的人數至少300人[3]，因此目前在臺生母爲外籍移工之無國籍兒少確切數字有多少實難從官方資料，或是由媒體報導得知。

　　外籍移工在臺生子的情形有三種，包含移工在來源國已經懷孕、移工在臺工作時懷孕、移工在離開原雇主成爲失聯移工後懷孕。

狀況一：移工在來源國已經懷孕

　　過去外籍移工來臺必須接受妊娠檢查，但是因爲勞動部爲保障外籍移工人權，並考量國內雇主的權益，於2001年11月7日修正《外國人聘僱許可及管理辦法》，針對女性外籍移工入國後每六個月的健康檢查，取消妊娠檢查項目。又於2002年1月21日修正《就業服務法》第48條規定，受聘僱外籍勞工入境前後之健康檢查管理辦法，由中央衛生主管機關會商中央主管機關定之，當時中央衛生主管機關行政院衛生署，依據前述授權規定於2004年訂定發布《受聘僱外國人健康檢查管理辦法》，該辦法第5條及第6條仍要求女性外籍勞工入國前及入國後三日內應辦理的健康檢查項目，包含妊娠檢查項目。後衛福部基於母性保護及國際人權規範，保障外

---

[1]　立法院第九屆第三會期社會福利及衛生環境委員會第十八次全體委員會議紀錄，2017年4月26日，https://www.ly.gov.tw/Pages/ashx/File.ashx。

[2]　內政部，黑寶寶身分問題政府已積極處理解決，2017年9月3日，https://www.moi.gov.tw/chi/chi_news/news_detail.aspx。

[3]　簡永達，無國籍的移工小孩——「沒有名字」的孩子們，2016年8月22日，https://www.twreporter.org/a/stateless-children-of-migrants。

籍移工之工作權益，於2007年取消女性外籍移工入國後三日的妊娠檢查，再於2015年取消入國前的妊娠檢查。至此，女性外籍移工不論於入國前、入國後，皆毋須接受妊娠檢查，也產生許多因為移工不知道自己已經懷孕而來臺，但是又怕因為懷孕生子影響到她們工作狀況，只好在知道自己懷孕後離開原雇主成為失聯移工的情形。

狀況二：移工在臺工作時懷孕

　　移工在工作時懷孕，其孩子的父親可能是雇主或雇主家人，也可能是假日時和移工在臺男友相處懷孕。如果孩子的父親是雇主或雇主家人，懷孕的母親可能因為是外遇對象而無法讓孩子與生父認領，或是其他各種可能的原因生父不認領（例如生父有欠債、生父為通緝犯等）。因此一天過一天，直到小孩長大，父母認為不上學不行時，只好處理孩子的身分權。若生母是和其他移工生子，往往因為怕雇主知道懷孕則選擇失聯，然後生下孩子後可能棄養孩子、自己扶養、或是交給他人扶養，生母因自身為失聯移工不願出面替孩子辦理出生登記，孩子成為無身分者。

狀況三：移工在離開原雇主成為失聯移工後懷孕

　　監察院（2017）調查報告指出，逃逸的外籍勞工當獨處異鄉，易與同為外籍勞工者產生情感連結，進而交往甚至懷孕產子，因而衍生更多的非本國籍兒少問題，且部分逃逸外勞在臺未婚（或在原屬國已有婚姻關係）生子，畏於宗教規範，若攜帶子女回國，將承受巨大壓力及嚴厲懲罰，故有生產後遺棄子女的情形發生。

　　近年來，我國為符合人權保障，逐次取消外籍移工「妊娠檢查」後，外籍移工在法令的保障下，如果移工懷孕雇主不能因此解僱遣返，否則即有觸法疑慮[4]。另外依據《雇主聘僱外國人許可及管理辦法》第44條規

---

[4]　目前移工的勞動契約範本，係勞動部與來源國辦事處研商後擬訂，契約內容不得違反我國《勞動基準法》、《性別工作平等法》、《就業服務法》等法律，若契約有「懷孕生子屬違反契約，應解約轉換雇主或遣返」規定，則已違反性別工作平等法，故目前勞動契約範本均依上開規定擬訂，惟若實務上有雇主以不當手段對待懷孕生子的移工，移工可向地方主管機關或1955專線申訴，因有勞資爭議發生，移工會被安置，雇主則依法受罰。參見勞動部勞力發展署。外籍移工在臺生產是否會遭解約遣返？載自：http://travel.1111.com.tw/Safe95/mobile/news_detail.asp。

定：「外國人從事本法第46條第1項第8款至第10款規定工作者，不得攜眷居留。但受聘僱期間在我國生產子女並有能力扶養者，不在此限。」然早期妊娠檢查規定所帶來的「禁孕條款精神」一直根深柢固在每個移工心裡，他們一旦發現自己懷孕，擔心將被解僱而遭返，只好選擇逃逸[5]。

外籍移工在臺生子，其子女於我國境內所享權利，主要取決於其是否有合法居留身分，倘若生父或生母爲合法移工，子女可依我國《入出國及移民法》第26條第3款，取得合法居留權以外僑身分居留臺灣，並依照生父或生母之母國法律程序辦理取得國籍。但若生母是失聯移工，因爲不想回國而未幫兒少申請合法居留權，兒少在臺則沒有合法身分。如欲依生父身分取得國籍，還須考量生父與生母之婚姻關係，種種複雜因素下常常造成兒少無法取得國籍身分，或是懸宕未定的狀況。外籍移工在臺生子之孩子在被生下之後往往有兩種照顧情形，一種是其父母自行或委託他人照顧，另一種是棄養。無論是父母或他人照顧的孩子被稱爲有依兒少，而棄養的孩子爲無依兒少，外籍移工在臺生子態樣細分可分爲下列各種[6]：

一、無依兒少

（一）生父生母均無可考

如該兒童、少年出生於中華民國領域內，父母均無可考，或均無國籍者，依《國籍法》第2條第1項第3款規定[7]，得認定具有中華民國國籍，並由受理單位請各直轄（縣）市政府社政局（處）依規定辦理該名兒少之身分及安置事宜。這類個案視爲無依兒童，依國籍法取得我國國籍。

---

[5] 勞委會在2001年取消移工體檢中的妊娠項目，但實際的勞雇關係中，懷孕移工若不是自行找醫院流產，就只有辭職返鄉一途，僅有極少數會在臺灣留到生產。成之約、戴肇洋（2008），在臺女性外籍勞工工作條件調查與分析之探討。臺灣勞工，第16期，頁48-57的問卷調查中，即有79.08%的移工表示若懷孕會面臨遣返困境。

[6] 參考內政部移民署「辦理非本國籍無依兒少外僑居留證核發標準作業流程」及監察院調查意見（106內調0009）中對於無身分兒少之分類。

[7] 《國籍法》第2條第1項第3款：「有下列各款情形之一者，屬中華民國國籍：出生於中華民國領域內，父母均無可考，或均無國籍者。」

（二）生父不詳，生母行方不明，或遭遣返回國者

　　內政部轉外交部請駐外館處國外協尋或由移民署國內協尋，並將協尋結果函知受案單位及移民署。找到生母後如其生母願意出面主張其身分及國籍則該兒少隨母國籍，由內政部移民署核定與生母同國籍之外僑居留證或旅行證件，並副知社政單位。如在臺灣無法找到生母，且經內政部函請外交部函詢原屬國及依「在臺出生非本國籍兒童、少年申請認定為無國籍人流程」，不認該兒少具有該國國籍者，內政部將依《國籍法施行細則》第3條規定，認定其為無國籍人並函復移民署，由移民署專案核發無國籍外僑居留證並副知收案單位，渠等經國人收養後，即可依《國籍法》申請歸化。

二、有依兒少

（一）隨生父生母在臺隱匿

　　未被政府發掘、查獲，未被遺棄而隨父或母在臺隱匿的移工兒少，失聯移工父母帶著孩子工作四處藏匿，假設他們不找政府、民間團體，或不被查獲，就沒辦法發現他們，兒少跟著無證移工父母在臺過著無身分的生活，無法就學、就醫，也無法納入社會安全體系，甚至有遭人口販運的危險。此類兒少因為沒有任何出生通報紀錄，因此政府無從掌握，通常都是等到兒少父母要回國了，來向我國政府自首，或是移民署查獲失聯外籍移工時發現育有子女，才會知道狀況（李孟珊，2017）。

（二）生父生母委託非政府組織

　　生父或生母委託非政府組織照顧小孩，並在臺非法打工，等賺到足夠的錢再帶小孩回國，然礙於生母是失聯移工而未幫小孩申請外僑居留證，小孩即成為在臺無身分兒少，由於生父生母是為工作賺錢，持續在外地打工，非政府組織人員考量生母為扶養小孩、還債且未來尚須繳納非法打工

罰鍰及遣返機票等費用，陷於檢舉違法及維持兒少及生父、母生活權益的兩難困境。但也有中途生母跑走的情形，小孩即從有依變成無依兒少。

（三）生父為國人，生母為外籍移工

若生父為本國籍人士，雖未與生母有婚姻關係，但是生父得依《民法》第1065條規定「非婚生子女經生父認領者，視為婚生子女」，持「生母的原屬國單身證明」及「DNA親子鑑定」，向戶政機關辦理認領手續，透過認領程序辦理設籍，爾後子女視同本國人。

然生父雖完成親子鑑定，但生母另有婚姻關係或無法取得單身證明，以致無法辦理認領。依照我國婚生推定制度，如生母於懷胎期間與其他男子有婚姻關係，兒少被推定為生母配偶之子女，就須由生母或其配偶提起親子否認之訴改變婚生子女身分，待身分轉換為非婚生子女身分後，再由國人生父認領。然非婚生訴訟過程耗時又程序複雜，往往導致當事人不願繼續爭取，寧願將生母報成失聯移工，亦或是生父與生母願意結婚，但是生母又須先回到原籍國後，再於限制入國期間過後才能入國，這中間過程耗時繁雜，一拖小孩就長大了，但卻遲遲沒有身分（李孟珊，2017）。內政部（2017）坦言處理生父為國人之兒少所遭遇之困難，包括：生母取得原屬國單身證明有困難；生母為逃逸外勞，擔心身分曝光即遭遣返並與小孩分離，不願出面處理；辦理DNA親緣鑑定、生母的單身證明文件、否認親子之訴等程序耗時，費用又高昂。

但是如果生父不願意認領，生母又礙於身分不敢出面向小孩爭取身分，小孩只能成為無身分兒少，就如同張裕焯所述（2013：133）：「他們被稱為非婚生子女、我國法律上無國籍的非法居留者，亦即無身分小孩。這情境打從他們一出生便注定了，如果還算是幸運，在往後的日子裡他們便與母親在臺灣社會上相依為命，總不至淪落為孤兒，但是這種與媽媽相伴的幸福，卻也意味著他們喪失成為棄兒的機會，即打從一出生起便存在的無身分身分將長期烙印在他們的身上。在往後成長的過程中，他們必須苟且地在我國社會裡生存下來，在沒有健保資格的狀況之下，他們必須自費接種疫苗、自費就醫，甚至沒有辦法尋正常管道接受教育，就算學

校以特殊境遇者的名義讓他入學，也只是限於國民教育階段一種可能的折衷措施，若要接受高等教育其資格尚屬未知。」

參、有關外籍移工在臺生子相關規定

隨著外籍移工在臺生子案例增加，政府也在近年來召開許多會議與制定標準作業流程，目的在於處理相關的問題，其中包含內政部訂定「在臺出生非本國籍兒少申請認定為無國籍人流程」、內政部訂定「非本國籍無依兒少外僑居留證核發標準作業流程」、2017年1月13日行政院召開之「處理非本國籍無依兒童及少年面臨困境協調會議」決議、「社政人員處理在臺出生非本國籍兒童少年特殊個案業務聯繫會議」等。

依據上述會議，政府整理出有關非本國籍兒童及少年服務措施，其中包含六部分，說明如下：

一、國籍認定及戶籍登記

（一）倘生父不詳，生母為行方不明外國人，由內政部請外交部轉駐外館處協助向該生母之原屬國或請內政部移民署協尋生母，如無法找到生母（境外協尋三個月、境內協尋六個月），且原屬國不認該兒少具有該國國籍者，或逾三個月無回應者，內政部將依《國籍法施行細則》第3條規定，認定其為無國籍人。另以社會福利主管機關為其監護人之無國籍人，得由社會福利機關（構）代渠等申請歸化我國國籍，或依據收出養結果申請歸化為收養人之國籍。

（二）其歸化取得我國籍，在國內未曾設有戶籍，經向內政部移民署申請定居，再提憑定居證向戶政事務所辦理初設戶籍登記。

二、居留證取得

倘生父不詳，生母為行方不明外國人，協尋期間得暫依生母國籍核發外僑居留證，後依據內政部戶政司國籍認定結果，重新申辦無（有）國籍外僑居留證。

三、親子血緣關係鑑定

個案因經濟問題無法辦理親子血緣關係鑑定，得申請法務部調查局補助經費。

四、收容或安置

（一）母子同時查獲之個案，由內政部移民署暫予收容，並儘速辦理遣返作業。

（二）暫時無法尋獲父母、監護人之個案、生父母不詳或無法／不願認領者，由各直轄市、縣（市）政府社政主管機關進行安置於寄養家庭、兒少福利機構。

（三）依《就業服務法》持合法工作簽證入臺之行蹤不明外籍勞工，其遭遺棄之子女經地方政府安置，相關安置費用由就業安定基金支應，地方政府社政主管機關得透過衛生福利部社會及家庭署申請補助。

五、就學權益

（一）國中小——在臺出生之非本國籍兒少於戶籍登記完成前或未取得居留、定居許可前，若要就讀本國國民中小學，可以洽詢各地方政府教育局（處），請其協助輔導就學。

（二）高中職——在臺出生之非本國籍兒少，持內政部專案核准之外

僑居留證，及國民中學畢業證明文件或同等學力證明者，可報名高級中等學校各項入學管道。

（三）專科學校——目前教育部並未針對非本國籍兒童及少年有特定之升學適用法規，惟可依《專科學校法》第32條第1項第14款規定，因基於人道考量、國際援助或其他特殊身分經教育部專案核定安置學生，不受第31條公開名額、方式規定之限制，其身分認定、名額、辦理方式、時程、錄取原則及其他有關入學重要事項之辦法，由教育部個案認定。

（四）大學——在臺出生之非本國籍兒少，只要符合以下資格，均得報考各大學新生入學考試：

1. 學士班：曾在公立或已立案之私立高級中等學校或同等學校畢業，或具有同等學力，得入學修讀學士學位。

2. 碩士班：取得學士學位，或具有同等學力，得入學修讀碩士學位。

3. 博士班：取得碩士學位，或具有同等學力，得入學修讀博士學位。

六、醫療服務

（一）地方政府專案協助列管之非本國籍兒少不受出生日期限制，於取得居留證明文件後即可立即參加健保，不受六個月等待期限制。地方政府於個案取得居留證明文件後，逕洽中央健康保險署各分區業務組申辦，自取得居留證明文件之日起參加健保。

（二）未取得健保身分前，得就個案轉請地方政府之衛生所提供常規疫苗接種、預防保健服務等醫療服務。

其中無論是何項福利服務的提供，外籍移工在臺所生的孩子最重要的便是獲得身分權，有了合法身分，他們才能依照既有政策得到其他的福利服務，其身分權相關規定訂於「辦理非本國籍無依兒少外僑居留證核發標準作業流程」，該作業流程將非本國籍兒少分為四種類型：1.生母為外國人，生父為國人者；2.生母為外國人，生父為外國人或不詳；3.生母及生父均無可考者；4.生父不詳，生母為外國人，且行方不明或已出境或遭遣

返回國後行方不明。

類型一：生母為外國人，生父為國人者

如該兒童、少年屬非婚生子女即可由生父辦理認領，依《國籍法》規定，該兒童、少年即具有我國國籍。如生母於懷胎期間與其他男子有婚姻關係，其被推定為生母配偶之子女，就須由生母或其配偶提起親子否認之訴改變婚生子女身分，待身分轉換為非婚生子女身分後，再由國人生父認領後，即得依《國籍法》規定認定具有我國國籍。由受理單位請各直轄（縣）市政府社政局（處）依規定辦理該名兒少之身分及安置事宜。

類型二：生母為外國人，生父為外國人或不詳者

兒童、少年之生母為外國人，生父為外國人者，該兒童、少年即與生父或生母具有相同之外國國籍，非屬無國籍人，如符合國籍法規定，亦得申請歸化。各收案單位請移民署專案核發與生母或生父具有相同國籍之外僑居留證或協助辦理旅行證件。

類型三：生母及生父均無可考者

如該兒童、少年出生於中華民國領域內，父母均無可考，或均無國籍者，依《國籍法》第2條第1項第3款規定，得認定具有中華民國國籍。由受理單位請各直轄（縣）市政府社政局（處）依規定辦理該名兒少之身分及安置事宜。

類型四：兒童、少年之生父不詳，生母也已出境或遭遣返回國、行方不明者

1. 程序上由內政部轉外交部請駐外館處協尋或移民署協尋，並將協尋結果函知受案單位及移民署。

2. 如其生母願意出面主張其身分及國籍則該兒少隨母國籍，由內政部移民署核定與生母同國籍之外僑居留證或旅行證件，並副知受案單位。

3. 如無法找到生母，且經內政部函請外交部函詢原屬國及依「在臺出生非本國籍兒童、少年申請認定為無國籍人流程」，不認該兒少具有該國國籍者，內政部將依《國籍法施行細則》第3條規定，認定其為無國籍人

並函復移民署，由移民署專案核發無國籍外僑居留證並副知收案單位，渠等經國人收養後，即可依《國籍法》申請歸化。

辦理非本國籍無依兒少外僑居留證受理階段則可分為下列四個階段：

一、收案及初步安置單位

直轄市、縣（市）政府社會局（處）相關辦理窗口。直轄市、縣（市）政府社會局（處）。備齊相關資料：當事人出生證明書或其他足認當事人及生母身分之證明文件，函內政部戶政司協尋。

二、協尋

收案單位備齊相關資料，包括當事人出生證明書或其他足認當事人及生母身分之證明文件，行文內政部戶政司辦理。待協尋期間由直轄市、縣（市）政府社會局（處）暫依生母國籍得向移民署服務站申請外僑居留證，效期一年。若生於於境外則由內政部轉外交部請駐外館處協尋，若生母在我國境內則請移民署協尋，境內者協尋六個月，境外者協尋三個月後若無法找到生母則以無國籍認定。

三、申請居留

收案單位備齊相關資料，包括申請表、戶政司國籍確認函、當事人出生證明書或其他足認當事人及生母身分之證明文件，行文移民署各服務站辦理。（文內註記：英文姓名必塡、中文姓名、出生日期及現居處所地址等。

四、專案簽核：由移民署各服務站簽核

（一）生母尚待協尋（行方不明含境內及境外）期間：由移民署服務站暫依生母國籍辦理外僑居留證等相關事宜。

（二）未尋獲生母者（行方不明含境內及境外）且生母原屬國不認該童國籍或逾三個月未獲回應：應依照內政部認定之國籍結果，續憑辦理後續核發外僑居留證事宜。

（三）尋獲生母者：內政部函知移民署依生母國籍辦理外僑居留證或旅行證件等，以利後續居留、收容或遣返作業等後續事宜。

肆、外籍移工在臺生子個案面臨之困境

生母為外籍移工之兒少問題處理，首重居留權之取得，如經許可在臺居留，其相關權益多半可以解決，此外，我國《戶籍法》第6條規定：「在國內出生十二歲以下之國民，應為出生登記。無依兒童尚未辦理戶籍登記者，亦同。」看似專為本國人而設，因此外籍人士之新生兒毋庸在臺辦理出生登記，但是內政部移民署將建檔管理，並依照《入出國及移民法》第26條辦理，發給新生兒外僑居留證，假設兒少在臺沒有戶籍也沒有居留權，將面臨無法辦理健保、就學權益受到影響的困境，以下就兒少相關權益部分論述現況處遇及困境：

一、居留權

內政部於2014年4月22日召開「研商解決已與國人育有子女之逾期居留停留外來人口身分及非本國籍新生兒通報相關問題會議」，會議決議：「外來人口在臺所生新生兒，若屬無依兒少，不論其身分為外國人或尚未取得國籍，於待尋獲生母一同返回原屬國或辦理出養程序中，為保障渠等

於此期間得以在臺具有合法身分就醫及就學等相關權益，由內政部移民署協助專案核發外僑居留證效期一年並得延期。」

　　隨後內政部移民署於2017年5月2日召開「處理非本國籍無依兒童及少年在臺居留事宜協調會議」，並於6月15日訂定「辦理非本國籍無依兒少外僑居留證核發標準作業流程」，此流程有關專案居留證說明如下：生母尚待協尋（行方不明含境內及境外）期間，由移民署服務站暫依生母國籍辦理外僑居留證等相關事宜，效期一年，未尋獲生母者（行方不明含境內及境外）且生母原屬國不認該童國籍或逾三個月未獲回應，應依照內政部認定之國籍結果，續憑辦理後續核發外僑居留證事宜，尋獲生母者，內政部函知移民署依生母國籍辦理外僑居留證或旅行證件等，以利後續居留、收容或遣返作業等後續事宜，專案核定之無（有）國籍外僑居留證，效期為一年，屆期前三十天由領證之社會局（處）、社福機構、留養人出具證明文件（如核定安置）申請延期。然而對於生父為國人之有依兒少，國人生父倘無法完成認領登記時，經社政單位或移民署等相關單位訪查評估有先予居留之必要時，則依個案考量辦理外僑居留證（中華民國基督教女青年會協會，2014）。而隨父母在臺躲藏或由父母委託非政府組織態樣之有依兒少，因為生母沒有幫兒少申請合法居留權，在政府資源無法介入的情況下，導致兒少在臺無法享有合法居留權，產生沒有身分的困境。有關無身分兒少取得我國國籍權之途徑分類如下：

　　（一）生父生母均不詳的無依兒少：依據《國籍法》第2條第1項第3款：「有下列各款情形之一者，屬中華民國國籍：出生於中華民國領域內，父母均無可考，或均無國籍者。」認定為中華民國國籍。

　　（二）生父不詳，生母是失聯移工之無依兒少：兒少如經出養成功，養父母為中華民國國民，可依《國籍法》第4條規定[8]，縱未成年也可申請歸化取得我國國籍，但是兒少如未出養成功，即一直處於無國籍狀態。對於生母已出境或遣返之無身分兒少來說，目前處遇即在認定為無國籍人後

8　《國籍法》第4條第2項：「未婚未成年之外國人或無國籍人，其父、母、養父或養母現為中華民國國民者，在中華民國領域內合法居留雖未滿三年且未具備前條第一項第二款、第四款及第五款要件，亦得申請歸化。」

等待收養，再以養子女身分依國籍法申請歸化我國國籍。

（三）出養未成功之無身分兒少：無身分兒少若一直未出養成功，依照內政部2017年4月17日「在臺出生非本國籍兒少之國籍歸化、身分認定及認領登記」會議決議：「經認定為無國籍之兒少，於滿18歲後仍未獲出養者，同意由地方政府社政主管機關代當事人向戶政事務所送件申請歸化我國國籍，層轉內政部專案辦理。」

（四）生父為國人之兒少：依據《民法》第1064條：「非婚生子女，其生父與生母結婚者，視為婚生子女。」生父與生母辦理結婚則視為婚生小孩，取得我國國籍，如果生父生母沒有要辦理結婚，則依據同法第1065條：「非婚生子女經生父認領者，視為婚生子女。其經生父撫育者，視為認領。」經生父認領而取得我國國籍，但是認領制度受限於同法第1063條：「妻之受胎，係在婚姻關係存續中者，推定其所生子女為婚生子女。」之婚生推定制度，生母必須提出單身證明才可以由生父認領。兒少之生父如為國人，且生父母間無婚姻關係，該兒少可經由生父認領辦理戶籍登記[9]，而取得我國國籍。但是生母必須提出受胎期間婚姻狀況單身證明，以佐證該子女為非婚生子女，倘若生母已婚，必須提出否認訴訟，待取得勝訴判決後才可由生父認領。然而期間耗時又橫跨多部門，且當生母單身證明取得困難或是失聯時，即會造成認領程序延宕遲滯，兒少身分確認擺盪不前。

二、健康權

（一）全民健保

依《全民健康保險法》第8條規定，在臺灣地區設有戶籍之國人應參加健保。如非我國國民，依第9條規定：「除前條規定者外，在臺灣地區領有居留證明文件，並符合下列各款資格之一者，亦應參加本保險為保險

9　《民法》第1065條第1項規定：「非婚生子女經生父認領者，視為婚生子女。其經生父撫育者，視為認領。」

對象：一、在臺居留滿六個月。二、有一定雇主之受僱者。三、在臺灣地區出生之新生嬰兒。」自2017年12月1日起，凡在臺灣出生並領有居留證明文件之外國籍新生兒，應自出生之日起參加健保。非本國籍兒童少年，如欲參加健保，依法律規定，一定要有居留證明文件。

（二）疫苗接種

衛福部（2017）表示，非本國籍兒童少年如有醫療需求，除可自費醫療，國健署及疾病管制署多以個案方式處理，或發函請各地方政府衛生局（處）全力協助。原則上，對於非本國籍幼童如其父或母任一方具健保身分或居留證者，該幼童之常規疫苗接種可比照本國籍兒童，由公費提供疫苗接種。如父母未具有上揭身分者，疫苗接種基本上仍秉持著避免感染病疾病等觀念，盡力給予協助[10]。早期無法自費施打疫苗，直自死了一個無國籍寶寶「冰冰」後[11]，政府才於2017年2月首度發給無國籍兒童健康手冊，讓無依無身分兒少能定期打疫苗，避免傳染病感染造成無法挽救之憾事。針對非政府組織照護之有依兒少疫苗接踵問題已於2018年全面獲得改善，衛福部疾病管制署針對該非政府組織面臨知施打疫苗問題，利用全國性預防接種資訊管理系統（NIIS系統）針對無身分證字號者，自動賦予之99流水編號，作爲孩童辨識代碼，藉此改善重複接種、兒童健康手冊混用及接種錯誤劑次等問題，經改善後已達100%兒童可以接受疫苗[12]。但是對在臺隨父母藏匿之有依無身分兒少而言，他們沒辦法施打常規疫苗，小孩缺乏免疫力不僅是自身健康問題，也可能會產生我國在防疫疫情上的漏洞。

---

[10] 立法院第九屆第三會期社會福利及衛生環境委員會第十八次全體委員會議紀錄，2017年4月26日，載自立法院議案整合暨綜合查詢系統：https://www.ly.gov.tw/Pages/ashx/File.ashx。

[11] 黃安祺，死了一個無國籍寶寶，政府做了這件事我們可以做什麼，聯合報，2017年5月31日。

[12] 周倩玉、蔡玉芳、董曉萍、顏哲傑（2018），2017年北部地區某愛心機構之弱勢孩童預防接種改善策略，疫情報導，第34卷第8期，頁131-135。

（三）預防保健

責請地方轄區衛生局轉知無身分兒少主要照顧者，可於其未獲健保身分前，由轄下衛生局（所）協助提供免費7次兒童預防保健服務。

（四）醫療補助

衛福部（2017）表示，無身分兒少如有醫療需求，除可自費醫療，國健署及疾病管制署多以個案方式處理，或發函請各地方政府衛生局（處）全力協助。另地方政府社政人員也會依個案情況提供各地方政府兒少醫療補助，給予醫療保健服務，以及連結醫院及相關民間團體等資源，無身分兒少未取得健保身分前需自費醫療部分，得適用《弱勢兒童及少年生活扶助與托育及醫療費用補助辦法》第10條規定，補助應自行負擔之住院費、住院期間看護費用；為確認身分所做之親子血緣鑑定費用；發展遲緩兒童評估費及療育訓練；因早產及其併發所衍生之醫療費用；無全民健保投保資格個案之醫療費用等，每年最高補助30萬元。

就醫療照顧而言，全民健康保險之投保資格部分，尚無法與居留權或戶籍脫鉤，若無合法居留證或未申報戶籍的兒少無權加入健保，僅能自費就醫，如同幸佳慧（2017）以5歲的恩恩高燒不退、吃成藥後血尿才就醫為例，幾十萬醫療費無健保支應，教會牧師協助募款並借支不足額，讓身為失聯移工的恩恩媽媽下班後協助教會打掃償還餘款。我國對於兒少健康醫療權並非實質上及永久性的保障，且對於求助無門的無身分兒少，若是生病礙於經費無法就醫，處境是雪上加霜。除此之外，全民健康保險屬於強制險，無身分兒少身分確認後投保必須追溯繳交積欠的健保費，對經濟狀況不佳的無身分兒少生父、生母而言往往無力負擔，僅能以弱勢兒童健保補助或是民間社會資源出面協助。且部分孩童收容於未立案之非政府組織，可能因經費及人力不足、未落實感管措施及健康監測、未按我國常規預防接種時程完成相關疫苗接種等，造成疑似群聚感染事件頻傳（周倩玉、蔡玉芳、董曉萍、顏哲傑，2018）。

三、教育權

依據《外國學生來臺就學辦法》第2條：「具外國國籍且未曾具有中華民國國籍，於申請時並不具僑生資格者，得依本辦法規定申請入學。」及同法第20條略以：「在臺已有合法居留身分，申請入學高級中等以下學校之外國學生，應檢具：一、入學申請表。二、合法居留證件影本。三、學歷證明文件，逕向其住所附近之學校申請，經甄試核准註冊入學後，列冊報該管主管教育行政機關備查。」據教育部於2006年函釋各地方政府教育局（處），各地方政府可依情況自行放寬規定給予無國籍之自然人學生在有居住、就學事實，且合於成績考查辦法下，取得學籍併發給畢業證書。至後續之就學問題亦可憑前一階段之畢業證書申請就讀或應試，對於無身分兒少入學並無排拒（中華民國基督教女青年會協會，2014）。但依據監察院（2012）調查報告指出，我國地方政府係被動受理非本國籍兒少入學申請，且對於入學資格審查，需以合法居留身分為前提，假如非本國籍兒少以寄讀方式入學，無法取得正式學籍、學歷與畢業證書，且無法升讀高中，且因非本國籍孩童未具國民身分，達學齡時無法接獲入學通知，倘其父母未能積極主動向學校申請入學，可能致使該童未入學。而教育部對此回應也表示對於非本國籍兒少入學並無排拒，但如須取得正式學籍，仍須取得合法居留身分，且非本國籍兒童少年如未取得我國合法居留身分，先以寄（借）讀方式入學俟取得合法居留證後，可依外國學生來臺就學辦法取得本國學籍，另外國民中學、國民小學教育階段學校皆以人道立場協助入學，雖無本國國籍，參加各項活動時，學校可尋求或透過其他資源協助辦理保險。

儘管教育部表示（2017）爰擬於國民教育法修正草案增列無國籍學生入學規定。另為延續維護是類學生受教權益，給予就讀高級中等學校之必要協助與保障，擬准予是類學生持外僑居留證，內政部專案核准，並持國民中學畢業證明文件或具同等學力者，報名各分區高級中等學校免試入學，比照一般生免試入學方式辦理，現行無國籍兒同（少）得順利進入高級中等以下學校就讀。但倘若無身分兒少未取得我國合法居留身分，只能

以寄（借）讀方式入學，且必須由其父母或監護人積極主動向學校申請入學，如未主動申請則無法依適齡時間就學，嚴重影響兒少學習；另外在參加學校各項活動時，孩童必須透過學校或其他資源協助辦理保險，其間過程難保會造成兒少心理自卑，倘若申請保險未果，不僅是其享有教育權之缺憾，也是無法享受團體生活的自由缺陷（中華民國基督教女青年協會，2014）。

四、照護權

兒少因為在身心靈發展上尚屬發展階段還未成熟，因此有權享受特別照料和協助，深信家庭作為社會的基本單元，作為家庭所有成員、特別是兒童的成長和幸福的自然環境，應獲得必要的保護和協助，包括法律上的適當保護。無依兒少因為遭受父母拋棄，如經發現則通報各地方政府由社政單位安置照護，此外為避免發生移工媽媽遭遣返但是小孩滯留在臺現象發生，移民署制訂相關流程，確保母嬰不分離。

（一）被父母遺棄之無依兒少

依據《兒童及少年福利與權益保障法》第54條：「醫事人員、社會工作人員、教育人員、保育人員、教保服務人員、警察、司法人員、移民業務人員、戶政人員、村（里）幹事、村（里）長、公寓大廈管理服務人員及其他執行兒童及少年福利業務人員，於執行業務時知悉兒童及少年家庭遭遇經濟、教養、婚姻、醫療等問題，致兒童及少年有未獲適當照顧之虞，應通報直轄市、縣（市）主管機關。」及第56條：「兒童及少年有下列各款情形之一，非立即給予保護、安置或為其他處置，其生命、身體或自由有立即之危險或有危險之虞者，直轄市、縣（市）主管機關應予緊急保護、安置或為其他必要之處置：兒童及少年未受適當之養育或照顧。兒童及少年遭遺棄、身心虐待、買賣、質押，被強迫或引誘從事不正當之行為或工作。」依照兩項條文規定，當政府人員、地方執政人員、執行兒少

福利業務人員知悉有無身分兒少未獲適當照顧或是遭遺棄之情形，應負有通報主管機關之義務，且主管機關經評估後應給予適當保護安置及必要處置。

（二）有依兒少

依照「待遣返非法停居留之外來人口育有未滿18歲子女時之工作標準作業流程」，移民署於受理待遣返非法停居留之外來人口時，應詢問有無未滿18歲之子女，並於移送收容所前或暫時收容非法停居留外來人口時，比對我國出生通報資料，如發現其於本國育有未經生父認領或未獲生母照顧養護、或未設戶（國）籍之子女，即應詢問該子女現在所在處所，是否託友人照顧或與各縣（市）政府比對棄嬰資料相符，並將該子女之資料函知直轄市或各縣（市）政府之社政、衛生及教育主管機關。若發現受收容人育有未滿18歲子女時，應立即協助辦理該子女之身分證明文件，並協助其子女一併返國，如該子女無法隨同返國時，應予列管，並提供必要協助。

（三）國人照護之有依兒少經濟補助

對非本國籍兒童少年之家庭提供經濟補助，常見的政府部門資源為《弱勢家庭兒童及少年生活扶助與托育及醫療費用補助辦法》，各直轄市、縣（市）政府針對所需協助之非本國籍兒童及少年，提供生活扶助、托育費用、早期療育及醫療相關補助（包含確認身分所作之親子血緣鑑定費用）等（中華民國基督教女青年協會，2014）。衛福部亦表示（2017），無身分兒少生父為國人或有保母願意協助照顧，但其經濟狀況不佳，無法維持兒少生活者，得由地方政府提供弱勢兒少生活扶助及托育費用等相關補助。

表 8-1 無身分兒少態樣——生母為外籍移工之子其處遇及困境分類表

	態樣		處遇	困境
無依兒少	生父生母不詳		父母均無可考，依國籍法第2條第1項第3款規定，得認定具有中華民國國籍。由受理單位請各直轄（縣）市政府社政局（處）依規定辦理該名兒少之身分及安置事宜。	
	生父不詳、生母行方不明、已出境、已遣返	未尋獲	經內政部函請外交部函詢原屬國未獲回應，依照「在臺出生非本國籍兒童少年申請認定為無國籍人流程」，認定其為無國籍人，渠等經國人收養後，即可依國籍法申請歸化。	收養未必順利、出養後生母出面，均造成兒少國籍未定。
		已尋獲	查獲生母或是生母主動出面，該兒少隨母國籍，由內政部移民署核定與生母同國籍之外僑居留證或旅行證件，遣返回國。	未必符合兒少最佳利益。
有依兒少	生父是國人	均未婚	由生父認領。	生父不認領、法父不處理、生母失蹤、否認訴訟耗時、生母回國辦理結婚、離婚又有入境限制。
			由生母返國完成結婚程序，入境完成結婚登記。	
		父已婚，母未婚	由生父認領。	
		父未婚，母已婚	法父提起否認親子之訴，勝訴後由生父認領。	
			母離婚再與生父結婚。	
		均有婚	法父提起否認親子之訴，勝訴後由生父認領。	
	外籍生父	生母共同撫養	隨父母在臺隱匿或是委託非政府組織、民間機構。	兒少沒有身分。
		生母失聯，與生母未有婚姻關係	有父親DNA證明，但依照民法非法父，故需要生母同意書，才能讓小孩隨父親歸國。	兒少要依照外籍生父身分取得居留證或隨同歸國有困難度。

資料來源：研究者自行整理。

五、等待永久家庭——出養

　　無依外籍移工之子可透過出養程序，取得收養人之國籍，監察院
（2012）調查報告表示，當父母無法行使負擔對於未成年子女之權利義務
時，應依民法規定定其監護人，個案兒童於法院爲其選定監護人確定前，
應由當地社會福利主管機關爲其監護人[13]，於保護增進受監護人利益之範
圍內，行使負擔父母對於未成年子女之權利義務，決定個案兒童是否出
養，並向法院聲請認可，至於被收養人之國籍不明，無法提具身分證明文
件，因爲涉及被收養人國籍認定、《國籍法》適用等問題，仍宜由主管部
會依權責處理；有關生母爲外籍移工之外籍移工之子收養法律依據彙整如
表8-2：

表 8-2　生母為外籍移工之子收出養之法律依據一覽表

性質	法條	條號	構成要件
實體法	民法	1072	收養他人之子女爲子女時，其收養者爲養父或養母，被收養者爲養子或養女。
		1076-1	子女被收養時，應得其父母之同意。但有下列各款情形之一者，不在此限： 一、父母之一方或雙方對子女未盡保護教養義務或有其他顯然不利子女之情事而拒絕同意。 二、父母之一方或雙方事實上不能爲意思表示。 前項同意應作成書面並經公證。但已向法院聲請收養認可者，得以言詞向法院表示並記明筆錄代之。 第一項之同意，不得附條件或期限。
		1079	收養應以書面爲之，並向法院聲請認可。 收養有無效、得撤銷之原因或違反其他法律規定者，法院應不予認可。
		1079-1	法院爲未成年人被收養之認可時，應依養子女最佳利益爲之。

---

[13] 《民法》第1094條：「未成年人無第一項之監護人，於法院依第三項爲其選定確定前，由當地社會福利主管機關爲其監護人。」

表 8-2　生母為外籍移工之子收出養之法律依據一覽表（續）

性質	法條	條號	構成要件
程序法	兒童及少年福利與權益保障法	15	從事收出養媒合服務，以經主管機關許可之財團法人、公私立兒童及少年安置、教養為限。
		16	父母或監護人因故無法對其兒童及少年盡扶養義務而擬予出養時，應委託收出養媒合服務者代覓適當之收養人。
		17	法院認可兒童及少年之收養前，得採行下列措施，供決定認可之參考： 一、命直轄市、縣（市）主管機關、兒童及少年福利機構、其他適當之團體或專業人員進行訪視，提出訪視報告及建議。 二、命收養人與兒童及少年先行共同生活一段期間；共同生活期間，對於兒童及少年權利義務之行使或負擔，由收養人為之。 三、命收養人接受親職準備教育課程、精神鑑定、藥、酒癮檢測或其他維護兒童及少年最佳利益之必要事項；其費用，由收養人自行負擔。 四、命直轄市、縣（市）主管機關調查被遺棄兒童及少年身分資料。 依前項第一款規定進行訪視者，應評估出養之必要性，並給予必要之協助；其無出養之必要者，應建議法院不為收養之認可。
	家事事件法	第四章	其中有關聲請認可收養應出具之證件，依家事事件法第115條第2項：「認可收養之聲請應以書狀或於筆錄載明收養人及被收養人、被收養人之父母、收養人及被收養人之配偶。」第3項：「前項聲請應附具下列文件：一、收養契約書。收養人及被收養人之國民身分證、戶籍謄本、護照或其他身分證明文件。」第4項：「第二項聲請，宜附具下列文件：一、被收養人為未成年人時，收養人之職業、健康及有關資力之證明文件。二、夫妻之一方被收養時，他方之同意書。但有民法第一千零七十六條但書情形者，不在此限。三、經公證之被收養人父母之同意書。但有民法第一千零七十六條之一第一項但書、第二項但書或第一千零七十六條之二第三項情形者，不在此限。四、收養人或被被收養人為外國人時，收養符合其本國法之證明文件。五、經收出養媒合服務者為訪視調查，其收出養評估報告。」分別規定聲請認可收養時「應」或「宜」附具之文件。

表 8-2　生母為外籍移工之子收出養之法律依據一覽表（續）

性質	法條	條號	構成要件
涉外收養	涉外民事法律適用法	54	收養之成立及終止，依各該收養者被收養者之本國法。收養及終止之效力，依收養者之本國法。

資料來源：研究者自行整理。

　　出養指孩子從原有家庭出來，由其他家庭收養，一旦經由法院裁定成立，將是永久性的改變，孩子將永遠被帶離原生家庭，並透過法律的程序轉移父母的親權，生父母對孩子的權利義務將完全被取消。

　　依《兒童及少年權利與福利保障法》第17條規定，法院認可收養案件前，必須調查有無出養之必要性，在有出養必要性的前提下，才會進一步評估收養人的適當性。所謂「出養必要性」是指原生父母無法照顧子女的因素，也就是說，如果原生父母不是有困難而必須將孩子給人收養的話，收養是不會被法院認可的。未成年人想被收養通常要有「生父母的同意書」、「收養契約書」、「評估報告」等文件。但有關外籍移工之子收出養之困境，收出養制度依《涉外民事法律適用法》第54條第1項規定：「收養之成立及終止，依各該收養者被收養者之本國法。」因此，欲成立收養，也同時須依照被收養者之本國法律，如越南籍兒童，也須依越南該國有關收養之法律規定。因收養須經過法院認可，有關被收養人之本國法律，除由當事人提供相關法規外，法院也可依職權調查。即子女被收養時，應得其父母之同意；而上述兒童（少）常不知父母為何人或找不到父母，導致不易出養。我國有關非本國籍兒童少年收出養規定，實務上常難以配合，地方政府機關操作上與法院個案審理均有重大困難。對於母親行蹤不明的孩子來講，要找到生父母談何容易。目前外交部並無翻譯法條的服務，只能靠民間團體或是申請人自行找人翻譯，再提交給法官。[14]

　　新竹市政府社會處長陳雪慧指出，無國籍個案收出養程序與法條依據，多年來都沒有結果，各部會都有堅持與看法，部分人士認為無國籍個

---

[14] 陳貞樺，可不可以不要長大？移工小孩被堵死的國籍之路，2016年8月，https://www.twreporter.org/a/stateless-children-adoption。

案涉及國家安全議題，收出養的成立與否須依「涉外民事法律適用法」而不適用本國法律等等不同見解。如收養者為國人，也須適用我國收養相關法規，即子女被收養時，應得其父母之同意。因此，法院必須知道父母是否同意子女被收養。而實務上常不知父母為何人或找不到父母，導致不易出養。由於我國有關非本國籍兒童少年收出養規定，實務上常難以配合，地方政府機關操作上與法院個案審理均有重大困難。但亦有零星個案，經地方法院裁定認可收養父母無法行使負擔對於未成年子女之權利義務時，應依《民法》第1094條：「未成年人無第一項之監護人，於法院依第三項為其選定確定前，由當地社會福利主管機關為其監護人。」定其監護人。[15]

然針對我國因應方式，研究者認為仍有無法解決之困境，假若兒童（少）被認定為「無國籍人」後，未能順利被我國國人收養，則無法取得我國國籍，兒童（少）可能長期成為在臺「無國籍人」，期間權益保障只能靠專案申請，無法享有天賦人權應有之權益。此外，依據兒童福利聯盟在針對棄嬰出養的專題報導中指出，東南亞籍的「黑寶寶」因為長相膚色與社會刻版印象，與國人明顯有異，收養人多半不願被看出此差異，因此較不易覓得願意收養的家庭，通常比一般寶寶等待出養的時間多出一倍以上，大約十一個月至一年左右[16]。因此，靠收出養讓小孩取得國籍之因應方式似乎未見完備。

伍、結論

近年來外籍移工在臺生子議題在一系列的會議與辦法中，好像問題已經解決，實際上此議題在政策面與法制面還有許多待討論與改善空間，包

---

[15] 陳育賢，臺灣無國籍兒童400人連出養機會都沒有，中國時報，2017年8月，http://www.chinatimes.com/realtimenews/20170803005272-260405。

[16] 兒童福利聯盟，臺灣收出養現況檢視調查報告，2014年10月9日，https://www.children.org.tw/news/advocacy_detail/1274。

含了更確實的出生通報與出生註記制度、更完整的國籍法修訂，以及更清楚的權責機關劃分：

一、出生通報制度、出生註記

　　早期的新生兒出生通報系統，係由父母取得出生證明書後，至戶政機關辦理出生登記，再由衛生單位向戶政機關取得新生兒資料，惟拖延遲誤申報情形時常發生，影響婦幼保健服務時效（吳淑瓊、楊志良，1986），為預防兒童出生後因未報戶口變成無身分而遭販賣或虐待，於1993年大幅翻修《兒童福利法》（現為《兒童及少年福利與權益保障法》），設計一套由接生醫療院所、助產所主動通報新生兒出生及死產資料之「出生通報」制度[17]，不問新生兒有無國籍，皆須通報，戶政機關得以知悉兒童已出生，進而採取一定措施，確保每位兒童均辦理戶籍登記；另內政部為發揮資訊資源共享效益，訂有「出生資料網路通報作業要點」，該作業要點第2點規定略以，內政部透過網路傳輸方式取得由衛生福利部國民健康署傳輸之出生通報資料後，將具本國籍之新生兒出生通報資料，下傳至戶政事務所，以落實新生兒之戶籍管理，若新生兒不具本國籍，則出生通報資料以資料交換方式，由移民署取回，相關資料即建置於該署內部外人管理資訊（NIA）系統，以供該署各直轄市、縣（市）服務站及專勤隊至該系統查證之用，依「外來人口在臺所生新生兒註記標準作業流程」辦理出生註記，並列管追蹤至該新生兒取得相關停居留身分或出境止，另由戶政司複製一份留存（沈美眞，2014）。

　　出生註記作業除了在生母資料上註記生有子女之外，亦有核對身分、追蹤新生兒、辦理後續停居留或戶籍登記等事宜之功能，行蹤不明外籍移工在國內醫療院所生產後，移民署接收出生通報，接續辦理外來人口在臺

---

[17] 《兒童及少年福利與權益保障法》第14條：「胎兒出生後七日內，接生人應將其出生之相關資料通報衛生主管機關備查；其為死產者，亦同。接生人無法取得完整資料以填報出生通報者，仍應為前項之通報。衛生主管機關應將第一項通報之新生兒資料轉知戶政主管機關，由其依相關規定辦理；必要時，戶政主管機關並得請求主管機關、警政及其他目的事業主管機關協助。」

新生兒出生註記作業，除在生母個人資料加註在臺生產子女之外，若判斷屬非法居留者，則另行由專勤隊追蹤協尋生母與新生兒下落，於確認身分後與社政、戶政、衛生、教育主管機關辦理安置、養護醫療、就學等事宜，並應協助子女一併返國，若該子女無法隨同返國時，應予列管，並提供必要協助[18]。

　　然行蹤不明移工礙於不合法身分與經濟因素，孕期不敢就醫、臨盆自行接生的狀況時有所聞，除了形成新生兒防疫保健漏洞之外，亦讓出生通報資訊成為黑數，同樣地，兒童權利公約執行之替代報告報告中，臺灣兒童權利公約聯盟（2017），亦提及行蹤不明移工生母因非法身分選擇自行生產或私下赴接生診所，致新生兒出生通報闕漏情事，後續亦難以追蹤[19]。縱使移民署遇有醫療院所之新生兒通報，已列為重要優先執行勤務，並對轄內醫療院所宣導遇有身分不明之外籍產婦時，立即通知該署即派員前往訪查[20]，然行蹤不明移工以假證件提供不實身分資料在醫療院所生產，導致通報資訊錯誤而影響後續出生註記與追蹤事宜，皆是出生通報產生闕漏、無身分形成的原因。

　　且醫療院所在兒童（少）出生後，以資料交換方式通報移民署取回資料，再分送各專勤隊前往訪查，層轉時間落差導致專勤隊人員至醫療院所訪視時產婦已離院，若其填報不實資料則後續無法追查新生兒與生母下落，形成出生資料雖已通報卻無法追蹤的情形。

---

[18] 內政部移民署（2010），「待遣返非法停居留之外來人口育有未滿18歲子女時之工作標準作業流程」，http://law.immigration.gov.tw/immigr-law/。

[19] 臺灣兒童權利公約聯盟，2017年兒童權利公約執行之替代報告，2017年3月30日，https://www.cylaw.org.tw/about/policy-promote/。

[20] 內政部移民署於2017年召開「處理非本國籍無依兒童及少年面臨困境處置協調會議」決議略以，就源頭管理加以檢討外籍移工生母與其在臺新生兒之身分勾稽及執行母子隨同遣返作業，並要求所屬專勤隊及收容所，確實依照現行「查處非法外來人口及其在臺育有未滿18歲兒少工作標準作業流程」規定執勤。

二、外籍移工之子國籍、身分管理

當外籍移工之子生父不詳，生母也行蹤不明之狀態下，需先經過協尋生母不著經內政部認定為無國籍，再經由認養程序才能取得收養人之國籍，這段行政程序不僅耗時也耗費許多政府資源，研究者思忖如果能直接認定該類兒童（少）屬生父生母不可考的狀況即屬於中華民國國籍，外籍移工之子問題應該會單純許多。國籍歸屬是我國國民與國家之間的法律基礎，在我國戶籍制度的原則架構下，取得國籍、登記戶籍之國民即開始享受與負擔國家賦予的權利與義務。減少無國籍情形的發生乃當代世界各國的趨勢，無國籍兒童產生的原因不可一概而論，是否應修正《國籍法》，使所有無國籍兒童直接取得我國國籍，檢視我國政府對於外籍移工之子國籍未定衍生之居留權問題之研析改進、因應政策如下：

（一）《國籍法》第4條修正案

我國《國籍法》自1929年公布施行以來，長達五十餘年未曾修正，直到2000年2月9日始修正公布全文二十三條，迄今歷經5次修正，最近一次為2016年12月21日修正公布第3、4、9、11、19條條文，有關《國籍法》第4條第2項特殊歸化略以：「未成年之外國人或無國籍人，其父、母或養父母現為中華民國國民者，在中華民國領域內合法居留雖未滿三年且未具備前條第一項第二款、第四款及第五款要件，亦得申請歸化。」在《國籍法》第4條修正草案議案中，立法委員吳玉琴等21人對外籍移工之子國籍特殊困境，提議增訂第3項[21]：「前項未成年之外國人於中華民國領域內出生，因不可歸責於當事人之事由以致無法取得母國國籍證明並經外交機關查證屬實者適用之。」其提案要旨如下：「為保障於我國境內出生之兒童，其因母國政治因素或法令不健全，以致無法取得母國國籍證明，留滯於我國境內為『未取得本國籍』亦『非無國籍』之特殊境遇者，爰提案增

---

[21] 立法院第九屆第二會期第十二次會議「國籍法第4條、第9條及第19條條文修正草案」議案關係文書，2016年6月27日，http://misq.ly.gov.tw/MISQ/IQuery/misq5000QueryMeetingDetail.action。

訂之。」

　　然該提案未被採納，此提案目的係在解決，在我國境內出生，本國國籍法認定為外國人之兒童（少），經外交機關查證無法取得原屬國國籍證明，且非可歸責於當事人者，給予歸化我國國籍之機會，不失為補正目前無身分兒少基本權益的方法之一，未被採納實屬可惜。

（二）《國籍法》修正建議

　　立法委員亦於2016年立法院第九屆第二會期專案質詢時，建請行政院就外籍移工在臺所生外籍移工之子之權益問題，修訂《國籍法》並增訂特別條款，提及：「無國籍兒童無法享有《兒童及少年福利與權益保障法》（以下簡稱《兒少法》）第22條完全的基本權益，僅能以寄讀方式受教育而無法領畢業證書，致生長過程中影響自信和國家認同等問題，有許多無國籍兒童年滿18歲後即喪失兒少法保障，面臨無法升學，面臨就業困難，工作亦無法保障，爰建請增設《國籍法》特別條款，使其擁有國籍在臺生活。」惟經內政部查復後此建議並未被採納[22]。內政部答復略以：「在國內出生兒少，不論其國籍，皆可適用《兒少法》第22條規定。目前針對如逃逸外勞在臺所生非本國國籍子女，均有法令均可處理兒少身分認定，依個案情況釐清身分，如經洽生母原屬國，認該兒少為其本國人，則協助原屬國將該兒少接回本國；如生母及生父原屬國不認該兒少為其本國人，則依《國籍法施行細則》第3條規定認定為無國籍人，經國人收養後，可依《國籍法》申請歸化。其各項權益保障應回歸各主管機關依法處理，渠等國籍身分認定與基本生活權益保障，建議應予脫鉤處理。」依內政部答復說明，可看出外籍移工之子國籍身分處遇上的複雜性，雖然《兒少法》第22條規定之社會福利服務、醫療照顧、就學權益應依法予以保障，惟現行法規多以有合法居留權或戶籍登記為申請要件，例如《社會救助法》

22　立法院第九屆第二會期專案質詢第195號，2016年9月22日，https://query.ey.gov.tw/legisWeb/webQuery.aspx。

對低收入戶之補助，即以戶籍爲要件[23]；《全民健康保險法》亦規定[24]，設有戶籍或在臺灣地區領有居留證明文件方可參加保險。然而，在此戶籍制度下，外籍移工之子未取得我國國籍即無戶籍登記之可能性，也因此兒童（少）權益在「戶籍」資格之前提下，儘管能以專案申請部分的權益保障，卻不盡符合政府資源給付的審核標準（李孟珊，2017）。

（三）認定爲無國籍人

依據行政院函送立法院議案關係文書[25]所提研處情形，倘外籍移工之子之外國籍生母已出境、遭遣返或行方不明，而生父不詳者，依內政部2017年1月9日台內戶字第1051254202號函頒「在臺出生非本國籍兒童、少年申請認定爲無國籍人」一覽表及流程，各地方政府於受理此類案件時，得函請內政部轉外交部請駐外館處協助向生母原屬國政府協尋生母行蹤，並確認該兒少有無該國國籍。如找尋生母未果，且生母原屬國政府否認該兒少具有該國國籍，或逾三個月仍無回應，內政部依《國籍法施行細則》第3條規定認定該兒少爲無國籍人，各地方政府得依據《無依兒童及少年安置處理辦法》規定，進行收出養及取得本國國籍等事宜。

復考量現行《兒童及少年福利與權益保障法》等相關規定，渠等於滿18歲後，恐無法獲得妥適之安置或輔助，經內政部2017年4月17日邀集衛福部等相關機關召開研商「在臺出生非本國籍兒少之國籍歸化、身分認定及認領登記」會議決議略以，渠等經認定爲無國籍人，於滿18歲後仍未獲出養者，同意由地方政府社政主管機關代當事人向戶政事務所送件申請歸化我國國籍，層轉內政部專案辦理。

---

[23] 依《社會救助法》第4條所規定之低收入戶，係指經申請「戶籍所在地」直轄市、縣（市）主管機關審核認定，符合家庭總收入平均分配全家人口，每人每月在最低生活費以下，且家庭財產未超過中央、直轄市主管機關公告之當年度一定金額者。

[24] 《全民健康保險法》第9條略以：「在臺灣地區領有居留證明文件，並符合下列各款資格之一者，亦應參加本保險爲保險對象：在臺居留滿六個月、有一定雇主之受僱者、在臺灣地區出生之新生嬰兒。」

[25] 立法院第九屆第三會期第十四次會議議案關係文書，2017年5月17日，https://lci.ly.gov.tw/LyLCEW/agenda1/02/pdf/09/03/14/LCEWA01_090314_00880.pdf。

至外國籍生母為未出境行方不明者，按內政部於函請外交部洽生母原屬國確認該兒少有無該國國籍同時，亦由內政部移民署加強尋找生母行蹤，又未避免該兒少經內政部認定為無國籍人後，嗣後生母出面認知，或兒少已被出養，造成該兒少身分不安定，其生母協尋期間按內政部同（2017）年3月14日召開「處理非本國籍無依兒童及少年面臨困境協調會議」決議以協尋六個月方式辦理。

（四）專案核予外僑居留證

按內政部2014年4月22日台內移字第1030951584號函，依「研商解決已與國人育有子女之逾期居留停留外來人口身分及非本國籍新生兒通報相關問題」會議紀錄，外來人口在臺所生新生兒，若屬無依兒童（少），不論其身分為外國人或尚未取得國籍，於待尋獲生母一同返回原屬國或辦理出養程序中，為保障渠等於此期間得以在臺具有合法身分就醫及就學等相關權益，由內政部移民署協助專案核發外僑居留證效期一年並得延期，此外，內政部移民署於2017年5月2日召開「處理非本國籍無依兒童及少年在臺居留事宜協調會議」，並於6月15日訂定「辦理非本國籍無依兒少外僑居留證核發標準作業流程」，此流程有關專案居留說明如下：生母尚待協尋（行方不明含境內及境外）期間，由移民署服務站暫依生母國籍辦理外僑居留證等相關事宜，效期一年，未尋獲生母者（行方不明含境內及境外）且生母原屬國不認該童國籍或逾三個月未獲回應，應依照內政部認定之國籍結果，續憑辦理後續核發外僑居留證事宜，尋獲生母者，內政部函知移民署依生母國籍辦理外僑居留證或旅行證件等，以利後續居留、收容或遣返作業等後續事宜，專案核定之無（有）國籍外僑居留，效期為一年，屆期前三十天由領證之社會局（處）、社福機構、留養人出具證明文件（如核定安置）申請延期。

然伍偉華（2014）曾評析比較古墓女童玲玲[26]與小綜[27]案例而提出建

---

[26] 古墓母女遭返 越南玲玲秀注音文：我會再回來，2014年5月8日，https://tw.appledaily.com/headline/daily/20140508/35817217。

[27] 雲林家扶寄養童小綜取得戶籍學籍快樂上學，2013年2月19日，https://www.peopo.org/

議，其認為類似玲玲可以追溯父母的兒童（少），依《國籍法》規定屬父或母之國籍，須被遣送回國；而如同小宗此類遭刻意遺棄或父母行蹤不明者，則可能有機會專案認定，依《國籍法》第2條第1項第3款取得我國國籍，或者依現行規定先認定為無國籍，再辦理後續出養與歸化手續取得我國國籍，如此方式是否鼓勵移工父母棄養在臺所生孩童，以使其有機會取得政府協助取得國籍，似有弔詭之處。就此類外國籍父母長久在臺，共同生活之兒少，其亦建議以未成年人最佳利益為前提，適時調整血緣主義（屬人主義），酌採出生地主義（屬地主義），使其能取得我國國籍在臺安心生長。

三、相關機關權責

外籍移工之子的態樣各有不同，但一樣的困境是，在未取得合法身分前，即無法天生享有我國的醫療、教育與社會福利服務等，這些權益保障的處遇涉及法令制度、政府政策與權責單位跨領域的協調管理，涵蓋許多值得探討的問題，有關源頭管理部門勞動部及兒童（少）健康、教育、社會補助權益相關政府部門權責部分，於2017年立法院第九屆第三會期社會福利及衛生環境委員會第十八次全體委員會議中表示[28]略以：

（一）勞動部

1. 未避免行蹤不明外籍移工，擔憂身分曝光而以假身分至醫院生產或未於醫療院所生產，造成查證親子身分之比對困難，衍生外籍移工之子等社會問題，勞動部持續協調來源國，並透過與各外籍移工來源國召開雙邊會議等方式，自源頭採行相關管理措施，以降低外籍移工行蹤不明情況發生。

---

news/108731。

28　勞動部部長、衛生福利部、內政部、國家發展委員會及教育部就「外籍勞工在臺生育子女增長對我國人口政策之影響及因應：安置、治安、就養、就醫、就學、就業（二安四就）」列席報告，2017年4月26日，https://www.ly.gov.tw/Pages/ashx/File.ashx。

2. 未避免外籍移工因資訊不足造成誤解，持續透過機場服務站、廣播及1955專線等管道，對來臺工作的移工加強宣導雇主不能以「懷孕生子為理由解約外籍移工遣返」；另透過勞動部補助地方主管機關辦理外勞管理業務輔導活動計畫時，向雇主及一般民眾宣導，勞動契約內容不能違反《勞動基準法》、《性別工作平等法》、《就業服務法》等，且不得以不當手段對待懷孕生子的外籍移工。

3. 勞動部同意由就業安定基金補助前揭無依兒童（少）之安置費用，自2017年6月1日起受理補助。

（二）衛生福利部

1. 全民健保：依《全民健康保險法》第9條規定，外籍移工之子於取得居留證六個月後即可取得健保身分，享有與國民同等的醫療資源。

2. 疫苗接種：外籍移工之子得由轄區社政、警政、戶政、收容機構或監管單位，知會衛生單位介入安排完成各項應接種疫苗，保護幼兒健康，避免造成防疫缺口。

3. 預防保健：責請地方轄區衛生局轉知外籍移工之子主要照顧者，可於其未獲健保身分前，由轄下衛生局（所）協助提供免費7次兒童預防保健服務。

4. 醫療補助：外籍移工之子未取得健保身分前需自費醫療部分，得適用《弱勢兒童及少年生活扶助與托育及醫療費用補助辦法》第10條規定，補助應自行負擔之住院費、住院期間看護費用；為確認身分所做之親子血緣鑑定費用；發展遲緩兒童評估費及療育訓練；因早產及其併發所衍生之醫療費用；無全民健保投保資格個案之醫療費用等，每年最高補助30萬元。

5. 安置服務：外籍移工之子生母生父行方不明，且無適當照顧者，由各地方政府社政主管機關協助安置於寄養家庭或機構，給予生活照顧、托育服務及協助就學。

6. 經濟協助：外籍移工之子生父為國人或有保母願意協助照顧，但其經濟狀況不佳，無法維持兒少生活者，得由地方政府提供弱勢兒少生活扶

助及托育費用等相關補助。

（三）教育部

　　有關無國籍兒童（少）入學情形，基於人道考量「無國籍」兒少皆順利輔導進入國民中、小學就讀，並放寬無國籍兒少入學條件，爰擬於國民教育法修正草案增列無國籍學生入學規定。另為延續維護是類學生受教權益，給予就讀高級中等學校之必要協助與保障，擬准予是類學生持外僑居留證，內政部專案核准，並持國民中學畢業證明文件或具同等學力者，報名各分區高級中等學校免試入學，比照一般生免試入學方式辦理，基於人道考量，現行無國籍兒同（少）得順利進入高級中等以下學校就讀。

　　綜上，有關外籍移工之子在臺相關權益政府研析解決政策，均以無依兒童（少）為主，有依部分，僅能以態樣為生父是國人之有依兒童（少）為著力點，其他隨父母在臺四處藏匿，或是寄託於非營利組織之有依兒童（少），由於政府無法完全掌握，兒童（少）處境令人擔憂，執政者也無從施力，僅能以強化管理源頭來因應，然「加強管理外籍移工、查處行蹤不明外籍移工，與督導雇主勞工契約勿違反性平原則等」，僅是政策口號而言，這些有依外籍移工之子是確實存在於臺灣的生命個體，兒童（少）權益空白，生父生母行蹤不明在臺打黑工的處境也是堪憂，執政者在法制層面管理中面臨與人道主義間的拔河。

參考文獻

伍偉華（2014），無身分兒少之人權保障與身分取得，人權會訊，第114期，頁7-14。

江世雄（2010），在臺灣越南籍配偶之國籍問題——從國際人權法中無國籍者保護之角度談起，中央警察大學學報，第47期，頁275-296。

吳淑瓊、楊志良（1986），嬰兒出生通報系統之研究，中華民國公共衛生學會雜誌，第6卷第2期，頁15-27。

吳煜宗（2011），《兒童權利公約》與臺灣親子法——在訪子女之其出自的權利與釋字第587號解釋，臺灣國際法季刊，第8卷第2期，頁151-188。

李臨鳳（2016），無國籍兒少問題及其因應對策——非本國籍兒少居留問題。105年度兒童權利公約首次國家報告記者會暨國際研討會，臺北。

幸佳慧（2017），透明的孩子無國籍移工兒童的故事。臺北：宇畝文化。

施慧玲（2011），從《聯合國兒童權利公約》到子女最佳利益原則——兼談法律資訊之應用與台日比較研究方法。臺灣國際法季刊，第8卷第2期，頁95-150。

張玲如、邱琬瑜（2012），何處是兒家？由兒童最佳利益探討我國兒童保護安置系統，現代桃花源學刊教育季刊，頁13-32。

張英陣（2002），無戶籍兒童個案處理模式之研究，內政部兒童局委託研究計畫成果報告，臺中：財團法人臺灣兒童暨家庭扶助基金會。

張裕焯（2013），一個「無身分小孩」的國籍身份身分與生存困境，臺灣人權學刊，第2卷第2期，頁129-141。

趙彥寧（2005），社福資源分配的戶籍邏輯與國境管理的限制：由大陸配偶的入出境管控機制談起，臺灣社會研究季刊，第59期，頁43-90。

賴月蜜（2014），許孩子一個家，論臺灣收出養制度新風貌，發表於2014年兩岸社會福利學術研討會，哈爾濱工業大學博物館會議室，頁149-190。

|第九章|

試論大數據應用於海峽兩岸犯罪偵防與隱私權保障法制之現況、困境與對策

柯雨瑞、蔡政杰、高佩珊、黃翠紋

壹、前言

　　本文之核心研究目的，主要係集中於探討臺灣地區與大陸地區政府，對於大數據科技應用於犯罪偵防與公民隱私權保護法制之現況、困境與對策，主要之研究方法，係為文獻探討法與比較研究法。亦即，本文係從兩岸政府現行法制及相關文獻分析之途徑，採比較研究方法，探討臺灣地區與大陸地區政府，對於藉由大數據科技，應用於犯罪偵防與公民隱私權保護法制之現況、困境與對策，從臺灣地區憲法之隱私保護、個人資料保護規範及刑事法規之有關規定，與大陸地區相對之法規（如：《電信和互聯網用戶個人信息保護規定》、《刑法》、《網路安全法》等），進行比較研究，秉持兩岸互助合作之精神，就兩岸政府對於大數據科技應用於犯罪偵防與公民隱私權保護之法制現況、困境與對策，平行地詳予論述。

　　全球最大電子商務公司Amazon的大數據科學家John Rauser為大數據下了一個簡單的定義：「是任何超過一台電腦處理能力的資料量」[1]；而美國國家標準技術研究所（National Institute of Standartds and Technology, NIST）則將大數據定義為：「由具有龐大資料量、高速度、多樣性（多重異質資料格式）、變異性等特徵的資料及所組成，它需要可擴延的架

---

[1] 趙國棟、易歡歡、糜萬軍、鄂維南（2014），大數據時代，臺北：五南圖書出版公司。

構來進行有效儲存、處理與分析」[2]。而在應用方面，臺灣地區及全球已
經有許多巨量資料分析的應用領域與成功案例，諸如：疾病預防、交通運
輸、醫療保健、監督施政、人道救援等方面，舉半導體產業為例，各種先
進之程式控制的資料分析至為關鍵，一旦製程良率出問題，如何在最短的
時間內找出所有相關因素，甚至事先就能預知並杜絕問題發生，一直是高
科技製造業最大的挑戰。面對各種機台產生的大數據，巨量資料分析就
扮演著重要角色[3]。文獻資料顯示，有關警察機關運用大數據以期協助偵
防、控制犯罪之案例，近來不斷增加，愈來愈多警察機關運用各種不同形
式之大數據資料，透過犯罪預測、犯罪地圖、網絡分析等技術以達到偵
查、預防或控制犯罪之目的[4]。

　　本文之研究主題，係聚焦於大數據科技應用於犯罪偵防與公民隱私權
保護之法制，此一主要之研究領域，亦會觸及電子商務所衍生之相關犯罪
問題之防治（從大數據科技角度切入），與隱私權之保障，及個人資料保
護之議題，尤其是個人資料之使用，其在大數據之運用上，如稍有不慎，
就容易發生個資被竊取、盜用、被冒用身分及被詐欺取財等隱私權保護之
犯罪問題。

　　隨著使用網路人口之不斷增長，「電子商務」（e-commerce）之發
展，亦是方興未艾；廣義之「電子商務」，在名詞之定義上，乃指透過
網路之使用平台，而以電子之方式，從事所有之商務活動，此等之商務活
動，包括：商品交易、廣告、服務、資訊提供、金融匯兌、市場情報、電
信、育樂節目與販售活動[5]。「電子商務」在全球之市場中，有非常多之
成功案例，分別散見於零售業、智慧居家業、智慧辦公室、智慧城市、車
聯網……等等[6]。

---

[2] 曾龍（2016），大數據與巨量資料分析，科學發展，第524期，頁66-71。

[3] 曾龍（2016），同上註，頁66-71。
許華孚、吳吉裕（2015），大數據發展趨勢以及在犯罪防治領域之應用，刑事政策與犯罪研究論文集，第18期，頁341-375。

[4] 廖美鈴（2015），巨量資料於警政治理之應用，2015年警政治安策略研討會，臺北：警政署。

[5] 謝孟珊（2016），美國電子商務政策與重要法制簡介，科技法律透析，第28卷第4期，頁50-69。

[6] 呂惠娟（2017），物聯網與電子商務的發展趨勢，紡織月刊，第249期，頁28-32。

　　當然，電子商務成功之案例，不限於上述所舉出之領域，尚包括其他金融匯兌業與電信業等等[7]。在網路上，由於透過「電子商務」，從事相關之商業活動非常頻繁，遂衍生出個人資料被盜賣或非法使用之情事。是以，如何在建構方便舒適之「電子商務」機制之時，同時應兼顧個人資料之保護，是一個重大之新興議題。

　　在國際條約上，相當地引人注目者，乃為在「跨太平洋夥伴協定」（Trans-Pacific Partnership，簡稱為TPP）之中，亦訂有一個電子商務之法制專章，係為第十四章，專門對於電子商務進行完整之法規（制）之建制。承上所述，在TPP之中，涉及「電子商務」專章（第十四章）之重要法律規範，如下所述[8]：1.在TPP第十四章第3條之中，TPP全面性地禁止締約國對於電子傳輸課徵關稅，包括以電子傳輸之內容物；2.於TPP第十四章第4條之中，適用「不歧視原則」；3.提升與創新「電子簽章」與「電子認證」之多樣化方式（TPP第十四章第6條）；4.促進網路自由與開放（TPP第十四章第10條）；5.增進數據之跨境流通性（TPP第十四章第11條）；6.禁止「在地化」（當地語系化；localization）條款（TPP第十四章第13條）；7.執行消費者保護措施（含隱私權之各項保護作為）（TPP第十四章第7條、第8條、第14條）；8.促進網路安全方面之合作（TPP第十四章第16條）；9.各締約國不得要求取得或移轉「程式原始碼」，作為進入市場之條件；但締約國得基於保護健康、安全或其他合法之監管目標，而取得「程式原始碼」之權利（TPP第十四章第17條）[9]。

　　再者，電子商務是一種運用大數據整合分析之商業模式，電子商務之普及化，亦代表著大數據時代之快速演進，現今社會，人們所面對之數據流量已經從TB（1TB=1024GB）到PB（1PB=1024TB）、EB（1EB=1024PB），甚至於已經到ZB（1ZB=1024EB）之等級，因此，電子商務之發展亦隨著數據流量之提升而規模大增，進一步影響且大幅度改

[7]　呂惠娟（2017），同上註，頁28-32。
[8]　陳孟君（2016），WTO擬參考主要FTA架構制定電子商務新規則——以TPP電子商務為例，經濟前瞻，第168期，頁97-100。
[9]　同前註8。

變人們之生活及消費之型態，例如：電子支付已成為市場上主流之消費手
段之一，臺灣地區之Yahoo奇摩輕鬆付、ezPay臺灣地區支付、大陸地區阿
里巴巴集團之支付寶，以及騰訊集團之微信支付等機制，在各自之市場上
都已經有相當廣眾之用戶，當然亦都屬於大數據運用之一環。

　　電子商務之運用，改變社會之運作模式及人們之行為習慣，因此，法
律上之制度規範亦必須隨之改變，以符合社會之需求，以避免犯罪之發
生，達到犯罪預防之效果；然而，電子商務而所衍生之法令層面相當廣
泛，有臺灣地區學者以「資訊法」之概念來囊括電子商務可能衍生之法
律問題，例如有智慧財產權、公平交易、電腦犯罪、資訊隱私、個人資料
保護、電子簽章等問題[10]；而在大陸地區，對於電子商務立法之問題亦早
有研究，2004年時，即有學者提出相關之研究報告[11]，近年來，大陸地區
亦將電子商務理論[12]及《電子商務法》[13]納入學校課程教材規劃，對於電
子商務可能衍生之合同法律問題、電子認證及簽章法律問題、電子支付法
律問題、知識產權保護問題、消費者權益保護問題（含隱私權問題）……
等，都有深入之探討及研究；可見，兩岸對於電子商務之法律問題，都有
一定程度之重視。

　　在一些主要國家，個人資料均是以立法形式（法律保留）進行保護，
如美國在1974年頒布《隱私權法》（The Privacy Act），訂立「行政機關
不應該保有秘密之個人資訊紀錄」及「個人有權知道自己被行政機關記錄
之個人資訊及其使用情況」等基本原則[14]；德國在1976年通過《聯邦個人
資料保護法》（Bundesdatenschutzgesetz, BDSG），並在1977年生效，規
範包括與資料保護相關之各項原理原則，例如限制蒐集原則、內容完整正
確原則、目的明確原則、限制利用原則、安全保護措施原則、公開原則、

---

[10] 楊智傑（2013），資訊法，臺北：五南圖書出版公司，4版。

[11] 高富平（2004），網絡對社的挑戰與立法政策選擇——電子商務立法研究報告，北京：法律。

[12] 曲翠玉、華建濤（2015），電子商務理論與案例分析，北京：清華大學。

[13] 劉喜敏、遲曉曼（2015），電子商務法，大連：理工大學。

[14] "Privacy Act of 1974," The United States Department of Justice, 1974/12, https://ww-w.justice.gov/opcl/privacy-act-1974.

個人參與原則及責任原則等[15]。英國在1984年制定《資料保護法》，後於1998年通過修正《資料保護法》（The Data Protection Act 1998），於2000年生效，規範內容可適用於某些特定結構化人工紀錄及電腦化個人資料等規範[16]。

　　兩岸對於大數據應用於犯罪偵防與公民隱私權保護上，均已有相關法制規範，相較之下，大陸地區之現行相關法制，有多處地方之法制機制，頗值得臺灣地區加以學習之。兩岸法制規範，亦各有優勢，亦各有不足之處，以下將就大數據應用於犯罪預防及犯罪偵查之兩大面向，及應用於公民隱私權之保護法制區塊之現況、困境、回應對策，進行表列分析，並提出因應對策，詳如下表之所述。

表 9-1　兩岸大數據應用於犯罪偵防（包括犯罪預防與犯罪偵查）與公民隱私權保護法制之現況、困境、回應對策一覽表

		臺灣地區	大陸地區
大數據應用於犯罪預防與公民隱私權保護機制	現況	在《個人資料保護法》區塊，其法制規範為兼顧人格權保障與個人資料合理蒐集、處理及利用。	大陸地區雖然有制定及施行《網絡安全法》，且其法制設計係以網路運作及資訊安全為軸心，設計相關控制節點，達到隱私權保護之目的。不過，針對於大數據應用於犯罪預防機制之部分，仍缺乏明確之法源。
	困境	缺乏系統性之立法機制，單一法律規定，容易發生規範不足之困境。大數據應用於犯罪預防之部分，缺乏相當明確之法律依據，法源不清晰，法條中，未針對何謂「大數據」？作出清晰之界定。	整體立法機制雖然完善，但制度設計上仍以網絡資訊為主軸，對於網絡以外之公民隱私權之保護相對薄弱。再者，大數據應用於犯罪預防之部分，由於《個人信息保護法》尚處於草案之階段，缺乏相當明確之法律依據，法源不清晰。即

[15] 邱琳雅（2008），德國聯邦個人資料保護法（BDSG），金融聯合徵信雙月刊，第8期，頁60-64。

[16] "Data Protection Act 1998," legislation.gov.uk, 1988/7, http://www.legislation.gov.uk/ukpga/1998/29/contents.

表 9-1　兩岸大數據應用於犯罪偵防（包括犯罪預防與犯罪偵查）與公民隱私權保護法制之現況、困境、回應對策一覽表（續）

		臺灣地區	大陸地區
			使《個人信息保護法》正式施行，大數據應用於犯罪預防之部分，仍屬不足。
	回應對策	可修正現行之《個人資料保護法》，將大數據應用於犯罪預防與公民隱私權保護之機制，以明文之方式，納入相關規定之中。在網路安全之部分，建議朝制定專法之方向努力，使大數據應用與公民隱私權保護之機制更爲完整。如：可借鏡大陸地區制定臺灣地區之《網路安全法》。更加之作法，係依照歐盟2016/680指令之立法模式。	將大數據應用於犯罪預防與公民隱私權保護之機制，以明文之方式，納入相關規定之中。針對個人信息、隱私等人權保護之立法可再加強。如可借鏡臺灣地區之《個人資料保護法》，制定大陸地區之《個人信息保護法》。
大數據應用於犯罪偵查與公民隱私權保護機制	現況	臺灣地區之《刑法》或《個人資料保護法》，並沒有針對運用大數據機制，其所衍生之隱私權之問題，訂有專章、或專門條文之規範，其有關隱私權之保障之條文，亦散落在各章節，或其他單行法規。	《中華人民共和國刑法修正案（七）》及《網絡安全法》，對於犯罪偵查手段都有相關之規定，法源較爲集中。但，在大數據應用於犯罪偵查機制之區塊，仍屬缺位之狀態。
	困境	針對於大數據應用於犯罪偵查機制而論，犯罪偵查手段需有充足、明確、可預見性之法源依據，始得發揮效果，但現行法規零散，突顯偵查法源之薄弱性，使無法全面施展偵查之手段，影響偵查之結果。	對於非與網絡相關之個人資訊保護部分，規範略有不足，且針對隱私權之領域，其偵查手段亦缺乏憲法層級之上位法源支撐。
	回應對策	司法偵查涉及人格權及其他相關權利，可在憲法層級制定相關規定。另可考量將犯罪偵防一體化，在制定大數據應用於犯罪偵查與公民隱私權保護之相關專法或是修正《個人資料保護法》之時，將偵查手段及效果，一併納入法律規範之中，可解決法令過於零散，或者缺乏法源之困境。更加之作法，係依照歐盟2016/680指令之立法模式。	司法偵查涉及人格權，可在憲法層級制定相關規定。另除更加完善化《網絡安全法》之偵查手段外，亦應再制定《個人信息保護法》，且將大數據應用於犯罪偵查與公民隱私權保護之機制，納入其中，以完備法制，達到偵查之效果。

資料來源：作者自繪。

貳、傳統個人資料保護之舊法制無法因應大數據機制之實際需求

在大數據是否需要新立法？及何種之概念應該爲大數據法規範之核心之議題上，國際上有一篇非常重要之文獻，此篇論文名爲「未來規範大數據機制之10個問題：比較及實證法律研究」（Ten Questions for Future Regulation of Big Data: A Comparative and Empirical Legal Study），係由兩位德國學者Bart van der Sloot及Sascha van Schendel共同發表於2016年「知識產權、資料技術與電子商務法學報」第7期（Journal of Intellectual Property, Information Technology and E-Commerce Law, JIPITEC）。德國學者Bart van der Sloot及Sascha van Schendel（2016）認爲，在大數據是否需要新立法部分，在大多數國家，現行之法律機制，是適用於大數據。此外，多數國家之資料保護機關（Data Protection Authorities，簡稱爲DPA）亦同意必須持續保障當前之隱私與資料保護原則。然而，大多數DPA亦意識到大數據與資料保護原則之間，存有根本性之緊張關係（fundamental tension）。儘管有如此之一個事實，但似乎尚未有新之立法，專門針對大數據所引發之新危險，被大多數DPA開發與制定出來[17]。

一些國家之DPA，有論及未來之「一般資料保護規則」（General Data Protection Regulation），並希望「一般資料保護規則」之內容，包含可協助解決大數據所導致之危險之新規則。一些國家之DPA，所提出之解決方案，乃爲數種法規，進行共同規範，與制定專法，兩者並行。不過，Bart van der Sloot及Sascha van Schendel（2016）亦指出，有些國家之DPA，如愛沙尼亞、法國、日本、英國等，似乎，正在考慮新式資料處理技術之立法規定。爲何需制定新法律規範？係由於對隱私保護之擔憂，亦是由於現行法律之機制，其阻礙大數據技術創新之思維。

在回答有關制定大數據流程之新法律規則之問題時，政府需要考慮三

---

[17] Bart van der Sloot & Sascha van Schendel (2016), Ten Questions for Future Regulation of Big Data: A Comparative and Empirical Legal Study. Journal of Intellectual Property, Information Technology and E-Commerce Law (JIPITEC), vol. 7.

個問題。依據Bart van der Sloot及Sascha van Schendel之觀察，首先，幾乎所有之國家和政府部門，均體認目前之法律監管架構，特別是大數據時代下之重要原則，存在著新式及基本之風險。第二，目前之法律監管架構，似乎是太過於限制、扼殺新技術，及技術創新之使用、運用，特別是在私部門之區塊。第三，在許多之領域，均不確定如何根據大數據之運作流程，應用、解釋現行之行政規則及法律。

承上所述，Bart van der Sloot及Sascha van Schendel並認為，大致有兩個危險存在：一方面，由於擔心違法，相關機關可能放棄許多可加以合法使用之革新技術；另一方面，相關機關可能濫用現有之灰色地帶，並採取措施，規避基本之憲法原則。新式之法律監管架構，是否有能力，以及如何解決上述之這些問題，需要國家政府詳加考慮之[18]。

再者，何種之概念，應該是大數據法律監管之核心？此亦為本文之核心議題。依據Bart van der Sloot及Sascha van Schendel（2016）之觀點，當前之法規，通常以個人及其利益，作為依據，此適用於個人人權和資料保護，渠等之權利及資料保護，其關注之核心，係對個人資料進行處理，即可識別，或個別化某一自然人之個人資料。由於愈來愈多之資料，並非在個人層面上，進行蒐集、處理，而係使用聚合保護，此導致產生一般化之模式（general patterns），或群組之情況（group profiles）。問題乃在於，傳統上，係聚焦於個人資料之關注，但在大數據技術之運行之下，是否仍然可以維持之，頗有疑義。此與元數據[19]之使用，產生相關聯性，通常，吾人不清楚元數據在何種之程度上？可以被認定係為個人資料，此涉及個人資料之定義問題。

再者，應該被指出之部分，在大數據之時代，資料靜態之性質（屬性）愈來愈少。在個人一生之生命中，資料之累積是愈來愈多。雖然，目前之法律制度，集中在相對靜態（static）之資料階段，同時，並針對這些之靜態階段，附加更多之具體保護機制，例如對個人資料、敏感資料、

---

[18] 同註17。

[19] Metadata，在國內，常被翻譯為：元數據、元資料、詮釋資料、中介資料、中繼資料、超資料、後設資料」、資料定義、資料包。

統計資料、隱私資料、匿名資料、元數據等進行保障。

　　但在大數據實踐中，依據Bart van der Sloot及Sascha van Schendel（2016）之觀察，資料通過循環過程：資料被鏈接（data are linked）、聚合（aggregated）、匿名化（anonymized）。接下來，大數據會對已被處理過之資料，再「去」匿名化（again de-anonymized）。之後，被用於製成個人（for the making of personal），或甚至匯整成為敏感之剖繪資料（sensitive profiles）。然後，再次被假名化（again pseudonymised），被用於統計分析，及群組之剖繪等。目前之法律制度，似乎過於簡單地規範「資料」，在大數據時代之下，傳統上，對「個人資料」之保護機制，似乎，難以維持。國家機關將必須確定將「個人資料」作為一個保護之客體概念，在此一大數據時代下，是否仍然足以作為資料管理之基礎否[20]？簡言之，在大數據之現況下，相關之資料，透過循環過程，資料會被串連、鏈接、聚合、匿名化，之後，再被利用至犯罪偵防，故，保護之客體，有必要再釐清之。總而言之，在大數據之新時代下，舊有之個人資料之保護機制，勢必是無法滿足大數據應用於犯罪偵防與隱私權之法制上之需求，似乎有修法之必要性。

參、歐盟2016/679與680號指令的內容與意涵

一、「歐盟2016/679號指令」

　　「歐盟2016/679號指令」即「歐盟一般資料保護規章」（General Data Protection Regulation，簡稱為GDPR）。該指令於2016年4月27日通過，並於2018年5月25日生效實施；其前身為歐盟於1995年10月24日通過的「個人資料處理及自由傳輸保護指令」（European Union Directive on the Protection of Individuals with Regard to the Processing of Personal Data

---

[20] 同註17。

and the Free Movement of Such Data）。[21]由於1995年當時的「資料保護指令」（Data Protection Directive）並不直接適用於歐盟各會員國，而是由各會員國依照該指令規範自行制定國內法律並加以施行；[22]可想而知，各國必然在法律規範細則上出現差異。因此，爲避免各會員國法規制定上之差異，及順應網路時代與全球化潮流，歐洲執委員會（European Commission）遂於2009年開始推動修法，以調和、整合歐盟境內資料保護之法規。歐洲執委會於2012年1月推出適用於歐盟全境的「一般資料保護規章」（GDPR）草案，該草案仍然保留1995年資料保護指令之核心架構，但更適應新時代下個人隱私權之保障，並強化主管機關之監理能力，使企業更能遵循歐盟法規，對於個人隱私保護也能更加完備。「一般資料保護規章」被視爲二十年來歐盟在資料與數據隱私法制上最重要的改革，重塑過去無論是健康保險或銀行有關的個人資料處理過程；該法規最後順利於2016年4月14日經歐洲議會（EU Parliament）與歐洲理事會（Council of the European Union）於2016年通過，並設定兩年過渡期於2018年5月25日正式實施，歐盟第2016/679號法令，號稱全球最重視個人資料保護之法律，未遵守該法規之任何組織皆會面臨嚴重罰款。[23]

歐盟最新一般資料保護規章共分爲十一個章節九十九個條文，[24]GDPR與1995年的資料保護指令最大差別在於：[25]1.適用範圍擴大並延伸至歐盟境外（increased territorial scope, extraterritorial applicability），舉凡涉及歐盟民眾之資料或向其提供銷售及服務等境外或外國、跨國公司

---

[21] 關於「1995年資料保護指令」內容可參見Directive 95/46/EC of the European Parliament and of the Council. Office Website of the European Union, 1995/11, https://eur-lex.europa.eu/legal-content/EN/TXT/?uri=celex%3A31995L0046.

[22] 歐盟「指令」（directive），需經由歐盟會員國各自立法再轉換爲法律，若爲「條例」或「規則」（regulation）則直接適用於各會員國。

[23] 關於GDPR及其附屬規定內容詳細中文説明，可詳見財團法人金融聯合徵信中心（2017），歐盟個人資料保護規則，金融與徵信叢書，第77期，頁1-502。

[24] 關於GDPR詳細法規內容可參見其官方網站：Intersoft Consulting (2019), General Data Protection Regulation, Office Website of the GDPR, https:// https://gdpr-info.eu/.

[25] 關於GDPR與1995年資料保護指令法規上之差異，可參見：Intersoft Consulting (2019), "GDPR Key Changes", https://eugdpr.org/the-regulation/.

或組織，皆適用此法。2.加重罰則（penalties），凡違反者將被歐盟罰以該公司年度全球營業額4%或2,000萬歐元，以較高者為主。3.請求同意（consent），本法規規定使用民眾資料時，須提供明確之說明並獲得同意，且民眾有權撤回同意。此外，依據GDPR之要求，資料主體擁有下列權利：「進入權利」（Right to Access），民眾可向資料控制者（data controller）確認關於個人資料之使用方法、地點和目的等，資料控制者應以電子形式提供資料副本供資料擁有者參考。另外，民眾亦擁有「被遺忘權」（Right to be forgotten）與「反對權」（Right to Object），民眾可以要求控制資料方刪除所有與其個人資料有關之連結或複製，停止進一步傳播、處理其資料。資料刪除的條件包括，資料與處理的最初目的不再相關或資料主體（data subject）撤回同意。民眾亦擁有「資料可攜權」（Right to data portability），可以將其個人資料傳輸到其他資料控制者。此外，「隱私設計」（Privacy by design）的概念雖然已經存在多年，但直到GDPR的通過始成為法律要求的一部分。隱私設計的意思是指要求，從系統設計開始即進行資料的保護；資料控制方應採取適當的技術和措施並以有效的方式滿足本條例的要求，保護資料主體的權利。本法規要求資料控制方只限持有和處理完成其職責（資料最小化）所必需之資料，且將訪問個人資料限制在需要執行處理的人員，並對裝置及應用程式實施嚴格的身分驗證及授權機制。企業與組織如果違反規定，必須在首次發現違規行為後，72小時內完成通報並通知其客戶與資料控制者。根據GDPR之規定，企業與組織必須設立「資料保護官」（Data Protection Officer），依法履行其職責並擔負法律責任。

　　以下就該規章重要內容分別做出說明與規範：第一章為一般規定，共有四個條文，分別就保護對象、資料屬性、內容及區域範圍及定義等分別做出說明，其中第1條言明：1.本條例規定有關保護自然人個人資料處理（processing）和個人資料自由流動（free movement）之規則。2.本法規保護自然人基本權利和自由，特別是保護個人資料之權利。3.在處理個人資料方面，基於與保護自然人有關之理由，歐盟內個人資料的自由流動不得受到限制或禁止。

　　第二章包含七個條文，就各項原則做出說明；例如，與處理個人資料有關的原則、處理的合法性、同意的條件、適用於兒童對資訊社會服務同意的條件、處理特殊類別的個人資料、處理與刑事犯罪有關的個人資料、不需要識別身分的資料處理。第三章則分為五個項目十二個條款，包含使用資料主體權利之透明度和溝通方式、關於進入個人資訊的訊息、個人資訊之重新整理和刪除之權利（即所謂的被遺忘的權利）、個人資料的拒絕和個人決策自動化之權利、基於如國家安全、防衛、公共安全等各項理由限制資料之使用。第四章則說明資料控制者與處理者應盡到之義務；第五章說明將歐盟民眾個人資料傳輸至第三國獲國際組織，應遵守之規範與原則。

　　第六章則有二個項目九個條文，主要著重在監督機構的獨立性與成為機構成員需具備之一般條件、建立監督機構的規則、其所具備之能力、任務和權力、權限。此外，亦說明主管監督機構的能力、任務與權力。第七章納入十七個條文，闡述主要監督機構與其他有關監管機構之間的合作、互助、聯合運作、協調，包含委員會的意見、委員會的爭議解決方案、緊急程式、資訊交流。另亦設立歐洲資料保護委員會，無論是其運作、獨力性、任務、程式、主席工作等皆有所規範。第八章則為第77條至第84條之條文，主要說明向監管機構提出申訴之權利、對其採取有效之司法補救措施、對資料控制者與處理者可採取之司法補救措施、資料主體之代表性、暫停訴訟之程式、賠償和責任、徵收行政罰款的一般條件和罰則。第九章解釋與具體處理情況有關之規定；例如，處理和表達資訊的自由、正式檔的處理和公共瀏覽、國家識別號碼的處理、就業狀況下的資料處理，出於公共利益、科學或歷史研究目的或統計目的而處理資料歸檔的保護措施和減損措施、保密義務、教會和宗教協會的現行資料保護規則。第十章主要在介紹委員會的運作與處理程序；最後一章，第十一章則是最後條款，包含95/46/EC號指令之廢除、說明本法規與先前達成協議之關係，本法規與2002/58/EC的號指令之關係，報告之提交、審查歐盟其他關於資料保護的法律行為，本法規之生效和應用。

二、「歐盟2016/680號指令」

　　至於另一部歐盟資料保護法，即「歐盟2016/680號指令」或稱「歐盟執法機關之個資保護指令」[26]。歐盟於2016年4月27日利用基於保障自然人於主管機關針對犯罪預防、調查、偵防、起訴犯行或執行刑罰、及該等資料流通之處理指令之實際內涵，[27]取代歐洲理事會「2008資料保護架構協定」（Council Framework Decision 2008/977JHA），[28]本法係為一部專法。2016/680號指令與2016/679號指令並不互相衝突，反而能互相搭配。以下就「歐盟2016/680號指令」內容簡單說明：該指令分為十個章節六十五個條文，[29]以下就該規章重要內容分別做出說明：第一章為一般規定，說明本指令主旨與立法目的在於規範有關主管機關就預防、調查、偵查及追訴刑事犯罪或執行刑罰目的，包含為維護及預防對於公共安全造成之威脅所為之個人資料的處理，特制定此指令。依據本指令，歐盟會員國應保護民眾個人基本權利與自由，尤其是保護民眾個人資料的權利；確保歐盟境內主管機關間個人資料的流通，不以保護個人資料處理有關之理由加以限制或禁止之。主管機關處理個人資料對於個人權利及自由之保護，不排除會員國提供較本指令所規範更高之保護措施。

　　相較於歐盟其他個人資料保護法規，在歐盟2016/680號指令中，有關個人資料的「定義」與有關個人資料之「處理」的定義皆較為完備；且各章明訂「主管機關」、「資料控管方」與「資料處理者」之權責。明顯可

---

[26] 於2016年4月27日，歐洲議會及歐洲理事會亦通過歐盟指令第2016/680號——「為保護自然人於主管機關基於預防、調查、偵查及追訴刑事犯罪或執行刑罰之目的之個人資料處理及為該等資料之自由流通」，同時並廢止理事會架構決定第2008/977/JHA號。

[27] 張國銘、財團法人金融聯合徵信中心編輯委員會（2017），歐盟個人資料保護規則（General Data Protection Regulation），臺北：財團法人金融聯合徵信中心，頁409-493。

[28] 關於歐洲理事會「2008資料保護架構協定」（Council Framework Decision 2008/977JHA）法規內容可參見：European Data Protection Supervisor (2008), Council Framework Decision 2008/977JHA, https://edps.europa.eu/data-protection/our-work/publications/legislation/council-framework-decision-2008977jha_en.

[29] 關於本指令詳細內容可參見：Official Journal of the European Union (2016), legal-content, https://eur-lex.europa.eu/legal-content/EN/TXT/PDF/?uri=CELEX:32016L0680&from=EN.

見，歐盟透過第680號指令試圖建立一套與犯罪預防、調查、偵防、起訴犯行與隱私權保障法制能相互平衡發展之法制，清楚明定如個人資料之特殊（別）處理原則、條件，須符合目的性及其例外情形；對個人資料會產生不利法律效果之自動化決策之禁止原則；資料主體之接近使用權及其限制原則、條件；資料主體對其個人資料保有更正權、刪除權和限制使用權；控管者或處理者於建置新檔案前，應先向監管機關進行諮詢、進行個人資料侵害之通報之法律責任與義務；個人資料之主體進行個人資料侵害之通報之法律責任與義務；亦明定將個人資料移轉至第三國或國際組織之相關條件與原則等。經由此兩項指令之互相搭配，歐盟在隱私權保障與犯罪偵查之間之衡平便能更加完善，各國如德國等國皆已經爲因應第679、680號指令之通過進行修法以完善該國資料保護法，未來兩岸在完善隱私權保障與犯罪偵查之法制化，[30]或可參考歐盟相關指令與條例。

表 9-2　歐洲議會及歐盟理事會之歐盟指令第2016/680號為保護自然人於主管機關基於預防、調查、偵查及追訴刑事犯罪或執行刑罰之目的之個人資料處理及為該等資料之自由流通之條文標題一覽表

條文編號	條文標題
第1條	主旨與立法目的[31]
第2條	範圍
第3條	定義

---

[30] 有關我國與歐盟一般資料保護規範之比較與分析，亦可見李世德（2018），GDPR與我國個人資料保護法之比較分析，臺灣經濟論衡，第16卷第3期，頁69-93，http://ws.ndc.gov.tw。

[31] 歐盟指令第2016/680號第1條（主旨與立法目的）：

1. 爲規範有關主管機關就預防、調查、偵查及追訴刑事犯罪或執行刑罰目的（包括爲維護及預防對於公共安全造成之威脅）所爲之個人資料處理，特制定本指令。（This Directive lays down the rules relating to the protection of natural persons with regard to the processing of personal data by competent authorities for the purposes of the prevention, investigation, detection or prosecution of criminal offences or the execution of criminal penalties, including the safeguarding against and the prevention of threats to public security.）

2. 依據本指令，會員國應：

(a) 保護個人基本權與自由，尤其是保護個人資料之權利；及（protect the fundamental rights and freedoms of natural persons and in particular their right to the protection of personal data; and）

表 9-2　歐洲議會及歐盟理事會之歐盟指令第2016/680號為保護自然人於主管機關基於預防、調查、偵查及追訴刑事犯罪或執行刑罰之目的之個人資料處理及為該等資料之自由流通之條文標題一覽表（續）

條文編號	條文標題
第4條	個人資料處理原則
第5條	儲存及審查之時間限制
第6條	資料主體不同類型之區別
第7條	個人資料之區別及個人資料之品質驗證
第8條	處理之合法性
第9條	特別處理條件
第10條	特殊類型之個人資料處理
第11條	個人化之自動決策
第12條	資料主體為行使其權利之溝通及管道
第13條	可供使用或提供予資料主體之資訊
第14條	資料主體之接近使用權
第15條	接近使用權之限制
第16條	個人資料之更正權或刪除權及限制處理權
第17條	資料主體之權利行使及監管機關之驗證
第18條	資料主體於刑事調查及程序中之權利
第19條	控管者之義務
第20條	藉設計及預設之資料保護
第21條	共同控管者
第22條	處理者

(b) 確保歐盟境內主管機關間個人資料之流通（如歐盟或會員國法律要求該流通者），不以保護個人資料處理有關理由限制或禁止之。（ensure that the exchange of personal data by competent authorities within the Union, where such exchange is required by Union or Member State law, is neither restricted nor prohibited for reasons connected with the protection of natural persons with regard to the processing of personal data.）

3. 關於主管機關處理個人資料對於個人權利及自由之保護，本指令不排除會員國提供較本指令所建立者更高之保護措施。（This Directive shall not preclude Member States from providing higher safeguards than those established in this Directive for the protection of the rights and freedoms of the data subject with regard to the processing of personal data by competent authorities.）

表 9-2　歐洲議會及歐盟理事會之歐盟指令第2016/680號為保護自然人於主
　　　　管機關基於預防、調查、偵查及追訴刑事犯罪或執行刑罰之目的
　　　　之個人資料處理及為該等資料之自由流通之條文標題一覽表（續）

條文編號	條文標題
第23條	控管者或處理者之處理權限
第24條	處理活動之紀錄
第25條	日誌
第26條	與監管機關之合作
第27條	資料保護影響評估
第28條	監管機關之事前諮詢
第29條	處理之安全性
第30條	向監管機關進行個人資料侵害之通報
第31條	向資料主體為個人資料侵害之溝通
第32條	資料保護員之指定
第33條	資料保護員之職位
第34條	資料保護員之職務
第35條	移轉個人資料之一般原則
第36條	基於充足程度保護決定之移轉
第37條	須遵守適當保護措施之移轉
第38條	特定情形下之例外
第39條	個人資料移轉至設立於第三國之接收者
第40條	個人資料保護之國際合作
第41條	監管機關
第42條	獨立
第43條	監管機關成員之一般條款
第44條	監管機關設立之規則
第45條	權限
第46條	職務
第47條	權力
第48條	違規之報告
第49條	活動報告
第50條	互助

表 9-2　歐洲議會及歐盟理事會之歐盟指令第2016/680號為保護自然人於主
　　　　管機關基於預防、調查、偵查及追訴刑事犯罪或執行刑罰之目的
　　　　之個人資料處理及為該等資料之自由流通之條文標題一覽表（續）

條文編號	條文標題
第51條	委員會之任務
第52條	向監管機關提出申訴之權利
第53條	對監管機關提起有效司法救濟之權利
第54條	對於控管者或處理者提出有效司法救濟之權利（Article 54 Right to an effective judicial remedy against a controller or processor）
第55條	資料主體之代表
第56條	賠償請求權
第57條	罰則
第58條	執委會之程序
第59條	第2008/977/KHA號架構決定之廢止
第60條	已生效之歐盟法規
第61條	與在刑事事務之司法合作及警方合作領域已締結之國際協議之關係
第62條	執委會報告
第63條	轉化
第64條	生效
第65條	發布

資料來源：張國銘、財團法人金融聯合徵信中心編輯委員會（2017），歐盟個人資料保護規則
　　　　（General Data Protection Regulation），臺北：財團法人金融聯合徵信中心。並經本文作
　　　　者重新整編之。

肆、兩岸大數據應用於犯罪偵防與隱私權保護之法制現況

　　有鑑於大數據之應用，並不限於犯罪預防，或是犯罪偵查。故本文所
稱犯罪偵防，係指犯罪預防，再加上犯罪偵查。就許春金教授之觀點，第

三級之犯罪預防，實可包括犯罪偵查中之「強制處分權」（如逮捕）。故，犯罪預防可以說是屬於一個大概念，內含犯罪偵查之部分強制處分權之作為[32]。不過，一般之社會大眾，仍將犯罪預防與犯罪偵查，視為不同之兩種概念，兩者無法互容。

　　本文仍係以犯罪預防理論為基礎，同時兼顧犯罪預防與偵查作為之刑事司法之手段[33]，因一般社會大眾多不知刑事司法（犯罪偵查）亦可屬犯罪預防之一環，然考量本文所探討大數據應用對於個人隱私權之影響，在主軸方面，同時兼顧犯罪預防與偵查作為，因此採用犯罪「偵防」之用詞，或許，能較犯罪「預防」更為貼切本文欲探討之主題；因此本文所稱之犯罪偵防，具同時包含犯罪「偵」查與預「防」之概念與理論。

　　另有臺灣地區學者將犯罪預防之模式略分為「刑事司法」、「情境」、「發展性」、「社區」及「風險管理」等五類[34]，其中刑事司法犯罪預防，係基於古典犯罪學派之理論，就法律層面之策略，認為國家法律對於犯罪還是具有一定之防制效果及威嚇力。本文相當肯定此一理論途徑之解釋力，認為在電子商務運用普及之大數據時代中，法律對於個人資料之隱私保障更顯得重要，惟有透過完善之立法，治安機關始得以遵循茍實犯罪偵防，保護個人權益，使大數據運用對社會治安可能造成之危害降至最低。本節將從探討臺灣地區與大陸地區目前對於大數據應用而產生隱私權問題與犯罪偵防之法律規範現況，著手探討。

　　因大數據應用於處理犯罪偵防之領域，可謂是相當得多與普遍，首先，就犯罪預防之觀點，應可透過法令之完備（第一級預防）、風險之管理（第二級預防）及刑事司法作為（第三級預防），以大幅提升大數據應用於處理犯罪預防之能量與功效；以下，將三級犯罪預防（含定義）機制及其與大數據應用於處理犯罪防治之領域之關聯性，列表說明如下。

[32] 許春金、陳玉書（2013），犯罪預防與犯罪分析，臺北：三民書局，頁7-11。
[33] 如第三級之犯罪預防理論，主要則是刑事司法體系內之逮捕、審判、監禁、處遇措施及教化輔導等作為。詳參：許春金、陳玉書（2013），同前註32，頁8。
[34] 許福生（2016），犯罪學與犯罪預防，臺北：元照出版，頁225。

表 9-3　大數據應用於犯罪預防領域之一覽表（內含犯罪預防之定義）

	三級犯罪預防實際內涵[35]	大數據應用於犯罪預防之說明或示例
第一級預防	第一級預防，傳統之觀點，係指根本之預防措施，如在學校實施犯罪預防內化教育，或在社會上進行犯罪預防宣導工作。以期改善或降低整體可能營造犯罪之環境，減少犯罪行為之發生。	在大數據應用於第一級犯罪預防之區塊上，可行之機制如下所述：建立完善之大數據應用之法令機制，如修改《個人資料保護法》、修改《刑法》電腦犯罪罪章、制定《網路安全法》等，完備健全之法制，再透過犯罪預防之宣導，使社會大眾瞭解大數據應用於犯罪預防概念及法令規範，強化大數據應用於第一級犯罪預防之成效，並減少犯罪行為發生。
第二級預防	第二級預防，傳統之觀點，係指運用風險管理（risk management）之概念，針對「高風險」（high risk）之犯罪因數、可能性之犯罪及偏差性之行為，進行控制或消除。	在大數據應用於第二級犯罪預防之區塊上，可行之機制如下所述：評估各種犯罪行為可能產生之風險比例數值（risk rate），針對高風險值之犯罪行為（如：網路詐欺取財、毒品犯罪、竊盜犯罪、酒駕行為等），規劃如何透過大數據機制，進行整體之控制，諸如：藉由大數據之機制，找出「高風險」（high risk）之潛在犯罪人（potential offender）、潛在被害人（potential victim）、犯罪類型、犯罪場所（犯罪熱點）、犯罪情境、犯罪原因、強化網路警察之功能性，或加重違法後之行政及刑事罰則，以達到犯罪預防之效果。
第三級預防	第三級預防，傳統之觀點，係指對於已經從事犯罪之犯罪人，由刑事司法機關進行逮捕後，施行矯正措施及更生保護之教化，避免再次犯罪。	在大數據應用於第三級犯罪預防之區塊上，可行之機制如下所述：對於已經發生之犯罪行為，由司法警察機關與檢察機關，積極偵查，利用《刑事訴訟法》之強制處分權，配合大數據之機制，找出犯罪嫌疑人，進行逮捕犯罪嫌疑人，避免犯罪危害之擴大；在被告之服刑期間，透過司法矯正機關之功能，經由大數據之機制，找出有效之矯正措施，安排各種輔導手段予以教化，或使其學習技能，使犯罪者具有謀生能力且能適應社會，減少其再犯之機率。進而利用大數據之機制，進行犯罪再犯之評估。

資料來源：作者自繪。

---

[35] 許春金、陳玉書（2013），同註32。許福生（2016），同註34。孟維德、黃翠紋（2012），警察與犯罪預防，臺北：五南圖書出版公司。

一、我國法制現況

（一）憲法

《中華民國憲法》之本文，對於人民個人資料之隱私權保護部分，並無相關明文規範；但依據2004年12月15日司法院釋字第585號解釋之理由書所述，隱私權雖非《憲法》明文列舉之權利，惟基於人性尊嚴與個人主體性之維護及人格發展之完整，並為保障個人生活秘密空間免於他人侵擾及個人資料之自主控制，隱私權乃為不可或缺之基本權利，而受《憲法》第22條所保障。惟其所稱之保障，仍偏屬自由權利之保障，與大數據衍生之個人資料隱私權較無關聯性。

至2005年9月28日司法院釋字第603號解釋，即對於個人之資訊隱私權有進一步之闡釋，其解釋文所述，就個人自主控制個人資料之資訊隱私權而言，乃保障人民決定是否揭露其個人資料，以及在何種範圍內、於何時、以何種方式、向何人揭露之決定權，並保障人民對其個人資料之使用有知悉與控制權及資料記載錯誤之更正權。惟憲法對資訊隱私權之保障並非絕對，國家得於符合《憲法》第23條規定意旨之範圍內，以法律明確規定對之予以適當之限制。

因此，我國之《憲法》本文條文雖未明文規定個人隱私權之保護，但就大法官解釋憲法之方向而言，已確立隱私權確實為《憲法》所保障之基本權利，且進一步奠立資訊隱私權保障之基本原則。

（二）個人資料保護法

我國於1995年制定《電腦處理個人資料保護法》，因應時代變遷[36]，其法令保護範圍明顯不足，遂於2010年將名稱修正為《個人資料保護法》並作全文修正，於《個人資料保護法》第2條第1款之中，明文規定訂定個

---

[36] 亞太經濟合作組織（APEC）於2004年訂定APEC隱私權保護原則，作為各會員國有關個人資料保護的最高指導原則，臺灣地區亦參照其九大原則規定修訂個人資料保護法，包括：1.預防損害原則；2.告知原則；3.限制蒐集原則；4.利用個人資料原則；5.當事人自主原則；6.個人資料完整原則；7.安全維護原則；8.當事人查詢及更正原則；9.責任原則。

人資料及個人資料檔案之定義，以及蒐集、處理、利用個人資料之相關規範；至現今大數據時代來臨，為兼顧人格權保障與個人資料合理蒐集、處理及利用，並回應現今民意及社會需求[37]，個人資料保護法又於2016年3月15日修正施行。

《個人資料保護法》第1條開宗明義，即闡明並立法目的在於避免人格權受侵害及促進個人資料保護之合理利用；亦就是要確保個人資料之隱私，亦要合理之利用個人資料[38]。在罰則部分，亦規範違反蒐集、處理或利用規定及限制國際傳輸之命令或處分之刑罰，以及妨害個人資料檔案正確之刑罰等，雖沒有針對電子商務及大數據可能衍生侵害個人資料或隱私之情形專章規範，但在各章節之條文中，都可找到適用之規定。

（三）刑法

我國之《刑法》，並沒有針對大數據運用所衍生之隱私或個人資料犯罪問題訂有專章規範，其有關隱私權之保障之條文，亦散落在各章節，如《刑法》第306條侵入住宅罪，就屬保障居家隱私，以及《刑法》第307條違法搜索罪，亦在保障個人身體隱私；而與本文研究範疇較具關聯性者，則屬《刑法》第315條至第315條之3之妨害秘密專章，以及《刑法》第358條至第360條之妨害電腦使用罪章，然而，其規範之內容，亦尚不足完全符合大數據應用下之需求。

（四）資通安全管理法

吳啓文（2018）在「資通安全管理法之挑戰與因應」文中提到我國行政院於2018年6月6日公布《資通安全管理法》規範公務機關及提供關鍵基礎設施之非公務機關，以風險管理為核心訂定相關之資通安全維護辦法及應變計畫，除資通安全管理法為我國資訊安全之母法外，另外，尚

---

[37] 參考個人資料保護法之總說明及部分條文修正說明，https://www.moj.gov.tw/lp.asp?CtNode=28007&CtUnit=805&BaseDSD=7&mp=001。

[38] 劉佐國，李世德（2015），個人資料保護法釋義與實務——如何面臨個資保護的新時代，臺北：碁峰，2版。

包括：《刑法》第三十六章（妨害電腦使用罪章）、《電信法》、《電子簽章法》、《國家機密保護法》、《個人資料保護法》、《金融控股公司法》、《銀行法》、《醫療法及人體生物資料庫管理條例》等相關子法[39]。

依據上述《資通安全管理法》所頒布之相關行政命令，計有：各機關對危害國家資通安全產品限制使用原則（行政院於2019年4月19日公布）、大陸委員會所管特定非公務機關資通安全管理作業辦法（2019年3月18日）；中央銀行所管特定非公務機關資通安全管理作業辦法（2019年2月22日）；內政部所管特定非公務機關資通安全管理作業辦法（2019年2月12日）；公務機關所屬人員資通安全事項獎懲辦法（2018年11月21日）；文化部所管特定非公務機關資通安全管理作業辦法（2019年3月18日）；外交部所管特定非公務機關資通安全管理作業辦法（2019年1月31日）；交通部所管特定非公務機關資通安全管理作業辦法（2019年2月25日）；行政院原子能委員會所管特定非公務機關資通安全管理作業辦法（2019年3月4日）；行政院農業委員會所管特定非公務機關資通安全管理作業辦法（2019年3月13日）；金融監督管理委員會所管特定非公務機關資通安全管理作業辦法（2019年2月27日）；科技部所管特定非公務機關資通安全管理作業辦法（2019年2月23日）；原住民族委員會所管特定非公務機關資通安全管理作業辦法（2019年3月6日）；特定非公務機關資通安全維護計畫實施情形稽核辦法（2018年11月21日）；財政部所管特定非公務機關資通安全管理作業辦法（2019年3月26日）；國防部所管特定非公務機關資通安全管理作業辦法（2019年3月27日）；國家通訊傳播委員會所管特定非公務機關資通安全管理作業辦法（2019年4月1日）；經濟部所管特定非公務機關資通安全管理作業辦法（2019年2月23）；資通安全事件通報及應變辦法（2018年11月21日）；資通安全情資分享辦法（2018年11月21日）；資通安全責任等級分級辦法（2018年11月21日）；資通安全管理法施行細則（2018年11月21日）；僑務委員會所管特定非公務機關

---

[39] 吳啟文（2018），資通安全管理法之挑戰與因應，2018數位x資安轉型論壇。

資通安全管理作業辦法（2019年2月13日）。

二、中國大陸之法制現況

　　中國大陸之電子商務發展相當快速，相對的與電子商務相關之個人資訊保護及公民網絡空間之合法權益事項，亦有相當多之研究，大陸地區國務院互聯網信息辦公室早於2003年即委託社會科學院法學所針對個人資訊保護法進行研究[40]，在2016年第十二屆人大常委會上，因為涉及個人資訊之違法事項泛濫，亦增加相關之法律事項予以規範[41]，更於2016年人大常委會通過表決《網路安全法》，至此，《網路安全法》、《國家安全法》、《反恐怖主義法》、《刑法》、《保密法》、《治安管理處罰法》、《關於加強網絡信息保護的決定》、《關於維護互聯網安全的決定》、《計算機資訊系統安全保護條例》及《互聯網資訊服務管理辦法》等法律法規，業已成為大陸地區網絡安全管理之整體法律體系[42]。為與臺灣地區之法令規定作適切之比較，本文僅就《憲法》之精神及《網路安全法》、《刑法》、《中華人民共和國國家情報法》、《個人信息保護法（草案）》、《個人訊息出境安全評估辦法（草案）》等規範進行探討：

（一）憲法

　　《中國大陸憲法》與我國《憲法》一樣，均無對於公民之資訊隱私權保護有為明文之規定，但是在諸多條文規範及立法精神之中，仍可觀察出《中國大陸憲法》對於個人資訊保護之精神，如第38條規定，公民人格尊嚴不受侵犯，禁止用任何方法對公民進行侮辱、誹謗及誣告陷害；第39條規定，公民住宅不受侵犯，禁止非法搜索或非法侵入公民住宅；第40條規

---

[40] 周漢華（2006），個人信息保護法（專家建議稿）及立法研究報告，北京：法律。

[41] 十二屆人大常委會：個人信息怎麼保護（2016），華律網，http://www.66law.cn/laws/159822.aspx。

[42] 網絡安全法的立法定位、立法架構和制度設計（2016），大陸地區網信網，2016年11月10日，http://www.npc.gov.cn/npc/lfzt/rlyw/2016-11/21/content_2002310.htm。

定，公民之通信自由和通信秘密受法律之保護，除因特定需要由公安機關或檢察機關依法定程式進行檢查以外，任何組織及個人不得侵犯。

（二）網路安全法

中國大陸於2016年11月由人大常委會通過《網路安全法》，並在2017年6月1日正式實施，是屬於預防網路犯罪相關的專法。換言之，《網路安全法》是在2016年11月由大陸地區人大常委會通過，在2017年6月1日正式實施，可謂是相當新之法律，內容規範除禁止網路業者蒐集並銷售用戶個人資料，同時亦在打擊網路詐騙犯罪，網路業者將不得蒐集與服務無關之用戶資訊，用戶亦有權要求業者刪除資訊[43]。

整體而言，《網路安全法》之立法定位，是屬於網路安全基礎之保障；在立法架構上，則是將犯罪偵防、網路控制及違法懲處規定三者合一，有替代刑事法規之效果，而在制度設計上，則以網路運作及資訊安全為軸心，設計相關控制節點。從犯罪偵防之角度而言，大陸地區之網路安全法，在目前大數據運用下所需求之最適切之法律規範，然後，因為法律實施不久，其執行成效仍有待觀察。

（三）刑法

《中國大陸刑法》對於個人資訊相關犯罪有直接規範之條文，應屬《刑法修正案（七）》第253條之1規定之對公民個人資訊之保護；第258條第2款規定之對計算機信息之保護等條文。《刑法》雖是犯罪偵防之基本法，然而隨著網絡世代之掘起，法令規範有明顯不足之情形，究竟應該修正《刑法》以因應時代需求？或是訂定專法較符合全面性規劃？在實務界及學界各有不同之觀點。就大陸地區目前之做法而言，《網路安全法》之實行，似較偏向以訂定專法來處理網絡犯罪偵防之需求。

---

[43] 賴錦宏（2017），網路安全法，大陸明天上路，聯合報，2017年5月31日，版A8。

（四）中華人民共和國國家情報法

2017年6月27日，中共第十二屆全國人民大會常務委員會第二十八次會議，通過了《中華人民共和國國家情報法》，其立法理由是爲了加強和保障國家情報工作，維護國家安全和利益；這也是在中國大陸政府之資通安全管理法制，最具爭議性的一部法令。

中國大陸的人權問題，一直以來，都受到國際社會的批評[44]，其中最爲人垢病的一項，就是以國家安全爲由，對於人民隱私權進行全面性的監控，也因此，許多國家都發起類似「抵制華爲」的作爲[45]，就是因爲資安問題的考量，擔心重要資訊被陸方蒐集運用，因爲，依《國家情報法》第14條規定：「國家情報工作機構依法開展情報工作，可以要求有關機關、組織和公民提供必要之支援、協助和配合。」雖然同法第8條已規定：「國家情報工作應當依法進行，尊重和保障人權，維護個人和組織的合法權益。」，另同法第19條也規定：「國家情報工作機構及其工作人員應當嚴格依法辦事，不得超越職權、濫用職權，不得侵犯公民和組織的合法權益，不得利用職務便利爲自己或者他人謀取私利，不得洩露國家秘密、商業秘密和個人資訊。」，似都已明文規範相關人權的保障，但以陸方目前在國際社會上「人治重於法制」的形象，這些法令規定如果無法落實執行，恐怕也是形同具文。

依上述第14條之規定，中國大陸的情蒐作爲可以要求機關、組織、甚至是公民提供支援，實爲不確定之法律概念，也給予執法者太寬大的權力，因此，備受全球各國政府之批評。批評力道最強者，則爲美國。有關中國大陸政府之《中華人民共和國國家情報法》區塊，根據該法第1條之立法目的，係「爲了加強和保障國家情報工作，維護國家安全和利益，根據憲法，制定本法」。是以，《中華人民共和國國家情報法》之最核心目的，係爲維護中華人民共和國之國家、生存、安全和利益，具有極高度之

---

[44] 三立新聞國際中心（2019），中共長期藐視人權！美大使揭鎮壓新疆後果：恐導致兩敗俱傷，三立新聞網，https://www.setn.com/News.aspx?NewsID=561800。

[45] 林信男（2019），憂華爲設備有資安風險？任正非：願與任何國家簽署「無後門協議」，鉅亨新聞網，https://news.cnyes.com/news/id/4361065。

政治色彩。

（五）個人信息保護法（草案）

　　2017年3月，陸方在兩會（「全國人民代表大會會議」和「中國人民政治協商會議全國委員會」）中提出《中華人民共和國個人信息保護法》的議案，也同時提出草案條文，強調在科技發展的同時，也要避免個人的人格權遭受侵害；該法也已列入陸方第十三屆全國人大常委會五年立法規劃，並在2019年3月4日第十三屆第二次會議時發布，陸方官方也宣布將爭取早日施行[46]。

　　《個人信息保護法》的立法目的，是在保護自然人的資訊權，以及合理運用的範圍及跨境傳輸的規範，是從「個人」的立場出發所制定的法律，是一部維護個人資訊的專法，其與《網路安全法》的立法意旨並不相同，對於在個人資訊的保護規範上，確實是一項重要的里程碑，也有助於對於網路犯罪的預防，補足網路安全法對於個人資訊規範不足的部分。

　　中國大陸的《個人信息保護法（草案）》與我國《個人資料保護法》的規範內容相似，中國大陸對於個人資訊的處理、蒐集與利用，分為國家機關及非國家機關二種主體，我國《個人資料保護法》則分為公務機關及非公務機關二種主體；中國大陸及我國對於國家機關（公務機關）處理個人資訊，均可依職務作目的內的處理，也都訂有目的外使用的規定，且所規範的內容亦相當接近[47]，都相當重視個人資料的保護；因此，本法如能順利通過，對於中國大陸在人權保障的法制上，應具相當重大的意義。

---

[46] 新京報，張業遂：個人信息保護法已列入本屆立法規劃，北京新浪網，2019年3月4日，http://chinanews.sina.com/bg/chnmedia/thebeijingnews/2019-03-04/doc-iuyypxee5086896.shtml。

[47] 陸方《個人信息保護法（草案）》第20條規定：「國家機關為履行職責或接受其他有關機關的委託可以法蒐集個人信息。」而依我方《個人資料保護法》第15條第1項第1款規定，公務機關在執行法定職務的必要範圍內，可蒐集處理個人資料。
另依陸方《個人信息保護法（草案）》第22條規定，為維護國家安全、社會安全或增進社會公共利益，可在目的外處理或利用個人信息。而依我方《個人資料保護法》第16條第2款規定，為維護國家安全或增進公共利益所必要，所蒐集的個人資料可作目的外之利用。

（六）個人資訊出境安全評估辦法（草案）

中國大陸在個人資訊保護的法制面，除了《個人信息保護法》外，另外，針對跨境流動的個人資訊，也特別制定《個人資訊出境安全評估辦法（草案）》，以專法的方式，個別處理跨境流動的個人資訊，也看的出中國大陸對於境外訊息重視，因此，條文草案第1條的立法目的即規定：「爲保障數據跨境流動中的個人資訊安全，根據《中華人民共和國網絡安全法》等相關法律法規，制定本辦法。」

本辦法主要是規範「網絡營運者」在向境外提供個人訊息時，應經過評估及通報政府部門，因此，在大陸地區的外國網路公司，如果要將陸方居民的個資，回傳到母國公司進行利用時，都得通報陸方的網信部門，且陸方的網信部門依法是可以進行審核及施以相關處罰手段；本辦法如照章通過，將會賦予陸方網信部門相當大的執法權，名義上，確實是爲了保障陸方居民的個人資訊安全，實質上，對於網絡營運者的控制，卻是更加的嚴格，是否將會引起國際社會輿論的批評，仍待觀察。

三、小結

2012年被稱爲全球「Big Data元年」，至今短短幾年時間，不論在警政、教育、交通、財稅、交通等方面之科技運用，均與大數據密不可分；而兩岸人民對於大數據科技在生活之運用上，大陸地區人民遠較臺灣地區人民使用來的普及。大陸地區人民在生活上，使用實名化之手機，就可以完成購物支付、銀行開戶、叫車、購買交通票券、叫外賣等，人民之生活圈幾已與大數據科技運用緊密結合。然而臺灣地區在此方面之作爲就顯得趨爲保守，除法令規範較爲不足外，政府投入之資訊基礎建設亦顯然不夠，再者，臺灣地區詐騙案件層出不窮，罰責輕，再犯率高[48]，亦造成部分臺灣地區人民（不論是顧客或是店家）對於電子商務之交易模式亦多持

---

[48] 參考：柯雨瑞、蔡政杰（2016），從犯罪預防觀點探討兩岸跨境網路犯罪之治理，全球化下之國境執法，臺北：五南圖書出版公司，頁33-62。

保留態度。

　　亦因為大陸地區人民在生活中已相當廣泛接觸大數據科技之應用，因此，亦可觀察到大陸地區政府在各層級相關之法令規範相當多，力求完善，尤其今年更是以專法處理之方式，實施《網路安全法》，即使如此，在實務上能否達到高效率之犯罪偵防效果，仍待觀察；而臺灣地區在相關之法令規範上，確實亦有追趕不上大數據時代潮流腳步之跡象，應有相當大之改善空間。

伍、兩岸大數據應用於犯罪偵防與隱私權保護之法制困境

　　有關於兩岸大數據科技應用於犯罪偵防與公民隱私權保護之法制困境，重要之研究發現，如下所述：

一、將大數據科技應用於犯罪偵防之相關法令不完備，法律規範之積極性不足，犯罪偵防手段不完備

　　我國社會對於電子商務普遍存有不信任感，仍是因為擔心使用電子商務進行交易，而被盜用身分，或是被詐欺取財，產生裹足不前之情形，然而這是一種因噎廢食之心態，亦會對於我國在電子商務發展上產生負面之影響。此種現象，亦可歸究於法令之不完備及犯罪偵防手段不夠積極，如有完善之法令可讓人民放心，又有積極之偵防行為作為後盾，應可增加人民之信心。

　　我國政府基於數位傳播需仰賴公私力協力治理，強調數位通訊傳播必須考量對兒少之保護及確保使用者權益，需規範數位通訊傳播服務提供者應公開揭露之事項、服務使用條款應載之內容，且顧及網路隱私權及網路安全的問題，擬訂了《數位通訊傳播法草案》；另外，該法案如通過後，

對於預防網路犯罪具有一定之成效。然而，行政院於2017年11月送立法院審議後，歷經2017年11月29日及2018年3月30兩之由交通委員會審議後，至2018年4月27日始進入一讀程序，已耗費將近半年的期間，立法機關對於該法案審議速度太過緩慢，也將影響政府對於犯罪預防的治理。整體而論，將大數據科技應用於犯罪偵防之相關法令不完備，犯罪偵防手段不完備。

　　再者，我國《刑法》、《個人資料保護法》、《通訊保障及監察法》、《數位通訊傳播法（草案）》等，對於預防或偵查網路犯罪雖均訂有相關規定，但是各法令之立法目的並不相同，規範內容未能整合，使得整體將大數據科技應用於犯罪偵防部分之法令規定過於鬆散，容易使犯罪者有逃避法律責任的空間，而恣意犯罪。

　　臺灣地區司法警察機關在偵防犯罪之過程中，有可能會運用以下之大數據資料庫，諸如：內政部警政署e化勤務指管系統－GIS案件應用分析系統、內政部警政署之警政知識系統、各縣市警察局之「犯罪資料庫管理系統」、戶政資訊系統、役政資訊系統、移民資訊系統、入出國生物辨識系統、犯罪地理分析系統、各重要地點之路口監視攝影機系統、涉及移民署勤業力之航前旅客資訊系統（APIS）、CCTV環境監控設備、RQI連線恐怖分子資料庫、航前旅客審查系統、陸客異常滯台統計查詢系統（監控全台機場港口、防止偷渡、恐怖分子等不法情事）等等，以上如此眾多大數據之資料庫，均有可能被司法警察機關充作犯罪偵防之用途；首先面臨之問題，乃在於上述之大數據資料，是否均被《個人資料保護法》第2條第1款「個人資料」之名詞定義所涵蓋，不無疑義。之所以會產生如此之爭議，乃在於《個人資料保護法》之立法過程之中，較欠缺大數據資料庫及電子商務之概念，是以，在《個人資料保護法》之中，有關於「個人資料」之定義，本文認為，似有待補充。

　　截至2017年為止，中國大陸有關於個資保護之相關法令，散見於以下之法令：大陸地區「民法通則意見」（第140條）、大陸地區「精神損害賠償司法解釋」（第1條）、大陸地區「侵權責任法」（第2條）、大陸地區「民法」、大陸地區「消費者權益保護法」（第29條）、大陸地區「全

國人民代表大會常務委員會關於加強網路信息保護的決定」、大陸地區
「執業醫師法」（第22條）、大陸地區「傳染病防治法」（第12條）、大
陸地區「律師法」（第38條）、大陸地區「保險法」（第32條）、大陸
地區「居民身分證法」（第13條）、大陸地區「規範互聯網資訊服務市
場秩序若干規定」（簡稱為2011規定）、大陸地區「資訊安全技術公共及
商用服務資訊系統個人資訊保護指南」（簡稱為2013指南）、大陸地區
「電信和互聯網使用者個人信息保護規定」（簡稱為2013規定）、大陸地
區「網路安全法」、「關於辦理侵犯公民個人資訊刑事案件適用法律若干
問題的解釋」（於2017年，由最高人民法院、最高人民檢察院聯合發布，
簡稱「兩高司法解釋」）等等[49]。承上所述，大陸地區有關於個人資料之
保護，散見於各種法規之中，尚未出現類似於臺灣地區之《個人資料保護
法》之專法。

　　復次，有關於將大數據科技應用於犯罪偵防部分，兩岸法律規範之積
極性，均尚嫌不足，通常相關法令均僅訂有消極之處罰規定，而未訂有主
動偵查及預防性之規定。然而，主動偵查之規定，多規範於刑法或刑事訴
訟法，一般行政法規雖亦有行政刑罰之規定，但仍較少訂有偵查權之規
定；而預防性之規定，則可參考大陸地區《網路安全法》第63條規定，其
違反同法第27條規定有竊取網路數據等違法行為而受刑事處罰人員，終身
不得從事網絡安全管理等相關工作，此即屬於預防性條文。有更多更明確
之犯罪偵防之條文規定，始能實質達到法律執行之成效。

二、兩岸政府之憲法層級，均缺乏對於公民個資隱私權保護之法制

　　以我國為例，在《憲法》第22條之中，所衍生出來之《憲法》基本
權，共計有二種，第一種為人格權（釋字664號）；第二種，則為「受國

---

[49] 郭桓甫（2015），兩岸人格權之比較研究——以個人資料保護為中心，嘉義：國立中正大學
財經法律學研所碩士學位論文，頁1-141。

民教育以外之教育權」（釋字626號）。而在上述之人格權（釋字第664號）之中，從人格權衍生出來以下之憲法上「未列舉權」：婚姻家庭權（釋字242號）、收養權（釋字712號）、姓名權（釋字399號）、獲知出生血統權（釋字587號）、性行為自主權（釋字554號）、依意志作為或不作為之一般行為（動）自由權（釋字689號）、免於身心受傷害之身體權（身體不受傷害權）（釋字689號）、契約自由權（釋字第577號）、隱私權（釋字第585號）、資訊自主控制權（釋字585號）、名譽權（釋字656號）等等。綜上，在憲法學之解釋上憲法第22條之本質，被稱為「未列舉權利」；其中之隱私權（釋字585號）及資訊自主控制權（資訊自主權）（釋字603號），均為「人格權」概念下之次級概念；亦即，「人格權」之實質內含，包括多樣化，其中之一項，即為「隱私權」[50]。

　　雖然，透由司法院大法官會議之決議文之模式，賦予隱私權（資訊自主權）具有憲法上之崇高地位；然而，司法院大法官會議所作出之決議文，僅為十餘位大法官之意志，其能否「充分地」、「完全地」代表全國2,300萬國民之意志，仍存有相當大之爭議性。臺灣地區之司法院大法官會議所作出之決議文，常受到非常多之批評，釋字第748號決議文（同性戀者之婚姻家庭權）即是適例。是以，建請仿照外國之立憲例，諸如仿照愛沙尼亞與瑞典之立憲例，直接在憲法之本文之中，加以明文規範為佳。亦即，《中華民國憲法》宜明文地保障「資訊自由權」（freedom of information）。

　　《中華民國憲法》本文之立憲規範，在資訊權之保障方面，含外國人亦應可平等地享有「資訊權」之規範方面，係屬於缺位之狀態，並未明文化。依據司法院釋字第603號解釋，《憲法》肯認「資訊隱私權」；再者，司法院釋字第585解釋，亦承認「資訊自主權」受到《憲法》之保障。然而，本文認為，最佳之立憲方法，仍是於《憲法》之本文之中，明定「資訊（自主）權」之保障為佳。在外國之憲法立法例部分，《芬蘭憲法》第12條將「表現（達）」、傳播與取得資訊之權利，明文規範於「表

---

[50] 宣律師（2016），圖解式法典：憲法及相關法規，臺北：高點，頁50-56。

現權」之範圍內。亦即,表現權包括「資訊權」。

　　在瑞典部分,依據《瑞典憲法》第二章「基本人權與自由」(Fundamental Rights and Freedoms)中之第1條之規定,「資訊權」包括「取得權」(freedom to obtain)與「接受(收)權」(freedom to receive information)。另外,於《瑞典憲法》第二章「基本人權與自由」之第3條之中,則規範對於人民之各項資訊之登錄,不可侵犯人民之「人格完整性」(personal integrity)。再者,在《瑞典憲法》第二章「基本人權與自由」之第13條之中,則明定對於「資訊權」之限制之各項情況,諸如:基於維護國家安全與公共秩序之需。此外,《瑞典憲法》第二章「基本人權與自由」第20條第2項,亦規範外國人,亦享有資訊權。

　　除此之外,依照《愛沙尼亞憲法》第44條第3項之規定,舉凡為愛沙尼亞之公民,有權依據法律上之程序,向愛沙尼亞之國家機關、地方政府及國家機關、地方政府公務檔案夾之中,所持有涉及其個人資料之公文檔案資訊,加以「取得」。此項資訊取得權,得基於法律之規定,因保護(障)他人之權利及自由、保密孩童之出生資料、打擊犯罪之所需、逮補犯罪嫌疑人,或確認犯罪事實之需要,加以限制之。依照上開《愛沙尼亞憲法》第44條第3項之規定,為打擊犯罪之所需、逮補犯罪嫌疑人,或確認犯罪事實之需要,可以限制公民之資訊自主權。

　　復次,依據,《愛沙尼亞憲法》第44條第4項之規定,舉凡在愛沙尼亞之外國公民與無國籍人士,除非法律另有規定之外,享有本條第2項與第3項之權利,其權利之行使,等同於愛沙尼亞之本國公民。

　　綜上,在《愛沙尼亞憲法》第44條之中,賦予愛沙尼亞之公民、外國人與無國籍人士,以「平等」之方式,享有資訊自主權(資訊控制權),此等之權利,係明文規範於《憲法》第44條之條文之中。本文贊同此種之立憲模式,有利於憲法學之發展。

　　兩岸政府之憲法層級,均缺乏明文對於公民個資隱私權直接保護之法制,雖然在《憲法》條文中,對於人民之人格權、通信權、住宅安全等方面之隱私及相關人身安全之保障,均有明文規範,但是因應時代之快速變遷,是否需要以憲法之高度,直接保障個人資訊隱私等議題,確實值得再

深入探討。

三、我國之網路個資相關法制相對於大陸地區之個資相關法制，顯得趨於狹隘

　　就臺灣地區民眾的立場，網路上個人隱私的保護有助於預防犯罪的發生，係屬《個人資料保護法》規範；就執法者的立場，偵查犯罪需要監聽、監控犯罪嫌疑人之通訊內容及紀錄，屬《通訊保障及監察法》規範。然而，《個人資料保護法》主要在於規定蒐集、處理、利用個人資料之相關事項，對於預防保護的規定相對不足；另《通訊保障及監察法》雖在於為保障人民秘密通訊自由及隱私權不受非法侵害，但是對於犯罪嫌疑人的保障卻造成了執法者的困擾。兩者法令立意均屬良善，但過於僵化，應有再檢討之空間。

　　我國對於網路個資保護較為相關之法律，應屬《個人資料保護法》及《電子簽章法》，然而其重點仍在於「個人資料」之保護，而非網路犯罪行為之偵防；相相較於上述大陸地區對於個人資訊安全各層法令之規範，以及2017年實施之《網路安全法》，臺灣地區之法令，顯得趨於狹隘且不夠完備。

四、兩岸政府目前尚未共同著手建置以犯罪偵防為目的之大數據資料庫，不利於兩岸犯罪偵防情資之交流，同時，亦不利於兩岸犯罪偵防相關工作之開展

　　本文在此擬舉出一個有關於跨國之間，建置以犯罪偵防為目的之大數據資料庫之實際案例，亦即有關美、加兩國之間共同打擊人口販運犯罪之案件，如下所述。於2001年，美國及加拿大共同偵破11歲美國少女被迫賣淫案[51]；在2001年2月間，有一位位處於美國俄勒岡州波特蘭地區之11歲

---

[51] Public Safety Canada (2011), Bi-National Assessment on Trafficking in Persons, Public Safety

少女，遭到歹徒之綁架，之後，被運送經過美、加兩國之國界，再被販運至加拿大英屬哥倫比亞之溫哥華，並且這一位11歲美國少女被歹徒脅迫從事性交易。

加拿大溫哥華警察發現這個人口販運之犯罪事實，並查出上述這一位11歲美國少女之身分，透由美、加兩國所共同建構，且相互連線之「阻斷及辨識性交易買春者」（Deter and Identify Sex Consumers, DISC）之電子資料庫系統，事實上，它是一個大數據資料庫。美加兩國立即進行相互之溝通，並交換情報。上述之「阻斷及辨識性交易買春者」大數據資料庫系統之功能，它連接美、加兩國若干個警察執法機關。之後，美、加兩國並啟動打擊人口販運犯罪之實際聯合偵處行動，偵查之結果，致使罪犯受到美、加兩國之追訴。最後，此一案件之人口販運罪犯受到判刑，並被拘禁於美國監獄之中。

本文茲再以「東協警察組織」（ASEANAPOL）為例，目前，ASEANAPOL正積極地建構一套「東協警察組織電子資料庫系統」（Electronic ASEANAPOL Database System，簡稱為e-ADS）。ASEANAPOL所屬之e-ADS之構想，乃在於將恐怖分子、毒品販運、通緝罪犯之個資，置於統一之資料庫之中，以供東協國家使用[52]。

在此，本文亦積極地建請我方政府，宜爭取能與東協國家共用上述ASEANAPOL所屬之e-ADS系統；復次，東協亦成立「東協警察組織電子資料庫技術委員會」（ADSTC），ADSTC之功能與任務，乃在於與國際刑警組織共同研商，會商能令上述之e-ADS，與國際刑警組織I-24/7兩個大數據資料庫進行連線之網路介接事宜[53]。

反觀兩岸地區之政府，目前，並未共同著手建置以犯罪偵防為目的之大數據資料庫，不利於兩岸犯罪偵防情資之交流，此為非常可惜之處。同時，亦不利於兩岸犯罪偵防相關工作之開展，就兩岸共同打擊犯罪之立場

Canada, https://www.publicsafety.gc.ca/cnt/rsrcs/pblctns/archive-ssssmnt-trffckng-prsns/index-en.aspx.

[52] 孟維德（2015），跨國犯罪，臺北：五南圖書出版公司，頁397-434。

[53] 孟維德（2015），同上註，頁397-434。

而言，此一部分，兩岸地區之政府，應可再予著墨，朝互助合作之方向再努力。

五、兩岸政府目前均未建制類似於歐盟2016/680號指令（歐盟2016年4月27日基於保障自然人於主管機關針對犯罪預防、調查、偵防、起訴犯行或執行刑罰、及該等資料流通之處理指令）之專法

本文認為，在打擊犯罪與個人之資訊隱私權保障之區塊，兩岸政府均未制訂類似歐盟2016/680號指令之專法，這是相當可惜之處，事實上，歐盟2016/680號指令，是一部相當先進之法律，非常值得兩岸政府加以仿效之。

陸、小結

有關於兩岸大數據科技應用於犯罪偵防與公民隱私權保護之法制對策部分，本文提出以下之建言，俾供兩岸政府與兩岸社會大眾參考之用。

一、我國應強化相關法令措施，以「犯罪偵防」與「保護個資」同時並進之積極作為，取代「拒絕建立數位身分」之消極不作為，並提高民眾使用電子商務之信心，始能有效擴大消費通路，提升國家整體經濟

由於電子商務之本質，乃交易雙方均以電腦、手機、電子紙、平板、電腦等新興之掌上型電子產品，透過有線、無線或行動之網路方式，進行商業交易活動或相關之服務[54]；是以，業者電子商務之各式營業資料與客

---

[54] 陳惟凡、陳振楠、伍台國（2016），電子商務平台之安全風險評估模式：植基於ISO27001資訊安全管理系統與個人資料保護法，電腦稽核，第34期，頁28-42。

戶（消費者）資料，均具有大數據之屬性與特質；當執法機關從事犯罪偵防工作時，即有可能運作上述之大數據資料，作為犯罪偵防之素材與基石，以鎖定一位或多位犯罪者之電子商務活動，進而將其繩之以法。

是以，將大數據運用於犯罪偵防，恐是一條必走之路；目前，我國在規範電子商務之機制方面，訂有「電子商務個人資料管理制度建置計畫」與《個人資料保護法》；但是，就犯罪偵防之工作，須運用電子商務所儲存之大數據資料，以勾劃出犯罪活動之層面而論，我國《個人資料保護法》之法規範內容，在第2條、第5條、第8條、第9條、第15條之部分，或可供作犯罪偵防之用，但依舊仍有隔靴搔癢與不夠精緻化之感[55]；主要之原因，在於司法警察機關乃是相當「特殊」之公務機關，而非一般文職公務機關，在適用上，乃有不明確之處，本文認為，我國似可強化上述之《個人資料保護法》或另訂專法，另外，似亦可參卓TPP第十四章第7條、第8條、第14條之立法精神，另外，並設計專供司法警察犯罪偵防所需之個人資料之運用與處理之法規範，以補強現行之缺漏處。

除上述之選項之外，另外，亦可思考在通訊傳播匯流五個法律草案之中，加入司法警察機關運用大數據之個資，進行犯罪預防、調查、偵防之機制，而上述之通訊傳播匯流五法草案，乃指：《電子通訊傳播法》草案、《電信基礎設施與資源管理法》草案、《電信事業法》草案、《有線多頻道平台服務管理條例》草案及《無線廣播電視事業與頻道服務提供事業管理條例》草案等五種法律之草案。

---

[55] 涉及《個人資料保護法》之法規範內容，尚有待精進之部分，尚可參閱以下之相關論文大作：李進建（2015），論大數據於犯罪偵查之挑戰與因應，全國律師，頁60-70。邱琳雅（2008），同註15，頁60-64。洪文玲（2005），行政調查制度之研究，內政部警政署警察法學，第4期。梁添盛（2011），論警察權限之強制手段與任意手段，中央警察大學學報，第48期，頁223-260。詹鎮榮（2015），公務機關間個人資料之傳遞——以臺灣桃園地方法院行政訴訟102年度簡字第2號判決出發，法學叢刊，第60卷第1期，頁1-25。蘇柏毓（2016），104年之個人資料保護法修正簡評，科技法律透析，第28卷第4期，頁13-17。郭桓甫（2015），同註49，頁1-141。

二、考量大數據時代之變遷迅速，對於大數據科技應用之相關法制規範，應跳脫現行法律原則之思維，採用較爲彈性之規範，或於修法之程式上更爲便捷、快速

以我國之《個人資料保護法》爲例，除前文所述，有關於「個人資料」之定義，似有待補充。此外，涉及「公務機關與公務機關」之間，以及「公務機關與非公務機關」之間，《個人資料保護法》就其所建置或保有之大數據資料庫，如何進行分享與傳遞，以利司法警察機關進行犯罪偵防之用，《個人資料保護法》條文之規範，似不夠明確化與精細化。茲舉警政署與移民署之資料相互傳遞爲例，在移民署之署本部之中，有建置一套「移民資訊系統」，事實上，它是一個超級大數據資料庫，內建有各式各樣之子系統；假若派出所之第一線外勤值勤同仁，於執行臨檢或巡邏勤務時，發現非常可疑之外來人口，可否立即利用掌上型之迷您電腦，查詢該外來人口之眞實身分？

就目前而論，移民署尚未開放上述之功能給予警政署所屬之派出所之第一線外勤值勤同仁，於巡邏或臨檢時使用之。此在辨識非法外來人口，是否屬於恐怖分子方面，即會發生「重大」之辨識障礙。雖然，內政部戶政司開放「戶政資訊系統」給予第一線之外勤警察同仁，於巡邏或臨檢時使用之，但上述之非法外來人口，並不在「戶政資訊系統」之內。據上所述，在公務機關之間，移民署究竟須將「移民資訊系統」開放至何種之程度？或者，在何種之開放程度內，進行資料之傳遞，始符合《個人資料保護法》第6條第1項第5款或第15條之規定？在此一區塊，目前之法制，非常不足。亦即，所謂之「職務必要範圍」之射程，究竟多遠與多大？人言人殊，見仁見智。

另外一個重大議題，乃在於在現今之全球治安之維護上，如何防範非法移民之移入，是一個非常重要之治安議題。承接上述之「移民資訊系統」案例，在該系統之中，所儲存之外來人口之個資，並非均是「犯罪前科」之「特種資料」；假若外來人口某甲，他是一名逾期居停留之非法移民，《入出國及移民法》對於「逾期居停留」之處罰，係爲行政罰鍰，而

非刑事罰。假若，某甲是一名屬於「孤狼型」之恐怖分子，未受到外國政府之管制，但隨時有可能在臺北地鐵或高鐵站發動致命型之恐怖攻擊，要防制此類之恐攻，理想之做法，是移民署似宜將上述「移民資訊系統」之中，有關逾期居停留之外來人口之所有資訊，分享給警政署第一線之臨檢或巡邏之警察人員，或有可能在盤查時，即時發現上述之「孤狼型」恐怖分子，進而阻止一場致命性之恐攻。

現在面臨之另一個法律問題，係《個人資料保護法》第6條所規範之「特種資料」，未含蓋上述逾期居停留外來人口之資料，此為法律規範上之漏洞。再者，《個人資料保護法》第15條之「處理」之機制，可否包括公務機關相互間之「傳遞」，亦是有非常大之模糊空間。比較可行之解釋模式，係將「傳遞」列為「利用」之範疇，同時，並將「接收」列為「蒐集」之領域之中[56]。

本文認為，在中文之語義上，「傳遞」與「分享」是否等同於「利用」；「接收」是否等同於「蒐集」，恐有極大之爭議性，比較理想之立法方式，係在界定「利用」與「蒐集」之法律用語之時，宜再精緻化，亦即宜將「傳遞」與「接收」之用語加以界定之。此亦呼應本文之主張，就司法警察機關在犯罪偵防之區塊上，及其衍生之隱私權之保護，現行之《個人資料保護法》之法規範，過於簡略與不足，有進行修法之必要。

三、兩岸政府似可仿照歐盟2016/680號指令（歐盟2016年4月27日基於保障自然人於主管機關針對犯罪預防、調查、偵防、起訴犯行或執行刑罰、及該等資料流通之處理指令）之立法模式，宜考量建置專法之可行性，同時，將大數據科技應用於犯罪偵防部分，將其明文化於法律之規範之中，以順應需求，俾符合犯罪偵防之用

作者認為，兩岸政府似可以仿照歐盟2016/680號指令（歐盟2016年4

---

[56] 詹鎮榮（2015），同前註55，頁1-25。

月27日基於保障自然人於主管機關針對犯罪預防、調查、偵防、起訴犯行或執行刑罰、以及該等資料流通之處理指令）之立法模式，另訂專法，亦是理想之選項，本文贊同我國似可仿照歐盟2016/680號指令之立法模式，另訂專法，以爲因應之。

四、在中國大陸個資保護之相關法制部分，本文強烈地建議大陸地區宜儘速通過與正式施行《個人信息保護法》

在個人資料保護之立法進度方面，中國大陸目前有二種不同之版本，第一種版本係爲大陸地區社會科學研究院法律研究所草擬之大陸地區《個人信息保護法》專家建議稿；第二種之版本，則爲學者齊愛民教授於2005年所提出之大陸地區「個人信息保護法示範法草案學者建議稿」（簡爲齊愛民建議稿）[57]。綜上所述，本文認爲，雖然大陸地區業已施行《網路安全法》，但《網路安全法》、「關於辦理侵犯公民個人資訊刑事案件適用法律若干問題的解釋」不能「完全」取代《個人信息保護法》[58]，大陸地區有關於個人信息（內含隱私權）之保護，宜儘速通過《個人信息保護法》草案爲佳，以加大對於民眾個資保護之力道與能量。

五、兩岸政府之憲法層級，宜明文規範對於公民個資之資訊權與隱私權之保護法制

兩岸政府之憲法層次，假如針對於各自之《憲法》「本文」之法規範而言，截至2017年爲止，尚未對於「資訊權」之此一項權利，在《憲法》「本文」之中，用非常明確之《憲法》用語，加以明確保障之，此爲非常

---

[57] 郭桓甫（2015），同註49，頁1-141。

[58] 朱昌俊（2016），網路安全法不能取代個人信息保護法，2016年11月9日，http://webcache. googleusercontent.com/search?q=cache:gNer_oileoQJ:http://ep.ycwb.com/epaper/ycwb/html/2016-11/09/content_186075.htm%2B%E7%B6%B2%E7%B5%A1%E5%AE%89%E5%85%A8%E6%B3%95++%E5%80%8B%E4%BA%BA%E4%BF%A1%E6%81%AF%E4%BF%9D%E8%AD%B7%E6%B3%95&hl=zh-TW&gbv=2&ct=clnk。

可惜之處。茲以臺灣地區之《憲法》為例，在第22條之中，對於上文所提及「未列舉權利」之內涵，缺乏明文規範，須再閱覽釋字第585號解釋文，始得窺其內涵。如此之立憲模式，是否適切？頗有爭議性。比較良善之立憲模式，本文建議，兩岸地區之政府，宜各自仿照瑞典與愛沙尼亞之立憲例，於《憲法》之本文條文之中，明訂對於資訊自決權之保障，及其但書例外之規範。

六、兩岸政府宜基於平等、互惠、互信之原則，共同建置以犯罪偵防為目的之大數據資料庫，以利於兩岸犯罪偵防情資之交流，同時，亦有利於兩岸犯罪偵防相關工作之順利開展

兩岸地區均為同文同種之中華民族，在打擊涉及兩岸之跨境犯罪方面，應有共同之利基，本文認為，宜仿照上文e-ADS與I-24/7兩個屬於犯罪偵防之大數據資料庫之運作模式，兩岸共同建置，以犯罪偵防為目的之大型大數據資料庫，並嘗試與e-ADS與I-24/7進行連線與介接，如此，將大大提升兩岸對於犯罪偵防之力道與量能。

兩岸地區之政府，為了共同打擊犯罪與進行司法互助，業已相互簽定與實施「海峽兩岸共同打擊犯罪及司法互助協議」。根據本協議之規定，在立法宗旨方面，主要是為保障海峽兩岸人民權益，維護兩岸交流秩序，財團法人海峽交流基金會與海峽兩岸關係協會就兩岸共同打擊犯罪及司法互助與聯繫事宜，經平等協商，達成本協議。相關內涵如下所述：共分為五章，第一章：總則；第二章：共同打擊犯罪；第三章：司法互助；第四章：請求程式；第五章：附則。在條文方面，共計有二十四條。第1條：合作事項；第2條：業務交流；第3條：聯繫主體；第4條：合作範圍；第5條：協助偵查；第6條：人員遣返；第7條：送達文書；第8條：調查取證；第9條：罪贓移交；第10條：裁判認可；第11條：罪犯接返（移管）；第12條：人道探視；第13條：提出請求；第14條：執行請求；第15

條：不予協助；第16條：保密義務；第17條：限制用途；第18條：互免證明；第19條：文書格式；第20條：協助費用；第21條：協議履行與變更雙方應遵守協議；第22條：爭議解決；第23條：未盡事宜之處理；第24條：簽署生效。以上之條文，共計為二十四條，很可惜之處，其缺乏共同建置犯罪偵防大數據資料庫之相關條文。

　　兩岸地區之政府，為了達到共同建置以犯罪偵防為目的之大數據資料庫之目標，在此同時，亦宜適切地修改「海峽兩岸共同打擊犯罪及司法互助協議」之相關條文，加入以下之內容，俾利於兩岸地區之政府，共同建置犯罪偵防大數據之資料庫：

　　1. 明訂兩岸之建置原則，乃基於平等（對等）、互惠、互信、尊嚴；

　　2. 兩岸共同建置犯罪偵防大數據資料庫之目的、用途、方法；

　　3. 犯罪偵防大數據資料庫之建置、運用、傳送、接收與處理方法；

　　4. 個資隱私權之保障；

　　5. 個資遭受侵害之救濟機制；

　　6. 與國際及區域性組織之犯罪偵防大數據資料庫（諸如e-ADS與I-24/7）進行連接，及個資之運用之相關機制。

　　透由上述之機制，本文認為，對於兩岸犯罪偵防相關工作之推展，會有實質性之助益。

七、完善化及精進化我國4G監察功能之「行動網路App偵查相關系統」及「遠傳電信4G行動寬頻通訊監察系統」之法制及實際運作成效機制，並逐步提升其功能至5G

　　警政署刑事警察局因考量當前造成社會極大不安的毒品與詐騙案件，犯案歹徒多運用加密之行動App通訊軟體進行犯意聯繫，為有效查察是類犯罪行為，105年第5次行政院治安會報時，當時林全院長即表示，請內政部規劃提報中長程個案計畫，以解決行動App對通訊監察之衝擊與因應。因此，警政署刑事警察局即為避免行動App通訊軟體成為不法分子規避犯

罪偵查的工具，並依據《通訊保障及監察法》暨其施行細則規範建置相關
系統，研提「行動網路App偵查相關系統」及「遠傳電信4G行動寬頻通訊
監察系統」等二項系統因應，預計於2020年底前完成，將有助於提升整體
網路犯罪預防的功效。

目前此二項系統之建置，係依據《通訊保障及監察法》暨其施行細則
等相關規定，所作之配套作為，然而，現行《通訊保障及監察法》規範恐
過於僵化，如在此法令規範下所設計之系統，亦難發揮效用；反之，系統
設計應以實務需求為優先考量，遇有法令扞格，未能執行之處，應考量藉
機修正法令，以符實效；如《通訊保障及監察法》第5條所定得發通訊監
察書之對象，係以特定犯罪或所犯之罪本刑為三年以上有期徒刑為前提，
並危害國家安全、經濟秩序或社會秩序情節重大者，如此規範，如犯嫌確
實有危害國家安全、經濟秩序或社會秩序之虞，但未符合特定犯罪或本刑
未達三年以上，則無法納入系統偵查之對象。實際上，在此系統建置之
初，即有立法委員質疑警政署把全民當成犯人，未尊重個人隱私，若依筆
者想法再擴大偵查對象，恐將面臨更大的社會輿論壓力，也是另一層之執
法壓力。

另《數位通訊傳播法》草案現已由立法院審議中，警政署刑事警察局
亦可考量該法之規範，在系統建置中，納入公私協力之方式，作為網路治
理之手段，或可精進系統使其更加完善。如《數位通訊傳播法》草案第5
條即規定，數位通訊服務提供者，對於犯罪偵查之事項，應配合政府辦
理。而上述該二項系統之建置，本屬犯罪偵查之一環，一旦建置完成，也
能達到犯罪預防之效果，因此，雖然目前《數位通訊傳播法》草案尚未通
過，但是警政署刑事警察局在系統規劃過程中，應考量保留對外部數位通
訊服務業者介接之管道，作為配套。

八、完善化及精進化我國各地檢署「數位採證中心（室）」之法制及實際運作成效機制

由於利用智慧型手機犯罪的案件日益增多，傳統鑑識及偵查方法，已

不足以對抗現今的科技犯罪，國內雖有鑑識機關可協助，但數位採證與鑑識的龐大需求、證物，於機關間往返的耗時與作業不便，容易延宕偵查時程，因此，行政院補助高等法院檢察署在臺北、新北、桃園、臺中、臺南、高雄、彰化及花蓮等全國8個地檢署，成立數位採證中心，建置最高階的各式數位鑑識軟體，包括復原手機內刪除的通訊、影像紀錄，及還原臉書、LINE、微信等通訊軟體內的所有圖文，並能解鎖手機密碼；數位採證中心更將與最高法院檢察署建置的全國毒品資料庫結合，有效追溯毒品上游及共犯組織，增加警方之緝毒能力。

　　數位採證中心之成立，能有效縮短數位鑑識之時程，提升破案效率，除上述8個地方檢察署以外，各地方檢察署也應該儘速規劃成立。目前數位採證之功能，主要係在於還原已刪除之手機通訊及檔案資料及擷取雲端資訊帳戶資料，以保留證據以利後續偵辦，屬於偵查之手段，雖然依刑事訴訟法規定，檢察官為偵查之主體，然而，實務上，司法警察與司法警察官通常才是第一線負責偵查之人員，數位採證中心目前僅設置8處，且均設置於地方檢察署內，第一線負責偵查之司法警察或司法警察官如有使用之需要，實際上並非如此便利，檢警之間如何建立偵查採證之作業模式，才能使數位採證中心發揮最大效果，其機制仍有待建立。

　　再者，數位採證中心破解個人之帳戶，還原已刪除之通訊紀錄及檔案資料，有無逾越偵查犯罪之範圍，而有侵犯個人隱私權之虞；依《個人資料保護法》第5條規定，個人資料之蒐集、處理或利用，依誠實及信用方法為之，不得逾越特定目的之必要範圍，並應與蒐集之目的具有正當合理之關聯。犯嫌持有之智慧型手機內之個人資料，並不是為了提供犯罪偵查使用而蒐集，以犯罪偵查為由檢視犯罪之個人資料，是否符合蒐集資料之目的或有正當合理之關聯，仍待商榷。另依《個人資料保護法》第15條規定，公務機關處理個人資料必須執行法令職務之必要範圍，為執行犯罪偵查，全面檢視犯嫌的社群網站、智慧型手機檔案、雲端資料庫等，是否均為必要之範圍？當然，《個人資料保護法》第16條另訂有目的外使用之規定，公務機關只要認為數位採證所保護之公共利益將大於所侵害之個人利益，當然可以全面的採證犯嫌的所有數位資料，可是，公共利益與個人利

益熟重熟輕，也並未有明確性。

此處提出數位採證與《個人資料保護法》之間的問題，並非反對進行數位採證，相反的，為有效的偵查且預防犯罪之發生，筆者認為數位採證中心的成立是必要的，但是，一個新單位的成立，有了新的權責，就應該全面去檢視涉及的法令規範，建立法制化的環境，始能令第一線執法人員安心工作，不用在法令規範的灰色地帶遊走。

九、精進化我國之《數位通訊傳播法（草案）》打擊網路犯罪之實際效能

聯合國資訊社會高峰會（World Summit on the Information Society, WSIS）認為網際網路演進與使用所需之原則、規範、規則及決定程式，應由政府、民間及社群共同參與其制定，而現今國際社會中主要的國家，也都體認不宜以公權力行政管制手段，直接介入網際網路運作及管理，取而代之以多方利害關係人參與進行相互溝通及協調，尋求符合多數利益並尊重少數之治理模式，此即所謂網路治理（Internet Governance）的內涵。而我國制定《數位通訊傳播法》，則是遵循網路治理的精神，希望建構多元、自由、平等、開放的網路環境。然而，《數位通訊傳播法》草案也和警政署建置App偵查系統及地檢署成立數位採證中心一樣，都面臨了法治與人權的衝突，臺灣人權促進會認為《數位通訊傳播法》草案的規定，恐會大幅侵害人民的言論自由，呼籲政府應正視相關國際標準的細緻討論，重新檢討《數位通訊傳播法》的相關條文，莫讓其成為數位時代的基本惡法。

《數位通訊傳播法》是以網路治理的概念立法，以公民參與、資訊公開、權利救濟及多元價值為重要核心理念，認為政府應避免直接以行政管制手段介入管理，本法針對網際網路提供一低度規範及治理模式，在法律定性上為民事責任，因此，雖然在各章程內訂有一些規範事項，但是並沒有制定罰則，如該法第5條規定數位通訊傳播服務提供者如遇有犯罪偵查等事項，應依法配合政府辦理，然而，並無規範如不配合者之處置作為為

何，較屬於宣示性質之法令規定，較無實質效用，僅於附則中建議相關人民團體或商業團體訂定自律行為規範，或建立訴訟外爭議處理機制，如此一來，要利用此一法律作為打擊網路犯罪之用，恐只能達到預防犯罪之宣傳作用，並無偵查犯罪之實效。

正因為《數位通訊傳播法》之立法之目的是在於網路治理，著重政府低度管理，並非為政府執行公權力之打擊犯罪而立法，因此，並無法直接利用《數位通訊傳播法》來執行打擊犯罪；因此，制定網路犯罪偵防專法仍有其必要性，除可結合《刑法》、《個人資料保護法》、《通訊保障及監察法》、《數位通訊傳播法》等相關內容外，也該將警政署建置之App偵查系統及地檢署成立之數位採證中心之實務執行上所需要之法制，一併納入整併，始能較為完整的建構出網路犯罪防治之機制。

十、臺灣宜持續地善意建議中國大陸政府，修改其《中華人民共和國國家情報法》，避免侵犯人權及其他國家或地區之國家安全

根據《中華人民共和國國家情報法》第14條之規定：「國家情報工作機構依法開展情報工作，可以要求有關機關、組織和公民提供必要之支援、協助和配合。」是以，依據《中華人民共和國國家情報法》第14條之要求，當國家情報工作機構命令華為公司提供相關之情資時，華為公司不得拒絕。在此情況下，國家情報工作機構業已嚴重侵犯民眾之隱私權、秘密通訊之自由，而這些均是極其重要之人權。再者，亦可能侵犯到其他國家或地區之國家安全（含臺灣），是以，本文建請中國大陸體認民眾之隱私權、秘密通訊之自由，宜妥善加以保護之。在此脈絡下，中國大陸政府其《中華人民共和國國家情報法》，不宜侵犯民眾之隱私權、秘密通訊之自由，及其他國家或地區之國家安全（含臺灣）。

十一、我國政府與民間宜儘速完善其內部之資安規範

　　根據國會立委最新之調查顯示，我國有近八成之中央政府機關，尚未仔細、詳盡之評估國外公務或國外民間機構，其對於個資保護之程度與機制，以致於我國公、私部門傳送到國外公務或國外民間機構之資訊，存有非常大之資通安全性漏洞，令個資保護之相關法令，已形同具文。再者，政府部門亦無法瞭解我國私部門、業者之雲端資料庫，是否設置在中國或外國何處[59]？雲端資料庫可儲存大量之資料與情資，而我國私部門、業者之雲端資料庫究竟設置何處？我國政府部門、民間機構均無法清楚知曉之。

　　國家通訊傳播委員會曾在2012年公告「限制通訊傳播事業經營者將所屬用戶之個人資料傳遞至大陸地區」，但，其他之中央目的事業主管機關，則未頒布類似之法令。究竟我國之私部門、業者之雲端資料庫，可否設置在中國大陸？或者，將所屬用戶之個人資料傳遞至大陸地區？目前之狀況，仍屬非常模糊之地帶[60]。本文建議，中央目的事業主管機關宜比照國家通訊傳播委員會所公告之「限制通訊傳播事業經營者將所屬用戶之個人資料傳遞至大陸地區」之機制，亦頒布相關之管制、監控、管理之法令，以免重大情資（含國家安全情報）被傳送至中國大陸之國安、軍事部門。

　　再者，我國私部門、業者所蒐集之個人資料，如要委託至境外處理，目前，在國內之部分，僅有金管會對於金融機構所蒐集之個人資料，如要委託至境外處理，需事前得到該會之核准，其他之中央目的事業主管機關，亦未有相關之管制機制[61]，建議政府之其他之中央目的事業主管機關，宜比照上述金管會對於金融機構之監控機制為佳。

---

[59] 蘇芳禾（2019），資料庫後門恐通中國 林昶佐爆八成部會未評估，2019年2月18日，https://news.ltn.com.tw/news/politics/breakingnews/2761622。

[60] 同前註59。

[61] 同前註59。

十二、中國大陸政府之《個人資訊出境安全評估辦法（草案）》之內涵，宜在於中國大陸之整體軍事安全、國家安全與民眾之個人資訊自由權、隱私權之間，取得適切之平衡點，而非一時地以國家安全爲最優先考量

　　陸方制定《個人資訊出境安全評估辦法（草案）》，看似在保護大陸地區居民個人訊息的安全，並且嚴管網路營運者，立法本意應屬良善。但因爲中國大陸的人權法治在國際社會常用到挑戰，因此，前揭辦法可能會面臨輿論批判，引發更多侵犯個人隱私及資訊自由的問題。比方，個人將資訊提供給網路營運者，或是爲了消費，或是爲了獲得更多的網路服務等目的，這都是屬於個人與網路營運者之間的商業交易行爲，通常較有規模的網路營計者在要求個人提供相關資訊之前，都會有一些形式上的契約存在，如有一方違反契約，或是有違法事實涉及到刑事問題，就由相關的法律處置。

　　但是，《個人資訊出境安全評估辦法（草案）》卻規範網路營運者要向當地省級的網信部門申報個人訊息出境的安全評估，不免讓人聯想，中國大陸政府會不會透過此一管道掌握所有出境的個人訊息，進而蒐集利用，而規避了《個人信息保護法（草案）》的相關規範，不但會讓民眾覺得個人資料未受保障，也會讓網路營運者卻步，不敢踏入大陸的市場。

　　因此本文建議，中國大陸在考量維護國家安全的前提下，也應該同時顧及民眾個人訊息自由權及隱私權的問題，並且於法令中明訂清楚；例如，在《個人資訊出境安全評估辦法（草案）》中，亦可明文規定，網路營運者向政府申報之個人訊息資料，政府部門亦須依《個人資訊保護法（草案）》的相關規定辦理，不得作不符合蒐集目的之運用；這樣的條文內容可能宣示效果大於實質效果，但卻能表達陸方對於民眾個人訊息自由權及隱私權的重示，減少外界的批評與攻擊。

十三、兩岸政府在個資保障法制之區塊，宜建置類似歐盟之個人資料保護官之機制

　　臺灣《個人資料保護法》已行之有年，中國大陸的《個人信息保護法（草案）》也將於近期上路，依兩岸現行對於個人資料保護的法令規定，均無設置專職人員或專責機關來處理相關事務。以臺灣《個人資料保護法》為例，原係屬法務部主管，至2019年時，改由國家發展委員會承接法務部相關職責，然而，不論是法務部或國家發展委員會，似無對違反個資法的案件進行審認或裁處，違反《個人資料保護法》涉及刑事罰部分，就由各管司法機關裁處，非公務機關涉及行政裁罰部分，則由中央主管機關或直轄市、縣（市）政府裁處。

　　就公務機關在蒐集及運用個人資料的部分，多由各公務機關自行認定是否符合法令規定，容易會造成球員兼裁判的情形。例如，公務機關依據《個人資料保護法》第16條規定[62]，欲將所蒐集之個人資料作目的外之使用，通常，僅由公務機關之業務單位及法制單位會商決定，並無公正機關或人士之意見介入，因此，公務機關如將個人資料作蒐集目的外之利用，也無稽核制度可考。

　　另外，非公務機關對於違反《個人資料保護法》案件，依規定係由中央目的事業主管機關、直轄市、縣（市）政府裁罰，如金融、壽險產業有個資保護不全之狀況，由金融監督管理委員會裁罰[63]，雖然非公務機關違反個人資料保護法事項，係屬各中央目的事業主管機關專業權責，但是，亦無協力廠商公正人制度。

---

[62] 《個人資料保護法》第16條規定：「公務機關對個人資料之利用，除第六條第一項所規定資料外，應於執行法定職務必要範圍內為之，並與蒐集之特定目的相符。但有下列情形之一者，得為特定目的外之利用：一、法律明文規定。二、為維護國家安全或增進公共利益所必要。三、為免除當事人之生命、身體、自由或財產上之危險。四、為防止他人權益之重大危害。五、公務機關或學術研究機構基於公共利益為統計或學術研究而有必要，且資料經過提供者處理後或經蒐集者依其揭露方式無從識別特定之當事人。六、有利於當事人權益。七、經當事人同意。」

[63] 金融監督管理委員會官網（2019），裁罰案件，https://www.fsc.gov.tw/ch/home.jsp?id=131&parentpath=0,2&mcustomize=multimessages_view.jsp&dataserno=201906040001&aplistdn=ou=data,ou=penalty,ou=multisite,ou=chinese,ou=ap_root,o=fsc,c=tw&dtable=Penalty。

因為兩岸在個人資料保護的法制規範相似，因此，本文建議兩岸政府在保障個人資料的部分，可建立個人資料保護官制度，作為公務機關、非公務機關及個人以外之公正人士，更能達到保障個人資料之目的及維護人權。

十四、兩岸政府在個資保障法制之範疇中，宜建置獨立法人格之個人資料監管機關

就目前兩岸對於個人資料的監管部分，中國大陸在法制上訂有網信部門監管相關資訊，而我國對於個人資料則無特定部門負責監管，兩岸的管理做法嚴格而論，都不盡完善，中國大陸由政府部門負責監管民眾的個人資料，容易造成政府部門權力過大，使民眾產生不信任感；而我國基於人權保障及人民觀感，對於個人資料保障部分，並無監管機制。

然而，在個人資料保障的規範中，監管工作確有其存在之必要性，透過一定的監管機制，始能確認個人資料能依法獲得保障，因此，在建立監管機制之前，本文建議可考量建立獨立法人格之個人資料監管機關，此與上述個人資料保護官的差異性在於，監管機關是為獨立法人，屬公務機關體制外的監督系統，而個人資料保護官則是公務體制內的稽核系統，由獨立法人的監管機關來協助落實個人資料保障，一方面可讓民眾安心，二方面更能展現政府保障人權的具體作為，特別是在積極保障民眾之「資訊隱私權」之區塊。

參考文獻

一、中文

Marc Goodman著，林俊宏譯（2016），未來的犯罪，新北：木馬文化。

William Brittain-Catlin著、李芳齡譯（2007），境外共和國：揭開境外金融的秘密，臺北：天下雜誌。

內政部警政署（2010），警察偵查犯罪手冊，臺北：內政部警政署。

王勁力（2010），論我國高科技犯罪與偵查——數位證據鑑識相關法制問題研究，科技法律評析，第3期，高雄：國立高雄第一科技大學。

王勁力（2013），電腦網路犯罪偵查之數位證據探究，檢察新論，第13期，臺北：臺灣高等法院檢察署。

王乾榮（2004），犯罪偵查，臺灣警察專科學校，頁369-372。

王翔正（2011），網路即時通訊詐欺犯罪偵查，刑事雙月刊，第45期，頁42-45。

王寬弘（2011），大陸地區人民進入臺灣相關入出境法令問題淺探，2011年人口移動與執法學術研討會，桃園：中央警察大學。

王寬弘（2012），大陸地區人民進入臺灣相關入出境法令問題淺探，國土安全與國境管理學報，第17期，桃園：中央警察大學，頁155-185。

何芸欣（2005），網路詐欺之研究，新北：國立臺北大學法學系碩士論文。

呂惠娟（2017），物聯網與電子商務的發展趨勢，紡織月刊，第249期，頁28-32。

李世德（2018），GDPR與我國個人資料保護法之比較分析，臺灣經濟論衡，第16卷第3期，頁69-93，http://ws.ndc.gov.tw。

李進建（2015），論大數據於犯罪偵查之挑戰與因應，全國律師，頁60-70。

汪毓瑋（2015），國土安全理論與實踐之發展，國土安全與國境管理學報，第23期，頁1-47。

周漢華（2006），個人信息保護法（專家建議稿）及立法研究報告，北京：法律。

孟維德（2005），海峽兩岸跨境犯罪之實證研究——以人口走私活動為例，刑事政策與犯罪研究論文集（13），頁137-184。

孟維德（2015），跨國犯罪，臺北：五南圖書出版公司，頁397-434。

孟維德、黃翠紋（2012），警察與犯罪預防，臺北：五南圖書出版公司。

林山田、林東茂（1997），犯罪學，臺北：三民書局。

林文龍（2003），線上遊戲犯罪偵查模式之研究，宜蘭：佛光人文社會學院資訊學研究所碩士論文。

林宜隆（2009），網路犯罪：理論與實務，網際網路與犯罪問題，3版，桃園：中央警察大學。

林宜隆、邱士娟（2003），我國網路犯罪案例現況分析，中央警察大學資訊、科技與社會學報。

林宜隆、張志　（2008），臺灣地區網路犯罪現況分析——以刑事警察局破獲之案例為例，知識社群與系統發展學術研討會，臺北：文化大學。

林宜隆、黃讚松（2002），建構網路犯罪預防整體概念，中央警察大學資訊、科技與社會學報。

林宜隆、葉家銘（2008），論述ISMS資訊安全管理系統發展網路犯罪預防策略的新方法，發表於教育部TANet 2008研討會，臺北：教育部，http://www.powercam.cc/show.php?id=678&ch=23&fid=119（瀏覽日期：2015年11月1日）。

邱俊霖（2015），近年科技犯罪趨勢與犯制對策，刑事雙月刊，第65期，臺北：內政部警政署刑事警察局。

邱琳雅（2008），德國聯邦個人資料保護法（BDSG），金融聯合徵信雙月刊，第8期，頁60-64。

宣律師（2016），圖解式法典：憲法及相關法規，臺北：高點，頁50-56。

施能新（2005），電子郵件犯罪偵查機制之研究，桃園：中央警察大學資訊管理研究所碩士論文，頁16-30。

柯雨瑞、蔡政傑（2016），從犯罪預防觀點探討兩岸跨境網路犯罪之治理，收錄於全球化下之國境執法，臺北：五南圖書出版公司，頁33-62。

洪文玲（2005），行政調查制度之研究，內政部警政署警察法學，第4期。

范國勇、江志慶（2015），ATM轉帳詐欺犯罪之實證研究，刑事政策與犯罪研究論文集（8），頁185-208。

徐振雄（2010），網路犯罪與刑法妨害電腦使用罪章中的法律語詞及相關議題探討，國會月刊，第38卷第1期，臺北：立法院。

徐源隆（2003），網路拍賣詐欺犯罪之偵查對策，第七屆資訊管理學術計警政資訊實務研討會。

財團法人金融聯合徵信中心（2017），歐盟個人資料保護規則，金融與徵信叢書，第77期，頁1-502。

高信雄（2012），跨境網路犯罪研究：基於犯罪偵防策略模型，桃園：中央警察大

學資訊管理研究所碩士論文。

張樹德、翁照琪（2010），兩岸毒品犯罪型態與防治作為之實證研究，2010非傳統安全——反洗錢、不正常人口移動、毒品、擴散學術研討會，桃園：中央警察大學。

梁添盛（2011），論警察權限之強制手段與任意手段，中央警察大學學報，第48期，頁223-260。

莊忠進（1996），電腦犯罪偵查與立法之研究，臺北：警專。

許春金（2007），犯罪學，5版，臺北：三民書局。

許春金、陳玉書（2013），犯罪預防與犯罪分析，2版，臺北：三民書局。

許慈健（2005），網路犯罪偵查與我國關於網路服務提供者協助偵查法制之研究，頁93-134。

許福生（2016），犯罪學與犯罪預防，臺北：元照出版。

郭桓甫（2015），兩岸人格權之比較研究——以個人資料保護為中心，嘉義：國立中正大學財經法律學研所碩士學位論文，頁1-141。

陳孟君（2016），WTO擬參考主要FTA架構制定電子商務新規則——以TPP電子商務為例，經濟前瞻，第168期，頁97-100。

陳明傳（2007），跨國（境）犯罪與跨國犯罪學之初探，收於第一屆國土安全學術研討會論文集，桃園：中央警察大學。

陳明傳（2015），各國入出國管理系統之比較研究，發表於中央警察大學移民研究中心2015年人口移動與執法學術研討會，桃園：中央警察大學。

陳惟凡、陳振楠、伍台國（2016），電子商務平台之安全風險評估模式：植基於ISO27001資訊安全管理系統與個人資料保護法，電腦稽核，第34期，頁28-42。

陳嘉玫（2011），網路安全的社交工程，科學發展，第461期。

黃明凱（2002），網路犯罪輔助偵查專家系統雛型之建構，中央警察大學資訊管理研究所碩士論文。

黃秋龍（2008），中國大陸網路犯罪及其衝擊，展望與探索，第6卷第12期，臺北：法務部調查局。

黃登銘（2013），網路犯罪模式分析與偵查機制之研究——以網路詐欺為例，宜蘭：國立宜蘭大學多媒體網路通訊數位學習碩士在職專班碩士論文。

楊永年、楊士隆、邱柏嘉、李宗憲（2009），網路犯罪防治體系之政府職能與角色分析，行政院研究發展考核委員會委託國立臺灣大學研究報告。

楊秀莉（2015），中國內地與澳門網絡犯罪的刑法比較及完善建議，一國

．　兩制研究，第1期，http://www.ipm.edu.mo/cntfiles/upload/docs/research/
common/1country_2systems/2012_1/p176.pdf（瀏覽日期：2015年10月27日）。

葉雲宏（2008），網路詐欺犯罪被害影響因素之研究，桃園：中央警察大學犯罪防
治研究所碩士論文。

詹鎮榮（2015），公務機關間個人資料之傳遞——以臺灣桃園地方法院行政訴訟102
年度簡字第2號判決出發，法學叢刊，第60卷第1期，頁1-25。

廖有祿、李相臣（2003），電腦犯罪——理論與實務，初版。臺北：五南圖書出版
公司。

廖福村（2007），犯罪預防，臺北：警專。

劉佐國、李世德（2015），個人資料保護法釋義與實務——如何面臨個資保護的新
時代，2版，臺北：碁峰。

劉邦乾（2012），海路毒品販運組織及犯罪手法之研究，臺北：國立臺北大學犯罪
學研究所碩士論文。

蔡美智（1998），電腦駭客入侵的法律問題，資訊與電腦雜誌。

蔡德輝（2009），犯罪學，臺北：五南圖書出版公司。

鄧煌發（1997），犯罪預防，桃園：中央警察大學。

鄧煌發、李修安（2012），犯罪預防，臺北：一品。

鄭厚堃（1993），犯罪偵查學，桃園：中央警察大學出版社，頁1-32。

震宇（1997），論網路商業化所面路的管轄權問題（上），資訊法務透析，第9期，
頁18-34。

餘德正（2000），不法使用網際網路之刑事責任，臺中：東海大學法律學系研究所
碩士論文。

蕭季慧編（1993），犯罪偵查與蒐集證據，桃園：中央警官學校出版社，頁30-38。

賴錦宏（2017），網路安全法，大陸明天上路，聯合報，2017年5月31日，版A8。

謝立功（2004），由大陸觀光客脫團事件論我國國境管理機制，展望與探索第2卷第
9期，臺北：法務部調查局，頁14-20。

謝孟珊（2016），美國電子商務政策與重要法制簡介，科技法律透析，第28卷第4
期，頁50-69。

顏旺盛、陳松春（2011），迎接21世紀跨境犯罪之挑戰，刑事雙月刊，第39期，頁
57-60。

蘇柏毓（2016），104年之個人資料保護法修正簡評，科技法律透析，第28卷第4
期，頁13-17。

二、外文

Bart van der Sloot & Sascha van Schendel (2016), Ten Questions for Future Regulation of Big Data: A Comparative and Empirical Legal Study. Journal of Intellectual Property, Information Technology and E-Commerce Law (JIPITEC), vol. 7.

Britz, Marjie T. (2009), Computer Forensics and Cyber Crime: An Introduction, Second Edition, USA: Prentice Hall.

Clough, D. (2010), Principles of Cybercrime, UK: Cambridge University.

Evans, K. (2011), Crime Prevention: A Critical Introduction, USA: SAGE Publications Ltd.

Fennelly, L. & Crowe, T. (2013), Crime Prevention Through Environmental Design, Third Edition,USA: Butterworth-Heinemann.

Lab, P. (2013), Crime Prevention: Approaches, Practices, and Evaluations, 8th edition, USA: Routledge.

Mackey, D. & Levan, K. (2011), Crime Prevention, USA: Jones & Bartlett Learning.

Reyes, A. (2007), Cyber Crime Investigations: Bridging the Gaps Between, Security Professionals, Law Enforcement, and Prosecutors,USA: Syngress.

Schneider, S. (2014), Crime Prevention: Theory and Practice, 2nd edition, USA: CRC Press.

The United States Department of Justice (1974), "Privacy Act of 1974," https://ww-w.justice.gov/opcl/privacy-act-1974.

Todd, G. & Bowker, A. (2014), Investigating Internet Crimes: An Introduction to Solving Crimes in Cyberspace, USA: Steven Elliot.

三、網路資料

Council of Europe (2015), "Convention on Cybercrime", retrieved on 2015/10/02, http://conventions.coe.int/Treaty/Commun/QueVoulezVous.asp?NT=185&CM=11&DF=6/21/2007&CL=ENG.

Data Protection Act 1998 (1998), legislation.gov.uk, 1988/7, http://www.legislation.gov.uk/ukpga/1998/29/contents.

European Data Protection Supervisor (2008), Council Framework Decision 2008/977JHA, https://edps.europa.eu/data-protection/our-work/publications/legislation/council-framework-decision-2008977jha_en.

Intersoft Consulting (2019), "GDPR Key Changes", https://eugdpr.org/the-regulation/.

Intersoft Consulting (2019), General Data Protection Regulation, Office Website of the GDPR, https:// https://gdpr-info.eu/.

Public Safety Canada (2011), Bi-National Assessment on Trafficking in Persons, Public Safety Canada, https://www.publicsafety.gc.ca/cnt/rsrcs/pblctns/archive-ssssmnt-trffckng-prsns/index-en.aspx.

Twelfth United Nations Congress on Crime Prevention and Criminal Justice (2015), "Working paper prepared by the Secretariat on recent developments in the use of science and technology by offenders and by competent authorities in fighting crime, including the case of cybercrime, A/CONF.213/9", retrieved on 2015/10/02, from http://www.unodc.org/documents/crime-congress/12th-Crime-Congress/Documents/V1050320e.pdf.

十二屆人大常委會：個人信息怎麼保護，華律網，2016年10月31日，http://www.66law.cn/laws/159822.aspx。

土城分局（2015），刑事局偵破3仟萬城堡別墅機房兩岸電信詐欺集團案，新北市政府警察局新莊分局，http://www.xinzhuang.police.ntpc.gov.tw/cp-492-11757-18.html（瀏覽日期：2015年10月1日）。

中華人民共和國公安部（2015），公安部與美國警方聯合摧毀全球最大中文淫穢色情網站聯盟，http://app.mps.gov.cn:8888/gips/contentSearch?id=2871356（瀏覽日期：2015年10月30日）。

臺灣地區法規資料庫（2015），http://law.moj.gov.tw/Index.aspx（瀏覽日期：2015年10月1日）。

立法院（2015），防治網路霸凌公聽會：立委王育敏召開公聽會，研商網路霸凌防治，http://www.ly.gov.tw/03_leg/0301_main/public/publicView.action?id=6512&lgno=00004&stage=8（瀏覽日期：2015年11月12日）。

刑事警察局偵查第9大隊（2015），國內首宗兩岸合作偵破最大網站賭博第3方支付中心，http://www.cib.gov.tw/news/Detail/29436（瀏覽日期：2015年10月1日）。

朱昌俊，網路安全法不能取代個人信息保護法，2016年11月9日，http://webcache.googleusercontent.com/search?q=cache:gNer_oileoQJ:http://ep.ycwb.com/epaper/ycwb/html/2016-11/09/content_186075.htm%2B%E7%B6%B2%E7%B5%A1%E5%AE%89%E5%85%A8%E6%B3%95++%E5%80%8B%E4%BA%BA%E4%BF%A1

%E6%81%AF%E4%BF%9D%E8%AD%B7%E6%B3%95&hl=zh-TW&gbv=2&ct=clnk。

個人資料保護法之總說明及部分條文修正說明，https://www.moj.gov.tw/lp.asp?CtNode=28007&CtUnit=805&BaseDSD=7&mp=001。

教育研究院雙語詞彙、學術名詞暨辭書資訊網（2015），http://terms.naer.edu.tw/（瀏覽日期：2015年10月1日）。

曹明、程永進、張哲、曹銳生、鄭新傑（2015），臺灣全科醫學模式之我見，http://gp.cmt.com.cn/detail/30561.html（瀏覽日期：2015年10月5日）。

移民署（2015），公務統計數據，http://www.immigration.gov.tw/ct.asp?xItem=1291286&ctNode=29699&mp=1（瀏覽日期：2015年10月1日）。

許春金、陳玉書、蔡田木（2015），中華民國103年犯罪狀況及其分析——2014犯罪趨勢關鍵報告，法務部司法官學院104年委託研究計畫，http://www.moj.gov.tw/ct.asp?xItem=392644&ctNode=35595&mp=302（瀏覽日期：2015年11月1日）。

陳立昇（2015），疾病篩檢基本概念，http://www.hpa.gov.tw/BHPNet/Portal/File/ThemeDocFile/2007082059425/050427%E7%96%BE%E7%97%85%E7%AF%A9%E6%AA%A2%E5%9F%BA%E6%9C%AC%E6%A6%82%E5%BF%B5_2.pdf（瀏覽日期：2015年10月5日）。

陳彥驊（2015），濫用社群網站，人蛇集團效率高，臺灣醒報網站，https://tw.news.yahoo.com/%E7%A4%BE%E7%BE%A4%E7%B6%B2%E7%AB%99%E4%BE%BF%E4%BD%BF-%E4%BA%BA%E8%9B%87%E9%9B%86%E5%9C%98%E6%95%88%E7%8E%87%E6%8F%90%E5%8D%87-091523250.html（瀏覽日期：2015年10月1日）。

資策會科技法律研究所（2015），加拿大保護加拿大國民遠離網路犯罪法生效，保障國民免受網路霸凌，https://stli.iii.org.tw/ContentPage.aspx?i=6845（瀏覽日期：2015年11月12日）。

維基百科，網路犯罪公約，https://zh.wikipedia.org/wiki/%E7%B6%B2%E8%B7%AF%E7%8A%AF%E7%BD%AA%E5%85%AC%E7%B4%84（瀏覽日期：2015年10月1日）。

網絡安全法的立法定位、立法框架和制度設計，大陸地區網信網，2016年11月10日，http://www.npc.gov.cn/npc/lfzt/rlyw/2016-11/21/content_2002310.htm。

第十章

試論抗制毒品犯罪之法律機制之現況、困境與未來可行之發展方向

柯雨瑞、吳冠杰、黃翠紋

壹、前言

　　每年6月26日為禁止藥物濫用及非法販運國際日（International Day Against Drug Abuse and Illicit Trafficking），亦被稱為「世界反毒品日」（World Drug Day）。2019年世界反毒品日主題是「健康與司法」（Health for Justice. Justice for Health.），亦即強調正義與健康是毒品問題的一體兩面。根據《國際藥物管制公約》（International Drug Control Conventions）之規範與要求，需要各國研擬合作戰略，配合完整的刑事司法、衛生、警政、教育及社福等機關合作，俾有效共同解決世界毒品問題（UNODC, 2019）。

　　聯合國毒品暨犯罪問題辦公室（United Nations Office on Drug and Crime, UNODC）於2019年發布《世界毒品報告》（World Drug Report）指出，全球2017年約有2.71億人至少使用過一次毒品，約占世界人口15歲至64歲的5.5%，比2009年吸毒人口2.1億人多出30%。大麻依然是濫用吸毒首位，估計有1.88億人。全球毒品施用模式推陳出新，其中包括受管制藥物海洛因、古柯鹼、安非他命及大麻、新興影響精神物質（NPS）以及非醫療使用醫療藥品（UNODC, 2019）。

　　所謂「吸毒一時，毒害一世」，在全球人口之中，約3,500萬人正在

遭受施用毒品之危害、1,100萬人注射吸毒，其中140萬人感染愛滋病毒，據愛滋病規劃署（UNAIDS）統計，注射吸毒者感染愛滋病毒的可能性是一般人的二十二倍；560萬人感染C型肝炎，表示注射吸毒者近一半以上患有C型肝炎。2017年之統計約有58.5萬人因吸毒原因致死，其中半數的死亡係C型肝炎未經治療導致肝癌與肝硬化，顯示各國毒品預防及治療工作仍有精進之空間。

於2017年間，另尚有56個會員國，在其國內之中，至少在一所監獄提供鴉片藥物替代療法（opioid substitution therapy）；在監獄人口中，特別是在監獄中注射吸毒的人，成為愛滋病毒、C型肝炎暨開放性結核病（active tuberculosis）等傳染病的溫床，可見毒品引發衛生管理問題在各國監獄中應受重視。這也呼應2019年的主題「正義與健康」（UNODC, 2019），建議臺灣在毒品策略應該併行「蘿蔔與棒子」策略。全球鴉片的生產與古柯鹼的製造量屢創新高說明了毒品氾濫嚴重，1998年至2018年間查獲古柯鹼數量增加了74%，但是生產量也提高了50%（圖10-1），加強毒品查緝及國際相互合作之區塊，其有必要性。

2017年查獲古柯鹼的數量，達最高紀錄之1,275公噸，相對也打擊市場供應。另各國因應網路發達及犯罪手法更新，必須將毒品防制提高至國家安全層次，聯合國強調執法是解決毒品方案的一部分，各會員國宜加強國際合作以有效對抗毒品有組織犯罪組織（UNODC, 2019）。

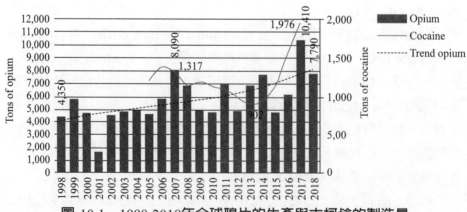

圖 10-1　1998-2018年全球鴉片的生產與古柯鹼的製造量

資料來源：World Drug Report 2019.

　　另歐盟毒品與毒癮監測中心（European Monitoring Centre for Drugs and Drug Addiction, EMCDDA）發布2019年《歐盟毒品報告》，歐盟統計2017年約9,600萬成年人吸食過毒品、120萬人接受過戒毒治療。大麻依然是使用最廣泛的毒品。歐盟28個會員國中約占14.4%（15-34歲），亦即，計約1,750萬的年輕人吸食過大麻。

　　又2012年至2017年，歐盟30歲以上所有年齡層的吸毒過量死亡人數都有所增加。圖10-2顯示，50歲以上年齡層的死亡人數新增了62%，而較年輕年齡層（20-29歲）的死亡人數穩定成長。歐盟提供或轉介毒品成癮者接受戒毒及替代治療（self-referral）仍然是進行專門戒毒醫療處遇的最常見途徑。輔導藥癮者之做法，最重要者，係由家屬參與支持占54%。進入歐盟專業戒毒治療系統的成癮者病患，約有17%由刑事司法系統轉介之，15%的受轉介者為衛生、教育及社福機關，包括其他戒毒中心（European Monitoring Centre for Drugs and Drug Addiction, 2019）。

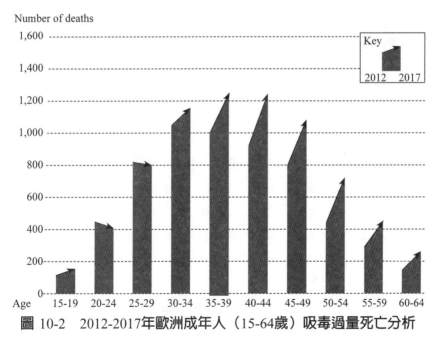

圖 10-2　2012-2017年歐洲成年人（15-64歲）吸毒過量死亡分析

資料來源：European Drug Report 2019: Trends and Developments.

另歐洲古柯鹼（Cocaine）走私利潤可觀，2017年歐盟警方聯合查緝破獲古柯鹼走私案件高達10萬4,000件，查獲古柯鹼總量達到140.4噸（圖10-3），約為2016年緝獲古柯鹼總量的兩倍，打擊毒品犯罪取締成效為歷年來新高，歐盟古柯鹼市場平均一公克市價在55-82歐元（約62-92美元）間，可見暴利驚人（European Monitoring Centre for Drugs and Drug Addiction, 2019）。

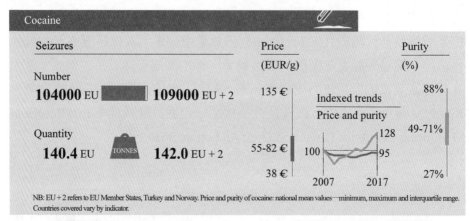

圖 10-3　歐盟、土耳其及挪威（EU+2）2017年古柯鹼市場查獲數量、市
　　　　　價及純度分析

資料來源：European Drug Report 2019: Trends and Developments.

歐盟警方分析近年毒品交易模式，利用智慧型手機下單躲避警方查緝，犯罪手法竟發展成「Uber化」趨勢。如地下黑市網路（darknet market places）、線上資訊加密技術（encryption）、利用社群網站並透過虛擬貨幣進行非法交易，以及販毒集團成立專門的「古柯鹼客製交易中心」（cocaine-exclusive call-centres）等（European Monitoring Centre for Drugs and Drug Addiction, 2019）。

聯合國毒品暨犯罪辦公室（United Nations Office on Drugs and Crime, UNODC）另公布2019年《東南亞跨國組織犯罪：演變、成長及影響報告》（Transnational Organized Crime in Southeast Asia: Evolution, Growth and Impact），此報告分析相當重要，因為多次提到臺灣。這幾年東南亞有組織犯罪集團大賺「黑心錢」，非法暴利達到有史以來最高。臺灣是東南亞毒品販運的據點之一，也是日韓毒品的主要來源國。近幾年來，合成新興毒品之製造走私販賣犯罪，在東南亞已成為不法獲利非常高之犯罪行為，此種之犯行，出乎意料之外地，竟發展成毒品上下游供應鏈商業經營模式，真正可謂是「毒家企業」。甲基安非他命市場，每年的價值高達303億至614億美元（圖10-4），另海洛因的價值每年高達87億至103億美元，也印證毒品市場係東南亞跨國組織犯罪9種類型犯罪中[1]，獲利最高的犯罪行為（UNODC, 2019）。

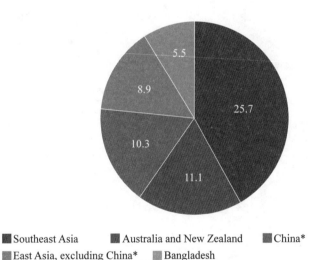

■ Southeast Asia　　　■ Australia and New Zealand　　　■ China*
■ East Asia, excluding China*　　　■ Bangladesh

Note: *China includes Hong Kong, China, Macau, China and Taiwan Province of China.
Figures were rounded to the first decimal place.
Source: UNODC estimates.

圖 10-4　東南亞甲基安非他命市場每年市場交易價值達303億至614億美元

資料來源：Transnational Organized Crime in Southeast Asia: Evolution, Growth and Impact (UNODC, 2019).

---

[1]　Transnational Organized Crime in Southeast Asia: Evolution, Growth and Impact (UNODC, 2019) Organized criminal groups mainly engage in illicit trade involving: (1)methamphetamine, (2)heroin, (3)trafficking in persons, (4)smuggling of migrants, (5)wildlife, (6)timber, (7)counterfeit goods, (8) illicit tobacco, (9)falsified medicines.

　　跨國犯罪組織以中國及泰國為據點，鎖定東南亞市場，並與臺灣的犯罪集團及《絕命毒師》合作，成為製造及走私甲基安非他命及其他合成毒品的幕後黑手。以前日本與南韓警方查扣走私的甲基安非他命多來自中國，其餘來自北美或國內製造，不過現在東南亞國家已逐漸成為2國甲基安非他命的主要來源，2018年日本警方查獲的甲基安非他命，東南亞是最大的來源區域（UNODC, 2019）。

　　自2016年，臺灣也成為轉運或出口國之一（孟維德，2013）。有證據顯示，從臺灣出口的乙酸酐（acetic anhydride），成為阿富汗警方所查獲

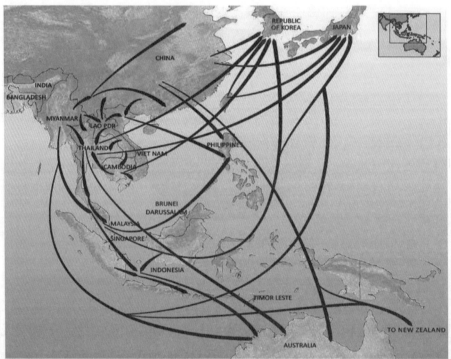

Note: Flow arrows represent the general direction of trafficking and do not coincide with precise sources of production or manufacture, are not actual routes, and are not weighted for significance/scale. Boundaries, names and designations used do not imply official endorsement or acceptance by the United Nations.
Sources: UNODC elaboration based on information from ARQ 2016 and 2017; Country drug situation briefings presented at the 2018 SMART Regional Workshop, Chiang Rai, Thailand, August 2018 and the Mekong Drugs and Precursor Trafficking Route Analysis workshop, Ho Chi Minh, Viet Nam, April 2018.

圖 10-5　2016-2018年東南亞甲基安非他命市場走私路線（臺灣為轉運及出口據點）

資料來源：Transnational Organized Crime in Southeast Asia: Evolution, Growth and Impact (UNODC, 2019).

製造海洛因之原料、毒品先驅物質，雖然臺灣並非在阿富汗查扣乙酸酐的主要來源國，但已顯示出臺灣的販毒集團，在東南亞毒品走私鏈之中，臺灣販毒集團扮演轉運或出口國角色（圖10-5），此一報告值得我國政府司法及相關機關高度重視之，並應儘速採取防制措施及查緝行動（UNODC, 2019）。

　　另本文提出有關於毒品犯罪之相關規範問題，在界定之觀點部分，共可以分為：犯罪觀、除刑（罪）化、醫療疾病觀及綜合性觀點；不同的界定觀點，可以採取不同的政策加以回應，詳如表10-1所述。

表 10-1　四種毒品刑事政策的界定觀點

不同之觀點	犯罪觀	除刑（罪）化	醫療疾病觀	綜合性觀點
毒品刑事政策的立論基礎	立基於一致觀的犯罪論，認為施用毒品是犯罪行為	無被害者之非道德犯罪行為	問題行為適應不良的結果	毒品施用者兼具有犯人及病人之雙重角色
主要基本之主張（問題界定方式）	社會主流文化主導下，專業官僚本位之權威取向	兼具威權暨濟助取向（戒毒方案）	協商取向的界定方式，濟助取向的界定內容，而認為毒癮是一種疾病，需要醫療協助加以戒治	結合專業官僚本位之權威取向，以及協商取向的界定方式
毒品政策最終之目標	實現社會正義	兼顧個人自由與阻遏性的防治效果	衛生防制、導正行為、減低社會成本	結合實現社會正義及衛生疾病之防制
政府干預模式	刑罰制裁（統治之威權工具）	行政罰鍰（柔性管制及誘因導向的方式）	醫療服務（諮商、戒治）	行政罰鍰（柔性管制及誘因導向的方式）及刑罰制裁雙重並進

註：本表轉引自：林淑卿（1997）[2]，毒品防治政策之問題界定：社會建構論的觀點，並經由本論文作者再參考許春金教授之毒品政策觀點，加以進一步改編而成。

---

[2] 林淑卿氏於其碩士論文〈毒品防治政策之問題界定：社會建構論的觀點〉之中，對於肅清煙毒條例時期的毒品刑事政策，係將其定位為犯罪觀；而對於毒品危害防制條例時期，則將其定位為除罪（刑）化的毒品刑事政策。就林淑卿氏的觀點，兩個階段的毒品刑事政策是可以作不同的區隔與分類，林氏認為毒品危害防制條例時期的毒品刑事政策業已逐步趨向於除罪（刑）化的毒品刑事政策。

　　因爲毒品與藥物濫用是相當嚴重之社會問題，如何加以控制，則是一個重要之課題。由於毒品犯罪是否屬於一種道德性之犯罪行爲，具有高度的爭議性，在抗制毒品犯罪之刑事政策分類方面，可以分爲四種毒品犯罪的控制手段，茲將四種毒品刑事政策的型態，分述如下（林淑卿，1997；許春金，2017）：

一、犯罪觀

　　犯罪觀著重於將施用毒品等違法行爲，視爲犯罪行爲，控制之方法，包括：使用刑事法令加以控制。許春金教授認爲毒品犯罪控制之策略，其包括：毒品來源之控制、攔截策略、執法打擊策略、處罰嚇阻策略。由犯罪觀所導引出來的毒品防制政策最終之目標，是實現社會正義。

二、除刑（罪）化觀點

　　除刑（罪）化觀點，又被稱爲不干預策略，則將施用毒品之行爲，等視同是無被害者之非道德犯罪行爲，主張要將毒品合法化。由除刑（罪）化觀點所導引出來的毒品政策目標，是兼顧個人自由與實施阻遏性的效果。

三、醫療疾病觀

　　醫療疾病觀，又稱爲矯治政策，則將施用毒品行爲，等視同是問題行爲適應不良的結果，重視毒品之戒治及處遇。由醫療疾病觀所導引出來的毒品政策目標，是重視衛生醫療服務（諮商、戒治）。

四、綜合性觀點

　　此論點是一種混合性之理論，著重於將毒品施用者定義爲兼具有犯人及病人之雙重角色。而由綜合性觀點所導引出來的毒品政策目標，是結合

實現司法正義及衛生疾病之防制。

貳、聯合國抗制毒品犯罪之國際文件

在毒品犯罪的相關規範方面，有必要對於國際社會現行之規範作一概略性之瞭解：《1961年修正麻醉品單一公約的議定書》（Single Convention on Narcotic Drugs, 1961）、《1971年影響精神物質公約》（Convention on Psychotropic Substances, 1971）、《1988年聯合國禁止非法販運麻醉藥品及精神藥物公約》（United Nations Convention Against Illicit Traffic in Narcotic Drugs and Psychotropic Substances, 1988）爲聯合國所制定之三大反毒公約。根據國際反毒公約及世界上大多數國家刑事法律之規定，非法製造、販運、銷售、持有及使用毒品，乃是被定義爲刑事犯行（王乃民，1999）。《1988年聯合國禁止非法販運麻醉藥品及精神藥物公約》中將毒品相關行爲加以犯罪化之規定，係規範於該公該之第3條之中。另附件中，亦對毒品之先驅化學品進行管制。

依據《1988年聯合國禁止非法販運麻醉藥品及精神藥物公約》第3條規定：「1. 各締約國應採取可能必要之措施，將下列故意行爲確定爲其國內法中的刑事犯罪：(a)(i)違反《1961年公約》、經修正的《1961年公約》或《1971年公約》的各項規定，生產、製造、提煉、配製、提供、兜售、分銷，出售、以任何條件交付、經紀、發送、過境發送、運輸、進口或出口任何麻醉藥品或精神藥物；(ii)違反《1961年公約》及經修正的《1961年公約》的各項規定，爲生產麻醉藥品而種植罌粟、古柯或大麻植物；(iii)爲了進行上述(i)目所列的任何活動，占有或購買任何麻醉藥品或精神藥物；(iv)明知其用途或目的是非法種植、生產或製造麻醉藥品或精神藥物而製造、運輸或分銷設備、材料或表一暨表二所列物質；(v)組織、管理或資助上述(i)、(ii)、(iii)或(iv)目所列的任何犯罪。(b)(i)明知財產得自按本項(a)款確定的任何犯罪或參與此種犯罪的行爲，爲了隱瞞或掩飾該財產的非法來源，或爲了協助任何涉及此種犯罪的人逃避其行爲的

法律後果而轉換或轉讓該財產；(ii)明知財產得自按本項(a)款確定的犯罪或參與此種犯罪的行為，隱瞞或掩飾該財產的眞實性質、來源、所在地、處置、轉移、相關的權利或所有權。(c)在不違背其憲法原則及其法律制度基本概念的前提下，(i)在收取財產時明知財產得自按本項(a)款確定的犯罪或參與此種犯罪的行為而獲取、占有或使用該財產；(ii)明知其被用於或將用於非法種植、生產或製造麻醉藥品或精神藥物而占有設備、材料或表一暨表二所列物質；(iii)以任何手段公開鼓動或引誘他人去犯按照本條確定的任何罪行或非法使用麻醉藥品或精神藥物；(iv)參與進行，合夥或共謀進行，進行未遂，以及幫助、教唆、便利暨參謀進行按本條確定的任何犯罪。

2. 各締約國應在不違背其憲法原則暨法律制度基本概念的前提下，採取可能必要的措施，在其國內法中將違反《1961年公約》，經修正的《1961年公約》或《1971年公約》的各項規定，故意占有、購買或種植麻醉藥品或精神藥物以供個人消費的行為，確定爲刑事犯罪。

3. 構成本條第1項所列罪行的知情、故意或目的等要素，可根據客觀事實情況加以判斷。」

依據上述《1988年聯合國禁止非法販運麻醉藥品及精神藥物公約》第3條第1項第(a)款第(i)目之規定，生產、製造、提煉、配製、提供、兜售、分銷，出售、以任何條件交付、經紀、發送、過境發送、運輸、進口或出口任何麻醉藥品或精神藥物，這些行為均是被加以犯罪化。上開公約第3條第3項則規定：「有關於構成本條第1項所列罪行的知情、故意或目的等要素，可根據客觀事實情況加以判斷。」

有關於毒品犯罪之本質方面，是一個相當具有爭議性、且涉及道德與法律之問題。標籤犯罪理論學家貝克（Becker Howard, S., 1963）創造及提出「moral entrepreneurs」一詞，許春金教授將其翻譯爲「道德企業家」，並引進至國內犯罪學領域之中。所謂之「道德企業家」，係指社會上之衛道人士或團體，其以人類道德或倫理爲己任，積極推展重視道德或倫理之運動，俾利改革社會中不正義及不公平之現象（Becker, 1963；許春金，2017）。

參、外國抗制毒品犯罪之法律機制

　　本文對於國外主要國家（地區）毒品管制法規的分析，主要是介紹於以下的7個國家（地區）：美國、英國、荷蘭、日本、香港特區、中國及新加坡等，分布美洲、歐洲及亞洲，並歸納、分析與比較，其毒品規範法制值得臺灣加以學習。

一、美國

　　首先介紹美國相關打擊、反制毒品法制，本文提出一相當驚人之統計數據，依美國疾病控制與預防中心（Centers for Disease Control and Prevention）1999年至2016年統計報告（圖10-6），顯示從2009年開始，美國吸毒過量導致的死亡人數，已經超過自殺、他殺、槍擊及車禍死亡人數。

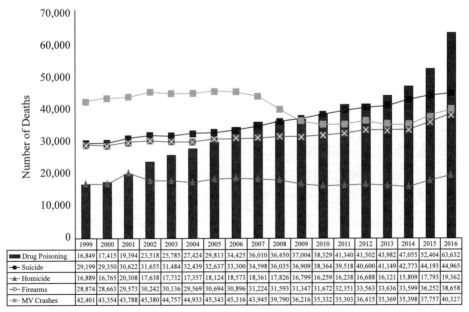

	1999	2000	2001	2002	2003	2004	2005	2006	2007	2008	2009	2010	2011	2012	2013	2014	2015	2016
Drug Poisoning	16,849	17,415	19,394	23,518	25,785	27,424	29,813	34,425	36,010	36,450	37,004	38,329	41,340	41,502	43,982	47,055	52,404	63,632
Suicide	29,199	29,350	30,622	31,655	31,484	32,439	32,637	33,300	34,598	36,035	36,909	38,364	39,518	40,600	41,149	42,773	44,193	44,965
Homicide	16,889	16,765	20,308	17,638	17,732	17,357	18,124	18,573	18,361	17,826	16,799	16,259	16,238	16,688	16,121	15,809	17,793	19,362
Firearms	28,874	28,663	29,573	30,242	30,136	29,569	30,694	30,896	31,224	31,593	31,347	31,672	32,351	33,563	33,636	33,599	36,252	38,658
MV Crashes	42,401	43,354	43,788	45,380	44,757	44,933	45,343	45,316	43,945	39,790	36,216	35,332	35,303	36,415	35,369	35,398	37,757	40,327

圖 10-6　1999-2016年美國5種主要原因致死死亡人數統計

資料來源：Centers for Disease Control and Prevention (2019).

　　2016年估計有63,632人死於吸毒過量，又比2015年人數多出21.4%，這些死亡者之中，有三分之二涉及施用鴉片類藥物。另依據美國國家防制藥物濫用研究院（National Institute on Drug Abuse）之數據顯示（圖10-7），2007年吸毒過量36,010人，2017年成長70,237人，又比2016年人數多出6.9%，其中47,600人（67.8%）涉及吸食鴉片類藥物（Scholl, L., Seth, P., Kariisa, M., Wilson, N., & Baldwin, G., 2019）。另依據美國國家衛生統計中心（The National Center for Health Statistics, NCHS）之數據顯示，2018年約72,287人死於鴉片類藥物過量，創下史上最高紀錄（The National Center for Health Statistics, 2018）。

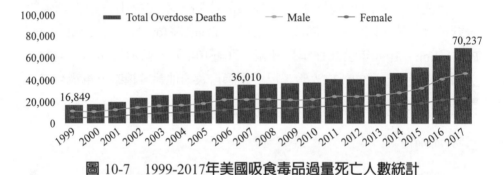

圖 10-7　1999-2017年美國吸食毒品過量死亡人數統計

資料來源：Centers for Disease Control and Prevention, National Center for Health Statistics (2018).

　　醫學博士Daniel Ciccarone研究美國歷史上經歷三波濫用類鴉片藥物過量致死的高峰，美國疾病管制與預防中心（圖10-8）統計顯示在第一波中，鴉片類處方止痛藥物（prescription opioid pills）係濫用致死的主因，2000年開始上升。第二波主要由海洛因取代，2007年開始明顯增加，並於2015年超越之。第三波高峰主要係芬太尼、類「芬太尼類物質」及其他合成鴉片類藥物成為致命主角，在2013年後，急速升高，計有3,105件。2017年，這波施用毒品之高峰，則達到史上最高點，造成28,466人死亡，人數增幅超過八倍（Ciccarone, D., 2019）。

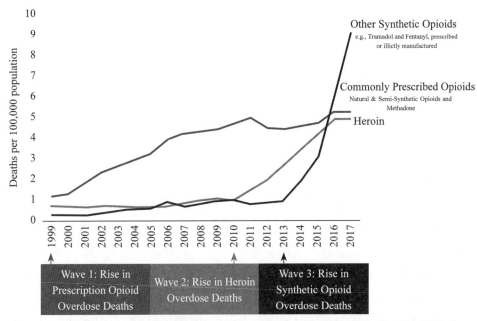

圖 10-8　1999-2017年美國歷史上經歷三波濫用類鴉片藥物過量致死的高峰圖

資料來源：Centers for Disease Control and Prevention, National Vital Statistics System Mortality File (2018).

　　美國毒品管制政策之演變，計可以區分爲以下數個發展時期：南北戰爭前的毒品（管制藥物）自由放任時期（-1865年）、南北戰爭後至20世紀前的濫用時期（1865-1900年）、初期管制時期（1900-1930年初）、初期禁毒時期（1930-1960年代）、嚴厲禁毒時期（1969-1992年）、禁毒及減少傷害並重時期（1992-1999年）（Bertram, 1996；楊瑞美，2003）與21世紀對抗鴉片類藥物時期（2000年迄今）。美國政府於19世紀時期，對於鴉片採取放任及自由之政策，此一時期鴉片之用途，係被使用於醫療之用，作爲治病之目的。進入20世紀之後，美國才開始管制鴉片之使用。於1930年代之後，美國開始展開禁毒活動。1970年代，由於人民吸食毒品造成治安與衛生問題，總統尼克森發起「反毒戰爭」（War on Drugs），採取嚴厲禁毒之毒品刑事政策。

　　1982年，總統雷根相當重視毒品問題，以傳統家庭價值、保守基督教道德與愛國主義等意識型態爲核心，以刑罰爲手段，運用軍事力量，同時結合美國聯邦相關之執法部門，共同對抗毒品犯罪（Bertram, 1996; Clutterbuck, 1995；楊瑞美，2003）。在1990年代，美國醫學團體對於毒品成癮者之意見及觀點，係強調毒癮之戒治工作，重視毒品之戒治，而較不贊同1980年代嚴格取締之毒品刑事政策（Polak, 2000；謝其演，2002）。1992年之後，美國毒品刑事政策改採禁毒及減少傷害並重之策略（楊瑞美，2003）。

　　1984年，美國國會通過《綜合犯罪控制法》（Comprehensive Crime Control Act of 1984），該法規定行爲人如將部分財產暨土地用於種植大麻，可以全部予以沒收。美國先後頒布了一系列之法律，如：《有組織犯罪及腐化組織防制條例》（Racketeer Influenced and Corrupt Organization Act，簡稱RICO）、《全面物質濫用防治及控制法》（Comprehensive Drug Abuse Prevention and Control Act, 1970）、《銀行保密法》（1970 Bank Secrecy Act）、《管制物質法》（Controlled Substances Act）、《洗錢防制法》（1986 Money Laundering Control Act）、《外國毒梟認定法案》（1999 Foreign Narcotics Kingpin Designation Act）、《防制走私合成劑暨防止過量用藥法案》（Synthetics Trafficking and Overdose Prevention Act，STOP Act）等（US Congress, 2019；高英東，1998）。

　　在1999年，美國爲打擊跨國販毒集團及其組織，實施經濟及其他金融制裁手段，以保護美國的國家安全，外交政策與經濟免受威脅，總統柯林頓簽署《外國毒梟認定法》（Foreign Narcotics Kingpin Designation Act, Kingpin Act）[3]，倘若違反《外國毒梟認定法》第七章之規定：毒梟將被判處最高十年的刑事處罰，併科高達1,000萬美元罰金；參與違反「外國毒梟認定法」的政府官員、執法者假借職務上之權力庇護及販毒組織主謀，將被處以最高三十年的監禁，及500萬美元的罰金。以上犯行，另處

---

[3] Library of Congress (2019), H.R. 3164 - Foreign Narcotics Kingpin Designation Act (1999), retrieved July 15, 2019, from https://www.congress.gov/bill/106th-congress/house-bill/3164.

100萬美元的民事懲罰賠償[4]。

2000年開始，隨著鴉片類藥物氾濫與致死案件升高，2015年美國緝毒局（U.S. Drug Enforcement Administration, DEA）發布有關芬太尼及芬太尼類物質／化合物（fentanyl and fentanyl analogues/compounds）危害的全國性公共健康與安全警告[5]，2016年7月總統歐巴馬簽署《綜合成癮與康復法案》（Comprehensive Addiction and Recovery Act of 2016, CARA）[6]，這是四十年來首次聯邦立法，針對解決鴉片類藥物成癮而採取的全面措施，主要有六大支柱：預防（prevention）、治療（treatment）、恢復（recovery）、執法（law enforcement ）、刑事司法改革（criminal justice reform）與治療鴉片類藥物成癮藥方補助（overdose reversal），該年12月又簽署《21世紀治癒法案》（21st Century Cures Act）[7]，其中針對海洛因與處方藥成癮問題，擴大鴉片類藥物治療計畫（opioid treatment

---

[4]　SEC. 7. ENFORCEMENT.

　　(a) CRIMINAL PENALTIES-

　　　　(1) Whoever willfully violates the provisions of this Act, or any license rule, or regulation issued pursuant to this Act, or willfully neglects or refuses to comply with any order of the President issued under this Act shall be-

　　　　　　(A) imprisoned for not more than 10 years,

　　　　　　(B) fined in the amount provided in title 18, United States Code, or, in the case of an entity, fined not more than $10,000,000, or both.

　　　　(2) Any officer, director, or agent of any entity who knowingly participates in a violation of the provisions of this Act shall be imprisoned for not more than 30 years, fined not more than $5,000,000, or both.

　　(b) CIVIL PENALTIES- A civil penalty not to exceed $1,000,000 may be imposed by the Secretary of the Treasury on any person who violates any license, order, rule, or regulation issued in compliance with the provisions of this Act.

　　(c) JUDICIAL REVIEW OF CIVIL PENALTY- Any penalty imposed under subsection (b) shall be subject to judicial review only to the extent provided in section 702 of title 5, United States Code.

[5]　DEA (2015), DEA Issues Nationwide Alert on Fentanyl as Threat to Health and Public Safety, retrieved from https://www.dea.gov/press-releases/2015/03/18/dea-issues-nationwide-alert-fentanyl-threat-health-and-public-safety.

[6]　Library of Congress (2019), S. 524 - Comprehensive Addiction and Recovery Act (2016), retrieved July 15, 2019, from https://www.congress.gov/bill/114th-congress/senate-bill/524/text.

[7]　Library of Congress (2019), H.R. 34 - 21st Century Cures Act (2016), retrieved July 15, 2019, from https://www.congress.gov/bill/114th-congress/house-bill/34.

programs）（Davis, C. S., 2019）。

2017年現任總統川普依美國疾病控制暨預防中心統計之2016年死於服藥過量之結果（Josh Katz, 2017），宣布美國出現「公共健康危機」，更是「鴉片危機」，美國成立防治毒癮暨鴉片類藥物危機委員會（President's Commission on Combatting Drug Addiction and the Opioid Crisis），並於2018年3月發布《防止鴉片類藥物濫用暨減少藥物供應及需求的倡議》（Initiative to Stop Opioid Abuse and Reduce Drug Supply and Demand），通過減緩過量採購（Reduce Demand and Over-Prescription）、取締非法供應（Cut off the supply of Illicit drugs），與提供成癮者治療方案，對抗鴉片類藥物的濫用危機（The White House, 2019）。美國大學教授Davis評論該法案旨在令藥物濫用之患者獲得護理與治療的支持，不過，卻沒有大幅改變聯邦政策，2017年仍有超過72,000美國人因濫用鴉片類藥物死亡（Davis, C. S., 2019）。

美國毒品的管制法規（USA Drug Controlled Laws），除了上述法律之外，尚包括：《化學物質販運法》（Chemical Diversion And Trafficking Act）、《管制藥物輸出輸入法》（Controlled Substances Import and Export Act）、《類似管制物質執行條例》（Controlled Substance Analogue Enforcement Act）及《防制甲基安非他命氾濫條例》（Combat Methamphetamine Epidemic Act, 2005）、《支持患者與社區法案》（SUPPORT for Patients and Communities Act）（US Congress, 2019）。

以下，擬就美國管制毒品的重要相關法規，介紹如下：

（一）1970年管制物質法

美國《1970年管制物質法》（Controlled Substances Act, CSA）是1970年《綜合藥物濫用預防及控制法》（Comprehensive Drug Abuse Prevention and Control Act of 1970）的第二部分，為美國緝毒局（DEA）打擊濫用藥物與其他物質的法律依據，其規定：製造、進口、擁有、使用暨分銷管制麻醉品、興奮劑、抑製劑、迷幻劑、合成代謝類固醇暨其他化學品，應

受到政府之監管[8]。該法由兩個子章節組成。第一章定義了附表一至五，列出了受控物質生產中使用的化學品，規定禁止非法生產受控物質的麻醉品、興奮劑、抑製劑、迷幻劑、合成代謝類固醇及化學品的生產及銷售。該法案主要公告修正管制藥物分級及品項，用於管理物質，以加強管制藥品之流向管控，並取消了強制性最低刑罰。

根據管制藥物的價值、傷害程度、濫用上癮的程度，將管制藥物分爲五個等級表：第一級管制藥品最危險，且比較沒有醫療上的作用；相對的，第五級管制藥品傷害程度就比較低，並區分了受控物質的合法暨非法製造、分配暨擁有，包括擁有供個人使用的附表一藥物。本分章尚規定違規的罰金金額暨監禁期限，第二章則規範受控物質的出口暨進口法律，再次規定違法行爲的罰金額度及監禁條款（Drug Enforcement Administration: Office of Diversion Control. United States Department of Justice, 2019）。

（二）1986年洗錢防制法

美國總統雷根在1986年通過《洗錢防制法》（Money Laundering Control Act），該法係1986年《反毒品濫用法》（Anti-Drug Abuse Act）中的第一篇H部分，收錄在《美國法典》（U.S. Code）第18篇，第1956節貨幣工具洗錢罪與第1957節特定非法行爲所得貨幣工具交易罪之中[9]，表示該法制定的背景與目的，在於打擊販毒集團洗錢。依違反金融交易

---

[8]　The Controlled Substances Act (CSA). Title II of the Comprehensive Drug Abuse Prevention and Control Act of 1970 is the federal U.S. drug policy under which the manufacture, importation, possession, use and distribution of certain narcotics, stimulants, depressants, hallucinogens, anabolic steroids and other chemicals is regulated. Accessed July 20, 2019 at http://www.deadiversion.usdoj.gov/schedules/.

[9]　Library of Congress (2019), H.R. 5077 - Money Laundering Control Act of 1986 (1986), retrieved July 20, 2019, from https://www.congress.gov/bill/99th-congress/house-bill/5077.

（financial transaction）[10]與貨幣工具交易（monetary instruments）[11]的行為，可分為以下四個罪名（王新，2009）：

1. 金融交易洗錢罪

該罪規定在《美國法典》第18篇第1956節(a)(1)條文[12]，所禁止的行為，係為金融交易（financial transaction），在《美國法典》第18篇第1956節(c)(4)項的規定中，指與銀行及金融機構交易，並涉及貨幣工具與其他形式的交易行為。該罪是指行為人在明知之意圖下，所進行金融交易是特定非法行為[13]的收益。

---

[10] The term "financial transaction" means (A) a transaction which in any way or degree affects interstate or foreign commerce (i) involving the movement of funds by wire or other means or (ii) involving one or more monetary instruments, or (iii) involving the transfer of title to any real property, vehicle, vessel, or aircraft, or (B) a transaction involving the use of a financial institution which is engaged in, or the activities of which affect, interstate or foreign commerce in any way or degree.

[11] The term "monetary instruments" means (i) coin or currency of the UnitedStates or of any other country, travelers' checks, personal checks, bank checks, and money orders, or (ii) investment securities or negotiable instruments, in bearer form or otherwise in such form that title thereto passes upon delivery.

[12] (a) (1)Whoever, knowing that the property involved in a financial transaction represents the proceeds of some form of unlawful activity, conducts or attempts to conduct such a financial transaction which in fact involves the proceeds ofspecified unlawful activity-
(A)
  (i) with the intent to promote the carrying on of specified unlawful activity; or
  (ii) with intent to engage in conduct constituting a violation of section 7201 or 7206 of the Internal Revenue Code of 1986; or
(B)knowing that the transaction is designed in whole or in part-
  (i) to conceal or disguise the nature, the location, the source, the ownership, or the control of the proceeds of specified unlawful activity; or
  (ii) to avoid a transaction reporting requirement under State or Federal law, ...

[13] (7) the term "specified unlawful activity" means-
(A) any act or activity constituting an offense listed in section 1961(1) of this title except an act which is indictable under subchapter II of chapter 53 of title 31;
(B) with respect to a financial transaction occurring in whole or in part in the United States, an offense against a foreign nation involving-
  (i) the manufacture, importation, sale, or distribution of a controlled substance (as such term is defined for the purposes of the Controlled Substances Act);
  (ii) murder, kidnapping, robbery, extortion, destruction of property by means of explosive or fire, or a crime of violence (as defined in section 16); ...

2. 跨境洗錢罪

　　該罪規定在《美國法典》第18篇第1956節(a)(2)條文，禁止運輸（transport）、傳遞（transmit）、移轉（transfer）、隱藏（conceal）、掩飾（disguise）、逃避（avoid）犯罪收益（proceeds）行為[14]。

3. 臥底誘捕行動洗錢罪

　　該罪規定在《美國法典》第18篇第1956節(a)(3)條文，是指對於執法人員已聲明、報告（represent），針對特定非法行為收益的財產，行為人卻有意或企圖實施金融交易的行為，可處二十年以下有期徒刑或併科罰金[15]。

4. 貨幣交易洗錢罪

　　該罪規定在《美國法典》第18篇第1957節(a)條文，指行為人明知某貨幣交易價值超過1萬美元以上，且該收益係源於特定非法行為時，仍進行該交易者，處以二十年以下有期徒刑或併科該交易價值二倍以下之罰

---

[14] (2) Whoever transports, transmits, or transfers, or attempts to transport, transmit, or transfer a monetary instrument or funds from a place in the United States to or through a place outside the United States or to a place in the United States from or through a place outside the United States-
(A) with the intent to promote the carrying on of specified unlawful activity; or
(B) knowing that the monetary instrument or funds involved in the transportation, transmission, or transfer represent the proceeds of some form of unlawful activity and knowing that such transportation, transmission, or transfer is designed in whole or in part-
　(i) to conceal or disguise the nature, the location, the source, the ownership, or the control of the proceeds of specified unlawful activity; or
　(ii) to avoid a transaction reporting requirement under State or Federal law, ...

[15] (3) Whoever, with the intent-
(A) to promote the carrying on of specified unlawful activity;
(B) to conceal or disguise the nature, location, source, ownership, or control of property believed to be the proceeds of specified unlawful activity; or
(C) to avoid a transaction reporting requirement under State or Federal law, conducts or attempts to conduct a financial transaction involving propertyrepresented to be the proceeds of specified unlawful activity, or property used to conduct or facilitate specified unlawful activity, shall be fined under this title or imprisoned for not more than 20 years, or both. For purposes of this paragraph and paragraph (2), the term "represented" means any representation made by a law enforcement officer or by another person at the direction of, or with the approval of, a Federal official authorized to investigate or prosecute violations of this section.

金[16]。

（三）類似管制物質執行條例（或稱為「聯邦類似管制物質法」）

美國總統雷根在1986年通過《類似管制物質執行條例》（Controlled Substance Analogue Enforcement Act），本條例又常被稱為《聯邦類似管制物質法》（Federal Analogue Act），該法係1986年《反毒品濫用法》（Anti-Drug Abuse Act）中的第一篇E部分[17]，也是美國抗制新興毒品之利器。1996年美國聯邦第11上訴法院曾裁判「美國《類似管制物質執行條例》」之「實質相似性」不確定法律概念及類推適用之機制是合憲之規定，該法被收錄於美國聯邦法典彙編第21編第813條及第802條第32項之中，該法係使用不確定法律概念，假若某一物質（興奮劑、鎮定劑、幻覺劑）的化學結構，類似於現行受到管制的某一種毒品之化學結構，雖然兩者不完全相同，但只要是化學結構相似，或是該不明物質對於人類中樞神經產生興奮、鎮定、幻覺效果，則美國政府緝毒局可以引用「類似管制物質執行條例」上述規定，對該人進行刑事追訴（林健陽、謝立功、范國勇、陳玉書，2005）。

由於《類似管制物質執行條例》規範中之「實質相似性」，係為法律上之不確定法律概念，故很多人對於該法是否合憲相當懷疑？因該法具有爭議性，故常常引發毒犯聘請律師，控訴該法違反《憲法》，主要爭點是該法中之「實質相似性」，係為不明確、相當模糊的概念，很多毒犯主張

---

[16] (a) Whoever, in any of the circumstances set forth in subsection (d), knowingly engages or attempts to engage in a monetary transaction in criminally derived property of a value greater than $10,000 and is derived from specified unlawful activity, shall be punished as provided in subsection (b).

(b) (1)Except as provided in paragraph (2), the punishment for an offense under this section is a fine under title 18, United States Code, or imprisonment for not more than ten years or both. If the offense involves a pre-retail medical product (as defined in section 670) the punishment for the offense shall be the same as the punishment for an offense under section 670 unless the punishment under this subsection is greater.

(2) The court may impose an alternate fine to that imposable under paragraph (1) of not more than twice the amount of the criminally derived property involved in the transaction.

[17] Library of Congress (2019), H.R. 5484 - Anti-Drug Abuse Act of 1986 (1986), retrieved July 20, 2019, from https://www.congress.gov/bill/99th-congress/house-bill/5484.

他們不知道其行為是違法的。由於此一爭議性相當大，絕大部分的司法判決，均是支持美國緝毒局所主導之《類似管制物質執行條例》，相當有名的一個判決，則是1996年美國聯邦第11上訴法院裁判，判例的編號為Nos. 93-3456、94-2662和94-2797（林健陽、謝立功、范國勇、陳玉書，2005）。

　　該案的被告為Carlson、Leveriza以及Franz三人，以下本文將本案簡稱為1996年第11上訴法院Carlson案。Carlson案之判決結果，美國聯邦第11上訴法院的巡迴上訴法官，支持佛羅里達中部地區法院的判決，亦即，「美國《類似管制物質執行條例》」之「實質相似性」不確定法律概念係為合憲，該概念並不違憲，維持原判，被告三人均違反「美國《類似管制物質執行條例》」，必須接受刑事制裁。1996年第11上訴法院Carlson案的判決，是一個合議庭，共有三位聯邦第11上訴法院的巡迴上訴法官Edmondson、Dubina、Logan共同審理，該判決文由資深的巡迴上訴法官（Senior Circuit Judge）Logan主筆。

　　根據美國聯邦法典彙編第21編第802條第32項第A款（此一部分，亦即美國《類似管制物質執行條例》之法律規範）之規定，類似管制物質之定義如下所述（林健陽、謝立功、范國勇、陳玉書，2005）：「除了本條第(C)款另為規定之外，所謂類似管制物質（controlled substance analogue）之定義，其意指某一項物質是：(i)該某一項物質的化學結構式，是與現行在附表一及附表二中受到管制之物質，在化學結構式上，具有「實質相似性」（substantially similar）；(ii)某一項物質所具有對於人類中樞神經產生興奮、鎮定、幻覺效果，是與現行在附表一及附表二中受到管制物質之效果，具有「實質相似性」或是大於現行受到管制的物質之效果；或者(iii)就某一位特定人而言，某一項物質會對該人顯示或傾向於具有對於人類中樞神經產生興奮、鎮定、幻覺之效果，是與現行在附表一及附表二中受到管制物質之效果，具有「實質相似性」或是大於現行受到管制的物質之效果[18]。

---

[18] Section 802 of the Controlled Substances Act (21 U.S.C. 802) is amended by adding at the end thereof the following:

另外，根據美國聯邦法典彙編第21編第813條規定：「類似之管制物質，就某一種程度而論，是針對人類消費之目的，而以聯邦法律中附表一或附表二的管制物質加以管制及處理。」

Carlson、Leveriza以及Franz被告等三人上訴主張，他們未被受到公正及適當之警告，告知他們製造及銷售MDMA是違法的，同時，《類似管制物質執行條例》之法律規範，並未包括起訴或不起訴之起訴裁量標準。佛羅里達法院之原判，引述相關法院支持《類似管制物質執行條例》之判決，諸如（林健陽、謝立功、范國勇、陳玉書，2005）：

1. United States v. Hofstatter, 8 F.3d 316 (6th Cir.1993)（第6巡迴上訴法院判決）；

2. United States v. Granberry, 916 F.2d 1008 (5th Cir.1990)（第5巡迴上訴法院判決）；

3. United States v. Desurra, 865 F.2d 651 (5th Cir.1989)（第5巡迴上訴法院判決）；

4. United States v. Raymer, 941 F.2d 1031, 1045-46 (10th Cir.1991)（第10巡迴上訴法院判決）。

上訴之判決文，均認同MDMA在《類似管制物質執行條例》之規範下，已符合類似管制物質之定義。另外，佛羅里達法院亦引用加州法院People v. Silver案（230 Cal.App.3d 389, 394-95, 281 Cal.Rptr. 354 (2 Dist.1991)）判決，該法律亦使用《類似管制物質執行條例》之規範用語，將MDMA列入類似管制物質中加以管制。佛羅里達法院之原判，引

---

(32)(A) Except as provided in subparagraph (C), the term "controlled substance analogue" means a substance-

(i) the chemical structure of which is substantially similar to the chemical structure of a controlled substance in schedule I or II;

(ii) which has a stimulant, depressant, or hallucinogenic effect on the central nervous system that is substantially similar to or greater than the stimulent, depressant, or hallucinogenic effect on the central nervous system of a controlled substance in schedule I or II; or

(iii) with respect to a particular person, which such person represents or intends to have a stimulant, depressant, or hallucinogenic effect on the central nervous system that is substantially similar to or greater than the stimulant, depressant, or hallucinogenic effect on the central nervous system of a controlled substance in schedule I or II.

述相關支持《類似管制物質執行條例》之判決，駁回被告上述之辯解（林健陽、謝立功、范國勇、陳玉書，2005）。

　　本案法官Logan引用第6巡迴上訴法院判決United States v. Hofstatter案（8 F.3d 316 (6th Cir.1993)）加以論述。在Hofstatter案中，第6巡迴上訴法院有曾針對《類似管制物質執行條例》之「實質相似性」的法律用語（被收編於美國聯邦法典彙編第21編第802條第32項(A)(i)）加以討論。第6巡迴上訴法院審理結果，認為「類似管制物質執行條例」之「實質相似性」的法律用語，是相當充分地清楚，第6巡迴上訴法院指出：「美國聯邦法典彙編第21編第813條規定之針對人類消費之目的的法律規定，能夠有效地阻止及妨礙《類似管制物質執行條例》被專斷或歧視性地實施。同時，該法亦允許合法之使用，諸如培養物質之結晶體」。

　　在1986年最終施行辦法，將MDMA列入法律附表加以管制之行政辦法，但在1987年，聯邦第1上訴法院Grinspoon案件判決文中，聯邦第1上訴法院宣布美國1986年最終施行辦法有關附表一管制MDMA之規定失效，在聯邦第1上訴法院宣布1986年最終施行辦法有關附表一管制MDMA之規定失效之後，聯邦緝毒局是否有必要重新舉辦將MDMA列入法律附表加以管制之聽證會？Carlson、Leveriza以及Franz被告等三人主張，聯邦緝毒局因未重新舉辦將MDMA列入法律附表加以管制之聽證會，故其管制失效，但此種主張，不被本案巡迴上訴法官LOGAN所採用（林健陽、謝立功、范國勇、陳玉書，2005）。

　　在1984年，聯邦緝毒局行政主管官打算將MDMA列入法規附表加以管制，在1985年初，聯邦緝毒局行政主管官舉辦一系列將MDMA列入法律附表一中加以管制之聽證會。在1985年為期九天之聽證會中，行政法庭之法官共計聽取33場次之證言，並檢視95項之證據。出人意料之外地，行政法庭之法官認為MDMA應列入法律附表三中，可被醫療目的所使用；同時在醫療監督下，MDMA之使用具有安全性，政府不用針對MDMA可能受到濫用而提升其管制之層級。聯邦緝毒局行政主管官對於行政法庭法官上述建言，並未採用，同時，在缺乏美國聯邦糧食及藥物署（FDA）的科學試驗及同意下，而將MDMA正式列入1986年最終施行辦法附表一中

加以管制（林健陽、謝立功、范國勇、陳玉書，2005）。

在1987年時，於Grinspoon v. DEA判決（828 F.2d 881 (1st Cir.1987)）中，第1巡迴上訴法官廢止1986年最終施行辦法附表一中有關管制MDMA之法律效力。在聯邦第1上訴法院宣布1986年最終施行辦法失效之後，聯邦緝毒局是否有必要重新舉辦將MDMA列入法律附表加以管制之聽證會？這是有爭議的。被告認為聯邦緝毒局有必要重新舉辦將MDMA列入法律附表加以管制之聽證會，但不為本案法官Logan所接受（林健陽、謝立功、范國勇、陳玉書，2005）。

於Grinspoon v. DEA（Grinspoon控告美國緝毒局案，828 F.2d 881 (1st Cir.1987)）判決文中，第1巡迴上訴法官為何會廢止1986年最終施行辦法中將MDMA列入法律附表加以管制之法律效力，並將本案退回給緝毒局，請該局重新考量？第1巡迴上訴法官認為，根據美國聯邦法典彙編第21編第812條(b)(1)(B)與(C)的規定，將MDMA列入法律附表加以管制，需要美國聯邦糧食及藥物署（FDA）的科學試驗及同意，同時，對於需要MDMA被濫用的證據。在1988年3月23日，美國聯邦緝毒局行政主管官另行發布1988年最終施行辦法，在該辦法之附表一，用以管制MDMA（林健陽、謝立功、范國勇、陳玉書，2005）。

美國聯邦法典彙編第21編第802條第34項之中，針對化學物質之附表一清單的各式種類，有作出清楚之界定，這些化學物質，係為充當各式毒品之失驅化學物質，另外，同條第35項之中，亦針對化學物質之附表二清單之種類，作出清楚之規範，這些化學物質，亦可能被充當各式毒品之失驅化學物質，以上之附表一及附表二，均受到美國政府嚴格之管控，以免被濫用作毒品之失驅化學物質。

（四）1988年化學物質販運法

《化學物質販運法》（Chemical Diversion And Trafficking Act）在1988年制定，主要是為了管制化學物質的輸出入，同時列出詳細的清單與申請流程來補充修正CSA之用。輸出入口商根據本法規申請合法進出入口化學物質、製造及封裝機，而需要對於每筆交易負責，對於每次交易對象

[6]

要能確實符合法規之規定，因此在紀錄之中，使用者需要記錄交易的項目，交易的流向、交易的數量，交易物質狀況的描述，交易的整個流程，這整個資料要隨時能被檢調取得。除此之外，聲請管制化學物質的人需要保留交易的紀錄，如果是列管先驅化學物質或是化學片狀藥物，交易紀錄需要保留四年；若是生活上必要的管制化學藥物，交易紀錄則只要保留二年即可[19]。相關的資料需要向司法部門提出，司法人員針對異常的不尋常的交易、憑空消失未列入紀錄中的化學物質需要加以調查追蹤。根據《管制藥物輸出輸入法》（Controlled Substances Import and Export Act）的規定，輸出入管制化學物質者需要在交易發生的前十五天通知檢調單位，如果檢調懷疑交易有問題者，檢調單位可以取消申請者的輸出入許可，並發通知書給交易者停止其交易的進行（林健陽、謝立功、范國勇、陳玉書，2005）。

　　如果有人未經過允許擁有管制化學藥物，意圖製造管制藥物、或是有合理的理由讓人相信意圖將這些物質拿來做成管制藥物，將依法處以罰金或十年以下有期徒刑，或併罰[20]；若意圖散布管制藥學藥物，將依法處以罰金或五年以下有期徒刑，或併罰；如果有人故意出入口化學物質用來製造管制藥物來販賣，或是檢調有合理的理由相信出入口商以製造管制藥物為目的進出口管制化學藥物，將依法處以罰金或十年以下有期徒刑或併罰[21]（林健陽、謝立功、范國勇、陳玉書，2005）。

---

[19] (A)For 4 years after the date of the transaction, if the listed chemical is a precursor chemical or if the transaction involves a tableting machine or an encapsulating machine.

(B)For 2 years after the date of the transaction, if the listed chemical is an essential chemical.

[20] (a) ADDITIONAL OFFENSES- Section 401(d) of the Controlled Substances Act (21 U.S.C. 841(d)) is amended to read as follows:

(d) Any person who knowingly or intentionally-

(1) possesses a listed chemical with intent to manufacture a controlled substance except as authorized by this title; ...

shall be fined in accordance with title 18, United States Code, orimprisoned not more than 10 years, or both.

[21] (c) PENALTY FOR IMPORTATION OR EXPORTATION-

Controlled Substances Import and Export Act is amended-

(d) Any person who knowingly or intentionally-

(1) imports or exports a listed chemical with intent to manufacture a controlled substance in

（五）防制甲基安非他命氾濫條例

美國總統布希於2006年通過《防制甲基安非他命氾濫條例》（Combat Methamphetamine Epidemic Act），本條例透由許多的管制措施，加強對於麻黃素（Ephedrine）、假麻黃素（Pseudoephedrine）、苯丙醇胺（Phenylpropanolamine, PPA）與去甲麻黃素（Phenylpropanolamine）之非處方藥製劑（Over-the-Counter, OTC drugs），控管監控製毒組織取得製造甲基安非他命原料（林健陽、柯雨瑞，2006）。

（六）支持毒品病患與社區法案

因應美國新鴉片成癮危機，總統川普於2018年10月簽署《支持毒品病患與社區法案》（SUPPORT for Patients and Communities Act），該法案旨在尋找治療疼痛的替代性藥物及療法，以遏制鴉片類止痛藥物氾濫。這個計畫用於資助各州暨地區的鴉片類藥物預防、治療暨康復服務。該法案包括加強執法的條款，公共衛生，醫療保健貸款及保險，亦包括醫療保險暨醫療補助。該立法對鴉片類藥物的生產暨銷售進行了更嚴格的監督；並限制醫療用途之處方箋之鴉片類藥物的範圍。它還擴大藥物濫用患者的治療服務補助及申請途徑，另亦擴展如何使用鴉片類藥物之教育，及訓練計畫（Congressional Research Service, 2019）。

該法案由八個章節組成[22]——第一章：解決鴉片類藥物危機的醫療聯邦補助條款（Medicaid Provisions to Address the Opioid Crisis）；第二章：解決鴉片類藥物危機的醫療聯邦保險條款（Medicare Provisions to Address the Opioid Crisis）；第三章：美國食品暨藥品管理局（FDA）

---

violation of this title or, in the case of an exportation, in violation of the law of the country to which the chemical is exported.

(2) imports or exports a listed chemical knowing, or having reasonable cause to believe, that the listed chemical will be used to manufacture a controlled substance in violation of this title or, in the case of an exportation, in violation of the law of the country to which the chemical is exported shall be fined in accordance with Title 18, United States Code, or imprisoned not more than 10 years, or both.

[22] Library of Congress (2019). H.R. 6 - SUPPORT for Patients and Communities Act (2018), retrieved July 20, 2019, from https://www.congress.gov/bill/115th-congress/house-bill/6.

與管制物質規定（FDA and Controlled Substance Provisions）；第四章：預算補償（Offsets）；第五章：其他醫療補助規定（Other Medicaid Provisions）；第六章：其他醫療保險規定（Other Medicare Provisions）；第七章：公共衛生規定（Public Health Provisions）；第八章：補充規定（Miscellaneous）。

（七）防制走私合成劑暨防止過量用藥法案

總統川普於2018年11月簽署《防制走私合成劑暨防止過量用藥法案》（Synthetics Trafficking and Overdose Prevention Act, STOP Act，簡稱《STOP法案》）[23]，此STOP法案的目的是防止國際販毒集團利用郵政寄送漏洞，販賣芬太尼、鴉片合成類藥物或其他包含麻醉或成癮成分的毒品至美國，主要由美國海關及邊境保護局（U.S. Customs and Border Protection, CBP）協調美國郵政總局（United States Postal Service, USPS）配合攔查芬太尼、鴉片合成類藥物或其他包含麻醉或成癮成分的毒品。

依據《STOP法案》第三章之要求，USPS在不違反第四章國際郵政協議下，在第一關落實郵包預報電子資料（Advance Electronic Data, AED）之審核工作，並強制USPS向CBP提交「包裹清單詳細資訊」[24]，CBP將篩選並攔截可疑包裹並從源頭國家實施追查[25]。

---

[23] Library of Congress (2019). H.R. 5788 - STOP Act of 2018 (2018), retrieved July 20, 2019, from https://www.congress.gov/bill/115th-congress/house-bill/5788.

[24] (iv) Regulations prescribed under clause (i) shall allow for the requirements for the transmission to the Commissioner of information described in paragraphs (1) and (2) for mail shipments described in clause (i) to be implemented in phases, as appropriate, by-
  (I) setting incremental targets for increasing the percentage of such shipments for which information is required to be transmitted to the Commissioner; and
  (II) taking into consideration-
    (aa) the risk posed by such shipments;
    (bb) the volume of mail shipped to the United States by or through a particular country; and
    (cc) the capacities of foreign postal operators to provide that information to the Postal Service.

[25] (II) If remedial action is warranted in lieu of refusal of shipments pursuant to subclause (I), the Postmaster General and the Commissioner shall take remedial action with respect to the shipments, including destruction, seizure, controlled delivery or other law enforcement initiatives, or correction of the failure to provide the information described in paragraphs (1) and (2) with respect to the shipments.

　　該法案共有九章——第一章：目錄（Short Title; Table of Contents）；第二章：海關執行費用（Customs Fees）；第三章：包裹詳細資訊（Mandatory Advance Electronic Information for Postal Shipments）；第四章：國際郵政協議（International Postal Agreements）；第五章：費用補償（Cost Recoupment）；第六章：針對非法毒品高科技偵測系統技術的發展（Development of Technology to Detect Illicit Narcotics）；第七章：郵政運輸民事處罰（Civil Penalties for Postal Shipments）；第八章：關於違反抵達、報告、入境、通關要求以及偽造或虛假貨單的報告（Report on Violations of Arrival, Reporting, Entry, and Clearance Requirements and Falsity or Lack of Manifest）；第九章：生效日期與相關規定（Effective Date; Regulations）。

二、英國

　　英國2017年毒品戰略（The UK 2017 Drug Strategy）以兩個總體目標解決非法藥物問題：1.減少非法暨其他有害藥物使用；2.提高人們從毒品依賴之中恢復的速度。這些目標有四個關鍵主題支援：1.減少需求（reducing demand）；2.限制供應（restricting supply）；3.建設復原（building recovery）；4.全球行動（global action）（United Kingdom Country Drug Report, 2019）。

　　英國於1830年代之後，有關鴉片遭受英國民眾濫用之問題，逐漸引發社會高度之重視與關注。在19世紀下半葉之後，英國政府開始運用刑罰控管鴉片。根據《1851年預防犯罪法》（1851 Act for the Better Prevention of Offences）之處罰規定，該法特別針對利用毒品作為犯罪的工具，諸如罪犯利用氯仿（chloroform）、鴉片劑（laudanum）等麻醉物品進行犯罪的活動科處刑罰。另依據《1861年人身犯罪法》（Offences Against the Person Act of 1861），其處罰範圍也擴張及於任何提供或意圖提供他人吸食鴉片者（Berridge, 1987；謝其演，2002）。

　　在英國管制毒品之法規方面，英國防制毒品（管制藥物）濫用之相

關防制法令，共計分為：英國《1971年藥物濫用條例》（Misuse of Drugs Act 1971）、《1994年毒品走私條例》（Drug Trafficking Act）、《2005年藥物條例》（Drugs Act 2005）以及《2016年新興影響精神物質法》（Psychoactive Substances Act 2016）。

（一）英國藥物濫用條例

英國國會於1971年頒布《1971年英國藥物濫用條例》（Misuse of Drugs Act 1971）[26]，對英國而言，該條例仍是主要的反毒法律。後於2005年新頒布《2005年藥物條例》，並於該條例之中，明文增加、修改《1971年英國藥物濫用條例》的舊條文。有關於英國藥物濫用條例的重要規定，如下所述。

1. 成立英國藥物濫用防制諮詢委員會

根據《1971年英國藥物濫用條例》第1條的規定，「英國藥物濫用防制諮詢委員會」（The Advisory Council on the Misuse of Drugs, ACMD）成立之法源，係規範於附件一之中。委員會成立的宗旨，係要監控英國社會有可能會遭受濫用之毒品，或現業已遭受濫用之毒品，並向相關部會的部長提供適切的毒品管理政策之建言（U.K. The National Archives, 2019）。

2. 毒品（管制藥品）共分為Class A、B、C及臨時列管等四類

《1971年英國藥物濫用條例》整部法律共有六個附件，其中的第二個附件，專門用於規劃毒品（管制藥品）（Controlled Drugs）之種類，將受管制之藥物分為Class A、B、C及臨時列管（Temporary Class）等四類。

3. 以刑事制裁手段抗制藥物濫用

在《1971年英國藥物濫用條例》第四個附件中，專門用於規範各類犯罪行為的刑事制裁手段與額度。主要是分為兩種，第一種是對於較輕微之毒品犯罪，採取刑事簡易程式，另外則是可以加以起訴之毒品犯罪。在刑罰之額度方面，該條例廢止使用死刑。後於《1985年受管制藥物（處

---

[26] The National Archives (2019), Misuse of Drugs Act 1971, retrieved 1 July 2019, from https://www.legislation.gov.uk/ukpga/1971/38/contents.

罰）法》（Controlled Drugs (Penalties) Act 1985）修訂了《1971年英國藥物濫用條例》與1979年《海關暨消費稅管理法》（Customs and Excise Management Act 1979），增加進口、生產或供應A類藥物或有意供應A類藥物的最高刑罰，處十四年至無期徒刑[27]。

4. 毒品犯罪刑事制裁之重點在於生產、供給、持有、運輸、栽種及施用

依據《1971年英國藥物濫用條例》第4條之規定，生產、供給及提供毒品，仍屬於犯罪之行為，其中第四個附件之中，法官可以對於毒品犯判處最高之額度為有期徒刑十四年並科罰金之刑事制裁。依該條例第8條之規定，涉及生產、供給及提供毒品的未遂犯行，仍是必須受到刑事制裁。

在施用及吸食毒品方面，仍是一種犯罪行為，依該條例第9條之規定[28]，吸食鴉片仍是一種犯罪行為，必須受到刑罰制裁。相較於生產、供給、持有、運輸、栽種，有關施用及吸食毒品方面，英國民眾之態度，是用較低的道德標準來檢視這一個問題，亦即，較易被民眾接受的。

（二）英國1994年毒品走私防制條例

《1994年毒品走私防制條例》（Drug Trafficking Act 1994）[29]計有六十九條、三個法律附件。在該條例之中，上開之六十九條法律條文，係

---

[27] Life imprisonment for Class A drug offences.

1.(1)In the entries in Schedule 4 to the Misuse of Drugs Act 1971 showing the punishment which may be imposed where a Class A drug is involved on persons convicted of offences under sections 4(2), 4(3) and 5(3) of that Act (production, supply and possession with intent to supply) for "14 years" there shall be substituted "Life".

[28] 9. Prohibition of certain activities etc. relating to opium. U.K.

Subject to section 28 of this Act, it is an offence for a person-

(a) to smoke or otherwise use prepared opium; or

(b) to frequent a place used for the purpose of opium smoking; or

(c) to have in his possession-

    (i) any pipes or other utensils made or adapted for use in connection with the smoking of opium, being pipes or utensils which have been used by him or with his knowledge and permission in that connection or which he intends to use or permit others to use in that connection; or

    (ii) any utensils which have been used by him or with his knowledge and permission in connection with the preparation of opium for smoking.

[29] The National Archives (2019), Drug Trafficking Act 1994, retrieved 1 July 2019, from http://www.legislation.gov.uk/ukpga/1994.

分布於四篇之中，第一篇規範法院可以根據檢察官之申請，對於毒品走私被告裁處沒收命令。第1條之毒品走私罪（drug trafficking offence）的定義，係指違反《1971年英國藥物濫用條例》及其他相關法律，而有走私、輸出、輸入、提供、運輸毒品者之犯罪行為而言。

　　第二篇部分（Drug Trafficking Money Imported or Exported in Cash），第42條規定假若毒品犯走私毒品涉及使用現金之情形下，則海關及警察人員可以扣押可疑之毒品走私資金。第二篇亦規定當毒犯之現金遭受查緝人員扣押時，其可以行使之救濟途徑及方式。

　　第三篇部分（Offences in Connection with Proceeds of Drug Trafficking），則規範假若毒品犯走私毒品之際，尚且涉及觸犯其他之罪行，諸如：協助他人保管毒品走私之黑錢、或是隱匿、移轉毒品走私之犯罪所得時，這些違法行為之構成要件及其刑罰制裁方式及額度。

　　第四篇部分（Miscellaneous and Supplemental），係為雜項及補充條文之規定，主要是涉及執法人員進行毒品走私犯罪之偵查及搜索之權限，以及賦予關稅總局總局長有權發動偵查、搜索及起訴毒品走私被告。依第60條之規定（Revenue and Customs Prosecutions），針對一些特定之毒品走私罪行，英國關稅總局總局長有權力發布命令，以行政命令之方式，規範上述特定之毒品走私罪行，可以藉由關稅總局總局長直接加以偵查及起訴。

（三）2005年藥物條例

　　《2005年藥物條例》（Drugs Act 2005）[30]的重要內涵，如下所述（U.K. The Home Office, 2019）。

1. 賦予警察人員更多的強勢、主動及積極性之執法權限

　　《2005年藥物條例》，修改英國之《2003年反社會行為條例》（Anti-Social Behaviour Act 2003），以利警察人員能進入毒品犯施用快克

---

[30] The National Archives (2019), Drugs Act 2005, retrieved 1 July 2019, from https://www.legislation.gov.uk/ukpga/2005/17/contents.

之建築物之內，進行取締及執法。

2. 西洛西賓及魔幻蘑菇被新列為A級之毒品

依據《2005年藥物條例》之規定，其修改《1971年英國藥物濫用條例》，而將含有西洛西賓（psilocybin）及魔幻蘑菇（magic mushroom）之菌類毒品，改列為A級之毒品。

3. 法院可以授權警察機關羈押毒品犯至192個小時

依該條例第8條規定[31]，英國國會立法委會透由本條例，賦予法院之法官，可以授權警察機關延長羈押毒品犯之期間，最長至192個小時。但其前提，是該毒品犯業已吞食毒品，而為了增加警察機關能夠有效地回復及檢驗毒品，以作為刑事追訴之證物，法院可以授權警察機關羈押毒品犯至192個小時（U.K. The National Archives, 2019; U.K. The Home Office, 2019）。

4. 授權警察機關為了偵測A級毒品，取得毒品犯之同意之後，可以採取必要之檢驗措施

根據英國《2005年藥物條例》之規定，英國警察機關為了偵測毒品犯是否有A級毒品，可以採取必要之檢驗措施，如：第5條、第6條賦予警察人員利用X光設備進行照射及掃描涉及毒品犯罪物件的權力；第二篇第7條[32]賦予警察人員驗尿之權力。上述第5條、第6條賦予警察人員利用X光設備進行照射及掃描涉及毒品犯罪物件的權力，在執法人員官階方面，限定為巡官以上之官階者，始可為之，以示對於毒品犯人權之尊重。

又第5條之規定[33]，必須警察人員懷疑毒品犯吞食A級毒品；亦即，若

---

[31] 8 Extended detention of suspected drug offenders
In section 152 of the Criminal Justice Act 1988 (c. 33)(remand of suspected drug offenders)-
(a) in the title leave out "customs";
(b) after subsection (1) insert-
(1A) In subsection (1) the power of a magistrates' court to remand a person to customs detention for a period not exceeding 192 hours includes power to commit the person to the custody of a constable to be detained for such a period.

[32] 7 Testing for presence of Class A drugs

[33] 5 X-rays and ultrasound scans: England and Wales

是A級以外毒品，則警察人員不能利用X光設備進行照射及掃描。另規定警察要取得毒品犯之書面同意書，假若毒品犯不願意簽署書面同意書，則警察人員不能利用X光設備進行照射及掃描。

假如警察人員無法取得毒品犯之同意，則警察機關可以向法院申請，延長羈押毒品犯之期間，延長羈押最長可至192個小時，以利警察機關確認及回復業已被毒品犯吞食A級之毒品證物。

可知該法賦予警察人員確認毒品犯究竟是否有吞食A級之毒品？但在程序上，亦賦予毒品犯有選擇檢驗之選擇權，顯示英國對毒品犯人權之重視，以保有嫌犯身體及其內部器官不受侵入之權利。

5. 強化毒品戒治處遇計畫之能量及實際產出效益

《2005年藥物條例》之立法目標之一，係要增加毒品戒治處遇計畫之戒治能量，以及提升毒品戒治處遇之實際具體化效益，其方式是要有效地提升毒品戒治處遇之實際成效，同時，吸納更多之毒品犯進入毒品戒治處遇計畫之中（U.K. The Home Office, 2019）。

（四）英國2016年新興影響精神物質法

英國《2016年新興影響精神物質法》（Psychoactive Substances Act 2016, PSA）於2016年1月28日通過，該法案適用於整個大英國協，計有六十三條、五個法律附件（UK Government, 2016）。

1. PSA將生產製造（producing）、供應（supplying）、提供供應（offering to supply）、意圖供應（possessing such a substance with intent to supply it）、擁有保管場所（possess on custodial premises）、進口或出口（importing or exporting）精神活性物質定為犯罪行為；第10條第1項(d)款

---

(1) After section 55 (intimate searches) of the Police and Criminal Evidence Act 1984 (c. 60) insert- 55A X-rays and ultrasound scans

(1) If an officer of at least the rank of inspector has reasonable grounds for believing that a person who has been arrested for an offence and is in police detention-
   (a) may have swallowed a Class A drug, and
   (b) was in possession of it with the appropriate criminal intent before his arrest, the officer may authorise that an x-ray is taken of the person or an ultrasound scan is carried out on the person (or both).

規定最重處七年徒刑[34]。

2. PSA不包括違法行為範圍內的合法物質，如食品、酒精、煙草、尼古丁、咖啡因及醫療藥品，以及《1971年英國藥物濫用條例》的受管制之藥物。

3. PSA豁免醫療保健活動暨經批准的科學研究，以此為基礎，從事此類活動的人有合法需要在其工作中使用新興影響精神物質。

4. PSA包括民事制裁規定、禁制通知（prohibition notices）、生產場所禁令通知（premises notices）、禁制令（prohibition orders）暨房屋令（premises orders），違反此兩個命令者，將構成刑事犯罪，使警察與地方當局有權限對新興影響精神物質，採取適當分級。

5. PSA賦予執法人員以下權限：第36條規定強制力及搜索嫌疑人；第37條規定搜索車輛；第38條規定搜索船隻及客機；第39條、第40條規定持搜索票進入及搜查生產場所；第43條至第47條規定扣押、銷毀新興影響精神物質的權力。

綜合上述，其他非屬於《1971年英國藥物濫用條例》的受管制之藥物則屬於《2016年新興影響精神物質法》所列管，原則上所有可能造成濫用之新興物質都屬於列管範圍，意即全面禁止其生產製造、供應、持有、進出口，而酒精、煙草、咖啡因及尼古丁則不在此限。此法實施後，學者認為這些物質的全面禁止，是違反了《歐洲人權公約》第9條保護思想、信仰及宗教的自由。最受社會大眾爭議的，是針對有醫療用途之物質或植物性新興物質（plant medicines），是否也該受此法列管。在英國，有些植物藥物通常被用於傳統宗教儀式，用以治療治癒暨，或用作精神開悟，這種儀式性的使用，為傳統的薩滿教習俗，反映《2016年新興影響精神物質法》與傳統宗教之薩滿教習俗的衝突（林淑娟、吳宜庭，2018；Walsh, C., 2017）。

---

[34] Penalties

(1) A person guilty of an offence under any of sections 4 to 8 is liable-

(d) on conviction on indictment, to imprisonment for a term not exceeding 7 years or a fine, or both.

三、荷蘭

在荷蘭，抗制毒品犯罪主要之法律，如下所述：

（一）荷蘭鴉片條例

1. 1928年《荷蘭鴉片條例》是荷蘭政府遵守國際公約之具體展現

荷蘭在抗制毒品犯罪法律，事實上，亦就是「鴉片條例」的發展史，在1912年，國際社會曾於海牙就國際之毒品犯罪問題，召開國際鴉片會議，並簽訂《國際鴉片公約》，荷蘭政府為了履行及遵守《國際鴉片公約》的相關規定，於1919年制定《鴉片條例》。1928年，荷蘭政府將1919年《鴉片條例》加以修改及增訂，並於同年施行新的「鴉片條例」。目前共計十五條與二個附件（European Monitoring Centre for Drugs and Drug Addiction, 2019）。

在1972年，荷蘭政府之麻醉藥物工作小組（Working Group on Narcotic Drugs），提交一份報告，建議政府應對毒品，以醫學、藥學、社會學、心理學之學門為基石，區分毒品風險程度之大小，而將毒品區分為具有無法接受風險（硬性毒品）及尚可以接受風險之毒品（軟性毒品）兩種（European Monitoring Centre for Drugs and Drug Addiction, 2019; Roudik, P., 2016）。

2. 《鴉片條例》之主管機關係為「健康、福利及運動部」

本法主管的執法機關，係為健康、環境衛生部之部長。但因後來荷蘭政府進行改組，成為「健康、福利及運動部」（Ministry of Health, Welfare and Sport）。假若管制藥品欲被合法使用醫療或其他目的，則依據《鴉片條例》第6條之規定，必須取得「健康、福利及運動部」的許可證始可為之。

3. 荷蘭鴉片條例的管制藥物之種類

《荷蘭鴉片條例》的管制藥物之種類，依該條例第2條第2項之規定，以命令之方式，將聯合國《1961年修正麻醉品單一公約的議定書》、

《1971影響精神物質公約》後面附表中之管制藥物，以利用命令之方式，增列於《鴉片條例》後面之附表一（Schedule I to the Opium Act）或附表二（Schedule II to the Opium Act）之中。但是，因為新興毒品不斷地推陳出新，故鴉片條例授權主管機關，可以利用空白刑法之立法方式，視實際需要，委由行政命令之方式，隨時補充《鴉片條例》後面之附表一（如海洛因、古柯鹼、MDMA、安非他命）或附表二（如大麻、迷幻蘑菇）之中的新興毒品之品項。每年通過修訂《鴉片條例》的附表來管理新的新興影響精神物質（Netherlands: Country Drug Report 2019）。

4. 《荷蘭鴉片條例》之附表一及附表二列管不同屬性的管制藥物

　　《荷蘭鴉片條例》之附表一或附表二，係列管不同屬性的管制藥物，其中，附表一屬為為硬性的管制藥物，附表二屬為為軟性的管制藥物。所以附表二所列罪行的刑罰較附表一的刑罰低得多。

5. 《荷蘭鴉片條例》刑事制裁之客體行為主要是非法持有、商業交易買賣、生產、輸出、輸入、銷售、提供、運輸、傳遞、處理毒品罪

　　依據《荷蘭鴉片條例》第2條（針對附表一）[35]及第3條（針對附表二）之規定，下列之行為，是被本條例第2條及第3條加以禁止的，亦即，是屬於犯罪之行為，包括：非法持有、商業交易買賣、生產、輸出、輸入、銷售、提供、運輸、傳遞、處理毒品罪行等。

　　而《荷蘭鴉片條例》從第10條至第12條主要之規範內容，是規定對於本條例第10條以前之相關條文中違法行為刑事制裁的額度。最嚴厲之刑事制裁的額度，是《鴉片條例》第10條第5項，處罰故意非法持有、栽種、商業交易買賣、生產、輸出、輸入、銷售、提供、運輸、傳遞、處理毒品

---

[35] Artikel 2

Het is verboden een middel als bedoeld in de bij deze wet behorende lijst I dan wel aangewezen krachtens artikel 3a, vijfde lid:

A. binnen of buiten het grondgebied van Nederland te brengen;

B. te telen te bereiden, te bewerken, te verwerken, te verkopen, af te leveren, te verstrekken of te vervoeren;

C. aanwezig te hebben;

D. te vervaardigen.

等罪行，最高可以處以十二年以下之有期徒刑[36]。

（二）1995年防止化學物質濫用條例

為了履行1992年歐盟第14號指令的要求，荷蘭於1995年制定《防止化學物質濫用條例》（Preventing Abuse of Chemicals Act），該條例具有監視毒品先驅物之功能。非法買賣毒品之先驅物，係構成攻擊經濟秩序之犯罪行為，最高之刑罰額度為六年有期徒刑。每次非法交易或運輸可處以高達67萬歐元的罰款，不法獲利所得將被沒收（European Monitoring Centre for Drugs and Drug Addiction, 2019）。

該條例執法機關主要是由經濟調查局（Economic Investigation Service）負責執行化學物質濫用條例之執法工作。亦偵辦組織犯罪集團是否涉及非法買賣毒品之先驅物的犯罪行為。為了達成此項任務，荷蘭經濟調查局與歐盟其他執法機關進行密切之聯繫與溝通（Openbaar Ministerie, 2019）。

（三）2001年荷蘭檢察署辦公室毒品犯罪偵查規範

依據2001年荷蘭檢察署辦公室新修訂及發布之行政命令——《毒品犯罪偵查規範》（guidelines issued by the Office of the Public Prosecutor）的規定，對於持有少量毒品之民眾，且是僅僅供個人自己施用之毒品持有犯行，檢察署所發動之逮捕及將持有行為犯罪化之執法措施，並非是主要的執法及偵查重點，亦即，此非荷蘭政府毒品政策之焦點所在（European Monitoring Centre for Drugs and Drug Addiction, 2019）。

根據荷蘭2019年毒品報告（Netherlands: Country Drug Report 2019），對於毒品政策實施成效之評估，荷蘭的戒毒治療方案有多種，尤其是在預防與治療成效方面，荷蘭民眾施用鴉片類毒品之人數為14,000

---

[36] The Opium Act states that supplying drugs -possession, cultivation or manufacture, import or export-is a crime punishable by up to 12 years' imprisonment, depending on the quantity and type of the drug involved. (European Monitoring Centre for Drugs and Drug Addiction. Netherlands: Country Drug Report 2019)

人，2017年共計262人吸毒過量死亡，成人（15-64歲）的吸食毒品致死率為每百萬人中有22人死亡，與歐洲平均每百萬人死亡率22人相符，目前共計5,241人接受鴉片類藥物替代治療。其中鴉片類藥物替代治療（Opioid Substitution Treatment, OST），輔以心理社會治療，是鴉片類藥物依賴的首選治療方法（European Monitoring Centre for Drugs and Drug Addiction. Netherlands: Country Drug Report 2019）。

四、日本

日本國內主要流行之大宗毒品種類，主要仍以甲基安非他命、快樂丸（MDMA）、古柯鹼、大麻膏、大麻為主，其中甲基安非他命危害性仍非常大。基本上，日本打擊毒品犯罪，日本仍是以國際上之1988年禁毒公約為主軸，對於毒品犯，仍是相當強調刑事處罰（葉耀群，2017；周立民，2015）。

日本地區毒品消費以安非他命為主，故日本因共用針頭感染愛滋病帶原之問題，與臺灣相較之下，日本這一方面之問題，就顯得較為輕微，因為安非他命並無共用針頭之問題。對於毒品犯罪者，日本政府仍是相當強調刑事處罰之制裁手段，並輔以醫療戒治工作之推展（井田良、金光旭、丁相順，2000）。

日本打擊毒品犯罪之刑事法規，計有：《麻醉藥物與影響精神物質取締法》（Narcotics and Psychotropics Control Law）、《興奮劑取締法》（Stimulants Control Law）、《大麻取締法》（Cannbis Control Law）、《鴉片法》（Opium Law）以及《在國際合作下為圖防止助長列管毒品非法行為之毒品及影響精神物質取締法之相關特例條例》（簡稱為麻藥特例條例）（葉耀群，2017；鄧學仁，2005；楊士隆、林瑞欽、鄭昆山，2005），除了上述「藥物四法」之外，尚有《刑法》第十四章之規範。

（一）1953年麻醉藥物與影響精神物質取締法

1. 管制藥物分為兩類——麻醉藥物與影響精神物質

　　日本《麻醉藥物與影響精神物質取締法》共計有七十六條[37]，並有四個附表。本法所規定與管理之毒品，共計有兩種，一種是麻醉藥物，另一種則是影響精神物質。截至2019年止，附表一之管制藥物之品項共計有七十六項，以麻醉藥物為主。附表二之管制藥物之品項共計有四項，以關於天然植物類之麻醉藥物為主。附表三之管制藥物之品項共計有十二項，主要為影響精神物質。附表四之管制藥物之品項共計有十項，主要是毒品先驅化學品之原料，如丙酮等。日本對於新興毒品之管理，係透由行政命令之方式，將新興毒品之品項，附加於《麻醉藥物與影響精神物質取締法》的後面附表之中。

2. 麻醉藥物可以分為一般類型及家庭用麻藥

　　何謂家庭用麻藥？根據《麻醉藥物與影響精神物質取締法》附表一中之第76號品項的相關定義規定，係指任何之物質，其可待因、雙氫可待因之含量，在10‰以下者。家庭用麻藥以外者，本文稱其為一般類型麻醉藥物，亦即，非家庭用麻藥。

3. 麻醉藥物與影響精神物質取締法之立法宗旨

　　根據《麻醉藥物與影響精神物質取締法》第1條之規定，本法之目的，在對於違法行為加以取締，諸如違法之輸入、輸出、製造、調劑、讓渡、轉讓、施用麻醉藥物與影響精神物質，針對這些違法之行為，進行必要之取締。此外，對於藥物成癮者，進行必要的醫療戒治。從衛生保健之觀點，對於麻醉藥物與影響精神物質之濫用及危害，加以防制，以利增進日本之公共福祉[38]。

---

[37] Ministry of Internal Affairs and Communications (2019), e-Gov, retrieved from https://www.e-gov.go.jp.

[38] Article 1

The purpose of this Act is to prevent the health and sanitation hazards caused by the abuse of narcotics and psychotropics and to thereby promote the public welfare, by setting in place the

4. 《麻醉藥物與影響精神物質取締法》以刑事制裁之手段爲主，而兼輔行政罰

對於大多數違法之不正行爲，透過第七章之罰則，加以犯罪化，故從第64條至第74條，均是刑事罰；第75條則爲行政罰。該法以刑事制裁之手段，防制毒品之濫用。最有特色之一點，是對於毒品犯，日本政府放棄死刑之刑事政策，最高僅處以無期徒刑。第七章之罰則中，則無死刑之規定。由此可看，日本亦是相當重視毒品犯之生命權。這不僅是道德要求，且是法律上必須要遵守之義務。

（二）1951興奮劑取締法

1. 《興奮劑取締法》主管機關爲厚生勞動部

日本鑑於興奮劑濫用嚴重，特別制定《興奮劑取締法」（Stimulants Control Act）[39]。根據《興奮劑取締法》第2條之規定，凡是含有 (phenylamino) propan以及phenyl]methyl]amino]propan及其鹽類之物質，被稱爲興奮劑。本法共計有九章，合計四十四個條文，另有一個附表，附表中有九種與興奮劑相關聯之管制物質。凡涉及興奮劑合法之製造等管理工作，主管機關係爲厚生勞動部（Ministry of Health, Labour and Welfare）。根據《興奮劑取締法》第13條之規定[40]，任何人均不得輸出或輸入興奮劑。若合法製造廠商欲製造興奮劑，根據第4條之規定，必須取得厚生勞動部部長之同意及許可。

2. 《興奮劑取締法》以刑事制裁之手段爲主，而兼佐以行政罰

違反《興奮劑取締法》之相關處罰規定，係以刑事制裁之手段爲主，

---

necessary controls on the import, export, manufacture, formulation of pharmaceutical preparations, transfer, and other handling of narcotics and psychotropics, as well as by taking action with regard to narcotics addicts such as establishing measures to provide them with the necessary medical treatment.

[39] Ministry of Justice, Japan (2019), Stimulants Control Act, retrieved from http://www.japaneselawtranslation.go.jp/law/detail_main?re=&vm=2&id=2814.

[40] Article 13 No person may import or export any Stimulants.

而兼以行政罰。《興奮劑取締法》第八章（Miscellaneous Provisions）係為處罰之規定，大多以刑罰為主。最重之違法行為係第41條第2項規定具營利目的者輸入、輸出、製造覺醒劑者，處無期徒刑或三年以上有期徒刑，斟酌案情處1,000萬日圓以下併科罰金[41]。

日本於《興奮劑取締法》刑事制裁之手段中，亦是放棄死刑之刑事政策，亦即，非常尊重毒品犯之人性尊嚴及其生命權，這不僅是倫理道德上之誡命，而且是法律上之義務，亦即，不可剝奪毒品犯之生命權利。

（三）鴉片法

《鴉片法》（Opium Law）之主要立法目的，「是為了要達到合理供應鴉片給醫療與科學目的用，國家執行嚴格的管轄權在鴉片的進口、出口購買及販售之上，以及採取有必要的控制在罌粟的栽種、轉換，以及鴉片與罌粟作物的取得上」（林健陽、謝立功、范國勇、陳玉書，2005）。

（四）《刑法》第十四章

依據《日本刑法》第十四章之規定，係規範鴉片煙罪，主要是處罰以下之行為：輸入、製造、販賣、持有、吸食鴉片等罪行，這些犯罪行為，均是利用刑事罰加以制裁。值得注意的，是刑法第139條明文規定吸食鴉片煙者，處三年以下有期徒刑（陳子平、謝煜偉、黃士軒，2018）。

（五）在國際合作下為圖防止助長列管毒品非法行為之毒品及影響精神物質取締法之相關特例條例

1. 1991年《麻藥特例條例》立法目的

日本為了有效剝奪毒品犯之犯罪收益，故特別制定專門之法律，

---

[41] Article 41 (2)

A person who committed the offense referred to in the preceding paragraph for the purpose of profit is punished by life imprisonment with required labor or imprisonment with required labor for a term not less than three years, or, depending on the circumstance of the offense, by a life imprisonment with required labor or imprisonment with required labor for a term not less than three years and a fine not exceeding 10,000,000 yen.

用以追徵及剝奪毒品犯之犯罪收益，而此一專門之法律，則為《在國際合作下為圖防止助長列管毒品非法行為之毒品及影響精神物質取締法之相關特例條例》（Act Concerning Special Provisions for the Narcotics and Psychotropics Control Act, etc. and Other Matters for the Prevention of Activities Encouraging Illicit Conducts and Other Activities Involving Controlled Substances through International Cooperation，簡稱為《麻藥特例條例》）。本法於1991年制定及公告，共計有七十二條。後於1999年進行修法，共計有七章，合計有二十五個條文[42]。

　　依據《麻藥特例條例》第1條，為了有效地剝奪毒品犯罪者之毒品犯罪收益，規制及管理不正之違法行為，藉由消除妨害國際合作之相關因素，以及防止毒品犯罪之不正行為，達到國際反毒公約能夠被有效地遵守（楊士隆，2015）。

2. 有關於規制（管制）藥物用語、藥物犯罪、藥物犯罪收益之法律定義

　　依據《麻藥特例條例》第2條之規定[43]，所謂之規制（管制）藥物，係指《麻醉藥物與影響精神物質取締法》中所指之麻醉藥物與影響精神物質；《興奮劑取締法》中所指之興奮劑；《鴉片法》中所指之鴉片；《大麻取締法》中所指之大麻。

　　有關於藥物犯罪（drug offense）之定義，依據《麻藥特例條例》第2條之規定，係指《麻藥特例條例》第5條、第8條、第9條、《麻醉藥物與影響精神物質取締法》、《興奮劑取締法》、《鴉片法》、《大麻取締法》中所指之相關刑事犯罪行為。

　　其次，有關於藥物犯罪收益之法律定義，依據《麻藥特例條例》第2

---

[42] International Money Laundering Information Network (IMOLIN)(2019), Japan Anti-Drug Special Provisions Law 1991, https://www.imolin.org/doc/amlid/Japan/Japan_Anti_Drug_Special_Provisions_Law_1991.pdf.

[43] Article 2
In this Law, a "controlled substance" means any narcotic or psychotropic designated in the Narcotics and Psychotropics Control Law, any cannabis designated in the Cannabis Control Law, any opium or poppy straw designated in the Opium Law and any stimulant designated in the Stimulants Control Law.

條之規定，係指其財產係由藥物犯罪收益、或由「藥物犯罪收益與藥物犯罪收益以外之財產」相互混合合成之財產收益而言[44]。

3. 《麻藥特例條例》創設取得藥物犯罪收益罪、處分藥物犯罪收益之偽裝罪、隱匿藥物犯罪收益罪、收受藥物犯罪收益罪

依據《麻藥特例條例》第6條第1項規定，對於藥物犯罪收益罪、處分藥物犯罪收益之偽裝罪、隱匿藥物犯罪收益罪等罪行，法院可科處五年以下之懲役有期徒刑或300萬以下之罰金；第2項規定，對於藥物犯罪收益發生原因之事實，若行為人加以偽裝之時，則屬於犯罪行為，亦即，是偽裝藥物犯罪收益發生原因事實罪，亦是科處二年以下之懲役有期徒刑或500萬以下之罰金。根據同法同條第2項之規定，上述犯罪行為之未遂犯，亦罰之[45]。

再者，依據《麻藥特例條例》第7條之規定，行為人假若是故意地收受藥物犯罪收益，則係屬於刑事犯罪行為，此名為故意收受藥物犯罪收益罪，法院可科處三年以下之懲役有期徒刑或100萬以下之罰金[46]。

4. 《麻藥特例條例》有關混合型之藥物犯罪收益沒收之相關規定

當藥物犯罪收益與藥物犯罪收益以外之財產相互混合合成之際，依第

---

[44] Article 2

4. In this Law, "property derived from drug offense proceeds" means any property obtained as the fruit of or in exchange for drug offense proceeds or any property obtained in exchange for such property so obtained, or any other property obtained through the possession or disposition of drug.

[45] Article 6

1. Any person who disguises facts concerning the acquisition or disposition of drug offense proceeds or the like or conceals drug offense proceeds or the like shall be imprisoned with hard labor not exceeding five years or fined not more than three million yen, or both. The same shall apply to any person who disguises facts concerning the source of drug offense proceeds or the like.

2. Attempt of an offense specified in the preceding paragraph shall be punishable.

3. Any person who with intent to commit an offense specified in Paragraph 1 of this article prepares to commit such an offense shall be imprisoned with hard labor not exceeding two years or fined not more than five hundred thousand yen.

[46] Article 7

Any person who knowingly receives drug offense proceeds or the like shall be imprisoned with hard labor not exceeding three years or fined not more than one million yen or both.

11條之規定，假若欲全部加以沒收，於認定上何者係爲藥物犯罪收益，而有相當困難時，則可以就認定係爲藥物犯罪收益之部分，進行一部分之沒收。

5. 《麻藥特例條例》賦予法院有權限裁處一般型（普通型）及附帶型（特殊型）之沒收保全命令

第19條第1項之規定，當法院審理被告之案件，發現該當事人涉及《麻藥特例條例》、《麻醉藥物與影響精神物質取締法》及其他相關之法律，且依上開此等之法律規定，可以對該當事人財產加以沒收。則《麻藥特例條例》第19條授權法院之法官，若有符合沒收財產之相當理由之情形時，可以根據檢察官之請求，或依其職權，裁處沒收性質之保全命令，本文稱爲一般型沒收保全命令（Property Subject to Confiscation）。當事人對於其財產之處分，則被上開之一般型沒收保全命令加以禁止之。亦即，被告不得處分其財產，避免被告脫產。

此外，當法院裁處沒收保全命令，可能會造成該被告所屬財產上所設定之地上權、抵押權之消滅，假若有相當理由認爲會因爲上開之沒收保全命令造成地上權、抵押權之消失，則依第19條第2項之規定，法院可以根據檢察官之請求，或依其職權，法院於裁處沒收保全命令時，另行裁處附帶型之保全命令，用以禁止被告所屬財產上所設定之地上權、抵押權受到處分；亦即，禁止處分地上權、抵押權，以確保被告財產上之地上權、抵押權仍會被保留。

另外，依第19條第3項之規定，假若法院法官認爲存有上述《麻藥特例條例》第19條第1項及第2項所規定之相當理由，且是必要之時，可於案件提起公訴之前，根據檢察官或司法警察（包括：麻藥取締官（員）、警官（員）、海上保安官）之請求，裁處第19條第1項之沒收保全命令或是《麻藥特例條例》第19條第2項之附帶型之保全命令[47]。

---

[47] Article 19 (3)

A judge may, at the request of a public prosecutor or a judicial police officer (limited to narcotics control officers, prefectural narcotics control officials, police officers or maritime safety officers, among which police officers shall be limited to inspectors or superior officers designated by the

五、香港

　　今日的香港之所以會成為毒品之國際轉運站，有論者主張乃禍起鴉片戰爭。不過，自1959來以後，在香港警方大力掃蕩毒品之下，再配合完備之法制，已使上述情形大為改善（香港特別行政區政府保安局禁毒處，2019；楊士隆、林瑞欽、鄭昆山，2005）。香港特區政府主管防制毒品犯罪之部門，係為保安局下之禁毒處（Narcotics Division, Security Bureau）。

　　香港特區政府禁毒工作分五方面實施（香港特別行政區政府保安局禁毒處，2019；楊士隆、林瑞欽、鄭昆山，2005）：1.立法暨執法行動：禁毒處統籌立法建議，香港警務處暨香港海關負責執法；2.預防教育暨宣導：由禁毒處與其他政府部門及機構合力推行；3.戒毒治療暨康復服務：由政府暨非政府機構提供；4.研究工作：有助於制訂適當的策略暨計畫；5.對外合作：與外地聯手採取行動暨交換毒品情報。

　　有關毒品之種類及歸類方面，規範在《危險藥物條例》、《化學品管制條例》附表一、附表二、附表三及《販毒（追討得益）條例》等法律之中。在立法目的與宗旨方面，如下所述（香港特別行政區政府律政司香港法例，2019；林健陽、謝立功、范國勇、陳玉書，2005；吳霆峰，2014）：1.《危險藥物條例》（Cap.134 Dangerous Drugs Ordinance）——旨在修訂暨綜合與危險藥物有關的法例；2.《化學品管制條例》（Cap.145 Control of Chemicals Ordinance）——管制與製造麻醉品或精神藥物有關的化學品；3.《販毒（追討得益）條例》（Cap.405 Drug Trafficking (Recovery of Proceeds) Ordinance）——就販毒得益的索究、沒收及追討作出規定，訂立關於該等得益或關於代表該等得益之財產罪行，以及就各項附帶或有關事宜訂定相關之規定。

National Public Safety Commission, or a prefectural public safety commission), take any measure specified in the preceding two paragraphs even before the institution of prosecution if the judge finds that there is cause and necessity provided for in the preceding two paragraphs.

（一）1969年香港《危險藥物條例》之重要內涵及體系規範（Hong Kong e-Legislation, 2019）

有關於香港《危險藥物條例》的重點，如下所述：

1. 香港《危險藥物條例》罰責部分，係採取刑事制裁之手段，故對於違法者，該條例第4條第3項第a款最高可處罰金500萬及終身監禁[48]。

2. 本條例旨在修訂暨綜合與危險藥物有關的法例，1969年1月17日由香港第6號法律公告之，本條例之法律性質，共計五十八條七個附件。

3. 本條例之第2條係對相關之名詞作定義，此種立法方式相當值得效仿。除了對危險藥物作定義外，亦對其他名詞作定義，諸如：大麻（cannabis）、大麻樹脂（cannabis resin）、公約（Conventions）、出口（export）、出口授權書（export authorization）、危險藥物（dangerous drug）、指明危險藥物（specified dangerous drug）、販運（trafficking）等等。

4. 危險藥物的販運方面，本條例對進口、出口、獲取、供應、經營或處理、製造及管有危險藥物進行嚴格管制，除根據及按照本條例，或根據及按照衛生署署長根據本條例而發出的許可證外，任何人不得為其本人或代表不論是否在香港的其他人士（本條例第4條）。

(a) 販運危險藥物；

(b) 提出販運危險藥物或提出販運他相信為危險藥物的物質；或

(c) 作出或提出作出任何作為，以準備販運或目的是販運危險藥物或他相信為危險藥物的物質——由1980年第37號第2條修訂。

5. 在供應危險藥物方面，本條例規定除向獲授權或獲發許可證管有危險藥物的人供應外，不得供應危險藥物（本條例第5條）。

6. 在危險藥物的製造方面，本條例規定除非根據及按照本條例，或根據及按照署長根據本條例而發出的許可證，並在該許可證所指明的處所內

---

[48] 4 Trafficking in dange

(3) Any person who contravenes any of the provisions of subsection (1) shall be guilty of an offence and shall be liable-

(a) on conviction on indictment, to a fine of $5,000,000 and to imprisonment for life; ...

進行，否則任何人不得製造危險藥物（本條例第6條）。

7. 危險藥物之進口，必須有進口許可證，衛生署署長可發出進口許可證，授權證上指名的人，在證上指明的期限內，將證上指明分量的危險藥物進口入香港（本條例第10條）。

8. 危險藥物之出口，必須有出口許可證，衛生署署長可發出出口許可證，授權證上指名的人，在證上指明的期限內，將證上指明分量的危險藥物，從香港出口往證上指明的國家（本條例第12條）。

9. 香港對於過境途中的危險藥物亦進行管制，如從一個公約締約國出口，但並未附有一份有效的出口授權書或轉運證明書，則進口該危險藥物的人即屬犯罪（本條例第14條）。

10. 香港政府透由核發「過境途中的危險藥物轉運許可證」，對於轉運危險藥物進行管理，亦即，衛生署署長可發出轉運許可證，授權證上指名的人，轉運證上指明的過境途中的危險藥物往證上指明的國家（本條例第16條）。

11. 衛生署署長具有發出許可證的一般權力：衛生署署長除可發出根據本條例任何其他條文獲賦權發出的許可證及證明書外，還可為施行本條例所需而發出任何許可證（本條例第18條）。

12. 有關獲取、供應及管有危險藥物的法定權限方面，除本條例之條文另有規定外，授權註冊醫生、註冊牙醫、註冊獸醫、總藥劑師等醫事人員，為執行其專業或行使其職能的需要，或因其受僱職務的需要及以其職位的身分，管有及供應危險藥物（本條例第22條）。

13. 本條例賦予裁判官可下令拘禁及扣留船舶：凡裁判官接獲香港海關關長提出的申請及律政司司長的書面同意，而覺得有合理因由懷疑在一艘總噸位超過250噸的船舶上發現過量的危險藥物，則裁判官可下令拘禁及扣留船舶（本條例第38C條）。

14. 本條例規定司法常務官有權下令向船舶送達傳票：在根據第38C條將法律程式移交原訟法庭後，高等法院司法常務官須下令向該船舶送達傳票（本條例第38D條）。

15. 有關扣留船舶或拘禁及扣留船舶的保釋方面：在根據第38C條發出

扣留船舶或拘禁及扣留船舶的命令後，法官如接獲船東或船長提出的申請（而該申請亦同時送達律政司司長），他審查相關之證物之後，有權批准該船舶保釋，並下令將其放行（本條例第38E條）。

16.本條例明定受處罰者有上訴的權利：凡根據本條例受到處罰者，該命令所涉及的船舶的船東，可在命令發出後二十一天內提出上訴（本條例第38H條）。

17.海關人員具有偵查的權力：由本條例授予海關人員的權力，對於第38L條（香港船舶上的罪行）或38M條（用作非法販運的船舶）適用的任何船舶，可依此條文所述及的罪行，進行偵查及採取適當行動（本條例第38N條）。

18.有關船舶上的罪行的司法管轄權及檢控方面：根據本條例就船舶上的罪行而進行的法律程式可在香港進行，而就所有附帶目的而言，該罪行可視作在香港所犯。但是，除非徵得律政司司長同意或由律政司司長親自進行，否則不得展開該等法律程序（本條例第38O條）。

19.對於在香港以外犯有本條例之罪之行為，亦可以加以訴追：協助、教唆、慫使或促致在香港以外犯有根據當地有效的相應法律可懲處的罪行，或作出準備進行或推動進行一項行為的作為，而該項行為如在香港進行即構成第4條或第6條所訂的罪行，即屬犯罪（本條例第40條）。

20.香港建置藥物濫用資料中央檔案室，以正確掌控藥物濫用資料：設藥物濫用資料中央檔案室，其目的包括蒐集、整理及分析由呈報機構提供的機密資料，以及由其他來源提供關於濫用藥物及其治療的資料；及公布關於濫用藥物及各種戒毒治療方法的統計資料（本條例第49B條）。

21.本條例明定藥物濫用資料中央檔案室之資料禁止披露：任何人如披露由檔案室或呈報機構備存的任何機密資料紀錄，或向任何人提供從任何該等紀錄得到的資料；或准許他人取用任何該等紀錄，即屬犯罪，可處罰款5,000及監禁六個月（本條例第49D條）。

22.在例外之情況外，奉律政司司長命令，可例外地取用藥物濫用資料中央檔案室之資料紀錄：凡在關乎一宗罪行的調查或檢控上，律政司司長認為由於罪行的嚴重性或因其他理由，為著公眾利益而須披露任何機密

資料，則他發出取用命令（本條例第49G條）。

23.任何警察及海關人員具有相當偵查的權力：可攔停、登上及搜查任何已抵達香港的船舶、航空器、車輛或火車（軍用船艦或軍用航空器除外），並可在其逗留香港期間一直留在其上；搜查任何抵達香港的人，或任何從香港起程離境的人；搜查任何進口入香港或將從香港出口的物品；截停、登上及搜查任何船舶、航空器、車輛或火車，如果他有理由懷疑其內有可予扣押的物件；緊急時，則無須有搜索票而進入及搜查任何場所或處所，如果他有理由懷疑其內有可予扣押的物件；攔停及搜查任何人，以及搜查該人的財物，如他有理由懷疑該人實際保管有可予扣押的物件（本條例第52條）。

24.嫌疑犯之出境權利受到限制：香港政府有權要求嫌疑犯交出旅行證件，亦即，裁判官在接獲警務處處長或香港海關關長的申請，可用書面通知要求一名被指控或受懷疑曾犯指明罪行而屬於一項調查對象的人，向警務處處長或香港海關關長交出他所管有的任何旅行證件（本條例第53A）。

25.執法人員於收取尿液樣本，必須取得高級警察或海關人員之同意：在調查某已發生或相信已發生的罪行時，只可在一名職級在警司或以上的警務人員，或職級在監督或以上的海關人員授權的情況下，進行收取某人的尿液樣本（本條例第54AA條）。

26.尿液樣本及化驗所得出的資料的使用及棄置（本條例第54AB條）（由2000年第68號第2條增補）。

27.對附表七的修訂。行政長官會同行政會議可藉於憲報刊登的命令，修訂附表七，但該等命令須經立法會批准（本條例第54AB條）。

28.依法沒收危險藥物。任何與正犯或已犯本條例所訂的罪行有關的危險藥物，及任何過境途中的危險藥物，而：

(a)在其被攜帶入香港時，附有一份虛假的出口授權書或轉運證明書，或附有一份藉欺詐手段或故意在要項上作失實陳述或遺漏而取得的出口授權書或轉運證明書；或

(b)在其被攜帶入香港時，並未附有一份出口授權書或轉運證明書，

且是爲非法目的而運送，或其過境目的是要在違反某一個國家的法律下進口入該國，則在根據第52條被扣押後，須由政府沒收（本條例第55條）（由1999年第13號第3條修訂）。

29.用於與犯罪有關的物品等的沒收（本條例第56條）。

30.對舉報人的保護（本條例第57條）。

31.行政長官發出指示的權力（本條例第58條）。

（二）1975年香港《化學品管制條例》──1994年第64號第2條修訂（Hong Kong e-Legislation, 2019）

香港《化學品管制條例》（第145章）對《1988年聯合國禁止非法販運麻醉藥品及精神藥物公約》載列的所有化學品作出管制，本條例共有十九條及三個附表。違例者的最高刑罰爲監禁十五年暨罰款100萬元（第15條），對於違反者，實施嚴刑重罰（香港特別行政區政府律政司，2019）。

（三）1989年販毒（追討得益）條例──2002年第26號第2條修訂（Hong Kong e-Legislation, 2019）

本條例就販毒得益的索究、沒收及追討作出規定，訂立關於該等得益或關於代表該等得益的財產的罪行，以及就各項附帶或有關事宜作出規定，該條例共有三十一條及四個附表（香港特別行政區政府律政司，2019）。可知打擊洗錢及沒收犯罪所得的立法，是另一重要的合作領域（孟維德，2013）。

六、中國

中國國家禁毒委員會辦公室於2019年6月發布《2018年中國毒品形勢報告》，指出全國約有240.4萬吸毒人口，占全國人口總數的0.18%，比2017年255.3萬名吸毒人口下降，發現下列趨勢（中國國家禁毒委員會辦公室，2019）：1.吸食冰毒（甲基安非他命）135萬人，占56.1%，人數最

多；2.吸食海洛因88.9萬人，占37%；3.吸食大麻2.4萬人，上升25.1%。

　　目前，中國禁毒方面的法規依據，計有以下相當重要之法令：《中華人民共和國禁毒法》、《刑法》、《中華人民共和國治安管理處罰條例》、《易制毒化學品管理條例》、《藥品管理法》、《戒毒藥品管理辦法》、《精神藥品品種目錄》、《麻醉藥品和精神藥品管理條例》及《非藥用類麻醉藥品和精神藥品管理辦法》等（表10-2）。

表 10-2　中國禁毒的相關法規

1950年 嚴禁鴉片毒品的 通令	對鴉片等毒品的製造、販運暨銷售刑事定罪。根據這項新法令，毒品使用者要在地方政府辦公室登記，並自願在規定時間內放棄毒品使用。成功戒毒的人可以免於懲罰，而沒有成功或沒有登記的人，會被罰款或被判行政拘留以進行強制戒毒。
1979年 中華人民共和國 刑法	規定在第六章第七節共11條27款專門規定了有關毒品犯罪的罪名暨處罰。毒品犯罪包括走私、販賣、運輸、製造毒品罪，非法持有毒品罪，包庇毒品犯罪分子罪等。進行嚴厲懲罰，最重者可判死刑。
2005年 麻醉藥品和精神 藥品管理條例	國家對麻醉藥品藥用原植物以及麻醉藥品和精神藥品實行管制。除本條例另有規定的外，任何單位、個人不得進行麻醉藥品藥用原植物的種植以及麻醉藥品和精神藥品的實驗研究、生產、經營、使用、儲存、運輸等活動。其中第65條有規定構成犯罪的，依法追究刑事責任。另第89條規定：「本條例自2005年11月1日起施行。1987年11月28日國務院發布的《麻醉藥品管理辦法》暨1988年12月27日國務院發布的《精神藥品管理辦法》同時廢止。」
2005年 易制毒化學品管 理條例	共計八章、45條、附表共計有三類，其中第2條規定：「易制毒化學品分為三類。第一類是可以用於制毒的主要原料，第二類、第三類是可以用於制毒的化學配劑。易制毒化學品的具體分類暨品種，由本條例附表列示。」另外，2018年9月18日公布國務院令第703號《國務院關於修改部分行政法規的決定》。
2006年 中華人民共和國 治安管理處罰法	《中華人民共和國治安管理處罰法》對涉及毒品方面雖不構成犯罪但違反治安管理的違法行為，做了較詳細的規定.但在具體的涉毒案件執法過程中，會遇到許多法律無明確規定的違法行為，實踐中需要對這些行為做出具體處罰。
2008年 中華人民共和國 禁毒法	《禁毒法》確定毒品使用是一種行政違法（非刑事犯罪）。強制隔離戒毒是一種行政拘留形式，吸食毒品重症者最多被處連續九年的強制戒毒治療、三年社區戒毒、三年強戒所與三年社區康復。

表 10-2　中國禁毒的相關法規（續）

2015年 中華人民共和國 藥品管理法	爲加強醫療機構藥品品質監管，建議相關部門應制定醫療機構藥房設置的強制性標準及增設審核環節、制定適用於全國的《藥品使用品質管制規範》。在完善中國醫療機構藥品品質監管法律時，可在《中華人民共和國藥品管理法》《藥品管理法實施條例》中增加相應條款，修改並完善《醫療機構管理條例》等下位法律法規，以加強對醫療機構藥品品質的監管。
2015年 非藥用類麻醉藥 品和精神藥品管 理辦法	根據《中華人民共和國禁毒法》暨《麻醉藥品和精神藥品管理條例》等法律、法規的規定，制定該《非藥用類麻醉藥品和精神藥品管理辦法》共計10條，自2015年10月1日起施行。該辦法已發布4次增加公告，2019年4月公告最新版本。根據《麻醉藥品和精神藥品管理條例》《非藥用類麻醉藥品和精神藥品列管辦法》有關規定，公安部、國家衛生健康委員會、國家藥品監督管理局共同決定將芬太尼類物質列入《非藥用類麻醉藥品和精神藥品管制品種增補目錄》。據國家毒品實驗室檢測，2018年新發現新型精神藥物共計有約31種（中國毒品形勢報告，2018）。

資料來源：Sarah Biddulph (2007), Legal Reform and Administrative Detention Powers in China; Patrick Tibke (2017), Drug Dependence Treatment in China: A Policy Analysis；北大法寶網（2019）：http://www.pkulaw.cn/；黃開誠主編（2019），禁毒法，並經由作者重新自行整理之。

（一）中華人民共和國禁毒法

　　有關中華人民共和國之毒品管理法規方面，主要之毒品規範法規，係爲《中華人民共和國禁毒法》。根據前揭《禁毒法》第2條第1項的規定，中華人民共和國所謂毒品之法律上定義，是指「鴉片、海洛因、甲基苯丙胺（冰毒）、嗎啡、大麻、可卡因，以及國家規定管制的其他能夠使人形成癮癖的麻醉藥品和精神藥品」。毒品主要被區分爲兩大種類──麻醉藥品暨精神藥品。

（二）中華人民共和國藥品管理法

　　1984年9月20日第六屆全國人民代表大會常務委員會通過，自1985年7月1日起施行。現行版本爲2015年十二屆全國人大常委會第十四次會議修改。《藥品管理法》之立法宗旨，係爲加強藥品監督管理，保證藥品品質，保障人體用藥安全，維護人民身體健康暨用藥的合法權益，特制定本

法（第1條）。本法共計有十章。

中華人民共和國《藥品管理法》在合法藥物（品）的使用及分類方面，依據國務院頒布的《精神藥品管理辦法》，以及衛生部公布的《精神藥品品種目錄》之規定，屬於能夠使人形成癮癖的精神藥品管制之範圍（品項），計包括有兩大類，第一類計有68種，第二類則計有81種（陳永法、戈穎瑩、倪永兵，2018）。

（三）中華人民共和國刑法

中國於1979年7月1日第五屆全國人民代表大會第二次會議之中，正式通過《刑法》，2017年11月4日最新修正第六章第七節，共十一條二十七款（北大法寶網，2019）。

表 10-3　中華人民共和國刑法有關走私、販賣、運輸、製造毒品罪之內容一覽表

條文	規範內涵
第347條[50]	走私、販賣、運輸、製造毒品罪（其中第2項有規定死刑）、利用、教唆未成年人走私、販賣、運輸、製造毒品罪。
第348條	非法持有毒品罪。
第349條	包庇走私、販賣、運輸、製造毒品罪。
第350條	非法生產、買賣、運輸醋酸酐、乙醚、三氯甲烷或者其他用於製造毒品的原料、配劑，或者攜帶上述物品進出境罪；明知他人製造毒品而為其提供前款規定的物品的，以製造毒品罪的共犯論。
第351條	非法種植罌粟、大麻等毒品原植物罪。

---

[49] 走私、販賣、運輸、製造毒品，有下列情形之一的，處十五年有期徒刑、無期徒刑或者死刑，並處沒收財產：
　1. 走私、販賣、運輸、製造鴉片1,000克以上、海洛因或者甲基苯丙胺50克以上或者其他毒品數量大的；
　2. 走私、販賣、運輸、製造毒品集團的首要分子；
　3. 武裝掩護走私、販賣、運輸、製造毒品的；
　4. 以暴力抗拒檢查、拘留、逮捕，情節嚴重的；
　5. 參與有組織的國際販毒活動的。

表 10-3 　中華人民共和國刑法有關走私、販賣、運輸、製造毒品罪之內容一覽表（續）

條文	規範內涵
第352條	非法買賣、運輸、攜帶、持有未經滅活的罌粟等毒品原植物種子或者幼苗罪。
第353條	引誘、教唆、欺騙他人吸食、注射毒品罪。
第354條	容留他人吸食、注射毒品罪。
第355條	依法從事生產、運輸、管理、使用國家管制的麻醉藥品、精神藥品的人員，違反國家規定，向吸食、注射毒品的人提供國家規定管制的能夠使人形成癮癖的麻醉藥品、精神藥品罪。
第356條	再犯走私、販賣、運輸、製造、非法持有毒品罪。
第357條	毒品之定義：鴉片、海洛因、甲基苯丙胺（冰毒）、嗎啡、大麻、可卡因以及國家規定管制的其他能夠使人形成癮癖的麻醉藥品暨精神藥品。

資料來源：北大法寶網（2019）：http://www.pkulaw.cn/，並經由作者自行整理之。

　　根據《中華人民共和國刑法》之規定，施用毒品之行為，並未被中國大陸《刑法》加以犯罪化，但非法持有毒品之行為，則被加以犯罪化。施用毒品之行為人，依《治安管理處罰法》第72條[50]之要求，仍使用行政罰加以制裁，故仍是違反法律規定之行為，但非犯罪行為。不過有大陸學者，如：院爽、劉忠理等人，及實務界呼籲，中華人民共和國政府應將吸食鴉片及注射嗎啡等毒品之行為，納入刑法體系處罰（院爽，2016；劉忠理，2017）。

　　中國大陸對於是否應將施用毒品行為納入刑法中有兩種完全不同之看法。贊同者之觀點如上所述；反對者之觀點，則主張毒品犯罪之本質是無被害人犯罪，同時應注重行為人個人之基本人權，施用毒品亦是國民之基本人權與人性尊嚴之一，故不應加以犯罪化。考量兩岸政府共同打擊毒品犯罪之必要性，兩岸政府之毒品刑事法律，如能有相同或類似之法律規範，當更能有效提升打擊毒品犯罪之力道，本文之觀點，亦贊成中國大陸

---

[50] 《治安管理處罰法》於2005年8月28日經中華人民共和國第10屆全國人民代表大會常務委員會第17次會議通過，自2006年3月1日起施行。

《刑法》似應速將施用毒品加以犯罪化。迄至2019年止，施用毒品仍未被加以犯罪化。

　　中華人民共和國所頒布之《刑法》與《禁毒法》，兩者間之法律關係，究應如何適用？因中國目前已將毒品犯罪重新進行了歸類、補充暨修改後整合於中國新《刑法》之規範之中，即整合於該《刑法》分則第六章妨害社會管理秩序罪第七節之「走私、販賣、運輸、製造毒品罪」之中。依據《禁毒法》第六章之規定，有關刑事責任的規定部分，仍應先適用新《刑法》（謝立功，2002）。

（四）中華人民共和國易制毒化學品管理條例

　　2005年施行《易制毒化學品管理條例》，將易制毒化學品分為三類，強化毒品前驅物之管理（林健陽、謝立功、范國勇、陳玉書，2005）。明定中國公安機關對於易制毒化學品之非法生產、經營、購買或者運輸等相關之違法行為，負有相關的管理與監控權責，中國對於毒品前驅物之管理非常重視，特制定本專法加以控管之，這是相當良好之立法模式。涉及《中華人民共和國易制毒化學品管理條例》之最新修法歷程，係2018年9月18日國務院令第703號《國務院關於修改部分行政法規的決定》最新修正《中華人民共和國易制毒化學品管理條例》（李雲昭、李錦昆，2018）。

（五）中華人民共和國治安管理處罰法

　　2005年8月28日第十屆全國人民代表大會常務委員會第十七次會議通過，自2006年3月1日起施行，共計一百一十九條。又於2012年10月26日修正（北大法寶網，2019）。有關反毒處罰之規定，如表10-4所示。

　　依據《中華人民共和國治安管理處罰法》第72條第3款之要求，對於吸食、注射毒品的違法行為，處十日以上十五日以下拘留，可以並處人民幣2,000元以下罰款；情節較輕的，處五日以下拘留或者人民幣500元以下罰款。再次吸毒的，則依《強制戒毒管理辦法》送戒毒所強制戒毒。可知在中國大陸，吸食鴉片、注射嗎啡等毒品，事實上，是使用《中華人民共

表 10-4 中華人民共和國治安管理處罰法中有關反毒處罰之內容

條文	《中華人民共和國治安管理處罰法》中規範內涵
第71條	有下列行為之一的，處十日以上十五日以下拘留，可以並處三千元以下罰款；情節較輕的，處五日以下拘留或者五百元以下罰款： （一）非法種植罌粟不滿五百株或者其他少量毒品原植物的； （二）非法買賣、運輸、攜帶、持有少量未經滅活的罌粟等毒品原植物種子或者幼苗的； （三）非法運輸、買賣、儲存、使用少量罌粟殼的。 有前款第一項行為，在成熟前自行剷除的，不予處罰。
第72條	有下列行為之一的，處十日以上十五日以下拘留，可以並處二千元以下罰款；情節較輕的，處五日以下拘留或者五百元以下罰款： （一）非法持有鴉片不滿二百克、海洛因或者甲基苯丙胺不滿十克或者其他少量毒品的； （二）向他人提供毒品的； （三）吸食、注射毒品的； （四）脅迫、欺騙醫務人員開具麻醉藥品、精神藥品的。
第73條	教唆、引誘、欺騙他人吸食、注射毒品的，處十日以上十五日以下拘留，並處五百元以上二千元以下罰款。
第74條	旅館業、飲食服務業、文化娛樂業、計程車業等單位的人員，在公安機關查處吸毒、賭博、賣淫、嫖娼活動時，為違法犯罪行為人通風報信的，處十日以上十五日以下拘留。
第119條	本法自2006年3月1日起施行。1986年9月5日公布、1994年5月12日修訂公布的《中華人民共和國治安管理處罰條例》同時廢止。

資料來源：北大法寶網（2019）：http://www.pkulaw.cn，並經由作者自行整理之。

和國治安管理處罰法》之行政罰加以制裁，因不是犯罪行為，故未使用刑罰制裁。本文認為，此種之作為，頗具有爭議性，容有相當大的討論空間。

七、新加坡

新加坡對於毒品犯罪一直採取「嚴刑峻法」政策，1973年施行《毒品防制濫用法》（Misuse of Drugs Act），計七個部分，由五十九節與五個附表組成（Singapore Statutes Online, 2019），該法訂定死刑規定，並設計

鞭刑（caning）制度。該法第17條規定[51]：任何人如果若被證實持有該條所列10項特定毒品的重量超過最低標準，如100克鴉片、3克嗎啡、2克海洛英等，都會被自動推定為販毒，且該條後段規定舉證責任在於被告，而不在於政府。另《毒品防制濫用法》附表二第六欄規定[52]：販賣特定毒品者超過規定標準，如1,200克鴉片、30克嗎啡、15克海洛英等，則處以死刑。

2013年該法放寬認定，其中第33B條修正規定[53]：如果運毒者未涉及其他犯罪行為，檢察官證明被告曾實質性協助中央毒品調查局打擊新加坡毒品走私或願與政府配合者，酌情量刑，及該被告證明患有智能不足、嚴重損害行為判斷的主觀責任能力者，則斟情判處無期徒刑，亦即廢除運毒者強制（mandatory）死刑之做法（Amirthalingam, K., 2018）。

另該法第24條賦予警方無須出示搜索票即可進入任何住處進行毒品搜查，新加坡中央毒品調查局局（Central Narcotics Bureau, CNB）於2018

---

[51] Presumption concerning trafficking

17. Any person who is proved to have had in his possession more than- (a) 100 grammes of opium; (b) 3 grammes of morphine; (c) 2 grammes of diamorphine; (d) 15 grammes of cannabis; (e) 30 grammes of cannabis mixture; (f) 10 grammes of cannabis resin; (g) 3 grammes of cocaine; (h) 25 grammes of methamphetamine; (ha) 113 grammes of ketamine; (i) 10 grammes of any or any combination of the following: ... whether or not contained in any substance, extract, preparation or mixture, shall be presumed to have had that drug in possession for the purpose of trafficking unless it is proved that his possession of that drug was not for that purpose.

[52] As per Schedule 2 of the Act, the death penalty may be prescribed if you are convicted of possessing any of the specified drug or quantity thereof or drug with specified content involved: Opium - 1.200 grams or more, Morphine- 30 grams or more, diamorphine- 15 grams or more ...

[53] Discretion of court not to impose sentence of death in certain circumstances
33B-
(1) Where a person commits or attempts to commit an offence under section 5(1) or 7, being an offence punishable with death under the sixth column of the Second Schedule, and he is convicted thereof, the court- ...
(2) The requirements referred to in subsection (1)(a) are as follows:..
(3) The requirements referred to in subsection (1)(b) are that the person convicted proves, on a balance of probabilities, that- ...
(4) The determination of whether or not any person has substantively assisted the Central Narcotics Bureau in disrupting drug trafficking activities shall be at the sole discretion of the Public Prosecutor and no action or proceeding shall lie against the Public Prosecutor in relation to any such determination unless it is proved to the court that the determination was done in bad faith or with malice.

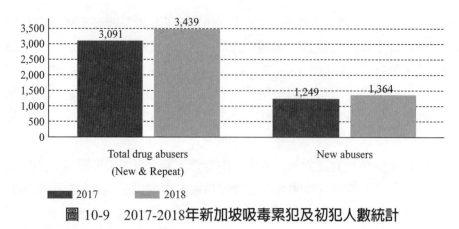

圖 10-9　2017-2018年新加坡吸毒累犯及初犯人數統計

資料來源：CNB (2019), Drug Report, https://www.cnb.gov.sg/newsandevents/reports-(overview)/drug-report.

年逮捕了3,439名吸毒者，比2017年的3,091名吸毒者增加了11%。其中被捕的初犯濫用者人數從2017年的1,249人上升至2018年的1,364人，增加約9%[54]。在被捕嫌疑人之中，新吸毒濫用者占40%比例（圖10-9）。以新加坡約600萬人口比例而言，約占總人口0.057%（CNB Annual Bulletin, 2018）。

　　另《毒品防制濫用法》第8條規定有關施用毒品行為之處罰，該條立法目的在於將持有及施用管制藥物入罪化，供自己吸食、施打或施用一種管制藥物，或指定藥物，均構成犯罪[55]（林健陽、陳玉書，2009）。所謂的管制藥物，依據《毒品防制濫用法》第2條定義的規定，係指《毒品防制濫用法》附件一中所規範及指定之第一、二、三部分（級）之藥物或其產品（Singapore Statutes Online, 2019）。

　　有關吸食、自我施打或施用毒品防制濫用法附件一管制藥物，或附件

---

[54] 計算公式為：(1364-1249)/1249=0.09207。

[55] Article 8. Except as authorised by this Act, it shall be an offence for a person to-
(a) have in his possession a controlled drug; or
(b) smoke, administer to himself or otherwise consume-
　　(i) a controlled drug, other than a specified drug; or
　　(ii) a specified drug.

四之指定藥物的刑事處罰規定，則規範於毒品防制濫用法的附件二表格之中，凡有上述之行為者，科處有期徒刑十年以下，或科罰金20,000元，或併科之。

　　該法第34條規定[56]，倘若CNB局長懷疑某人是吸毒成癮者，則吸毒成癮者可能需要接受醫學檢查暨觀察，或接受尿液或頭髮測試，對於初犯與第二次被捕吸毒者，將進入毒品戒治所（drug rehabilitation centre）接受戒治處遇，或受當局監管；出毒品戒治所之後，這些吸毒成癮之戒毒人員須要定期報到，並接受尿檢。如果出現復吸，會被再次送到毒品戒治所，除了監禁，尚會被加以判處鞭刑。

　　假若是施用指定藥物之累犯，則第三次施用指定藥物之行為，將受到更加嚴厲之刑事制裁。依該法第33A條第1項之規定（本條是針對施用指定藥物累犯之刑事處罰），凡是：1.毒品施用者之前已有二次自白施用毒品之紀錄；2.或因施用指定藥物，具有已被法院二次定刑之紀錄；3.或有拒絕提供尿液之紀錄，已被法院二次定刑；4.一次自白施用毒品之紀錄，以及因施用指定藥物，具有已被法院一次定刑之紀錄；5.一次自白施用毒品之紀錄，以及有拒絕提供尿液之紀錄，已被法院一次定刑；6.因施用指定藥物，具有已被法院一次定刑之紀錄，以及有拒絕提供尿液之紀錄，已被法院一次定刑。則第三次之施用毒品行為，將被法院科處五年以上、七年以下之有期徒刑，另再科以三次至六次之鞭刑，不得科處罰金。

　　假若是第四次施用指定藥物之累犯行為，將受到比第三次更加嚴厲之刑事制裁。根據新加坡《防制毒品濫用條例》第33A條第2項之規定，假若某一位毒品施用者曾因觸犯《防制毒品濫用條例》第33A條第1項之規定而被科刑定罪，之後，又第四次施用指定藥物，或拒絕依照同法第31條第2項之規定提供尿液者，則此第四次施用毒品之行為或拒絕提供尿液之行為，將被法院科處七年以上、十三年以下之有期徒刑，另再科以六次至十二次之鞭刑，且不得科處罰金（林健陽、陳玉書，2009）。

---

[56] Article 34- (1) The Director may order any person whom the Director reasonably suspects to be a drug addict to be committed, for a period not exceeding 7 days, to any place specified by the Director for the purpose of any medical examination or observation.

新加坡監獄總署（Singapore Prisons Service）下轄14個監獄與戒毒中心，對於毒品戒治處遇之作為，令毒品初犯及累犯進入毒品戒治所接受毒品戒治處遇。新加坡政府相當重視毒品犯之技能訓練，委由新加坡矯正公司（Singapore Corporation of Rehabilitative Enterprises, SCORE）代為訓練。新加坡矯正公司設置於內政部之下，該公司係以商業公司之經營模式，從事犯罪矯治工作（Singapore Government, 2019），其中，涉及毒品犯之技能訓練，新加坡矯正公司尚結合其他公司，為毒品戒治所內之毒品犯提供完善之技能訓練課程及計畫（詹麗雯、李明謹、林學銘、蔡佳容、陳念慈、郭峻榮、呂宗翰，2013）。

肆、我國抗制毒品犯罪法律機制之沿革與現況

我國政府對於防制毒品之戰略作為，亦類似於美國之做法。在美國，政府打擊毒品之措施，被命名為「反毒戰爭」。在臺灣，自1993年，我國行政院正式向毒品宣戰，在反毒戰略上，採取兩大戰略主軸，分別是「斷絕供給」與「降低需求」。在反毒戰術上，則分別採取拒毒、緝毒與戒毒之作為。

從2008年開始迄今，臺灣反毒之戰略目標，業已調整為「首重降低需求，平衡抑制供需」。另外，在反毒戰術上，亦作若干之調整，新增一項作為，名為「防毒」。是以，從2008年開始，反毒之戰術工作項目，演變成為四大塊：防毒、拒毒、緝毒與戒毒（法務部、衛生署、教育部、外交部，2009）。

行政院於2017年5月提出「新世代反毒策略」，宣稱以新世代的思維進行全面反毒。「新世代反毒策略」分成：防毒策略、拒毒策略、緝毒策略、戒毒策略、綜合規劃等五大主軸（林佳穎，2018）。又行政院於2017年6月24日針對「新世代反毒策略」提出行動綱領，預計未來四年編列有史以來最多之100億經費，並提出反毒戰略，可見政府杜絕毒品零容忍之決心（行政院、法務部、衛生署，2019）。行政院2017年新世代反毒策略

行動綱領之防毒策略、拒毒策略、緝毒策略、戒毒策略、綜合規劃等五大
主軸之主政機關、策略，詳如表10-5。

表 10-5　2017年行政院新世代反毒策略行動綱領

五大主軸	主政機關	策略
防毒策略	衛福部食藥署	防止製毒原料假冒品原料藥進口
		推動新興毒品防制策略——強化查獲新興毒品之檢驗量能
拒毒策略	教育部	綿密毒品防制通報網絡
		加重校長、學校防毒責任
		強化防制新興毒品進入校園
		個案追蹤輔導及資料庫之建立
緝毒策略	法務部	建構全國毒品資料庫，並強化資料庫整合功能與介面連結
		建立以「查量」、「追人」併重的複合緝毒策略
		區域聯防與督導機制
		建立偏鄉毒品問題之「通報網」及強化毒品藥頭之查緝
		強化青少年、校園販毒藥頭之查緝，賡續推動「護少專案」
		強化軍中毒品及擴散源之查緝
		拔根斷源，阻斷供給
		整建高科技裝備
		提升境外緝毒能量
		強化關務查緝作為
戒毒策略	衛福部	建置整合性藥癮醫療示範中心，發展轉診與分流處遇系統
		發展藥癮治療及處遇專業人才培訓制度
		提升治療性 社區量能及擴大補助中途之家
		替代治療便利性改善方案
		建立以家庭為中心之家庭支持服務，促進藥癮者重返家庭
		辦理藥物濫用兒少家長親職教育，強化其家庭支持能量
		連結網絡資源加強就業準備，以一案到底服務促進就業
		建立以藥癮醫療及復歸社會服務為核心，戒護為輔之戒治模式

表 10-5　2017年行政院新世代反毒策略行動綱領（續）

五大主軸	主政機關	策略
綜合規劃	法務部	反毒宣導
		研議地方政府毒品危害防制中心改由衛福部督導
		修正毒品危害防制條例及相關法令
		強化與司法院、各法院之聯繫合作，促使法官妥適量刑

資料來源：行政院106年7月21日院台法字第1060181586號函，並經由作者重新自行整理之。

　　1955年，為了打擊毒品犯罪，我國頒行《動員戡亂時期肅清煙毒條例》，以嚴厲之刑罰，防制毒品犯行；另外，為了有效管制麻醉藥品，另訂定《麻醉藥品管理條例》。1992年，隨著我國終止「動員戡亂時期」，《動員戡亂時期肅清煙毒條例》更名為《肅清煙毒條例》，不過，仍用刑罰手段制裁毒品犯罪。1998年5月，我國將上開《肅清煙毒條例》修訂為《毒品危害防制條例》，此項法律之修正具有劃時代之歷史意義。根據《毒品危害防制條例》第20條規定，我國對於第一次施用第一級與第二級毒品者之角色，重新加以定位，令其兼具病人（患）與毒品之犯人之雙重角色，特稱為「病犯」。在毒品之刑事政策方面，《毒品危害防制條例》則改採「有條件除刑而不除罪」。《毒品危害防制條例》強調毒品戒治處遇之治療重於刑罰之處罰，故以保安處分為主，自由刑為輔。在上開之保安處分方面，則於《毒品危害防制條例》之中建構「觀察勒戒」及「強制戒治」之機制：接受「觀察勒戒」者，被稱為「受觀察勒戒人」；接受「強制戒治」者，被稱為「受戒治人」。《毒品危害防制條例》對於施用第一、二級毒品者，以強制戒治的醫療模式來取代傳統的刑罰模式，至於販賣、運輸、製造等行為，《毒品危害防制條例》仍採取嚴懲模式（王皇玉，2010）。

　　根據我國《毒品危害防制條例》第20條第3項的規定[57]，五年之後再犯者，始有機會接受觀察勒戒、強制戒治，又依《毒品危害防制條例》第

---

[57] 依前項規定為觀察、勒戒或強制戒治執行完畢釋放後，五年後再犯第十條之罪者，適用本條前二項之規定。

23條第2項[58]之規定，五年內再犯施用毒品之罪者，檢察官或地方法院少年法庭應依法追訴或裁定交付審理。《毒品危害防制條例》將第20條、第23條之保安處分程序，單純區分為「初犯」、「五年內再犯」及「五年後再犯」三種，並僅限於「初犯」及「五年後再犯」二種情形，始應先經觀察、勒戒或強制戒治程序。「五年內再犯」者，因其再犯率甚高，原實行之觀察、勒戒及強制戒治既已無法收其實效，爰依法追訴或裁定交付審理[59]。

因應鴉片類毒癮者替代療法戒癮治療的需求，2008年4月30日總統華總一義字第09700048431號令修正公布，又修正《毒品危害防制條例》第24條[60]，《毒品危害防制條例》建立「緩起訴附命戒癮治療」新機制，設計結合緩起訴制度，臺灣終於首次將毒品犯真正視為病犯送進醫療體系實施治療計畫，而非矯正機關，實施五年後，又在2013年修正《毒品戒癮治療實施辦法及完成治療認定標準》第2條，實施對象放寬至第二級毒品。

經過十年專家學者努力，《毒品危害防制條例》修法設計從上述「初犯」、「五年後再犯」之毒癮治療方式，由原施行之觀察、勒戒、強制戒治等單軌戒毒程序，改採與「緩起訴附命戒癮治療」並行之雙軌模式，後者並擴及五年內再犯第10條之罪者。另依《毒品戒癮治療實施辦法及完成治療認定標準》第3條之規定：「戒癮治療之方式如下：一、藥物治療。二、心理治療。三、社會復健治療。前項各款之治療方式應符合醫學實證，具有相當療效或被普遍採行者。」《毒品戒癮治療實施辦法及完成治療認定標準》第3條已建置多元之戒癮治療之方式。

可見我國刑事政策學習歐美先進國家對施用第一、二級毒品者，以專

---

[58] 觀察、勒戒或強制戒治執行完畢釋放後，五年內再犯第十條之罪者，檢察官或少年法院（地方法院少年法庭）應依法追訴或裁定交付審理。

[59] 最高法院107年台非字第76號刑事判決；臺灣高等法院108年上訴字第1160號刑事判決；臺灣高等法院暨所屬法院101年度法律座談會刑事類提案第27號問題（二）研討結果參照。

[60] 本法第20條第1項及第23條第2項之程序，於檢察官先依《刑事訴訟法》第253條之1第1項、第253條之2之規定，為附命完成戒癮治療之緩起訴處分時，或於少年法院（地方法院少年法庭）認以依《少年事件處理法》程序處理為適當時，不適用之。前項緩起訴處分，經撤銷者，檢察官應依法追訴。第1項所適用之戒癮治療之種類、其實施對象、內容、方式與執行之醫療機構及其他應遵行事項之辦法及完成戒癮治療之認定標準，由行政院定之。

業社區處遇的模式協助其戒除毒癮，亦即在社區中接受戒癮治療戒毒，不但能與家人同住，且能保有原先之工作，維持原來生活不致與社會脫軌，達到「去監禁化」、「除刑化」之目的，希望能大幅降低施用毒品之再犯率（臺灣高等法院檢察署105年9月20日法檢字第10504532140號法律問題座談會法務部研究意見參照；葉瑋，2019）。

另2009年5月20日總統華總一義字第09800125141號令修正公布《毒品危害防制條例》，針對施用第三級或第四級毒品者，改處以行政罰，《毒品危害防制條例》第11條之1規定：無正當理由持有或施用第三級或第四級毒品者，處新臺幣1萬元以上5萬元以下罰鍰，並應限期令其接受4小時以上8小時以下之毒品危害講習。立法者一改大法官於釋字第544號：「施用毒品，足以戕害身心，滋生其他犯罪，惡化治安，嚴重損及公益，立法者自得於抽象危險階段即加以規範。」之傳統見解，即與對施用毒品者處自由刑規定肯認合憲之主張，兩者有所區別（王皇玉，2010）。而目前我國戒毒政策分為醫療模式、宗教戒治模式及刑事司法體系毒品戒治模式（李志恒、馮齡儀，2017）。

我國執行反毒戰爭之法令依據，除了上述《毒品危害防制條例》外，尚包含以下之相關法規：《洗錢防制法》、《組織犯罪防制條例》、《觀察勒戒處分執行條例》、《戒治處分執行條例》、《戒治處遇成效評估辦法》、《法務部戒治所組織通則》、《管制藥品管理條例》、《藥事法》、《先驅化學品工業原料之種類及申檢查辦法》（經濟部負責）、《毒品戒癮治療實施辦法及完成治療認定標準》、《採驗尿液實施辦法》、《特定人員尿液採驗辦法》、《偵辦跨國性毒品犯罪入出境協調管制作業辦法》等（法務部等，2019；楊士隆等，2005）。

承上，《毒品危害防制條例》、《藥事法》與《管制藥品管理條例》，三者其立法目的及管制項目不同，因我國主管機關採毒（法務部）、藥（衛生福利部）分流管理，常造成司法實務適用上之問題，不同與目前美英及歐盟各國家採「毒藥合一」的立法（余萬能，2018）。本文整理比較如表10-6。

表 10-6　毒品危害防制條例、藥事法與管制藥品管理條例之比較

	毒品危害防制條例	藥事法	管制藥品管理條例
年份架構	1955年 （36條）	1970年 （10章106條）	1929年 （6章44條）
立法目的	爲防制毒品危害，維護國民身心健康。	藥事之管理，依本法之規定；本法未規定者，依其他有關法律之規定。但管制藥品管理條例有規定者，優先適用該條例規定。前項所稱藥事，指藥物、藥商、藥局及其有關事項。	管制藥品之管理，依本條例之規定。
性質	特別刑法－ 該法針對毒品製造、運輸、販賣、意圖販賣而持有、意圖供製造毒品之用栽種、轉讓、施用、持有等行爲科以特別之罪刑。	特別刑法－ 除了藥事及藥物廣告之管理，針對僞藥、劣藥、禁藥或不良醫療器材之製造、輸入、輸出、販賣、供應、調劑、運送、寄藏、牙保、轉讓或意圖販賣而陳列等行爲，科以特別罪刑（不處罰個人施用、持有行爲）。	行政法－ 在管制藥品管理條例之規範下，仍可合法從事輸入、輸出、製造、販賣、運送等行爲，並無藥事法附屬刑法法規之適用。
分級	4級	X	4級
法律關係	舉甲基安非他命爲例，屬藥事法第22條第1款所規定之「禁藥」；而明知爲禁藥而轉讓者，藥事法第83條亦定有處罰明文。故行爲人明知甲基安非他命係禁藥而轉讓予他人者，除成立毒品危害防制條例第8條第2項之「轉讓第二級毒品罪」外，亦構成藥事法第83條第1項之「轉讓禁藥罪」。	1.行爲人轉讓第二、三級毒品，若該毒品亦屬禁藥，實務多以法定刑較重之藥事法轉讓僞藥罪處斷。 2.毒品危害防制條例爲藥事法之特別法（104年度台上字第3944號）。 3.毒品危害防制條例與藥事法均屬特別刑法，兩者間並無所謂普通或特別之關係（107年度台上字第1157號；107年度台上字第3587號）。	藥事法第11條所稱「管制藥品」，係指管制藥品管理條例第3條規定所稱之管制藥品。 依法律適用原則，優先適用管制藥品管理條例，故管制藥品管理條例爲藥事法特別法。另一面解釋，非合於醫學、科學上需用者，則爲毒品，適用毒品危害防制條例查緝。

表 10-6　**毒品危害防制條例、藥事法與管制藥品管理條例之比較（續）**

	毒品危害防制條例	藥事法	管制藥品管理條例
管制項目	本條例所稱毒品，指具有成癮性、濫用性及對社會危害性之麻醉藥品與其製品及影響精神物質與其製品。 毒品依其成癮性、濫用性及對社會危害性分為四級，其品項如下： 1.第一級：海洛因、嗎啡、鴉片、古柯鹼及其相類製品； 2.第二級：罌粟、古柯、大麻、安非他命、配西汀、潘他唑新及其相類製品； 3.第三級； 4.第四級。	本法所稱藥品，係指左列各款之一之原料藥及製劑： 1.載於中華藥典或經中央衛生主管機關認定之其他各國藥典、公定之國家處方集，或各該補充典籍之藥品； 2.未載於前款，但使用於診斷、治療、減輕或預防人類疾病之藥品； 3.其他足以影響人類身體結構及生理機能之藥品； 4.用以配製前三款所列之藥品。	本條例所稱管制藥品，指下列藥品： 1.成癮性麻醉藥品； 2.影響精神藥品； 3.其他認為有加強管理必要之藥品。 前項管制藥品限供醫藥及科學上之需用，依其習慣性、依賴性、濫用性及社會危害性之程度，分四級管理。 從上述可知針對「藥品」規範，限供醫藥及科學上需用為管制藥品，需符合藥事法有關製劑及原料藥之規定。
管制對象	毒品為麻醉藥品與其製品，及影響精神物質與其製品，包括「藥品」，所有「製品」（半成品、種子、植物）及「物質」。	司法實務針對未列管毒品之新興影響精神物質處罰的主要依據：藥事法第82、83條偽禁藥之罰則（107年度簡上字第491號；105年度上易字第2254號）。	管制藥品與毒品乃一線之隔，如美國面臨的鴉片類藥物成癮，濫用藥物成癮從天堂變地獄（毒品）。
主管機關	法務部	衛生福利部	衛生福利部 食品藥物管理署
最重罰則	死刑	無期徒刑	75萬元以下罰鍰
分級品項	法務部會同衛生署組成審議委員會	X	衛生福利部設置管制藥品審議委員會

資料來源：余萬能（2018），臺灣管制藥品使用之管理政策法規整合研究——以麻黃素類製劑及醫源性濫用為例；林瑋婷（2018），新興毒品，管制的問題在哪裡？；潘韋丞（2015），論毒品危害防制條例與藥事法之「割裂適用」，並經由作者重新自行整理之。

伍、外國抗制毒品犯罪之法律機制對我國之啓示

經比較美國、英國、荷蘭、日本、香港、中國大陸等主要國家（含地區）抗制、打擊毒品之法制，及相關刑事政策，本文綜合上述的相關文獻及資料，計有如下的重要發現：

一、施用毒品仍被大多數國家或地區定義爲犯罪行爲

大部分的國家仍處罰施用毒品行爲，其中：新加坡對吸毒行爲的懲罰爲世界上最嚴厲之國家，法律規定對吸毒人員判處監禁及鞭刑（蔡宜家，2018）。中國以行政罰及刑罰分別處罰毒品犯罪，依《中華人民共和國禁毒法》第62條，吸食、注射毒品者，依法給予治安管理處罰。吸毒人員主動到公安機關登記或者到有資質的醫療機構接受戒毒治療的，不予處罰。

英國的《1971年濫用毒品法》將吸毒規定爲犯罪行爲。但英國《毒品治療與檢查命令》（Drug Treatment and Testing Order）規定，法院可以要求毒犯接受藥物濫用治療，但毒犯必須同意接受此類命令，進行爲期六個月至三年的戒毒治療。法院可以要求毒犯接受藥物濫用治療，但毒犯必須同意接受此類命令。

最特別是荷蘭，統計至2017年3月，政府立案的大麻咖啡館計有約567間，依《鴉片法》指導綱要（Opium Act Directive）之要求[61]，政府立案的大麻咖啡館必須遵守6項規定：1.禁止廣告（No advertising）；2.不得出售硬性毒品（No hard drugs）；3.店家保證遵守秩序（No nuisance）；4.禁止18歲以下未成年人消費（No young people）；5.每人每天購買的大麻不得超過5克（No large quantities- for personal use 5g）；6.販賣之對象，僅限於持有身分證件或居留許可的荷蘭居民（Access only to residents）（Korf, D. J., 2019）。

---

[61] Aanwijzing Opiumwet (Opium Act Directive)(2019), Stcrt. 2015, No. 5391, retrieved from http:// perma.cc/ RMU3-ZKY2.

National AHOJ-G(I) Criteria Governing Coffeeshops[7]

(A) No advertising	No advertising, apart from a minor reference (on the shop).
(H) No hard drugs	It is forbidden to have or sell hard drugs in the shop.
(O) No nuisance	Nuisance (*Overlast*) may consist of parking problems around coffeeshops, noise, litter, or customers who loiter in front of or in the neighbourhood of the coffeeshop.
(J) No young people	No selling to or access by young people (*Jongeren*) under the age of 18; strict enforcement focuses on customers below 18 years.
(G) No large quantities	No selling of large quantities (*Grate hoeveelheden*) per transaction, which means quantities larger than suitable for personal use (5g). A transaction comprises all buying and selling in one coffeeshop on the same day by the same customer. Maximum selling stock set at 500g.
(I) Only residents	Access only to residents (*Ingezetenen*).

圖 10-10　荷蘭政府立案的大麻咖啡館規定

資料來源：Korf, D. J. (2019), Cannabis Regulation in Europe: Country Report Netherlands.

二、製造、販賣、運輸、走私毒品行為之制裁及持有毒品的處罰

　　有關製造、販賣、運輸、走私毒品之行為，此一部分，則美國、英國、荷蘭、日本、香港、中國及新加坡均是用刑事法加以制裁，其中：中國則針對走私、販賣、運輸、製造毒品：鴉片1,000克以上、海洛因或者甲基苯丙胺50克以上或者其他毒品數量大者，訂有死刑之規範。

　　新加坡針對下列之犯行，如被定罪將被判處死刑，即販賣、製造、出入境超過規定標準：15克海洛因、30克嗎啡與古柯鹼、500克大麻或1,200克鴉片者；另販賣特定毒品者超過規定標準：1,200克鴉片、30克嗎啡或15克海洛英等，以上若被定罪將被判處死刑，可見新加坡是真正名副其實「嚴刑峻罰」。

三、持有毒品的處罰

　　大多數國家對於持有毒品的處罰，皆是使用刑事罰。比較特殊者，以歐盟國家荷蘭為代表，始於1970年代嚴格禁止硬性毒品，與有限開放軟性毒品政策。對持有軟性毒品的行為予以非犯罪化，持有30克以內之大麻屬微罪，持有超過30克之大麻則屬刑事上之犯罪（Spapens, T., Müller, T., & Van de Bunt, H., 2015）。

四、美國充分利用「實質相似性」概念打擊新興毒品之濫用

　　所謂之「實質相似性」概念，是指假若某一物質（興奮劑、鎮定劑、幻覺劑）的化學結構，類似於現行受到管制的某一種毒品之化學結構，雖然兩者不完全相同，但只要是毒品之化學結構相似，則上開尚未受到管制之某一物質（興奮劑、鎮定劑、幻覺劑），仍要受到刑事制裁，此種類推適用、比附援引其他毒品之化學結構式的做法，受到美國司法實務之肯定。

五、日本採取相當嚴厲之禁毒政策

　　日本政府打擊毒品之法律，主要計有：《麻醉藥物及影響精神物質取締法》、《大麻取締法》、《鴉片法》、《興奮劑取締法》、《在國際合作下為圖防止助長列管毒品非法行為之毒品及影響精神物質取締法之相關特例法》，以及《刑法》第十四章等法規。日本現階段仍是採取嚴厲之禁毒政策，此種刑事政策亦值得我國參考。日本因海洛因施用者少，故共用針頭得到HIV之比例相當的低。日本尚未實施大規模之毒品減害計畫，其仍是採取相當嚴厲之禁毒政策。

六、新興影響精神物質管理日益受到重視

　　依聯合國毒品與犯罪辦公室（UNODC）的定義，新興合成毒品（New Synthetic Drugs）或設計毒品／藥物（Designer Drug），指未被《1961年麻醉品單一公約》、《1971年精神藥物公約》列管，有些是純物質或合成製劑，因追求刺激而被濫用物質，對公共健康造成重大威脅。部分的新興影響精神物質（New Psychoactive Substances, NPS）未在列管的範圍內，用來規避法律的制裁（Wohlfarth A., Weinmann W., 2010；謝金霖、潘日南、曾梅慧，2010）。

　　UNODC的2019年《世界毒品報告》特別提及新興影響精神物質，是繼傳統毒品、新型合成毒品後，21世紀流行全球的「第三代毒品」。2015年至2017年，每年新發現的新興影響精神物質以大約500種穩定成長中；2009年至2018年間，總共報告了803種新興影響精神物質（中國社會科學院上海研究院、上海大學，2019），新興影響精神物質之數量極其驚人。

　　另依歐洲藥物監測中心（European Drug Monitoring Center）統計資料，歐盟的預警系統（EWS）觀測2014年計101種新興影響精神物質，

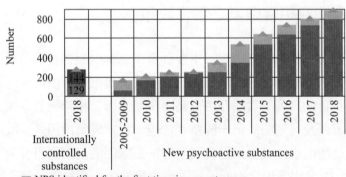

圖 10-11　全球新興影響精神物質分析

資料來源：World Drug Report 2019.

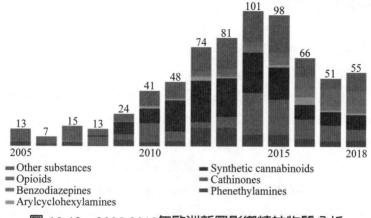

圖 10-12　2005-2018年歐洲新興影響精神物質分析

資料來源：EMCDDA: European Drug Report 2019: Trends and Developments.

2015年則有98種新興影響精神物質，這兩年達到最高峰。

七、荷蘭對於毒品採取「打擊」與「疏導」並重之政策

荷蘭根據《鴉片條例》，依毒品之危害性將毒品加以區分二大類，第一類毒品為硬性毒品，被認為對荷蘭社會具有高度之風險，包含海洛因等；第二類毒品，則為軟性毒品，包含大麻等。該國實施毒品分級管制制度，並通過禁毒執法暨戒毒治療工作並行模式，所以整體來看，荷蘭對於毒品政策採取「打擊」與「疏導」雙重並重之政策（Decorte, T., & Pardal, M., 2017）。

雖然荷蘭對軟性毒品採取「寬容政策」，但購買、持有、吸食或出售相關毒品仍受荷蘭法律嚴格管控。以軟性毒品大麻為例：持有30克以內而言，最高可被處以75歐元罰款，若持有500克以上則視為交易則將構成犯罪，處監禁四週。另進出口毒品則屬重罪，輸入或輸出硬性毒品的最高刑罰是十二年以下監禁，累犯最高可處十六年監禁（王鵬飛，2018）。

八、各國相當重視國際合作

　　近年歐美警方聯手打擊地下非法網路交易（dark web），2017年美國聯邦調查局（Federal Bureau Investigation, FBI）、美國緝毒局、荷蘭警政署（Dutch National Police）及其他國家警方，聯合破獲Alphabay及Hansa地下非法網站。該網站利用比特幣交易漏洞，主要從事販賣毒品等違法交易。28個歐盟會員國警方合作，成立取締網路小組，由歐洲檢察官組織（Eurojust）指揮，協調各歐盟執法機關、國際刑警組織（INTERPOL）、歐洲聯盟委員會（European Commission）及歐洲毒品暨毒癮監測中心（European Monitoring Centre for Drugs and Drug Addiction, EMCDDA）等，共同進行國際上之緝毒合作工作。歐盟取締網路電腦小組，透過資訊情報共享，進行網路調查，鎖定地下非法網路IP位置及追查主嫌真實身分，為本案被破獲關鍵（Afilipoaie, A. & Shortis, P., 2018; Weber, J. & Kruisbergen, E. W., 2019）。

　　另我國與中國大陸於2009年簽訂《海峽兩岸共同打擊犯罪及司法互助協議》，針對涉及殺人、搶劫、綁架、走私、槍械、毒品、人口販運、組織偷渡及跨境有組織犯罪等重大犯罪及侵占、背信、詐騙、洗錢、偽造或變造貨幣及有價證券等經濟犯罪，共同打擊犯罪。雙方同意交換涉及犯罪有關情資，協助緝捕、遣返刑事犯與刑事嫌疑犯，並於必要時合作協查、偵辦與司法互助（孟維德，2019）。由上可知，各國相當重視國際執法合作之區塊。

九、美國及英國打擊毒品的刑事法律相當龐雜

　　美國國內的毒品問題相當嚴重，為了打擊毒品犯罪，相對應的法律數量很多，且內容龐雜。美國政府打擊毒品之法律主要計有：《全面物質濫用防治及控制法》（Comprehensive Drug Abuse Prevention and Control Act, 1970）、《綜合犯罪控制法》（Comprehensive Crime Control Act of

1984）、《防制有組織犯罪及腐化組織法》（Racketeer Influenced and Corrupt Organization Act, RICO）、《管制物質法》（Controlled Substances Act）、《反毒品濫用法》（Anti-Drug Abuse Act of 1986）、《化學物質轉換及販運法》（Chemical Diversion And Trafficking Act）、《洗錢防制法》（Money Laundering Control Act of 1986）、《管制物質輸出輸入法》（Controlled Substances Import and Export Act）、《類似管制物質執行條例》（Controlled Substance Analogue Enforcement Act）、《美國模範刑法典》第250.5條、《外國毒梟認定法案》（1999 Foreign Narcotics Kingpin Designation Act）、《防制走私合成劑與防止過量用藥法案》（Synthetics Trafficking and Overdose Prevention Act, STOP Act）等。

　　英國打擊毒品之法律，主要計有：《1851年預防犯罪法》（1851 Act for the Better Prevention of Offences）、《1861年人身犯罪法》（Offences Against the Person Act of 1861）、《1971年的藥物濫用法》（Misuse of Drugs Act 1971, MDA）、《藥物濫用法》（Misuse of Drugs Act）、《毒品走私防制條例》（Drug Trafficking Act）、《2016年新興影響精神物質法》（Psychoactive Substances Act 2016）等。可以發現，在主要國家防制、打擊、抗制毒品之刑事政策中，美國及英國的毒品刑事法令數量之多，似乎是名列前茅，顯示出英、美二國毒品問題之嚴重性。

十、中國直接用刑法明定毒品犯行

　　中國禁毒方面的相關法律依據，計有：《中華人民共和國禁毒法》、《刑法》、《中華人民共和國治安管理處罰法[62]》、《易制毒化學品管理條例》、《藥品管理法》、《戒毒藥品管理辦法》、《精神藥品品種目錄》、《麻醉藥品和精神藥品管理條例》及《非藥用類麻醉藥品和精神藥品管理辦法》。

　　中國之新《刑法》利用刑事法制裁以下之毒品違法行為：走私、販

---

[62] 其前身為：《中華人民共和國治安管理處罰條例》。

賣、運輸、製造毒品罪。相較於其他國家，中國上述的做法，相當特殊化。日本雖亦用刑法明定毒品犯行，但範圍及數量均較中國為少。中國直接利用刑法明定毒品犯行，亦可直接令人民感受到政府打擊毒品犯罪的決心。

十一、香港特別行政區政府禁毒法規有別於中國之規定

香港特區政府打擊毒品之法律，與中國大陸有相當大的區隔，由於沿用尊重獨立的司法體系，故沒有相關毒品犯罪的死刑條文，最重之刑罰，乃因涉毒犯罪而被處以終身監禁。香港特區主要禁毒法規計有：《危險藥物條例》、《化學品管制條例》、《販毒（追討得益）條例》等法。另與國際合作有關的香港法例：包括《刑事事宜相互法律協助條例》（第525章）、《逃犯條例》（第503章）、《販毒（追討得益）條例》（第405章），並依基本法規定，香港特區與外國得進行司法互助[63]，為香港與國際合作打擊毒品犯罪，提供了穩固的法律基礎（香港特別行政區政府保安局禁毒處，2019）。

十二、美國監禁率排名世界首位，且於1980-2017年因毒品犯罪而被監禁的人數急速上升11倍

根據美國司法統計局的統計（圖10-13），美國2018年底的監禁人口已達到2,121,600人，監禁率接近每十萬人有655人，位居世界第一（Walmsley, R., 2019）。依據美國司法統計局（圖10-14）之數據顯示，自1970年代發動反毒戰爭，美國使用強硬執法與量刑政策導致監禁率急劇增長，因涉及毒品相關犯罪，被監禁在聯邦監獄暨州監獄的毒品犯罪人數，從1980年的40,900人急速上升至2017年的452,964人（Bureau of Justice

---

[63] 《香港特別行政區基本法》第95條規定：「香港特別行政區可與全國其他地區的司法機關通過協商依法進行司法方面的聯繫和相互提供協助。」另第96條規定：「在中央人民政府協助或授權下，香港特別行政區政府可與外國就司法互助關係作出適當安排。」

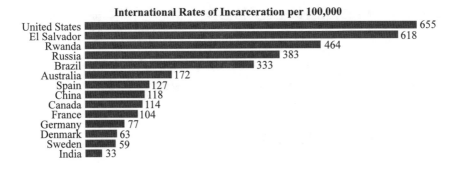

International Rates of Incarceration per 100,000

圖 10-13　美國居世界各國高監禁率國家首位

Number of People in Prison and Jails for Drug offenses, 1980 and 2017

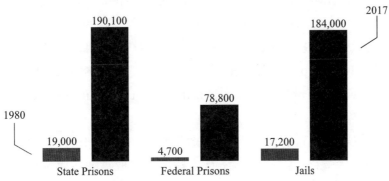

資料來源：Walmsley, R. (2019), World Prison Brief, London: Institute for Criminal Policy Research, http://www. prisonstudies.org/world-prison-brief.

圖 10-14　1980-2017年毒品相關犯罪被監禁在聯邦監獄及州監獄的人數

資料來源：Bureau of Justice Statistics, The Sentencing Project, https://www.sentencingproject.org/criminal-justice-facts/.

Statistics, 2019），急速上升約十一倍。

十三、2018-2019年中美貿易戰，禁毒合作可成爲中美外交的出口

近年來中美貿易、科技、資通戰正火熱進行之中，雙邊外交關係中的

不確定性增加。面對美國鴉片類藥物危機，加強美國緝毒局與中國公安部禁毒局之間的合作，聯合打擊日益嚴重之芬太尼的非法生產及走私犯行，或可進一步成為中美外交的另類出口，美國駐中國大使Terry Branstad甚至稱打擊非法鴉片類藥物合作是美中關係的亮點之一（袁莎，2019）。

十四、美國成立毒品法庭計畫

美國刑事司法傳統以監禁及嚴刑峻罰遏止犯罪，為解決毒品犯監禁問題，美國在1989年實施「毒品法庭計畫」（Drug Courts），目前全美共計4,168個各式「毒品法庭計畫」之專業法庭（詳如圖10-15），包括有少年毒品法庭（Juvenile Drug court）、校園毒品法庭（Campus Drug court）、酒駕法庭（DWI/DUI court）、家暴法庭（DV court）、精神衛生法庭（Mental Health court）等計畫，其中加州設立413個專業法庭，屬全美第一，則其規模亦是全美最大者（National Drug Court Resource Center, 2019）。

本文以紐約州首府Albany毒品法庭計畫流程（圖10-16）說明，滿18歲被告如符合資格，開庭前，法官主持被告之戒毒評估會議，由地區助理檢察官（Assistant District Attorney）、辯護律師（Defense Attorney）、

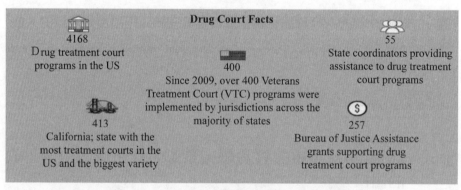

圖 10-15　2019年美國毒品法庭現況圖

資料來源：National Drug Court Resource Center (2019), https://ndcrc.org/database/.

圖 10-16　美國毒品法庭計畫流程圖

資料來源：Albany County Judicial Center (2019), https://www.albanycountyda.com/Bureaus/
RevJohnUMillerOR/CommunityProsecution/drugcourtprocess.aspx.

法院代表（Representative of the Drug Court）、醫療專業人員、社工及警察等人，共同審愼評估，經被告答辯（piea），同意並簽署參加「毒品法庭計畫」，作爲被告認罪協商一部分。透過多元方案，被告戒癮成功，就有機會獲判免訴或免刑；如果被告戒毒治療失敗，則須面對原罪行的審判。與傳統犯罪的人相比，完成毒品法庭計畫的人，再次被逮捕的可能性要小得多。最成功的毒品法庭計畫，將吸毒再犯率降低35%至40%（Lowenkamp et al., 2005; Shaffer, 2006）。可見，其成效尙佳，值得臺灣加以學習之。

十五、影響毒品管制法規的相關因素

英國相當重視個人自由（選擇）主義，故對於毒品的問題，英國國民的反應就未若美國強烈，英國影響毒品刑事法規的因素，包括：國際反毒公約、個人自由（選擇）主義、重視醫療戒治的觀點等。

亞洲的中華人民共和國、香港、新加坡及日本，對於反毒之毒品刑事政策，由於受到中國兩次鴉片戰爭戰敗的後續影響，毒品刑事政策大多較爲嚴厲。另受到中華民族傳統的道德文化影響，亦即，東方文化因素對毒品的嚴厲的社會態度，影響著亞洲各國政府有關毒品政策之制定。

表 10-7　主要國家（含地區）毒品刑事法規、政策、相關因素影響與實際成果效益比較表

國家 （含地區）	法律	刑事政策	相關因素的影響	實際成果效益
美國	以刑事法規嚴屬打擊毒品犯罪	以刑事罰對抗毒品犯罪，毒品刑事政策強調取締及執法。並重視毒癮之各種戒治處遇方案，21世紀乃為對抗鴉片類藥物濫用的時期	重視家庭傳統價值；國際反毒運動及公約；重視醫療戒治的觀點；公共衛生健康；恐怖主義影響；國會兩黨支持	世界第一高監禁率，對濫用類鴉片藥物，發動反毒戰爭，美國毒品法庭戒治計畫，值得我國學習之
英國	主要以刑事法對抗毒品犯罪	毒品政策以降低危害為主要原則，以緩和暨人道措施，作為對抗毒品犯罪手段的首要考慮因素	個人自由（選擇）主義；國際反毒公約；重視醫療戒治；英國近一半的人支持大麻合法化	反毒成效尚待更進一步加以強化及精進之
荷蘭	以刑事法對抗毒品犯罪	毒品刑事政策較為寬鬆，容許少量之吸毒行為，採取刑罰結合醫療戒治之綜合性政策	國際反毒公約；以醫學、藥學、社會學、心理學之學門為基石管理毒品的風險	反毒成效佳
日本	以刑事法嚴屬打擊毒品犯罪	非常嚴格的毒品刑事政策，施用毒品行為被加以犯罪化，採取犯罪觀結合醫療衛生觀之毒品刑事政策	國際反毒公約；1990年代中期日本經濟出現20多年的衰退，毒品問題復發，尤其濫用安非他命等興奮劑類毒品	反毒成效佳
香港	以刑事法抗制毒品犯罪	毒品刑事政策頗為嚴屬，但同時推展美沙冬替代療法	國際反毒公約；重視醫療戒治（施行美沙冬替代療法）	反毒成效尚佳
中國	以刑事法規嚴打毒品犯罪，對於販毒者，可處以死刑	毒品刑事政策相當嚴屬，但吸毒行為屬於行政不法行為，非犯罪行為，施用毒品不構成犯罪行為	國際反毒公約；逐漸重視毒品減害計畫；甲基安非他命成為濫用頭號毒品，大麻濫用人數增多	禁毒成效尚待更進一步加以強化及精進

表 10-7　主要國家（含地區）毒品刑事法規、政策、相關因素影響與實際成果效益比較表（續）

國家 （含地區）	法律	刑事政策	相關因素的影響	實際成果效益
新加坡	販毒者超過規定數量處以死刑及特殊鞭刑制度	採取「嚴刑峻法」政策可謂亞洲國家第一嚴格，落實毒品「零容忍」	國際反毒公約；民眾支持；多元社區處遇方案	蘿蔔與棒子策略雙管齊下，反毒成效佳

資料來源：2019年「世界毒品報告」、2019年「歐盟毒品報告」、2018年「中國毒品形勢報告」，並經由作者重新自行整理之。

陸、小結

　　毒品問題是一個全球性的跨國犯罪，沒有一個國家可以推卸責任，而且是最複雜的問題之一，影響人民健康、家庭與社區發展、治安及公共衛生，需要國際間相互合作，採取有效的執法對策，在充分尊重人權暨遵守國際標準及規範之下，共同對抗毒品戰爭。另全球監獄人口中的五分之一，或超過200萬之受刑人，是因為毒品相關犯罪被監禁（United Nations Commission on Crime Prevention and Criminal Justice, 2014）。接近83%是因為個人使用或持有毒品而服刑（Penal Reform International, 2015）。監獄管理是毒品政策失敗的一面鏡子，在監獄受刑人之中，因施用毒品而入獄者，占相當高之比例，此亦顯示對抗毒品之反毒戰爭，在成效方面，似乎是並未能減少毒品之需求、毒品供應或有效打擊跨國有組織犯罪（Global Commission on Drug Policy, 2019）。在符合國家憲法原則，暨法律系統基本概念的情況下，國際毒品公約提供了對輕微毒品相關犯罪的轉置、轉向之做法（United Nations, 1988）。

　　依法務部最新資料，2019年6月監獄受刑人數總數為57,706人，以違反毒品危害防制條例之受刑人最多，高達28,658人，約占49.7%（法務統計資訊網，2019），表示我國也面臨毒品政策上之若干困境，主要資源仍著重傳統刑事司法體系上，但反毒需要刑事司法體系之中之檢察官、觀護

人,及醫療、社工體系全力配合,此包括:醫師、心理師、社工、個案管理師等人之通力合作,最重要的,是個案的家人支持。刑事系統之查緝,與醫療體系之治療的天秤兩端,似乎有失衡的情況,國外的相關政策,或許可作爲我國研議防治毒品政策之相關借鏡。

一、建議修正《毒品危害防制條例》第23條「五年內」之規定

我國對於五年內再犯者,裁定送往監獄執行徒刑放棄給予適切醫療之規定,似宜加以修正之。本文認爲,毒品犯之身分,同時是具有兩種身分,一種是犯人,一種是需要幫助之病人,這些毒品犯之生理及心理業已生病,有必要接受妥善之醫療及照顧,而照顧這些毒品犯似乎是政府之職責及義務。政府及國家是由人民組成,而人民是國家之主人,而此人民包括毒品犯,當國家或政府之主人生病之時,接受完善之治療似乎是上述這些主人應該享有之權利。本文建議,對於施用毒品之犯人,在不放棄刑罰之大原則之下,宜施加妥適之醫療照顧,讓其有機會能接受到專業醫護人員細心的照顧,這是他們就醫之權利,我們似應加以尊重及提供。另毒品犯所接受之毒品戒治醫療服務品質,不宜低劣,宜維持國內一般醫療照護之水準,以保障其健康權。

本文建議修正《毒品危害防制條例》第23條「五年內」之規定,亦即,在觀察、勒戒與強制戒治部分,本文建議似不限制於毒品施用者之初犯,即使五年之內,毒品罪犯第二次再犯施用毒品罪,亦宜允許毒品施用者再次接受觀察、勒戒與強制戒治,亦即,給予毒品施用者多一次之觀察、勒戒與強制戒治機會(目前,五年之內,僅有一次機會),俾利強化醫療戒治之實效,以保障毒品罪犯享有接受醫療戒毒之權利。

落實《經濟社會文化權利國際公約》第12條之規定:依照目前之做法,在觀察、勒戒與強制戒治部分,僅限於毒品施用者之初犯,本文認爲,似已違反《經濟社會文化權利國際公約》第12條第1項規定,該項規

定：「人人有權享受可能達到之最高標準之身體與精神健康。」綜上，毒品施用者之累再犯，似亦有《經濟社會文化權利國際公約》第12條所保障之健康權。目前，五年之內，毒品施用者僅有一次之觀察、勒戒與強制戒治機會，如五年之內，前開之毒品施用者累再犯，則其健康權恐受到剝奪與限制，似乎不符合《經濟社會文化權利國際公約》第12條第1項之人權保障之規定。

二、學習美國毒品專業法庭計畫，以客觀中立法官爲主導，幫助拉近吸毒者與善的距離

依據《刑法》第74條第1項第6款之規定，完成戒癮治療、精神治療、心理輔導或其他適當之處遇措施，即所謂「附完成戒癮治療緩刑」之機制，此條緩刑宣告專爲法官所設計，針對受二年以下有期徒刑、拘役或罰金之宣告，而有下列情形之一，認以暫不執行爲適當者，得宣告二年以上五年以下之緩刑：「一、未曾因故意犯罪受有期徒刑以上刑之宣告者。二、前因故意犯罪受有期徒刑以上刑之宣告，執行完畢或赦免後，五年以內未曾因故意犯罪受有期徒刑以上刑之宣告者。」本文查詢司法院裁判書查詢檢索系統，發現實務上幾乎沒有法官使用，因爲我國自《毒品危害防制條例》1998年修法已來，二十年來皆是檢察官使用「緩起訴附命戒癮治療」機制。我國《刑法》第74條第1項第6款「附完成戒癮治療緩刑」制度設計與美國毒品法庭的「判刑後模式」（post-adjudication model）類似，美國「毒品法庭計畫」（Drug Courts）至今已有三十年歷史，與我國實務上由檢察官實施不同，美國毒品法庭由客觀中立法官主導，針對個案組成多元處遇團隊，實施約一年全方位治療，順利回歸社會，幫助拉近吸毒者與善的距離。

三、建議《毒品危害防制條例》宜進行修法，參考美國《外國毒梟認定法》，針對跨國性犯罪集團之行為人，凍結國內相關資金與資產

　　2019年聯合國《東南亞跨國組織犯罪：演變、成長及影響報告》特別指出，臺灣業已成為東南亞甲基安非他命市場走私路線的轉運及出口據點。本文建議修訂《毒品危害防制條例》，可參考美國《外國毒梟認定法》（Foreign Narcotics Kingpin Designation Act），增訂行為人如為跨國性犯罪集團之主要負責人、管理人或組織者之一，除凍結國內相關資金與資產，其刑事罰或可仿照美國之模式，最高可科處三十年有期徒刑與500萬美元罰金，罰金最高可達1,000萬美元，其他相關涉案人員，可能面臨最高十年有期徒刑，以及根據《外國毒梟認定法》之規定，所科處之相對應罰金。

四、我國或可學習歐盟執法合作署之機制，成立打擊暗網小組，並積極培養科技偵查人才

　　歐盟發布2019年《歐盟毒品報告》，隨著網路及社群臉書軟體之發展，網路及社群臉書軟體業已成為毒品交易的重要平台，手機下單具有其便利性，販毒不法組織利用虛擬貨幣比特幣匿名、難以追蹤的特性，並作為洗錢工具躲避查緝。我國可學習歐盟執法合作署之做法，歐盟執法合作署於2018年成立打擊暗網小組，該署成功之關鍵，在於國際情報分享（intelligence-sharing）與協調合作，培養科技偵查人才，以打擊地下非法販毒網路組織。

五、郵政單位務必落實郵包檢查工作，從第一關分析過濾可疑藏毒高風險的郵包貨物

　　我國或可參考美國《防制走私合成劑暨防止過量用藥法案》（Synthetics Trafficking and Overdose Prevention Act, STOP Act）法案，防止國際販毒集團利用國際航空郵件包裹寄送之漏洞，運輸毒品入境我國，規定郵政單位務必落實郵包預報電子資料（Advance Electronic Data, AED）之申報，在第一關分析過濾可疑藏毒高風險的郵包貨物，另執法機關應採購先進高科技偵測系統儀器檢視通關之各式包裹，並加強追蹤、查緝非法毒品的源頭。

六、建議修正《毒品危害防制條例》第2條「每三個月定期檢討」之規定

　　鑑於部分的新興影響精神物質氾濫，依目前《毒品危害防制條例》第2條規定，法務部會同行政院衛生署組成審議委員會，每三個月定期檢討，具有成癮性、濫用性及對社會危害性三要件，始能將新興影響精神物質列管，報由行政院公告調整、增減之。販毒組織利用「每三個月定期檢討」空窗期來規避法律的制裁，雖我國司法實務針對未列管毒品之新興影響精神物質之處罰，可依據《藥事法》第82條[64]、第83條[65]規定，對於製造、輸入、販賣、供應、調劑、運送、寄藏、牙保、轉讓或意圖販賣而

---

[64]　《藥事法》第82條：「製造或輸入偽藥或禁藥者，處十年以下有期徒刑，得併科新臺幣一億元以下罰金。犯前項之罪，因而致人於死者，處無期徒刑或十年以上有期徒刑，得併科新臺幣二億元以下罰金；致重傷者，處七年以上有期徒刑，得併科新臺幣一億五千萬元以下罰金。因過失犯第一項之罪者，處三年以下有期徒刑、拘役或科新臺幣一千萬元以下罰金。第一項之未遂犯罰之。」

[65]　《藥事法》第83條：「明知為偽藥或禁藥，而販賣、供應、調劑、運送、寄藏、牙保、轉讓或意圖販賣而陳列者，處七年以下有期徒刑，得併科新臺幣五千萬元以下罰金。犯前項之罪，因而致人於死者，處七年以上有期徒刑，得併科新臺幣一億元以下罰金；致重傷者，處三年以上十二年以下有期徒刑，得併科新臺幣七千五百萬元以下罰金。因過失犯第一項之罪者，處二年以下有期徒刑、拘役或科新臺幣五百萬元以下罰金。第一項之未遂犯罰之。」

陳列僞禁藥者，可科處刑事上之罰則（107年度簡上字第491號、105年度
上易字第2254號），但本文仍強烈地建議修正《毒品危害防制條例》第2
條，使其縮短成爲「每一個月定期檢討」列管，以防範新興影響精神物質
毒品推陳出新、氾濫成災。

七、跨境毒品販運者與犯罪型態間存有高度之關聯性

跨境毒品販運者與犯罪型態間存有關聯，諸如：販運者多爲經濟條件
不佳、教育程度以國中居多、犯罪原因多爲貪心謀財等，而夾帶毒品的特
殊方式（如電器夾帶者）則教育門檻須較高者才能操作；快遞包裹量少，
以分散風險、旅人夾帶量少且多爲海洛因、貨櫃及漁船販運量大而成本
低、漁船查緝深具難度、進出口毒品種類不同等，均爲犯罪模式的操作情
形。建議應彙整臺灣各查緝單位的相關資料，細究跨境毒品販運者的背景
與犯罪模式，藉此發展運輸模式與犯嫌的連結，以提高查緝的效能。

八、毒品的流動與市場需求的消長，兩個變項之間，有很強的關聯性存在

本文發現毒品的流動與市場需求的消長有很強的關聯存在，主要是因
毒品價格及品質所造成，一方面由於市場需求導致某部分地區的毒品價格
遠高於其他地區，致使流入該地區的毒品量大爲增加，另一方面則因毒品
原料經臺灣製造後的品質較高，故該毒品需求的地區願意提高價格購買臺
灣製造者。因此，倘能深究市場需求情形必能明白毒品流動的趨勢，加以
各類毒品各具販運特色，本文認爲臺灣販運集團的標的物，如：安非他
命、海洛因、古柯鹼、一粒眠及愷他命等，其於來源地、販運管道、入境
及出境種類各自互異。是以，瞭解毒品市場的需求與流動趨勢，並針對臺
灣販運集團主要的標的物，探究其運輸來源地及販運管道的特性，再搭配
上主要銷往的地區，應可限縮查緝範圍與路線，並據以擬定查緝策略，此

外，刑事警察局業於2015年12月11日成立「毒品查緝中心」，其設置意義在於「有利通盤研擬各項打擊毒品犯罪具體及配套措施，達到人力與工作互相交流，技術資源互享，情資建置整合等效果」，基此設置目的，建議毒品查緝中心可針對不同種類的毒品特性、運輸管道及出入境、運輸路線深入研究，以提供具體查緝方向，阻絕毒品於境外。

九、恢復兩岸共同打擊毒品犯罪力道與機制

大陸地區毒品跨境販運之形勢，是雙向的，亦即：毒品從境外流向大陸，經過大陸處理之後，又向境外販運，包括：販毒罪犯將毒品從中國大陸直接販運至臺灣，另一條販毒路線，係中國大陸之毒品亦會販運至香港，再被轉販運至臺灣，足見大陸地區毒品跨境販運與臺灣的緊密性。再從統計數據亦可發現，中國大陸及香港地區為臺灣主要的毒品來源地區，以2016年為例，來自中國大陸及香港地區者，分別為2,597.6公斤（39.37%）及2,370.3公斤（35.93%），兩者合併占75.3%，突顯出兩岸之間合作的重要性。因此，建議現階段各偵辦跨境毒品販運的單位，不論透過正式、非正式的管道，力求維持情資互通的局勢，以防犯嫌趁隙藏匿其中。亦即，維持「兩岸共同打擊犯罪機制」之正常運作，持續加強兩岸四地之緝毒合作，極主動地與中國大陸「國家禁毒委員會辦公室」進行互動與交流，以利雙方推展禁毒之雙邊合作。

十、持續強化國內各執法機關的合作效能

目前查緝單位總共有6個，分別為檢察署、警政署、調查局、海巡署、憲兵、軍人等體系，倘能透過較高層級單位整合上述查緝能量，將打擊力量匯流，不僅提高彼此溝通協調的機會，亦能有效提升整體防制成效，例如：集中打擊查緝的主要販運目標，藉此防堵毒品流入臺灣市場。具體作為方面，建議現今先以強化跨機關合作為目標，諸如：透過彼此系

統的相互開放、他單位派駐擔任聯絡窗口、實質的案件協助、檢察官發揮指揮偵查的實質功能等方式，能讓所有查緝單位情資流通、相互支援，不僅能避免重複偵辦相同案件，亦能整合情資，提升破案機會，強化整體打擊力道，更能有效率的查緝毒品。而長期則應朝整合查緝單位方向發展，例如：成立查緝毒品署或是由毒品辦公室出面整合，彙整各緝毒單位的資源與力量，相信能有效解決現今部分機關間鮮少合作、易造成案件重複偵辦而不知、系統呈現缺乏整合的困境。

十一、修正緝毒預算及獎金制度

在緝毒預算及獎金制度存有部分困境，首先，雖近來政府部門較重視跨境毒品販運的查緝，逐漸投入資源，惟礙於每年預算刪減額度、經費逐級瓜分等因素，真正撥給第一線值勤同仁辦案所用者，非常有限，導致部分同仁須自掏腰包吸收辦案經費或是購買偵查相關裝備，透過質化資料究其原因，係因經費無法有效送達前線所導致。其次，案件破獲的獎金亦須經各共同偵辦單位瓜分及單位內的逐層分配，承辦人能得到的獎金非常有限，第三，跨境毒品販運的偵辦需要線民提供情資來源，但現今宥於線民檢舉獎金的申請與核撥費時，易影響線民提供情資的意願。綜上，發現跨境毒品販運在預算方面仍有待改進，建議採取查緝跨境毒品販運專款專用的方式，不論偵查犯罪、購買裝備、核撥線民檢舉獎金等用途均可專款支出，不受預算統刪的影響，也可縮短核銷時效；此外，建議修改獎金分配規定及提高查獲獎金額度，以有效提升承辦人所得獎金額度，從而達到激勵士氣的目的。

十二、提高打擊毒品販運刑度

毒品的流動受毒品施用市場需求所影響，此外，犯罪者亦基於理性選擇的角度，有趨吉避凶的心理，比較各地區刑罰制度及逮捕機率，在衡量

犯罪所得利益後，選擇出最有利於己的犯罪模式。因此，當跨境毒品販運的處罰刑度與鄰近地區不同之際，刑度較低的地區便容易形成犯罪氾濫的缺口，由於臺灣毒品販運判刑最重者爲無期徒刑，犯罪者自然兩權相害取其輕，導致臺灣成爲毒品傾倒之處。建議我國應提高跨境毒品販運的處罰刑度，諸如：將毒品的前驅原料視爲該毒品種類判處、不分毒品種類均列入刑事法令處罰、考量犯意應以查獲時的總重量作爲處罰基準而不採純質淨重裁罰等，透過修法將刑罰提高以達到防堵毒品流入臺灣的效果。

十三、兩岸宜互設辦事處

兩岸宜互設辦事處，並互派執法人員進駐辦事處，以此辦事處爲溝通平台，強化兩岸共同打擊毒品犯罪之能量與力道。

十四、對於施用K他命之行爲，目前的懲治力道似乎過輕，似宜加重行政罰鍰之處罰額度、增加毒品危害講習之時數

若針對施用K他命之族群而論，以2016年爲例，在「小於19歲」、「20-29歲」兩個族群之區間，其所施用之所有毒品種類之中，施用K他命之比例高居榜首，在「小於19歲」之族群占59%；在「20-29歲」之族群占42.7%，遠超過第二名之安非他命與第三名之MDMA（俗稱搖頭丸），是以，K他命之毒品，係危害臺灣年輕世代最爲嚴重之毒品。有論者主張，目前毒品之危害（含施用K他命所造成之傷害），已是我國非常嚴重之國安問題[66]。曾有多位立委及警察機關主張K他命應列爲二級毒品，本文亦持非常肯定之看法，以收嚇阻之效果。但法務部與教育部之態度，較爲保守，認爲在沒有更好之配套措施前，不宜貿然將K他命列爲

---

[66] 黃欣柏、邱俊福（2017），K毒氾濫，殘害學子最深，http://webcache.googleusercontent.com/search?q=cache:9N9OWOGkeqQJ:http://news.ltn.com.tw/news/society/paper/1118366%2BK%E4%BB%96%E5%91%BD++%E6%B0%BE%E6%BF%AB&hl=zh-TW&gbv=2&ct=clnk。

二級毒品[67]。是否應將K他命列為二級毒品，很明顯地，是一個高度爭議點之所在。就筆者之觀察，目前，K他命列為三級毒品，演變成為我國非常嚴重之國安問題；很顯然地，將K他命列為三級毒品，反毒成效亦非良好，甚至可以說是很差。是以，將K他命列為三級毒品之政策，似乎宜認真、嚴肅地檢討之，而非令K他命被青少年濫用之。

　　本文認為，假若無法將K他命改列為二級毒品，則對於施用K他命之行為，似宜加重行政罰鍰之處罰額度。目前針對施用K他命之行為，涉及行政罰鍰之處罰額度，針對於無故持有K他命純質未達20公克者，依據毒品危害防治條例第11條之1第2項之規定，無正當理由持有或施用第三級或第四級毒品者，處新臺幣1萬元以上5萬元以下罰鍰，並應限期令其接受4小時以上8小時以下之毒品危害講習。本文認為，宜加重行政罰鍰之處罰額度，同時，增加毒品危害講習之時數，以有效壓制施用K他命之歪風。

　　臺灣地區之K他命已受到青少年之嚴重濫用，本文建議，《毒品危害防制條例》宜將K他命之等級，從三級提升至二級，改採以刑罰為主要之制裁手段。在實際運作上，可採較寬鬆緩起訴之做法，目前，法務部訂有緩起訴處分戒癮治療之實務運用之行政命令，可擴大緩起訴處分戒癮治療之範圍與手段，包括：令施用毒品者至全台各醫院接受心理與戒毒門診等。戒癮者（人）如於緩起訴處分戒癮治療之期間，再次施用毒品，提高可容許之復發次數，如二次或三次施用毒品，仍可保留其接受緩起訴處分戒癮治療之權利，而非一律均撤銷上述之緩起訴處分，並須令施用毒品者進入毒品戒治所，如此，應可解決法務部監所人滿為患之慮。對於青少年拉K之氾濫情形，簡而言之，目前法制上之缺失，乃是愛之適足以害之。目前《毒品危害防制條例》將K他命之等級列在第三級之做法，無法有效解決K他命被青少年濫用之問題，僅是令問題持續惡化。強烈地建議，我方之《毒品危害防制條例》宜將K他命之等級，從目前之三級提升至二級，加大對於K他命處罰之力道與能量，達到嚇阻K他命被青少年濫用之犯罪形勢。

---

[67] 同前註66。

十五、臺灣宜主動積極參與中國大陸所主辦之「海峽兩岸暨香港澳門禁毒執法合作研討會」

臺灣宜主動積極參與「海峽兩岸暨香港澳門禁毒執法合作研討會」，除檢察官之外，建請增加名額，供緝毒執法人員，建立互動、交流機制。

十六、兩岸政府可思考共同創立新的合作機制 —— 海峽兩岸四地緝毒執法合作座談會

除了持續維持現行之「海峽兩岸暨香港澳門禁毒執法合作研討會」機制外，兩岸政府可思考另創立新的合作機制 —— 海峽兩岸四地緝毒執法合作座談會，每年例行性之執法交流與互動。上述機制，優點在於我方可掌握話語權與主導權，而非僅是被動地參與由中國大陸所主導之「海峽兩岸暨香港澳門禁毒執法合作研討會」，我方化被動為主動。

十七、加強與東南亞、東北亞國家合作

加強與東南亞、東北亞國家合作，積極爭取民間組織之經費贊助，主動建制相關之亞洲區域緝毒合作機制，彙集「金三角」東南亞、東北亞國家之相關緝毒執法人員，相互交流緝毒之情資與經驗。

十八、建議中國大陸宜修改《中華人民共和國治安管理處罰法》第71條

建議中國大陸宜修改《中華人民共和國治安管理處罰法》第71條，將非法種植罌粟不滿500株之情形，作若干之修正，該法第71條現行以非法種植罌粟500株作為行政罰與刑事罰之切割點，其標準過於寬鬆，可改為：非法種植罌粟不滿2株者，始可適用《中華人民共和國治安管理處罰

法》之行政罰，非法種植罌粟超過2株者，則適用刑罰。

十九、建議中國大陸亦宜修正《治安管理處罰法》第72條

建議中國大陸亦宜修正《治安管理處罰法》第72條，將非法持有鴉片不滿200克之現行規定，下降為非法持有鴉片不滿20克者，始可適用《治安管理處罰法》之行政罰，非法持有鴉片超過20公克者，則適用刑罰。此外，該法之第72條中之向他人提供毒品的；脅迫、欺騙醫務人員開具麻醉藥品、精神藥品的，此種行為，宜以刑罰制裁。

二十、建議中國大陸亦宜修正《治安管理處罰法》第73條

建議中國大陸亦宜修正《治安管理處罰法》第73條將教唆、引誘、欺騙他人吸食、注射毒品的行為，從現行之行政罰，改為以刑罰制裁。

二十一、建議中國大陸宜加大對於非藥用類麻醉藥品和精神藥品之管制

建議中國大陸宜加大對於非藥用類麻醉藥品和精神藥品之管制，於《易製毒化學品管理條例》與《非藥用類麻醉藥品和精神藥品列管辦法》之中，隨時更新易成為製毒原料、化學品之新精神活性物質之管制名單，對於違反《易製毒化學品管理條例》與《非藥用類麻醉藥品和精神藥品列管辦法》之違法情事，加強處罰。

二十二、建議中國大陸「國家禁毒委員會辦公室」完善化《中國禁毒報告》之公布方式

建議「國家禁毒委員會辦公室」在考量公布《中國禁毒報告》之問題

時點上，資訊公開、透明化之方式爲佳，並將中、英文全文放置於「國家禁毒委員會辦公室」之網站上，可令關心此一議題之學者及專家們，能順利地取得該年度最新版之《中國禁毒報告》，並進行分析，作爲中國大陸禁毒施政與國際及區域合作參考之用。以《2017中國禁毒報告》中文版爲例，截至2017年5月爲止，「國家禁毒委員會辦公室」雖已公布英文版之《2017中國禁毒報告》，但中文版之部分仍未正式公開，似有管制過度之嫌，此種之管制作爲，不利於禁毒資訊之流通，有背於「國家禁毒委員會辦公室」大力宣導禁毒工作之本質，有礙國際及區域合作之推進與開展。

二十三、我國在行政院之下，宜成立行政院毒品防制辦公室

　　在統籌禁毒之反毒機關方面，中國大陸主導機關係爲「國家禁毒委員會辦公室」；反觀臺灣統籌禁毒之反毒機關，係爲行政院毒品防制會報，本會報之功能，就監察院之觀點，其成效不佳，行政院、法務部及教育部等三個機關，曾於2013年遭受監察院之嚴厲糾正，[68]主要之糾正點，如下所述：1.行政院毒品防制會報未依規定期間召開會議；2.行政院毒品防制會報係屬於非常設之建制單位，亦無專責幕僚單位；3.行政院、法務部及教育部等各機關各自宣導反毒，散彈打鳥，未見有效統合力道。「國家禁毒委員會辦公室」之組織態樣，值得臺灣學習。建議我國宜於行政院之下，成立行政院毒品防制辦公室，以取代現行功能行政院毒品防制會報。

---

[68] 監察院（2013），行政院等3機關未落實毒品防制工作，監察院糾正，http://www.cy.gov.tw/sp.asp?xdURL=./di/Message/message_1.asp&ctNode=903&msg_id=4706（瀏覽日期：2017年5月1日）。

參考文獻

一、中文

中國社會科學院上海研究院、上海大學（2019），國際禁毒藍皮書：國際禁毒研究報告，北京：社會科學文獻出版社。

井田良、金光旭、丁相順（2000），日本毒品犯罪的對策，中國刑事法雜誌，第3期，頁12-29。

內政部警政署刑事警察局（2018），中華民國刑案統計107年，臺北：內政部警政署刑事警察局。

王乃民（1999），有關毒品犯罪之國際刑事司法互助，臺北：國立臺灣海洋大學海洋法律研究所碩士論文，頁23-32。

王皇玉（2010），臺灣毒品政策與立法之回顧與評析，月旦法學雜誌，第180期，頁80-96。

王新（2009），追溯美國反洗錢立法之發展，比較法研究，第2期，頁98-109。

王鵬飛（2018），大麻合法化之研究——法律社會學的分析，臺中：國立中興大學法律學系碩士在職專班碩士論文，頁38-46。

朱日僑（2011），我國毒品政策評估之研究，嘉義：國立中正大學犯罪防治學暨研究所博士論文。

朱曉莉（2018），兩岸共同打擊跨境毒品犯罪之策略研究——基於SWOT的分析，山東警察學院學報，第5期，頁12。

余萬能（2018），臺灣管制藥品使用之管理政策法規整合研究——以麻黃素類製劑及醫源性濫用為例，臺北：臺北醫學大學藥學系博士學位論文。

吳霆峰（2014），臺灣與港澳地區毒品防治政策的比較研究，嘉義：國立中正大學法律學系研究所碩士論文，頁79-93。

李志恆主編（2001），藥物濫用，臺北：行政院衛生署。

李志恆主編（2003），物質濫用之防制、危害、戒治，臺北：行政院衛生署。

李志恒、馮齡儀（2017），由臺灣戒毒歷史發展軌跡及亞洲鄰近國家戒毒處遇之作為談我國未來戒毒處遇策略，刑事政策與犯罪防治研究專刊，第13期，頁4-14。

李雲昭、李錦昆主編（2018），毒品與愛滋病知識問答，雲南：雲南大學出版社，

頁1-116。

周石棋（2008），新加坡獄政總署參訪輯要，矯正月刊，第193期，頁1-7。

周立民（2015），日本毒品濫用的歷史和現狀，中國藥物依賴性雜誌，第24卷第3期，頁161-164。

孟維德（2013），毒品販運及防制策略，犯罪、刑罰與矯正研究，第5卷第1期，頁72-106。

孟維德（2016），從情境犯罪預防探討跨境犯罪，涉外執法與政策學報，第6期，頁107-138。

孟維德（2019），跨國犯罪，5版，臺北：五南圖書出版公司。

孟維德、翁健力（2016），海峽兩岸跨境毒品販運情境犯罪預防之研究，中央警察大學警學叢刊，第46卷第6期，頁29-62。

林佳穎（2018），論我國毒品政策的現狀與未來，臺中：東海大學法律學系研究所碩士論文。

林健陽、柯雨瑞（2003），毒品犯罪與防制，桃園：中央警察大學出版社。

林健陽、柯雨瑞（2006），新興毒品管理制度之國際比較分析，發表於2006年內政部犯罪防治中心、國立臺北大學犯罪學研究所2006年犯罪問題與對策學術研討會，頁1-67。

林健陽、陳玉書（2009），新犯毒品施用者施用行為及毒品取得管道之研究，法務部委託研究，中央警察大學犯罪防治學系執行。

林健陽、謝立功、范國勇、陳玉書（2005），分析聯合國及各先進國家新興毒品防制之作為，臺北：行政院衛生署管制藥品管理局，民國94年度科技研究發展計畫結案報告。

林淑娟、吳宜庭（2018），新興影響精神物質於國際間之立法列管概述，管制藥品簡訊，第75期，臺北：衛生福利部食品藥物管理署，頁1-7。

法務部、教育部、行政院衛生署（2011），100年反毒報告書，臺北：法務部、教育部、行政院衛生署。

法務部、教育部、行政院衛生署（2013），102年反毒報告書，臺北：法務部、教育部、行政院衛生署。

法務部、教育部、衛生福利部（2016），105年反毒報告書，臺北：法務部、教育部、衛生福利部。

法務部調查局（2017），毒品犯罪防治工作年報，臺北：法務部調查局。

施志茂（2000），安非他命危害與犯罪防制，臺北：華泰書局。

柯雨瑞（2017），從2016中國毒品形勢報告觀察跨境毒品危害情勢，展望與探索，
　　第15卷第5期，頁38-48。

袁莎（2019），美國阿片類藥物危機及中美禁毒合作，和平與發展，第1期，頁101-
　　115。

院爽（2016），關於處罰吸食毒品案件的若干思考，遼寧公安司法管理幹部學院學
　　報，第4期，頁15-17。

高英東（1998），美國毒品問題初探，美國研究，第4期，頁78-97。

許春金（2017），犯罪學，8版，臺北：三民書局。

陳子平、謝煜偉、黃士軒譯（2018），日本刑法典，2版，臺北：元照出版。

陳永法、戈穎瑩、倪永兵（2018），完善我國醫療機構藥品品質監管立法的建議，
　　中國藥房，第29卷第1期，頁1-4。

黃乃琦（1988），美國藥物（毒品）濫用之危機處理——美國藥物政策之探討，新
　　北：淡江大學美國研究所碩士論文。

黃開誠等人主編（2019），禁毒法，北京：清華大學出版社。

黃翠紋、孟維德（2017），警察與犯罪預防，2版，臺北：五南圖書出版公司。

黃蘭媖（2006），知識為基礎與證據導向的刑事政策——我國與英國毒品政策個案
　　比較，收錄於內政部犯罪防治中心、國立臺北大學犯罪學研究所主辦，臺北：
　　第三屆犯罪問題與對策研討會論文集，頁227-236。

楊士隆（2015），暴力犯罪：原因、類型與對策，臺北：五南圖書出版公司。

楊士隆、林瑞欽、鄭昆山（2005），毒品問題與對策，行政院研究發展考核委員會
　　委託報告，國立中正大學執行。

楊瑞美（2003），毒品政策對施用毒品者之影響——以某成年男性戒治所為例，臺
　　北：國立臺灣大學社會工作學系研究所碩士論文，頁16-19。

葉瑋（2014），毒品成癮者之社區處遇研究，嘉義：國立中正大學碩士論文。

葉耀群（2017），國際反毒實務及相關法制之研究——以日本毒品犯罪者處遇模式
　　為中心，臺灣臺北地方法院檢察署出國報告。

詹麗雯、李明謹、林學銘、蔡佳容、陳念慈、郭峻榮、呂宗翰（2013），新加坡矯
　　正機關處遇管理模式暨刑事司法體系犯罪處理方式，法務部矯正署出國考察報
　　告。

劉忠理（2017），對吸毒入刑的思考，新長征，第5期，頁46-47。

潘韋丞（2015），論毒品危害防制條例與藥事法之割裂適用，臺北：月旦法學雜
　　誌，第242期，頁209-226。

蔡宜家（2018），鞭刑？治安？從新加坡的鞭刑政策談起，刑事政策與犯罪防治研究專刊，第16期，頁44-50。

蔡鴻文（2002），臺灣地區毒品犯罪實證分析研究，桃園：中央警察大學刑事警察研究所碩士論文。

鄧學仁（2005），日本反毒體制運作之概況，當前亞太地區反毒現況與未來發展座談會，中央警察大學恐怖主義研究中心主辦，收錄於：楊士隆、林瑞欽、鄭昆山（2005），毒品問題與對策，行政院研究發展考核委員會委託研究，國立中正大學執行，頁88-109。

鄭幼民（2004），我國毒品犯罪問題與防制機制──以緝毒工作為核心之分析，臺北：中國文化大學中山所博士論文。

鄭宇智（2018），兩岸毒品犯罪與我國國家安全之研究，臺北：政治大學國家安全與大陸研究碩士在職專班學位論文。

駱宜安（2000），毒品危害防制條例評析，中央警察大學警學叢刊，第31卷第2期，頁1-11。

謝立功（2002），防制兩岸毒品走私之刑事司法互助研究，桃園：中央警察大學國境安全與海域執法學術研討會。

謝立功（2003），反毒十年總體檢，臺北：國政評論，財團法人國家政策研究基金會。

謝其演（2002），毒品犯罪防制政策分析之法社會學觀察──以英美的發展為借鏡，臺北：國立臺灣大學法律研究所碩士論文，頁131-135。

二、外文

Abadinsky, H. (2017), Organized Crime, Boston, MA: Allyn & Bacon.

Afilipoaie, A., & Shortis, P. (2018), Crypto-Market Enforcement-New Strategy and Tactics 1, Policy 54, pp. 87-98.

Amirthalingam, K. (2018), The Public Prosecutor and Sentencing: Drug Trafficking and the Death Penalty in Singapore, Oxford University Commonwealth Law Journal, vol. 18, no. 1, pp. 46-72.

Baum, D. (1996), Smoke and Mirrors: The War on Drugs and the Politics of Failure, Boston: Little, Brown, p. 21

Becker, H. S. (1963), Outsiders: Studies in the Sociology of Deviance, New York: Free Press.

Berridge, V. & Edwards, G. (1987), Opium and the People: Opiate Use in Nineteeth-Century England, New York: St. Martins' Press, p. 82.

Bertram, E., Blachman, M., Sharpe, K., & Andreas, P. (1996), Drug War Politics: The Price of Denial, Berkeley: University of California Press, Boston, MA: Little Brown and Company.

Biddulph, S. (2007), Legal Reform and Administrative Detention Powers in China, Cambridge University Press.

Brecher, M. (1972), Licit and Illicit Drugs, Boston: Little Brown and Company.

Bundeskriminalamt (Federal Criminal Police Office - BKA)(2018), Organised Crime - National Situation Report 2017, Wiesbaden.

Bureau of Justice Statistics (2000), Drug Law: Drug Control Budget U.S. pp. 1981-2000.

Cherry, A. L., Dillon, M. E., & Rugh, D. (eds.)(2002), Substance Abuse: A Global View, Greenwood Publishing Group.

Ciccarone, D. (2017), Fentanyl in the US Heroin Supply: A Rapidly Changing Risk Environment, International Journal of Drug Policy, 46, pp. 107-111.

Ciccarone, D. (2019), The Triple Wave Epidemic: Supply and Demand Drivers of the US Opioid Overdose Crisis, International Journal on Drug Policy, pp. 1-6.

Coomber, R. (1998), The Control of Drug And Drug Users, Reason or Reaction? U.K.: Harwood Academic Publishers.

Courtwright, D. T. (2004), The Controlled Substances Act: How a "big tent" reform became a punitive drug law, Drug and Alcohol Dependence, vol. 76, no. 1, pp. 9-15.

Davis, C. S. (2019), The SUPPORT for Patients and Communities Act- What Will It Mean for the Opioid-Overdose Crisis? New England Journal of Medicine, vol. 380, no. 1, pp. 3-5.

Decorte, T., & Pardal, M. (2017), Cannabis Social Clubs in Europe, European Drug Policies: The ways of reform, vol. 69.

Europol (2017), European Union Serious and Organised Crime Threat Assessment.

Europol, SOCTA (2017), European Union Serious Organized Crime Threat Assessment: Crime in the Age of Technology, The Hague 2017, p. 38.

International Narcotics Control Board (2003), Report of the International Narcotics Control Board for 2002, United Nations Publications.

International Narcotics Control Board (2005), Report of the International Narcotics Control

Board 2004: 2005, United Nations Publications.

Jemmy, W. (1992), Drug Treatment And Prescribing Practice: What Can Be Learnd From The Past, In Liverpool, E. (1992), The International Journal on Drug Policy.

Jonnes, J. (1999), Hepcats, Narcs, and Pipe Dreams: A History of America's Romance with Illegal Drugs, Washington, D.C.: Publications of the Drugs and Crime Data Center and Clearinghouse, the Bureau of Justice Statistics Clearinghouse, and the National Clearinghouse for Alcohol and Drug Information.

Killias, M. & Ribeaud, D. (1999), Drug Use and Crime among Juveniles, An International Perspective, Studies on Crime and Crime Prevention, vol. 8, no. 2, pp. 189-209.

Kleiman, R. (1992), Against Excess: Drug Policy For Results, NY: Basic Book, New Brunswick: Transaction Publishers.

Korf, D. J. (2019), Cannabis Regulation in Europe: Country Report Netherlands.

Kristy Kruithof et al. (2016), Internet-Facilitated Drugs Trade: An Analysis of the Size, Scope and the Role of the Netherlands, Research Report Series, California: Santa Monica Rand Corporation.

Lowenkamp, C. T., Holsinger, A. M., & Latessa, E. J. (2005), Are Drug Courts Effective? A Meta-Analytic Review, Journal of Community Corrections, Fall, pp. 5-28.

MacRae, J. (1985), Policy Indicator, Chapel Hill, N.C.: University Press of North Carolina.

Massing, M. (1998), The Fix, New York: Simon and Schuster.

Massing, M. (2000), The Fix, University of California Press; New Ed edition.

Musto, F. (2000), International Drug Control Historical Aspects And Future Challengers, International Narcotics and Law Enforcement Affairs, U.S. International Narcotics Control Strategy Report, 1999.

ODCCP (1999), Global Illicit Drugs Trends, Vienna, Austria: United Nations.

ODCCP (2004), World Drug Report, Vienna, Austria: United Nations.

Polak, F. (2000), Thinking about Drug Law Reform: Some Political Dynamics of Medicalization, 28, p. 352.

Richard, C. (1997), Drugs, Crime and Corruption: Thinking the Unthinkable, Trends in Organized Crime, vol. 2, no. 4, p. 61.

Scholl, L., Seth, P., Kariisa, M., Wilson, N., & Baldwin, G. (2019), Drug and Opioid-Involved Overdose Deaths- United States, 2013-2017, Morbidity and Mortality Weekly Report, vol. 67, no. 5152, p. 1419.

Shaffer, D. K. (2006), Reconsidering Drug Court Effectiveness: A Meta-Analytic Review [Doctoral Dissertation], Las Vegas: Dept. of Criminal Justice, University of Nevada.

Spapens, T., Müller, T., & Van de Bunt, H. (2015), The Dutch Drug Policy from a Regulatory Perspective, European Journal on Criminal Policy and Research, vol. 21, no. 1, pp. 191-205.

Spivack, D. (2004), A Fourth International Convention For Drug Policy: Promoting Public Health Policies, The British Institute of International & Comparative Law.

Staley, S. (1992), Drug Policy and the Decline of American Cities, Transaction Publishers.

The White House (1990), Address to the National Drug Control Strategy, In Public Paper of The President of The United State, George Bush Book.

U.N. Office on Drugs and Crime, UNODC (2016), World Drug Report 2016: Executive Summary-Conclusions and Policy Implications.

U.N. Office on Drugs and Crime, UNODC (2017), World Drug Report 2017: Executive Summary-Conclusions and Policy Implications.

U.N. Office on Drugs and Crime, UNODC (2018), World Drug Report 2018: Executive Summary-Conclusions and Policy Implications.

United Nations (1988), United Nations Convention against Illicit Traffic in Narcotic Drugs and Psychotropic Substances, article 3, para. 4 (c), New York: United Nations.

United Nations Commission on Crime Prevention and Criminal Justice (2014), World Crime Trends and Emerging Issues and Responses in the Field of Crime Prevention and Criminal Justice, Note by the Secretariat, UN Doc. E/CN.15/2014/5.

United Nations Office for Drug Control, & Crime Prevention (2002), Global Illicit Drug Trends 2002, United Nations Publications.

UNODC (2019), Synthetic Drugs in East and Southeast Asia: Trends and Patterns of Amphetamine-Type Stimulants and New Psychoactive Substances.

Walsh, C. (2017), Caught in the Crossfire: Plant Medicines and the Psychoactive Substances Act 2016, Journal of Psychedelic Studies, vol. 1, no. 2, pp. 41-49.

Weber, J., & Kruisbergen, E. W. (2019), Criminal Markets: The Dark Web, Money Laundering and Counterstrategies: An Overview of the 10th Research Conference on Organized Crime, Trends in Organized Crime, pp. 1-11.

Wohlfarth, A., & Weinmann, W. (2010), Bioanalysis of New Designer Drugs, Bioanalysis, vol. 2, no. 5, pp. 965-979.

三、網路資料

Albany County Judicial Center (2019), The Drug Court Process, available July 20, 2019 at https://www.albanycountyda.com/Bureaus/RevJohnUMillerOR/CommunityProsecution/drugcourtprocess.aspx.

CNB (2019), Drug Situation Report 2018, retrieved July 30, 2019, from https://www.cnb.gov.sg/newsandevents/reports-(overview)/drug-report.

Congressional Research Service (2019), The SUPPORT for Patients and Communities Act (P.L.115-271): Medicare Provisions, retrieved July 20, 2019, from https://fas.org/sgp/crs/misc/R45449.pdf.

Department of Justice (2019), Title 21 United States Code (USC) Controlled Substances Act, accessed July 20, 2019 at https://www.deadiversion.usdoj.gov/21cfr/21usc/.

European Monitoring Centre for Drugs and Drug Addiction (2019), Netherlands: Country Drug Report 2019, retrieved July 10, 2019, from http://www.emcdda.europa.eu/countries/drug-reports/2019/netherlands_en.

Hong Kong e-Legislation (2019), Cap.134 Dangerous Drugs Ordinance, retrieved July 15, 2019, from https://www.elegislation.gov.hk/hk/cap134!zh-Hant-HK.

Hong Kong e-Legislation (2019), Cap.145 Control of Chemicals Ordinance, retrieved July 15, 2019, from https://www.elegislation.gov.hk/hk/cap145!zh-Hant-HK.

Hong Kong e-Legislation (2019), Cap.405 Drug Trafficking (Recovery of Proceeds Ordinance, retrieved July 15, 2019, from https://www.elegislation.gov.hk/hk/cap405!zh-Hant-HK.

Katz, J. (2017), The First Count of Fentanyl Deaths in 2016: Up 540% in Three Years, The New York Times, retrieved July 22, 2019, from https://www.nytimes.com/interactive/2017/09/02/upshot/fentanyl-drug-overdose-deaths.html.

Korf, D. (2019), Cannabis Regulation in Europe: Country Report Netherlands. Amsterdam: Transnational Institute, retrieved Sept 24, 2019, from https://www.tni.org/en/publication/cannabisregulation-in-europe-country-report-netherlands.

Library of Congress (2019), H.R. 3164 - Foreign Narcotics Kingpin Designation Act (1999), retrieved July 15, 2019, from https://www.congress.gov/bill/106th-congress/house-bill/3164.

Library of Congress (2019), H.R. 34 - 21st Century Cures Act (2016), retrieved July 15,

2019, from https://www.congress.gov/bill/114th-congress/house-bill/34.

Library of Congress (2019), H.R. 5077 - Money Laundering Control Act of 1986, retrieved July 20, 2019, from https://www.congress.gov/bill/99th-congress/house-bill/5077.

Library of Congress (2019), S. 524 - Comprehensive Addiction and Recovery Act (2016), retrieved July 15, 2019, from https://www.congress.gov/bill/114th-congress/senate-bill/524/text.

Mihov, Dimitar (2017), Dutch Police Secretly Ran a Huge Dark Web Drug Marketplace for a Month, The Next Web, 20 July 2017, https://www.thenextweb.com/insider/2017/07/20/police-fbi-drug-dark-web-market/.

National Drug Court Resource Center (2019), Drug Treatment Court Programs in the United States, accessed July 20, 2019 at https://ndcrc.org/database/.

National Drug Court Resource Center (2019), How We Support Treatment Courts, accessed July 20, 2019 at https://ndcrc.org/what-are-drug-courts-2/.

Openbaar Ministerie (2019), How Does the Netherlands Deal with Precursors? retrieved May 7, 2019, from http://www.om.nl/english/drugs/faq/27044/.

Opium Act (2019), accessed July 20, 2019 at http://www.cannabis-med.org/dutch/Regulations/Opium_Act.pdf.

Patrick Tibke (2017), Drug Dependence Treatment in China: A Policy Analysis, International Drug Policy Consortium, 7-10, available at http://fileserver.idpc.net/library/IDPC-briefing-paper_China-drug-treatment.pdf.

Penal Reform International (2015), Global Prison Trends, accessed June 10, 2019 at https://cdn.penalreform.org/wp-content/uploads/2015/04/PRI-Prisons -global-trends-report-LR.pdf.

Roudik, P. (2016), Decriminalisation of Narcotics: Comparative Summary, https://www.loc.gov/law/help/decriminalization-of-narcotics/decriminalization-of-narcotics.pdf.

Singapore Government (2019), Vocational Training, retrieved July 7, 2019, from http://www.score.gov.sg/vocational_training.html.

Singapore Government (2019), Yellow Ribbon Project, retrieved July 7, 2019, from http://www.score.gov.sg/index.html.

Singapore Prisons Department (2019), The Classification of Prisoners as the Key to Rehabilitation, retrieved July 7, 2019, from http://www.apcca.org/News&Events/Discussion%20Papers%20-%20agenda%204/Singapore.htm.

Singapore Statutes Online (2019), Misuse of Drugs Act, retrieved July 7, 2019, from file:/// C:/Users/e3018/Desktop/Misuse%20of%20Drugs%20Act.pdf.

The National Archives (2019), Misuse of Drugs Act 1971, retrieved 1 July 2019, from https://www.legislation.gov.uk/ukpga/1971/38/contents.

The National Center for Health Statistics (2018), NCHS Data on Drug-poisoning Deaths, retrieved July 15, 2019, from https://www.cdc.gov/nchs/data/factsheets/factsheet-drug-poisoning-H.pdf.

The Office of National Drug Control Policy (2019), National Drug Control Strategy, https:// www.whitehouse.gov/wp-content/uploads/2019/01/NDCS-Final.pdf.

The Sentencing Project (2019), Bureau of Justice Statistics /The United States is the World's Leader in Incarceration, https://www.sentencingproject.org/criminal-justice-facts/.

The Tax and Customs Administration (2019), Opium Act (Drugs), retrieved Sept 24, 2019, from https://www.belastingdienst.nl/wps/wcm/connect/bldcontenten/belastingdienst/ customs/safety_health_economy_and_environment/safety/opium_act_drugs/opium_act_drugs.

The White House (2019), ONDCP Releases Report on the President's Commission on Combating Drug Addiction and the Opioid Crisis.

The White House (2019), Opioid-Commission-Report-One-Year-Later-2019, retrieved July 20, 2019, from https://www.whitehouse.gov/wp-content/uploads/2019/05/Opioid-Commission-Report-One-Year-Later-20190507.pdf.

U.K. The National Archives (2019), Drug Trafficking Act 1994, retrieved July 15, 2019, from http://www.legislation.gov.uk/.

U.K. The Home Office (2019), Drug Misuse and Dependency, retrieved July 20, 2019, from http://www.homeoffice.gov.uk/drugs/.

UK Government (2016), Psychoactive Substances Act, retrieved from http://www.legisla-tion.gov.uk/ukpga/2016/2/contents/enacted.

United Nations Office on Drugs and Crime (2017), World Drug Report 2017, retrieved July 20, 2019, from https://www.unodc.org/wdr2017/.

United Nations Office on Drugs and Crime (2018), World Drug Report 2018, retrieved July 20, 2019, from https://www.unodc.org/wdr2018/.

United Nations Office on Drugs and Crime (2019), World Drug Report 2019, retrieved July

20, 2019, from https://www.unodc.org/wdr2019/.

United Nations (1961), Single Convention on Narcotic Drugs, 1961, retrieved July 10, 2019, from http://www.unodc.org/pdf/convention_1961_en.pdf.

United Nations (1971), Convention on Psychotropic Substances, 1971, retrieved July 10, 2019, from http://www.unodc.org/pdf/convention_1971_en.pdf.

United Nations (1988), United Nations Convention Against Illicit Traffic in Narcotic Drugs and Psychotropic Substances, 1988, retrieved July 10, 2019, from https://www.unodc.org/ pdf/convention_ 1988_en.pdf.

Walmsley, R. (2019), World Prison Brief, London: Institute for Criminal Policy Research, http://www. prisonstudies.org/world-prison-brief.

Wikipedia (2019), Global Commission on Drug Policy, retrieved Oct 15, 2019, from https://en.wikipedia.org/wiki/Global_Commission_on_Drug_Policy.

北大法寶網（2019），中華人民共和國禁毒法等，http://www.pkulaw.cn/（瀏覽日期：2019年7月1日）。

司法院法學資料檢索系統（2019），107年度簡上字第491號等，https://law.judicial.gov.tw/FJUD/default.aspx。

立法院國會圖書館網站（2019），毒品危害防制條例修法，http://npl.ly.gov.tw。

林瑋婷（2018），新興毒品，管制的問題在哪裡？財團法人民間司法改革基金會，https://www.jrf.org.tw/articles/1550（瀏覽日期：2019年7月30日）。

法務部（2019），行政院107年11月21日院台法字第1070212158號函修正新世代反毒策略行動綱領核定本，新世代反毒策略行動綱領-修正核定本(1071121).pdf（瀏覽日期：2019年7月30日）。

法務部主管法規查詢系統（2019），洗錢防制法等，https://mojlaw.moj.gov.tw/。

法務部法務統計資訊網（2019），2019年6月監獄受刑人數，https://www.rjsd.moj.gov.tw/rjsdweb/。

法務部網站（2016），法檢字第10504532140號，https://mojlaw.moj.gov.tw/LawContentExShow.aspx?type=Q&id=B%2C20160920%2C001。

香港特區保安局禁毒處（2019），香港特區政府禁毒工作，https://www.nd.gov.hk/tc/external.htm（瀏覽日期：2019年5月15日）。

第十一章
跨境電信網路詐欺犯罪之防制

黃翠紋、蘇信雄

壹、前言

　　我國詐欺犯罪手法，於21世紀脫離金光黨人際接觸式、利用人性貪小便宜的弱點，以假鈔或假金飾的方法施行詐騙的傳統手法，轉變成利用郵寄刮刮樂中獎通知及手機簡訊中獎手法行騙。伴隨著貿易全球化，電信與金融自由化及資通訊科技的高度發展，促使世界各地通訊和金融朝向網路化發展的同時，亦提供詐欺犯罪者有利的犯罪環境（林德華，2012），使其成為跨境電信網路詐欺犯罪的溫床。犯罪者利用資訊科技的技術與功能及電信通訊及電腦網路跨越時空、隱密且匿名的特性遂行犯罪，逃避執法機關的調查及逮捕，使得跨境電信網路詐欺犯罪近年來已成為我國最嚴重的治安問題之一。而犯罪統計資料也顯示，網路及電信通訊等新興科技雖帶給人們生活便利，卻也可能淪為犯罪者的犯案工具與媒介（孟維德，2015）。

　　內政部警政署自2004年起展開反詐欺專案，推出包括建置「165反詐騙諮詢專線」等各項防制作為並強力掃蕩跨境電信網路詐欺犯罪，以確保人民財產安全。2009年4月26日海峽兩岸分別委託授權財團法人海峽交流基金會與海峽兩岸關係協會，以「保障海峽兩岸人民權益，維護兩岸交流秩序」為目的，雙方經平等協商，於中國大陸南京簽訂「海峽兩岸共同打擊犯罪及司法互助協議」，並於同年6月25日生效。協議生效後，我國警方透過兩岸跨境共同打擊犯罪機制，與中國警務單位積極展開合作打擊跨

境電信網路詐欺犯罪，相繼同步執行「0908」[1]、「0519」[2]、「1011」[3]及「0810」[4]獲致具體成效，也迫使跨境電信網路詐欺犯罪集團將詐騙機房遷移至亞太地區國家以躲避查緝。有鑑於此，兩岸警務機關本於對等、互惠原則，聯合亞太地區第三地警務單位，於2011年至2012年間共同打擊兩岸跨第三地電信網路詐欺犯罪集團，同步執行「0310」、「0928」、「1129」[5]等專案等大規模掃蕩行動，締造良好成效（林德華，2012）。惟嗣後雙方合作模式逐漸產生變化，自2016年4月開始，中國大陸以各自

---

[1] 2009年9月8日刑事警察局與中國成都市公安局同步行動共同查獲以電話冒充我國公務機關，騙取受害者信任而詐騙錢財的電信詐欺集團，本案共計查獲臺灣嫌犯52人、大陸嫌犯11人，合計63人；此爲「海峽兩岸共同打擊犯罪及司法互助協議」生效後，兩岸警方成功合作共同偵破之第一件跨境電信網路詐欺案件。

[2] 2010年5月19日刑事警察局與中國浙江省公安廳共同偵辦逮捕魏○伯、魏○田兄弟爲首詐欺集團成員，同步掃蕩詐欺集團在臺灣、中國大陸總計15個據點及藏匿處所，查獲臺灣嫌犯19人、大陸嫌犯7人，合計26人。

[3] 2010年6月21日兩岸共同攜手合作同步執行「1011」專案，掃蕩治安史上最大規模詐欺犯罪集團，查獲詐欺集團分散於兩岸近百處的電信平台（機房）、洗錢中心、詐騙集團成員據點，成功逮捕156名詐欺犯罪集團相關成員而言，本案源於中國浙江省公安廳於2009年10月查緝某假冒中國公安詐欺案件，經追查發現有一龐大且組織分工嚴密的兩岸跨境詐欺集團涉嫌於幕後操控指揮犯案，由於該詐欺集團涉案區域遍布中國大陸達20餘省，中國民眾被害案件及遭騙金額不計其數，引起中國公安部極爲重視，並將此列爲2010年1月1日開始後之首要任務，「1011」專案名稱於焉產生。

[4] 2010年8月25日執行之「0810專案」，兩岸雙方動員3,638名警力，查緝114處據點，緝獲嫌犯572名（臺灣136名，大陸436名），爲兩岸打擊詐騙犯罪之經典作。「0810專案」中包含破獲兩岸最大網路電話詐騙平台，緝獲平台供應商洪○益，及其所屬最大代理「東邪」、「小林」二集團。（王志超等，2010：34。）

[5] 兩岸警方聯合東南亞國家執行查緝跨境電信網路犯罪行動情形如下：
(1)「0310」專案
　2011年6月9日我國出動17個警察機關，動用865名警力，與中國大陸及東南亞執法機關聯手合作，進行大規模之查緝行動，全面性同步掃蕩包括臺灣及中國大陸、泰國、馬來西亞、印尼、柬埔寨之非法電信線路商、詐騙話務平台、洗錢中心、詐騙機房等161個據點，共計查獲692名詐欺犯罪集團相關成員，其中臺籍嫌犯471人。
(2)「0928」專案
　2011年9月28日我國出動13個警察機關，動用638名警力，再次與中國大陸及東南亞國家警方聯合執行全面性掃蕩包括臺灣及中國大陸、越南、泰國、馬來西亞、菲律賓、印尼、柬埔寨、寮國等地之詐騙集團首腦、非法電信線路商、詐騙話務平台、洗錢中心、詐騙機房等166個據點，共計查獲詐欺犯罪集團嫌犯827名，其中臺籍嫌犯322人。
(3)「1129」專案
　2012年5月17日中國大陸與泰國警方因任務需求，先於曼谷及清邁2地發動查處行動。同年5月20日我國派員前往中國江蘇省及泰國、柬埔寨、斯里蘭卡，進行相關調查取證及人犯遣返等事宜，本專案兩岸九地合作行動，共計查獲嫌犯537人，其中臺籍嫌犯325人。

遣返己方人民之做法已造成不利偵查工作及追贓返還等理由，陸續發生國人在肯亞及馬來西亞等地因涉嫌跨境電信網路詐欺犯罪遭帶往中國大陸追訴等情事。

　　為全力推動打擊跨境電信網路詐欺犯罪工作，內政部警政署刑事警察局於2016年8月24日成立「打擊詐欺犯罪中心」，統整情資、調整策略，期能突破當前偵查瓶頸與困境。雖然現階段查緝兩岸跨境電信詐欺核心集團之難度提高，惟從提升查緝境內車手、機房、收簿手等面向，以量多帶動質變，向上溯源發展，同時也從預防、宣導及管理面向同步加強反詐騙工作，並分析臺籍嫌犯赴海外從事詐欺相關情資，及大陸地區限制詐欺人員自由通報情資等，期能多管齊下，有效遏止跨境電信網路詐欺犯罪，深化跨境共同打擊犯罪機制，加強查緝跨境電信詐欺集團（李郁薇，2017）。而在法制面，臺灣近年來多次修訂詐欺犯罪相關規範，計有刑法與刑事訴訟法、洗錢防制法及組織犯罪條例等（詹志文、吳柏寬，2017）。

　　然而，歷經十餘年的努力，我國跨境電信網路詐欺犯罪還是屢禁不絕，仍是我國最嚴重的犯罪之一。我國近四年（2015-2018年）全般詐欺發生數為90,470件，財損金額150億餘元新臺幣（以下同），其中電信與網路詐欺案件達50,403件（占全般詐欺案件數55.31%），財損金額88億餘元（占全般詐欺案件財損金額58.02%）（參閱表11-1）。相關犯罪統計顯示，跨境電信網路詐欺犯罪狀況依然嚴重，人民財產安全仍深受威脅。

　　由於該類犯罪係由具有完整組織結構的犯罪集團，結合資通訊科技，仿照企業型態方式經營，運用精心編造配合社會時事或利用被害人貪心、恐懼等心理的騙術，再以廣播電視、電子通訊、網際網路或其他媒體等傳播工具對公眾散布，並輔以遠端跨境非接觸式的手法實施犯罪等特性，造成警察人員查緝困難。因此，瞭解跨境電信網路詐欺犯罪的相關概念與情勢分析，分析犯罪的演變與發展趨勢，探究查緝困境，是當前防制措施的重要課題。

表 11-1　2015-2018年臺灣地區詐欺案件發生件數與財損金額統計

	2015年	2016年	2017年	2018年	總計
全般詐欺（件）	21,172	23,139	22,689	23,470	90,470
財損（元）	3,560,788,279	3,748,431,516	4,047,910,039	3,969,141,892	15,326,271,726
電信詐欺（件）	7,146	9,111	7,942	7,344	31,543
財損（元）	1,729,572,896	1,739,676,921	1,775,385,465	1,781,925,691	7,026,560,973
網路詐欺（件）	3,876	4,614	4,775	5,235	18,500
財損（元）	308,807,685	548,517,180	541,243,302	467,986,881	1,866,555,048
傳統詐欺（件）	10,150	9,466	9,972	10,891	40,479
財損（元）	1,522,407,698	1,460,227,415	1,731,281,272	1,719,229,320	6,433,145,705

資料來源：警政署刑事警察局。

貳、跨境電信網路詐欺犯罪的相關概念與情勢分析

一、跨境電信網路詐欺犯罪的定義

　　犯罪行為發生的過程約略可區分為預備、實施及結果等三個階段。如果，一個犯罪行為的上述三個階段，在不同國境內發生，而涉及兩個或兩個以上的國境、邊境或地區，使得至少兩個以上國家或地區，對該犯罪行為可進行刑事處罰，這種犯罪就屬於跨境犯罪；前國際刑警組織秘書長André Bossard曾言：「所謂跨國（境）犯罪，是指犯罪行為之準備、實施或結果，跨越至少二個以上國家的國境線，使得至少二個以上國家可以對其進行刑事處罰之犯罪」（轉引自趙秉志、錢毅、赫興旺，1996）。

　　依據聯合國大會2000年11月15日第55/25號決議《聯合國打擊跨國組織犯罪公約》第3條明定，有下列情形之一的犯罪屬跨國犯罪：

　　（一）在一個以上國家實施的犯罪；

　　（二）雖在一國實施，但其準備、籌劃、指揮或控制的實質性部分發

生在另一國的犯罪；

　　（三）犯罪在一國實施，但涉及在一個以上國家從事犯罪活動的有組織犯罪集團；

　　（四）或犯罪在一國實施，但對於另一國有重大影響。

　　學者謝立功將跨境犯罪定義爲「跨境犯罪係指犯罪行爲之準備、實施或結果有跨越國境、邊境或地區的情形，造成至少有兩個以上的國家或地區，對該行爲可進行刑事處罰」（謝立功，2004）。換言之，即犯罪者在實施犯罪行爲各階段，至少跨越一個以上之國境、邊境或地區的情形，故「跨境犯罪」之定義較廣，應可涵括「跨國犯罪」與「跨地區犯罪」。

　　另外，學者馬振華認爲，對絕大多數國家而言，所謂跨國犯罪與跨境犯罪是可以互相替代的等義概念。但是由於我國的情況特殊，遇到和對岸大陸相關的問題，使用概念都變得小心謹愼，例如跨越臺灣、大陸及港澳之間的犯罪，通稱爲跨境犯罪，避稱跨國犯罪，以免引起主權爭議；國內論及牽連其他國家的犯罪，則泛用跨國犯罪稱之。就概念範疇而論，考量當前情勢，跨境犯罪較大於跨國犯罪，前者可以概括後者，即跨境犯罪包含了跨越我國境線而涉及他國或大陸與港澳地區的犯罪現象。因此跨境犯罪除涉及我國與他國外，且包含兩岸及港澳地區的犯罪問題（馬振華，2010）。

　　學者朱金池等亦基本贊同學者謝立功及馬振華的觀點，認爲跨境犯罪乃指犯罪者在其犯罪前、犯罪時或犯罪後，至少跨越一個以上之國境、邊境或地區，使得至少有兩個以上的國家或地區，對該行爲可進行刑事處罰。因而跨境犯罪並非必然指涉兩岸間的犯罪，尙涉及他國與兩岸及港澳地區的犯罪問題（朱金池、蔡庭榕、許福生等人，2011）。

　　學者孟維德認爲警察機關欲針對此類犯罪網絡進行有效控制，是一項極爲艱難的任務。其範圍不僅指跨越國境、邊境，也兼指跨地區之犯罪（如橫跨台海兩岸之犯罪）。在犯罪學或刑事司法領域裡，此種犯罪活動通常被稱爲跨國犯罪（Transnational Crime）、國際犯罪（International Crime）、多國系統性犯罪（Multinational Systematic Crime）（孟維德，2001）。換言之，即犯罪者在實施犯罪行爲各階段，至少跨越一個以上之

國境、邊境或地區的情形，故「跨境犯罪」之定義較廣，應可涵括「跨國犯罪」與「跨地區犯罪」。

此外，我國《刑法》第339條規定「普通詐欺罪」爲：「意圖爲自己或第三人不法之所有，以詐術使人將本人或第三人之物交付者，處五年以下有期徒刑、拘役或科或併科五十萬元以下罰金。以前項方法得財產上不法之利益或使第三人得之者，亦同。前二項之未遂犯罰之。」同法第339條之4規定「加重詐欺罪」爲：「犯第三百三十九條詐欺罪而有下列情形之一者，處一年以上七年以下有期徒刑，得併科一百萬元以下罰金：一、冒用政府機關或公務員名義犯之。二、三人以上共同犯之。三、以廣播電視、電子通訊、網際網路或其他媒體等傳播工具，對公眾散布而犯之。前項之未遂犯罰之。」

綜上所述，本文所探討之「跨境電信網路詐欺犯罪」係指由具有完整組織結構的犯罪集團，結合資通訊科技，仿照企業型態方式經營，運用精心編造配合社會時事或利用被害人貪心、恐懼等心理的騙術，再以廣播電視、電子通訊、網際網路或其他媒體等傳播工具對公眾散布，致被害人將自己或第三人之物交付或使犯罪者得財產上不法之利益或使第三人得之者之犯罪行爲，且前述犯罪行爲之預備、實施及結果跨越一個以上之國境、邊境或地區，使得至少有兩個以上的國家或地區，可對該犯罪行爲進行刑事處罰者。

二、跨境電信網路詐欺犯罪的成因

（一）理性選擇理論

美國學者Siegel提出犯罪理性選擇理論（Rational Choice Theory）認爲，違法行爲是發生在一個人考慮了個人因素（金錢的需求、仇恨、刺激、娛樂）和情境因素（犯罪標的物受到保護的程度，以及犯罪後被追訴或逃避追訴的機會比較）後作成的冒險決定（L. J. Siegel, 2003）。該理論基於犯罪者的觀點來詮釋犯罪者如何選擇目標，及犯罪後果及如何評估

報酬與危險性，亦即犯罪者決定要犯罪及如何達成犯罪的思考過程。犯罪機會是指犯罪是否具備吸引力，是否合於「報酬大於投資」的理性選擇。一般情況下，有機會就有選擇，選擇後就有可能犯罪。而跨境電信網路詐欺犯罪的發生，也是經由犯罪者理性的思考、選擇、決意一系列過程的終點，詐騙集團經過犯罪成本效益分析後，當犯罪效益高於犯罪成本，則著手實施行跨境詐騙犯罪，所以理性選擇理論尤其適用於財物型犯罪（李清事，2006），其選擇與決意之過程雖未必具有明顯意識或明確步驟，但也並非是不可預測。因此當思如何提高犯罪者的犯罪成本及犯案後的偵審率並設法阻斷犯罪集團獲得不法所得。

（二）日常活動理論

1979年美國犯罪學家Lawrence Cohen和Marcus Felson首先提出日常活動理論（routine activity theory），該理論認為犯罪的動機和犯罪人是一個常數，亦即社會上總有些人會因特殊的理由而犯罪。因此，直接接觸犯罪的總數和分布與被害人和犯罪人的日常活動及生活型態有關。而日常活動可以反應在三變項的互動上（如圖11-1）。

1. 合適標的物（suitable target）的存在。
2. 有能力之監控者（capable guardian）不在場。
3. 有動機之犯罪者（motivated offender）在場。

以上三者如在時空聚合，犯罪即很有可能發生，將跨境電信網路詐欺犯罪融入日常生活理論解釋則有以下發現。

1. 合適標的物的存在：犯罪者事先透過駭客入侵盜用個資等不法管道蒐集準確的民眾個人真實隱私資訊，再據以為被害人「客製化」詐騙劇本實施詐騙。

2. 有能力之監控者不在場：犯罪者利用各國法制、司法管轄主張不一，及偵查技術及相關設備的落差，將犯罪行為分解至數個國家，再運用遠端遙控的資通訊技術，指揮犯罪組織成員騙取民眾財物，製造警察查緝斷點，造成調查取證與案件連結困難。

3. 有動機之犯罪者在場：分散躲藏於數個國家的犯罪集團成員，利用

圖 11-1　日常活動理論概念圖

資料來源：黃翠紋、孟維德（2016），警察與犯罪預防，五南圖書出版公司。

新興科技工具，不斷換新犯罪手法，隱藏犯罪地點，在高報酬、低風險、低刑度的誘惑下以操作ATM解除分期付款、網拍詐欺、假冒公務機關、混合型結合臨櫃提款詐欺及MSN、LINE等犯罪手法詐騙民眾，增加警方偵辦之困難。

（三）情境犯罪預防策略

1. 情境犯罪預防的概念

　　所謂「情境犯罪預防」（Situational Crime Prevention），係針對特定型態的犯罪，設計、操縱和管理立即的環境，讓潛在犯罪者感覺從事該犯罪較困難及較具風險，或讓潛在犯罪者感覺從事該犯罪缺乏適當利益或可饒恕的藉口（Clarke, 1997）。情境犯罪預防與一般犯罪學理論的基本論點不甚相同，它主要是針對引發某些特定犯罪的環境條件進行分析，繼而改變管理運作及環境以減少犯罪發生的機會。因此，情境犯罪預防的焦點在於犯罪的情境，而不是犯罪人；情境犯罪預防的目的是期望在犯罪發生之前就先阻止犯罪的發生，而不是要偵查或懲罰犯罪人；情境犯罪預防並

不是透過改造社會的方式來消除人們的犯罪或偏差行為傾向，而是要降低犯罪活動對潛在犯罪人的吸引力。在情境犯罪預防的概念裡，最重要的部分是「減少機會」及「增加犯罪者所感知的風險」。也就是說，環境可以被改變，使犯罪行為變得對於潛在犯罪者不是那麼具有吸引力。情境犯罪預防的概念是假設犯罪者並非僅因衝動而行事，犯罪者可以控制行為或不行為，即犯罪行為是犯罪者的選擇結果。犯罪之所以能被嚇阻，是因為犯罪者從所處的情境中感受到風險。所以，犯罪者所欲尋找或實施犯罪的對象是，能夠提供較低風險的地點、時間及潛在被害者。在實際運作方面，情境犯罪預防方案包括下列五個階段：

(1)針對標的犯罪問題的性質及範圍，蒐集資料。

(2)針對容許及促進標的犯罪問題發生的情境條件，進行分析。

(3)針對阻礙標的犯罪問題發生的方法，進行系統性的研究，包括成本分析。

(4)實施最具功能、可行性及經濟的措施。

(5)監控結果及傳播經驗。

情境犯罪預防的倡導者Clarke（1997）曾表示，情境犯罪預防觀念的發展受問題導向警政某種程度的影響，兩者雖有相似處，其間仍有顯著差異。例如問題導向警政是警察機關一種管理運作途徑，並不一定都以犯罪問題為處理焦點，但情境犯罪預防則是許多機構皆可使用的一種犯罪控制途徑。總之，情境犯罪預防策略強調，犯罪事件有其脈絡性和機會性的特徵。情境的改變，一旦人們因此認知到犯罪風險的變化，潛在犯罪者極可能改變其行為，繼而造成犯罪事件發生頻率的改變。儘管有學者提出情境犯罪預防可能造成犯罪轉移的質疑，但實證研究顯示，情境犯罪預防是有效的，情境犯罪預防甚至還會產生直接或間接的「利益擴散」（diffusion of benefits），即在一地實施情境犯罪預防，卻在該地外圍或其他地區產生犯罪控制效應（Clarke, 1997; Eck, 1995）。

2. 情境犯罪預防的技術

情境犯罪預防的技術持續在研發中，Clarke（1983）早期揭示情

境犯罪預防概念時，僅提出三項干擾犯罪發生的途徑，分別是監控（surveillance）、強化標的（target hardening）及環境管理（environmental management）。監控途徑包括自然監控、正式監控及員工監控等概念，強化標的包括使用鎖、強化玻璃及其他安全裝置，環境管理則指改變環境以減少犯罪的機會。之後，Clarke（1992）將情境犯罪預防的技術具體化為三類：增加犯罪的功夫、增加犯罪的風險、減少犯罪的利益。並在每一類中建構出四項預防技術，共計12項情境犯罪預防技術。經過幾年的實踐經驗及研究後，Clarke與Homel（1997）認為應將犯罪行為的社會性及心理性脈絡納入情境犯罪預防中，加入了能夠激發犯罪者罪惡感或羞恥心的技術，而將情境犯罪預防的技術擴充為四類，計16項技術。

　　儘管情境犯罪預防技術經過多年的實踐與改進，仍引發一些討論與建議，其中以R. Wortley的意見最具代表。Wortley（1996）認為四類的情境犯罪預防技術仍然不夠完整，尤其是「激發犯罪者罪惡感或羞恥心」這一類的技術不夠詳盡，他指出罪惡感與羞恥心並非同一件事，這兩種概念應該要分開。此外，Wortley（2001）還認為情境犯罪預防過於強調那些能夠控制或抑止犯罪發生的因素，而忽略了促使或導致犯罪發生的因素。他進一步提出四種促發因素：催促因素（有助於強化犯罪機會的事件或情境，例如敞開的門或他人犯罪）、壓力因素（引發行動的直接刺激，例如偏差同儕、隨團體行事、依指示做壞事等）、允許因素（容許犯罪行為的情境或觀念，例如每個人都會犯法的觀念或該犯罪係由被害者所引發的，繼而容許或接受犯罪的發生）、挑釁因素（讓人感到不舒服、挫折、煩躁的因素）。Wortley認為，這些因素並未納入情境犯罪預防的技術。Cornish與Clarke（2003）參考Wortley的意見，將先前的第四類技術「激發犯罪者罪惡感或羞恥心」更名為「移除犯罪的藉口」，另又增加一類技術來涵蓋犯罪的促發因素，名稱為「減少對犯罪的挑釁」。情境犯罪預防技術發展至今共有五類，每一類包含五項技術，共計25項技術，如表11-2。

表 11-2　現今的25項情境犯罪預防技術

增加犯罪的功夫	增加犯罪的風險	減少犯罪的利益	減少對犯罪的挑釁	移除犯罪的藉口
1.強化標的 ・方向盤鎖、防止移動的裝置 ・防搶掩蔽物 ・防損壞包裝	6.擴大監控 ・平時應採取預防措施：夜行結伴，留下有人在的跡象，攜帶手機 ・守望相助	11.隱蔽標的 ・不將車輛停放在街道上 ・性別中立的電話目錄 ・無標誌運鈔車	16.減少挫折與壓力 ・有效率的排隊與警察服務 ・擴充座位數量 ・柔和的音樂與燈光	21.訂定規範 ・租賃契約 ・騷擾規範 ・飯店住宿登記
2.管制入口 ・入口通話裝置 ・電子通行證 ・行李安檢	7.強化自然監控 ・改善街道照明 ・防衛空間的設計 ・鼓勵檢舉	12.移除標的 ・可卸式汽車音響 ・婦女庇護空間 ・付費電話的預付卡	17.避免爭端 ・隔離競爭球隊的球迷 ・舒緩酒吧內的擁擠人潮 ・訂定計程車收費標準	22.公告守則 ・「禁止停車」 ・「私人財產」 ・「熄滅營火」
3.檢查出口 ・驗票才能出去 ・出境文件 ・電子式的商品標籤	8.減少匿名 ・標示計程車司機的身分識別證 ・張貼「我的駕駛服務品質好嗎？」貼紙 ・學校制服	13.辨識財物 ・財物標記 ・車輛牌照與零件標記 ・畜養動物標記	18.減少情緒刺激 ・管控暴力色情 ・球場內鼓勵球迷的好行為 ・禁止種族毀謗	23.喚起良知 ・路旁車速顯示看板 ・海關申報簽名 ・「偷拿店內商品是犯罪行為」
4.使犯罪者轉向 ・封閉街道 ・女性浴室隔間 ・分散酒吧	9.運用地點管理者 ・雙層巴士裝設錄影監視器 ・便利商店設置兩名店員 ・獎勵警戒活動	14.分裂市場 ・監控當舖 ・管控分類廣告 ・攤販營業許可證	19.減少同儕的中立化效應 ・「白痴才會酒醉駕車」 ・「說不，是OK的」 ・分散學校裡的麻煩製造者	24.促進守法 ・圖書館借書簡便化 ・公共廁所使用方便化 ・垃圾桶設置普遍化

表 11-2　現今的25項情境犯罪預防技術（續）

增加犯罪的功夫	增加犯罪的風險	減少犯罪的利益	減少對犯罪的挑釁	移除犯罪的藉口
5. 管制工具／武器 ・「智慧型」槍枝 ・失竊後無法盜打的行動電話 ・限制販售噴漆給少年	10. 強化正式監控 ・裝設闖紅燈照相機 ・裝設防盜警鈴 ・設置保全警衛	15. 拒絕給予利益 ・墨水式商品標籤 ・清除塗鴉 ・路面減速顛簸	20. 防止模仿 ・立即修復毀損公物 ・電視節目過濾措施 ・檢視犯罪手法的細節	25. 管制毒品及酒類 ・酒吧提供酒測器 ・侍者介入處理 ・無酒精活動

資料來源：Cornish, D. B. & Clarke, R. V. (2003), Opportunities, Precipitators, and Criminal Decisions: A Reply to Wortley's Critique of Situational Crime Prevention, in Smith, M. J. & Cornish, D. B. (eds.), *Theory for Practice in Situational Crime Prevention*. Monsey, NY: Criminal Justice.

三、跨境電信網路詐欺犯罪的影響

（一）危害人民生命及財產安全

統計臺灣地區近四年（2015-2018年）全般詐欺發生數為90,470件，財損金額新臺幣150億餘元，其中電信與網路詐欺案件達50,403件（占全般詐欺案件數55.31%），財損金額88億餘元（占全般詐欺案件財損金額58.02%），跨境電信網路詐欺犯罪往往使被害人蒙受鉅額財產損失，甚至有被害人因而輕生。

（二）減損政府威信及社會互信

跨境電信網路詐欺犯罪日益猖獗，導致民眾人人自危，甚至出現矯枉過正、以鄰為壑的情況，很多陌生電話都不敢接聽，嚴重影響日常工作和生活。對公務機關所發出的各項政令通知常質疑其真假，甚至對身著制服之員警亦出現真假之疑惑，嚴重影政府威信及社會人與人之間的互信。

（三）破壞國家形象

　　我國於2009年11月25日至29日利用網路辦理投票，票選現階段民眾認爲最應優先處理的施政項目，其中「電話及網路詐騙泛濫」是十大民怨排名第二名，顯示電信網路詐欺犯罪已對民眾生活及財產安全造成相當嚴重之衝擊，近年來更隨著電信詐欺機房往世界各地擴散，造成臺嫌陸續在非洲、中美洲、東北亞、東南亞、歐洲遭到逮捕，使我國背負詐騙王國的惡名。

四、跨境電信網路詐欺犯罪的特性

　　全球電信與金融自由化及資通訊科技的高度發展，爲人類生活帶來便利性，但隨著全球各地通訊和金融朝向網路化發展的同時，亦提供跨境電信網路詐欺犯罪者一個有利的犯罪環境，其犯罪手法也隨著社會脈動及資通科技發展不斷翻新，使得跨境電信網路詐欺犯罪產生革命性的改變。分析其犯罪特性包括（林德華，2012）：

（一）犯罪組織企業化

　　犯罪集團爲遂行其詐騙目的，採行層級管理、分工細密及各成員間互不認識之嚴密組織管理結構，分爲集團核心、管理總部、金融組、電信組、網路組等各組織間均有明確的任務分工，並由具有各項專業背景之人員負責管理及訓練該組成員，組織結構相當的完整，又採用企業管理模式，讓整個犯罪組織更具效率，使其危害程度更加嚴重。

（二）利用資通技術犯罪

　　隨著科技日新月異，詐騙集團已演變爲資通匯流之科技型態犯罪，由於網路資訊的互通開放，不受時間、空間、地域限制從事犯罪行爲，特別在通訊與資訊技術結合後，利用通訊系統轉接網路再轉接通訊系統或利用通訊軟體，不但行爲人帳號身分隱匿，IP位址更可以藉由專業技術加以

隱匿，縱使追查到網站的位址，亦可能在境外，或者網站早已關閉，皆使得偵查不易，增加困難度。

（三）掌握人性結合社會時事犯罪

詐騙集團組織複雜結構完整，掌握人性貪心、占便宜、緊張、害怕、迷失、思慮不足等心理弱點，再配合社會脈動精心設計之劇情，由多名成員分別扮演詐騙角色，向民眾進行詐騙，使被害人深陷其中，無法自拔，而詐騙集團所施詐術，亦經電信、網路等路徑相互結合、跨境傳送，以逃避警察機關追查。

（四）複製及再生能力強

經分析近年來所破獲詐騙集團，資深成員易複製詐欺手法，將詐欺經驗移植，另組詐騙集團從事詐騙，具有高度複製性；且下游成員一旦被警察機關查獲時，新成員遞補容易，甚至集團首腦將底下設立許多彼此不相干之小團體同時操作施行詐騙，即使其中一個犯罪團體被警察機關查獲，亦不影響該集團之運作，馬上可以進行人員訓練及遞補。

（五）跨境遠端遙控犯罪

詐騙集團往往利用法規管制漏洞遊走國際，從最初集團主嫌運用通訊科技，在中國大陸沿海等地（如廈門）以可接收臺灣行動電話基地台訊息或漫遊方式，演變到後來架設非法電信機房或透過網路電話、二類電信及各種資通訊技術進行遠端遙控，指揮車手在臺灣取款之犯罪手法，致大多僅能緝獲車手等共犯，難以追緝主嫌到案。甚至近年來，犯罪方式演變為機房在亞洲、澳洲、非洲、歐洲、南美洲等地區國家，詐騙國內或大陸民眾之案件，利用各國尚未建立密切合作共同打擊犯罪機制之漏洞，而施行遠端遙控跨境犯罪模式。

（六）低風險、低投資、低刑責、高報酬

此類犯罪風險小且詐騙金額龐大，犯罪者利用網路電話（VOIP）作

為犯罪工具，撥打詐騙電話費成本極低，僅需準備行動電話、固網電話、銀行人頭帳戶、電腦網路等資（通）訊設備，加上電話手及領款車手之人力，所需費用僅需新臺幣數十萬元，但犯罪所得少則新臺幣數十萬元，多則上億元不等，犯罪成本極低，可謂一本萬利；另因跨境電信網路詐騙犯罪集團善於利用資（通）訊科技設備及方法實行犯罪，不易為警方查獲，即便遭到查獲詐欺之犯罪行為，也因該等犯罪行為，被判之刑責偏低，使犯罪者在成本效益考量下，此類案件之常業犯和累犯再犯率偏高，難以嚇阻其犯行。

參、跨境電信網路詐欺犯罪的演變與發展趨勢

一、跨境電信網路詐欺犯罪的演變

　　跨境電信網路詐欺犯罪模式演變過程，最初係由人與人接觸式的金光黨詐騙模式開始，再轉變成利用郵件、手機簡訊以刮刮樂中獎模式行騙，隨著資通匯流技術蓬勃發展與金融自由化等因素，犯罪工具陸續加入電話、金融帳戶、網路電話、購物網站、境外竄改來話及透過駭客入侵盜用個資等，犯罪模式則有中獎通知、語音催費、綁架恐嚇、郵件招領、信用卡遭盜刷、假冒公務機關、猜猜我是誰、假色情援交、假網路拍賣購物、親友出事、解除購物分期付款、假求職、假電子郵件、假交友詐欺等，自2011年迄今，隨著網路購物及手機通訊軟體之盛行，假網路拍賣、解除ATM分期付款、假交友、通訊軟體LINE等詐騙模式與假冒檢警身分、混合型結合臨櫃提款、MSN遊戲點數詐欺等類型，成為詐欺新主流。分析2000年迄今的跨境電信網路詐欺犯罪模式、犯罪工具及機房設置地點演變，可概分為以下幾個階段（林德華，2009、2010；詹志文、吳柏寬，2017）。

（一）萌芽期（2000年以前）

1. 犯罪模式

金光黨徒以二人或三人一組，向被害人謊稱其中一人為傻子，身懷鉅款或金飾，利用人性貪小便宜弱點，激起被害人的貪念，以「扮豬吃老虎」方式，騙取財物，配合「調包」等手法，用假鈔或假金飾詐財。

2. 犯罪工具

詐欺犯罪者多為小型聚合或獨立運作，採人與人接觸式的，靠著三吋不爛之舌進行拐騙；高級的金光黨則不只靠說謊，還會製作假元寶、假古幣、假鈔等道具，騙得被害人欲哭無淚。

3. 詐欺機房地點

侷限於人與人接觸式的犯罪，尚未有詐欺機房的概念。

（二）快速增長期（2000-2004年）

1. 犯罪模式

(1)2000年至2003年，詐騙集團印製大量刮刮樂彩券，再以亂槍打鳥的方式寄給民眾，所有的彩券每刮必中鉅額獎金，藉引誘被害人打電話查詢，再以需預付稅金並參加會員才能領取獎金為由，要求被害人繳會費並以公司已代簽六合彩之簽注金等理由，周而復始，連環詐財。或刊登或散發廣告，偽稱為某國際集團公司，已經與香港官方達成共識，可獨家鎖控香港彩券局之六合彩明牌為餌，向各地六合彩迷詐財。也有詐騙集團傳送「中轎車」、「中大獎」之手機簡訊，使接收者誤以為中獎，待受騙民眾打電話查詢歹徒即要求先匯稅金，以保有中獎之禮品，藉以詐騙取民眾金錢，或在傳送給民眾的簡訊中留下一組0941、0951、0204、0209等加值付費電話號碼，要求回電，待用戶信以為真並以手機回電，對方即藉故聊天閒扯，延長通話時間，藉機詐取電話費用。

(2)2004年開始，先是藉由書信、簡訊等發送詐欺訊息；接著出現以假借銀行信用卡遭盜刷為由，利用受害者恐慌心理騙取重要個資，進而竊

取帳戶內款項，以及以假綁架行詐欺之實的犯罪手法，利用恐嚇被害人其小孩遭綁架並不得掛斷電話之手段誘使被害人前往ATM匯款。

2. 犯罪工具

(1)2000年至2003年，將詐欺電話印製於詐騙傳單或直接傳輸至簡訊內容中，勾起受害者貪念而支付所謂手續費或稅額或詐取高額電話費用。

(2)2004年，詐騙集團改以人頭或僞造身分證至電信公司申請固網電話、080多功能免付費電話及購買行動電話預（易）付卡，再利用電信公司便利客戶之漏洞，將前述電話以多層次轉接（盜轉接）方式，將電話轉接至詐騙集團成員的電話中實行詐騙，或至金融機構申請大量帳戶，作爲其金融路由，提供被害人匯款，造成警方僅能追查至人頭帳戶身分，而眞正幕後主嫌卻甚難突破。

3. 詐欺機房地點

臺灣地區開始出現詐欺犯罪機房。

（三）兩岸擴散期（2005-2010年）

1. 犯罪模式

(1)2005年，仍以假借銀行信用卡遭盜刷手法居多；逐漸演變爲以假冒地方法院或檢察署通知出庭接受調查爲主要詐騙手法，並增加使用威嚇手段，要脅受害者繳交所謂欠款等手法。

(2)2006年，詐騙集團再次改變策略，以假冒中華電信催繳電話費用爲主；及搭配當年戶政機關換發國民身分證時事，以戶政事務所名義通知受害者身分證遭冒用爲主要詐騙手法。

(3)2007年，各方反詐騙宣導及防制作爲逐漸獲致效果，民眾防騙意識已有提升，對於利用公務身分詐騙產生警覺，該種詐騙手法成功機率不如以往，詐騙集團遂再次變化詐騙方法，改採網路拍賣及電視、網路購物等相關詐欺手段，但是假冒電信公司、地方法院、檢察署、警察，戶政事務所等詐騙手法並未消失。

(4)2008年，詐騙集團仍普遍以假冒地方法院、檢察署、警察局等公

務機關或著名之公司行號為手法。

(5)2009年，搭配原有之詐騙手法外，新增網路、電視購物分期重複扣款為其最主要之詐騙手法；本手法透過詐騙集團旗下管道大量收購個資，騙稱前次購物交易因經辦人員作業疏失，將原有交易款項金額改訂為分24期重複扣款，再以篡改來電顯示銀行電話，並充當行員誘騙至附近超商、銀行，按歹徒指示使用存、提款機操作轉帳受騙，由於正值臺灣各銀行大量開發使用CDM存款機交易服務，以及行內轉存金額不受3萬元限制下，在該年造成各詐騙集團蜂擁相仿之熱門手法，所造成財損金額僅次於假冒公務機關手法。

(6)2010年，犯罪手法仍以假冒公務機關及網路、電視購物分期重複扣款為主要手法，而當面交付款項之案件則有所增加，此類案件之件數雖不多，但每筆遭詐騙之款項皆相當鉅額。

2. 犯罪工具

(1)2005年，詐騙集團轉用大陸手機及預付卡，開始利用中國大陸廈門沿海地區可以接收臺灣電信服務訊號的特殊地理環境，人身處境外，卻可以使用臺灣行動電信服務向臺灣民眾進行詐騙，藉以規避警方查緝，使得原為我國特有的詐欺犯罪，轉變為跨境犯罪集團。

(2)2006年，因我國陸續開放3G視訊電話、網路電話（Skype），詐騙集團更結合第二類節費服務電話等，利用通訊科技來節省通話費率，並經過層層轉接難以監控，復因監察設備始終趕不上電信網路科技更新速度，導致詐騙集團逐漸利用電信結合網路作為聯絡或犯案之案件層出不窮，造成偵辦盲點，不易突破，另外，詐騙集團因取得人頭帳戶日漸困難，為達高獲利目標，開始誘騙失業人口、學生提供人頭帳戶或擔任車手，以假冒檢察官、法官到府取款，並透過銀樓、珠寶店、其他貿易商等兩岸地下通匯洗錢管道，將部分贓款層轉至中國大陸投資或販毒洗錢，嚴重影響金融秩序及治安。

(3)2007年至2008年，搭配利用在跨境架設詐欺電信平台，以電信技術將詐騙話務竄改其主叫號碼為我國政府機關或其他市話門號，造成受害

民眾回撥查證不易，同時誤認詐騙電話中所述內容確為政府機關或特定金融機構所通知，或誤導受害民眾認為與其言談對話者的確身處臺灣，再佐以詐騙集團各式精心設計之情境設局詐騙，極易使民眾陷入詐騙集團之圈套。

(4) 2009年，詐騙集團受制於臺灣民眾防範詐騙知能的提升，考量到人頭電話費用成本提升，及來電不顯號方式無法騙取民眾信任情形下，迅速轉型改以較高階之電信來話竄改技術，配合Skype網路電話、網絡聊天室管道交叉運用。

(5) 2010年，臺灣在電信、金融人頭有效的管控下，人頭戶已逐步萎縮，再配合政府大力製作反詐騙宣導活動，及兩岸同步掃蕩詐騙集團實質作為的效益之下，歹徒在電信技術上已遭遇瓶頸，僅能不斷改變其電話發訊來源，以混淆視聽延長詐騙壽命。而在金融方面，歹徒改以刊登假求職、信貸廣告騙取善良民眾銀行存簿、提款卡，作為增加人頭帳戶使用管道，並嘗試性改由人頭在中國大陸、香港等地開立人頭帳戶，透過外匯管道獲取大筆不法款項，其中還包含西聯匯款，研判交付受款地點逐步轉為海外，藉以躲避查緝，持續進行詐騙。

3. 詐欺機房地點

2005年起，我國警察機關開始起零星破獲詐騙集團自臺灣向中國大陸民眾進行詐騙案件，至此，跨境電信網路詐欺犯罪集團除在中國大陸設置據點詐騙我國人民外，同時也在臺灣設置據點詐騙中國大陸人民，形成「在中國大陸設立據點、詐騙臺灣民眾」或「在臺灣設立據點、詐騙中國大陸民眾」。事實上詐騙集團犯罪已跨境化，不但有明顯組織結構，更擅長配合時事不斷翻新其犯罪手法，即使民眾未受騙，但因不斷接到詐騙集團以亂槍打鳥方式所寄發或撥打之訊息或電話，都會嚴重影響對社會治安的信任度。

（四）往世界蔓延期（2011年迄今）

1. 犯罪模式

在政府大力宣導下，民眾的防詐騙意識日益提高，詐騙成功機率日益降低，犯罪集團在追求犯罪效益最大化的考量下不斷翻新犯罪手法並配合時事施行詐騙，隨著網路購物及手機通訊軟體之盛行，假網路拍賣、解除ATM分期付款、假交友、通訊軟體LINE等詐騙模式逐漸出現，但假冒檢警身分、混合型結合臨櫃提款、MSN遊戲點數詐欺等犯罪模式仍未見停歇。

2. 犯罪工具

詐欺集團透過網路電話及各種資通訊技術進行遠端操作，利用網際協議通話技術VoIP、群撥群呼系統及Vos軟交換系統等服務，大量撥打詐騙電話，更藉由專業技術隱匿IP位址，使得後續偵查不易。

3. 詐欺機房地點

(1)2011年至2015年，2009年4月26日兩岸分別委託授權財團法人海峽交流基金會與海峽兩岸關係協會，於中國南京簽訂「海峽兩岸共同打擊犯罪及司法互助協議」，並於同年6月25日生效後，兩岸警方建立共同打擊犯罪合作機制，相繼同步執行「0908」、「0519」、「1011」及「0810」等專案，共同打擊設置於兩岸的跨境電信網路詐欺犯罪集團機房，獲致具體成效；然也迫使詐欺犯罪集團將據點蔓延至亞太地區國家，繼續危害兩岸民眾。於是兩岸警方再聯合亞太地區等第三地警方，積極打擊兩岸跨第三地詐欺犯罪集團，同步執行「0310」、「0928」、「1129」專案等大規模掃蕩行動，建立兩岸暨印尼、柬埔寨、泰國、越南、寮國、馬來西亞、菲律賓等東南亞國家地區警務合作管道，詐欺集團發覺我方及陸方已將東南亞國家列為查緝重點後，遂將據點向更偏遠之中亞、非洲等國家移動，以逃避查緝。

(2)2016年，陸方開始自第三地將涉嫌詐騙大陸民眾之國人遣送至中國大陸偵審，為規避遭中國公安緝捕後遣送中國大陸的風險，詐欺機房再

次往英國、西班牙、波蘭、斯洛維尼亞、克羅埃西亞、日本，多明尼加轉移以逃避查緝；另部分詐欺集團考量東南亞國家距離臺灣較為接近、生活便利，且與當地之執法機關可建立良好關係，較不易被查獲，故仍有將據點設置於東南亞國家。

二、跨境電信網路詐欺犯罪的發展趨勢

從上述跨境電信網路詐欺犯罪模式的演變過程及特性得知，電信網路具有快速、隱匿與無疆界且會隨著資通訊科技進步的特性，加上犯罪者處心積慮的鑽研改良犯罪手法，使得跨境電信網路詐欺犯罪呈現日新月異且變化多端的現象，在檢視該類犯罪相關數據及脈絡後，歸納出以下的發展趨勢（林德華，2012；中國信息通信研究院，2018）

（一）犯罪工具由電信向網路發展

網路有傳播迅速、身分資訊易於隱匿、犯罪證據有限，犯罪證據容易毀滅及跨國管轄等特性，為跨境電信網路詐欺犯罪集團提供有效規避警察機關查緝的途徑，因此，跨境電信網路詐欺犯罪工具有向網路轉移傾向，如網路色情詐騙、網路交友詐騙、網路購物詐騙等等花樣繁多、層出不窮。

（二）詐騙精準度持續提高

跨境電信網路詐欺犯罪集團在與警察機關長期鬥智過程中，詐騙手法日益精進，犯罪集團的規模和專業程度，已可與一般中小型企業媲美。同時，犯罪者事先透過駭客入侵盜用個資等不法管道蒐集準確的民眾個人真實隱私資訊，再據以為被害人「客製化」詐騙劇本實施詐騙，提高被害人識別和預防的難度，增加遭詐騙成功之風險。

（三）跨境犯罪集團勾串犯罪

　　跨境電信網路詐欺犯罪集團從「在中國大陸設立據點、詐騙臺灣民眾」或「在臺灣設立據點、詐騙中國大陸民眾」，到近年轉型爲「兩岸嫌犯共同在東南亞、歐州、非州等國家犯罪，造成兩岸及第三地民眾均受害」之現況。整體犯罪型態朝向組織化、多元化、國際化發展。

（四）結合新興科技工具，不斷轉換犯罪手法

　　跨境電信網路詐欺犯罪集團利用新興科技工具，不斷換新犯罪手法，以操作ATM解除分期付款、網拍詐欺、假冒公務機關詐騙手法、混合型結合臨櫃提款詐欺及MSN詐欺犯罪手法詐騙民眾，增加警方偵辦之困難。

（五）犯罪集團不斷轉移據點向外蔓延

　　跨境電信網路詐欺犯罪集團，爲逃避追緝將犯罪據點轉移至東南亞及其他亞太地區；近年甚至已經蔓延歐洲、非洲等地區。

（六）各國人民共同受害

　　臺灣與大陸地區分別自2000年及2005年起詐騙案件呈大幅增加，詐騙集團利用人性的恐懼及貪婪，以金融、電信、網路等新興科技及其管理漏洞，透過人頭帳戶及人頭電話等犯罪工具，假借各種名義，詐騙民眾錢財，近年來日本、韓國、馬來西亞等亞洲國家有關民眾遭電信網路詐欺犯罪案件亦屢有聞，當前電信網路詐欺犯罪已嚴重危害兩岸及第三地國家人民之生命財產安全，亦被我方媒體稱爲「國恥」。

肆、查緝跨境電信網路詐欺犯罪的困境與措施

一、查緝跨境電信網路詐欺犯罪的困境

　　我國多年來致力於治理跨境電信網路詐欺犯罪，克服諸多偵辦瓶頸與協調困難，在防制跨境電信網路詐欺犯罪已獲得良好成效。但從偵辦案件得知，查緝跨境電信網路詐欺犯罪仍存在諸多困難，這些問題值得我們進一步思考與探討，以下僅就目前跨境電信網路詐欺犯罪的困境提出探討（林德華，2012）。

（一）跨境打擊犯罪合作機制有待強化

　　目前兩岸警方受政治大環境影響，雙方合作共同打擊犯罪呈現遲滯情形，而與其他第三地國家，因向欠缺制度化之共同打擊犯罪合作機制，僅能依現有合作機制將案件情資洽轉該國警方，常有緩不濟急之憾，致案件追至當地後無法溯源偵辦而中止，無法發揮追擊挖根之成效。

（二）各地法制與司法主張差異

　　第三地國家法制、司法管轄主張不一，偵查技術及相關設備未能緊密配合，導致調查取證與案件連結有相當困難度，另因臺灣法制對案件證據要求嚴格，臺灣嫌犯返台偵審時，常因與中國大陸嫌犯、被害人等相關事證銜接問題，影響後續偵審。

（三）電信網路IP追查不易

　　跨境電信網路詐欺犯罪集團，透過軟交換平台（中繼站）竄改門號並傳送話務，下車後與兩岸電信業者介接，提供網路話務供應平台，進而詐騙民眾。詐騙集團向香港電信業者代理或批發各種節費話務，以合法掩護非法，再架設主機提供不同犯罪集團轉送話務，近來中繼站亦有移往澳洲、美國的趨勢，未來如果能夠與這些地區警方建立密切的合作機制，查

知詐騙集團所設之中繼站所在，即能從中清查出各電信機房之據點，達到
事半功倍的效果。

（四）洗錢匯兌管道多元追贓不易

地下匯兌管道多元，且具隱匿性，兩岸及各國治安機關尚未形成有系
統的防制地下匯兌合作機制，致使跨境有組織集團性犯罪者利用地下匯兌
或中國大陸所發行之銀聯卡等管道將贓款轉匯漂白，成為跨境電信詐欺、
擄人勒贖、毒品走私等犯罪集團隱匿犯罪贓款之工具，助長犯罪氣焰，應
予有效遏制。

（五）跨地同步行動保密不易

兩岸跨第三地查緝跨境電信網路詐欺犯罪集團，需結合當地國警方執
行大規模同步行動，必須事前協調多個國家之大批警力，在磋商協調與同
步行動過程中，難以全面封鎖消息，致使詐欺犯罪集團得以查知警方動
向，相互通風報信，造成執行查緝困難。

二、跨境電信網路詐欺犯罪的防治措施

自2004年起電信網路詐欺犯罪即嚴重威脅我國社會治安穩定，為推動
打擊電信網路詐欺犯罪，政府動員各部門資源全力防治，成立跨部會組織
及召開會議，投注諸多心力研擬相關對策。警察機關也不斷與時俱進，規
劃執行各項掃蕩專案，企圖壓制詐欺犯囂張氣焰，以下僅從法規、偵查、
預防、宣導、電信、網路、金融等面向分述如下（林德華，2009、2010、
2011；林標油、莊明雄，2015；刑事警察局，2016；詹志文、吳柏寬，
2017）。

（一）法規面

1. 修正《刑法》詐欺罪及管轄

(1)明定詐欺犯罪集團假冒公署（公務員）或以電信、網路方式詐騙民眾之行為，定為加重詐欺罪，以遏止詐欺犯罪。

(2)增列於我國領域外犯上述之罪亦適用我國《刑法》，致使我國民眾在海外犯加重詐欺罪亦有管轄權據以處罰。

2. 修正《刑法》沒收新制

(1)修正沒收為獨立之法律效果，即使犯罪不成立，或證據不足而判決無罪，犯罪所得也可以沒收。

(2)擴大沒收範圍，犯罪所得的範圍，人的部分及於第三人，物的部分及於經轉換之犯罪所得。

(3)如犯罪所得及追徵的範圍與價額之認定顯有困難，授權法官估算犯罪所得，以保全追徵，保護被害人財產安全。

3. 修正《刑事訴訟法》扣押程序

(1)對被告以外第三人財產及單獨聲請宣告沒收範圍增訂相關程序，於必要時得酌量扣押犯嫌、被告或第三人財產。

(2)將扣押修正為獨立之強制處分，採相對法官保留原則，例外附隨於搜索之扣押、證據扣押、同意扣押及逕行扣押則不須扣押裁定。

(3)檢察官為不起訴或緩起訴處分時，得聲請法院宣告單獨沒收。

4. 修正《洗錢防制法》

(1)大幅增加洗錢前置犯罪類型，以往常見以銀聯卡提款之易涉犯罪包括《刑法》第201條之1偽變造金融卡、信用卡罪及第339條之4電信詐欺罪，皆包含在處罰範圍內。

(2)新增第15條特殊洗錢罪（車手條款），可處六月以上五年以下有期徒刑，並處罰未遂。

(3)第18條增加「擴大沒收」的機制，只要查獲被告以集團性或常習性方式犯洗錢罪時，亦發現被告有其他來源不明而可能來自其他不明違法

行爲（他案）之不法所得，仍可沒收之。

5. 修正《組織犯罪防制條例》

　　(1)將詐欺集團視爲「犯罪組織」，嚴懲不法。

　　(2)主持、操縱或指揮詐欺集團者，最高可處十年以下有期徒刑。

　　(3)針對詐欺集團招募車手行爲，最高可處五年以下有期徒刑。

（二）偵查面

1. 強化打擊跨境電信網路詐欺犯罪能量

　　(1)規劃「加強打擊詐欺犯罪專案執行計畫」

　　爲強化打擊詐欺犯罪力道，動員全國警察力量，及鼓勵民眾主動提供犯罪情資，規劃「加強打擊詐欺犯罪專案執行計畫」，加強查緝電信詐欺機房與詐欺取款車手（頭），清查、阻斷人頭帳戶供應鏈，溯源追緝集團主嫌及共犯，即時攔阻民眾被害款項，並提供民眾指認詐欺車手之高額檢舉獎金。

　　(2)規劃全國同步打擊詐欺集團專案行動

　　爲展現政府積極打擊詐欺犯罪，保護防制民眾財產安全之決心，警政署不定時規劃執行「全國同步打擊詐欺行動」。

2. 成立打擊詐欺犯罪中心

　　內政部警政署刑事警察局於2016年8月24日成立「打擊詐欺犯罪中心」，任務編組，結合刑事警察局業務、偵查單位及各縣市詐欺專責單位，統整情資、建立資料庫、調整策略，期能有效提升偵查能量，打擊對台詐騙犯罪集團。

3. 建置及運用詐欺案件資料庫

　　由警政署刑事警察局研析建置各類詐欺手法資料庫，整合相關犯罪情資積極偵辦，並視需要請各警察機關配合提供各類詐欺案卷資料，以完善資料庫內容，供偵辦單位即時運用分析；另外，各警察機關亦應「要分析、會分析、能分析」，遴選具刑案研析能力之人員，針對各轄區具詐欺

前科之嫌犯進行犯罪類別與角色分析，以利案件偵查所需。

4. 派駐短期「任務型警察聯絡官」建立合作窗口，達成共同偵辦之目標

　　警政署目前於菲律賓、泰國、越南、印尼等14國已派駐警察聯絡官，尚未指派專責聯絡官之國家，如在偵查階段發現有大量跨境電信詐騙集團成員前往我駐外館處無派駐執法身分人員之國家時，即派遣短期「任務型警察聯絡官」前往建立合作窗口，初期先瞭解該國之司法制度，建立執法機關直接溝通管道，針對合作查緝模式以及司法互助請求進行瞭解與折衝協調，進而達成共同偵辦之目標，若當地國法令無法調查蒐證，則協請當地國以驅逐出境方式，達到瓦解該電信詐騙集團效果。

5. 跨國共同打擊犯罪合作行動

　　國人赴外從事詐騙犯罪，因係國外犯罪，舉證不易，具有持續再犯性；據此，蒐集具相關前科背景之犯嫌，依入出境之時間長短、地點、旅客艙單交集對象等特徵，研判渠等是否係赴外從事詐騙犯罪，並由警政署刑事警察局駐外聯絡官結合當地警方實地進行跟監探訪，俾利查獲海外設置詐欺機房。

6. 完善海外電信詐欺調查取證

　　(1)由於我國刑事偵審程序採嚴格證據認定要求，涉案臺嫌遭遣返回臺後有效偵辦之關鍵，在於警方事前能否取得足夠涉案事證。因此，凡國人涉嫌跨境電信詐欺案件遭當地國逮捕，除派員先行前往檢視涉案台嫌犯罪事證外，並全力積極交涉遣返回臺。

　　(2)針對遣返回臺詐欺嫌犯，檢警應事先研討合作，共同於機場進行人別訊問、筆錄製作及檢視證物，杜絕過去國人詬病情事（警方詢問後放人，檢方再約談抓人）；事證明確即向法院聲押，並一律通報移民單位進行出境管制。

（三）預防面

1. 建置165反詐騙諮詢專線

　　2004年4月26日成立0800018110專線，於同年9月1日申請專碼更名爲「165反詐騙諮詢專線」，迄今已成爲反詐騙跨機關單一窗口，自成立以來不斷擴充功能，舉凡進行電話諮詢、報案到後來的詐騙款項攔阻、電信停斷話工作、國際竄改來電白名單設定及電子商務業者聯防個資外洩衍生詐欺事件等功效，迄今已獲具體成果，讓整體詐騙發生產生下降效果。

2. 防僞冒身分或竊取帳號從事詐騙

　　每週由警政署165專線彙整民眾報案資料，即時通報國內大型平台網站加強過濾詐騙、私下交易、仿冒品、糾紛等案件，由業者將查詢結果回報警政署165專線及相關單位進行分析防制效果，持續透過政府民間業者合作，機先防制假網拍案件，避免損害擴大。

3. 強化遊戲點數異常交易通報機制

　　警政署除與線上遊戲業者建置異常交易情資通報平台，針對遊戲點數詐欺通報與刑案偵辦進行情資交流外，並與臺北市電腦商業同業公會及各主要超商業者達成「超商店員針對購買3,000元以上遊戲點數的民眾進行關懷，並在MMK（Multimedia Kiosk多媒體資訊站）機台上顯示反詐騙警語」共識，倘發現疑似遭詐騙徵候，可建議其撥打165反詐騙諮詢專線詢問或通報轄區警察機關派員協助勸阻，以有效攔阻被害。

4. 落實執行攔阻機制安全管理措施

　　要求各電信業者配合警政署執行智慧型手機惡意程式攔阻機制，並落實各項手機小額付費管理措施；另要求LINE公司持續更新系統軟體安全管理防護措施，以防止歹徒利用LINE軟體遂行詐騙行爲。

5. 加強情境犯罪預防勤務作爲部署

　　以「情境犯罪預防」（Situational Crime Prevention）減少犯罪機會、增加犯罪成本，針對車手提款熱點及被害人面交地點，加強勤務作爲，提

高見警率，並請金融機構行員留意疑遭詐騙臨櫃提款存戶，適時通報警方，即時攔阻贓款，減少財損發生。

（四）宣導面

1. 深化社區高風險族群宣導

利用警勤區家戶訪查及召開社區治安會議時機，針對假檢警詐騙高風險族群（年長者）進行面訪宣導，提升防詐意識，並建構金融機構、超商店員反詐騙觀念，期能於第一時間關心提醒接獲詐騙電話民眾，即時防止被害。

2. 提升民眾防詐意識與能力

協請LINE公司提供警政署165反詐騙諮詢專線官方帳號，不定期提供最新詐騙手法與防治策略。另加強運用電視、廣播、網路等媒體通路進行反詐騙微電影播放等宣導工作，教導民眾移除惡意連結詐騙木馬程式之方法；為強化年長者防詐知能，利用家戶訪查或至年長者常聚集活動之場所加強反詐騙宣導，避免長者遭騙受害。

3. 推廣165反詐騙App軟體

警政署於2016年6月1日將自行開發165反詐騙App軟體上架，供民眾下載使用，除宣導最新詐騙手法與案例，及相關網路謠言之澄清、分析，並提供最新詐騙快訊、網路謠言闢謠專區、可疑網路訊息分析、報案／檢舉功能、詐騙大數據分析、手機烙碼服務等功能。

4. 民間社團、社群協助宣導

警政署積極拓展各種宣導管道，尋求用民間社團資源協助，共同響應反詐騙宣導活動，以貫徹「預防為先、偵防並重」之治安政策，運用犯罪預防宣導，建立民眾自我防範意識。

（五）電信面

我國自1996年起採行電信自由化政策，使行動電話、固網、網路電話

（VOIP）等電信產業蓬勃發展，而電信網路詐欺犯罪集團卻趁機利用相關電信技術及設備進行各式詐欺行為，為有效防治不斷衍生的犯罪手法及議題，政府組成跨部會聯合小組會議，執行以下方案，共同建構安全電信環境。

1. 阻斷詐欺訊息來源

(1)於2003年9月，建立「不法大量簡訊過濾機制」，對於大量發送之商務簡訊設定多組關鍵字先期過濾，並對有詐騙之虞簡訊停止發送。

(2)2005年5月起，要求各家電信業者確實配合調整離島基地台TA值（基地台訊號強度）、降低電波功率及調降天線仰角，斷絕詐騙集團利用中國大陸沿海等地能接收臺灣本島基地台溢波從事犯罪活動。

(3)2006年11月起，執行「斷源專案」，針對電信詐欺機房所使用之節費器及SIM卡對應手機之「IMEI」序號，實施大規模清查比對、斷話。並對各家電信公司實施行政檢查，清查用戶申裝書，發現冒名申裝情事則逕予斷話，以減少詐騙使用之人頭及電話數量。

(4)2006年成立專案小組執行「靖頻專案」掃蕩非法機房。針對非法詐欺電信機房及違法二類電信進行查察，致使詐騙集團逐漸捨棄「架設行動電話之非法電信平台」，改以竄改顯示號碼以偽冒「地方法院檢察署」、「警察局」、「電視購物業者」或「銀行、金融機構」等進行詐欺犯罪。

(5)2009年起要求業者針對境外進線之主叫號碼必須完整保留臺灣「886」前三碼，針對疑似境外進線之詐騙話務送入境內民眾受話端時，市話受話端顯示「00X」開頭，行動受話端顯示「+」開頭，使民眾看到的來電顯示號碼為00X-886（市話受話）或+886（行動受話），能明確辨識該門號為境外來話，防阻受騙。

2. 加強管理電信業者之營運設備及服務項目

跨境電信網路詐欺犯罪集團經常利用電信業者服務或設備上之便於犯罪之漏洞進行詐騙行為，藉由行政機關強化電信監理手段，避免業者違規經營電信業務，淪為詐騙集團幫兇。

　　(1)針對第二類電信業者非法設置節費系統轉接詐欺話務相關問題：2006年責由各電信業者、電信警察隊配合通傳會及有關單位持續進行行政檢查並裁罰不法。2007年要求一類電信業者自行購買國際或網路電路卡，進行測試與蒐證，如有發現「利用DMT節費器搭配自願性人頭SIM卡竄改或隱藏來電號碼」之非法轉接話務情事，將測試結果送交通傳會與電信警察隊積極取締。

　　(2)律定業者代客傳送話務必須顯示公司代表號：2007年要求第一、二類電信公司代客傳送話務時，須顯示公司代表號不可隱藏來電號碼，亦不可替客戶加撥特別指定之顯號，並需附回撥功能，提供語音說明該話務係透過電信業者代發，以預防代客傳送詐騙。

　　(3)增修二類電信營業規則：2009年增訂「第二類電信事業管理規則」第28條之1「非E.164用戶號碼網路電話服務經營者應發送市話用戶代表號；要求語音單純轉售服務經營者或網路電話經營者不得接收或轉送未取得許可經營業者之話務」，嚴格管制二類電信業者必須經過通訊傳播委員會許可始經營境外話務，確定無協助犯罪之虞。

　　(4)要求主動舉報違規繞送話務業者：2010年要求各電信業者如有發現客戶在境內發送詐騙話務至境外，再繞回行騙，以迂迴之路由方式躲避查緝之情形，應提供相關資料據以偵辦。

3. 要求各電信業者建立IP資料保留機制

　　利用洋蔥網路等匿名網路實施犯罪，無法追查犯罪訊息來源已造成犯罪偵查難以進行，因此必須建立IP通訊紀錄保存機制以建構網路世界與真實世界之連結。協調建議國家通訊傳播委員會於電信相關法規明確規範電信業者須保存完整通信紀錄，並要求電信業者配合犯罪偵查機關為調查或蒐集證據需要，協助提供涉嫌人之通信紀錄，俾有效克服網路犯罪難題。

4. 提供免費「市話拒接國際來話」功能

　　民眾於家中市話接獲詐騙電話比例較高，且發話來源來自境外，持續協調國家通訊傳播委員會要求所業管電信業者，提供免費「市話拒接國際來話」功能供民眾申請使用，減低民眾誤接國外竄改之詐欺電話可能性。

5. 強化遊戲點數認證

　　遭詐騙遊戲點數多是國外會員所儲值，持續向經濟部協調要求點數業者應針對國外會員帳號僅提供線上購買點數服務，並將國外會員以國內超商購得之點數儲值者之認證機制門檻提高、建立有效身分驗證機制（如主動式一次性密碼AOTP、手機門號登入認證等），以國內能稽核之機制為主。

（六）網路面

1. 推動修訂網路相關規範

　　網路環境隨科技發展不斷更新，具備匿名性、便利性，易成為詐欺犯罪溫床，面臨網路威脅與犯罪問題遽增，透過各種平台會議討論，藉由行政面與規範面研訂相關法令，確定各目的事業主管機關工作，明定網路管理機關權利與義務，並制訂相關規範，釐清網路業者權責，避免網路成為犯罪工具。

2. 整合網路業者，強化防詐效能

　　電子商務發達，各式新型態網站推陳出新，透過犯罪偵查力量並無法完全降低犯罪問題，需透過整合警察與業者力量，強化偵查與預防的能量。藉由與網路業者建立良好互動窗口，對於犯罪事件能即時反應，並於第一時間對犯罪問題進行處理，將網路業者納入犯罪偵查聯防，並提供犯罪使用者身分確認技術。

3. 成立網路犯罪偵查專責警力

　　1994年起由刑事警察局成立專責警力，執行網路犯罪之偵查工作，主要偵辦重大、特殊網路犯罪，並對於網路特殊型態進行偵搜與恐怖行動情報蒐集，能對當時犯罪進行有效遏止。1998年另在各縣市警察局成立網路犯罪偵查小組，專責網路犯罪偵查。2006年為強化打擊科技犯罪之能量、偵辦資通結合之科技犯罪、運用電腦進行資訊分析以支援重大刑案、先期掌控新興科技犯罪類型、開展數位鑑識工作，特由刑事警察局整合資通訊單位，成立「科技犯罪防制中心」，主政各項科技犯罪偵防策略，有效提

出防制科技犯罪之道。

4. 律定網路主管機關，成立「防制網路犯罪技術平台」

2008年8月，鑑於網路犯罪猖獗，且無特定主管機關，網路內容及平台提供者倘無主管機關加以「管理」、「監督」與「稽核」，亦無相關規定限令業者改善或裁罰，將造成網路犯罪日益嚴重，故將律定網路主管機關議題納入跨部會平台討論，以期提出有效方案。2008年10月，因網路之複雜性與多元性，因此正式明定將網路問題分類處理，區分以「網路平台（含IASP、IPP）」及「網路內容（ICP）」等兩個面向，並由通訊傳播委員會成立跨部會「防制網路犯罪技術工作平台」研討防制對策。2008年11月「防制網路犯罪技術工作平台」正式運作，由通訊傳播委員會邀集內政部、法務部、經濟部、交通部及金融管理委員會等相關機關組成，就網路留存使用紀錄、Cable上網用戶位置追查技術、網路購物安全機制等問題研議防制。

5. 成立「防制網路詐欺工作小組」

2009年9月，分析網路詐欺發生數據急遽上升，主要來自於電子商務發展迅速，而業者本身對於用戶網路安全機制無法落實，造成網路交易網站成為最大犯罪場所，因此刑事警察局與業者共同成立「防制網路詐欺工作小組」，研擬防制策略。

6. 召開「防治電話詐騙跨部會協商會議」

2010年1月，媒體報導2009年臺灣10大民怨調查，電話及網路詐欺犯罪名列前茅，有鑑於此，特成立「防治電話詐騙跨部會協商會議」，並將網路平台業者所屬「無店面零售業」納入網路詐騙防治議題討論，演化出後續網路犯罪防治專案會議，針對網路問題成立專題討論，並研擬解決方案。

7. 成立「防治網路犯罪跨部會專案會議」

2010年6月，為瞭解網路犯罪型態、手法、模式、影響及研議有效犯罪防治對策，提供評析意見以協助權責機關強化網際網路平台及內容管

理，期能降低網路犯罪發生，透過跨部會機制成立「防治網路犯罪專案小組」。

8. 訂定「無店面零售業資安管理規範」

2010年1月防治電話犯罪跨部會協商會議，提出訂定「無店面零售業資安管理規範」，由經濟部商業司研議「電子商務交易安全管理準則」，作為無店面零售業及拍賣網站建置規範，以避免詐騙集團利用網站安全疏漏犯罪，導致民眾權益損害。

9. 訂定防治網路犯罪之短、中、長期方案

2010年9月防治網路犯罪跨部會專案會議，訂定2010年至2013年實施短、中、長期方案，預期建置「電子商務業者落實資訊安全管理基準」、推動建立「電子商務網站採用身分確認機制」、「信賴安全聯盟」、「電子商務安全通報服務中心」、研訂「第三方支付」、建立「交易履約保護機制」等健全整體電子商務交易安全做法，以期有效防治網路犯罪。

（七）金融面

1. 規範雙證件申辦開戶，減少偽冒情事發生

為防止偽冒情事發生，有效防杜詐騙，財政部於2004年「研商防制利用自動櫃員機詐財案件」會議決議自5月10日起，金融機構受理開戶應實施雙重身分證明文件查核及留存該身分證明文件。另2006年7月6日訂定「銀行對疑似不法或顯屬異常交易之存款帳戶管理辦法」第13條亦規定銀行受理客戶開立存款帳戶，應實施雙重身分證明文件查核，身分證及登記證照以外之第二身分證明文件，應具辨識力。2007年1月11日銀行局函頒之「防杜帳戶範本」－「臨櫃面」部分，加強客戶身分確認及開戶雙重身分證明文件審 核與留存亦是重點，顯見開戶雙證件查核之重要性。

2. 開戶留存申辦者影像，俾利日後偵查之進行

2003年11月18日財政部召開「新存戶開戶留存影像檔案相關事宜」會議決議及2004年4月27日「研商防制利用自動櫃員機詐財案件」會議決

議，金融機構應落實執行新存戶開戶留存影像檔案，及妥善管理該影像檔案，並應於檢警調機關調閱時適時提供。2008年1月11日防杜人頭帳戶範本臨櫃面部分審核，加強客戶身分確認應做開戶影像留存，以利偵辦案件之需要。

3. 實施警示帳戶機制，連鎖管制資金進出

　　為打擊利用人頭帳戶從事犯罪，臺灣警方2002年7月正式提案，於同年10月9日邀集財政部（金管會前身）研商「建立警示通報機制」，並於2003年10月29日函發各金融機構建立「警示通報機制」，於接獲警調單位以電話通報所查悉詐騙集團所使用之金融機構帳號，應立即終止該帳號使用提款卡、語音轉帳、網路轉帳及其他電子支付及轉帳功能之機制。此措施屬行政規範因與民眾財產權益有重大關係，較受爭議，於2006年修訂《銀行法》第45條之1並訂頒「銀行對疑似不法或顯屬異常交易之存款帳戶管理辦法」而正式取得法律位階。

4. 限縮ATM非約定轉帳3萬元以下，有效減少財損發生

　　金融機構大多運用ATM於非約定帳戶轉帳，過去臺灣一般轉帳金額上限為10萬元上下，不受金融機構營業時間的限制，可隨時隨轉帳或提領。然其便利性卻讓歹徒有機可乘，為減少民眾受騙金錢損失額度，增加歹徒臨櫃提領被捕風險，於2005年限縮ATM非約定轉帳以3萬元為上限。

5. 聯合攔阻被騙款項，即時追回民眾財產

　　於2006年11月起配合「警示帳戶聯防機制」之實施，以165專線為聯絡中心，通報相繼匯入之金融機構，透過圈存止扣方式，攔阻被騙款項，並使相關匯（轉）入之帳戶實施警示，同時可促使其他被害人無法匯入。此外，亦可依據金融機構之通報，協助地方警察單位逮捕領款車手。

6. 監控不法帳戶動態，針對詐騙帳戶發揮預警效果

　　針對尚未有被害款項之詐騙帳戶，要求各金融機構依據2006年頒布「銀行對疑似不法或顯屬異常交易之存款帳戶管理辦法」，並配合165舉報之帳戶與相關預警指標，預先過濾出問題帳戶並監控資金出入狀態，建

立所謂「異常帳戶預警機制」，發現不法及異常帳戶監控資金流向，即先反應，尋找潛在被害人，給予適當協助，進而攔阻被騙款項，保障被害人權益。

7. 加強臨櫃關懷提問制度，成功勸阻陷於被騙情境而不自知的民眾

為減少受騙民眾遭歹徒指引至銀行櫃檯辦理提、匯款，進而將大額款項以匯款、面交方式交付予歹徒，造成嚴重財損情事發生，督導金融機構落實執行臨櫃交易關懷提問，提醒客戶避免受騙，必要時通知警察機關協助處理。

8. 建置金融客服聯防平台，使反詐騙資訊得以穿透，以收聯防之效

建置金融客服聯防平台，讓各金融機構每日收到最新詐欺犯罪資訊、關鍵性資訊，包含被害區域與對象、匯款與交付地點、詐騙舉報帳戶與電話、手法與關鍵用語等，並由金融機構加強臨櫃關懷提問，深入與客戶互動，如發現異常即與警方護鈔勤務結合，勸阻被害民眾匯款。另外，金融機構端同時將涉境外詐騙人頭帳戶與偽冒開戶者相片輸入金融客服聯防平台建檔，協助警察機關獲取更多詐騙線索，防止民眾被害匯款至國外，提升反詐騙宣導能量與犯罪預防的成效。

9. 強化ATM之攝影機影像品質

協調金管會推動各金融業者強化各該ATM之攝影機影像品質，提高畫素並改善攝影角度，俾利案件偵查時能獲得較佳的偵查線索。

10. 強化金融機構及各超商之防阻機制鼓勵措施

協請金管會針對各所業管金融機構及超商配合政府各項防詐措施及成效訂定內部獎勵制度，對於防制績效優良機構公開辦理表揚，鼓勵積極執行關懷提問，減少民眾財產損失有功之行員。

11. 圈存即時金流回報及警示帳戶縮短交易明細回復時間

為能達到即時打擊詐騙，增加線上緝獲詐騙車手可能性，並加速偵辦詐騙案件效率，將協調各金融機構於金融帳戶圈存時，若未圈存成功，應立即回報詐騙款項流向及詐騙車手提領機台地點；警方為偵辦案件調閱警

示帳戶交易明細資料，金融機構儘速於一週內回復。

伍、結語

　　全球化的進展雖可促進國際社會互動關係更加密切，但同時也提供犯罪活動向外蔓延的有利條件，使得犯罪型態趨向多元化、國際化、組織化。尤其是高速交通工具急劇發展，人與物國際交流進展神速，國家或社會間距離縮短，犯罪也擴大成國際性規模，甚且透過網際網路跨越國界實施，以致「犯罪之國際化」乃成各國共通之問題。在全球電信與金融自由化的資訊社會下，跨境電信網路詐欺犯罪，不僅在案發量急速增加，且因跨境電信網路詐欺犯罪集團有著組織管理結構完整，使用遠端遙控方式，結合資通匯流科技，配合社會脈動，持續更新犯罪手法，擁有高度複製、再生能力及低風險、低投資、低刑責、高報酬等特性，嚴重危害人民生命及財產安全，減損政府威信及社會互信破壞國家形象。

　　檢視該類犯罪相關數據及脈絡後，未來犯罪工具將由電信向網路發展，詐騙精準度將持續提高，跨境犯罪集團將勾串犯罪，並將結合新興科技工具不斷轉換犯罪手法，不斷轉移據點向外蔓延，而造成各國人民共同受害之趨勢。政府也將面臨打擊犯罪合作機制有待強化，各地法制與司法主張差異，電信網路IP追查不易，洗錢匯兌管道多元追贓不易，跨地同步行動保密不易等困境。

　　綜而言之，跨境電信網路詐欺犯罪防制的困境便在其「跨境」的字義上，從犯罪人的角度而言，跨境犯罪的實施，便意謂著增加執法機關訴追的困難並降低自己被捕的風險；打擊跨境犯罪的另一項困難，則必然出現的高成本防制問題。特別是面對此全球治理缺口，即「管轄權的缺口」、「功能性的缺口」、「誘因性的缺口」及「參與性的缺口」，在打擊跨境電信網路詐欺犯罪時，便會面臨政治面、社會面及法律面等問題。總之，共同打擊犯罪是一項複雜的刑事政策，因為此類跨境犯罪對人民造成極大

的社會治安問題，且對政府的公權力及公信力造成極大的傷害（章光明等，2010；朱金池等，2011；孟維德，2015）。因此，欲有效打擊跨境電信網路詐欺犯罪，首先，必須以全球治理的理念，擬定與各國警務單位共同打擊犯罪政策，將其行動觸角向上延伸至全世界，向下深耕至基層警務單位，向外結合非政府組織與民間私人企業，以形成跨境犯罪防制網絡，以共同發現問題、解決問題，以積極的態度回應民眾對政府打擊跨境電信網路詐欺犯罪的期許，保障民眾財產安全。

參考文獻

一、中文

中國信息通信研究院安全研究所（2018），信息通信行業防範打擊通訊信息詐騙白皮書（2018年），北京：中國信息通信研究院。

刑事警察局，警察機關防制電信網路詐欺策進作為，105年第8次行政院治安會報，2016年8月29日。

朱金池、楊雲驊、蔡庭榕、許福生等人（2011），兩岸共同打擊犯罪策略與運作之研究，行政院研究發展考核委員會委託研究，未出版。

李郁薇（2017），打擊詐欺犯罪現況與具體策進作為，刑事雙月刊，第76期。

李清事（2006），通訊金融詐欺成因與防制——以臺北縣處理涉及人頭之詐欺案件為例，臺北：國立臺北大學犯罪學研究所碩士論文，未出版。

孟維德（2001），海峽兩岸與跨境犯罪，發表於「兩岸治安問題學術研討會」，桃園：中央警察大學。

孟維德（2015），跨國犯罪，臺北：五南圖書出版公司。

林德華（2009），海峽兩岸共同打擊跨境詐欺犯罪對策探討，發表於「第四屆海峽兩岸暨香港、澳門警學研討會」，臺北：中華民國刑事偵防協會，2009年12月14日。

林德華（2010），防制電信網路跨境詐欺犯罪新策略，發表於「第五屆海峽兩岸暨香港、澳門警學研討會」，江蘇：中國警察協會，2010年11月18日。

林德華（2011），從「0310」專案談兩岸跨境合作共同打擊犯罪的挑戰與策略，發表於「第六屆海峽兩岸暨香港、澳門警學研討會」，香港：香港警務處，2011年10月19日。

林德華（2012），兩岸共同打擊跨境有組織集團犯罪防制對策，發表於「第七屆海峽兩岸暨香港、澳門警學研討會」，澳門：澳門警察總局，2012年11月27日。

林標油、莊明雄（2015），臺灣165反詐騙諮詢專線執行成效與未來展望，發表於「第十屆海峽兩岸暨香港、澳門警學研討會」，臺北：中華民國刑事偵防協會，2015年10月13日。

馬振華（2010），當前打擊跨境犯罪概況與策進方向，發表於「2010兩岸共同打擊犯罪學術研討會論文集」，臺北：2010年12月。

章光明、張淵菘（2010），從全球治理觀點論兩岸共同打擊電信詐欺犯罪，展望與探索，第8卷第10期，2010年10月。

許春金（2003），犯罪學，4版，臺北：三民書局。

黃翠紋、孟維德（2016），警察與犯罪預防，臺北：五南圖書出版股份有限公司。

詹志文、吳柏寬（2017），大數據析在打擊跨境電信網路詐欺犯罪之應用與成效，發表於「第十二屆海峽兩岸暨香港、澳門警學研討會」，澳門：澳門警察總局，2017年12月3日。

趙秉志、錢毅、赫興旺（1996），跨國跨地區犯罪的懲治與防範，北京：中國方正出版社。

謝立功（2004），兩岸跨境犯罪及其對策，法務部編印，刑事政策與犯罪研究論文集（七）。

二、外文

Clarke, R. V. G. & Mayhew, P. (eds.)(1980), *Designing Out Crime.* London: Home Office Research Unit Publications.

Clarke, Ronald ed. (1997), Situational Crime Prevention: Successful Case Studies, New York: Harrow & Heston.

Cohen, L. E & Felson, M. (1979), Social Change and Crime Rate Trends: A Routine Activity Approach, *American Sociological Review*, 44: 588-608.

Cornish, D. B. & Clarke, R. V. (2003), Opportunities, Precipitators, and Criminal Decisions: A Reply to Wortley's Critique of Situational Crime Prevention, in Smith, M. J. & Cornish, D. B. (eds.), *Theory for Practice in Situational Crime Prevention.* Monsey, NY: Criminal Justice.

Siegel, L. J. (2003), *Criminology: Theories, Patterns, and Typologies* (7th ed.), Belmont, CA: Wadsworth Publishing.

第十二章
新修正《海岸巡防法》之重點研析

陳國勝

壹、前言

臺灣四面環海，海域、海岸等國境執法將是保護國家安全，維護社會治安重要的一環。我國因應國際上海域執法時代來臨及兩岸關係進入法治時代，調整政府組織因應，特別在海域及與海岸銜接部分改變。在海域部分，改變以往由各主管機關負責海域執法型態，乃於2000年納編內政部水上警察局、國防部海岸巡防司令部、財政部關稅總局等機關人員成立直接隸屬行政院的海岸巡防署。藉由通過「海巡五法[1]」整合海上的執法能量，包括四部組織法及一部《海岸巡防法》，作為海域及海岸執法機關之組織法與作用法[2]。

海巡機關成立歷經約二十年，相關組織法與作用法的實施經驗，隨主、客觀環境的改變，重新全面檢討，期待為更進一步邁向海洋國家目標前進。在組織法部分於2018年通過「海巡組織四法[3]」改制為行政院海洋委員會，其下再設置海巡署、海洋保育署；在作用法部分，也隨組織法修改後，於2019年作出二次修改《海岸巡防法》。

---

[1] 「海巡五法」係指《行政院海岸巡防署組織法》、《行政院海岸巡防署海洋巡防總局組織條例》、《行政院海岸巡防署海岸巡防總局組織條例》、《行政院海岸巡防署海岸巡防總局各地區局組織通則》及《海岸巡防法》等五部法律。

[2] 陳國勝（2003），《海岸巡防法析論》，中央警察大學出版，頁1。

[3] 「海巡組織四法」係指《海洋委員會組織法》、《海洋委員會海巡署組織法》、《海洋委員會海洋保育署組織法》、《國家海洋研究院組織法》等四部法律。

　　由於《海岸巡防法》對於海巡機關悠關職權發動、人員身分及與其他
行政機關間的分工等，係屬最重要的法律。值此全面修法的機會，重新再
審視接近二十年來未曾修改，予以重新定位及建立規範。本文內容觀察現
行《海岸巡防法》修正重點，分從組織法與作用法予以分析，最後提出對
未來的期許。

貳、2019年版《海岸巡防法》修法重點

一、2019年4月10日修法版

　　立法院委員楊曜等17人擬具「《海岸巡防法》第5條條文修正草
案」，於2019年3月22日立法院三讀完成，2019年4月10日總統公告之[4]。

　　當時海巡署長李仲威在立法院報告：「現行《海岸巡防法》第5條有
關巡防機關人員登入船舶或其他水上運輸工具執行檢查之行爲，雖無明定
執行手段之程度、範圍，惟長期以來，本署人員均恪遵《行政程序法》
第7條有關『比例原則』之規定。本案提案內容爲『比例原則』之具體表
現，且爲行政行爲應遵守之共通原則，巡防機關人員行使職權理應遵守，
有關增修『但不得逾越必要範圍』乙節，本署無意見，惟參酌《海岸巡防
機關器械使用條例》第10條及《警械使用條例》第6條等用語，建議文字
內容酌修爲『但不得逾越必要「程度」』，以使相關法律用語一致。[5]」
此由立法委員提出修正草案，其實與海巡實務機關的看法並無二致，修改
內容僅涉及一個條文，且是將比例原則更明文化規定，所以立法機關與行
政機關看法相同，所以修法過程順利、平和。

4　民國108年4月10日，總統華總一義字第10800035741號令。
5　立法院公報，第107卷第5期委員會紀錄，2017年12月13日，頁224。

二、2019年6月21日修法版

2019年2月14日行政院會通過由海洋委員會提出之修正《海岸巡防法》草案[6]，隨後在2019年4月10日總統公布第5條修正條文，形成由立法委員提案及行政機關提案，分別前後兩次立法交叉的情形，也終於在2019年6月21日總統公布三讀第二次修正的內容。以下針對第二次修法內容重點：

（一）刪除特別法之地位

原《海岸巡防法》第1條第2項規定：「本法未規定者，適用有關法律之規定。」予以刪除，使該法與其他法律之間的關係，由特別法與普通法之關係改為「本法與其他法律之適用關係，須視具體情形判斷」，就觀察是用以配合處罰拒絕受檢及命令者。增列的該法第6條針對受檢船舶有規避、妨礙或拒絕其依本法規定所實施之檢查、出示文書資料、停止航行、回航、登臨或驅離之命令，得以強制力實施之，並處以一定罰鍰。

（二）修增海域、海巡機關之立法定義

修正海域範圍除領海、鄰接區、專屬經濟海域外，擴及內水（不含內陸水域）、大陸礁層上覆水域及其他依法令、條約、協定或國際法規定我國得行使管轄權之水域；另增訂「海巡機關」指海洋委員會海巡署、海洋保育署及其所屬機關（構）（修正條文第2條）。

（三）刪除組織法之授權

依據《中央行政機關組織基準法》第5條第3項規定，該法施行後，除該法及各機關組織法規外，不得以作用法或其他法規規定機關之組織，且海洋委員會海巡署、海洋保育署及其所屬機關（構）組織法規均已自2018

6　行政院，行政院會通過「海岸巡防法」修正草案，2019年2月14日，https://www.ey.gov.tw/Page/9277F759E41CCD91/79377a82-094e-4b14-80cb-ca386a6a7309（瀏覽日期：2019年3月18日）。

年4月28日起施行，爰刪除本條規定。

（四）修正執行事項之內容

隨著海洋委員會及海洋保育署成立，對於執行海洋污染之防治工作遂成為海洋委員會的職責範圍。是故海洋污染防治任務由體制外的「行政院環保署」變更為海洋委員會及海洋保育署負責，於是在《海岸巡防法》上的由列為「執行事項」修正為「掌理事項」（修正條文第3條）。

（五）增訂準用《警察職權行使法》

為符實務執行需求，增訂海巡機關人員為執行職務，必要時得進行身分查證及資料蒐集，其職權之行使要件及人民權利救濟途徑，準用《警察職權行使法》第二章及第四章規定（修正條文第5條）。

（六）增訂無正當理由規避、妨礙或拒絕檢查之處罰

為維護國家海洋權益及人船安全，海巡機關人員對船舶或其他水上運輸工具之船長、管領人、所有人或營運人規避、妨礙或拒絕其依本法規定所實施之檢查、出示文書資料、停止航行、回航、登臨或驅離之命令，得以強制力實施之，並處以一定罰鍰（修正條文第6條）。

（七）修正搜索婦女身體限制由婦女執檢之限制

原《海岸巡防法》第6條第2項規定：「搜索婦女之身體，應命婦女行之。但不能由婦女行之者，不在此限。」修法後，仍保留婦女身體的搜索，應由婦女行之原則，例外將放寬如有「有全程錄影存證」條件下，可與《刑事訴訟法》第123條規定相同，即如搜索現場無婦女時，則不在此限（修正條文第7條）。

（八）修正海岸地區安全檢查及內陸地區調查犯罪之事務範圍

原《海岸巡防法》第7條規定：「巡防機關人員執行第四條所定查緝走私、非法入出國事項，必要時得於最靠近進出海岸之交通道路，實施檢

查。」將修定爲海巡機關人員執行查緝走私、非法入出國外，並擴及「其他犯罪」調查職務，必要時得於最靠近進出海岸之交通道路，實施檢查（修正條文第8條）。

　　原《海岸巡防法》第8條規定：「巡防機關人員執行第四條所定查緝走私、非法入出國事項，遇有急迫情形時，得於管轄區域外，逕行調查犯罪嫌疑人之犯罪情形及蒐集證據，並應立即知會有關機關。」查緝走私、非法入出國事項擴大及於「其他犯罪」調查職務（修正條文第9、10條）。

　　依據《海岸巡防法》第11條規定，海巡人員司法警察在《刑事訴訟法》上職權，原來限制「執行第四條所定犯罪調查職務時」，修正後「執行犯罪調查職務時」，視同《刑事訴訟法》第229、230、231條之司法警察（官）。即配合擴大海巡人員調查「其他各種犯罪」職權，也將司法警察的放寬適用《刑事訴訟法》（修正條文第11條）。

（九）刪除授權訂定器械使用條例不必要贅語

　　鑑於《海岸巡防機關器械使用條例》業已（2003年6月25日）完成立法並公布施行，爲切合現況，爰刪除「在未完成立法前，除適用《警械使用條例》之規定外，由巡防機關另定之」。修法業將當初立法來不及的臨時過度授權，經過海巡人員使用器械的專用法律在通過施行後，可修改爲精準的授權規定（修正條文第14條）。

（十）增訂干擾行為之處罰

　　增訂海巡機關爲執行職務，得設置受理民眾報案專線電話，並爲避免無故撥打專線電話經勸阻不聽或故意謊報案件情形，致延宕其他案件處理時效，明定其罰責（修正條文第16條）。

三、小結

由於《海岸巡防法》在2000年通過後，歷經接近二十年的適用，面對落實海洋國家願景、海巡機關設置之初規劃及考量社會客觀環境的改變，立法機關與行政機關均認為有予以修正的必要。

2019年4月10日版第一次的修正由立法委員主動提出，修正僅止於「比例原則」之明文；緊接著在2019年6月21日版，第二次的修正由行政機關主動提出，修正內容涉及層面諸多。特別是考量公共秩序維持為出發，消退者可能是人權的保障。雖然大幅放寬內陸調查犯罪職權。

在2019年4月10日版對海巡人員執行職權，實施強制力時，加上應注意「比例原則」的規定。觀察「比例原則」，不論從《憲法》第23條推演而出，或者以不成文的原則論之，直到訂定《行政程序法》更是具體而訂立明文，甚至在《海岸巡防法》明白入文。當然對比例原則的明文規定，此屬沒人有反對立場，冀望更明白的規定，有助於執法人員或者被執法對象，得有更清楚的權利與義務。只是在2019年6月21日修法時，在該法修正第5條第1項已有「行使下列職權，但不得逾越必要程度」針對「比例原則」明文訂定。對於第二次修正該法第6條第2項再次重複：「違反前規定者，海巡機關人員得以強制力實施之，但不得逾必要之程度」，似有重複規定之嫌。以因為重要，所以在同一法律，且同一事項予以規定兩次，則屬特異。為求立法經濟原則，重複應予避免。

參、《海岸巡防法》組織法上問題之解析

在修法重點中的前四點，可視為是關於海巡機關的定位及管轄事項的釐清，以下內容即依序分述之。

一、刪除特別法之地位

原《海岸巡防法》第1條第2項規定：「本法未規定者，適用有關法律之規定。」予以刪除，用以配合增列針對受檢船舶有規避、妨礙或拒絕其依本法規定所實施之檢查、出示文書資料、停止航行、回航、登臨或驅離之命令，得以強制力實施之，並處以罰鍰。

（一）由海岸巡防機關設置目標定位觀察之

依據《海岸巡防法》第1條第2項規定：「本法未規定者，適用有關法律之規定。」係將本身定位在特別法地位，關於海岸巡防事項，應以本法之規定為優先，除非本法未規定者才有適用其他規定的情況。鑑於海巡機關成立之初採「岸海合一」、「文武合一」的體制，係暫時性考量。依據《行政院海岸巡防署組織法》第27條明文：「本法施行後，應就本署暨所屬機關之編裝、組織重新檢討調整，俾符合優先發展海域巡防之原則，並以三年為期限。必要時，得延長一年。」及第22條對軍職人員的處置：「本署軍職人員之任用，不得逾編制員額三分之二，並應逐年降低其配比；俟本法施行八年後，本署人員任用以文職人員為主，文職人員之任用，依公務人員任用法規定辦理。」從組織法可得出海巡機關設置之目標，且為突顯機關特色，在作用法的《海岸巡防法》也配合特別的地位。

（二）由《海岸巡防法》規範內容觀察之

從海岸巡防機關之成立背景、《海岸巡防法》之議決過程爭議問題等，均可清楚看到當初的顧慮，所以在7 1.確定海巡機關作為一統海域執法力量；2.海岸與海域集合成一新的機關；3.確定海巡機關與警察機關分工合作維持全國治安；4.授與海巡機關人員特別司法警察身分及程序；5.作為海巡機關人員行使職權之授權；6.混合行政機關組織法與作用法；7.混用軍職與文官的特別身分等，《海岸巡防法》應作為海巡機關執法最

7　陳國勝（2017），論海岸巡防法之特別法，中央警察大學水上警察學報，第6期，頁55-84。

高的遵守，其下再接各種執行的法律，不應被認為只是水平遵守的法律之一。《海岸巡防法》與其他由海岸巡防機關負責執行的法律間應屬上下關係，亦即應被定位在特別法，具優先適用地位。

二、修正海域、海巡機關之立法定義

（一）修正「海域」定義

修正海域範圍除領海、鄰接區、專屬經濟海域外，擴及內水（不含內陸水域）、大陸礁層上覆水域及其他依法令、條約、協定或國際法規定我國得行使管轄權之水域。

1. 內水部分

我國在1998年1月21日通過《中華民國領海及鄰接區法》時已有授權行政院得分批公布混合正常基線與直線基線的中華民國基線，於1999年12月31日以《中華民國第一批領海基線、領海及鄰接區外界線》公告領海基線。

然而，在2000年1月26日通過的《海岸巡防法》並未查覺此標準與海域的定義有直接關聯，內水因基線改變已分有正常基線圍起之內水，及以混合正常基線與直線基線圍成之內水。讓當時管轄海岸的海岸巡防總局與管轄海域的海洋巡防總局，就字面上的地域管轄定義而認為自屬的管轄範圍。因為曾經歷海洋巡防總局與海岸巡防總局對於「內水」內之執法權責有爭議，特別對於因主張直線基線所圍成的內水。2004年11月3日監察院針對海岸巡防署因地域管轄的爭議，導致對於近岸巡防艇配屬的使用管理，提出糾正案[8]。是故修正內水之定義，釐清海岸與海域的範圍，將有助於明確權責。

---

8 「更勤務規範以該總局近岸巡防艇組結合岸、海勤務之作法，凌駕海洋總局職權，破壞海洋、海岸總局之法定分工，與依法行政有違。」監察院內政及少數民族委員會提出糾正海岸巡防署，https://www.cy.gov.tw/sp.asp?xdURL=./di/Message/message_1.asp&ctNode=903&msg_id=2315（瀏覽日期：2019年5月14日）。

2. 公海部分

依據「中西太平洋漁業委員會」所通過之規範，我國有履行國際義務，派遣公務船艦執行中西太平洋等區域性公約範圍內公海巡護。2017年計有四航次，計登檢作業漁船42艘，落實國際漁業管理與打擊「IUU漁業行為」[9]，以提升漁民合法作業意識，並關懷遠洋作業漁民。另藉機辦理海巡外交，推動友我國家「公海相互登檢」、「聯合巡航」及「簽署海巡合作協定」等實質交流事項[10]。

為確保漁業資源之永續利用及維護漁業秩序，並保障漁民及漁船海上作業之安全，特訂定依據《政府護漁標準作業程序》規定，第7點關於執行機關護漁頻度，針對第3款太平洋公海：每年護漁頻度，由行政院農業委員會與行政院海岸巡防署會商定之。在2016年7月20日通過的《遠洋漁業條例》第16條已提前正式透過立法，將海巡機關納為在公海上檢查漁船之執法機關。

（二）增訂「海巡機關」定義

在「行政院海岸巡防署時期」，海岸巡防機關僅有海岸巡防署相關機關屬之；當在「行政院海洋委員會時期」，下設有海巡署及海洋保育署二個機關。為符合海洋保育署得以具有執法之職權，在《海岸巡防法》第2條立法定義中，增訂「海巡機關」指海洋委員會海巡署、海洋保育署及其所屬機關（構）。配合《行政院海洋保育署組織法》第6條規定，「因應

---

[9] 所謂「IUU漁業行為」，依據FAO於2001年制定之「預防、制止和消除IUU國際行動計畫」（International Plan of Action to prevent, deter and eliminate Illegal, Unreported and Unregulated fishing, IPOA-IUU）中，對於「IUU漁業行為」之定義如下：

　　1. 非法（Illegal）捕魚：本國或外國漁船未經該國許可或違反其法律，在該國管轄水域內進行捕魚活動；區域性漁業管理組織締約方之漁船，違反該組織通過且該國受其約束的養護和管理措施，或違反國際法有關規定；違反國家法律或國際義務，進行的捕魚活動。

　　2. 未報告（Unreported）捕魚：違反國家法律未報告或虛報的捕魚活動；違反區域性漁業管理組織報告程序、未予報告或誤報的捕魚活動。

　　3. 不受規範（Unregulated）捕魚：無國籍漁船或非區域性漁業管理組織締約方之漁船，違反該組織養護和管理措施或國際法相關規定之捕魚活動。

[10] 行政院海岸巡防署106年度施政績效報告，https://www.cga.gov.tw/GipOpen/wSite/public/Data/f1530500861626.pdf（瀏覽日期：2019年5月14日）。

勤務需要，得設勤務單位」。海洋保育署人員亦得依據《海岸巡防法》執法，經司法警察專長訓練後取得司法警察身分，可實施強制力，取締違規、違法行為。

三、刪除組織法之授權

我國於1997年通過《憲法增修條文》第3條第3項規定：「國家機關之職權、設立程序及總員額，得以法律為準則性之規定。」同條第4項規定：「各機關之組織、編制及員額，應依前項法律，基於政策或業務需要決定之。」於2000年公布的原《海岸巡防法》第3條規定，行政院設海岸巡防機關，綜理本法所定事項；其組織以「法律」定之。係符合《中央法規標準法》第5條第3款所規定法律保留的「關於國家各機關之組織者」，實有多此一舉，反而無法趕上在2004年立法院通過《中央行政機關組織基準法》作為放寬法律保留的密度。在《中央行政機關組織基準法》考量部分行政機關之特殊性，在該法第2條第1項規定，乃授權海岸巡防機關組織法律另有規定者，從其規定。在修訂《海岸巡防法》基於組織法與作用法分隸原則，已將此一條文刪除。

四、修正「執行事項」之內容

依據原《海岸巡防法》第4條第1項第7款的「執行事項」，計有海上交通秩序之管制及維護事項；海上救難、海洋災害救護及海上糾紛之處理事項；漁業巡護及漁業資源之維護事項；海洋環境保護及保育事項。其中有關的機關計有海洋保育機關、農業委會漁業署與交通部等三個機關，卻也分別適用不同的方式解讀「執行事項」。修正後《海岸巡防法》第3條第1項第7款，將「執行事項」縮減為三項，其中「海洋環境之保護及保育」事項因海巡機關納入海洋保育署，故該項目成為海巡機關主管事項。然此變動仍未改變原有「執行事項」中與交通及漁政主管機關間權責不明

的情況，也就分別以應再行訂定法律並明確隸定海巡機關應負責的部分。另有主張應再行以行政委託程序，也有認為海巡機關依據《海岸巡防法》執行事項即應負責各項之執行[11]。因為解讀不同，各機關的作法，也存有差異。

（一）與交通部相關的部分

1. 交通違法之取締

在交通部主管的法律中，尚無海岸巡防機關應執行事務的分工，包括依據《中華民國領海及鄰接區法》授權訂定的《外國船舶無害通過中華民國領海管理辦法》中，清楚可得。凡屬交通部主管機關的業務，均無海巡機關執行的分工。即使在《行政院海岸巡防署與交通部協調聯繫辦法》中提及的分工方式，應透過《行政程序法》之行政委託及職務協助程序進行。

現行海巡署制頒《海岸巡防機關海域執法作業規範》中第五節違反航政案件，列出第86條至第97條條文內容，也將《商港法》、《船舶法》中部分管制作為明列，並以「違法行為，應即勸導改正，並得蒐證、調查後移送航政主管機關處理」，卻受限於商船的噸位巨大不適合在海上作例行檢查、海巡機關缺少船舶動態資料等。徒讓最適宜管制檢查的進出港口時機，因依據《商港法》第5條第1項：「商港區域內治安秩序維護及協助處理違反港務法令事項，由港務警察機關執行之。」導致欲以《海岸巡防法》第3條第1項第7款執行海上交通秩序的維持，也僅等到有船舶碰撞後或海難發生時，致生重大傷亡的結局，始有介入調查刑責時機。對於缺乏海上交通動態管制中，即使最具有執行力的《航路標識條例》。該法在2018年11月21日修定時，條文中也未將海巡機關納為執行機關。

2. 海難搜救的部分

海難搜救係屬給付行政，是否法律保留原非重點，但如有明確規定將

---

[11] 陳國勝（2004），海岸巡防組織事務管轄之研究——以界定海巡法「執行事項」為重點，海洋事務論叢，第1期，頁71-85。

有助於責任釐清。在立法院審核《海洋委員會海巡署組織法》時，即以掌理事項中明列有「海事安全之維護」一項，替代《海岸巡防法》第3條之「執行事項」。當時行政院海岸巡防署王進旺署長報告提案時就提到如下[12]：

海巡署主要業務：「海洋委員會設行政院所屬三級機關海巡署，以統合岸海事權、落實岸海一體政策。海巡署除掌理原行政院海岸巡防署全般業務外，並配合處理海委會協調其他部會及推動海洋事務。」其中對於設置海巡署之效益，第2點規定：「國際海事組織對於海事安全日趨重視，並已有國際海上人命安全公約等各項國際公約，為全球海事活動之規範。海洋委員會成立後，雖負有統合之責，但海事安全事權仍由相關掌理，海巡署即為執行機關之一，負責海事安全之維護之規劃、督導及執行，建構完善海事安全防護機制，可與國際接軌，有效維護海上秩序。」[13]

（二）與漁政主管機關的部分

農業委會漁業署部分，則同時多種不同的作法，包括採行明文規定、行政委託及職務協助執行方式，包括：

1. 直接在法令中予以明定者

(1)依法檢查船艙及詢問關係人，如《漁業法》第49條第1項，可在漁業人之漁船檢查及詢問關係人、《遠洋漁業條例》第16條檢查漁船與其漁獲物及漁產品、漁具、簿據或其他物件，並得詢問經營者、從業人或資料持有人。

(2)依法實施查察取締者，如《外國船舶無害通過中華民國領海管理辦法》第9條第2項；外國船舶通過中華民國領海時，未將漁具妥為收藏，不得置入水中，並不得採捕水產動植物。違反者之查察及取締，由海岸巡防機關執行，必要時，得會同漁業主管機關執行。

2. 依法令再予以行政委託者

依據《娛樂漁業管理辦法》第26條第2項[14]及《漁業法》第11條之1第4項[15]、《遠洋漁業條例》第21條等採明文授權「行政委託」由海巡機關執行。在《行政院海岸巡防署與行政院農業委員會協調聯繫辦法》第2條，關於兩機關間的分工，也以行政委託為主要分工模式。

3. 依法申請職務協助者

依據《遠洋漁業條例》第23條第1項，明文將「職務協助」得會同海巡機關或警察機關處理。在《行政程序法》第19條及《行政執行法》第6條等，也規定有行政機關間相互協助之程序等。

（三）與海洋保育機關的部分

在2000年訂定的《海洋污染防治法》第5條業將海巡機關所應負責的違法蒐證、取締、移送，明確分由海巡機關辦理之。此種分工方式也成為後來海巡機關應主動取締違法的污染行為。該法所規定中央主管機關掌理事項，改由「海洋委員會」管轄；第5條所列屬「海岸巡防機關」之權責事項原由「行政院海岸巡防署及所屬機關」管轄，自2018年4月28日起改由「海洋委員會海巡署及所屬機關（構）」管轄。現行雖在《海洋委員會海洋保育署組織法》第2條明文分工負責各項海洋保育事務之規劃、協調及執行，並得設置勤務單位，解釋上海洋保育署當然有負責執行的權責。依據《海洋委員會海巡署組織法》第2條掌理事項中，並未明文有海洋污染事項之明文，僅有概括的「海洋權益維護」、「海事安全維護」，是否包括擴及《海洋污染防治法》第5條規定，「依本法執行取締、蒐證、移送等事項，由海岸巡防機關辦理」之執行。就《海岸巡防法》第2條第4

---

[14] 委託海岸巡防機關辦理《娛樂漁業管理辦法》第24條第1項第2款至第4款、第6款與第8款之檢查及即時制止漁船發航，民國103年10月1日發文字號農授漁字第1030230351號，公告於《行政院公報》，第20卷第188期，2014年10月3日。

[15] 委託海岸巡防機關對於經撤銷漁業執照之漁船，採取適當措施制止其出港；抗拒者，得使用強制力為之。民國103年4月21日發文字號農授漁字第1030211090號，公告於《行政院公報》，第20卷第74期，2014年4月23日。

款，業將海巡署與海洋保育署均列爲海岸巡防機關，解釋兩機關均有執行之可能。只是再進一步檢視組織法規定，海洋保育署應是首當其衝。

肆、《海岸巡防法》作用法上問題之解析

一、海巡機關準用《警察職權行使法》之歷程

爲符實務執行需求，增訂海巡機關人員爲執行職務，必要時得進行身分查證及資料蒐集，其職權之行使要件及人民權利救濟途徑，準用《警察職權行使法》第二章及第四章規定。

（一）《警察職權行使法》之訂定背景

依據《海岸巡防法》第1條規定之海巡機關任務，「爲維護臺灣地區海域及海岸秩序，與資源之保護利用，確保國家安全，保障人民權益」，此與《警察法》第2條規定之警察任務，「警察任務爲依法維持公共秩序，保護社會安全，防止一切危害，促進人民福利」。海巡機關與警察機關同有維持治安、秩序及保護人權的責任。當警察機關因爲司法院大法官針對其依據《警察勤務條例》實施臨檢職權，而2001年12月14日作出第535號解釋[16]，也2003年6月25日帶來《警察職權行使法》的訂定，也爲警

---

16 「有關臨檢之規定，並無授權警察人員得不顧時間、地點及對象任意臨檢、取締或隨機檢查、盤查之立法本意。除法律另有規定外，警察人員執行場所之臨檢勤務，應限於已發生危害或依客觀、合理判斷易生危害之處所、交通工具或公共場所爲之，其中處所爲私人居住之空間者，並應受住宅相同之保障；對人實施之臨檢則須以有相當理由足認其行爲已構成或即將發生危害者爲限，且均應遵守比例原則，不得逾越必要程度。臨檢進行前應對在場者告以實施之事由，並出示證件表明其爲執行人員之身分。臨檢應於現場實施，非經受臨檢人同意或無從確定其身分或現場爲之對該受臨檢人將有不利影響或妨礙交通、安寧者，不得要求其同行至警察局、所進行盤查。其因發現違法事實，應依法定程序處理者外，身分一經查明，即應任其離去，不得稽延。前述條例第11條第3款之規定，於符合上開解釋意旨範圍內，予以適用，始無悖於維護人權之憲法意旨。現行警察執行職務法規有欠完備，有關機關應於本解釋公布之日起二年內依解釋意旨，且參酌社會實際狀況，賦予警察人員執行勤務時應付突發事故之權限，俾對人民自由與警察自身安全之維護兼籌並顧，通盤檢討訂定。」

察的執法帶入調和執法公益與人權私益間界定的新里程。

（二）海巡機關面對司法院大法官釋字第535號解釋之立法

　　當司法院大法官作出釋字第535號解釋，由於對象是編制上的警察機關，所以對於廣義警察的海巡機關並無立即適用，所以也無直接《警察職權行使法》的適用。在2001年12月21日海巡機關也訂定《海岸巡防機關實施檢查注意要點》[17]，作爲對司法院大法官所提出看法之因應。

（三）《入出國及移民法》海巡機關部分準用之

　　在2014年12月26日《入出國及移民法》第17條第2項與第28條第2項均規定：「入出國及移民署或其他依法令賦予權責之公務員，得於執行公務時，要求出示前項證件。其相關要件與程序，準用《警察職權行使法》第二章之規定。」就海巡機關依據《國家安全法》第4條「入出境之旅客」或者《海岸巡防法》第7條：「巡防機關人員執行第四條所定查緝走私、非法入出國事項，必要時得於最靠近進出海岸之交通道路，實施檢查。」於是海岸巡防人員均有執行公務，而要求：十四歲以上之臺灣地區無戶籍國民及外國人，進入臺灣地區停留或居留，應隨身攜帶護照、臺灣地區居留證、入國許可證件或其他身分證明文件。而海巡人員在執行檢查任務時，得要求出示證明文件，此時準用《警察職權行使法》第二章之規定。

（四）全面準用《警察職權行使法》

　　依據《海岸巡防法》第5條：「海巡人員執行職務爲執行職務，必要時得進行身分查證及資料蒐集；其職權之行使及權利救濟，除法規另有規定者外，準用《警察職權行使法》第二章及第四章規定。」日本海上保安廳人員如有使用器械情況，亦應準用《警察官職務執行法》之相關規定[18]。

---

[17]《海岸巡防機關實施檢查注意要點》規定之重點包括：關係人於檢查程序終結前向執行人員提出異議之處理、受檢查人請求給予檢查過程之書面等規定。

[18] 日本《海上保安廳法》第20條第1項規定，使用器械部分準用《警察官職務執行法》之相關

　　海巡人員與警察人員之任務有所差異，故依據的法令也有不同。當海巡人員離轄進入以警察機關爲規定對象時，當然遵守內陸地區以「保障人權」爲重的法令體系，不得再以「維護國家安全」爲考量重點。

二、增訂無正當理由規避、妨礙或拒絕檢查之處罰

　　爲維護國家海洋權益及人船安全，海巡機關人員對船舶或其他水上運輸工具之船長、管領人、所有人或營運人規避、妨礙或拒絕其依本法規定所實施之檢查、出示文書資料、停止航行、回航、登臨或驅離之命令，得以強制力實施之，並處以違反規定者，處船長、管領人、所有人或營運人新臺幣3萬元以上15萬元以下罰鍰（修正條文第6條）。

三、解除搜索婦女身體限制由婦女執檢之限制

　　原《海岸巡防法》第6條第2項關於「搜索婦女之身體，應命婦女行之。但不能由婦女行之者，不在此限」。在行政院版提出之修法草案中，擬將放寬爲與《刑事訴訟法》第123條規定，如搜索現場無婦女，則不在此限。然因考量《海岸巡防法》在立法之初，考量海巡人員的背景，係經過立法委員投票後才決定，如果在時空等客觀條件未見改變之下，驟然改變，仍需考量。改變海巡機關頒布之《海岸巡防機關實施檢查注意要點》規定：「執行檢查時，得視需要實施攝影、拍照、錄音存證。」在《海岸巡防法》第7條增加「全程錄影存證者」，作爲可由男性執法人員執行搜索婦女身體的特別條件。可符合海巡艦艇在海上執法時，如遇有特殊情況時，得以順遂執法人員安全及保全犯罪證據。

　　規定。葉雲虎（2019），由海上警察權論淺析2019年行政院版的海岸巡防法草案，2019水上警察學術研討會論文集，中央警察大學水上警察學系主辦，頁86。

四、擴大海岸地區安全檢查及內陸地區調查犯罪之事務範圍

（一）擴大海岸檢查範圍

　　原《海岸巡防法》第7條規定：「巡防機關人員執行第四條所定查緝走私、非法入出國事項，必要時得於最靠近進出海岸之交通道路，實施檢查。」將修定為海巡機關人員執行「查緝走私、非法入出國及其他犯罪」調查職務，必要時得於最靠近進出海岸之交通道路，實施檢查。

　　原《海岸巡防法》第8條規定：「巡防機關人員執行第四條所定查緝走私、非法入出國事項，遇有急迫情形時，得於管轄區域外，逕行調查犯罪嫌疑人之犯罪情形及蒐集證據，並應立即知會有關機關。」查緝走私、非法入出國事項擴大及於「其他犯罪調查職務」。

（二）擴大內陸查案範圍

　　海巡機關在轄區外執行職務[19]：1.依據《海岸巡防法》第8條之規定在急迫情況下所發動。2.會同警察機關逕行查緝，則在具有管轄權者介入藉而取得管轄權，再將案件由海巡機關承辦。3.報請檢察官指揮，並發動查緝的行動。事實上，海岸巡防人員係屬《刑事訴訟法》上的「特種司法警察」，其司法警察身分已受到限制在「特定事項」及「特定地域」。然而在實務上的運作並非限制在「海岸」與「海域」地區，特別在「內陸」地區的毒品與槍械的績效突出，約占總數的90%[20]。實務上採取作法如下：

---

[19] 陳國勝主持（2011），從海巡機關組織變革對偵防工作定位與功能之研究，海岸巡防署委託研究，頁135-136。

[20] 本文整理最近三年（2016-2018）的統計如下：

2016-2018年海巡人員在各區域查獲毒品與槍械之績效統計

年度	種類	總數	海域	海岸	港口	內陸	機場	內陸占總數比例
2018	毒品	196	5	9	2	177	3	90%
2018	槍械	74	0	4	1	69	0	93%
2017	毒品	231	3	9	6	209	4	90%

1. 最高法院以《海岸巡防法》之「其他犯罪調查事項」

　　最高法院對於海巡人員進入內陸地區查察犯罪行為[21]，係歸納自2000年至2012年最高法院判決涉及海巡人員內陸查緝有無司法警察職權，進而影響其所做犯罪調查之強制處分，包括搜索、扣押等是否有證據能力。同時，在此種類案中，亦區分為有檢察官指揮偵辦時，實務最高司法機關對於執行之海巡機關司法警察身分有無之見解歸納如下：

　　(1)採肯定說

　　透過原《海岸巡防法》第4條掌理事項中管轄範圍之擴大解釋，進而將海巡人員在非情況急迫下，在內陸地區的查緝行為予以合法化。海巡署依原《海岸巡防法》第4條第1項第3款「海域、海岸、河口與非通商口岸之查緝走私、防止非法入出國、執行通商口岸人員之安全檢查及其他犯罪調查事項[22]」之「其他犯罪調查事項」或同條項第8款「其他有關海岸巡防之事項[23]」規定。如果查緝過程中尚有會同警察人員共同偵辦，更無管轄上的疑義。

　　(2)採否定說

　　以原《海岸巡防法》第8條之特別規定，故應僅在特別情況下始「視同」司法警察人員，再結合未具司法警察身分者之強制處分[24]，「內陸查緝毒品行為，能否謂係該機動查緝隊掌理之事項，攸關該查緝人員是否屬實施刑事訴訟程序之公務員，其搜索扣押之海洛因，得否作為證據之判

年度	種類	總數	海域	海岸	港口	內陸	機場	內陸占總數比例
2017	槍械	77	0	1	3	73	0	94%
2016	毒品	276	0	29	2	243	2	88%
2016	槍械	105	0	8	1	96	0	91%

[21] 陳國勝、歐玉飛（2013），海巡人員內陸查緝犯罪之適法性，中央警察大學水上警察學報，第1期，中央警察大學水上警察學系出版，頁117-148。

[22] 最高法院99台上6478號判決。

[23] 最高法院97台上6824號判決。

[24] 最高法院98台上3137號判決。

斷，原審未予調查釐清，率行判決，亦非適法。」[25]

(3)非法律審之問題，不予受理者

「上訴人對於其在事實審所不爭執之證據能力事項，而於法律審之本院加以爭執，要非合法之第三審上訴理由。」[26]以海巡人員司法警察身分在內陸查案之認定問題，應屬於事實上認定，非屬最高法院所應負責的判決違反法律與否，故就訴訟程序上予以駁回。

由上三種見解，除第三種以程序問題予以駁回較難理解外，其他二種見解仍以肯定說為多數。然依《海岸巡防法》兼具組織法及作用法性質之法律，該法各條條文之性質，應就各該條文加以判斷，而不可一概論斷。惟今實務上就海巡機關是否具有內陸查緝權限及職權，爭論不休，最高法院亦未有統一見解。只是在海上績效突破難度高，而調查犯罪績效壓力下，進入內陸地區的查案模式，將成為海巡機關的工作重點。卻因受限於犯罪證據的取得，非一段時間的查察難以取得[27]。將造成海巡人員非情況急迫下，長期在內陸地區進行犯罪蒐集的行為。此舉難以符合《海岸巡防法》第9條之條件，實務上即採取報請檢察官指揮或會同警察人員共同調查，也應存在界限。

2. 報請檢察官指揮調查犯罪

依據《刑事訴訟法》第229、230、231條第1項第3款中，授權文之第1項第3款分別明定「依法令關於特定事項，得行司法警察之職權者」。故依《海岸巡防法》第10條規定，受承辦相關業務之人員視同《刑事訴訟法》上的司法警察人員。

《刑事訴訟法》係為檢察官偵查犯罪之主要依據，而《調度司法警察條例》則明文檢察官、法官於辦理刑事偵查執行事件，有指揮、命令司法警察（官）之權，實際運作上，檢察官指揮之依據則由《調度司法警察條例》所訂定之《檢察官與司法警察機關執行職務聯繫辦法》為主，在《刑

---

[25] 最高法院97台上5493號判決。

[26] 最高法院99台上5970號判決。

[27] 海巡機關士官長王育洋在內陸地區查察妨害秘密案。最高法院，民國106年11月30日，106年度台上字第3788號判決。

事訴訟法》及《調度司法警察條例》皆有就司法警察人員區分爲「一般司法警察人員」與「特種司法警察人員」下，所由訂定之下位規範，爲有不予遵從上位規範之道理，此舉有違依法行政之法律優位原則，故吾人可知，雖下位之《檢察官與司法警察機關執行職務聯繫辦法》未區分一般司法警察人員與特種司法警察人員。

3. 配合警察機關共同合作查緝犯罪

海巡機關因績效壓力，被迫從海上往陸上發展，海巡署「攔截於海上、阻絕於岸際、查緝於內陸」的勤務指導原則，更有使人產生海巡機關得在內陸地區偵查犯罪之錯覺。實務上，爲兼顧法令及逾越其他友軍單位轄區查案之感受，會同地方警察機關已成爲一常態。探究原《海岸巡防法》第8條之知會規定，目的在現行犯或準現行犯等緊急情況下的越區查緝，爲避免治安單位間因越區辦案產生誤會與糾紛，同時可請求知會機關給予必要協助。幾年發展下來，配合警察機關進行內陸地區的犯罪調查，已成常態。爲免執疑海巡人員的司法警察身分適用的地區，仍不得逕行查緝，應「檢舉」給警察機關，並於會同後由警察機關取得主辦單位之地位。如有依《刑事訴訟法》實施強制處分之必要，仍應由所會同具司法警察身分者予以實施，始屬適法，所取得之證據也才具有證據能力[28]；且在一般情況下，海巡人員作爲提供情報的「檢舉人」，因缺乏地域管轄權，不應有實施強制力之執法行爲。[29]

五、刪除授權器械使用條例不必要贅語

於《海岸巡防機關器械使用條例》業已於2003年6月25日完成立法並公布施行，爲切合現況，爰刪除「在未完成立法前，除適用《警械使用條

---

[28] 陳國勝主持（2011），從海巡機關組織變革對偵防工作定位與功能之研究，海岸巡防署委託研究，頁146-147。

[29] 2015年間海巡人員與警察人員在內陸地區共同持槍查緝毒犯，在圍捕時因嫌犯之持槍及開車衝撞執法人員，致由海巡人員開槍擊斃嫌犯。嫌犯家屬提起國家賠償之判決案中，可知海巡人員並非僅提供情報，且持槍共同執法。最高法院108年台上字第963號民事裁定。

例》之規定外，由巡防機關另定之」。2000年1月26日匆促成立海岸巡防機關[30]限於時間，採取分階段達到自行建立法制的目標。基於海巡機關被賦予的任務與警察機關重點略有不同，全然適用《警械使用條例》並非完善。將其列為補充規定，符合原則與例外，作為決定優先順序，渡過適用行政命令《海岸巡防機關器械使用辦法》後[31]，訂定專屬條例。

六、增訂干擾行為之處罰

增訂海巡機關為執行職務，得設置受理民眾報案專線電話，並為避免無故撥打專線電話經勸阻不聽或故意謊報案件情形，致延宕其他案件處理時效，明定其罰責。《海岸巡防法》第16條規定：「無故撥打專線電話經勸阻不聽或故意謊報案件者，處新臺幣三千元以上一萬五千元以下罰鍰。」此係仿效其他執行刻救援任務的警察機關、消防機關等相關規定。

依據《社會秩序維護法》第85條第4款規定，無故撥打警察機關報案專線，經勸阻不聽者，處以處三日以下拘留或新臺幣一萬二千元以下罰鍰；另外，依據《消防法》第36條規定，謊報火警、災害、人命救助、緊急救護或無故撥打消防機關報警電話，得處新臺幣三千元以上一萬五千元

---

[30] 1999年發生的一連串事件，包括前總統李登輝提出特殊國與國關係、兩岸間走私偷渡犯罪嚴重軍警間的聯繫出現問題等因素，導致有成立管轄跨越岸海的海巡機關提議。到2000年成立行政院海岸巡防署，時間不足將影響設計的週全。陳國勝（2015），台湾海岸巡防署の法的位置づけ及び職務權限について，海上保安大學校，日本海保大研究報告，第60卷第1號通卷第101號，海上保安大學校出版，頁53-68。「成立《海岸防巡防法》乃參考美國Coast Guard、日本海上保安制度，及現代岸際及海域保安法理，予以修訂，務期能符合我國當前保安需要，加強海岸及海域保安工作，以阻斷日趨嚴重之陸勞、不法分子、間諜之偷渡及槍械、毒品等走私，一方面亦可以文職海岸及海域保安人員處理中國漁船入侵等糾紛，降低兩岸可能發生之敏感軍事衝突。」黃爾璇、王幸男等35人提出之相對法案「海岸暨海域保安法草案」說明，立法院公報，第89卷第9期，院會紀錄，頁189。引用當年11月3日大陸委員會主委蘇起至立法院內政委員會作「現階段兩岸關係檢討」專案報告，提出1. 2000年7月9日，李登輝總統提出「兩國論」後，大陸當局反應情緒化。兩岸交流失序，影響國家安全。2.大陸主張臺灣是它的一部分，並以武力脅迫我接受。3.國際對中共姑息，已使我在兩岸互動上，居於較以往不利之地位。立法院公報，第89卷第9期，頁198；邊子光（2005），海洋巡防理論與實務，中央警察大學出版，頁31。

[31] 《海岸巡防機關器械使用辦法》於2000年6月7日公布實施，到2003年9月10日廢止，功成身退。

以下罰鍰。由於行政罰以處罰人身自由的拘留是《社會秩序維護法》專屬的例外規定，即以1995年所訂定的《消防法》標準訂定之。

伍、《海岸巡防法》修法後可能產生的影響

一、刪除特別法地位之影響

（一）刪去特別法定位僅為補充拒絕規避檢查之處罰

我國的法律中諸多在強調其具有優先適用的特別法地位，在該法第1條第2項或後段，會以「本法未規定者，適用其他法律之規定」。誠如行政院版提出對於第1條第2項刪除之修正理由所言：「本法與其他法律之適用關係，須視具體情形判斷是否適用其他法律之規定。」使原來《海岸巡防法》以立體方式與其他法律建立架構，為配合本法增訂處罰規定，業將《海岸巡防法》第1條後段刪除。致與其他法律規範間發生競合時，即應再回到「特別法與普通法」、「後法與前法」等標準加以判定。令人擔憂者，是基於「岸海合一」、「軍警合一」的特別考量規範，也將一併消除。

對於刪除原《海岸巡防法》第1條規定之特別法定位或者自身定位為普通法，只是將原來的法律地位予以刪除，最多就是沒有強調，即回到就個個情況再行討論，也會留下討論的空間。如依據《行政罰法》，雖其第1條明定：「但其他法律有特別規定者，從其規定。」當與其他行政法律競合時，其適用之優先順序仍應就法理分析之，仍可對於現行不同法律間的規範提出討論、審視，再行決定順序[32]。

---

[32] 面對《行政罰法》以補充法地位規定出現，卻因此而將之定位，導致無用武之地。於是學者提出：「不是任憑立法者之形成自由，以法律所創設憲法『特別』內涵，我們當然就必須接受，而依『法』行政。」「特別法優先適用普通法」之原則，不應是毫無例外。李震山（2019），行政法導論，11版，三民書局，頁371。

（二）海上交通執行法制不完整導致以《海岸巡防法》補充

依據《海岸巡防法》第3條所規定之各項目前就海巡機關執行之，缺乏執行取締違反無害通過的管制[33]。該法第3條第1項第7款執行事項之解讀已確定為立法說或委託說，就交通部立場似以海巡機關直接爰引現行《海岸巡防法》執行事項而逕行執行海上交通秩序或者說海巡機關作為執行法律機關，為維持秩序應自行通過相關法律。分析後，就海巡機關欲執行動態的交通管制，如無主管機關的積極配合，無異緣木求魚，僅可等到有碰撞後，再行前去救難。因為缺乏事前預防的機制及法制，在依法行政及法律保留的前提下，將是無法進行管制。海巡署應有法律再行授權，才可據以執行分工而執行之，然而海上交通的相關（論海巡機關驅離外國民用船舶非無害通過之法制）均缺乏下，實在有進一步法制化的必要。

（三）訂定之《海洋基本法》尚無法助益具體執法對策

《海洋基本法》之訂定[34]係以整個海洋作為規劃的對象，對於以執法為重點的海巡機關，僅在《海洋基本法》第7條，政府應確保海洋區域安全及權益。條文內容為：「為維護、促進我國海洋權益、國家安全、海域治安、海事安全，並因應重大緊急情勢，政府應以全球視野與國際戰略思維，提升海洋事務執行能量，強化海洋實力，以符合國家生存、安全及發展所需。」立法理由為：「（海洋國防巡防）為維護國家領海及專屬經濟海域之海洋產業、海洋生態、海洋資源、貿易等之利益，明定政府應充實國防、海巡等相關軟硬體設備及能力。」如此原則性、目標性規定內容，將難以替代《海岸巡防法》所具有的法律地位。

---

[33] 陳國勝（2018），論海巡機關驅離外國民用船舶違反無害通過之法制，中央警察大學水上警察學報，第7期，頁72-73。

[34] 由立法院立法委員賴瑞隆、劉建國、陳曼麗、陳學聖、Kolas Yotaka等23人，為建立完善之海洋法規體系，整合臺灣海洋相關事務，以利臺灣海洋永續發展，維護臺灣之海洋權益，特擬具《海洋基本法》草案。作為政府依據及施行海洋事務之準則，達成海洋立國之目的。立法院第9屆第3會期第14次會議議案關係文書，院總第962號委員提案第20828號，2017年5月17日。另《海洋基本法》於2018年9月12日由海洋委員會函報行政院審議，經三次審查會議後完成，並經行政院2019年4月25日第3648次院會通過，及2019年11月1日立法院三讀通過。

依據《海洋基本法》第17條規定：「各級政府應確實執行海洋相關法規，對違反者，應依法取締、處罰。」其立法理由為：「為使本法提供各級政府強而有力之支持，可作為爭取執法人力、設備及經費之法律依據，並落實相關海洋執法，參照《環境基本法》第39條規定，爰為本條規定。」其立法目的係在第1條所定，為打造生態、安全、繁榮之優質海洋國家，維護國家海洋權益，提升國民海洋科學知識，深化多元海洋文化，創造健康海洋環境與促進資源永續，健全海洋產業發展，推動區域及國際海洋事務合作，特制定的法律。「海上執法」對作為規範海洋具基本法地位言，是過於具體的細小議題。

二、留下《海岸巡防法》與組織法上掌理事項徒增困擾

（一）《海岸巡防法》列掌理事項是留下組織法內容

刪除原《海岸巡防法》第3條的原因，係為將組織法上的內容與作用法分離，單純化規範內容是其最主要的目的。特別在該法原第4條第1項第7款「執行事項」難以界定專責執法的海巡機關與其他各業務主管機關間的法律關係定位，順著修法刪去之後，海巡機關應有的權責，回到各機關的作用法上予以明定。雖比較麻煩，卻可收明確的效果。有人怕海上海難救助任務，將會因刪除執行事項導致無人可執行[35]。對於「海事安全的維護」即可足以作為分配由海巡機關負責海上災害防救及海難救助的任務[36]。

---

[35] 〈滔滔Ocean says：誰來救我？〉，2015年7月22日，https://blog.oceansays.info/2015/07/cgaSAR.html（瀏覽日期：2019年5月6日）。

[36] 依據《商港法》第36條所授權訂定的《海難救護機構組織及作業辦法》，因成立海巡機關後，已於2003年3月27日廢止。規定中是由交通部與國防部會同辦理海上災害防救或海難救助等事項。作為替代而訂定的《海難救護機構設立及管理辦法》，2003年2月13日公布生效，也於2012年9月4日廢止。在成立海巡機關之後負責海難救助，於2001年9月28日公布《海岸巡防機關執行海上救難作業程序》中第1條規定，海岸巡防機關為執行海上遇難船舶、平台、航空器與人員之搜索、救助及緊急醫療救護事項。直到2018年8月22日配合海洋委員會成立，配合相關海巡機關改組仍有進行修正事宜。海巡署任務中「海事安全的維護」當然包括海難救護任務，特別此係給付行政的一部分，故在海域當然由海巡機關負責海域災

（二）不同法律均列有掌理事項導致再行解讀

　　依據《海岸巡防法》第4條的規定[37]內容，其中的執行事項為：1.海上交通秩序之管制及維護事項。2.海上救難、海洋災害救護及海上糾紛之處理事項。3.漁業巡護及漁業資源之維護事項。4.海洋環境保護及保育事項。該四項在《海洋委員會海巡署組織法》第2條規定[38]，即成為「一、海洋權益維護之規劃、督導及執行。二、海事安全維護之規劃、督導及執行。」到行政院版的修正草案，因《海洋委員會海洋保育署組織法》第2條規定[39]，而將海洋環境保護及保育事項由屬「執行事項」範圍改為「掌理事項」。

　　然而上述的修正對於專責執法機關的海巡署與漁政及交通的業務主管機關間的關係如何，仍無法在歷次的修法中得到明確的定位。當然影響所及的即是權責不清。

害防救及海難救助的任務。

[37] 巡防機關掌理下列事項：1.海岸管制區之管制及安全維護事項。2.入出港船舶或其他水上運輸工具之安全檢查事項。3.海域、海岸、河口與非通商口岸之查緝走私、防止非法入出國、執行通商口岸人員之安全檢查及其他犯罪調查事項。4.海域及海岸巡防涉外事務之協調、調查及處理事項。5.走私情報之蒐集，滲透及安全情報之調查處理事項。6.海岸事務研究發展事項。7.執行事項：(1)海上交通秩序之管制及維護事項。(2)海上救難、海洋災害救護及海上糾紛之處理事項。(3)漁業巡護及漁業資源之維護事項。(4)海洋環境保護及保育事項。8.其他有關海岸巡防之事項。前項第5款有關海域及海岸巡防國家安全情報部分，應受國家安全局之指導、協調及支援。

[38] 本署掌理下列事項：1.海洋權益維護之規劃、督導及執行。2.海事安全維護之規劃、督導及執行。3.入出港船舶或其他水上運輸工具及通商口岸人員之安全檢查。4.海域至海岸、河口、非通商口岸之查緝走私、防止非法入出國及其他犯罪調查。5.公海上對中華民國船舶或依國際協定得登檢之外國船舶之登臨、檢查及犯罪調查。6.海域與海岸巡防涉外事務之協調、調查及處理。7.海域及海岸之安全調查。8.海岸管制區之安全維護。9.海巡人員教育訓練之督導、協調及推動。10.其他海岸巡防事項。

[39] 《海洋委員會海洋保育署組織法》第2條規定，本署掌理下列事項：1.海洋生態環境保護之規劃、協調及執行。2.海洋生物多樣性保育與復育之規劃、協調及執行。3.海洋保護區域之整合規劃、協調及執行。4.海洋非漁業資源保育、管理之規劃、協調及執行。5.海洋污染防治之整合規劃、協調及執行。6.海岸與海域管理之規劃、協調及配合。7.海洋保育教育推廣與資訊之規劃、協調及執行。8.其他海洋保育事項。

三、以概括的維護海事安全執行海上交通安全有失精確

　　海上交通法制的空隙，對於違反《中華民國領海及鄰接區法》無害通過的具體內容有待具體[40]，且並無處罰規定的情況下，違反無害通過的船舶欲予以驅離或者處罰，存在師出無名、於法無據的困難。海巡機關是否依據《海岸巡防法》第4條第1項第7款「執行事項」，而得以執行《船舶法》、《航路標識條例》、《商港法》等法律是機關間認定的問題，但是對於外國船舶違反無害通過的《外國船舶無害通過領海管理辦法》，並無授權執行。對於特別海域相關立法傾向以明文立法或委託之作法。海巡機關之無力感，不難理解。依據《行政院海岸巡防署與交通部協調聯繫辦法》中也是僅強調應依據《行政程序法》進行行政委託及職務協助。

四、海巡機關僅得實施漁業檢查而缺乏強制執行之職權

　　漁政主管機關以「點放」方式，以《漁業法》與《遠洋漁業條例》明定海巡機關得執行檢查漁船文書或船艙等，發現違法僅可函送漁政主管機關。俟漁政主管機關作出處罰後，再以委託方式管制出港的船舶；或者委託辦理娛樂漁船出港時適航性之檢查及管理，發現違規得即時制止。再由《行政院海岸巡防署與行政院農業委員會協調聯繫辦法》第2條規定[41]，亦未授權海巡機關得主動執行漁業違規行為之取締。於是當海巡人員發現

---

[40] 黃異（2000），海域入出境管制的法律制度，國立中正大學法學集刊，頁7。

[41] 行政院海岸巡防署及所屬機關（以下簡稱巡防機關）與行政院農業委員會及所屬機關暨受其業務督導之農漁政機關（以下簡稱農業機關），於巡防機關管轄區域內，執行有關農、林、漁、牧業法令（以下簡稱農業法令）所規範之事項時，應依下列規定辦理：
1. 巡防機關於海域、海岸、河口與非通商口岸依法執行職務時，查獲違法案件經依法處理後，如另涉及違反農業法令時，得再併相關事證移送農業機關辦理。
2. 前款查獲案件倘涉及農業專責領域者，巡防機關認為必要時，得協調農業機關協助辦理。
3. 農業機關依法令須委託巡防機關執行之事項，除依《行政程序法》第15條第2項及第3項規定辦理外，並應訂定相關作業流程，以利執行。
巡防機關或農業機關於巡防機關管轄區域內，發現應由他方調查、辦理之案件時，應為必要之處置，並即通知他方機關。

「一般漁船」（非娛樂漁船）有違規情形時，僅得實施檢查，無權進一步即時制止。囿於海巡機關並非《漁業法》上具有「全權執法」的漁業檢查員，所以將無法如漁業署的檢查員得以引用《行政罰法》第34條，行政機關對現行違反行政法上義務之行為人，得為「即時制止」其行為、製作書面紀錄、為保全證據之措施、確認其身分之處置。即使在全面準用《警察職權行使法》之後，亦僅限於身分查證，如遇有超載的「一般漁船」需強制執行（除非是屬《行政執行法》上立即危害，而得採取即時強制[42]），海巡機關亦僅限於勸導、蒐證[43]。

五、國家安全檢查的解釋偏向狹義化

　　海巡機關執行檢查的法律中，明定有可因無正當由規避、妨礙或拒絕檢查、出示文書資料、停止航行、回航、登臨或驅離之命令處罰之相關規定如上述，各法律中訂定有違法者的處罰。

　　海巡機關可因無正當由規避、妨礙或拒絕檢查、出示文書資料、停止航行、回航、登臨或驅離之命令處罰之相關規定，如下：

法律名稱	依據	罰則	處罰內容	處罰屬性
《漁業法》	第49條	第65條	處新臺幣3萬元以上15萬元以下罰鍰	行政罰
《遠洋漁業條例》	第16條	第39條	處罰之處新臺幣300萬元以上1,500萬元以下罰鍰	行政罰
《海洋污染防治法》	第6條	第41條	處新臺幣20萬元以上100萬元以下罰鍰，並得按日處罰及強制執行檢查、鑑定、查核或查驗	行政罰
《臺灣地區與大陸地區人民關係條例》	第32條	第32條 第80條 之1	得扣留船舶，裁處新臺幣30萬元以上1,000萬元以下罰鍰	行政罰

---

[42]　「貴會為應業務需要，擬將部分違反《漁業法》案件以『行政執行法』第四章有關『即時強制』規定，請求行政院海岸巡防署協助之法律適用疑義乙案。」法務部，法律字第0910001469號，2002年2月20日，法務部公報，法務部法規諮詢意見，第275期，頁56-57。

[43]　周承緯（2019），海巡機關與漁業主管機關間漁船海事安全管轄權之研究——以日本法制為例，中央警察大學水上警察研究所碩士論文，頁8-11。

法律名稱	依據	罰則	處罰內容	處罰屬性
《海關緝私條例》	第8條	第23條	處管領人新臺幣6萬元以上12萬元以下罰鍰	行政罰
《國家安全法》	第4條	第6條	處六月以下有期徒刑、拘役或科或併科新臺幣1萬5,000元以下罰金	刑罰

依據《行政罰法》第26條第1項前段規定：「一行為同時觸犯刑事法律及違反行政法上義務規定者，依刑事法律處罰之。」依據《國家安全法》所實施的安全檢查得有狹義（僅有走私、非法入出國、恐怖攻擊保全）及廣義（除狹義外，另包括船舶航行安全、各種違法或違規行為均可包括）之分。就海巡機關在執行各項漁業檢查、海洋污染檢查等均有另行規定，可得出海巡機關執行的《國家安全法》係以狹義為限。才使《海岸巡防法》上訂定的拒絕檢查的處罰，具有實質的意義。只是在《行政罰法》第24條第1項前段，規定：「一行為違反數個行政法上義務規定而應處罰鍰者，依法定罰鍰額最高之規定裁處。」故當其他法律與《海岸巡防法》競合時，應以其他處罰較重的其他法律為依據。

僅有《海關緝私條例》的處罰可能較輕，但因走私行為的檢查應屬《國家安全法》適用範圍，故優先以刑罰處罰之。

六、海巡人員的勤務將更大幅涉及全國治安維持

（一）將海巡機關的執法重點向外轉而向內

海巡機關與警察機關負責內、外而分，依據《海岸巡防機關與警察移民及消防機關協調聯繫辦法》第2條規定，於海域之涉嫌犯罪案件由巡防機關調查；於海岸屬走私、非法入出國及與其相牽連之涉嫌犯罪案件，由巡防機關調查，其他涉嫌犯罪案件由警察機關調查。當遇有特殊情況下，海巡機關原來依據該法第8條，得在與走私、偷渡有關的情況下，離開轄區即進入內陸地區調查犯罪。修法後該法第7條，擴及調查其他犯罪行為。

　　原《海岸巡防法》第8條限制在走私、偷渡作為離開轄區限制的項目，與原來訂定是對外的定位有所改變，讓原來以海域為主、海岸為限的分工，即原先以跨國境的犯罪走私、偷渡作為管轄區域外執行調查職務，修正後即可進入國內的「其他犯罪調查職務」。再配合第11條之司法警察刪除受執行原《海岸巡防法》第4條職務限制，修法後在職務項目不限走私、偷渡；在地域管轄，也不限海域、海岸，海巡人員將在內陸地區實施各種犯罪調查，再配合由警察機關負責執行名義或由檢察官指揮，獲得突破相關限制。

　　本文認為，海巡機關負責海域與海岸的秩序為原則，在內陸之執法誠屬特殊例外情況，應受特別條件限制。倘若檢察官指揮海巡機關違背「事務」及「地域」管轄之規定，至內陸查緝妨害性自主犯罪，則仍能認為係適法嗎？且如前述，立法者有意將海巡機關犯罪調查事項，地域管轄限縮在「海域」、「海岸」，事務管轄則限縮在「走私、防止非法入出國及其他犯罪」，且僅「在急迫情形」時，方可突破地域之限制而深入內陸，但仍應遵守事務管轄之範圍。再者，最高法院對於檢察官指揮海巡機關內陸查緝之質疑，似乎也印證僅「在急迫情形」，檢察官方得指揮海巡機關人員執行原《海岸巡防法》第4條所定查緝走私、非法入出國事項；否則，若檢察官得不受事務及地域管轄之限制，指揮海巡機關偵查犯罪，則設立海巡機關之目的與立法者之期待，恐淪為形式。

（二）將海巡人員的軍職人員作為一般性警察人員

　　刪除《海岸巡防法》特別法之地位，該法第1條後段訂定：「本法未規定者，適用有關法律之規定。」雖然在本條文修正理由是「須視具體情形判斷是否適用其他法律之規定」，即將原來優先適用地位予以修正，也將海巡機關視同一般行政機關。

　　海岸巡防機關因其成立的組成分子的來源、教育訓練及其成員間指揮之特別性、組織之過渡性等。立法機關在審查該相關規定時，形成該組成之前即有特別的規定，在解釋之際應以嚴格的標準對待之。觀察《就業服務法》第62條之修法理由是：「原內政部警政署水上警察局業經改制為行

政院海岸巡防署海洋巡防總局，而隸屬於行政院海岸巡防署，為使該機關
於臺灣地區海域、海岸或海岸管制區仍得依法查緝非法工作或非法入境外
國人，爰配合酌修第1項規定。」因為有警職人員而採行的適用，未考慮
擴大及於全部軍職、警職及文職人員的效果，令人感到訝異[44]。

「文武分治」是民主國家的基本原理，內外任務是收其利益避其害處
基本設計。好處是政府可以在修法後即增加數以萬計的警察人員在內陸地
區執法，強化治安維護。但在回顧設置海巡機關之目的及人員特質，惶恐
的是要到了軍事管理的效率，失去了是人權的保護[45]。

依據《海岸巡防法》第10條第現行的海巡人員中不具有司法警察身分
者，應經《海岸巡防機關人員司法警察專長訓練辦法》訓練合格後，獲得
司法警察身分，在實施執行《海岸巡防法》第4條所定犯罪調查職務時，
視同《刑事訴訟法》上之司法警察（官）人員。

---

[44] 《就業服務法》第62條在2001年12月21日之修法理由，https://lis.ly.gov.tw/lglawc/lawsingle?
00181362C86E0000000000000000000140000000400FFFFFD00^03615090122100^0006A001001
（瀏覽日期：2018年7月2日）。

[45] 軍職人員在海巡機關內之演變過程如下：
1. 八年條款限制將以文職人員為主：2000年成立的海巡署納編的國防部海岸巡防司令部，
   於2000年成立行政院海岸巡防署。組織人員組成初期「暫時」採「軍文併用」之模式，
   並訂定「八年條款」定期改制人事進用的模式，海巡組織擬朝文職化為目標。
2. 部分刪除八年條款：然而在2008年時，亦即將屆八年前夕立法院卻通過該條款之修正
   案，將三個明文文職化規定中的《行政院海岸巡防總局組織條例》以及《行政院海岸
   防總局各地區巡防局組織通則》中有關八年條款之落日時限刪除。
3. 打破軍警文職人員全面之交流：依據2017年公布之《行政院海岸巡防署海洋巡防總局組
   織條例》第11條修正後，「得就官階相當且具航行或輪機相關專業證照之軍職人員派充
   之」，及現行《海洋委員會海巡署各地區分署組織準則》第7條規定，「各分署為應任
   務需要，得設軍職單位或職務」，在《海洋委員會海巡署艦隊分署編制表》中將軍職人
   員、警察人員、一般文職人員及海關人員等一併列入。
4. 八年條款全部走入歷史：為符合「文官領軍」原則，海岸巡防機關人員從成立時經由
   「軍文併用」，再訂有「八年條款」循序轉型「文人為主」，是故現今仍形成維持「軍
   文併用」體制。乃形成在我國憲政體制中「文武分治」原則下，最後一個以「軍職」身
   分，卻可執行與人民權利義務密切相關的執法行為。2018年配合海洋委員會成立，通過
   的《海洋委員會組織法》、《海洋委員會海巡署組織法》第10條，將原來海巡機關的組
   織法制中「以文職人員為主，文職人員之任用，依公務人員任用法規定辦理。」的明文
   規定，可謂「走入歷史」。海巡署及所屬機關的組成人員，依現行規定成為全部「軍警
   文併用」的行政機關。

海巡人員未具司法警察身分取得該身分之訓練時間規定

班級類別	受訓人員	訓練時間	視同《刑事訴訟法》上之司法警察（官）
一級專長班	簡任職、上校及關務監以上人員	四週	第229條
二級專長班	薦任職、上尉及高級關務員以上	六週	第230條
一般專長班	前二款以外之人員	八週	第231條

　　相對於海巡機關的司法警察專長訓，警察機關人員的訓練，除中央警察大學經過四年教育訓練及警察專科學校應經二年的教育訓練；即使非警察專業學制畢業者，依據《公務人員考試錄取人員訓練辦法》所訂定《106年公務人員特種考試警察人員考試錄取人員訓練計畫》[46]規定的訓練期間計分如下：

　　1.二等、三等考試錄取人員：教育訓練二十二個月，預定2018年2月實施；實務訓練二個月，於教育訓練結業後一週內實施，合計二十四個月。依本計畫第11點免除教育訓練人員，仍應接受二十二個月實務訓練。

　　2.四等考試錄取人員：教育訓練十二個月，預定2018年1月實施；實務訓練六個月，於教育訓練結業後一週內實施，合計十八個月。依本計畫第11點免除教育訓練人員，仍應接受六個月實務訓練。

七、全面準用《警察職權行使法》應以執行海巡任務為限

　　依據《海岸巡防法》第5條規定：「海巡機關人員為執行職務，必要時得進行身分查證及資料蒐集；其職權之行使及權利救濟，除法規另有規定者外，準用《警察職權行使法》第二章及第四章規定。」海巡人員將在海域、海岸及內陸地區均準用《警察職權行使法》；亦即將如同警察人員具有相同的身分查證及資料蒐集的權利及應遵守的要件及、程序與救濟。

---

[46] http://www.csptc.gov.tw/FileUpload/971-11770/Documents/(%E6%A0%B8%E5%AE%9A)106%E4%B8%80%E8%88%AC%E8%AD%A6%E5%AF%9F%E7%89%B9%E8%80%83%E8%A8%93%E7%B7%B4%E8%A8%88%E7%95%AB(1060519%E5%85%AC%E5%91%8A).pdf

分析《警察職權行使法》第二章係以身分查證及資料蒐集為內容，涉及警察發動職權之要件及應遵守的義務。在警察機關言，有《警察法》作為任務的賦予，另有《社會秩序維護法》、《集會遊行法》、《道路交通管理處罰條例》等作為作用法為前提，始有《警察職權行使法》補充不足之職權。海巡人員的執行法令並非與警察相同的情況，應是僅限於在海域與海岸地區的相關事務，或者在符合《海岸巡防法》第9條規定緊急查緝，始具有依《警察職權行使法》身分查證與資料蒐集的可能，或者在符合《海岸巡防法》第9條規定緊急查緝。

是故欲將海巡人員準用《警察職權行使法》應僅針對其所賦予任務的法律，且是以補充其他海巡法規之不足。如有離轄前往內陸地區調查犯罪時，應遵守《海岸巡防法》第9條遇有情況急迫，始符法制設計。

陸、結論——未來海域執法政策之發展方向

一、《海岸巡防法》仍應是海域執法之基本法地位

海巡機關組成人員多元、管轄區域多種，導致諸多特別的規定設計。為使《海岸巡防法》得以管制海巡機關人員在特種司法警察身分的限制、專司海域及海岸的犯罪調查，對於內陸查案的例外，應有嚴格的授權。所以，應維持《海岸巡防法》與其他海巡機關所執行的法律維持立體上下的關係，而非水平關係。期使海巡機關優先遵守《海岸巡防法》的規範，而非是讓海巡機關與其他法律間得有選擇的可能。雖立法院通過《海洋基本法》作為海洋委員會所主管法律的基本法，然而因立法之方向不同，將無法作為執法的基本規範。

二、刪除或明確訂定「執行事項」之內容

　　現行或行政院版修正草案版的《海岸巡防法》，掌理事項所留下的「執行事項」可回歸海巡機關的組織法。我國因維持《海岸巡防法》第3條第1項第7款「執行事項」，留下解讀空間。海巡機關與執行機關的看法不同，導致海巡機關與交通主管機關、漁政主管機關間的分工留下空隙。

　　當初訂定《海岸巡防法》時所參考的美國維持《海岸防衛隊法》第89條[47]、日本《海上保安廳法》第15條[48]，明文將主管機關與執行機關間的關係確定。我國實踐的結果，是各主管機關與執行機關的看法不同，將留下機關間銜接的問題。為能符合組織法與作用法分隸，理應回歸各級海巡機關之組織法規定之。

三、期待海巡成為維護海上交通動態安全機關

　　海上執法的基礎在於船舶的掌控，而得以維持海上往返船舶航行安全。欲掌控海上交通狀態，海上船舶動態的監控，尤其重要。將海上船舶的資訊與統御海上艦隊能量的能力結合，始得以發揮最大效能。海巡機關掌控海上交通非僅在於被動地防治船舶碰撞及其所衍生的救難、防治污染等問題，更在於主動的犯罪預防、取締違規、以無害通過之名行恐怖攻擊等治安的顧慮。現行《海岸巡防法》力圖補充此漏洞，得處罰部分規避、抗拒行為，更重要者在於整體管理制度之建立。

　　現今由於主管海上交通的業務主管機關是交通部航港局，因其缺乏執法船隊或用以監控海上交通的人力，導致由其負責實際上監控，存在實際

---

[47] 該法第89條第(b)項予以明定：「海岸巡防人員發動職權執行法律時，視為受委託執行特別法令機關或獨立地位機關之執法人員，且為該委託機關或獨立機關公告之行政命令所拘束。」

[48] 日本《海上保安廳法》第15條（海上保安官嚴格執行法令事務時之地位）規定：「海上保安官依本法規定，嚴格執行法令事務時，該海上保安官之權限，視為管理各該法令施行事務之行政官廳之各該官員，並適用為嚴格執行各該法令相關事務，行政官廳所制定之規則。」

上困難[49]；另則，具有執行能量的海巡機關，由於缺乏執行海上交通的專業訓練（現行並未負責此項業務），導致有人力、船舶，卻無專業能力，也缺乏執行海上船舶動態管制、處罰等明文的規範，如《海上交通安全法》。假設，如果2014年4月16日南韓發生「世越號案」時地是發生在臺灣的話，其責任的釐清，又將會是如何？是海巡機關，依據《海岸巡防法》第3條第1項第7款應維持海上交通秩序；或是交通主管機關，因為作為船舶的主管機關，兩者間的權責釐清，存有模糊之處。當海難發生人命財產損失的責任釐清是其一，更重的是對於海上交通管理的透明化、制度化、有力化，將是維護安全與人命、財產保護的根源。

四、明確認知海巡機關為負責岸海合一、文武合一的執法機關

　　海巡機關之任務很清楚是維持海域及海岸的秩序。雖在任務上有部分重疊之處，但重點仍有不同。如果掌握各自的任務，勢將在推拉的引力下，扭曲原來設計，導致副作用的惡果滋生。行政一體的前提下，行政機關間應有相互協助、支援，但原則與例外應清楚的隸定。行政機關的立場總希望能有彈性的授權該在各種情況得有能力或權利因應之，藉以達成任務，保護人民或國家安全。限於海巡機關成立背景、組成人員及管轄地域之特殊性，故應在考量管轄及職權分配時，應有特別的考量。總是不希望只看到眼前有多一些執法人員，而忽略《憲法》上文武分治的基本原則。如果現行的國家安全、社會治安，真需要以軍職人員身分來強化警察機關之不足，當開放海巡人員在海岸及內陸地區擴及「調查各種犯罪」，也應強化相關人員的司法專長訓練，總不能以保護人權為由，最後以人權受侵害為代價。

---

[49] 交通部是我國《國際船舶及港口設施保全章程（ISPS Code）》的主管機關，然而限於單純公務人員上班時間限制，難以達成全天候出勤的任務，而依據《商港法》所配合的港務警察機關，卻因人員對船舶及海洋知識不足，也難以達成任務。

五、具體化各項執行職權之重要程序及內容

　　觀察我國民主與法治的關係可得任務法與作用法之間的關係，由有任務法即是具有作用法的第一代；第二代則是發展到先有組織法上的任務賦予，再與概略的作用法授權即可實施；第三代則先有組織法上的任務賦務之後，應配合詳細的發動要件、程序、法律效果等具體的規定[50]。隨著法治進步，行政依法，其透明度、可預測性、可受監督，顯注提升。特別在司法院大法官作出535號解釋後，通過《警察職權行使法》，對於常實施強制力的警察機關，作出分水嶺的效果。

　　《海岸巡防法》如欲作為執行職權的依據，應往第三代前進，雖在明確程序上可不若陸上執法細緻，但是僅以「有正當理由，認為有違法之虞」，即可以依據《海岸巡防法》上各種執法手段，而不分區域、不分違法行為、不分執行程序，此種完全放由行政機關自我控制，與行政法以監督政府為出發，不無違誤。應在各種執法中各種執法職權予以進一步明確規定，將有助於建立《海岸巡防法》之地位。對於究應以犯罪調查應符合相關要式行為，在規定中並未有明確規定[51]。

　　就目前《海岸巡防法》之規定模式，系將各法律的職權規定在第4條中，擬打混合，再以混合手段執行各種法律，實在無法落實原來法律的精神。豈能以海洋污染的執法手段，作為執行《漁業法》，或以《臺灣地區與大陸地區人民關係條例》的執法手段用來執行《海關緝私條例》。各種法律均有各自的執行職權、程序，應各自適用該法律。除非在各個法律均無法規定，例如身分的確認、調查時應表明法律依據、現場應有的救濟管道等。《海岸巡防法》如果規定的內容如同《警察職權行使法》有執行其他各種主管的法律，將可建立海巡機關以該法用以執行各種其他法律。

---

[50] 李震山主持（1997），警察職務執行法草案之研究，內政部警政署委託中國文化大學法律學系研究，頁433以下。

[51] 呂建興（2019），海岸巡防法修正案座談會，第26屆水上警察學術研討會論文集，中央警察大學水上警察學系主辦，頁96。

六、罰則的訂定應考慮在特別相關法律訂定

　　建立《海岸巡防法》作爲海域執法之上位架構，對不同目的，應明定各種不同目的之作用法，包括尚未訂定的《海上交通安全法》、《海上秩序維護法》、《海上集會遊行法》等相關的作用法。同時也將違法構成要件、執行程序、法律效果予以明定。

　　由於海巡機關所執行的各種法律，均已訂有無正當理由拒絕或規避檢查的罰則或處理模式，所以《海岸巡防法》作爲執行各種法律，將是作爲補充之用，不會與該等法律有較高的罰則。目前與海域相關性較強法律訂定的罰則，以《漁業法》中最低的標準而訂，將形成《海岸巡防法》是作爲補充之地位。作爲補充如外國船舶違反無害通過時，針對無正當由而拒絕海巡人員的施檢，予以處罰的依據。實則，不同的法律，則應有不同的處置模式，也會有不同的罰則。《海岸巡防法》訂定罰則也只是因應海上法制上的空缺，所以主管機關應訂定《海上交通安全法》之規定爲宜。

參考文獻

一、書籍、研究案

李震山（2019），行政法導論，修訂11版，臺北：三民書局。

李震山主持（1997），警察職務執行法草案之研究，內政部警政署委託中國文化大
　　學法律學系研究。

李震山等五人著（2018），警察職權行使法逐條釋論，2版，五南圖書出版公司。

陳國勝（2003），海岸巡防法析論，桃園：中央警察大學。

陳國勝主持（2011），從海巡機關組織變革對偵防工作定位與功能之研究，海岸巡
　　防署委託研究。

邊子光（2005），海洋巡防理論與實務，桃園：中央警察大學。

二、論文、公報

呂建興（2019），海岸巡防法修正案座談會，第26屆水上警察學術研討會論文集，
　　中央警察大學水上警察學系主辦，頁89-112。

周承緯（2019），海巡機關與漁業主管機關間漁船海事安全管轄權之研究－以日本
　　法制為例，桃園：中央警察大學水上警察研究所碩士論文，頁8-11。

林明鏘（2012），警察行使職權與國家賠償責任－兼評臺北高行98年度訴字第1843
　　號判決，月旦法學，第112期，頁27-40。

黃異（2000），海域入出境管制的法律制度，國立中正大學法學集刊，頁3-22。

陳國勝（2004），海岸巡防組織事務管轄之研究──以界定海巡法『執行事項』為
　　重點，海洋事務論叢，第1期，第71-85頁。

陳國勝、歐玉飛（2013），海巡人員內陸查緝犯罪之適法性，中央警察大學水上警
　　察學報，第1期，桃園：中央警察大學水上警察學系，頁117-148。

陳國勝（2015），台湾海岸巡防署の法的位置づけ及び職務権限について，海上保
　　安大學校，日本海保大研究報告，第60卷第1號通卷第101號，日本廣島：海上
　　保安大學校，頁53-68。

陳國勝（2017），論海岸巡防法之特別法，中央警察大學水上警察學報，第6期，頁
　　55-84。

陳國勝（2018），論海巡機關驅離外國民用船舶違反無害通過之法制，中央警察大

學水上警察學報，第7期，頁47-78。

葉雲虎（2014），論海上警察權之行使：以海巡之檢查職權為中心，中央警察大學水上警察學報，第3期，第1-54頁。

葉雲虎（2019），由海上警察權論淺析2019年行政院版的海岸巡防法草案，2019水上警察學術研討會論文集，中央警察大學水上警察學系主辦，頁61-88。

蔡震榮（2010），花蓮路檢查賄問題之探討，收錄警察職權行使法概論，中央警察大學出版，頁36-37。

立法院公報，第89卷，第9期，院會紀錄，頁189。

立法院第8屆第3會期第8次會議議案關係文書。

立法院公報，第107卷第5期委員會紀錄。

國家圖書館出版品預行編目資料

國境執法與合作／陳明傳等著. ──初
版.──臺北市：五南, 2020.01
　　面；　公分
ISBN 978-957-763-785-7（平裝）

1.國家安全　2.入出境管理

599.7　　　　　　　　　108020307

1V23

國境執法與合作

主　　　編 ─ 黃文志、王寬弘

作　　　者 ─ 陳明傳（263.6）、王寬弘、孟維德、黃文志
　　　　　　　許義寶、楊翹楚、蔡震榮、林怡綺、林盈君
　　　　　　　柯雨瑞、蔡政杰、高佩珊、黃翠紋、吳冠杰
　　　　　　　蘇信雄、陳國勝

發 行 人 ─ 楊榮川

總 經 理 ─ 楊士清

總 編 輯 ─ 楊秀麗

副總編輯 ─ 劉靜芬

責任編輯 ─ 黃郁婷

封面設計 ─ 姚孝慈

出 版 者 ─ 五南圖書出版股份有限公司

地　　　址：106台北市大安區和平東路二段339號4樓

電　　　話：(02)2705-5066　　傳　　　真：(02)2706-6100

網　　　址：http://www.wunan.com.tw

電子郵件：wunan@wunan.com.tw

劃撥帳號：01068953

戶　　　名：五南圖書出版股份有限公司

法律顧問　林勝安律師事務所　林勝安律師

出版日期　2020年 1 月初版一刷

定　　　價　新臺幣650元

經典永恆・名著常在

五十週年的獻禮 —— 經典名著文庫

五南，五十年了，半個世紀，人生旅程的一大半，走過來了。

思索著，邁向百年的未來歷程，能為知識界、文化學術界作些什麼？

在速食文化的生態下，有什麼值得讓人雋永品味的？

歷代經典・當今名著，經過時間的洗禮，千錘百鍊，流傳至今，光芒耀人；

不僅使我們能領悟前人的智慧，同時也增深加廣我們思考的深度與視野。

我們決心投入巨資，有計畫的系統梳選，成立「經典名著文庫」，

希望收入古今中外思想性的、充滿睿智與獨見的經典、名著。

這是一項理想性的、永續性的巨大出版工程。

不在意讀者的眾寡，只考慮它的學術價值，力求完整展現先哲思想的軌跡；

為知識界開啟一片智慧之窗，營造一座百花綻放的世界文明公園，

任君遨遊、取菁吸蜜、嘉惠學子！